Fraenkel

Matthias Wille

Fraenkel

Mengen bilden

Springer Spektrum

Matthias Wille
Großbreitenbach, Deutschland

ISBN 978-3-662-66166-6 ISBN 978-3-662-66167-3 (eBook)
https://doi.org/10.1007/978-3-662-66167-3

Die Deutsche Nationalbibliothek verzeichnet diese Publikation in der Deutschen Nationalbibliografie; detaillierte bibliografische Daten sind im Internet über https://portal.dnb.de abrufbar.

Einbandabbildung: Album der Professoren der Naturwissenschaftlichen Abteilung der Philosophischen Fakultät (UniA MR 312/7 Nr. 284). Die Verwendung erfolgt mit freundlicher Genehmigung des Universitätsarchivs der Philipps-Universität Marburg.

Planung/Lektorat: Nikoo Azarm
Springer Spektrum ist ein Imprint der eingetragenen Gesellschaft Springer-Verlag GmbH, DE und ist ein Teil von Springer Nature.
Die Anschrift der Gesellschaft ist: Heidelberger Platz 3, 14197 Berlin, Germany

Das Papier dieses Produkts ist recyclebar.

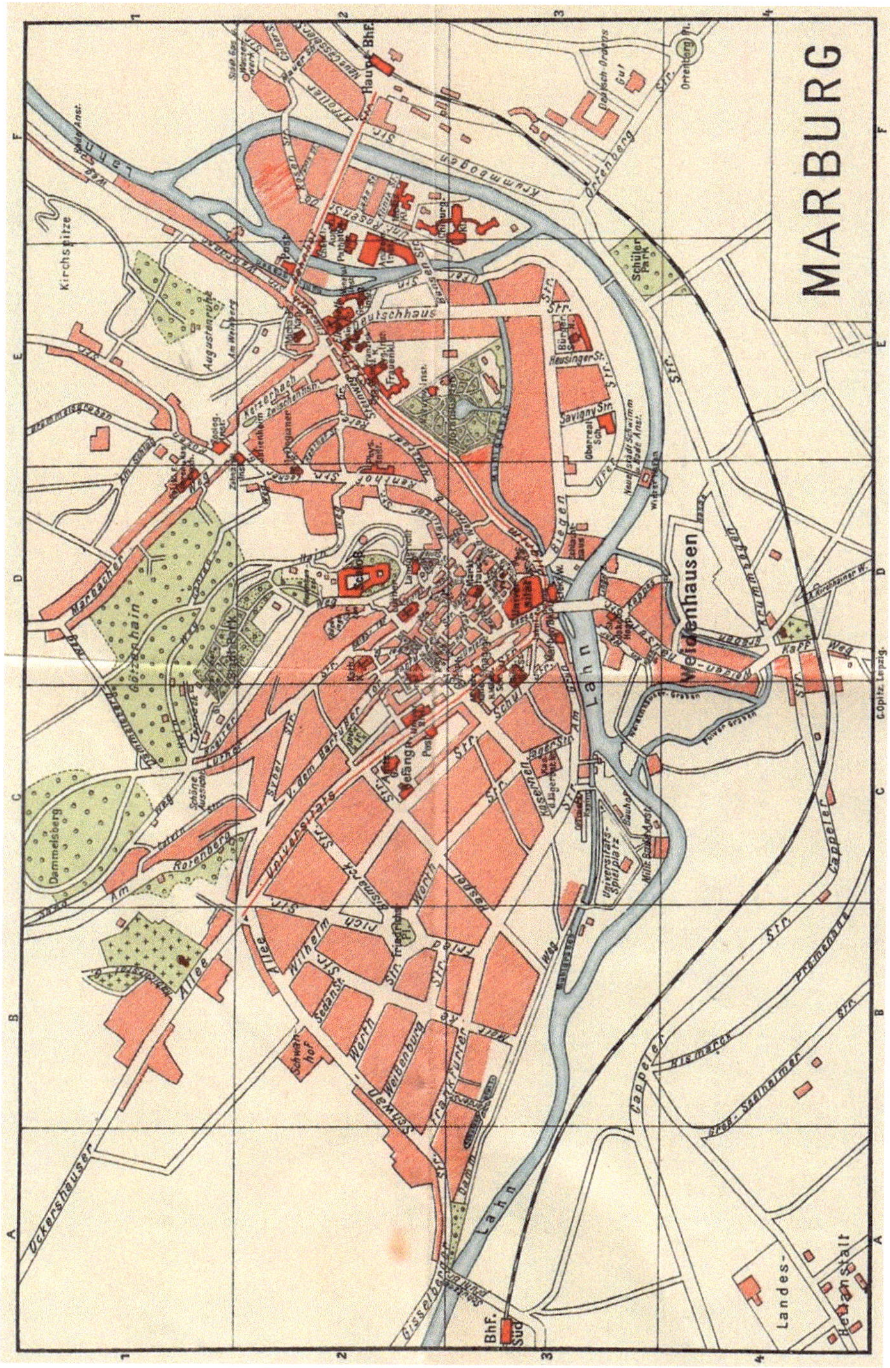

Marburg, Anfang des 20. Jahrhunderts. (Quelle: Ulrich Hoches *Führer durch Marburg und Umgebung*, 1912)

zugeeignet der
Philipps-Universität Marburg
Fraenkels Alma Mater
und auch die meine

Vorwort

Diese Geschichte spielt in Marburg und dort wurde sie ebenfalls entdeckt. 1999 fand ich im Antiquariat Bulang & Zorn, dem heutigen Wissenschaftlichen Antiquariat Zorn, die lang gesuchte dritte Auflage von Adolf Fraenkels *Einleitung in die Mengenlehre*. Sie war Bestandteil einer großen privaten Sammlung zur mathematischen Grundlagenforschung, die das Antiquariat just zu dieser Zeit angekauft hatte und aus der viele Bände umgehend Eingang in meine Bibliothek fanden. Für Bücherjäger ein seltenes Glück.

Im Falle von Fraenkels *Einleitung* hatten die beiden Antiquare auf dem Vorsatzblatt mit Bleistift handschriftlich vermerkt „Maßgebliche Auflage!", womit sie zweifelsohne Recht hatten. Das 71 Jahre alte Exemplar war in einem tadellosen Zustand und wog ob seiner aufwendigen Herstellung noch immer schwer in der Hand. Das Betasten der nach wie vor gestochen scharf bedruckten Seiten war ein haptisches Erlebnis. Der antiquarische Preis von 68 D-Mark war überaus angemessen. Ich hätte auch mehr gezahlt. Überglücklich darüber, eine der besten Darstellungen über die Grundlagenforschung in den ersten drei Jahrzehnten des 20. Jahrhunderts anhand eines eigenen Exemplars studieren zu können, wuchs meine Faszination für Fraenkel augenblicklich. Seine jederzeit präzisen und mit Umsicht vorgetragenen Beobachtungen zogen mich in ihren Bann. Noch mehr Eindruck hinterließ die philosophische Gründlichkeit, die seine eigene mengentheoretische Axiomatisierung begleitet. Mit großer argumentativer Sorgfalt wurde hier moderne formale Mathematik betrieben. Fortan sollte Fraenkel zu meinen Heroen zählen.

Erst Jahre später wurde mir klar, dass der Ort, an dem ich mein Exemplar der dritten Auflage erwarb, gerade einmal einen Steinwurf von jenem Ort entfernt lag, an dem Fraenkel als junger Student im Alter von 20 Jahren erstmals von der Mengentheorie hörte und an dem er sieben Jahre später seine allererste Vorlesung überhaupt sogleich zum selben Thema hielt. Es ist der Ort, an dem für ihn alles begann, was seinen Namen dauerhaft in die Geschichte der Mengentheorie einschreiben sollte. Zwischen dem oberen Ausgang des Hirschbergs am Markt und dem Haupteingang des Universitätsgebäudes liegen gerade einmal 100 m, was in der Marburger Oberstadt gefühlt in etwa derselben Höhenmeterdifferenz entspricht. Vom Antiquariat zur alten Universität benötigt man bergab nicht mehr als eine Minute, doch von Fraenkels Geschichte bis zu dieser Erzählung brauchte es ein ganzes Jahrhundert.

Großbreitenbach, Deutschland
Oktober 2022

Matthias Wille

Einleitung

> Er war nie nur Mathematiker.
> (Yehoshua Bar-Hillel)

Ein Buchstabe macht den Unterschied. Und es ist ein „F“. Seit nahezu 100 Jahren gehört der Name Adolf Fraenkels zum offiziellen Wortschatz der mathematischen Grundlagenforschung, denn ihm widerfuhr das Privileg der Taufe. Sprach man anfänglich von den Axiomen von „*Zermelo* und *Fraenkel*“,[1] so untersuchte man bald die Merkmale des „Zermelo-Fraenkelschen Axiomensystems“,[2] um zeitnah für diesen prominent gewordenen Gegenstand die griffige Formel „Zermelo-Fraenkel“,[3] kurz „*ZF*“, zu prägen. Selbst Kritiker sprechen anerkennend über diese „Zermelo-Fraenkelsche Axiomatik“.[4] So es überhaupt eine offizielle Taufe gab, erfolgte diese im Frühjahr 1930, als Ernst Zermelo seiner Untersuchung ohne Umschweife und mit Selbstverständlichkeit das „Zermelo-Fraenkelsche“ Axiomensystem der Mengenlehre zugrunde legt, um von diesem sogleich als dem „*ZF*-System“[5] zu sprechen. Seit nunmehr gut neun Jahrzehnten trägt die Standardmengentheorie diesen Namen – benannt nach ihren beiden Namengebern, Ernst Zermelo und Abraham Adolf Fraenkel.

Zermelo schuf mit seinen bahnbrechenden „Untersuchungen über die Grundlagen der Mengenlehre“[6] einst ein gewaltiges Werk, an dem sich Fraenkel Anfang der 1920er-Jahre über einen langen Zeitraum abzuarbeiten hatte, bis er mit seinen ehrerbietig gleichbetitelten und nicht minder beeindruckenden „Untersuchungen über die Grundlagen der Mengenlehre“[7] das System weitgehend in seine kanonische Fassung brachte. Es sind die Leistungen dieser Jahre, aufgrund derer wir ihn zu Recht „zu den bedeutendsten Vertretern der

---

[1] von Neumann (1925), 226 u. 227.

[2] Vieler (1926), 1; von Neumann (1928b), 678.

[3] von Neumann (1928a), 375; ders. (1929), 227 u. 228.

[4] Brouwer (1930), 10.

[5] Zermelo (1930), 29.

[6] Zermelo (1908b).

[7] Fraenkel (1925b).

Mengenlehre zu rechnen haben".[8] Während allerdings das mengentheoretische Werk Zermelos in den zurückliegenden 20 Jahren eine substantielle Aufarbeitung und beachtliche historiographische Wertschätzung erfahren hat,[9] gilt nichts dergleichen für das publizistisch ungleich umfangreichere Œuvre Fraenkels. Vor allem die mengentheoretischen Beiträge aus dessen Marburger Jahren als Dozent (1918–1928) haben in der Forschung wenig Beachtung erfahren. Dieses Versäumnis wird mit der vorliegenden Untersuchung behoben.

Ende der 1920er-Jahre ist Fraenkel auf dem Gebiet der Mengentheorie, „auf dem er sich durch seine selbständigen Forschungen rühmlich bekannt gemacht hat",[10] „längst eine anerkannte Autorität",[11] „a distinguished contributor to *Mengenlehre*".[12] Die *Einleitung in die Mengenlehre*, sein „ausgezeichnetes Lehrbuch",[13] erschien innerhalb eines Jahrzehnts in nicht weniger als drei Auflagen. In wirtschaftlich prekären Zeiten wurden weit mehr als 3000 Exemplare verkauft. „Das spricht bereits für den Wert des Buches".[14] Dabei hat er sich durch die exzeptionelle Qualität seiner Veröffentlichungen in den 1920er-Jahren, „einen so guten Namen auf dem Gebiet der Mengenlehre geschaffen, daß sich eine besondere Empfehlung" seiner 1927 erschienenen *Zehn Vorlesungen über die Grundlegung der Mengenlehre* „eigentlich erübrigt".[15] Seine „ausgezeichnete Darstellungskunst"[16] wird früh zu einem Qualitätsmerkmal Fraenkelscher Schriften, ebenso wie seine ausgewogene und vorurteilsfreie grundlagentheoretische Diplomatie. „Die Objektivität FRAENKELS bei der Auseinandersetzung der verschiedenen Auffassungen ist allgemein bekannt und anerkannt".[17] Nahezu jeder in der Mathematik kennt seinen Namen und nicht wenige kennen seine wegweisenden Beiträge zur Axiomatisierung der Mengentheorie. Aber kaum jemand kennt den Weg, der ihn zu diesen Meilensteinen führte – und dies trotz einer persönlich verfassten Lebensgeschichte, die autorisierte Quelle und substantielle Studie zugleich sein sollte.

Fraenkels Autobiographie *Lebenskreise*[18] erschien posthum. Sie erzählt auf eindringliche Weise die ersten, gut vier Jahrzehnte im Leben eines in der Kaiserzeit heranwachsenden jüdischen Mathematikers, der in den Jahren der Weimarer Republik zur wissenschaftlichen Reife gelangt und der als international bekannter Gelehrter Ende Februar 1933 Deutschland für immer verlässt. Mit Fraenkels dauerhafter Übersiedlung nach Palästina

[8] Pinl (1971/72), 180.

[9] Vgl. u. a. Ebbinghaus (2007a); ders. (2007b); ders. (2010a); Felgner (2010); Hallett (2010); Kanamori (2004); Peckhaus (2004); ders. (2008); Zermelo (2010).

[10] Zacharias (1928), 93.

[11] Ernst Neumann in einem Brief an Otto Toeplitz 1928. Zit. n. Fraenkel (1967), 104.

[12] Nagel (1929), 77.

[13] Menger (1929), 7.

[14] Riebesell (1930).

[15] Wolff (1927), 252 f.

[16] Scholz (1927), Sp. 2419.

[17] Kalmár (1930–32), 64.

[18] Fraenkel (1967).

enden seine niedergeschriebenen Erinnerungen. Die ursprünglich auf drei Bände angelegte Lebensbeschreibung blieb damit unvollendet.[19] Sein Leben war zutiefst durchdrungen von Religiosität, er lebte den Glauben und war im Handeln fest verwurzelt in den Traditionen des Judentums. Seine Autobiographie ist ein beeindruckendes, äußerst facettenreiches Zeugnis gelebten jüdischen Glaubens in Deutschland in den ersten drei Jahrzehnten des 20. Jahrhunderts. Für die jüdische Kulturgeschichte ist dieses Werk ohne jeden Zweifel eine eminent wertvolle Quelle.

Wer sich indes für die Genesis von Fraenkels wissenschaftlichem Werk, im Besonderen für eine Ätiologie seiner fundamentalen mengentheoretischen Ergebnisse interessiert, wird über weite Strecken der Lebensgeschichte enttäuscht. Lediglich drei (149–151) der insgesamt 208 Seiten widmet er seinen grundlegenden Beiträgen zur Mengenlehre und letztlich versagt er dem Leser jeglichen intimen Einblick in die Werkstatt seiner Gedanken. Der Anlass einer Autobiographie scheint ihm keine günstige Gelegenheit zu sein. „Von meiner wissenschaftlichen Arbeit zwischen 1919 und 1929 ist hier nicht der Ort, viel zu berichten".[20] In der nachfolgenden Fußnote verweist Fraenkel Interessenten auf den Festschriftband zu seinen Ehren, *Essays on the Foundations of Mathematics*.[21] Trotz der beeindruckenden, 23 Beiträge umfassenden Festschrift mit den vier Schwerpunkten axiomatische Mengentheorie, mathematische Logik, Grundlagen der Arithmetik und Analysis sowie Philosophie der Logik und Mathematik findet sich dort keine Darstellung seiner intellektuellen Entwicklung in besagtem Zeitraum. Wahrscheinlich hatte der Geehrte darauf auch überhaupt keinen gesteigerten Wert gelegt.

Ein durchaus sympathischer Zug – schließlich zeugt es von aufrichtiger Bescheidenheit, wenn man in Bezug auf die eigenen bahnbrechenden Resultate ohne jede Eitelkeit verfährt. Fraenkel liefert uns immerhin noch eine Auskunft, weshalb er bei Gelegenheit der selbst verfassten und damit autorisierten Lebensgeschichte nicht näher auf seine wissenschaftlichen Leistungen einzugehen gedenkt. „Ich will über meine verschiedenen Publikationen in den Jahren 1921 bis 1929 (bzw. 1931) nicht mehr erzählen, zumal viele in der dritten Auflage meiner „Einleitung in die Mengenlehre" (1928) verwertet worden sind".[22] Bei der Lektüre dieser Passage gewinnt man den Eindruck, als ob sich der Urheber der Zeilen selbst maßregelt, eine drohende Weitschweifigkeit nach bereits umfänglich geleisteten Auskünften zu vermeiden, und als interessierter Leser gerade an diesen Dingen blättert man sogleich verwundert zurück, um zu prüfen, was man alles gegebenenfalls übersehen hat. Dabei hatte der Autor bis dato gerade einmal eineinhalb Seiten in allgemeiner Diktion auf das ganze fragliche Jahrzehnt verwandt. Von einer drohenden Weitschweifigkeit kann keine Rede sein und viel erfahren hatte man auch noch nicht.

[19] Moshe D. Herr n. Cohen-Mansfield (2016a), 169.

[20] Fraenkel (1967), 147.

[21] Bar-Hillel et al. (1966).

[22] Fraenkel (1967), 151.

Der platzierte Verweis auf seine *Einleitung in die Mengenlehre* von 1928[23] war durchaus berechtigt. Immerhin findet sich in diesem, für die erste Hälfte des 20. Jahrhunderts maßgeblichen Lehrbuch zur mathematischen Grundlagenforschung eine systematisch bereinigte Darstellung von vielen seiner bedeutsamsten mengentheoretischen Ergebnisse. In theoretisch mustergültiger Form wird der zeitgenössische wissenschaftliche Erkenntnisstand aufbereitet. Die eigene mengentheoretische Forschung präsentiert sich nahezu makellos – getilgt sind alle unvollkommenen Zwischenschritte, beginnend mit ihren Ursprüngen. Es zählen einzig die aktuellsten Resultate. Was sich indes nicht findet, ist eine Ätiologie derselben. Wer sich dafür interessiert, über welche verschlungenen Pfade und intermediären Begebenheiten Fraenkels Gedanken einst entstanden, heranwuchsen und schließlich zur Reife gelangten, der wird weder in der maßgeblichen dritten Auflage der *Einleitung* noch in späteren Standardwerken fündig. Während der Mengentheoretiker in der 1953 erstmals erschienenen *Abstract Set Theory* kein einziges Wort darüber verliert,[24] begnügt er sich in der Überarbeitung des Werkes mit der knappen Bemerkung, der problematische Zermelosche Begriff der definiten Eigenschaft „requires some precisifying. [...] Since 1921 lively discussions around this concept have arisen which we need not go into here".[25]

Über die Genesis seines eigenen bahnbrechenden Lösungsvorschlags wird einmal mehr kein Wort verloren, ebenso wie in seinem zusammen mit Yehoshua Bar-Hillel und (in zweiter Auflage) Azriel Levy verfassten Werk *Foundations of Set Theory*, wo es schlicht lautet: „In 1921/22 [...] two different methods were offered for replacing in the axiom of subsets the vague notion of a definite statement by a well-defined, and therefore much more restricted, notion of a statement. The first method, proposed by Fraenkel, uses a certain notion of function".[26] Dabei wissen selbst ehemalige Weggefährten und Schüler sowie zeitgenössische Experten der Mengentheorie kaum etwas darüber, durch welche faszinierenden Überlegungen und beeindruckenden Argumentationen Fraenkel zur kanonischen Fassung seines mengentheoretischen Systems gelangte. Selbst sein ehemaliger Doktorand und späterer Koautor, der renommierte Mengentheoretiker Azriel Levy, räumte einst ein, er wisse „close to nothing on the development of Fraenkel's concept of definiteness".[27] Ähnlich wie in Israel gestaltete sich der Befund in Norwegen, wo einst Thoralf Skolem ein Jahr nach Fraenkel und unabhängig von diesem einen eigenen Präzisierungsvorschlag unterbreitete, der zusammen mit weiteren mengentheoretischen Einsichten zu einem engen, von wechselseitiger Sympathie und Wertschätzung getragenen persönlichen Kontakt führte, der bis zu Skolems Tod im Jahr 1963 währte.

---

[23] [*Einleitung*[3]].

[24] Vgl. [*Set Theory*[1]], §§ 1f., passim.

[25] [*Set Theory*[3]], 16.

[26] [*Foundations*[2]], 37. Vgl. zudem [*Foundations*[1]], 39f.

[27] Azriel Levy an den Autor in einer Mail vom 30. August 2003.

1923 repräsentierten beide nicht weniger als die mengentheoretische Avantgarde. Man könnte meinen, dass die Korrespondenz zwischen Marburg und Oslo bzw. später zwischen Jerusalem und Oslo (zwischenzeitlich Bergen) somit auch Fundstücke zur Definitheit enthält, die Hinweise auf die Gemengelage in ihren Arbeiten geben – immerhin genoss Skolem in den Augen Fraenkels „eigentlich das gleiche Anrecht auf Urheberschaft".[28] Doch einschlägige Archivalien aus dem Nachlass des norwegischen Logikers scheint es nicht zu geben. Jens Erik Fenstad, Schüler Skolems und für 35 Jahre Professor für mathematische Logik an der University of Oslo, konnte nur mitteilen „There is not much material left after Skolem".[29] Und auch in Bezug auf die Frage, ob er unabhängig der Nachlasssituation über Informationen zur Genesis der beiden Lösungsvorschläge verfügen würde, konnte er nur mitteilen, dass Skolem im persönlichen Gespräch mit ihm nie darauf zu sprechen kam. „I have no further information".[30] An Skolems langjähriger Wirkungsstätte konnten somit ebenfalls keine historiographischen Spuren zu Fraenkels frühen Beiträgen zur Mengenlehre sichergestellt werden. Heutzutage kennt man bestenfalls noch die systematisch bereinigte Fassung seines Axiomensystems, weitgehend unbekannt sind indes die verschlungenen und zum Teil spektakulären Pfade seiner Entstehung. Dabei enthüllt gerade die rationale Genesis von Fraenkels Arbeit am System die tieferen Vernunftgründe seines grundlagentheoretischen Weges.

In der vorliegenden Untersuchung richten wir dabei unseren Fokus auf die rigorose Tilgung von Zermelos ‚definit'-Redeweise, deren Ersetzung durch einen, über die Jahre heranwachsenden, sich stets weiter präzisierenden Vorschlag für eine induktive Definition des Funktionsbegriffs sowie die damit einhergehende Entfaltung von Fraenkels Verständnis einer operativen Axiomatik. Im Mittelpunkt der Marburger Jahre standen damit Antwortversuche auf die gereifte Frage, was wir eigentlich tun, wenn wir Mengen in ihrer Existenz postulieren. Mit der Arbeit am axiomatischen Prozess der Teilmengenbildung galt es zu durchdringen, durch welche Formen legitimen mathematischen Handelns Mengen gebildet werden. Dieser Vorgang der schrittweisen intellektuellen Klärung fand nicht nur seinen Niederschlag in etablierten Periodika oder annualen Vortragsforen, sondern auch in der Zusammenarbeit mit der Firma von Julius Springer, die just zu dieser Zeit in die Rolle des führenden Fachverlages für Mathematik hineinwuchs. Während Fraenkel Anfang der 1920er-Jahre sein Verständnis von operativer Axiomatik entwickelte und zu einem professionellen Mengentheoretiker heranreifte, wurde er durch die intensive Kooperation mit dem Springer Verlag zu einem versierten wissenschaftlichen Buchautor.

Diese Verbindung war kein akzidentelles biographisches Beiwerk in einer ansonsten reich bebilderten Wirkungsgeschichte, sondern sie wurde essenziell für die gesamte grundlegende Zeit in Marburg. Fraenkels Jahre an der Lahn erzählen zugleich eine in drei Akten verfasste Geschichte über mehr als 200 Briefe, die zwischen 1918 und 1928

[28] Fraenkel (1967), 150.

[29] Jens Erik Fenstad an den Autor in einer Mail vom 1. August 2003.

[30] Jens Erik Fenstad an den Autor in einer Mail vom 1. August 2003.

mit der Berliner Firma geteilt wurden.[31] Anfangs als geburtshelfender Verlag tätig, der als Bürge den Autor einführt und benennt,[32] wuchs Springer für den Marburger Mathematiker früh in die Rolle eines umsichtigen Förderers hinein, der das Werk zur Marke werden ließ und maßgeblich beitrug zur einsetzenden Fraenkel-Rezeption. Was der Autor für den Inhalt, war der Verlag für die Öffentlichkeit. Springer platzierte Fraenkel in der ersten Reihe. Dessen Erfolg in den 1920er-Jahren ist unauflöslich verbunden mit jenem Ort, welcher der *Einleitung in die Mengenlehre* erst einen sicheren publizistischen Platz in der Welt und schließlich ein äußerst komfortables verlegerisches Zuhause gab. Ebenso wie ihre Autoren besitzen auch Bücher ihre eigenen Biographien und jene von Fraenkels Bestseller kann ohne substantiellen Bezug auf den Verlag von Julius Springer nicht geschrieben werden.

Die benannte Geschichte erzählen wir von Beginn an. Da ein intelligibler Anfang selbst einer narrativen Einbettung bedarf, beginnt unsere Betrachtung nicht mit, sondern vor Fraenkel. Freilich kann man die Umstände, unter denen er 1911 erstmals in Marburg mit der Mengenlehre in Kontakt kam und die für seine weitere Entwicklung prägend werden sollten, als bloßes Faktum hinnehmen. Allerdings bleibt der nüchternen Feststellung ‚sic est' eine intentionale Struktur verborgen, die diesen Anfang besser verstehen hilft. Hier gibt es mehr zu entdecken, als bloße Zufälle. Deshalb setzt unsere Narration früher ein, um unter Aufbereitung einschlägiger Ereignisse und Protagonisten verständlich werden zu lassen, wie in den Jahren ab 1904 die aus Göttingen angereisten Mathematiker Otto Blumenthal,[33] Rudolf Fueter[34] und Ernst Hellinger[35] unter verschiedenen biographischen Vorzeichen mengentheoretisches Gedankengut mit an die Lahn brachten. Dies erfolgt eingebettet in die Aufarbeitung wahrscheinlicher Rezeptionsketten, möglicher Einflusssphären sowie des vor Ort anzutreffenden sozio-akademischen Rahmens, im Besonderen die Aktivitäten der seinerzeit erst jüngst gegründeten Mathematischen Gesellschaft Marburg. Wenn daher mittels eines wohlüberlegten ‚vielleicht' das vormals Unerklärte in Reichweite des Erklärbaren rückt, so ist der gezielt gebrauchte Konjunktiv ein vertretbarer Preis für das ätiologische Gelingen. Auch wenn so manche Überlegung nicht in den Indikativ gesetzt werden kann, lässt diese, im ersten Kapitel zu erzählende, Vorgeschichte besser verständlich werden, weshalb es im Sommersemester 1911 an der Universität Marburg eine einführende Vorlesung zur Mengenlehre gab[36] und es ist diese Veranstaltung, mit der für Fraenkel einst alles begann.

[31] Über Umfang und Aufbau des gesamten Briefwechsels bis 1952 informiert Wille (2023b).

[32] Vgl. Genette (1987), 50.

[33] Siehe 1.1.

[34] Siehe 1.2.

[35] Siehe 1.3.

[36] Siehe 1.4.

Das zweite Kapitel widmet sich dem Projekt der ersten Auflage der *Einleitung in die Mengenlehre* und seiner transitorischen Funktion, die aus einem didaktisch geschulten Vermittler einen forschenden Gestalter werden lässt. Bevor Fraenkel zu einem der führenden Mengentheoretiker seiner Zeit avancieren konnte, bedurfte es erst einmal einer eingehenden Bekanntschaft mit dem Gegenstand. Dieses Kapitel macht deutlich, dass der Autor zum Zeitpunkt der Niederschrift und Fertigstellung seines ersten eigenen Buchprojektes noch kein Mengentheoretiker war, sondern sich mit demselben auf der Suche nach einem neuen akademischen Profil befand. Dies geschieht inmitten welthistorischer Verwerfungen, dem Ende des Ersten Weltkrieges und der Gründung der ersten deutschen Republik. Für Fraenkel ist es eine Zeit der ungewohnten Rückkehr in ein ziviles Leben sowie der Aufnahme der ersten eigenen Lehrtätigkeit.[37] Begleitet wird diese Transformation des Soldaten hin zum Hochschullehrer durch die einsetzende Zusammenarbeit mit dem Verlag von Julius Springer,[38] durch die das Buchprojekt allererst klar konturierte Formen erfährt und dem Autor Zweifel über den Verlust der besten Jahre genommen werden. Am Ende steht mit der 156 Seiten starken *Einleitung in die Mengenlehre* ein erster Achtungserfolg,[39] an den es unmittelbar anzuknüpfen gilt.

Wäre es bei dem 1919 erschienenen Springer-Bändchen geblieben, wäre Fraenkels Name in der langen Autorenliste populärer Darstellungen verblieben. Die erste Auflage der *Einleitung* enthält keine genuin eigene Forschung, im Besonderen keine Hinweise auf jene mengentheoretischen Resultate, die ihn zum Mitnamengeber der Standardmengentheorie machen sollten. Diese Entwicklung setzt erst nach der Veröffentlichung der ersten Auflage ein und sie nimmt ihren Weg über das Mathematische Kolloquium Frankfurt am Main,[40] das als Vortragsort für Fraenkel in den Jahren 1920 bis 1922 eine unverzichtbare Rolle spielen sollte. Im dritten Kapitel rekonstruieren wir mithin, durch welche akademischen Umstände und persönlichen Kontakte Fraenkel zur eigenen mengentheoretischen Forschung gelangte. Bevor die Auseinandersetzung mit Zermelos Werk einsetzt, steht bei ihm bereits die Beschäftigung mit der Mengenlehre von Arthur Schoenflies und der Etablierung eines ersten kleinen Forschungsbeitrags.[41] Mag dieser auf den ersten Blick marginal erscheinen, so ist er für Fraenkel der Auftakt zur eigenen Forschung, die 1921 durch eine selbstbewusst auftretende Forschungsprogrammatik weithin sichtbar wird.

Die Beschäftigung mit Schoenflies' aktuellen Ergebnissen führte ihn um den Jahreswechsel 1920/21 zurück auf das Studium von Zermelos klassischer Arbeit.[42] Nachdem dessen Axiomatisierung 13 Jahre lang nahezu unberücksichtigt geblieben war, entwirft Fraenkel innerhalb weniger Monate eine Forschungsagenda, die er noch im selben Jahr

[37] Siehe 2.1.

[38] Siehe 2.2–2.4.

[39] Siehe 2.5.

[40] Siehe 3.1.

[41] Siehe 3.2.

[42] Siehe 3.3.

sowohl in Aufsatz- wie auch in Vortragsform präsentiert.[43] 1921 stellte der soeben noch mit sich selbst hadernde junge Mathematiker in vollem Bewusstsein und mit großem Selbstbewusstsein die Weichen für eine mengentheoretische Karriere, die für den Moment mehr durch Versprechen als deren Einlösung bestach. Es war eine Wette auf die eigene Zukunft und Fraenkel sollte diese Wette in den beiden nachfolgenden Jahren gewinnen. Mit der gebotenen Sorgfalt entfalten wir die wissenschaftsbiographischen und sozioakademischen Details jener Zeit, durch welche die intellektuellen Großtaten eines ‚definit'-Aufsatzes[44] oder eines *Scripta*-Beitrags[45] möglich wurden. Diesen Durchbrüchen ist das vierte Kapitel gewidmet. Wir zeichnen en détail den Weg vom ersten Unabhängigkeitsbeweis für das Auswahlaxiom zum Erfordernis einer präzisierten ‚definit'-Redeweise nach und legen dar, wie die repetitive Auseinandersetzung mit dem eigenen Funktionsbegriff zu einem Spiegel von Fraenkels ausgeprägtem grundlagentheoretischen Problembewusstsein wurde, in dem erst zaghaft und schließlich immer verbindlicher das Erfordernis für eine operative Axiomatik hervortrat. Diese konstruktive intellektuelle Rastlosigkeit manifestierte sich sozioakademisch in einem für Fraenkels Verhältnisse vortragsreichen Jahr 1922. Allein bei zwei dieser Gelegenheiten zählte kein Geringerer als David Hilbert zu den Zuhörern und so legen wir in diesem Kapitel ein entsprechendes Augenmerk auf diese beiden, wirkungsgeschichtlich keineswegs zu vernachlässigenden, Ereignisse in Göttingen[46] und Leipzig.[47]

Es war diese bedeutsame wissenschaftsbiographische Entwicklung der Jahre 1921/22, die ihm früh die Tür für eine Monographie in Richard Courants noch junger *Grundlehren*-Reihe[48] öffnete. Die erfolgreiche Zusammenarbeit mit dem Springer Verlag fand 1922/23 ihre Fortsetzung. Gemeinsam vollzog man einen Wandel und ließ aus dem populären Sachbuch ein akademisches Fachbuch werden, das in gebotener Ausführlichkeit auch über den erreichten Forschungsstand in der Präzisierung der ‚definit'-Redeweise informierte.[49] Mit der zweiten Auflage der *Einleitung* sollte Fraenkel ab Mitte der 1920er-Jahre für einen großen Adressatenkreis als mengentheoretischer Experte weithin sichtbar sein.[50] Die mit den Manuskripterweiterungen verbundenen Herausforderungen, einschließlich der intensiven Zusammenarbeit zwischen Autor und Verlag, werden hier eindringlich nachgezeichnet und bilden den ersten thematischen Hauptstrang des fünften Kapitels,[51] der die Episode der 1923er-Jahresversammlung der *Deutschen Mathematiker-Vereinigung* in Marburg

[43] Siehe 3.4.

[44] Fraenkel (1922b). Siehe 4.1.

[45] Fraenkel (1923). Siehe 4.3.

[46] Siehe 4.4.

[47] Siehe 4.2.

[48] [*Einleitung*²].

[49] Siehe 5.2.

[50] Siehe 6.1.

[51] Siehe 5.1 u. 5.5.

als zweiten einbettet.[52] Die Marburger Mathematik gelangte seinerzeit unter außergewöhnlichen politischen Entwicklungen in einzelnen Teilen der noch jungen Republik in die Rolle des gastgebenden Seminars und musste unter den äußerst schwierigen Bedingungen der grassierenden Hyperinflation eine bis zuletzt in ihrer Realisierbarkeit hinterfragten Jahrestagung organisieren. Fraenkels Marburger Vortrag zum Status quo der mathematischen Grundlagenforschung lässt bei dieser Gelegenheit erkennen, dass er die eigene mengentheoretische Forschung trotz all ihrer technischen Detailfinessen vor einem weitaus größeren Horizont aufgeklärt aufzuspannen weiß. Ein Mengentheoretiker mit philosophischem Gespür.

Die damit zum Ausdruck gebrachte argumentative Offenheit sollte seine weitere intellektuelle Entwicklung maßgeblich mitprägen. Neben der Vollendung noch offener technischer Fragen im Umgang mit seiner induktiven Definition des Funktionsbegriff[53] rückt in seinen letzten Marburger Jahren zunehmend mehr die unvoreingenommene Darstellung der zeitgenössischen Grundlagenpositionen in den Fokus seiner Aufmerksamkeit. Flankiert wird diese ausgewogene wissenschaftsphilosophische und mathematikhistorische Dienstleistung durch ein investigatives Bibliographieren des Themas, das Fraenkel zu einem umfassend Belesenen in der Sache werden ließ und uns eine Datenbank an Literatur bescherte, die für Generationen von Grundlagenforschern zu einem äußert wertvollen Werkzeug werden sollte. All dies findet zusammen nicht nur im gewaltigen Projekt der dritten Auflage der *Einleitung*,[54] sondern in Auszügen bereits im Jahr zuvor im Projekt der *Zehn Vorlesungen*.[55] Von dieser Vollendung berichtet das sechste Kapitel.

Damit endet die vorliegende Untersuchung, nicht jedoch Fraenkels wissenschaftliches Wirken. In der Mitte seines Lebens stehend wechselte er im Frühjahr 1928 nach Kiel, wo er als Ordinarius für Mathematik bis zur Machtübernahme der Nationalsozialisten lehren und forschen sollte. Anfang 1933 übersiedelt er schließlich dauerhaft nach Jerusalem, wo ihm weitere 34 produktive Lebensjahre vergönnt blieben.[56] Fraenkels Marburger Jahre reichen in ihrem Umfang bei Weitem nicht an dessen Jahrzehnte an der Hebrew University heran. Aber die Jahre an der Philipps-Universität bilden die Zeit seiner größten Produktivität, es sind die Semester seiner besten Ergebnisse und es ist die Epoche, in der vor allem durch seine an der Lahn geleistete Forschung die Mengentheorie wertvolle Impulse erfuhr. In diesem Sinne ist Fraenkels Marburger Zeit in doppelter Hinsicht ‚grundlegend'. Grundlegend für seinen eigenen weiteren Werdegang und grundlegend für die Mengentheorie, die dank seiner Forschung ein neues Maß an Strenge erreichte.

[52] Siehe 5.3 u. 5.4.

[53] Siehe 6.2.

[54] Siehe 6.4.

[55] Siehe 6.3.

[56] In Auszügen berichtet hierüber Wille (2023a).

Inhaltsverzeichnis

Vor Fraenkel: Mengenlehre in Marburg 1904–1911

1

1.1 Otto Blumenthal referiert in der Mathematischen Gesellschaft 1904

Das Wintersemester 1918/19 war ein ganz besonderes. Es begann, wie schon die acht vorangegangenen, im Krieg. Doch im Unterschied zu diesen endete es erstmals seit mehr als vier Jahren im Frieden. Am 29. September hatte Erich Ludendorff Kaiser und Reichsleitung darüber in Kenntnis gesetzt, dass der Krieg mit militärischen Mitteln nicht mehr zu gewinnen sei. Als am Tag drauf an der Philipps-Universität Marburg der Vorlesungsbetrieb begann, konnte zu diesem Zeitpunkt noch niemand wissen, dass im Verlaufe des Semesters ein Stück weit Normalität an die deutschen Universitäten zurückkehren würde.

Zurückgekehrt waren auch dieses Mal ehemalige Kriegsteilnehmer. Für die Studierenden unter ihnen stellte die Universität – wie bereits in den Semestern zuvor – besondere Einführungs- und Wiederholungskurse in Aussicht, um ihnen die Wiedereingliederung in das akademische Leben zu erleichtern. Sofern die Rückkehr in einen Alltag jenseits der Schützengräben überhaupt möglich war. Einer dieser Rückkehrer im Spätherbst 1918 war jedoch kein Student, sondern ein junger Privatdozent, der es gerade noch vor Ausbruch des Krieges zur Promotion geschafft hatte und der sich in seinem 50 Monate währenden Kriegsdienst[1] darüber hinaus zu habilitieren vermochte. Abraham Halevi Fraenkel, der damals noch seinen bürgerlichen Namen Adolf trug, kehrte an seine Alma Mater Philip-

Das vorliegende Kapitel ist eine überarbeitete und leicht erweiterte Fassung von Wille (2020b). Ich danke einem anonymen Kritiker, der mir Hinweise zur Verbesserung dieses ersten Kapitels über die *SieB*-Redaktion hat zukommen lassen.

[1] Fraenkel (1967), 128.

M. Wille, *Fraenkel*, https://doi.org/10.1007/978-3-662-66167-3_1

pina zurück und versuchte sich erstmals als akademischer Lehrer. Obwohl Dissertation[2] und Habilitation[3] algebraische Themen verhandeln und der junge Dozent inzwischen ein ausgewiesener Experte in der algebraischen Theorie der Ringe ist, widmet er seine erste große vierstündige Vorlesung einem Thema, das zu dieser Zeit noch lange nicht zum Kanon der akademischen Mathematik zählt und zu dem der Dozent auch noch mit keiner Silbe in Erscheinung getreten ist. Fraenkel liest in seiner ersten Vorlesung sogleich über „Mengenlehre".

Als der junge Privatdozent am Montag, den 18. November 1918, 16 Uhr zum allerersten Mal in seinem Leben das Katheder im Universitätsgebäude bestieg, konnte in diesem Moment wohl noch niemand erahnen, dass damit eine nahezu eine Dekade währende Phase der mengentheoretischen Grundlagenforschung in Marburg einsetzen sollte, die in Deutschland ihresgleichen suchte. Bis dahin besaß die Mathematik in der mittelhessischen Provinz überhaupt keine Tradition in der Grundlagenforschung, wenngleich mit Kurt Hensels Berufung 1902 immerhin die Zahlentheorie in dessen wissenschaftlich fruchtbarsten Jahren prosperierte, vor allem durch die Untersuchungen zu Themen der höheren Algebra und Determinantentheorie sowie dem detaillierten Ausbau seiner originellen Theorie der p-adischen Zahlen. Als Helmut Hasse 1921 an die Philippina wechselte, hatte mancher „nicht viel mehr als ein mitleidiges Lächeln dafür, daß man als junger Mathematiker Göttingen mit seiner altehrwürdigen Tradition den Rücken kehren könne, um sich einer so ausgefallenen Sache wie der Henselschen p-adik im kleinen Marburg zu widmen".[4] Aber Anfang der 1920er-Jahre entfaltete die Mathematik an der Lahn eine beachtliche Grundlagenforschung.

Zugetraut hätte man dies einem großen und in diesen Dingen versierten Institut wie etwa in Berlin, erwartet hätte man es vielleicht von Göttingen, dem Zentrum schlechthin. Mengentheoretische Geschichte wurde in den nachfolgenden Jahren aber vor allem an der Philipps-Universität geschrieben. Das kleine Marburg schickte sich an, es mit den Großen in der mathematischen Grundlagenforschung aufzunehmen. Dabei kam Göttingen eine mehr als nur kleine und darüber hinaus äußerst feine Rolle in der Vorgeschichte zu, denn mit Otto Blumenthal, Rudolf Fueter und Ernst Hellinger wirkten bereits im ersten Jahrzehnt des 20. Jahrhunderts drei Hilbert-Schüler in Marburg, die nicht nur mit der axiomatischen Methode bestens vertraut waren, sondern auch mit dem Entwicklungsstand der modernen Mengentheorie. Diese Kollegen kamen direkt vom Ort des Geschehens und so brachten sie als Augenzeugen Stück für Stück mengentheoretisches Gedankengut mit nach Marburg. Sie waren die Überbringer einer noch jungen Botschaft.

Wie andernorts wohl auch wurde an der Lahn das – wahlweise von Neugier oder Skepsis begleitete – Interesse an der Mengenlehre erneuert mit dem Erscheinen des vierten Heftes des 59. Bandes der *Mathematischen Annalen* am 15. November 1904. Diese Ausgabe enthielt auf drei Druckseiten einen Auszug aus einem an David Hilbert gerichteten

[2] Fraenkel (1914); (1915).

[3] Fraenkel (1916).

[4] Hasse (1950), 9.

Brief. Autor und Absender war Ernst Zermelo. Der Brief enthielt nicht weniger als einen „Beweis, daß jede Menge wohlgeordnet werden kann“[5] und damit die positive Antwort auf die von Hilbert vier Jahre zuvor in Paris formulierte Frage, ob das Kontinuum als wohlgeordnete Menge aufgefasst werden kann. Bekanntlich löste diese Veröffentlichung eine Kettenreaktion aus[6] und in Marburg bekam man all dies aus erster Hand mit, denn mit Otto Blumenthal, dem ersten Doktoranden Hilberts, war inzwischen ein zentrales Redaktionsmitglied der *Mathematischen Annalen* vor Ort. Für das Sommerhalbjahr 1904 und schließlich auch das Winterhalbjahr 1904/05[7] war er als akademischer Lehrer vertretungsweise nach Marburg gekommen, nachdem der zweite Ordinarius des dortigen mathematischen Seminars, Adolf Edmund Heß, Ende 1903 überraschend verstorben war. Auch wenn er einen „übereilten Abschied in Göttingen“[8] nehmen musste, um den neuen curricularen Pflichten pünktlich begegnen zu können, so nahm Blumenthal doch vor allem seine inzwischen umfangreich angewachsene Redaktionsarbeit mit, über die er Hilbert regelmäßig brieflich informierte.[9]

In exakt diese Zeit fällt die Veröffentlichung von Zermelos Beweis und umgehend hat ihm in seiner Funktion als Redakteur der *Annalen* „Borel einen entrüsteten Brief geschrieben“.[10] Diese Reaktion, die wahrscheinlich sogar etwas früher Zermelo erreicht haben dürfte,[11] besaß ein besonderes Gewicht, denn Blumenthal, der einst das Winterhalbjahr 1899/1900 sowie das Sommerhalbjahr 1900 zum Studium in Paris verbracht hat[12] und eine hohe Meinung von der französischen Mathematik pflegte, war im Besonderen ein großer Bewunderer Émile Borels. Dessen Lehrveranstaltungen hatten einen nachhaltigen Eindruck hinterlassen und aus der Sympathie zwischen beiden entwickelte sich schließlich eine „ungewöhnliche Freundschaft“.[13] Es war mithin nur naheliegend, dass Borel von der Redaktion aufgefordert wurde, seine Kritikpunkte vorzutragen,[14] damit sie als Erwiderung in den *Annalen* veröffentlicht werden konnten. Am 1. Dezember 1904[15] stellt dieser seine konzisen, gerade einmal eineinhalb Seiten umfassenden Anmerkungen zu den Prinzipien der Mengenlehre fertig und schickt sie Blumenthal zur Veröffentlichung. Er

[5] Zermelo (1904).

[6] Zu Zermelos Beweis, der Kritik daran sowie dessen Erwiderungen siehe umfassend Moore (1982), vor allem 85–150.

[7] Längere Zeit ging Blumenthal davon aus, dass er einzig für ein Semester vertreten würde. Vgl. Otto Blumenthal an David Hilbert in einem Brief vom 7. Mai 1904. In Rowe (2018), 100.

[8] Otto Blumenthal an Käthe und David Hilbert in einem Brief vom 26. April 1904. In Rowe (2018), 95.

[9] Vgl. Rowe (2018), 187–191.

[10] Otto Blumenthal an David Hilbert in einem Brief vom 15. November 1904. In Rowe (2018), 188.

[11] Vgl. Redaktion JDMV (1905a), 61.

[12] Vgl. Rowe (2018), 15.

[13] Rowe (2018), 16.

[14] Vgl. Rowe (2018), 189.

[15] Vgl. Borel (1905), 195.

kritisiert nicht die formale Korrektheit des Beweises, wohl aber zieht er in Zweifel, dass durch ihn erhellt wird, was es zu klären galt. Nach Auffassung Borels war Zermelo keineswegs die Klärung des Wohlordnungsproblems gelungen,[16] sondern er hatte lediglich gezeigt, dass sich dieses Problem als äquivalent erwies zu einem weiteren: der Behauptung des Auswahlprinzips. Der Beitrag erscheint im zweiten Heft des 60. Bandes, das am 14. März 1905 ausgegeben wurde, und liefert damit den Auftakt für eine Vielzahl weiterer Stellungnahmen. Die heraufziehende kontroverse Publikationsdynamik konnte Zermelo bereits im Herbst 1904 voraussehen. „Da wird sich noch eine hübsche Polemik in den Annalen entwickeln; aber ich fürchte sie nicht“.[17]

Neben Borels Replik erreichten die Redaktion wahrscheinlich zur selben Zeit weitere Erwiderungen. Nicht nur erschien die Stellungnahme des französischen Mathematikers im besagten *Annalen*-Heft zusammen mit Arthur Schoenflies' „Über wohlgeordnete Mengen“[18] und Felix Bernsteins „Über die Reihe der transfiniten Ordnungszahlen“,[19] die ebenfalls auf den Wohlordnungsbeweis kritisch Bezug nehmen. Die Repliken von Schoenflies und Bernstein müssen in Göttingen ebenso schnell eingetroffen sein wie jene Borels. Zermelo hatte sie in persönlicher Briefform bereits innerhalb weniger Wochen nach Fertigstellung des Beweises erhalten, denn Max Dehn berichtet er am 24. Oktober davon, „wie ich von den Spezialisten der Mengenlehre, von Bernstein, Schoenflies u. König mit Einwänden, vorläufig brieflich, bombardirt werde“.[20] Er reagiert umgehend und referiert bereits drei Wochen später, am 15. November 1904, in der Göttinger Mathematischen Gesellschaft „über einige neuere Resultate in der Mengenlehre“,[21] insbesondere über seinen jüngst gelungenen Beweis und „beleuchtet Einwendungen, die ihm von E. Borel, J. König, F. Bernstein und A. Schönflies gemacht sind“.[22] Der Referent gibt mithin „einen Überblick über die neuerdings unter den Mengentheoretikern entstandene Kontroverse, sowie über seine demnächst in den Mathematischen Annalen zu publizierende einschlägige Note“.[23]

Während Bernstein die Verzichtbarkeit des Auswahlaxioms feststellt, sofern man den von ihm eingeführten Begriff der vielwertigen Äquivalenz verwenden würde,[24] sieht Schoenflies die Gefahr von Antinomien, da dem Beweis eine nicht ausdrücklich hervorgehobene Annahme zugrunde liegt, die zu viel abzuleiten gestattet „und gerade deshalb ist sie un-

[16] Vgl. Borel (1905), 194.

[17] Zermelo an Max Dehn in einer Postkarte vom 27. Oktober 1904. In Ebbinghaus (2007b), 431.

[18] Schoenflies (1905).

[19] Bernstein (1905a).

[20] Zermelo an Max Dehn in einer Postkarte vom 27. Oktober 1904. In Ebbinghaus (2007b), 431.

[21] Redaktion JDMV (1905a), 61.

[22] Redaktion JDMV (1905a), 61.

[23] Mathematische Gesellschaft zu Göttingen, Protokollbuch Nr. II (Sommersemester 1896 – Wintersemester 1903/04), Bl. 119; Niedersächsische Staats- und Universitätsbibliothek Göttingen, Signatur: Cod. MS. Math. Archiv 49 : 2.

[24] Vgl. Bernstein (1905a), 193.

zulässig".[25] Zermelo wird bei der Gelegenheit seines Vortrags Mitte November wahrscheinlich jene Erwiderungen vorgetragen und einzeln abgearbeitet haben, die sich später auch veröffentlicht wiederfinden.[26] Während Schoenflies vornehmlich durch Missverständnisse zu seiner Kritik veranlasst wurde, unter anderem durch die Abwandlung einer notwendigen, aber nicht hinreichenden Bedingung hin zu einer notwendigen und hinreichenden,[27] besitzt die von Bernstein für seinen Begriff der vielwertigen Äquivalenz reklamierte Funktion bei weitem nicht die erforderliche Beweiskraft.[28] Zermelo, die *Annalen*-Redaktion und damit eben auch Blumenthal hatten in den letzten beiden Monaten des Jahres 1904 also alle Hände voll zu tun, um den immer zahlreicher werdenden Repliken gerecht zu werden.

All dies wäre hier nur einer Randnotiz würdig, wenn es keine Spuren im akademischen Leben Marburgs hinterlassen hätte und auf den ersten Blick sieht es auch ganz danach aus, denn in der Lehre stellte sich Blumenthal nach Kräften in den Dienst des mathematischen Seminars und kompensierte vor allem das Profil des verstorbenen Heß. Hier spielte die Mengentheorie keine Rolle. Es überrascht daher umso mehr, dass Blumenthal während seiner beiden Vertretungssemester neben den vereinnahmenden Lehrverpflichtungen sowie der intensiven Redaktionstätigkeit Zeit und intellektuelle Kraft für nicht weniger als sieben, thematisch beeindruckend diversifizierte Vorträge findet.[29] Mit diesen bringt er sich in die soeben gegründete Mathematische Gesellschaft zu Marburg ein und hat damit maßgeblich Anteil daran, dass dieses neue akademische Vortragsforum einen gelungenen Start verzeichnen kann. Bereits Anfang Mai 1904 lässt er David Hilbert brieflich von seinem anstehenden Engagement in der Sache wissen, denn die übersandten Notizen zu Integralgleichungen scheinen ihm ein vielversprechendes Material für das Vortragsforum zu sein. „Möglicherweise werde ich darüber in der hier zu gründenden Mathematischen Gesellschaft referieren".[30]

Als Blumenthal diese Zeilen verfasst, scheint die Gründung unmittelbar bevorgestanden zu haben, denn für das Sommerhalbjahr verzeichnet die Gesellschaft bereits zehn gehaltene Vorträge,[31] was einen späteren Beginn als Mai 1904 wenig plausibel erscheinen lässt. Gegründet wurde die Mathematische Gesellschaft zu Marburg unter dem Vorsitz von Kurt Hensel.[32] Neben den Dozenten des Faches sollen an den Veranstaltungen laut Gründungsansinnen auch „eine beschränkte Anzahl älterer Studenten teilnehmen",[33] was vermuten lässt, dass durch die Zusammenkünfte der Gesellschaft nicht zuletzt ein akade-

[25] Vgl. Schoenflies (1905), 182.

[26] Vgl. Zermelo (1908a), 111–128.

[27] Vgl. Schoenflies (1905), 181; Zermelo (1908a), 125.

[28] Vgl. Zermelo (1908a), 113.

[29] Vgl. Redaktion JDMV (1904c), 487; (1905b), 202.

[30] Otto Blumenthal an David Hilbert in einem Brief vom 7. Mai 1904. In Rowe (2018), 100.

[31] Siehe Redaktion JDMV (1904c), 487.

[32] Vgl. Redaktion JDMV (1904c), 487.

[33] Redaktion JDMV (1904c), 487.

misches Mikroklima geschaffen werden sollte, in dem fortgeschrittene Studierende mit potentiellen Promotionsthemen in Kontakt kommen und Examenskandidaten Ergebnisse aus ihren Doktorarbeiten vorstellen konnten. Geprägt wurden die Sitzungen aber vor allem durch die Vorträge mit Berichtscharakter, in denen die Lehrenden über hiesige und externe Forschungsbestrebungen referierten. Als Vorbild für dieses Unterfangen dürfte vor allem die Berliner Mathematische Gesellschaft gedient haben, die sich gerade einmal zweieinhalb Jahre zuvor, am 31. Oktober 1901, „im kleinen Hörsaal des Berliner Physikalischen Universitätsinstituts“[34] konstituiert hatte und die noch im selben Jahr bereits 56 Mitglieder zählte.[35] Unter den 38 Teilnehmern der konstituierenden Sitzung[36] befand sich auch Hensel,[37] der zu diesem Zeitpunkt noch als außerordentlicher Professor der Berliner Mathematik angehörte. Es wird für alle Anwesenden ein ganz besonderes Ereignis gewesen sein, mit dem Gründungsakt nunmehr ein kollegiales Forum für den wissenschaftlichen Austausch geschaffen zu haben. Für die neun Sitzungen im ersten akademischen Jahr des Bestehens verzeichnete die Gesellschaft eine durchschnittliche Zahl von 39 Teilnehmern.[38] Ein beachtlicher Zuspruch. Hensel nahm bis zu seiner Berufung nach Marburg nicht nur regelmäßig an den Sitzungen der Berliner Mathematischen Gesellschaft teil,[39] sondern brachte sich sogleich noch für die 6. Sitzung am 19. März 1902[40] mit einem Vortrag „Über analytische Funktionen und algebraische Zahlen“ ein.[41]

Es ist durchaus naheliegend, dass der zum Winterhalbjahr 1902/03 nach Marburg neuberufene Hensel, immer noch unter dem Eindruck der Berliner Gründung stehend, das selbige Anliegen für eine hiesige Mathematische Gesellschaft mitbringt. Nachdrücklich bestärkt wurde er eventuell durch den *Jahresbericht der Deutschen Mathematiker-Vereinigung*, der just in diesem Jahr, nach einer erfolgreichen ersten Dekade, in einem neuen Format auftrat und mit neuen Abteilungen aufwartete, um im Besonderen „das Bild der mathematischen Arbeit des In- und Auslandes zu vervollständigen“.[42] Von 1902 an finden sich in den Mitteilungen und Nachrichten des *Jahresberichts* nun auch „Berichte über die Thätigkeit der Akademien, Gesellschaften und Vereine, welche die mathematischen Wissenschaften pflegen und fördern“.[43] Die Institute und Seminare waren ausdrücklich dazu aufgefordert, ihre erfolgten Programme und Termine der Redaktion

---

[34] Redaktion JDMV (1902a), 71.

[35] Vgl. Vorstand der Berliner Mathematischen Gesellschaft (ed.), 1.

[36] Vorstand der Berliner Mathematischen Gesellschaft (ed.), 1. Abweichend zu den offiziellen *Sitzungsberichten* wurde im *Jahresbericht* der DMV für die Gründungssitzung indes die Anzahl von 41 Teilnehmer vermerkt. Vgl. Redaktion JDMV (1902a), 71.

[37] Vgl. Vorstand der Berliner Mathematischen Gesellschaft (ed.), 1.

[38] Vgl. Vorstand der Berliner Mathematischen Gesellschaft (ed.), 1, 2, 17, 25f., 33, 55.

[39] Vgl. Vorstand der Berliner Mathematischen Gesellschaft (ed.), passim.

[40] Vgl. Vorstand der Berliner Mathematischen Gesellschaft (ed.), 26.

[41] Hensel (1902); vgl. zudem Redaktion JDMV (1902b), 202.

[42] Gutzmer/von Dyck (1902), 3.

[43] Gutzmer/von Dyck (1902), 3.

zu melden. Nahezu monatlich erhalten die Leser nunmehr Informationen über die akademischen Aktivitäten, vor allem aus den Universitätsstädten des Deutschen Kaiserreichs.

Diese Dokumentationen informieren und inspirieren gleichermaßen, denn die regen akademischen Aktivitäten führen nun auch andernorts zu Neugründungen und verstärken damit einmal mehr katalytisch das Erfordernis eines eigenen festen Zirkels für die hiesigen Fachgelehrten. So fällt in diese Zeit etwa die am 14. Februar 1902 gegründete Mathematisch-physikalische Gesellschaft zu Münster i. W.[44] sowie die am 14. Januar 1904 initiierte Mathematische Gesellschaft in Wien, deren Gründung ausdrücklich „mit dem Ziel der Pflege der reinen und angewandten Mathematik durch Vorträge, Referate usw.“[45] einhergeht. Durch Gründung einer örtlichen mathematischen Sozietät – sofern man nicht bereits über eine solche verfügte – entsprach man also ganz dem Zeitgeist. Für die akademische Sichtbarkeit des eigenen Seminars war es mithin von großem Wert, wenn die Institution oder die Stadt durch die Aktivitäten eines fachwissenschaftlichen Forums im *Jahresbericht* präsent gehalten wurde. Die Gründung einer ortsansässigen mathematischen Gesellschaft verfolgte damit sowohl intellektuelle als auch strategische Ziele.

Schließlich schmückt ein solches Forum nicht nur die so beschenkte Universitätsstadt, sondern es dokumentiert auch nach außen eine rege Forschungstätigkeit der Fachkollegen vor Ort und es war der *Jahresbericht der Deutschen Mathematiker-Vereinigung*, der ab 1902 den hierfür entsprechenden publizistischen Platz bereitstellte. Was der großen Berliner Mathematik gut stand, würde nicht minder der kleinen Marburger Mathematik gut zu Gesicht stehen. Die Zeit von ca. drei Semestern, die zwischen Ankunft und Gründung liegt, unterstützt diese Annahme, denn nicht nur warteten auf Hensel an seiner neuen Wirkungsstätte dringlichere Aufgaben als die Gründung eines fachwissenschaftlichen Vortragsforums und zudem galt es das Anliegen allererst mit den bereits vor Ort befindlichen Kollegen, vor allem dem zweiten Ordinarius Adolf Edmund Heß, dem weiteren Mitdirektor des mathematischen Seminars, zu besprechen. Als dieser Weihnachten 1903 überraschend verstirbt, übernimmt Hensel als einziger verbliebener Direktor die Geschicke des mathematischen Seminars und kann damit im darauffolgenden Frühjahr alleinverantwortlich das Gründungsanliegen vorantreiben. Nachdrücklichen Zuspruch hat er in dieser Zeit eventuell auch von Rudolf Fueter erhalten, dem die Institution einer Mathematischen Gesellschaft aus seiner Göttinger Studienzeit bestens vertraut war. Fueter arbeitete seit Mitte 1903 in Marburg an seiner Habilitation und dürfte mithin als angehender Hochschullehrer ein professionelles Interesse an einer solchen Diskussionsplattform für Forschungsfragen gehabt haben. Wir werden auf ihn weiter unten zurückkommen.

Damit diese initiierten Aktivitäten im akademischen Leben der Universität entsprechend sichtbar werden und darüber hinaus nicht bereits wieder nach kurzer Zeit zum Erliegen kommen, bedarf es von Beginn an vieler und vielfältiger Beiträge. In einem so überschaubaren mathematischen Kosmos wie jenem der Philippina, der kurz zuvor auch noch eine zentrale Lehrkraft verloren hat, ist das ein mehr als ehrgeiziges Anliegen. Da

[44] Vgl. Redaktion JDMV (1904b), 385.

[45] Redaktion JDMV (1904a), 135.

kommt Otto Blumenthal gerade zur richtigen Zeit. Dieser wird nicht nur umgehend für zwei Vorträge im Sommerhalbjahr verpflichtet,[46] sondern er hält im gesamten akademischen Jahr 1904/05 ein Drittel aller 21 Vorträge und repräsentiert damit den größten Aktivposten der jungen Mathematischen Gesellschaft. Selbst Hensel, der sich ebenfalls nach Kräften einbringt, wird im Ganzen „nur" sechs Vorträge halten.[47] Der Rest verteilt sich auf fünf weitere Referenten. Blumenthal und Hensel sind also im Wesentlichen die Garanten für einen erfolgreichen Start. Welch wichtige Rolle der Vertreter für die Gründungszeit der Gesellschaft hatte, zeigt sich bei einem Blick auf die Zeit nach seinem zweisemestrigen Gastspiel. Die Vortragsdichte der nachfolgenden Semester sinkt umgehend und deutlich. Weder das akademische Jahr 1905/06 mit seinen insgesamt zwölf Vorträgen[48] noch 1906/07 mit insgesamt elf Terminen[49] konnte an die Aktivitäten der Gründungszeit anschließen. Das gilt gleichermaßen für die dokumentierte spätere Zeit.[50] So sind auch für das akademische Jahr 1909/10 im Ganzen nicht mehr als zwölf Vorträge vermerkt.[51]

Das Erstaunliche geschieht nun im Winterhalbjahr 1904/05, in dem die Mathematische Gesellschaft routiniert „monatlich 2 Sitzungen"[52] abhält und bei einer Gesamtdauer von einem halben Jahr (15. Oktober 1904 bis 15. März 1905) damit auf insgesamt elf Vorträge[53] kommt – das mit Abstand stärkste Semester der Mathematischen Gesellschaft. Nachdem Hensel, wahrscheinlich in der zweiten Oktoberhälfte, den ersten Vortrag des neuen Semesters „Über die invarianten Charaktere der Diskriminanten von Zahlen desselben Körpers"[54] gehalten hat, ist einmal mehr Blumenthal mit dem ersten seiner insgesamt fünf Vortragstermine an der Reihe. Gegenstand ist weder ein Thema aus seiner eigenen Forschung noch ein Topos, der sich ausgehend der laufenden Lehrverpflichtungen anbieten würde. Nichts dergleichen. Stattdessen trägt er völlig überraschend über „Grundzüge der Mengenlehre"[55] vor. Damit der Besonderheiten noch nicht genug, beschränkt sich sein Referat über das ungewöhnliche Thema nicht auf den Termin Ende Oktober/ Anfang November. Für seine Darstellung wird er den gesamten November und eventuell noch den ersten Dezembertermin in Anspruch nehmen, denn es handelt sich bei seinen Überlegungen zu Grundzügen der Mengenlehre um nicht weniger als einen „Zyklus von 3

[46] Vgl. Redaktion JDMV (1904c), 487.

[47] Vgl. Redaktion JDMV (1904c), 487; (1905b), 202.

[48] Vgl. Redaktion JDMV (1906a), 64; (1906c), 537.

[49] Vgl. Redaktion JDMV (1906c), 537; (1907a), 324.

[50] Für die dazwischenliegenden fünf Semester findet sich im *Jahresbericht der Deutschen Mathematiker-Vereinigung* keine Dokumentation. Es bleibt daher offen, ob die Aktivitäten der Gesellschaft temporär ruhten oder ob Veranstaltungen gehalten, aber nicht gemeldet wurden.

[51] Vgl. Redaktion JDMV (1910e), 144.

[52] Redaktion JDMV (1905b), 202.

[53] Vgl. Redaktion JDMV (1905b), 202.

[54] Redaktion JDMV (1905b), 202.

[55] Redaktion JDMV (1905b), 202.

Vorträgen".[56] In der Mathematischen Gesellschaft zu Marburg wird es im November 1904 kein anderes Thema gegeben haben als Mengentheorie und es wird zu den bestimmenden Topoi bis zum Ende des Jahres zählen. Die Mengentheorie war in Marburgs akademischer Mathematik angekommen.

Bedauerlicherweise ist uns nicht mehr überliefert als das bereits Vermerkte, d. h. jede weitere Überlegung zu den möglichen Inhalten verbleibt bis auf Weiteres ungeprüft. Allerdings begünstigt der Kontext die eine oder andere Vermutung, was Gegenstand des Vortragszyklus gewesen sein könnte. Beginnen wir mit dem Indiz des Gesamtumfangs. Wenn die Betrachtungen zur Mengentheorie einzig dem Nachzeichnen etablierter Grundzüge gewidmet gewesen wäre, hätte Blumenthal zum einen auf eine Vielzahl von weithin bekannten Studien wie etwa „Die Entwickelung der Lehre von den Punktmannigfaltigkeiten"[57] von Arthur Schoenflies aus dem *Jahresbericht* oder zeitgenössischer Untersuchungen wie beispielsweise dessen Beiträge zur Theorie der Punktmengen[58] verweisen können, die jüngst in den *Annalen* erschienen waren. Hochwertige Literatur zur Mengentheorie bis 1904 gab es inzwischen reichlich und das Geben eines Überblicks wäre für ein Fachpublikum problemlos im Rahmen eines einzelnen Vortrags möglich gewesen. Eine Fortsetzung hätte ein solches Ansinnen nicht erforderlich gemacht, von einer Vortragsreihe von drei Vorträgen ganz zu schweigen. Das nährt die Vermutung, dass der Referent ein Ziel im Blick hatte, dessen Realisierung zwingend ein überaus sorgfältiges Vorgehen erforderlich machte, weil es andernfalls bestehende Zweifel nicht zerstreut oder bestehende Kontroversen nicht geschlichtet hätte.

Zermelos Beweis des Wohlordnungssatz wäre exakt ein solcher Kandidat gewesen. Er polarisierte und er war ohne zusätzliche, nicht minder kontroverse Voraussetzungen nicht zu haben. Einem Referenten hätte all dies in der sorgfältigen Aufbereitung viel abverlangt. Frappant ist darüber hinaus freilich die Koinzidenz zwischen Blumenthals Vorträgen zur Mengenlehre und der Veröffentlichung von Zermelos Beweis des Wohlordnungssatzes in den *Annalen*. Zermelos Brief an Hilbert ist auf den 24. September datiert[59] und er wird nicht nur schnell seinen Weg von Hannoversch Münden in das lediglich 25 km entfernte Göttingen gefunden haben, sondern in seinem veröffentlichten Auszug auch zügig in die *Annalen*-Redaktion gelangt sein. Hilbert wird nicht zuletzt gegenüber Blumenthal auf eine zügige Veröffentlichung gedrängt haben. Davon zeugt die dem Titel zugesetzte Bemerkung „Aus einem an Herrn Hilbert gerichteten Briefe",[60] die darauf schließen lässt, dass der Herausgeber dem Autor keine zusätzliche Zeit für eine Aufbereitung in konventioneller Aufsatzform einzuräumen gedachte. Die Angelegenheit war zu wichtig und musste unbedingt noch im letzten Heft der *Annalen* im Jahr 1904 Berücksichtigung finden.

[56] Redaktion JDMV (1905b), 202.

[57] Schoenflies (1900).

[58] Vgl. Schoenflies (1903); (1904).

[59] Vgl. Zermelo (1904), 516.

[60] Zermelo (1904), 514.

Der Grund hierfür war allgemein bekannt. Blumenthal, Hilbert und Zermelo waren vor Ort, als Julius König am 9. August auf dem *Dritten internationalen Mathematiker-Kongress* in Heidelberg einen Vortrag „Zum Kontinuum-Problem“[61] hielt. Die Präposition im Titel täuschte erheblich über den bahnbrechenden Anspruch hinweg, der sich dahinter verbarg. Es war dieser Vortrag, welcher der großen Tagung „eine ganz besondere Überraschung“[62] bescherte. Entsprechend erstaunt dürften alle Anwesenden gewesen sein, als sie erfuhren, dass König im Verlauf seines „verblüffend“[63] wirkenden Vortrags nichts anderes als einen Lösungsvorschlag für Hilberts erstes Problem – die Klärung der Kontinuumshypothese – präsentieren würde.[64] König kam zu dem Ergebnis, dass die Mächtigkeit des Kontinuums weder gleich Aleph_1 ist noch überhaupt unter den Aleph-Zahlen vorkommt. Ein Ergebnis, das auf den anwesenden Georg Cantor „geradezu erschütternd“[65] wirkte und nicht nur auf diesen. Damit konnte König zudem die Behauptung Cantors zurückweisen, dass jede wohldefinierte Menge – so auch die Menge der reellen Zahlen – in die Form einer wohlgeordneten Menge gebracht werden kann.[66]

Vier Jahre zuvor in Paris schien es für Hilbert noch „höchst wünschenswert, *einen direkten Beweis dieser merkwürdigen Behauptung von* CANTOR *zu gewinnen*“,[67] wobei „merkwürdig“ hier nicht im Sinne von ‚sonderbar‘, sondern von ‚bemerkenswert‘ zu verstehen war. Schließlich war der Wohlordnungssatz für den Schöpfer der Mengentheorie nicht nur grundlegend und folgenreich, sondern aufgrund seiner Allgemeingültigkeit auch ein besonders merkwürdiges Denkgesetz.[68] Mehr noch. Für ihn „war es eine Art Dogma seines mengentheoretischen Wissens und Glaubens“.[69] Dieser „ergriff damals das Wort in tiefster Bewegung. Es kam darin auch ein Dank gegen Gott vor, daß er ihm vergönnt habe, diese Widerlegung seiner Irrtümer zu erleben“.[70] Die ebenfalls Anwesenden Hilbert, Schoenflies und Zermelo dürften nicht weniger konsterniert, dafür aber alles andere als überzeugt gewesen sein. Zumindest bei letzterem wich die Verblüffung sogleich dem handfesten Zweifel, die verwendete Bernsteinsche Alefrelation könnte bei genauerer Betrachtung alles zu Fall bringen. In den Augen Zermelos konnte sich König „gratuliren, dass in Heidelberg die Bibliothek so früh geschlossen wurde; er hätte sich sonst ev. noch in persona blamirt“.[71] Die Kritiker des Vortrags mussten sich also gedulden, bis sie in Bernsteins Dissertation nachschlagen konnten. Nach außen hin musste Cantor die präzise

[61] Revidiert König (1905a); (1905b).

[62] Kowalewski (1950), 198.

[63] Schoenflies (1922b), 100.

[64] Vgl. u. a. Ebbinghaus (2007a), 50–53.

[65] Kowalewski (1950), 202.

[66] Vgl. u. a. Cantor (1883), 550.

[67] Hilbert (1900), 299.

[68] Vgl. Cantor (1883), 550.

[69] Schoenflies (1922b), 100.

[70] Kowalewski (1950), 202.

[71] Zermelo an Max Dehn in einer Postkarte vom 27. Oktober 1904. In Ebbinghaus (2007b), 431.

entwickelte Beweisführung (für den Moment) anerkennen, gleichwohl hielt auch er das bewiesene Ergebnis nicht für richtig.[72] Der Erfinder der Mengentheorie trug sich mit dem Gedanken, im Einzelfall einen Unterschied zwischen mathematischer Wahrheit und formaler Bewiesenheit zuzulassen. Gegenüber Vertrauten bekundete er scherzhaft, „er hege kein Mißtrauen gegen den König, nur gegen seinen Minister".[73]

Der Vortrag sorgte umgehend für viel Aufsehen. „Die ganzen Ferien war eigentlich von nichts anderem die Rede".[74] Sogar die Zeitungen griffen das Ereignis auf[75] und auch der „Großherzog von Baden ließ sich durch Felix Klein über diese Sensation berichten".[76] Der Heidelberger Kongress bildete den „Höhepunkt des Interesses, das die mathematische Welt den mengentheoretischen Problemen entgegenbrachte".[77] Gerhard Kowalewski erinnert sich,[78] dass es Zermelo gewesen sei, der bereits am Folgetag die Unhaltbarkeit der Beweisführung offenlegte,[79] während Arthur Schoenflies einzig die – nachweislich dokumentierte – „exakte Prüfung"[80] durch Hausdorff kurze Zeit nach dem Kongress zur Sprache bringt. Ob es nun zuerst Zermelo war bzw. die entscheidende Einsicht bereits tags darauf gewonnen wurde – feststeht: Es gab erheblichen Widerspruch, auch von Zermelo, und es sollte sich schnell herausstellen, dass ein im Beweis benutztes Theorem problematisch[81] und damit Königs Widerlegung der Kontinuumshypothese gescheitert war. Die Heidelberger Ereignisse bereicherten so manche Mathematikerbiographie, auch jene Kurt Hensels. Der Marburger Professor nahm nicht nur am Kongress teil,[82] sondern auch an der außergewöhnlichen Begebenheit eines informellen Nachkongresses, der sich per glücklicher Fügung ergab und dessen allesbestimmendes Thema die Zusammenkunft zu einer maximal verdichteten Fachkonferenz über Mengentheorie werden ließ. Kein zweites Mal in seinem Leben wird der Schöpfer der p-adischen Zahlen einen derart intensiven Kontakt mit der kontroversen Disziplin erfahren haben. Und all dies im August 1904.

Hensel gehörte einer kleinen und höchst erlesenen Gruppe von Mathematikern an, die nach dem Kongress für einige Tage im Berner Oberland durch Zufall zusammenfand. Bei der Gelegenheit dieses unverhofft schnellen Wiedersehens konnte man sich gleichermaßen ausführlich wie eindringlich über das Geschehene austauschen. Vor allem für Georg Cantor, der wie kein anderer von den Entwicklungen betroffen war, bot dieser Gesprächskreis

[72] Vgl. Schoenflies (1922b), 100.

[73] Zit. n. Schoenflies (1922b), 100.

[74] Zermelo an Max Dehn in einer Postkarte vom 27. Oktober 1904. In Ebbinghaus (2007b), 431.

[75] Vgl. Kowalewski (1950), 202.

[76] Kowalewski (1950), 202.

[77] Schoenflies (1922b), 100.

[78] Lt. „Verzeichnis der Kongreßmitglieder" (siehe Krazer (1905), 16) nahm Kowalewski allerdings nicht am Kongress teil.

[79] Vgl. Kowalewski (1950), 202.

[80] Schoenflies (1922b), 101.

[81] Siehe König (1905a), 146f.; (1905b), 179f.

[82] Vgl. Krazer (1905), 15.

im Refugium der Schweizer Alpen die Möglichkeit zur Selbstvergewisserung. Arthur Schoenflies erinnert sich. „An die Heidelberger Tagung schloß sich eine Art Nachkongreß in Wengen. Hilbert, Hensel, Hausdorff und ich selbst fanden sich dort zufällig zusammen. Cantor, der ursprünglich in der Nähe weilte, kam alsbald, da ihn ständig das Bedürfnis nach Aussprache erfüllte, zu uns herüber".[83] Mit Cantor, Hausdorff und Schoenflies zählten die drei renommiertesten Mengentheoretiker zu dieser exklusiven Gesellschaft und mit Hilbert einer der größten Namen überhaupt. Man kann es sich lebhaft ausmalen, wie die geballte Expertise dieser kaum besser besetzbaren Expertenrunde alles Revue passieren ließ und stetig auf die Analyse des einen Beweises zulief. „Im Mittelpunkte unserer Gespräche stand immer wieder der Königsche Satz".[84]

Der Marburger Mathematiker dürfte nahezu der einzige aus dieser Gruppe gewesen sein, der sich der Annehmlichkeit des puren Genusses der vorherrschenden intellektuellen Stimmung hingeben konnte. Im Unterschied zu den vier anderen aus dem Kreis war er nicht unmittelbar betroffen. Der engagierte Einsatz der beiden Mengentheoretiker Hausdorff und Schoenflies erklärte sich von selbst, ebenso jener von Hilbert. Dieser hatte nicht nur drei Jahre zuvor die hier nicht minder im Mittelpunkt stehende Dissertation von Felix Bernstein betreut, sondern für ihn als Spiritus Rector der maßgeblichen zeitgenössischen Probleme der Mathematik stand nicht weniger als das erste derselben auf dem Spiel. Für Hensel werden die intensiv geführten Debatten in diesem äußert privaten Umfeld unvergessliche Momente gewesen sein. Vielleicht zählte zu diesen auch jener dramatische „Augenblick, als Cantor eines Morgens in aller Frühe in dem Hotel erschien, in dem Hilbert und ich wohnten, im Frühstückssaal geraume Zeit auf uns wartete, um überreif zur Aussprache, wie er war, uns und der Umwelt sofort eine neue Widerlegung des Königschen Theorems vorzuführen".[85] In den Erinnerungen von Schoenflies waren derartige Momente bezeichnend für Cantors Persönlichkeit und wirkten im Ganzen an einem Lebensbild, „das für ihn einnimmt".[86]

Die Intensität dieser außergewöhnlichen Diskussionskultur kulminierte schließlich in Felix Hausdorffs rigoroser Bestimmung des exakten Gültigkeitsbereichs von Bernsteins Alefrelation – ein Resultat, „zu dem er schon in Wengen gelangte".[87] Letzte Verbindlichkeit konnte Hausdorff freilich erst nach seiner Rückkehr und einem prüfenden Blick in Bernsteins Dissertation erhalten, aber die zentrale Erkenntnis musste bereits in den Schweizer Alpen gewonnen worden sein, denn er „hatte in diesem Sinn, soweit ich es ohne Benutzung der Bernsteinschen Arbeit konnte, schon von unterwegs an Herrn König geschrieben, aber keine Antwort erhalten".[88] Rückblickend hatte ihn das Problem „in

[83] Schoenflies (1922b), 100.

[84] Schoenflies (1922b), 100f.

[85] Schoenflies (1922b), 101.

[86] Schoenflies an Bieberbach in einem Brief vom 4. November 1921. Quelle: Bl. 075, Akte E 4/24; Universitätsarchiv Freiburg.

[87] Schoenflies (1922b), 101.

[88] Hausdorff an Hilbert in einem Brief vom 29. September 1904. Zit. n. Ebbinghaus (2007b), 429.

Wengen beinahe wie eine Monomanie geplagt".[89] Vor allem Cantor dürfte eine zentnerschwere Last von der Seele gefallen sein, als er von der Korrektheit der Hausdorffschen Analyse erfuhr. Noch zwei Jahrzehnte später sollte sich Fraenkel von diesen Entwicklungen beeindruckt zeigen. Von Schoenflies' Erinnerungen an Cantor faszinierten ihn diese vor allem. „Besonders interessant sind die Vorgänge auf und nach dem Heidelberger Kongreß 1904".[90]

Zum Ende des Jahres 1904 legte Hausdorff im *Jahresbericht* seine konzise Analyse des fehlerhaften Beweises vor[91] und machte damit wenig Hoffnung, dass dieser Beweisversuch reparabel sei. Schließlich hatte König in Heidelberg immerhin gezeigt, dass andernfalls „das paradoxe Resultat folgen *würde, daß die Mächtigkeit des Kontinuums kein Aleph sei, und daß es Kardinalzahlen gebe, die größer als jedes Aleph sind*".[92] Königs Ponens war mithin Hausdorffs Tollens. Eine argumentative Pattsituation resultierte freilich nicht, die Beweiskraft lag auf Hausdorffs Seite. Die Ereignisse und die mit ihnen einhergehenden Scharfstellungen machten gleichwohl aufs Neue deutlich, dass es trotz der fortgeschrittenen Akzeptanz von Cantors Mengenlehre nach wie vor hoch umstrittene Theoriebausteine gab, an denen sich die mathematischen Geister schieden. König meinte, mit dem Wohlordnungssatz einen kontraintuitiven Sachverhalt zurückgewiesen zu haben und für Hilbert, Zermelo, Hausdorff und andere machte die Widerlegung dieser gescheiterten Kritik einmal mehr nur deutlich, dass es dringend eines ordentlichen, rundum abgesicherten Beweises dieser notablen Behauptung bedurfte. Die Prioritäten waren damit klar.

Auf Blumenthal, der ebenfalls am Heidelberger Kongress teilnahm,[93] muss dies einen eminenten Eindruck gemacht haben, der sich zur Bewunderung auswuchs, als er Ende September Zermelos Beweis in den Händen hielt. Ausgelöst durch Königs Aufsehen erregenden Vortrag liefert ein Göttinger Kollege innerhalb weniger Wochen die langersehnte Lösung des Problems. Just zu dem Zeitpunkt, als Hensel mit ihm das Programm für das Winterhalbjahr in der Mathematischen Gesellschaft abgesprochen haben dürfte, muss Blumenthals mathematisches Denken erheblich bestimmt worden sein von den jüngsten Entwicklungen in der Mengentheorie. Da erging es ihm nicht anders als Hensel, bei dem neben den Heidelberger Ereignissen vor allem die weitere eindringliche Entwicklung der Geschichte im Schweizerischen Wengen nachwirkte. Die beiden maßgeblichen Referenten der Marburger Mathematischen Gesellschaft standen unter dem Eindruck der jüngsten Entwicklungen und werden ein beachtliches Interesse verspürt haben, die komplexe mengentheoretische Konstellation detailliert zu rekonstruieren. In diesem Ansinnen unterstützt haben dürfte sie darüber hinaus der Marburger Privatdozent Friedrich von Dalwigk, der ebenfalls am Heidelberger Kongress teilgenommen hatte.[94] Damit besaßen mindestens

[89] Hausdorff an Hilbert in einem Brief vom 29. September 1904. Zit. n. Ebbinghaus (2007b), 429.

[90] Fraenkel (1925/28a).

[91] Vgl. Hausdorff (1904), 570f.

[92] Hausdorff (1904), 571.

[93] Vgl. Krazer (1905), 11.

[94] Vgl. Krazer (1905), 13.

drei zentrale Figuren der Marburger Mathematischen Gesellschaft ein gleichermaßen persönliches wie akademisches Interesse an der Aufarbeitung der mengentheoretischen Situation im Umfeld des Wohlordnungssatzes. Eine komplexe Angelegenheit.

Als Blumenthal Zermelos Postsendung vorliegen hatte, wird ihn nicht nur die Eleganz des Beweises beeindruckt haben, sondern auch die Souveränität, mit der Zermelo die Verwendung des Auswahlprinzips legitimiert. Dieses „läßt sich zwar nicht auf ein noch einfacheres zurückführen, wird aber in der mathematischen Deduktion überall unbedenklich angewendet".[95] Mit dieser schlanken, gänzlich unprätentiösen Rechtfertigung führte Zermelo seine Leser auf das Grundsätzliche schlechthin in der Mengentheorie: die Frage nach dem Status der beweisermöglichenden Begründungsmittel. Fundamentaler konnte es kaum werden. Blumenthal muss dies sehr bewegt haben. Noch Mitte November kommt er gegenüber Hilbert darauf zu sprechen, als er Borels Kritik, frei von jeder Unsicherheit, einordnet. „Aber es wird ja Zermelo nur freuen, in dieser Weise angegriffen zu werden, da er ja gerade in einer Erwiderung zeigen wollte, dass ohne dieses Postulat überhaupt kein – oder fast kein – Beweis in der Mengenlehre möglich ist".[96]

Bedenkt man, dass das vierte Heft der *Annalen* offiziell erst am 15. November 1904 ausgegeben wurde, so konnte zum Zeitpunkt von Blumenthals Vortragszyklus noch keiner seiner Hörer über eine hinreichende Kenntnis von Zermelos Beweis besitzen. Dieser erschien ja gerade erst. Wollte man über diesen also vorab referieren, hätte man ungleich viel mehr als üblich bereitstellen müssen – zumal die knapp bemessene Form des veröffentlichten Briefauszugs dem Betrachter immer noch viel abverlangte und die sich eigentlich an einen versierten und wohlwollenden Betrachter gerichtet hat. Neben allgemeinen mengentheoretischen Grundlagen, einer Theorieskizze geordneter Mengen, einschließlich des Umgangs mit Ordnungszahlen, sowie den zentralen Begriffen der Wohlordnung, Ähnlichkeit und Mächtigkeit hätte eben auch Substantielles aus der Theorie der Kardinalzahlen aufbereitet werden müssen. Schließlich hätte es grundlegender Ausführungen über mengentheoretische Beweisprinzipien bedurft, um auch nur halbwegs angemessen die Formulierung und Rechtfertigung des Auswahlprinzips motivieren zu können. Dann und erst dann wäre die vollständige Entfaltung des Beweises möglich gewesen.

Hätte man zudem die in Umlauf befindliche Fehleranalyse von Königs Beweisansatz mitberücksichtigen wollen oder auch Bernsteins Erklärung, weshalb die fragliche Rekursionsgleichung im neuen Kontext eine illegitime Verwendung fand, so hätte man mit dem unbeschränkten Potenzieren transfiniter Mächtigkeiten die mengentheoretischen Tiefen nah ihrer Abgründe zu betrachten gehabt. All dies betraf das Grundsätzliche in der Mengentheorie. Es betraf die grundlegende Form mengentheoretischen Beweisens, es betraf die fundamentale Frage, was mengentheoretisch wahr sein soll. Wollte man im November 1904 – und damit wesentlich parallel zur Veröffentlichung des Beweises – bereits über denselben und eventuell seine Vorgeschichte referieren, dann wäre dies zu einem

[95] Zermelo (1904), 516.

[96] Otto Blumenthal an David Hilbert in einem Brief vom 15. November 1904. In Rowe (2018), 188f.

äußerst umfangreichen Vortrag über Grundzüge der Mengenlehre geraten. Es ist gut möglich, dass man sich in Marburg Ende September/Anfang Oktober über die außergewöhnlichen Entwicklungen der vergangenen Wochen – Königs spektakulärer Vortrag in Heidelberg, die intensive Klausuratmosphäre in Wengen, das durch Hausdorff verbindlich gemachte Scheitern des Widerlegungsversuchs, Zermelos fulminante Beweisofferte – ausgetauscht hat.

Mit Blumenthal hatte Hensel jemanden vor Ort, der Informationen aus erster Hand präsentieren konnte und der gegenüber der mathematischen Gemeinschaft einen beachtlichen zeitlichen Vorsprung besaß, denn als *Annalen*-Redakteur und enger Vertrauter Hilberts wusste Blumenthal bereits heute von Entwicklungen, die die mathematische Öffentlichkeit erst übermorgen erfuhr. Gut möglich, dass zu diesem Zeitpunkt auch bereits die revidierte Fassung von Königs Vortrag aus den *Verhandlungen*[97] für ihren Wiederabdruck[98] in der *Annalen*-Redaktion vorlag. In Kenntnis dieser Konstellation ist es mithin nur noch ein kleiner Schritt hin zur Vermutung, dass Hensel und Blumenthal bei der Planung des Winterprogramms für die Mathematischen Gesellschaft einen Block vorsehen, damit von den überwältigenden jüngsten Entwicklungen in der Mengenlehre berichtet werden konnte. Ein derartiger Programmpunkt, bei dem nahezu in Echtzeit über die Entwicklungen der Forschungsavantgarde referiert wird, hätte die hohe Qualität dieses akademischen Forums selbstbewusst dokumentiert. Für eine solche Aufgabe besaß Blumenthal alle erforderlichen Voraussetzungen. Er hatte hierfür gleichermaßen intellektuelle wie biographische Motive, er verfügte über den zeitlichen Vorsprung sowie den exklusiven Zugriff auf noch nicht allgemein zugängliche Quellen und er war es, der nachweislich im November 1904 über „Grundzüge der Mengenlehre (Zyklus von 3 Vorträgen)“[99] vortrug. Wesentlich zeitgleich zu Zermelos Vortrag „Neuere Resultate der Mengenlehre“[100] vor der Mathematischen Gesellschaft Göttingen, in dem „der Vortragende an die Frage nach der Wohlgeordnetheit resp. Nichtwohlgeordnetheit des Kontinuums“[101] anknüpft, könnte dasselbe Thema, eventuell in einem größeren Kontext, vor der Mathematischen Gesellschaft Marburg verhandelt worden sein. Träfe dies zu, würde es sich wahrscheinlich um den ersten professionellen akademischen Vortrag außerhalb Göttingens zu diesem Problemkomplex handeln. Zumindest führen die Dokumentationen im *Jahresbericht* nichts Vergleichbares, was zeitnah in den mathematischen Kolloquien, Kränzchen, Vereinigungen und dergleichen stattgefunden hat. Ende 1904 zählt Marburg offenkundig zur exklusiven mengentheoretischen Avantgarde.

[97] König (1905a).

[98] König (1905b).

[99] Redaktion JDMV (1905b), 202.

[100] Vgl. Mathematische Gesellschaft zu Göttingen, Protokollbuch Nr. II (Sommersemester 1896 – Wintersemester 1903/04), Bl. 119; Niedersächsische Staats- und Universitätsbibliothek Göttingen, Signatur: Cod. MS. Math. Archiv 49: 2.

[101] Redaktion JDMV (1905a), 61.

1.2 Rudolf Fueter referiert in der Mathematischen Gesellschaft 1906

Wir wissen selbstverständlich nicht, ob es sich so zugetragen hat. Aber in Ermangelung weiterer Quellen liefert die Rekonstruktion für den Moment eine nachvollziehbare Antwort auf die Frage, womit inhaltlich die Mengentheorie im akademischen Leben Marburgs ihren Anfang nahm. Wesentlich besser bestellt sieht es eineinhalb Jahre später aus, als vor der Mathematischen Gesellschaft zu Marburg erneut über Mengentheorie referiert wird. Wir kennen dieses Mal nicht nur das genaue Datum des Vortrags, sondern wir können aufgrund einer Protokollnotiz auch ziemlich genau abschätzen, was der Gegenstand dieses Vortrags war. Referent war auch dieses Mal ein aus Göttingen stammender Mathematiker, der im Unterschied zu Blumenthal jedoch nicht vertretungsweise in Marburg weilte, sondern bereits vor diesem dorthin gewechselt war, um an der Philipps-Universität seinen nächsten Karriereschritt zu vollziehen.

In der kleinen Marburger Mathematik, die erst seit 1892 über eine zweite ordentliche Professur verfügte,[102] gab es seit der Jahrhundertwende zudem noch deutlichen Bedarf für einen Privatdozenten, der sich für den akademischen Alltag neben den beiden Ordinarien als unentbehrlich erwies. Es sind diese, in teilweise kurzer Abfolge wechselnden jungen Hochschullehrer, „die den wachsenden Unterrichtsbetrieb nach verschiedenen Seiten ausgestalten und die Wissenschaft durch Forschungsarbeiten bereichern“.[103] Diese Funktion, die nach dem Ersten Weltkrieg auch Fraenkel bekleiden sollte,[104] nahm Mitte des ersten Jahrzehnts für kurze Zeit Rudolf Fueter ein, der 1903 mit der Aussicht auf die Hochschullehrerlaufbahn an die Universität Marburg gewechselt war und sich dort am 28. Oktober 1905[105] mit einer Theorie der Zahlenstrahlen[106] habilitierte. Als Privatdozent unterrichtete er mit Beginn des Sommerhalbjahres 1906, doch bereits im Folgejahr erhielt er seinen ersten Ruf an die Bergakademie Clausthal. Fueter kam 1903 aus Göttingen, wo er seit 1899 Mathematik studiert hatte und schließlich unter der Anleitung von David Hilbert mit der Arbeit *Der Klassenkörper der quadratischen Körper und die complexe Multiplication* promoviert wurde. Aus dieser Zeit kannte er nicht nur Zermelo, sondern eben auch Blumenthal persönlich – nicht zuletzt durch ihre gemeinsame Teilnahme an den Veranstaltungen der Mathematischen Gesellschaft Göttingen, in deren Kreis er am 17. Februar 1903 die Gelegenheit hatte, über zentrale Ergebnisse seiner Promotionsarbeit zu referieren.[107]

---

[102] Vgl. Hensel/Fraenkel (1927). 753.

[103] Hensel/Fraenkel (1927), 755.

[104] Siehe u. a. 2.1 u. 2.3.

[105] Vgl. „Fueter, Karl Rudolf“, in: Professorenkatalog der Philipps-Universität Marburg https://www.uni-marburg.de/uniarchiv/pkat/details?id=9882 (Stand: 12.01.2020).

[106] Fueter (1905).

[107] Vgl. Redaktion JDMV (1903), 226.

Da mag der Gedanke gar nicht so abwegig erscheinen, dass es Fueter gewesen sein könnte, der Anfang 1904 Hensel in der dringlich gewordenen und kaum Bedenkzeit gewährenden Vertretungsfrage auf denselben aufmerksam machte. Als Blumenthal jedenfalls im Frühjahr 1904 aus Göttingen anreist und sich erst an die neuen Gegebenheiten gewöhnen muss, da Bücher, Holzkohlen und dergleichen Dinge sind, „die man lange suchen muss, bis man sie findet“,[108] während man in Marburg „bunte Mützen und Bänder dagegen [...] an allen Ecken und Enden [findet], ob man sie nun finden möchte oder nicht, zu meiner Verwunderung sogar im Hörsaal“,[109] wird er vor Ort immerhin von einem altbekannten Gesicht begrüßt. Fueters Gegenwart dürfte ihm die Eingewöhnung erleichtert haben. Im Frühjahr 1904 wirken an der Lahn nun sogleich zwei Göttinger Mathematiker. Als Hensel mit Beginn des Sommersemesters die Mathematische Gesellschaft ins Leben ruft, sind mit Blumenthal und Fueter also zwei Fachkollegen zugegen, denen die Praxis eines solchen akademischen Forums nicht nur aus der eigenen wissenschaftlichen Biographie bestens vertraut ist, sondern die als junge Wissenschaftler auch ein persönliches Interesse daran gehabt haben dürften, sich durch die gemeinsame Diskussion von Forschungsfragen auf dem aktuellen Stand zu halten.

Für die beiden in Göttingen sozialisierten Mathematiker war es nahezu selbstverständlich, dass man sich spätestens alle 14 Tage traf, um dann in der Regel sogleich mehr als nur einen Vortrag präsentiert zu bekommen. Das Göttinger Programm in diesen Jahren ist das mit Abstand umfangreichste aller Mathematischen Gesellschaften und wahrscheinlich auch das exklusivste. Mit David Hilbert, Felix Klein und Hermann Minkowski zählen nicht nur die drei herausragenden mathematischen Ordinarien der Universität zu den aktivsten Referenten. Federführend tätig waren daneben die Ordinarien für angewandte Mathematik und mathematische Physik, unter ihnen etwa Karl Schwarzschild. Während die Lehrstuhlinhaber an einem langen Tisch parallel zur Tafel des Hörsaals Platz nahmen, saßen die jüngeren Mitglieder an zwei langen Tischen, die sich orthogonal zum „hohen Tisch“[110] befanden. Darüber hinaus referierten regelmäßig weitere exzellente Mathematiker aus dem Göttinger Umfeld sowie internationale Gäste. Selbst Albert Einstein[111] und Henri Poincaré zählten zu den Gastreferenten. Letzterer trug während der ihm zu Ehren veranstalteten Poincaré-Woche am 27. April 1909 „Über transfinite Zahlen“ in diesem Kreis vor.[112]

Zum Beginn einer Sitzung befanden sich auf den mit grünem Stoff bezogenen Tischen in der Regel Bücher aufgestapelt, über die dann vor allem Klein kurz berichtete, bevor er

[108] Otto Blumenthal an Käthe und David Hilbert in einem Brief vom 26. April 1904. In Rowe (2018), 95.

[109] Otto Blumenthal an Käthe und David Hilbert in einem Brief vom 26. April 1904. In Rowe (2018), 95.

[110] Born (1975), 191.

[111] Vgl. Redaktion JDMV (1915b), 68.

[112] Vgl. Redaktion JDMV (1909c), 79.

diese unter den Anwesenden zirkulieren ließ.[113] Diese Bücherschau wurde parallel zu den Vorträgen fortgesetzt. Wer sich als Referent vor diesem anspruchsvollen und kritischen Auditorium zu behaupten wusste, konnte sich der Qualität seiner Arbeit gewiss sein. Vor allem für die jungen und ehrgeizigen Mathematiker war es für ihre weitere intellektuelle Entwicklung überaus wichtig, hier zu bestehen. Das setzte freilich eine gefestigte Persönlichkeit und viel Selbstbewusstsein voraus, denn die „ganze Atmosphäre dieser gelehrten Gesellschaft war weder angenehm noch ermutigend".[114] Zudem schien es „ungemein schwierig, die Aufmerksamkeit dieses Auditoriums zu fesseln, sein Interesse hervorzurufen oder gar Begeisterung zu wecken".[115] Auch „Applaus war bei der Gesellschaft etwas Unbekanntes".[116] Zumindest stellt es sich in der Erinnerung von Max Born so dar, der persönlich in der Tat nicht die besten Erfahrungen als Referent in diesem Kreis gemacht hatte.[117] Wer in der Mathematischen Gesellschaft Göttingens, deren Anfänge bis in den Herbst 1892 zurückreichten,[118] intellektuell reifte, der bedurfte einer solchen Form der Zusammenkunft auch andernorts. Fueter und Blumenthal werden also sicherlich keine reservierte Haltung eingenommen haben, als Hensel im Frühjahr 1904 eine entsprechende Tradition in Marburg zu begründen gedachte. Blumenthals tatkräftige Unterstützung steht außer Frage und auch Fueter wird unmissverständlich Zuspruch geleistet haben.

Dessen eigene Vortragstätigkeit in der Mathematischen Gesellschaft zu Marburg beginnt jedoch erst nach seiner Habilitation im Wintersemester 1905/06 und reicht bis zu seinem letzten Marburger Unterrichtshalbjahr, dem Sommersemester 1907. In dieser Zeit hält er mindestens sechs Vorträge im Rahmen der Mathematischen Gesellschaft,[119] wobei das erste Referat mit dem 14. und 28. November 1905 sogleich zwei Termine in Anspruch nahm. Der kurze zeitliche Abstand zur Ende Oktober erfolgten Habilitation lässt sofort erahnen, was den Gegenstand seiner Ausführungen darstellte. Mit seinem „Bericht über die einfachsten Arten von Zahlstrahlen"[120] schöpft er aus den Vollen seiner Qualifikationsschrift. Für uns von Interesse ist nun sein einziger Vortrag aus dem Sommersemester 1906, denn am 8. Mai „sprach Dr. Fuëter über die Zermelosche mengentheoretische Arbeit (Math. Annalen, Bd. 59) und über die durch sie veranlaßte Meinungsäußerung, namentlich französischer Mathematiker, über die Grundlagen der Mengenlehre".[121] Diese Themen-

[113] Vgl. Born (1975), 191.

[114] Born (1975), 191.

[115] Born (1975), 191.

[116] Born (1975), 194.

[117] Vgl. Born (1975), 191–194.

[118] Vgl. Mathematische Gesellschaft zu Göttingen, Protokollbuch Nr. I (Ostern 1893 – Februar 1896), Vorsatzblatt; Niedersächsische Staats- und Universitätsbibliothek Göttingen, Signatur: Cod. MS. Math. Archiv 49: 1.

[119] Vgl. Redaktion JDMV (1906a), 64; (1906c), 537; (1907a), 324; (1907b), 523.

[120] Redaktion JDMV (1906a), 64.

[121] Redaktion JDMV (1906c), 537.

wahl überrascht einmal mehr, denn wie bereits im Fall des Vortragszyklus über Mengentheorie Ende 1904 weist der Referent auch dieses Mal keine nennenswerte wissenschaftsbiographische Verflechtung mit dem Gegenstand auf.

Fueter hält in der Mathematischen Gesellschaft zu Marburg einen mengentheoretischen Vortrag und schließt mit seinen Ausführungen dort an, wo gut eineinhalb Jahre zuvor Blumenthal wahrscheinlich aufgehört hatte. Obwohl nicht mehr über den Vortrag überliefert ist als die soeben zitierte Protokollnotiz aus dem *Jahresbericht*, kann man sich doch lebhaft vorstellen, was neben Zermelos Beweisheuristik zum besonderen Gegenstand des Interesses wurde. Es mag in der Kurzbeschreibung kein französischer Mathematiker namentlich Erwähnung finden. Gleichwohl dürfte unstrittig sein, dass es Émile Borel, René-Louis Baire, Henri Lebesgue und Jacques Hadamard sind, die hier angesprochen werden sollten – eine Gruppe von vornehmlich jüngeren Fachwissenschaftlern, die trotz der unter ihnen verfochtenen, zum Teil inkompatiblen Meinungen in der Literatur als „die französischen Halbintuitionisten" geführt werden.[122] Der Anfang dieses kritischen Fadens war bereits gesponnen, als Blumenthal im November 1904 seinen Vortragszyklus hielt. Doch über mehr als die eineinhalb Druckseiten umfassenden Anmerkungen zu den Prinzipien der Mengenlehre von Émile Borel, die Anfang 1905 in den *Mathematischen Annalen* erschienen, konnte auch Blumenthal zum Zeitpunkt seiner kleinen Vortragsreihe noch nicht verfügen.

Beginnend mit dem Jahreswechsel 1904/05 zogen Borels „Quelques remarques sur les principes de la théorie des ensembles"[123] ihre Kreise und die notierten kritischen Anmerkungen riefen umgehend weitere Stellungnahmen auf den Plan, vor allem in der Form von Briefen, die sich die erwähnten vier Mathematiker gegenseitig zustellten und die schließlich ebenfalls 1905 in der Komposition von fünf Briefen zur Mengenlehre im *Bulletin de la Société Mathématique de France* erschien.[124] Dieses öffentlich gemachte Meinungsbild kam nicht unvermittelt. Die jüngsten Entwicklungen dürften für diesen Diskussionskreis lediglich den Anlass geliefert haben, „ihre sicher schon öfters mündlich ausgesprochenen Gedanken über diese und verwandte Fragen zu veröffentlichen".[125] Während Baire und Lebesgue Borels Standpunkt teilen, kritisiert Hadamard seine Kollegen dafür, die Möglichkeitsfrage einer Wohlordnung mit ihrer effektiven Durchführbarkeit zu verwechseln.[126] Das Thema erfuhr damit ein unmittelbares und äußerst lebhaftes Echo unter führenden französischen Mathematikern.

In den Monaten nach Blumenthals Vortragsreihe war viel passiert. Die schnelle Abfolge von Erwiderungen und erwidernden Repliken, auf die wiederum reagiert werden musste, ließ erahnen, was durch Königs Heidelberger Vortrag und Zermelos Beweis initiiert wurde. Neben der, vor allem durch die französischen Mathematiker getragenen Grund-

[122] Vgl. im Besonderen Heyting (1934), 4–9.

[123] Borel (1905).

[124] Vgl. Hadamard et al. (1905).

[125] Heyting (1934), 5.

[126] Hadamard brieflich an Borel. In Hadamard et al. (1905), 270. Siehe u. a. Hallett (2010), 105–109.

satzdiskussion entwickelte sich ausgehend von Hausdorffs Fehleranalyse[127] unter anderem eine publizistische Aktivität um die unzulässige Verwendung des problematischen Theorems von Bernstein durch König. Ersterer sah sogleich die Qualität seiner bei Hilbert 1901 angefertigten Promotionsschrift in Frage gestellt und machte umgehend deutlich, dass die dort vorgelegten Untersuchungen *„von der Frage der allgemeinen Geltung der Formel [...] nicht berührt“*[128] werden. Die fragliche Rekursionsformel

$$\aleph_{\mu}^{\aleph_{\nu}} = 2^{\aleph_{\nu}} \cdot \aleph_{\mu}, \qquad \text{mit} \quad \nu, \mu < \omega$$

über das Potenzieren transfiniter Mächtigkeiten nimmt in seiner Arbeit lediglich die Funktion eines systematisch randständigen Lemmas für den Fall $\nu = 0$ und $\mu = 1$ ein und ist dort einzig für endliche Iterationen erlaubt. Diese Rekursionsbeschränkung blieb schlicht aufgrund der Offenkundigkeit des klärenden Kontextes unerwähnt. „Das begangene Versehen beruht also lediglich darauf, daß im Hilfssatze eine einschränkende Bedingung fortgelassen ist, die in der Anwendung von selbst erfüllt ist. Zu weiteren Folgerungen habe ich den an jener Stelle sehr beiläufig abgeleiteten Satz nicht benutzt“.[129] Die Königsche Adaption seines Theorems sei eine illegitime Verallgemeinerung, die er nicht zu verantworten hat und die bei ihm an keiner einzigen Stelle Verwendung findet.[130] Um die missverständliche Passage jedoch auch für künftige Leser eindeutig zu fassen, erhielt Bernstein von seinem Doktorvater Hilbert persönlich den Rat,[131] das Versäumnis bei der Gelegenheit des Wiederabdrucks seiner Dissertation zu berichtigen. Doch diese überarbeitete, das Missverständnis aufklärende Fassung[132] sollte erst Anfang September 1905 und damit ein knappes halbes Jahr nach Königs revidierter Fassung des Heidelberger Vortrags[133] in den *Mathematischen Annalen* verfügbar sein.

So lange konnte Bernstein den fraglichen Punkt nicht unkommentiert im Raum stehen lassen. Veranlasst durch Königs erneute Publikation der revidierten Vortragsfassung in den *Annalen*[134] beeilt er sich, die missverstandenen Geltungsbedingungen seiner Formel auch dort noch einmal unmissverständlich explizit zu machen und sich „ausdrücklich zu der Sache zu erklären“.[135] Dies war durchaus geboten, denn König sprach in seiner Revision einzig davon, dass der Bernsteinsche Satz nicht allgemein gilt, weil der Beweis eine

[127] Vgl. Hausdorff (1904).

[128] Bernstein (1905b), 199.

[129] Bernstein (1905b), 199.

[130] Siehe Bernstein (1905b), 199.

[131] Vgl. Bernstein (1905c), 464.

[132] Bernstein (1905d).

[133] König (1905a); (1905b).

[134] Vollständig lautet die Anmerkung: „Abgedruckt aus den Verhandlungen des III. Internationalen Mathematiker-Kongresses zu Heidelberg 1904“ (König (1905b), 177).

[135] Bernstein (1905c), 464.

wesentliche Lücke bereits für die transfinite Iteration bis $\aleph_\omega$ enthält.[136] Unerwähnt blieb an dieser Stelle, dass Bernstein dies mit keiner einzigen Silbe beansprucht – allerdings eben auch nicht expressis verbis ausgeschlossen – hatte. Indes erwähnt wurde die fehlende Allgemeingültigkeit vor allem deshalb, „um den Schluß, den ich in meinem Kongreßvortrage unter Annahme der Richtigkeit des Bernsteinschen Satzes aus diesem zog, ausdrücklich zurückzunehmen".[137] Das liest sich nun geradewegs so, als ob König der Leidtragende gewesen sei, der der mangelhaften Sorgfalt eines anderen zum Opfer fiel.

Das damit induzierte Missverständnis musste der Angesprochene selbst ausräumen. „Herr König hat nun den in Rede stehenden Satz zur Grundlage von weittragenden Schlüssen gemacht, die eine prinzipielle Bedeutung beanspruchen. Darin liegt der wesentliche Unterschied seiner Verwendung des Satzes von der meinen".[138] Schließlich erscheint – unter Berücksichtigung der gesamten Episode – im selben Jahr noch einmal eine leicht verbesserte und mit Bemerkungen versehene Fassung seiner Dissertation in den *Annalen*.[139] Hier hatte Bernstein sogleich eine doppelte Absicherung innerhalb von nur drei Zeilen vorgesehen. Im letzten Paragraphen über das Ultrakontinuum wird in aller Explizitheit festgehalten, dass nunmehr ein „Satz über alle Aleph mit endlichem Index"[140] abgeleitet wird, während für die im unmittelbar nachfolgenden Lemma Verwendung findenden Subskripte ν und μ nochmals betont wird, dass „*ν und μ endliche Indizes bedeuten*".[141] Unmissverständlicher konnte die fragliche Bedingung keinen Ausdruck finden.

Viel war also geschehen, als Fueter am 8. Mai 1906 vor der Mathematischen Gesellschaft zu Marburg über Zermelos Arbeit und die durch sie veranlassten Meinungsäußerungen referiert. Im Unterschied zu Blumenthal, der spät im Jahr 1904 bestenfalls im Ansatz abschätzen konnte, was für eine Flut an Reaktionen hier losgetreten werden sollte, verfügte Fueter im Frühjahr 1906 über eine verbindliche Retrospektive auf bewegte eineinhalb Jahre. Wahrscheinlich konnte er sich noch gut an Blumenthals Vortragszyklus erinnern und damit auch an das offene Ende, das dieser – trotz seines damaligen Erkenntnisvorsprungs – belassen musste. Auch ein *Annalen*-Redakteur vermochte Ende 1904 eben nur die Anfänge zu erzählen. Da gestaltete sich die Situation Mitte 1906 weitaus günstiger. Im *Bulletin de la Société Mathématique de France* war inzwischen die Korrespondenz zwischen Borel, Baire, Lebesgue und Hadamard erschienen, jener „namentlich französischer Mathematiker",[142] deren Stellungnahmen ausdrücklich in Fueters Vortrag Berücksichtigung fanden.

---

[136] Vgl. König (1905a), 147; (1905b), 180.

[137] König (1905a), 147; (1905b), 180.

[138] Bernstein (1905c), 464.

[139] Bernstein (1905d).

[140] Bernstein (1905d), 150.

[141] Bernstein (1905d), 150.

[142] Redaktion JDMV (1906c), 537.

Der Referent wird aber in der zurückliegenden Zeit zudem die Publikationsbewegungen in den *Mathematischen Annalen* aufmerksam verfolgt haben. Immerhin erschien mit Borels „Quelques remarques sur les principes de la théorie des ensembles“ nicht nur der Auslöser für den Briefwechsel ebendort, sondern ebenfalls die dokumentierten Stellungnahmen Bernsteins in eigener Sache. Letztere dürften Fueter persönlich besonders interessiert haben. Schließlich kannten beide einander aus der gemeinsamen Göttinger Zeit 1899–1902, beiden waren sie Doktoranden Hilberts und der knapp zweieinhalb Jahre ältere Bernstein beschritt bereits akademische Wege, die auch Fueter in Kürze einschlagen würde. Hier gab es ein großes Potenzial an biographischer Empathie und die *Annalen* waren der Ort, an dem sich dies bestens nachvollziehen ließ – nicht zuletzt deshalb, weil Zermelos Wohlordnungsbeweis zum bestimmenden Thema dieses Periodikums im Jahr 1905 werden sollte.

Die Herausgeber der Zeitschrift, Hilbert im Besonderen, hatten ein besonderes Interesse daran, dass die bedenkenswerten Stellungnahmen in den *Annalen* einen Ort zur Veröffentlichung fanden. Damit verblieb die Gestaltungshoheit des Diskurses nicht nur in der Einflusssphäre der Göttinger, sondern es konnte im Besonderen sichergestellt werden, dass die *Mathematischen Annalen* der bevorzugte Ort blieben, an denen dieses kontroverse Thema verhandelt wurde. Davon zeugt nicht zuletzt die Fülle an Beiträgen im Berichtszeitraum. Allein in dem halben Jahr zwischen März und September 1905 finden sich nicht weniger als neun bedeutsame Veröffentlichungen, die sich mit Zermelos Beweis, Königs Heidelberger Vortrag sowie dessen Voraussetzungen kritisch befassen.[143] Selbst nach den Maßstäben der *Mathematischen Annalen* handelte es sich hierbei um eine außergewöhnliche Publikationsaktivität zu einem singulären Thema. Für Fueter lieferte dies ein gleichermaßen anspruchsvolles wie in seiner Genese spannendes Material, mit dem sich vor der Mathematischen Gesellschaft einmal mehr ein hoch aktueller Vortrag zur Mengentheorie halten ließ.

1.3 Die Göttinger Prägung eines Marburger Dozenten 1905–1909

Von diesen kleinen mengentheoretischen Begebenheiten hatte Adolf Fraenkel freilich keine Kenntnis, als er Ende Oktober 1910, mit dem Beginn des Wintersemesters 1910/11 zu seinem dritten Studiensemester nach Marburg überwechselte. Erst recht bildeten diese äußerst überschaubaren mengentheoretischen Aktivitäten nicht den Grund für den Studienortwechsel, der in diesem Fall gleichwohl einer Erläuterung bedarf. Fraenkel reiste aus seiner Heimatstadt München an, wo er seine ersten beiden Semester zugebracht hatte und damit kam er als Student von einer Universität, die zu den wenigen gehörte, die über drei mathematische Ordinariate verfügte. Die Mathematik in München zählte zu den größ-

[143] Vgl. Bernstein (1905a); ders. (1905c); ders. (1905d); Borel (1905); Hamel (1905); Jourdain (1905); König (1905a); ders. (1905b); ders. (1905c); Schoenflies (1905).

ten im Deutschen Kaiserreich, sie besaß mit den Ordinarien Ferdinand Lindemann und Alfred Pringsheim zwei weithin bekannte Persönlichkeiten in ihren Reihen und so verbleibt die Frage, weshalb Fraenkel von hier aus in die hessische Provinz zieht, um an einem Mathematischen Seminar zu studieren, das gerade einmal halb so viele Veranstaltungen anzubieten vermochte wie das ungleich größere Institut in München.

Die autobiographisch relevante Antwort hierauf liefert Fraenkel selbst, der neben personellen Umständen eben auch sachliche anführt.[144] Ob ihrer Größe konnte die Münchner Mathematik nicht allen erhofften wissenschaftlichen Ausbildungsbelangen gerecht werden. Im Unterschied zu den preußischen Bestimmungen, denen auch Marburg unterlag, sah die bayrische Prüfungsordnung für das höhere Lehramt keine weiterführende wissenschaftliche Ausbildung der Studierenden vor. Indes war das Curriculum auf Prüfungsfragen ausgerichtet, die sich im Anspruch an den Anfängervorlesungen und dem Lehrprogramm der Mittelschule orientierten.[145] Zu wenig für einen begabten und ehrgeizigen Mathematikstudenten wie Fraenkel. Daneben war er jedoch auch von den in München tätigen Professoren enttäuscht, die ihren Zenit – nicht zuletzt aufgrund ihres bereits relativ hohen Alters – schon lange überschritten hatten. Ferdinand Lindemann, den er schlicht als „Fehlberufung"[146] beurteilte, attestierte er unter anderem ein „Versagen als akademischer Lehrer",[147] während er sich weder von diesem noch von Aurel Voss oder Alfred Pringsheim nennenswerte Impulse für seine eigene intellektuelle Entwicklung erhoffte. Fraenkel suchte den Kontakt zu originellen und innovativ forschenden Mathematikern. Da fiel die Nähe zu glanzvollen Namen nebensächlich aus.

Es war sein Onkel Alfred Loewy, der ihm vor allem mit Blick auf Kurt Hensel Marburg als Studienort empfahl[148] und zweifelsohne sollte dieser – mit Blick auf die Ausrichtung der beiden Qualifikationsschriften – zum prägenden Lehrer Fraenkels werden. Die p-adik an der Philippina erfüllte beides in besonderem Maße. Sie war hochgradig originell und wurde innovativ beforscht von einem in seiner wissenschaftlichen Blüte stehenden Mathematiker. Doch in Marburg angekommen traf er sogleich auch auf einen jungen Privatdozenten, der bei mehr als nur einer Gelegenheit eine entscheidende Rolle in Fraenkels weiterem Werdegang spielen sollte. Nach Blumenthal und Fueter wirkte dort seit Herbst 1909 der inzwischen dritte Mathematiker aus Göttingen. Eine beachtliche Kontinuität – bedenkt man den zeitlichen Abstand von gerade einmal fünf Jahren seit Blumenthals Vertretung. Auch dieser war ein ehemaliger Doktorand Hilberts, aber im Unterschied zu seinen Vorgängern wirkte er ganze zehn Semester in Marburg, prägte damit eine ganze Studentengeneration und gehörte selbst bereits einer neuen mathematischen Generation aus Göttingen an. Während bei Blumenthal und Fueter zu klären blieb, über welche intellektuellen Impulse und ereignisreichen Koinzidenzen sie zu ihren mengentheoretischen

[144] Vgl. Fraenkel (1967), 79–82.

[145] Vgl. Fraenkel (1967), 79.

[146] Fraenkel (1967), 80.

[147] Fraenkel (1967), 81.

[148] Vgl. Fraenkel (1967), 95f. u. 100.

Gastspielen in Marburgs Mathematischer Gesellschaft gelangten, stellte sich diese Frage nun nicht mehr gleichermaßen. Ernst Hellinger reifte in Gegenwart der Mengenlehre.

Hellinger studierte zu einer Zeit in Göttingen, in der die moderne formale Mengentheorie sowie der Geist der mathematischen Logik zu einem bestimmenden Element des akademischen Lebens geworden waren und damit das Gesicht des Instituts auf lange Zeit entscheidend mitprägten.[149] Zermelos große Jahre in Göttingen waren zugleich Hellingers Lehrjahre ebendort. Er kam Ende des Jahres 1904 und blieb bis zu seinem Wechsel nach Marburg 1909. Hellinger war also zugegen, als Zermelos erster Beweis des Wohlordnungssatzes für Aufsehen sorgte, er verfolgte aus unmittelbarer Nachbarschaft, wie dieser zu seinen präzisen Verteidigungen ansetzte, er erlebte aus nächster Nähe die Entstehung der ersten Axiomatisierung der Mengenlehre und damit die Veröffentlichung der beiden bedeutsamen Arbeiten im 65. Band der *Mathematischen Annalen*. Es muss für Hellinger eine aufregende Erfahrung gewesen sein, just in jenen Tagen in seiner neuen akademischen Heimat einzutreffen, in denen die Wellen des Erstaunens, der Bewunderung, aber eben auch der Entrüstung und Ablehnung auf die Göttinger Mathematik trafen. Das erste bestimmende Thema, das Hellinger in Göttingen aufhorchen ließ, war Zermelos Beweis und das Auswahlprinzip. Er traf ein und die Mengentheorie war nicht nur da, sie war sogleich allgegenwärtig. Auf den gerade einmal 21jährigen Studenten muss dies einen faszinierenden Eindruck ausgeübt haben.

Der Entschluss, vor Ort auch bei Zermelo zu hören, dürfte schnell gefasst worden sein. So gehörte Hellinger schließlich auch zum Hörerkreis von Zermelos erster Veranstaltung zur mathematischen Logik im Sommersemester 1908 in Göttingen,[150] die nach Auskunft von Ebbinghaus in ihrer Ausrichtung auch die erste überhaupt war, die an einer deutschen Universität angeboten wurde.[151] Doch Hellinger war nicht nur Student Zermelos, sondern auch dessen aufmerksamer Zuhörer in der Mathematischen Gesellschaft, deren Mitgliedschaft nicht lange auf sich warten ließ. Hellinger gehörte vom Beginn seiner Göttinger Zeit an zu einer bemerkenswerten Gruppe besonders talentierter Studenten. Zusammen mit Otto Toeplitz, Max Born und Richard Courant bildete er die „Breslauer Gruppe“[152] im Zirkel um Hilbert. Alle stammten aus Breslau, besuchten dort zum Teil sogar dasselbe Gymnasium und alle kamen zwischen 1904 und 1907 nach Göttingen. Für Max Born war es „ganz natürlich, daß wir vier aus Breslau eine Gruppe bildeten und daß die andern uns als Gruppe anerkannten. Vor allem Hilbert tat dies ganz bewußt“.[153] Hellinger und Toeplitz verband darüber hinaus noch etwas ganz Besonderes. Sie waren beste Freunde.[154]

---

[149] Vgl. Klein (1914), 422.

[150] Vgl. Ebbinghaus (2010a), 19.

[151] Vgl. Ebbinghaus (2007a), 97.

[152] Vgl. Rovnyak (1990), 3.

[153] Born (1975), 138.

[154] Vgl. Rovnyak (1990), 2.

Hellinger promovierte 1907 bei David Hilbert mit einer Untersuchung über *Die Orthogonalinvarianten quadratischer Formen von unendlichvielen Variabelen*[155] – seinem ersten Beitrag zur späterhin so genannten Hilbert-Hellingerschen Theorie der beschränkten quadratischen Formen. Bereits in dieser Arbeit finden sich Hinweise, dass ihm die zeitgenössischen Standardwerke zur Mengentheorie vertraut sind. Nicht zuletzt für seine Untersuchungen zur Integralbildung über messbare Mengen zieht er ausgewähltes Schrifttum heran.[156] Doch er war nicht nur einfach ein weiterer Doktorand in der langen Liste Hilberts, er war ein Schüler im anspruchsvollen Sinne des Wortes. Dies dokumentiert neben der hohen Qualität seiner Forschungsleistung vor allem die Zeit von Ostern 1905 bis Ostern 1907, in der er Hilberts privater Assistent war. Hellingers Studium in Göttingen war also gerade einmal ein Semester alt, als er bereits diese vertrauensvolle Stellung angetragen bekam. Empfohlen wurde er von seinem Vorgänger und Freund Max Born.[157] Damit war er innerhalb eines halben Jahres in die Mitte der Göttinger Mathematik vorgerückt.

Seine Tätigkeiten für Hilbert schlossen im Besonderen die Recherche für dessen Forschung, die vorbereitende Zuarbeit für Vorlesungen und nicht zuletzt auch die schriftliche Ausarbeitung derselben ein. Diese wurden von ihm für das mathematische Lesezimmer innerhalb des mathematisch-physikalischen Seminars aufbereitet, womit sie den Hörern von Hilberts Vorlesungen sowie den weiteren Mitgliedern des Lesezimmers zugänglich waren. Innerhalb von fünf Semestern erstellte er für insgesamt sechs Vorlesungen Hilberts weithin verbreitete Vorlesungsmanuskripte.[158] Hellinger wurde von Hilbert mit vielen verantwortungsvollen Aufgaben betraut und erhielt dafür exklusive akademische Arbeitsbedingungen, die seinem Talent und seinem Anspruch gerecht wurden. Erst als Hellinger unter Hilberts Supervision seine Dissertation anzufertigen hatte, wurde er von den diversen Tätigkeiten seiner Assistententätigkeit entbunden, um sich ganz der eigenen Forschung zuwenden zu können. Mit Recht kann man davon sprechen, „Hellinger was a Hilbert protégé".[159]

Nach seiner Promotion, ab Oktober 1907, und bis Ostern 1909 war er für drei weitere Semester in Göttingen Assistent von Felix Klein an der Sammlung mathematischer Instrumente und Modelle der Universität. Diese Funktion schloss die Betreuung des mathematischen Lesezimmers mit ein und damit die Aufsicht über diesen zentralen Ort des mathematischen Lebens in der Universität.[160] Hier lagen nicht nur die begehrten Vorlesungsmanuskripte zur Ansicht sowie zur Transkription aus, sondern hier befand sich auch eine der größten Institutsbibliotheken für Mathematik im Kaiserreich, die der stetig wachsenden Anzahl an Mitgliedern als Präsenzbestand zur Verfügung stand. Hellingers

[155] Hellinger (1907).

[156] Vgl. Hellinger (1907), 38.

[157] Vgl. Born (1975), 138.

[158] Vgl. Rovnyak (1990), 3.

[159] Rovnyak (1990), 4.

[160] Vgl. Frewer-Sauvigny (1985), 17.

Pflichten bestanden hierbei zudem in der Einweisung neuer Mitglieder sowie der Pflege der Buchbestände.[161] In dieser neuen Rolle war Hellinger über die Ränder der Arbeitsgruppen hinaus weitgehend allen Semestern bekannt, denn das Lesezimmer diente nicht zuletzt als Ort dem persönlichen Kennenlernen, der mathematischen Diskussion und damit der Förderung der studentischen Kontaktaufnahme,[162] dessen alltäglicher Betrieb durch die Gegenwart des Vertreters des Direktors geprägt wurde. Als Verantwortlicher für das Lesezimmer hatte er sich in dem fraglichen Zeitraum um die Anliegen von durchschnittlich 260 Nutzern pro Semester zu sorgen.[163] Im gesamten Organigramm der Göttinger Mathematik hatte Hellinger für diese eineinhalb Jahre eine Schlüsselstellung inne.

Damit gehörte er vier Jahre lang zum engsten Kreis der Göttinger Mathematiker, was nicht zuletzt die Mitgliedschaft und regelmäßige Teilnahme an den Sitzungen der Mathematischen Gesellschaft einschloss, das Halten eigener Vorträge inbegriffen.[164] Zermelo wird Hellingers Vorträge ebenso aufmerksam zur Kenntnis genommen haben, wie dies umgekehrt der Fall gewesen sein dürfte. Zum Teil lag nur eine Woche zwischen beiden als Referenten.[165] Für diese Zeit sind nicht weniger als drei Vorträge Zermelos dokumentiert.[166] Obwohl keine Sitzungsprotokolle überliefert sind, so wird Hellinger fraglos zum Hörerkreis gehört haben, als Zermelo auf der gesamten 7. Sitzung im Sommersemester 1906, am 19. Juni, „über seinen Versuch einer axiomatischen Begründung der Mengenlehre“[167] berichtet. Es war wohl das erste Mal, dass dieser mit seiner Axiomatisierung an die Öffentlichkeit trat und seinen Ansatz zur Diskussion stellte. Diesen Termin wird die Mathematische Gesellschaft, allen voran Hilbert und seine engsten Mitarbeiter, mit besonderer Spannung erwartet haben, denn während man für die Arithmetik, die Euklidische Geometrie sowie die reellen Zahlen seit einigen Jahren über moderne Axiomensysteme verfügte, stand ein solches für die Mengentheorie noch aus. Darüber hinaus erhoffte man sich sicherlich von dieser axiomatischen Fundierung eine theoretische Einbettung des Auswahlprinzips und damit eine weiterführende Legitimation der in Göttingen verfochtenen Mengentheorie. Die überlieferte Zusammenfassung des Vortrags, die mit 14 Druckzeilen im *Jahresbericht* auffallend umfangreich ausfällt und damit eine besondere dokumentarische Wertschätzung erfährt, lässt erkennen, wie weit fortgeschritten Zermelos axiomatische Begründung gediehen war – und dies bereits zwei Jahre vor der bahnbrechenden Veröffentlichung.

---

[161] Vgl. Frewer-Sauvigny (1985), 17.

[162] Vgl. Frewer-Sauvigny (1985), 19.

[163] Vgl. *Chronik der Georg-August-Universität zu Göttingen* (Vandenhoeck & Ruprecht) für das Rechnungsjahr 1907, 39, und für das Rechnungsjahr 1908, 41.

[164] Vgl. u. a. Redaktion JDMV (1908a), 26; (1909a), 37.

[165] Vgl. Redaktion JDMV (1909a), 37.

[166] Vgl. Redaktion JDMV (1906b), 407; (1908d), 111; (1909a), 37.

[167] Redaktion JDMV (1906b), 407.

> „Zugrunde gelegt wird ein Bereich von „Dingen", welche sämtlich voneinander unterscheidbar und z. T. „Mengen", z. T. aber unzerlegbare Dinge sein sollen. Die Eigenschaft eines Dinges *a*, „Element" einer Menge *M* zu sein, wird als nicht weiter zurückführbare Grundbeziehung behandelt. Über Mengen und ihre Elemente werden nun 8 Postulate aufgestellt und angedeutet, wie aus ihnen alle Hauptsätze der Mengenlehre, einschließlich derer über Äquivalenz und Wohlordnung logisch streng abgeleitet werden können. Um aber den Ordnungstypus der natürlichen Zahlenreihe zu gewinnen, muß man noch die Existenz irgend einer „unendlichen" Menge postulieren. Die Arithmetik und Funktionentheorie bedürfen dieses letzten Postulates, während die „allgemeine Mengenlehre", welche endliche und unendliche Mengen in gleicher Weise behandelt, es ganz wohl entbehren kann".[168]

Was hierauf 1908 folgte, ist heute mathematikhistorisches Gemeingut. Zermelo veröffentlicht in kurzer Folge zwei herausragende Untersuchungen, die sich zu einflussreichen Klassikern der Mathematikgeschichte entwickeln sollten. In Göttingen dürfte jeder Mathematiker mit großer Aufmerksamkeit Zermelos neuen Beweis, seine umfassende Verteidigung sowie seine Begründung der Mengenlehre studiert haben. Es war die Essenz einer seit mehr als drei Jahren währenden gänzlich neuen mengentheoretischen Forschungskultur und nun – 1908 – stand sie einmal mehr im Mittelpunkt der Betrachtung. Dieser Fokus hielt an während Hellingers letzten Dienstjahres, denn auch 1909 blieb die Mengenlehre im akademischen Leben Göttingens präsent. Zwar legte dieser im März 1909 seine Habilitationsschrift der Philosophischen Fakultät der Philipps-Universität vor[169] und habilitierte sich mit derselben am 1. Mai des Jahres in Marburg. Da sein Privatdozentenstipendium ebendort aber erst am 1. Oktober begann[170] und seine Lehrtätigkeit ebenfalls erst mit dem Beginn der Vorlesungszeit im Wintersemester Mitte Oktober einsetzte, wurde seine dauerhafte Anwesenheit in Marburg nicht vor Herbst 1909 erforderlich. Es ist daher naheliegend, dass er sich ein ganz besonderes Ereignis in Göttingen nicht hat entgehen lassen, das unmittelbar an die Zeit nach seinem Dienstende als Kleins Assistent anschloss.

Bis Ostern 1909, also bis Mitte April, betreute er noch die Sammlung mathematischer Instrumente und Modelle der Universität. In der zweiten Aprilhälfte besuchte indes ein weltberühmter Mathematiker die Universität und ganz besonders eben auch die ortsansässigen Kollegen. So traf die Mathematische Gesellschaft in der ersten Sitzung im Sommersemester 1909 am 20. April ihre eigenen Vorbereitungen für die unmittelbar anstehende Poincaré-Woche.[171] Die Wolfskehl-Kommission der Königlichen Gesellschaft der Wissenschaften zu Göttingen hatte Henri Poincaré eingeladen, um in der Zeit vom 22. bis zum 28. April insgesamt sechs Vorträge zu halten. Initiiert wurde das Ereignis wohl vor allem durch das Engagement Hilberts, der als Kommissionsmitglied bereits Anfang des

[168] Redaktion JDMV (1906b), 407.

[169] Vgl. Hellinger (1909), 271.

[170] Vgl. „Hellinger, Ernst", in: Professorenkatalog der Philipps-Universität Marburg https://www.uni-marburg.de/uniarchiv/pkat/details?id=9883 (Stand: 28.03.2020).

[171] Vgl. Redaktion JDMV (1909c), 78.

Wintersemesters 1908/09 bei Poincaré anfragte. Eine große Ehre für den geladenen Gast und eine nicht minder große für die Gastgeber, die nunmehr die Inauguration ihrer Veranstaltungsreihe mit einem glanzvollen Namen schmücken dürfen.[172] Als Hilbert in der Mathematischen Gesellschaft Poincarés Zusage verliest, „wurde allgemein Freude ausgedrückt".[173] Der Eingeladene referierte schließlich in dem besagten Umfang über ausgewählte Gegenstände aus der reinen Mathematik und mathematischen Physik. Von besonderem Interesse ist nunmehr der fünfte dieser Vorträge, den Poincaré am 27. April hielt.

„Über transfinite Zahlen" richtet sich dezidiert an die vor Ort tätigen Mengentheoretiker und mathematischen Grundlagenforscher. Poincaré kommt mit diesem Vortrag dem Wunsch Hilberts nach, der ihn zwei Monate zuvor brieflich anfragte, ob es eventuell möglich sei, auch ein Thema „Logisch-philosophischer Färbung zu behandeln".[174] Im Verlauf seiner Ausführungen weist er unter anderem Zermelos Verteidigung nicht-prädikativer Begriffsbildungen zurück, auch zeigt er sich „nicht ganz überzeugt",[175] dass es die zweite transfinite Kardinalzahl Aleph 1 gibt. In der Betrachtung von Zermelos Beweis für den Wohlordnungssatz gibt er sich unentschlossen, vielleicht sogar ein wenig ratlos, denn er „könnte noch manche Stunde darüber sprechen, ohne die Frage zu lösen".[176] Poincaré hadert vor allem damit, wie er das verwendete Auswahlpostulat, diesen „fast genialen Satz Zermelos",[177] bewerten soll. Mit dessen Verwendung gelingt der Beweis, obwohl keiner – nicht einmal Zermelo – beanspruchen würde, damit eine Wohlordnung für das Kontinuum auch angeben zu können, während für Poincaré andererseits das Feststellen einer undurchführbaren Möglichkeit letztlich „nur leere Worte"[178] sind. Mit einer solchen Aussage kann er „keinen Sinn mehr verbinden".[179]

Beide Optionen scheinen gleichermaßen wenig attraktiv, wenngleich man sich aufgrund des erfolgten Beweises genötigt sieht, eine Entscheidung treffen zu müssen. Ist man auf die Beweismittel verpflichtet, dann wird dieser Verpflichtungscharakter auch auf die Konsequenzen vererbt. Darin besteht die Verbindlichkeit von Beweisen. Doch wenn die Folgen unannehmbar werden, sind es häufig bereits einzelne Voraussetzungen. Da mit dem Auswahlaxiom die Frage nach der ‚Verantwortlichkeit' für diese missliche Situation geklärt scheint, überrascht es kaum, dass der resultierende Streit über dessen Zulässigkeit in den Augen Poincarés sonderbare Formen angenommen hat, denn „die einen verwerfen das Auswahlpostulat, halten aber den Beweis für richtig, die anderen nehmen das Aus-

[172] So Hilbert in seinen Eröffnungsworten. Engl. Übers. in Rowe (1986), 197.

[173] Hilbert an Poincaré in einem Brief vom 6. November 1908. In Walter (2019), 10.

[174] Hilbert an Poincaré in einem Brief vom 25. Februar 1909. In Walter (2019), 12.

[175] Poincaré (1910b), 48.

[176] Poincaré (1910b), 48.

[177] Poincaré (1910b), 48.

[178] Poincaré (1910b), 48.

[179] Poincaré (1910b), 48.

wahlpostulat an, erkennen aber den Beweis nicht an".[180] Bewerten kann er diese Konstellation letztlich nur noch mit einem Wort: „merkwürdig".[181]

Unmittelbar im Anschluss an diesen Vortrag gibt Zermelo vor dem Forum der Mathematischen Gesellschaft „Erläuterungen über die einwandfreie Definition der zweiten Mächtigkeit Aleph 1 und über die Voraussetzung und das Schlußverfahren seines Beweises für den Satz, daß jede Menge wohlgeordnet werden kann".[182] Das liest sich nicht nur wie eine Responsion, das ist eine passgenaue Erwiderung auf den Vorredner, die ohne jedes beschönigende Beiwerk auszukommen gedachte. Zwischen Gast und Respondent „occasioned a clash".[183] Bereits im Februar hatte Hilbert Poincaré mitgeteilt, dass man für die Woche seines Besuches beabsichtige, die eine oder andere „Sitzung der hierigen mathematischen Gesellschaft abzuhalten, wo wir dann unsererseits nach unseren Kräften etwas zum Besten geben könnten".[184] Mit Zermelo schickte Hilbert nun aber niemand anderen vor, als die in seinen Augen erste Autorität in Fragen der Mengentheorie, Axiomatik, Logik und Grundlagen der Mathematik.[185] Die ihm zugedachte Rolle erfüllte Zermelo souverän, denn seine Replik war gleichermaßen präzise wie prägnant und dürfte bei den anwesenden Göttinger Kollegen großen Eindruck hinterlassen haben.

So lässt er keinen Zweifel daran, dass er die Bedenken im Umgang mit der transfiniten Zahl Aleph 1 nicht teilen kann, denn diese Mächtigkeit lässt sich gleichermaßen tadellos begrifflich einführen wie Aleph 0. Andernfalls würde sich das Problem einer willkürlichen Abgrenzung einstellen. Wenn beide transfiniten Mächtigkeiten begrifflich mit demselben semantischen Mittelbestand fixiert werden können, dann ist nicht nachvollziehbar, weshalb die eine zulässig, die andere indes unzulässig sein soll. Entweder man verwirft unter Angabe von Gründen das gesamte Definitionsverfahren und gibt mithin auch den Begriff der Mächtigkeit der natürlichen Zahlen auf oder aber man hält an diesem Begriff fest und erkennt damit aber auch alle weiteren, mit Hilfe des Definitionsverfahrens einführbaren Begriffe an.

Zermelos Ausführungen über „die Voraussetzung und das Schlußverfahren" seines Beweises sind klar der Betrachtung des Auswahlaxioms verpflichtet und er wird bei dieser Gelegenheit aus der Fülle seiner bereits veröffentlichten kritischen Erwiderungen geschöpft haben.[186] Poincarés Bedenken waren Zermelo nicht neu und so wird er im Besonderen darauf hingewiesen haben, dass trotz des überaus schmeichelhaften Lobes, als Urheber eines fast genialen Satzes geführt zu werden,[187] ihm diese Ehre nicht gebührt,

[180] Poincaré (1910b), 48.

[181] Poincaré (1910b), 48.

[182] Redaktion JDMV (1909c), 79.

[183] Rowe (1986), 199.

[184] Hilbert an Poincaré in einem Brief vom 25. Februar 1909. In Walter (2019), 12.

[185] Vgl. Hilbert an Wien in einem Brief vom 5. Mai 1909. Engl. Übers. in Ebbinghaus (2007a), 110.

[186] Vgl. Zermelo (1908a), 111–128.

[187] Vgl. Poincaré (1910b), 48.

weil die Schlussweise des Auswahlprinzips in der Mathematik alt und weit verbreitet ist. Vom virtuosen Kunstgriff eines von ihm gänzlich neu geschöpften Beweismittels konnte keine Rede sein. Seine Leistung fand sich an anderer Stelle. Er machte ein vormals Implizites explizit und erkannte dessen Bedeutsamkeit für die Beweisführung. Sein persönlicher Verdienst bestand in der expliziten Formulierung des Auswahlprinzips sowie der damit einhergehenden Erkenntnis, dass es dieses Axioms ausdrücklich bedarf, um den Wohlordnungssatz beweisen zu können. Indes von der Unannehmbarkeit der Folge auf die Unannehmbarkeit der Voraussetzung schließen zu wollen, würde einer Zurückweisung von großen Teilen der Mathematik gleichkommen. Zermelos souveräne Erwiderung hat Hilbert offenkundig sehr beeindruckt, denn eine gute Woche später merkt dieser brieflich gegenüber Wilhelm Wien an, dass Zermelo sich erst kürzlich auf sehr eindrucksvolle Weise gegen Poincaré behauptet hat.[188]

An diesem 27. April 1909 stand die Mengentheorie in Göttingen mit zwei exponierten Vorträgen einmal mehr im Mittelpunkt der Betrachtung und erfuhr mit den Anwesenden Henri Poincaré, David Hilbert, Ernst Zermelo und anderen einen ganz außergewöhnlichen Diskussionszirkel. In den zurückliegenden fünf Jahren hatten diverse namhafte Mathematiker zu Zermelos Beweis Stellung genommen und bemerkenswerte Beobachtungen vorgetragen. Gleichwohl besaßen die Überlegungen Poincarés ein besonderes Gewicht, weshalb man vor Ort ein großes Interesse damit verband, die sechs Vorträge zeitnah zur Veröffentlichung zu bringen. So ließ es sich Hilbert auch nicht nehmen, in der Sitzung am 21. Dezember 1909 die anwesenden Mitglieder der Mathematischen Gesellschaft darüber zu unterrichten, dass sich die von Poincaré in Göttingen gehaltenen Vorträge nunmehr im Druck befinden.[189] Bei dieser Gelegenheit erörtert er „insbesondere die dort gegebenen Ausführungen zur Mengenlehre“.[190] Dass Hilbert in dieser letzten Sitzung des Jahres noch einmal ausdrücklich auf die Inhalte des Vortrages „Über transfinite Zahlen“ zu sprechen kommt, belegt nachdrücklich, welch dauerhaften Eindruck das Ereignis hinterlassen hatte. 1909 schlug nach wie vor der Puls der mengentheoretischen Forschung in Göttingen und jene, die der Göttinger Mathematik nahestanden, dürften dies aufmerksam verfolgt haben.

Als Ernst Hellinger im weiteren Verlauf des Jahres nach Marburg aufbricht, blickt er auch auf einen reichhaltigen mengentheoretischen Erfahrungsschatz. Er dürfte nahezu alle bedeutsamen Göttinger Forschungsfortschritte in der Mengentheorie aus nächster Nähe mitverfolgt haben. Für einen brillanten jungen Mathematiker nahezu ein Leichtes, um sich damit auf der Höhe des mengentheoretischen Entwicklungsstandes zu bewegen. Aufgrund seines intellektuellen Milieus dürfte er über eine exzellente mengentheoretische Bildung verfügt haben. Es überrascht daher kaum, dass der junge Privatdozent in den ersten Jahren seiner Lehrtätigkeit auch um eine Diversifizierung seines Vorlesungsangebotes bemüht ist. Um die eigene Vita für die nächste Stufe der akademischen Laufbahn zu empfehlen, dürfte

[188] Hilbert an Wien in einem Brief vom 5. Mai 1909. Engl. Übers. in Ebbinghaus (2007a), 110.

[189] Siehe Poincaré (1910a).

[190] Redaktion JDMV (1910a), 28.

Hellinger ein großes Interesse daran gehabt haben, die Liste der von ihm angebotenen Veranstaltungen möglichst breit aufzustellen. Es ist daher nur folgerichtig, dass die Mengentheorie, die während seiner Göttinger Jahre ein so prominent besetztes und darüber hinaus auch faszinierendes Thema gewesen ist, nun auch Eingang in den Marburger Vorlesungsbetrieb findet.

1.4 Ernst Hellingers Vorlesung im Sommersemester 1911

Im Sommersemester 1911 ist es endlich so weit. Nachdem er in den zurückliegenden drei Semestern über analytische Geometrie, die Theorie der Kurven und Flächen, Bestimmte Integrale und Fourier-Reihen sowie die Theorie der Determinanten gelesen hatte, bietet Hellinger nun freitags von 16 bis 18 Uhr die zweistündige Vorlesung „Einführung in die Mengenlehre" an. Man versetze sich für einen Moment in den jungen Studenten Fraenkel, der zum Ende des Winters 1910/11 – vielleicht im März – das neue, 70seitige *Verzeichnis der Vorlesungen die im Sommerhalbjahre 1911 vom 15. April bis 15. August 1911 an der Universität Marburg gehalten werden sollen* in den Händen hält. Beim erstmaligen Betrachten des überschaubaren mathematischen Programms von gerade einmal 14 Veranstaltungen wird ihm schnell gegenwärtig geworden sein, dass ein Teil des Kursangebots für ihn als fortgeschrittenes Semester schon gar nicht mehr einschlägig ist. Doch mehr als dies wird etwas anderes seine Gedanken bestimmen. Sein Blick fällt auf etwas Ungewohntes, etwas, das es im Vorlesungsverzeichnis der Philipps-Universität noch nicht gegeben hat. Eingerahmt zwischen Neumanns „Abel'sche Funktionen" und Hensels „Mathematisches Proseminar" tritt ein neues Thema in Fraenkels Leben.

Einführung in die Mengenlehre: Dr. Hellinger Freitag 4–6 Uhr. XV

Quelle: *Verzeichnis der Vorlesungen die im Sommerhalbjahre 1911 vom 15. April bis 15. August 1911 an der Universität Marburg gehalten werden sollen*, Univ.-Buchdruckerei von Joh. Aug. Koch, Marburg 1911, 28

Hellinger wurde späterhin nachgesagt, „durch sorgfältige Vorbereitung und ausführliche klare Darstellung sogar bei denen Interesse zu wecken, für die zunächst die Mathematik nicht viel bedeutete".[191] Hier konnte er seinen beeindruckenden Erfahrungsschatz aus der Zeit als Hilberts Privatassistent souverän einbringen. Er war mehr als routinisiert im simultanen Konspektieren mündlich gehaltener Vorträge und deren nachträglicher detaillierter Ausarbeitung als vollwertiger Mitschrift. Es war erst wenige Jahre her, dass er mit der tadellosen Verschriftlichung von Hilberts Vorlesungen seinen exzellenten Beitrag

[191] Siegel (1965), 8f.

zu dieser besonderen Göttinger „Tradition“[192] leistete. Diese Befähigung wird ihm nun bei der Vorbereitung seiner eigenen Vorlesungsmanuskripte eine große Hilfe gewesen sein. Wir dürfen davon ausgehen, dass der junge Privatdozent dieses besondere Maß an Sorgfalt und Akribie bereits dieser außergewöhnlichen Vorlesung angedeihen ließ, die er aus Neigung und Neugier angeboten haben wird. Einen thematischen Zwang gab es jedenfalls nicht.

Weder diente die Veranstaltung persönlichen Forschungsanliegen noch zählte sie zum Pflichtangebot des Marburger mathematischen Curriculums. Es blieb das pure Interesse an der Sache selbst. Passen würde dies zu Hellingers Selbstverständnis seiner Marburger Zeit, die geprägt war durch einen mit Freunden geteilten Bildungshunger an Philosophie, Archäologie, Geographie und Theologie.[193] Dieser unvoreingenommene Erkenntnisdrang bescherte ihm an der Lahn glückliche Jahre.[194] Das dürfte sich so manches Mal auch in der Auswahl und Ausrichtung einzelner Lehrveranstaltungen widergespiegelt haben. Hellinger wird seine Vorlesung zur Mengentheorie angeboten haben, weil er sich für das aus Göttingen bestens bekannte Thema zu begeistern wusste. Stil und Inhalt werden die Hörer überzeugt haben und manch ein anspruchsvoller Student wird gerade deshalb in späteren Semestern gerne wiedergekommen sein, so auch Fraenkel. Für ihn war Hellinger „ein vorzüglicher und gewissenhafter Lehrer. Ich habe mehrere Vorlesungen bei ihm gehört“.[195]

Was genau im Rahmen dieser „Einführung in die Mengenlehre“ verhandelt wurde, wie diese Vorlesung aufgebaut war und welche Schwerpunkte sie setzte, ist nicht im Einzelnen überliefert. Sie kann jedenfalls nicht nur der formal-axiomatischen Begründung und den jüngsten Forschungsergebnissen verpflichtet gewesen sein, denn Fraenkel erinnert sich, dass er von Zermelos Axiomatik „in Hellingers Vorlesung beiläufig hörte“,[196] „wobei es mein Glück war, daß die Axiome genannt wurden, auf denen kurz vorher (1908) E. Zermelo, Göttingen, die Mengenlehre begründet hatte“.[197] Mehr erfährt man nicht – mehr weiß man nicht. Obzwar die beiden Direktoren des Mathematischen Seminars in der annualen Chronik der Philipps-Universität gerne Auskünfte über die Ausrichtung und den Verlauf ihrer eigenen Kurse erteilten, beschränkte sich dieser Informationsdienst eben auf die Veranstaltungen von Hensel und Neumann. Dokumentationen zu den Kursen der weiteren Lehrenden sucht man indes vergebens. Entsprechend findet man ebendort auch keinen Hinweis auf die „Einführung in die Mengenlehre“.[198] Das gilt unisono auch für jene späteren Jahrgänge, in denen man nach Hinweisen zu Fraenkels mengentheoretischer Lehre suchen mag. Man wird schlicht nicht fündig. Die Chronik der Universität versagt

[192] Born (1975), 105.

[193] Vgl. Rovnyak (1990), 4.

[194] Max Dehn zit. n. Rovnyak (1990), 4.

[195] Fraenkel (1967), 105.

[196] Fraenkel (1967), 149.

[197] Fraenkel (1967), 112.

[198] Vgl. *Chronik der Königlich Preussischen Universität Marburg*, 25. Jahrgang, 1911, 92.

hier und mit Hellingers Nachlass ist es nicht besser bestellt. Im Zuge seiner dramatischen Emigration 1939 ging der Großteil seiner Unterlagen verloren,[199] weshalb sich die Hoffnung einzig noch auf nachgelassene Schriftzeugnisse ehemaliger Hörer richten mag. Doch die persönlichen Unterlagen des einzig hier bekannten Hörers teilen traurigerweise das Schicksal von Hellingers Dokumenten: Im Zuge der Emigration verliert sich ihre Spur.

Nicht verloren ist indes das Wissen, dass dieser eine besondere Hörer der damals 20jährige Student Adolf Fraenkel war und dass diese Vorlesung später nicht weniger als sein Leben verändern sollte. Im Auditorium XV des Universitätsgebäudes hört Fraenkel im Sommer des Jahres 1911 erstmals von Zermelo und seiner gewaltigen Leistung. Im Unterschied zu den Physikern und Chemikern lasen die Mathematiker nicht am Samstag, aber Fraenkel dürfte es kaum gestört haben, dass Hellinger für den Kurs eine konkurrenzarme Randzeit gewählt hatte, denn so galt der letzte Veranstaltungsbesuch der Woche der Mengenlehre. Regelmäßig wird er das im neugotischen Stil erbaute Universitätsgebäude, dieser zu den „Hauptzierenden der Stadt"[200] zählende Mittelpunkt des akademischen Lebens, durch den Eingang auf Höhe der Reitgasse und damit auf dem Niveau des ersten Stockwerks betreten haben. Von dort führte ihn sein Weg rechterhand nur wenige Meter diagonal durch den klösterlich anmutenden Eingangsbereich mit seinen wundervollen Kreuzgewölben, denn unmittelbar dem Kreuzgarten gegenüberliegend befand sich der Hörsaal XV. Im Raum wird sein Blick vielleicht manches Mal aus dem Fenster gewandert sein, wo er das Treiben auf dem unterhalb des Hörsaals gelegenen Rudolphsplatz sowie vor dem vis-à-vis befindlichen Fronhof beobachten konnte, während er erstmals von jenem Axiomensystem hörte, das in seiner von ihm erweiterten, verbesserten und vor allem kanonischen Fassung eineinhalb Jahrzehnte später auch seinen Namen tragen sollte. Aus Zermelo wurde Zermelo-Fraenkel und hier nahm diese Entwicklung ihren biographischen Anfang. Als solcher sollte sich dieser Beginn freilich erst retrospektiv zu erkennen geben. Hellingers curricular außergewöhnliche Veranstaltung über die Mengenlehre „sollte für meine Zukunft entscheidend werden, allerdings erst ein Jahrzehnt später, denn damals ahnte ich von dieser Auswirkung noch nichts".[201]

Es ist überaus bemerkenswert, dass Fraenkel in seiner Autobiographie ganze viermal, wenngleich stets nur kurz, auf Hellingers Vorlesung zu sprechen kommt.[202] Für eine redliche Dokumentation hätte eine einmalige, unmissverständliche Erwähnung vollkommen ausgereicht. An ausgewählter Stelle einmal herauszustellen, dass durch die „Einführung in die Mengenlehre" ein erster sowie nachhaltiger und vor allem inspirierender Kontakt zum Thema gebahnt wurde, hätte keinen Zweifel daran belassen, welch exponierte Rolle Hellingers Vorlesung in seiner frühen akademischen Biographie einnahm. Doch die stetig wiederkehrende und ausdrücklich wertschätzende Bezugnahme lässt erahnen, wie bedeutsam Fraenkel dieses akademische Ereignis selbst nach mehr als einem halben Jahr-

[199] Vgl. Rovnyak (1990), 28.

[200] Hoche (1912), 17.

[201] Fraenkel (1967), 105.

[202] Vgl. Fraenkel (1967), 105, 112, 135, 149.

hundert einschätzt. Es war ihm nicht weniger als ein inniges persönliches Anliegen. Für keine andere Begebenheit aus seinem Studium findet er ähnlich deutliche Worte. Keine andere wird ähnlich häufig erwähnt. Auf ihn machte Hellingers Vorlesung über Mengenlehre einen „besonders starken Eindruck".[203] Vielleicht reichte dieser sogar bis in die Titelgebung hinein. Immerhin sind Parallelen nicht zu leugnen zwischen Hellingers „Einführung in die Mengenlehre" und Fraenkels *Einleitung in die Mengenlehre*. Der mündlichen Einführung des einen folgt die schriftliche Einleitung des anderen. Eine bemerkenswerte Kontinuität.

Der erst später wirksame Einfluss mag 1911 noch nicht fassbar gewesen sein und lag unerkannt in einer unbestimmt weiten Ferne. Vereinnahmt hatte ihn das Thema dennoch bereits während seines Studiums, wahrscheinlich sogar sofort. Vielleicht war es bereits Ausdruck einer latenten Faszination, einer ersten biographischen Prägung, als Fraenkel im Wintersemester 1912/13 für ein Studiensemester an die Universität Berlin wechselt, um dort erstmals selbst als Referent der Mengentheorie aufzutreten. Selbstverständlich dürfte er sich umfassend aus dem vielfältigen Veranstaltungsangebot der großen Berliner Mathematik bedient haben, doch mittwochs, von 17 bis 19 Uhr, nahm er an dem von Hermann Amandus Schwarz, Ferdinand Georg Frobenius und Friedrich Schottky gemeinsam abgehaltenen Mathematischen Seminar teil. Fraenkel profitierte hierbei von einer Bequemlichkeit Schwarz', denn dieser „ließ den Studenten, die dazu Lust hatten, völlige Freiheit, in den Seminarstunden über beliebige Themen vorzutragen".[204] Und Fraenkel hatte Lust.

Es ist durchaus symbolbehaftet, dass dieser keinen Forschungsgegenstand seines Lehrers Hensel verhandelt. Wie naheliegend wäre ein algebraisches Thema gewesen, mit dem der Schüler die Forschung des Lehrers an dessen altes Institut zurückbringt. Es waren gerade einmal zehn Jahre vergangen, seitdem Hensel Berlin gen Marburg verlassen hatte. Mit einer Reminiszenz an dessen altes Berliner Profil hätte sich nicht zuletzt Schwarz autobiographisch angesprochen gefühlt, der nahezu eine ganze Dekade Kollege Hensels gewesen war. Doch Fraenkel entscheidet sich für einen abendfüllenden Vortrag zur Mengentheorie. „Ich wählte mir, künftige Entwicklungen unbewußt antizipierend, als Thema die Elemente der in Berlin fast unbekannten Mengenlehre und erregte mit meinem zweistündigen Vortrag bei den Studenten lebhaftes Interesse".[205] Skepsis und Reserviertheit dürften indes die Reaktion Schwarz' bestimmt haben, denn auch „er habe von diesen bedenklichen Theorien Georg Cantors gehört, müsse aber die studierende Jugend ernstlich vor ihnen warnen".[206] Für Fraenkel letztlich ein Grund mehr, ein knappes Jahrzehnt später mit einer anspruchsvollen operativen Axiomatik die Mengentheorie auf ein neues Niveau methodologischer Strenge zu heben.

Gab es 1912 also immer noch Ressentiments gegenüber Cantors Theorie, so dürfte es zu dieser Zeit Zermelos Ansatz erst recht an Zuspruch gemangelt haben. Immerhin waren

[203] Fraenkel (1967), 112.

[204] Fraenkel (1967), 119.

[205] Fraenkel (1967), 119.

[206] Fraenkel (1967), 119.

seit der grundlegenden Veröffentlichung erst etwas mehr als vier Jahre vergangen und außerhalb Göttingens genoss das Thema nicht überall dieselbe Wertschätzung. Die Vermutung ist also keineswegs gewagt, dass Hellingers „Einführung in die Mengenlehre", in der zumindest sämtliche Axiome Zermelos Erwähnung fanden und wahrscheinlich auch der ihnen zugrundeliegende formal-axiomatische Zugang, in Marburg eine eher ungewöhnliche Veranstaltung war. Erweitert man den Fokus und blickt sogleich auf die deutsche Universitätslandschaft ab 1908, so stellt man fest, dass Vorlesungen zur Mengenlehre grundsätzlich selten angeboten wurden und damit per definitionem unübliche curriculare Vorkommnisse gewesen sein müssen. In welchem Umfang die formal-axiomatische Begründung der Mengentheorie vor Hellingers Veranstaltung andernorts Gegenstand der Lehre war, kann zwar nicht verbindlich beantwortet, aber doch in Teilen erhellt werden.

Zermelos „Untersuchungen über die Grundlagen der Mengenlehre" erschienen im 2. Heft des 65. Bandes der *Mathematischen Annalen*, das am 13. Februar 1908 ausgegeben wurde. Die mathematische Öffentlichkeit konnte Zermelos Axiomatisierung damit frühestens im Lehrbetrieb des Sommersemesters 1908 zum Gegenstand des Interesses machen. Dies war freilich eine bloß theoretische Möglichkeit, da es in Anbetracht der überaus kurzen Vorlaufzeit praktisch ausgeschlossen war, dass andere als Zermelo zu diesem frühen Zeitpunkt über den Gegenstand hätten lesen können.

Doch selbst wenn wir die Zeit ab dem Wintersemester 1908/09 fokussieren, finden sich nur wenige Anzeichen dafür, dass zeitlich vor oder parallel zu Hellingers Vorlesung eine weitere Auseinandersetzung in der akademischen Lehre stattgefunden hat. In den Verzeichnissen der angekündigten Vorlesungen über die mathematischen Wissenschaften an den Universitäten des Deutschen Kaiserreichs findet sich für den fraglichen Zeitraum keine Veranstaltung, die ausdrücklich eine moderne formal-axiomatische Mengentheorie entwerfen würde.[207] Dies leistet nicht einmal Hellingers Vorlesung und es wäre wohl auch vermessen, eine entsprechende Erwartung an die Vorlesungsverzeichnisse der Zeit heranzutragen. Obgleich also die Eindeutigkeit eines derart unmissverständlichen Befundes aus dem genannten Grund ausbleibt, so besagt dies selbstverständlich nicht, dass keine weitere Auseinandersetzung mit Zermelo stattgefunden hat. Unter den potentiellen Veranstaltungen findet sich mindestens ein vielversprechender Kandidat. Dabei ist die Liste nicht einmal lang.

Im fraglichen Zeitraum von sieben Semestern wurden mit Edmund Landaus „Mengenlehre mit Anwendungen auf die Theorie der Funktionen reeller Veränderlichen",[208] Gerhard Kowalewskis „Grundzüge der Mengenlehre",[209] Hermann Brunns „Mengenlehre"[210] (alle

[207] Vgl. Redaktion JDMV (1908a), 28–33; (1908b), 51; (1908c), 72; (1908d), 114–119; (1908e), 140ff.; (1909a), 39–45; (1909b), 59f.; (1909d), 106–109; (1909e), 146–149; (1910b), 52–55; (1910c), 78ff.; (1910d), 119; (1910f), 182–186; (1910g), 228f.; (1910h), 258; (1911a), 65–71; (1911b), 86f.

[208] Vgl. Redaktion JDMV (1908d), 115.

[209] Vgl. Redaktion JDMV (1908d), 115.

[210] Vgl. Redaktion JDMV (1908d), 118.

drei im Wintersemester 1908/09), Otto Toeplitz' „Mengenlehre in elementarer Darstellung"[211] (Wintersemester 1910/11) und Theodor Kaluzas „Allgemeine Mengenlehre"[212] (Sommersemester 1911) mindestens fünf weitere Vorlesungen zur Mengentheorie angekündigt. Jede dieser Vorlesungen hätte theoretisch auch Zermelos Axiomatisierung zum Gegenstand der Betrachtung machen können. Während im Fall von Landau, Brunn und Kaluza hier keine weiterführenden Angaben gemacht werden können, wissen wir über die erwähnte Vorlesung von Kowalewski immerhin, dass er in dieser – neben den klassischen Arbeiten Cantors – unter anderem die Auseinandersetzung um die Kontinuumshypothese, den Beweis des Wohlordnungssatzes sowie den Streit um das Auswahlaxiom „eingehend behandelt"[213] hat. Eventuell zählte dazu auch Zermelos Axiomatisierung. Allerdings wird diese keinen nennenswerten Raum in seiner Vorlesung und schon gar keine Vorbildfunktion eingenommen habe, denn in Kowalewskis Augen war diese Axiomatik, „wie es bei einem ersten Versuch kaum anders zu erwarten ist, nicht ganz hieb- und stichfest".[214]

Verbleibt also noch die „Mengenlehre in elementarer Darstellung"[215] aus dem Wintersemester 1910/11. Otto Toeplitz hält diese Vorlesung nicht irgendwo, sondern in Göttingen und dies genau ein Semester, bevor sein Freund Hellinger über das Thema in Marburg liest. Das mag ein Zufall sein und nichts zu bedeuten haben, allerdings lassen sich einige Indizien manifest machen, dass es hier einen mittelbaren Impuls von Zermelo gegeben haben könnte, der bis nach Mittelhessen reichte. Bereits im Sommersemester 1910 hält der Mengentheoretiker in Göttingen neben einer dreistündigen Vorlesung zu „Differentialgleichungen" auch „Übungen für mittlere Semester" für ungefähr 100 Teilnehmer[216] ab, die er zusammen mit Otto Toeplitz und Max Born, beides Freunde Hellingers, durchführt.[217] Zwischen Zermelo und Toeplitz scheint – zumindest zu dieser Zeit – ein vertrautes Verhältnis bestanden zu haben. So findet sich unter anderem ein Brief vom 11. November 1907, in dem er Toeplitz bittet, stellvertretend für ihn in der Vorlesungskonferenz eine Vorlesung „Mathematische Logik" anzukündigen,[218] die entsprechend als zweistündige Vorlesung für das Programm im darauffolgenden Sommersemester erfasst[219] und sogleich von Hellinger belegt wurde. Wir hatten dies bereits an früherer Stelle angemerkt.

Darüber hinaus teilt er ihm mit, dass er die Redaktion der *Mathematischen Annalen* gebeten hat, ihm 10 Exemplare seiner Arbeit zuzusenden, damit Toeplitz die Separata

[211] Vgl. Redaktion JDMV (1910f), 183.
[212] Vgl. Redaktion JDMV (1911a), 69.
[213] Kowalewski (1950), 205.
[214] Kowalewski (1950), 210.
[215] Vgl. Redaktion JDMV (1910f), 183.
[216] Vgl. Hilbert an Wien in einem Brief vom 5. Mai 1909. In Ebbinghaus (2007a), 110.
[217] Vgl. Redaktion JDMV (1910b), 53.
[218] Vgl. Toeplitz (1999), 34.
[219] Vgl. Redaktion JDMV (1908a), 30.

unter Göttinger Mathematikern an mengentheoretisch Interessierte verteilen kann.[220] Um welche der beiden Veröffentlichungen von 1908 es sich hierbei handelt, bleibt zwar offen. Es spielt aber keine Rolle, ob es nun der Aufsatz über den neuen Beweis des Wohlordnungssatzes oder jener die Axiomatisierung betreffend gewesen ist, weil der Brief zum einen das vertrauensvolle Verhältnis zwischen beiden dokumentiert und zum anderen ein offenkundiges Interesse Toeplitz' an Zermelos mengentheoretischer Forschung voraussetzt. Was immer auch übersandt wurde – es war ein Meilenstein der Mengentheorie. Durch die Zusammenarbeit in der Lehre werden sich zusätzliche Gelegenheiten eingestellt haben, um zudem eingehend über die Fortschritte in der mengentheoretischen Forschung sprechen zu können. Toeplitz unterstützt Zermelo also nicht nur im akademischen Alltag der Lehre, sondern auch in der Rezeption von dessen Mengentheorie. Diese Unterstützung lässt sich am besten erklären mit einer Kenntnis und Wertschätzung des Forschungsgegenstandes. Es ist daher kaum überraschend, dass Toeplitz bereits im Folgesemester, dem Wintersemester 1910/11, und damit ein Semester vor Hellinger in Marburg, eine zweistündige Vorlesung „Mengenlehre in elementarer Darstellung“ in Göttingen anbietet.[221]

Da Toeplitz weder davor noch danach als Mengentheoretiker in Erscheinung getreten ist, dürften Anlass und Ausrichtung der Vorlesung durch die unmittelbare akademische Prägung gegeben gewesen sein. Nichts ist naheliegender als die Annahme, dass der inspirierende persönliche Kontakt zu Zermelo sowie die eingehende Rezeption seiner mengentheoretischen Forschungsergebnisse den Wunsch und die Neugier befördert haben, all dies lehr- und lernbar aufzubereiten. Mit Cantors Punktmannigfaltigkeiten hatte man auch in diesem Fall zu beginnen, aber zu dem größeren Ziel, die problemgeschichtliche Entwicklung der Theorie des Transfiniten bis hin zum Erfordernis von Zermelos Arbeiten nachzuzeichnen. Wie zentral die Rolle der Axiomatisierung, des Wohlordnungssatzes und auch des Auswahlaxioms letztlich ausfiel, müssen wir dahingestellt sein lassen. Sicher ist aber, dass eine Vorlesung zur Mengentheorie am Mathematisch-physikalischen Seminar der Universität Göttingen im Herbst 1910 nicht ohne hinreichende Berücksichtigung und angemessene Würdigung der vor Ort erzielten Fortschritte ausgekommen sein dürfte. Toeplitz' Veranstaltung mag daher vielleicht Hellinger inspiriert haben, für Marburg etwas Vergleichbares zu konzipieren.

Durchaus plausibel erscheint diese Möglichkeit, wenn man ihren durchgehend engen intellektuellen Austausch berücksichtigt. Beide zeigten großes Interesse an der Forschung des jeweils anderen und machten erzielte Resultate fruchtbar für die eigenen Untersuchungen. Hellinger griff sowohl in seiner Dissertation[222] wie auch in seiner Habilitation[223] Ergebnisse von Toeplitz auf. Umgekehrt berichtet dieser am 27. Juli 1909 in der Mathematischen Gesellschaft Göttingen über die Ergebnisse von Hellingers Marburger Habilitationsschrift „Neue Begründung der Theorie quadratischer Formen von unendlich-

220 Vgl. Toeplitz (1999), 34.

221 Vgl. Redaktion JDMV (1910f), 183.

222 Vgl. Hellinger (1907), 19.

223 Vgl. Hellinger (1909), 259f. u. 263.

vielen Veränderlichen“. Da er dies „unter Vorlegung der Korrekturbogen“[224] für deren veröffentlichte Fassung[225] im *Journal für die reine und angewandte Mathematik* vornimmt, ist gut drei Monate nach Hellingers Habilitation nicht nur die wissenschaftliche Arbeit druckreif, sondern Toeplitz in deren Endredaktion ausdrücklich eingebunden. Nach dessen abschließender Beurteilung ist das Problem der orthogonalen Transformation einer beschränkten quadratischen Form „durch die Dissertation und die Habilitationsschrift von Hellinger gewissermaßen erschöpfend in derjenigen Richtung ausgebaut worden, die Hilbert ihr vorzeichnete“.[226] Beeindruckende Worte der Wertschätzung.

Die engen Freunde standen auch nach Hellingers Wechsel nach Marburg nicht nur weiterhin in intensivem Kontakt, sondern Toeplitz partizipierte ununterbrochen an dessen Forschung und machte diese für seine eigene fruchtbar. So hält er unter anderem am 15. Februar 1910 in der Mathematischen Gesellschaft einen umfassenden Vortrag über seine Untersuchungen „betreffend die orthogonale Transformation der quadratischen Formen von unendlich vielen Veränderlichen“.[227] Dabei entwirft er den Plan, die Theorie der beschränkten quadratischen Formen von Hilbert und Hellinger durch eine Theorie der finiten quadratischen Formen zu ergänzen.[228] Dies dient im Besonderem dem Ziel, einigen anspruchsvollen Begriffen aus der Theorie von Hilbert und Hellinger „einen elementaren Sinn“ zu verleihen. Die Ergebnisse sprechen für sich und Hilbert legt am 23. Juli 1910 der Königlichen Gesellschaft der Wissenschaften zu Göttingen Toeplitz’ Untersuchung „Zur Theorie der quadratischen Formen von unendlichvielen Veränderlichen“[229] vor, in welcher die in Aussicht gestellte, „man könnte sagen: algebraische“[230] Theorie präsentiert wird.

Diese intensive Beschäftigung mit Hellingers Werk hält an. Gut ein Jahr später, am 17. Januar 1911, referiert Toeplitz erneut über seine Forschungen und stellt bei dieser Gelegenheit einen bedeutsamen Zusammenhang zwischen der Hilbert-Hellingerschen Theorie und der Theorie der Reihenentwicklungen her.[231] Übertroffen werden diese wechselseitigen Inspirationen und Einflussnahmen nur noch durch die parallel vollzogene Zusammenarbeit zwischen beiden. Bereits mehr als ein Jahr vor Hellingers Promotion, am 28. Juli 1906, legt Hilbert der Königlichen Gesellschaft der Wissenschaften zu Göttingen die von Hellinger und Toeplitz gemeinsam entwickelten Grundlagen für den Umgang mit unendlichen Matrizen vor,[232] die von beiden über die nachfolgenden Jahre zu einem beeindruckenden axiomatischen Kalkül ausgebaut werden.[233] In den 1910 schließlich ver-

[224] Redaktion JDMV (1910a), 27.

[225] Hellinger (1909).

[226] Toeplitz (1910), 489.

[227] Redaktion JDMV (1910c), 77.

[228] Vgl. Redaktion JDMV (1910c), 77.

[229] Toeplitz (1910).

[230] Toeplitz (1910), 489.

[231] Vgl. Redaktion JDMV (1911a), 63.

[232] Vgl. Hellinger/Toeplitz (1906).

[233] Vgl. Hellinger/Toeplitz (1910).

öffentlichten „Grundlagen für eine Theorie der unendlichen Matrizen“ findet sich nun auch erstmals der später nach ihnen benannte Satz der Funktionalanalysis.

Es liegt auf der Hand, dass sich die beiden Freunde bei den vielfältigen Gelegenheiten ihrer persönlichen Korrespondenz nicht nur über ihre Forschung und Privates ausgetauscht haben, sondern eben auch über den akademischen Alltag, die anstehenden Veranstaltungen und nicht zuletzt die seminaristischen Planungen. Für einen jungen Privatdozenten wie Hellinger spielte dabei die Auswahl von Vorlesungsthemen und ihre inhaltliche Konzeption eine besondere Rolle, denn den Ruf eines guten akademischen Lehrers galt es allererst aufzubauen. Beständig wird er nach curricularen Anregungen Ausschau gehalten haben, um sich als Dozent weiter profilieren zu können. Die Orientierung am zwei Jahre älteren Freund, der zudem über einen entsprechenden zeitlichen Erfahrungsvorsprung als Lehrender verfügte, mag im vorliegenden Fall besonders attraktiv gewesen sein. Immerhin genoss Toeplitz bereits früh den Ruf, seine Veranstaltungen originell und didaktisch versiert aufzubereiten.[234] Zudem war er „einer der wenigen seiner Generation von Mathematikern, die aus echtem kulturellen Verlangen historische Studien trieb“.[235] Beides vermochte er auf unnachahmliche Weise miteinander zu verknüpfen. Für ihn bildete die Mathematikgeschichte die beste Inspirationsquelle dafür, wie man eine Universitätsvorlesung gleichermaßen methodisch korrekt wie gut verständlich aufbauen kann. „Unerschöpflich kann man so aus der Historie für die didaktische Methodik lernen“.[236]

Selbstverständlich erwartete er von jedem Anfänger am Ende einer zweitsemestrigen Vorlesung über Analysis die souveräne Beherrschung der Epsilontik. Doch setzte er an den Anfang seiner Veranstaltungen nicht bereits die bereinigte vollständig entfaltete kanonische Theorie, aus der dann alles Weitere nur noch abgeleitet werden muss. „Anstatt daß man gleich im Anfang die epsilontische Methodik gleichsam mit dem vollen Werk, wie es bei der Orgel heißt, einsetzen läßt, führe man, wie der Organist in einem wohlaufgebauten Orgelstück die Register eines nach dem andern einsetzt, den Studenten allmählich in sanftem Anstieg auf die Höhe dieser Technik […]. Man disponiere die Vorlesung nicht nach den materiellen Inhalten, sondern nach diesem methodischen Gesichtspunkt des Ansteigens“.[237] Bei Toeplitz durchlief der Student anhand ausgewählter Stationen noch einmal individuell die von der Mathematikerschaft verschiedener Generationen kollektiv beschrittene Problemgeschichte der Disziplin. Ein Wissen um die historische Entwicklung der Mathematik lieferte für den versierten Hochschullehrer „den sichersten Wegweiser, um diesen sanften Anstieg, der gar nicht so leicht überall herauszuspüren ist, zu vollziehen“.[238] Die Vorlesungen eines solchen Dozenten hätten fraglos eine vorzügliche Quelle der Inspiration und ein tadelloses Vorbild abgeben können. Sollte Hellinger im Spätherbst 1910, zum Zeitpunkt der Veranstaltungsplanung für das kommende Semester, also noch

[234] Vgl. Behnke (1978), 48.

[235] Behnke (1978), 112.

[236] Toeplitz (1927), 95.

[237] Toeplitz (1927), 94f.

[238] Toeplitz (1927), 95.

auf der Suche nach einem geeigneten Vorlesungsthema für den Sommer 1911 gewesen sein, Toeplitz' „Mengenlehre in elementarer Darstellung" hätte nicht günstiger in seine präsentische Wahrnehmung geraten können.

Mehr als Plausibilität vermag diese Indizienkette nicht zu stiften. Für einen unstrittigen Beleg reicht sie nicht hin. Abweichende Narrative bleiben möglich. Der erzählte mengentheoretische Prolog hat gleichwohl seine Aufgabe erfüllt. Als zwar nicht alternativlose, wohl aber durchaus naheliegende Vorgeschichte verschafft er dem eigentlichen Anfang unserer Erzählung eine intentionale und damit intelligible Struktur. Wir verstehen ihn nun besser. Die für Fraenkels weitere Entwicklung so bedeutsame Vorlesung Hellingers taucht damit nicht einfach unvermittelt auf. Statt der Verlegenheit eines schlicht hinzunehmenden Faktums liefern wir im Konjunktiv eine hinführende Rezeptions- und Milieugeschichte, die selbstbewusst zu rekonstruieren vermag, weshalb es zu dieser Zeit (Sommer 1911) und an diesem Ort (Philipps-Universität Marburg) dieses Ereignis (Hellingers „Einführung in die Mengenlehre") gab. Es ist ein würdiger Anfang für eine noch zu erzählende Geschichte. Es ist der Beginn von Fraenkels grundlegender Zeit in Marburg.

Noch kein Mengentheoretiker: 1914–1919

2

2.1 „Gedacht, getan“: Die *Einleitung* entsteht

Fraenkels intellektuelle Entwicklung blieb auch in den nachfolgenden Jahren mit Hellingers Lebensweg verbunden. Zwei weitere Male sollten die Entscheidungen des Älteren einen mittelbaren, aber wesentlichen Einfluss auf die biographische Prägung des Jüngeren haben und beide Begebenheiten standen im Zusammenhang mit der 1914 neu gegründeten Universität Frankfurt a.M.

1911 erhielt Arthur Schoenflies einen Ruf an die Akademie für Sozial- und Handelswissenschaften in Frankfurt, aus der heraus eine neue Universität begründet werden sollte. Schoenflies' vorrangige Aufgabe bestand darin, den Aufbau einer naturwissenschaftlichen Fakultät voranzutreiben, für die er als Gründungsdekan erste Verantwortung übernahm. Dies schloss im Besonderen die Gründung eines neuen mathematischen Seminars ein, für das neben zwei Ordinarien ein Extraordinariat vorgesehen war. Früh zeichnete sich ab, dass Ernst Hellinger ein aussichtsreicher Kandidat für diese dritte Stelle sein würde. Das Extraordinariat „sollte Hellinger erhalten“.[1] Mit Aufnahme des Lehrbetriebs und Wirkung zum 1. Oktober 1914 wurde er zum planmäßigen außerordentlichen Professor der reinen und angewandten Mathematik berufen – eine Bestallung, die gut sechs Jahre später eine Aufwertung erfuhr, als Hellinger am 19. August 1920 zum ordentlichen Professor ernannt wurde.[2] Damit ging der Marburger Mathematik eine zentrale Lehrkraft verloren, denn de facto war „nur ein Privatdozent der Mathematik an der Marburger Universität vorhanden,

[1] Fraenkel (1967), 123.

[2] Vgl. „Hellinger, Ernst“, in: Professorenkatalog der Philipps-Universität Marburg https://www.uni-marburg.de/uniarchiv/pkat/details?id=9883 (Stand: 28.03.2020).

M. Wille, *Fraenkel*, https://doi.org/10.1007/978-3-662-66167-3_2

der auch in der Tat für den Unterricht erforderlich sei. Dieser Privatdozent war Hellinger".[3] Allerdings zeichnete sich dessen Berufung frühzeitig ab, so dass bereits Anfang 1914 vor Ort nach einem geeigneten Nachfolger Ausschau gehalten werden konnte. Dieses Mal sollte die Verstärkung für die Lehre nicht aus Göttingen, sondern aus dem eigenen Haus kommen.

Just zu dieser Zeit schloss Fraenkel sein Studium mit der Promotion ab. Als Inaugural-Dissertation[4] hatte er eine algebraische Untersuchung über eine besondere Klasse von Ringen vorgelegt, die sich dadurch auszeichnen, dass sich in ihnen die Null eindeutig in Primteiler der Null zerlegen lässt. Hensel stellte sein dreiseitiges Gutachten zur Schrift *Über die Teiler der Null und die Zerlegung von Ringen* bereits am 28. Dezember 1913 fertig und beantragte „für diese wissenschaftlich sehr wertvolle und sehr gut geschriebene Arbeit das Prädikat „vorzüglich" und die Zulassung des Kandidaten zur mündlichen Prüfung".[5] Freilich handelte es sich bei dieser Beurteilung nicht um eine konziliante Gefälligkeit des Gutachters, durch die dem Absolventen der Abschied von der Universität versüßt werden sollte. Fraenkels Untersuchung genügte höchsten Ansprüchen und unterschied sich von den meisten Doktordissertationen nicht zuletzt in dem bemerkenswerten biographischen Merkmal, dass sie bereits im Folgejahr an exponierter Stelle publiziert werden sollte. Hensel nimmt die Arbeit sogleich für das von ihm herausgegebene *Journal für die reine und angewandte Mathematik* an, womit Fraenkels Promotion an einer der besten Adressen für Mathematik erscheinen konnte.[6]

Für die Qualifikationsarbeit galt es Mitte Januar 1914 jedoch erst einmal, durch ein Umlaufverfahren bestätigt zu werden. Zwischen dem 11. und 19. Januar wurden die Promotionsunterlagen von allen Entscheidungsträgern eingesehen und bestätigt. Am 20. Januar 1914 wird schließlich Hensels Antrag angenommen, wenngleich das empfohlene Prädikat „vorzüglich" durch den Ausdruck „ausgezeichnet" ersetzt wird.[7] Bereits am Nachmittag des darauffolgenden Tages (Mittwoch, den 21. Januar 1914) fand das zweistündige Rigorosum statt. 17:00–17:30 Uhr nahm Wilhelm Feußner den Prüfungsteil im Fach Physik ab, 17:30–18:00 Uhr prüfte Walter Troeltsch in Nationalökonomie und 18:00–19:00 Uhr wurde Fraenkel schließlich durch Hensel in Mathematik befragt.[8] Die drei Prüfer kommen zu dem Gesamtergebnis, dass die „Prüfung mit: ausgezeichnet bestanden"[9] wurde. Zusammen mit der Beurteilung der Dissertation schloss Fraenkel sein

[3] Fraenkel (1967), 122.

[4] Siehe Fraenkel (1914).

[5] „Gutachten Hensel", in *Promotionsakte Fraenkel*, Archiv der Philipps-Universität Marburg, Bestand 307 d Nr. 254, Bl. 4.

[6] Vgl. Fraenkel (1915).

[7] Vgl. *Promotionsakte Fraenkel*, Archiv der Philipps-Universität Marburg, Bestand 307 d Nr. 254, Bl. 8.

[8] Vgl. Protokoll zum „Rigorosum von Adolf Fraenkel", in *Promotionsakte Fraenkel*, Archiv der Philipps-Universität Marburg, Bestand 307 d Nr. 254, Bl. 7.

[9] Protokoll zum „Rigorosum von Adolf Fraenkel", in *Promotionsakte Fraenkel*, Archiv der Philipps-Universität Marburg, Bestand 307 d Nr. 254, Bl. 7.

Studium mit der Bestnote, „summa cum laude“, ab. Gute Voraussetzungen für eine akademische Laufbahn. Doch bis dato hatte er sich mit der Möglichkeit einer solchen überhaupt nicht näher befasst, weil es für ihn als Juden trotz fachlicher Exzellenz nicht gerade einfach gewesen wäre, überhaupt eine Professur zu erlangen.[10] An eine Universitätskarriere hatte Fraenkel also noch nicht ernsthaft gedacht, allerdings hatte dies ein anderer bereits für ihn getan – sein Doktorvater. „Nach meiner Befürchtung hätte ja schon die Habilitation kaum überwindliche Schwierigkeiten bereiten müssen, wie überrascht und beglückt war ich daher, als mich am Morgen nach der Prüfung Hensel in der Universität beiseite nahm und mir eröffnete, daß eine Aussicht auf Habilitation durchaus bestände“.[11] Hensel setzte Fraenkel in dieser Unterredung die Hintergründe auseinander, berichtete ihm von dem Erfordernis, statt Hellinger „einen neuen Privatdozenten der Mathematik in Marburg zu habilitieren. Er bot mir an, dieser „Nachfolger“ Hellingers zu werden“.[12] Mit dessen anstehendem Wechsel öffnete sich für den frisch promovierten Fraenkel exakt zur richtigen Zeit die Tür für das Abenteuer einer akademischen Laufbahn.

Der Werdegang der kommenden Jahre schien mit Hensels Offerte klar vorherbestimmt – einzig, es sollte anders kommen. Zur Vorbereitung der Habilitation wechselt Fraenkel entsprechend für das Sommersemester 1914 erst einmal an die Universität Breslau, um dort weitere akademische Erfahrungen zu sammeln. Es sollte für ihn wie auch für so viele andere junge Männer das letzte für die nächsten vier Jahre sein. Sein Kriegsdienst, der bereits im August 1914 begann, währte ganze 50 Monate[13] und erstreckte sich damit nahezu über die gesamte Kriegsdauer. Fraenkel befand sich mithin im Feld, als seine Promotionsschrift im *Journal für die reine und angewandte Mathematik* sowie als Separatdruck erschien, letzterer „Meinen lieben Eltern zur Silbernen Hochzeit“ gewidmet. Seiner Familie blieb nur die Möglichkeit, Exemplare des Separat- wie auch des Sonderabdrucks in seinem Namen zu versenden.

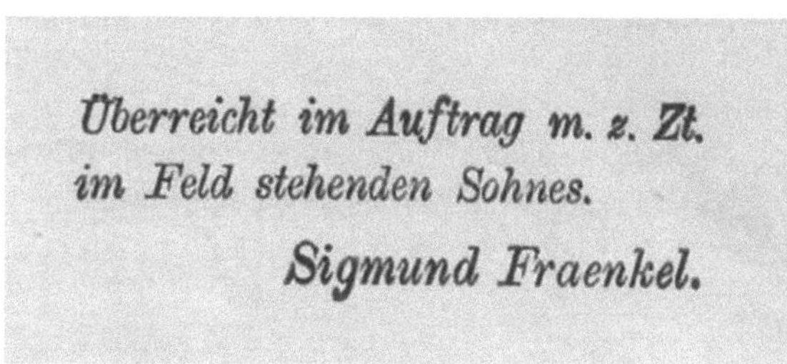
Überreicht im Auftrag m. z. Zt.
im Feld stehenden Sohnes.
Sigmund Fraenkel.

Widmungsstempel in einem Exemplar des Separatdrucks (im Eigentum des Autors befindlich)

[10] Vgl. Fraenkel (1967), 122.

[11] Fraenkel (1967), 122.

[12] Fraenkel (1967), 123.

[13] Fraenkel (1967), 128. Über Fraenkels Zeit im Ersten Weltkrieg, seine Einsatzorte und Erlebnisse siehe ebd., 128–140.

Trotz seines vereinnahmenden Sanitätsdienstes als Krankenpfleger und der widrigen Umstände vermochte es Fraenkel dennoch, innerhalb eines Jahres seine Habilitationsschrift anzufertigen. Er nutzte „freie Abendstunden und auch Wartestunden tagsüber",[14] um eine Leistung zu vollbringen, für welche die meisten anderen unter regulären Bedingungen – wenn überhaupt – mehrerer Jahre bedürfen. Nach Befürwortung durch Hensel billigt die Philosophische Fakultät im November 1915 Fraenkels Studie *Über gewisse Teilbereiche und Erweiterungen von Ringen* als Habilitationsschrift zur Erlangung der Venia Docendi für reine Mathematik und Versicherungsmathematik.[15] Mit dieser Arbeit knüpft er an seine Untersuchungen aus der Dissertation an. Inspiriert durch Ernst Steinitz' umfassende „Algebraische Theorie der Körper"[16] verallgemeinert er sein Interesse und untersucht nunmehr die algebraischen Eigenschaften von beliebig zerlegbaren Ringen.[17]

Eine schwere Grippe verschafft Fraenkel Anfang 1916 einen unverhofften Erholungsurlaub, in dessen Rahmen er die obligatorische Probevorlesung sowie seine mündliche Prüfung in Marburg absolvieren kann. Während dieser Zeit ist der Kontakt zu B. G. Teubner bereits hergestellt, denn noch während dieses Aufenthalts „sandte ich die Habilitationsschrift in druckfertiger Form an den Verleger".[18] Im Vertragsbuch des Verlages wird Fraenkels Manuskript unter der laufenden Nummer 181 mit Eingangsdatum 25. März 1916 geführt.[19] Als am 15. Mai die Fakultät die erforderliche Druckerlaubnis für seine Habilitationsschrift erteilt,[20] steht einer Publikation bei B. G. Teubner im Jahr 1916 nichts mehr im Wege. Damit stand Mitte des Jahres für seine Zulassung als Privatdozenten einzig noch die Antrittsvorlesung aus. Diese erfolgte im Rahmen eines gewährten Kurzurlaubes am 12. Juli 1916 mit dem Titel „Die Mathematik in der Versicherungswissenschaft".[21] Damit hatte Fraenkel innerhalb von zwei Jahren sämtliche Qualifikationsschritte für eine akademische Laufbahn absolviert. Er befand sich damit auf gutem Wege, Hellingers Platz in der Marburger Mathematik einzunehmen. Die einzige unbekannte Größe bestand im weiteren Verlauf des Krieges. Ungewiss war dessen Ausgang, ebenso wie dessen weitere Dauer oder auch Fraenkels Schicksal in demselben. Gewiss war immerhin, dass er nicht als Privatdozent in Marburg würde wirken können, so lange er militärisch diente.

Gewiss war aber auch, dass Fraenkel eines neuen intellektuellen Zieles bedurfte, um den Krieg weiterhin ertragen und Langeweile vermeiden zu können. Seine Untersuchungen zu

---

[14] Fraenkel (1967), 134.

[15] Vgl. Fraenkel (1967), 134.

[16] Vgl. Steinitz (1910).

[17] Siehe Fraenkel (1916).

[18] Fraenkel (1967), 135.

[19] Siehe Vertragsbuch mit der Signatur 150 im „Bestand 22198 B. G. Teubner Verlag, Leipzig" des Sächsischen Staatsarchivs Leipzig. Ich danke Frau Katrin Heil vom Sächsischen Staatsarchiv Leipzig, die mir in einer Mail vom 29. September 2020 entsprechende Informationen sowie ein Digitalisat der fraglichen Seite hat zukommen lassen.

[20] Vgl. Fraenkel (1916), Titelei.

[21] Vgl. Fraenkel (1967), 135.

beliebig zerlegbaren Ringen hatten diese existentielle Funktion innerhalb seines gesamten bisherigen Kriegsdienstes übernommen. Das gesamte Projekt war „sorgfältig geplant und mit großem Fleiß, auch etwas vom Glück begünstigt, durchgeführt“.[22] Doch nun war die Studie *Über gewisse Teilbereiche und Erweiterungen von Ringen* veröffentlicht, das Verfahren abgeschlossen und – wie sich im Nachhinein herausstellen sollte – sein Kriegsdienst erst zur Hälfte geschafft. Es bedurfte einer neuen Orientierung. Es bedurfte einer neuen sinnstiftenden Aufgabe. In dieser Verfasstheit der intellektuellen Suche erinnerte er sich abseits des Kriegsgeschehens jener Begebenheit aus seinem zweiten Marburger Semester, die ihn als jungen Studenten eminent beeindruckt hatte und deren Inhalte er sich nun mehr und mehr zu eigen machte. Als Privatdozent konnte Fraenkel seinen Dienst in Marburg noch nicht als Nachfolger Hellingers antreten, aber er konnte bereits jetzt dessen curricularer Inspiration folgen. Den originellen Einfall mochte er dem kontemplativen Zufall verdanken und dennoch sollte sich die *Einleitung in die Mengenlehre*, obgleich „zufällig konzipiert, [...] zu einem der größten Erfolge meines Lebens“[23] entwickeln.

„Während eines Heimaturlaubs im Herbst 1916 dachte ich in einer schlaflosen Nacht darüber nach, was ich künftig mit etwaiger Freizeit im Heer anfangen solle. Es fiel mir Hellingers Vorlesung über Mengenlehre von 1911 ein, deren Thema mich so gefesselt hatte, daß ich von Zeit zu Zeit Kriegskameraden in populären Gesprächen in diese Welt der unendlich-großen Zahlen einführte. Warum sollte ich nicht ein gemeinverständliches Büchlein darüber schreiben und nach dem Krieg veröffentlichen? Gedacht, getan. Noch in München begann ich die ersten Seiten niederzuschreiben“.[24] Die schlaflose Nacht in seiner Heimatstadt erwies sich für ihn in doppelter Hinsicht als eine glückliche Fügung, denn sie verschaffte ihm nicht nur eine untrügliche Klarheit über die inhaltliche Ausrichtung des neuen Projektes. Sie verschaffte ihm darüber hinaus die Möglichkeit, unverzichtbare Unterlagen zusammenzutragen, um im Feld am Manuskript arbeiten zu können. Hier vor Ort in München konnte er sich schnell Zugriff auf Fachliteratur verschaffen – ein offenkundiger Vorzug, der nicht für Serbien, Galizien oder die Westfront galt. Wenn nicht sogleich bei der Gelegenheit dieses Heimaturlaubs, so nutzte er spätere dafür, um die eine oder andere klassische Arbeit Cantors auch eine übersichtliche Darstellung Schoenflies' oder gar einen Text Zermelos zu konsultieren. Die „wenigen notwendigen oder nützlichen Zitate konnte ich gelegentlich eines Urlaubs nachholen“.[25] Unstrittig dürfte sein, dass seine persönliche Mitschrift von Hellingers Vorlesung für die Anfertigung des Buchmanuskriptes Verwendung gefunden haben dürfte. Trotz der Ausrichtung einer gemeinverständlichen Einführung bedurfte es schließlich ein wenig an konspektiertem oder exzerpiertem Materials, um nicht alles aus der Erinnerung schöpfen zu müssen. Zurückgekehrt in den Kriegsdienst nahmen die meteorologische Ausbildung sowie die Arbeit in der Feldwetterwarte ihn voll ein, aber

[22] Fraenkel (1967), 135.

[23] Fraenkel (1967), 135.

[24] Fraenkel (1967), 135.

[25] Fraenkel an den Springer Verlag in einem Brief vom 5. Mai 1918. Quelle: Akte „Fraenkel, Adolf B-F 120 I“; Zentral- und Landesbibliothek Berlin.

es „blieben doch später, seit Sommer 1917, vielfach zwischen Beobachtungen und Berechnungen ein paar Stunden frei, in denen ich das Niederschreiben des Buches weiterführte – eine Tätigkeit, die mir nicht nur leichtfiel, sondern die mich anregte und von vielen unangenehmen militärischen Erlebnissen ablenkte".[26] Die Entstehung des Werkes war dann doch weit weniger dramatisch als es sich manch späterer Leser ausmalte, der den Autor schreibend „in Schützengräben der deutschen Westfront"[27] sah.

Dieses neue Projekt, das sich als ein „Lotteriehaupttreffer"[28] erweisen sollte, übernahm für die zweite Hälfte seines Kriegsdienstes jene existentielle Funktion, die in der ersten Hälfte das Habilitationsprojekt übernommen hatte. Mit ihm vertrieb sich Fraenkel also nicht nur die Zeit. Es war auch eine Form der inneren Emigration, des geistigen Entkommens von den allgegenwärtigen Umständen. Es war eine intellektuelle Haltung, mit der ein aufrechter Gang der Kultur gegen die erdrückende Last der Entbehrungen gesetzt werden sollte. Das Forschen als stiller Protest, das Schreiben als lautloser Widerstand. Und es war zugleich Ausdruck von innerer Freiheit. Während Fraenkel äußerlich einer Vielzahl von Zwängen pflichterfüllend unterlag wie Millionen andere der Zeit und teilweise von Vorgesetzten „mit grausamer Härte"[29] behandelt wurde, bewirkte erst das Dozieren und schließlich das Schreiben über Mengentheorie eine Vergegenwärtigung innerer Freiheit. Untergebracht in einem beengten Quartier, zum Teil Dienst verrichtend in einem Bahnwaggon[30] besaß er gleichwohl die uneingeschränkte Freiheit, „in eine der gewaltigsten Errungenschaften des menschlichen Geistes"[31] einzuführen. In seinem soldatischen Alltag befolgte Fraenkel Befehle, in seiner geistigen Freizeit entfloh er dieser Welt, indem er der Neugier ins Reich des Unendlichen folgte.

Mit dem Arbeiten am mengentheoretischen Büchlein entkam Fraenkel der Sorge durch die Flucht ins Staunen. Schreiben, um des Menschsein Willen. „Das vorliegende Büchlein ist im Feld entstanden und aus dem Feld in Druck gegeben worden; die Anregung zu ihm verdanke ich Unterhaltungen, in denen ich Kriegskameraden (Nichtmathematikern) gelegentlich öde Stunden durch Einführung in Gedankengänge der Mengenlehre verkürzen konnte".[32] Die Ödnis des Kriegsalltags wurde erwidert mit der Faszination des unendlich Großen in der Mathematik. Dem Sinnlosen der Waffengewalt wurde begegnet mit dem Sinnhaften der Verstandeskraft. Entstanden war damit etwas ganz Besonderes, geschaffen „an einem sehr ungewöhnlichen Ort".[33] Bemerkt wurde diese ergreifende Note später auch von den Lesern, ausdrücklich angemerkt wurde sie gar von einer Vielzahl der Rezensenten, die es sich nicht nehmen ließen, ausdrücklich zu betonen, unter welchen Umständen

[26] Fraenkel (1967), 135.

[27] Pinl (1971/72), 180.

[28] Fraenkel (1967), 135.

[29] Fraenkel (1967), 139.

[30] Vgl. Fraenkel (1967), 139.

[31] [*Einleitung*[1]], III.

[32] [*Einleitung*[1]], III.

[33] Pinl (1971/72), 180.

dieses Werk das Licht der Welt erblickte.[34] Der sorgsam gewählte Eröffnungsgedanke dieses „striking preface“[35] verfehlt sein Ziel nicht. „There is a freedom and a warmth that may be ascribed in part, no doubt, to the way in which the book originated“.[36]

Die *Einleitung in die Mengenlehre* wird zum zweiten großen intellektuellen Abenteuer Fraenkels während des Krieges. Mit der Habilitationsschrift teilt sie das Wohltuende existentieller Sinnstiftung. Dank beider vergegenwärtigt sich ihr Urheber über vier Jahre hinweg als ein Wesen der Kultur. Diese Jahre durften nicht verloren sein – hier mussten die Jahre zu Werken werden. Nur auf diese Weise ließ sich alles ertragen. Neben dieser überragenden Gemeinsamkeit gibt es nicht minder Unterschiede. *Über gewisse Teilbereiche und Erweiterungen von Ringen* verfasst Fraenkel als professioneller Algebraiker, als wissenschaftlicher Experte mit dem Anspruch, an den Fronten der Forschung neue mathematische Resultate zu erzielen. Obwohl er weitab des universitären Kontextes sein Forschungsvorhaben realisieren muss, versetzt ihn das erst jüngst fertiggestellte Promotionsprojekt in eine gute Ausgangslage. Inhaltlich ist er bestens vorbereitet und mit der Fokussierung jenes Fragenkomplexes, den Steinitz in seiner Untersuchung für Körper umfänglich behandelt hatte, entgeht er zudem dem Problem der Literaturbeschaffung. Eine Kopie bzw. ein Exzerpt von Steinitz' „Algebraischer Theorie der Körper“ wird er mit ins Feld genommen haben und viel mehr an Quellen bedurfte es für sein Habilitationsprojekt auch gar nicht. Die Forschungslogistik schien sichergestellt.

Indes verfasst er die *Einleitung in die Mengenlehre* nicht als professioneller Mengentheoretiker. Zum Zeitpunkt der Entstehung der *Einleitung* ist Fraenkel noch überhaupt nicht in der mengentheoretischen Forschung in Erscheinung getreten. Hier fehlt ihm für den Moment jegliche Expertise. Mit Ausnahme der bei Hellinger belegten Vorlesung 1911 sowie seines zweistündigen Vortrags während des Berliner Wintersemesters 1912/13[37] ist in seiner akademischen Vita keine Befassung mit dem Thema vor 1916 dokumentiert. In den Jahren bis 1919 ist Fraenkel noch kein professioneller Mengentheoretiker – das setzt erst *nach* der Publikation der ersten Auflage ein. Eine substantielle Auseinandersetzung mit dem Gegenstand scheint unter diesen Voraussetzungen abseits einer etablierten akademischen Infrastruktur kaum möglich. Schließlich stiften die widrigen Umstände, die sich im Werk „namentlich im Zurücktreten der Literaturangaben“[38] zu erkennen geben, alles andere als gute Arbeitsbedingungen. Doch für die Ausrichtung seines Projektes scheint Fraenkel diese auch gar nicht zu benötigen. Er schreibt dieses Buch mit keinem forschenden Anspruch. Es enthält weder eigene systematische Beiträge noch bereitet es gänzlich

[34] Siehe Blumberg (1923), 199; Carslaw (1924), 311; Feigl (1926), 258; Funk (1924); Gutberlet (1919), 368; Hilb (1919); Lorey (1920), 389; Mecklenburg (1920), 303; N.N. (1924), 718; Pfeiffer (1921), 333, Szász (1921); Wagner (1919); Young (1926), 127.

[35] Young (1926), 127.

[36] Blumberg (1923), 199.

[37] Siehe 1.4; vgl. Fraenkel (1967), 119.

[38] [*Einleitung*[1]], III.

neue Inhalte auf. Die *Einleitung in die Mengenlehre* von 1919 ist weder inhaltlich originell noch mathematisch innovativ. Freilich leistet das Buch keinen originären Beitrag zur mengentheoretischen Forschung und dennoch ist seinem Autor mit ihm etwas Großartiges gelungen.

Fraenkel adressiert das Werk an all jene, die sich für den Gegenstand auf eine ähnliche Weise zu faszinieren wissen, wie er selbst. Während der Gespräche mit seinen Kameraden hat er „die schon im Frieden gehegte Meinung wiederholt bestätigt gefunden, daß keine mathematische Disziplin so geeignet ist, das Interesse des Nichtmathematikers (namentlich des etwas philosophisch interessierten) zu wecken, wie die Mengenlehre, und daß diese sich gleichzeitig in weiten Teilen sehr viel eher gemeinverständlich darstellen läßt als andere mathematische Wissenszweige".[39] Die Leistung ist keine systematische, sondern eine didaktische. In noch nicht dagewesener Form vermag es Fraenkel, einen der abstraktesten und abenteuerlichsten Bereiche der Mathematik in gut verständlicher Manier dem Laien bekannt zu machen. Im handlichen Oktavformat, auf gerade einmal 150 kurzweiligen Seiten gelingt ihm eine didaktisch vorzüglich reduzierte Einführung in die wichtigsten Begriffe und Werkzeuge der Cantorschen Mengenlehre, einschließlich einer konzisen Darstellung über die Entwicklungen im ersten Jahrzehnt des 20. Jahrhunderts.

In der Aufbereitung der Inhalte spielen ihm zwei Umstände besonders gut in die Hände. Zum einen verfügt er als professioneller Mathematiker über ein exzellentes Gespür dafür, wie Beweise in ihrer systematischen Essenz und mathematische Theorien in ihrer Kernarchitektur pointiert didaktisch aufbereitet werden können. Zum anderen ist er als Nicht-Mengentheoretiker vom Gegenstand hinreichend biographisch unabhängig, um sich erfrischend unbefangen dem Anliegen zuwenden zu können. Hier spricht kein Experte zu Experten, hier indoktriniert kein grundlagentheoretischer Dogmatiker, hier befindet sich kein Missionar auf akademischem Kreuzzug. Nein, hier wendet sich ein intellektuell aufgeschlossener Mathematikdidaktiker an den Laien. Dieses Projekt populärwissenschaftlicher Aufklärung ist zugleich lebendiger Ausdruck der Wertschätzung gegenüber Cantor selbst, dem es mit „bewunderungswürdigen Scharfsinn und der Energie eines heute noch lebenden Forschers"[40] gelang, „trotz des langjährigen Widerstands fast der ganzen mathematischen Mitwelt"[41] die Disziplin zu einer Reife zu führen, so dass sie „heute in ihren Grundzügen fast unbestritten anerkannt ist".[42]

[39] Fraenkel an den Springer Verlag in einem Brief vom 5. Mai 1918. Quelle: Akte „Fraenkel, Adolf B-F 120 I"; Zentral- und Landesbibliothek Berlin.

[40] Fraenkel (1918), 113.

[41] Fraenkel (1918), 113.

[42] Fraenkel (1918), 113.

2.2 Die Zusammenarbeit mit Springer beginnt

Im Frühjahr 1918 ist das Manuskript weitgehend fertiggestellt.[43] Lediglich seine „gründliche Ausarbeitung erfordert noch einige Wochen".[44] Hoffnungsvoll wendet er sich sogleich an den renommierten mathematischen Fachverlag B. G. Teubner in Leipzig, in dessen Programm die Schrift bestens passen würde. Seine Zuversicht war mehr als berechtigt, schließlich gelang Fraenkel zwei Jahre zuvor ebendort der Druck seiner thematisch äußerst speziellen Habilitationsschrift. Eine gemeinverständliche Einführung in das Reich des unendlich Großen hätte dagegen nahezu ein Selbstläufer sein müssen. „Ich sandte das Manuskript zunächst an B. G. Teubner in Leipzig, den seit langem führenden mathematischen Verleger Deutschlands: doch kam es bald zurück mit einer ablehnenden und wenig einleuchtenden Begründung des mir unbekannt gebliebenen Fachberaters".[45] Da das Verlags- und Druckereigebäude von B. G. Teubner, einschließlich des Verlagsarchivs, infolge eines Bombenangriffs auf Leipzig am 4. Dezember 1943 fast vollständig zerstört wurde, ist über den Vorgang innerhalb des Verlages nichts überliefert.[46] Über die ablehnende und wenig einleuchtende Begründung können wir freilich nur wenig ertragreich spekulieren. Allerdings können wir ein größeres Bild über die Verschiebungen in der Verlagslandschaft der Zeit zeichnen, welche die Ablehnung in einem verständlichen Licht erscheinen lassen. Doch dazu bedürfen wir noch des zweiten Verlagsprotagonisten.

„Enttäuscht, doch nicht entmutigt, schickte ich es, wiederum aus dem Feld, nunmehr an den gerade um jene Zeit aufstrebenden naturwissenschaftlichen Verlag Julius Springer in Berlin, der wenige Jahre später auf dem Gebiete der Mathematik die Rolle von Teubner einnehmen sollte".[47] Am 5. Mai 1918 setzt Fraenkel einen ersten, fast sieben Seiten umfassenden Brief an den Verlag auf. „Hierdurch gestatte ich mir die Anfrage, ob Sie geneigt sind, eine gemeinverständliche Schrift zur Einführung in die Mengenlehre (im Umfang von etwa 6 Bogen Kleinoktav) für Ihren Verlag zu übernehmen".[48] Und der Verlag war geneigt. „Hier hatte ich Glück".[49] Was Fraenkel hier als „Glück" bezeichnet, folgte lediglich den größeren Verwerfungen in der Ver-

---

[43] In seiner Autobiographie lautet es indes: „Im Sommer 1918 war das Buch vollendet" (Fraenkel (1967), 135). Hier scheint ihn seine Erinnerung um einige Wochen zu täuschen. Lt. Chronologie der Ereignisse sandte er das Manuskript zunächst an B. G. Teubner (siehe ebd.) und erst nachfolgend an Springer. Da Fraenkel aber nachweislich bereits Anfang Mai mit Springer in Kontakt tritt, muss die Anfrage an Teubner noch im April 1918 – also im Frühjahr – erfolgt sein.

[44] Fraenkel an den Springer Verlag in einem Brief vom 5. Mai 1918. Quelle: Akte „Fraenkel, Adolf B-F 120 I"; Zentral- und Landesbibliothek Berlin.

[45] Fraenkel (1967), 135.

[46] Katrin Heil vom Sächsischen Staatsarchiv Leipzig in einer Mail vom 29. September 2020 an den Autor.

[47] Fraenkel (1967), 135.

[48] Fraenkel an den Springer Verlag in einem Brief vom 5. Mai 1918. Quelle: Akte „Fraenkel, Adolf B-F 120 I"; Zentral- und Landesbibliothek Berlin.

[49] Fraenkel (1967), 135.

lagswelt der Zeit. Zwei entscheidende Weichenstellungen führten dazu, dass Fraenkel bei Teubner nicht mehr unterkommen konnte und bei Springer nahezu mit Unausweichlichkeit angenommen werden musste.[50]

1916 fand bei Teubner ein einschneidender Wechsel an der Unternehmensspitze statt und der neue Geschäftsführer Konrad Giesecke-Teubner sah sich nicht länger bereit, mathematische Fachpublikationen als Schwerpunkt im Verlagsprogramm zu halten. Sein Interesse galt im Fall der Mathematik vornehmlich Schulbuchveröffentlichungen, mit deren Vertrieb größere Gewinnerwartungen einhergingen. Wissenschaftliche Publikationen versprachen in der Regel nur überschaubare Absatzzahlen und dieser Absatz war in Krisenzeiten nicht einmal gleichermaßen stabil wie der Vertrieb von Schulbüchern. Die Unternehmensphilosophie unterlag einem radikalen Wandel. Die Pflege und Kultivierung der mathematischen Publikationsvielfalt wurden auf die Formel der Rentabilität komprimiert. Projekte ohne nennenswerte Aussichten auf Profit waren nicht länger willkommen. Nahezu gegen die eigene Verlagsidentität wurde beschlossen, die Dominanz und beeindruckende Erfahrung als bestimmender mathematischer Fachverlag schlechthin preiszugeben. Geradezu symbolisch zeigte sich dies im erloschenen Interesse, die *Mathematischen Annalen* zu verlegen. Das führende Periodikum der Fachwelt, eine lange Erfolgsgeschichte zwischen den Herausgebern und dem Verlag, fand ein klangloses Ende. Vielleicht konnte Giesecke-Teubner in Folge von Krieg, Inflation und wirtschaftlicher Schwierigkeiten nicht mehr, in jedem Fall wollte er auch nicht mehr. Den Abonnenten der Zeitschrift teilte die Redaktion ernüchternd mit: „Wir konnten zu unserem großen Bedauern nicht bei dem Teubnerschen Verlage bleiben, weil dieser erklärte, er sei nicht in der Lage, die Annalen im Umfang eines Bandes von 36 Bogen pro Jahr erscheinen zu lassen, und müsse im Falle der Aufrechterhaltung dieser Forderung das Unternehmen in unsere Hände zurücklegen“.[51]

So geschah es dann auch. Beginnend mit dem Band 81 geht der Verlag der *Mathematischen Annalen* vom Hause B. G. Teubner an die Verlagsbuchhandlung von Julius Springer in Berlin über. So lautet auch die nicht einmal dreizeilige Notiz, mit welcher der *Jahresbericht* die mathematische Öffentlichkeit informiert.[52] Diese Konstellation erklärt, weshalb Fraenkel 1918 bei Teubner keine Aussicht auf Erfolg mehr haben konnte. Es hatte nichts mit seinem Manuskript zu tun, nichts mit seinen Referenzen als debütierender Buchautor. So lebendig und kurzweilig verfasst die schlanke *Einleitung in die Mengenlehre* auch war, sie gehörte einem Produktsegment an, für das die Geschäftsführung bei Teubner keine Verwendung mehr hatte. Das macht verständlich, weshalb die Ablehnung mit einer „wenig einleuchtenden Begründung“ einherging – sie konnte in Anbetracht der widrigen Umstände einerseits und der Qualität des Manuskriptes andererseits nicht überzeugend ausfallen.

Ganz anders im Fall des Berliner Springer Verlages. Ferdinand Springer hatte bereits unmittelbar vor Ausbruch des Ersten Weltkrieges sein großes Interesse zu erkennen gegeben, einen eigenen mathematischen Verlag von internationalem Format auf- und auszubauen. Die Entwick-

[50] Vgl. Remmert/Schneider (2010), 121–129 u. 146–150; Sarkowski (1992), 261–265.

[51] Redaktion Math. Ann. (1920).

[52] Vgl. Redaktion JDMV (1919c), 63.

lungen des Leipziger Verlages wurden entsprechend mit gesteigerter Aufmerksamkeit verfolgt und alles, was von Teubner aufgegeben wurde, sollte offensiv von Springer umworben werden. Neben den zum Teil langjährigen Teubner-Autoren betraf dies im Besonderen auch die *Mathematischen Annalen*. Entsprechend konnte der Altverleger Ackermann-Teubner nur noch mit einem resignativen Ausdruck vermerken: „Ich glaube fast, dass der Verlust dieses Ansehens dem Verlag viel teurer zu stehen kommt. Der Verlust der Annalen ist ein überaus beklagenswerter, der Firma Springer ist ein Geschenk des Himmels in den Schoss gefallen, sie ist über Nacht in der Tat zu einer Weltfirma geworden".[53]

Unterstützt wurde Springers mathematische Verlagsexpansion wesentlich durch Richard Courant, durch den nicht nur ein exklusiver Zugang zur gesamten Göttinger Mathematikerschaft und damit zu einer schier überwältigenden Quelle potentieller Springer-Autoren hergestellt wurde, sondern der als enger Berater unmittelbar nach Kriegsende im Besonderen das Projekt einer neuen, großen Reihe ins Leben rief, durch die in Einzeldarstellungen zielgruppengerecht mathematische und bis dato publizistisch noch nicht erschlossene Themenbereiche für Fachvertreter, Studierende sowie an Mathematik interessierte Wissenschaftler monographisch aufbereitet werden.[54] Diese Reihe sollte nicht Etabliertes erneut besetzen, sondern mit ihren Einzeldarstellungen sollten gänzlich neue Akzente gesetzt werden, durch die lehrbuchhafte Aufbereitung neuer und neuester mathematischen Theoriefelder. Courants *Grundlehren der mathematischen Wissenschaften in Einzeldarstellungen mit besonderer Berücksichtigung der Anwendungsgebiete* waren dazu bestimmt, in mustergültiger Manier bestehende monographische Lücken im mathematischen Curricular zu füllen. Diese Reihe entwickelte sich bereits in den ersten Jahren ihres Bestehens zum weithin sichtbaren Repräsentanten, mit dem der gesamten Verlagswelt signalisiert werden konnte, welch exzeptionelle Stellung Springer in der Welt der Mathematik anstrebt.

Courants *Grundlehren*-Reihe debütierte erst 1921, weshalb die erste Auflage der *Einleitung in die Mengenlehre* Ende 1918 noch nicht in derselben erscheinen konnte. Gleichwohl konnten Autor und Werk umgehend in die Verlagsfamilie aufgenommen werden, denn Fraenkels Manuskript entsprach umfassend dem Zeitgeist des Verlages. Entsprechend findet man sogleich im ersten Heft der *Mathematischen Annalen* unter der Verantwortung des neuen Verlages auch einen Hinweis auf das erste Buch des neuen Springer-Autors.

Einleitung in die Mengenlehre. **Eine gemeinverständliche Einführung in das Reich der unendlichen Größen. Von Dr. Adolf Fraenkel, Privatdozent an der Universität Marburg. Mit 10 Textabbildungen. 1919. Preis M. 10,—.**

Quelle: *Mathematische Annalen* 81(1), 1920, [ohne Paginierung, letzte Seite]

[53] Ackermann-Teubner zit. n. Remmert/Schneider (2010), 126.

[54] Vgl. Remmert/Schneider (2010), 169–173.

Von dieser Werbeanzeige sind wir im Frühjahr 1918 freilich noch weit entfernt. Im Ganzen sollten weitere 13 Monate und damit mehr als ein ganzes Jahr vergehen, bis die *Einleitung* in den Buchhandel kam. Für ein Manuskript dieses Umfangs, das zudem keine nennenswerten satztechnischen Herausforderungen barg, war dies eine stattlich lange Zeit. Am Kontakt zwischen beiden Parteien lag es nicht. Beginnend mit dem Initiationsschreiben von Fraenkel am 5. Mai 1918 bis zur Benachrichtigung durch den Verlag am 19. Juni 1919, dass am Tag zuvor die ersten Exemplare zur Auslieferung gelangten, wurden in der Angelegenheit nicht weniger als 55 Briefe gewechselt.[55] Während des gesamten Entstehungsprozesses war mithin durchschnittlich ein Brief pro Woche in der Sache unterwegs. Das dokumentiert eine enge und engagierte Zusammenarbeit. Die Verzögerungen stellten sich an anderen Stellen ein und sie hatten nicht zuletzt mit den äußeren Bedingungen zu tun.

Die Zusammenarbeit zwischen Autor und Verlag begann noch im Krieg, das fertige Buch erschien indes in den neuen Zeiten des Friedens. Der Verlagsvertrag wurde zu Kaisers Zeiten geschlossen, seine Umsetzung erfolgte in der ersten deutschen Republik. Vollzogen hatte sich nicht weniger als ein Epochenwechsel, der nicht ohne Einfluss blieb auf das Leben der Bürger und den Alltag der Unternehmen. Vergangen war die vertraute Monarchie, gegenwärtig die ungewohnte Demokratie. Die Welt von gestern war endgültig Geschichte und es war vollkommen offen, welche Zukunft die Länder Europas sich geben würden. In der fraglichen Zeit hatte sich der Verlag handfesten Herausforderungen zu stellen. Er musste sich mit diversen Beschaffungsproblemen, einer ungewissen Währungsentwicklung oder auch einer neuen politischen Ordnung auseinandersetzen, während aus dem Unteroffizier Fraenkel in den letzten Wochen des Jahres nichts Geringeres wurde als der Privatdozent Dr. Fraenkel. Im fortgeschrittenen Wintersemester 1918/19 tauschte er meteorologische Berechnungen gegen die Mengenlehre. Statt angewandter Mathematik betrieb er nun wieder reine.

Diese einschneidenden biographischen Veränderungen waren im Mai des Jahres noch nicht abzusehen. Fraenkel leistete, wie schon in den vier vorangegangenen Jahren, militärischen Dienst. Für ihn als Autor begann die erste Verzögerung in der neuen Kooperation mit der banalen Begebenheit, dass er als Angehöriger des Heeres nicht ohne Zustimmung übergeordneter Stabsstellen ein Manuskript zur Publikation bringen durfte. Obwohl der Verlag bereits sechs Tage nach der ersten Kontaktaufnahme „lebhaftes Interesse“[56] bekundet und um Übersendung des Werkes „sogleich nach Fertigstellung“ ersucht, meldet sich Fraenkel erst zwei Monate später zurück. Er teilt dem Verlag mit, dass diesem das Manuskript „im Lauf der nächsten Zeit“[57] über Alfred Loewy in Freiburg zugestellt werden wird und die Verzögerung mit der erforderlichen Genehmigung im Zusammenhang steht. Diese

[55] Vgl. das Konvolut der Akte „Fraenkel, Adolf B-F 120 I“; Zentral- und Landesbibliothek Berlin.

[56] Springer Verlag an Fraenkel in einem Brief vom 11. Mai 1918. Quelle: Akte „Fraenkel, Adolf B-F 120 I“; Zentral- und Landesbibliothek Berlin.

[57] Fraenkel an den Springer Verlag in einem Brief vom 7. Juli 1918. Quelle: Akte „Fraenkel, Adolf B-F 120 I“; Zentral- und Landesbibliothek Berlin.

liege nun vor. Ansonsten aber gilt für das Werk: „Es ist druckfertig".[58] Im Verlaufe des nachfolgenden Dreivierteljahres sollte sich jedoch mit zunehmender Deutlichkeit herausstellen, dass des Autors Beurteilung von „druckfertig" eben noch nicht „Druckreife" impliziert. Eine durchaus gängige Autorenerfahrung beim ersten echten Buch. Bis Mai 1919 werden eine Vielzahl von Korrekturen vorgenommen werden und ungezählt viele Korrekturbögen pendeln zwischen Autor und Verlag. Es gilt keineswegs die Formel „from the field it was sent to the press".[59]

Am 14. Juli übersendet Loewy im Auftrag Fraenkels das Manuskript an den Verlag,[60] der es innerhalb Berlins umgehend weiterleitet an seinen mathematischen Fachberater Leon Lichtenstein mit der Bitte um Begutachtung.[61] Lichtensteins Expertise besaß im Verlag seit mehreren Jahren großes Gewicht. Nicht zuletzt hatten beide Seiten seit Beginn des Jahres 1918 mit der *Mathematischen Zeitschrift* eine neue Erfolgsgeschichte ins Leben gerufen, die von Lichtenstein herausgegeben und von Springer verlegt wurde. Lichtenstein hatte damit von Springer den bedeutsamen strategischen Auftrag erhalten, eine neue mathematische Fachzeitschrift von internationalem Format auf dem Markt zu etablieren, um die Dominanz von B. G. Teubner zu brechen. Geschaffen werden sollte ein Konkurrenzprodukt zu den *Mathematischen Annalen*, die 1918 noch nicht zum eigenen Verlagsportfolio zählten. Im Jahr darauf war dieses Projekt in dieser Vehemenz schon gar nicht mehr erforderlich. Dafür hatte nicht nur Springer seinen Einfluss durch die Verlagsübernahme der *Mathematischen Annalen* entscheidend erweitert, sondern auch Lichtenstein, der ebenfalls 1919 zum Leiter des *Jahrbuchs über die Fortschritte der Mathematik* avancierte. In seiner Autobiographie merkt Fraenkel ausdrücklich an, dass die Begutachtung durch Lichtenstein für ihn eine glückliche Fügung gewesen sei.[62] Als unvoreingenommener Fachberater war er über jeden Zweifel erhaben, der Springer „in ausgezeichneter Weise literarisch berät".[63]

Am 3. September schickt Lichtenstein sein Gutachten an den Verlag und kommt zu einem klaren Votum. „Das Werk ist sehr klar geschrieben, liest sich sehr angenehm, zumal das Deutsch gut ist, und dürfte entschieden Erfolg haben".[64] Er empfiehlt einzig, der Verfasser möge zu Beginn seines Werkes noch einmal ausdrücklich den rein einleitenden, ge-

[58] Fraenkel an den Springer Verlag in einem Brief vom 7. Juli 1918. Quelle: Akte „Fraenkel, Adolf B-F 120 I"; Zentral- und Landesbibliothek Berlin.

[59] Carslaw (1924), 311.

[60] Vgl. Alfred Loewy an den Springer Verlag in einem Brief vom 14. Juli 1918. Quelle: Akte „Fraenkel, Adolf B-F 120 I"; Zentral- und Landesbibliothek Berlin.

[61] Vgl. Springer Verlag an Leon Lichtenstein in einem Brief vom 17. Juli 1918. Quelle: Akte „Fraenkel, Adolf B-F 120 I"; Zentral- und Landesbibliothek Berlin.

[62] Vgl. Fraenkel (1967), 135f.

[63] Springer Verlag an Fraenkel in einem Brief vom 5. September 1918. Quelle: Akte „Fraenkel, Adolf B-F 120 I"; Zentral- und Landesbibliothek Berlin.

[64] Leon Lichtenstein an den Springer Verlag in einem Brief vom 3. September 1918. Quelle: Akte „Fraenkel, Adolf B-F 120 I"; Zentral- und Landesbibliothek Berlin.

meinverständlichen Charakter des Buches herausstellen und bei der Gelegenheit betonen, dass zum Ziel der besseren Verständlichkeit nicht alle Beweise voll ausgeführt sind. Dieser wertvollen Anregung sollte Fraenkel umfassend nachkommen. Immerhin war es sowohl in seinem wie auch im Interesse des Verlages, dass die „Fachpresse das Buch nicht von falschen Gesichtspunkten aus beurteilt".[65] Unmittelbar nach Eingang von Lichtensteins Gutachten ist es endlich soweit. Exakt vier Monate nach dem ersten Kontakt versendet der Verlag die von Fraenkel lang ersehnte Stellungnahme, die mit der erhofften Entscheidung ansetzt: „Ich freue mich, Ihnen heute meine endgiltige [sic] Bereitwilligkeit zur Verlagsübernahme Ihre kleinen Schrift über die „Mengenlehre" aussprechen zu können".[66]

Mit dem bei dieser Gelegenheit mit übersandten Vertragsentwurf ist Fraenkel „in den wesentlichen Punkten völlig einverstanden".[67] Einzig kleinere Änderungsvorschläge, die im Antwortschreiben umgehend ausgeführt werden, halten ihn davon ab, den Vertrag sogleich zu unterschreiben. Bereits zwei Tage später übersendet der Verlag eine aktualisierte Fassung des Verlagsvertrages, die den Vorschlägen Fraenkels Rechnung trägt.[68] Einzig das von Fraenkel dezent in Erinnerung gerufene Ansinnen, den Verkaufspreis möglichst gering zu halten, kann der Verlag zu diesem Zeitpunkt nicht zusichern. Springer wird zwar sein Möglichstes tun, um den Preis niedrig zu halten, kann dies aber in Anbetracht der Umstände nicht versprechen. „Ich selbst könnte heute nicht sagen, was das Buch bei Erscheinen voraussichtlich kosten wird, da die Preise im graphischen Gewerbe und auf dem Papiermarkt nicht stabil sind. Gemessen an den Begriffen der Friedenszeit wird das Buch sicher nicht billig werden".[69] Diese Anmerkung sollte sich leider bewahrheiten, wenngleich der resultierende Verkaufspreis nicht allein mit den Kosten für die graphische Arbeit und den Preisentwicklungen auf dem Papiermarkt zu erklären war. Von Beginn an hatte Fraenkel von einem Umfang von ca. 6 Bogen im Kleinoktav gesprochen und mit dieser Kalkulation fand der Umfang auch mit „etwa 5 bis 6 Bogen"[70] Eingang in den Verlagsvertrag. Sowohl Autor als auch Verlag stellten erst im weiteren Herstellungsprozess fest, dass für den Druck des Manuskriptes sogar etwas mehr als 10 Bögen erforderlich waren. Diese Mehrkosten infolge eines vormals viel zu knapp kalkulierten Materialbedarfs hatte im September 1918 noch niemand im Blick.

[65] Springer Verlag an Fraenkel in einem Brief vom 5. September 1918. Quelle: Akte „Fraenkel, Adolf B-F 120 I"; Zentral- und Landesbibliothek Berlin.

[66] Springer Verlag an Fraenkel in einem Brief vom 5. September 1918. Quelle: Akte „Fraenkel, Adolf B-F 120 I"; Zentral- und Landesbibliothek Berlin.

[67] Fraenkel an den Springer Verlag in einem Brief vom 9. September 1918. Quelle: Akte „Fraenkel, Adolf B-F 120 I"; Zentral- und Landesbibliothek Berlin.

[68] Vgl. Springer Verlag an Fraenkel in einem Brief vom 11. September 1918. Quelle: Akte „Fraenkel, Adolf B-F 120 I"; Zentral- und Landesbibliothek Berlin.

[69] Springer Verlag an Fraenkel in einem Brief vom 11. September 1918. Quelle: Akte „Fraenkel, Adolf B-F 120 I"; Zentral- und Landesbibliothek Berlin.

[70] § 1 des Verlagsvertrages als Anlage zum Brief vom Springer Verlag an Fraenkel vom 11. September 1918. Quelle: Akte „Fraenkel, Adolf B-F 120 I"; Zentral- und Landesbibliothek Berlin.

Am 13. September schickt Fraenkel die unterschriebenen Exemplare des Verlagsvertrages nach Berlin zurück.[71] Die Erwartungen – vor allem auf Seiten des Autors – dürften ambitioniert gewesen sein. So zügig, wie die Korrespondenz von beiden Seiten geführt wurde, konnte davon ausgegangen werden, dass auch die weiteren Schritte effizient erfolgen würden. Bestärkt wird er sogleich durch die nächste Postsendung aus Berlin, die im Besonderen das für ihn bestimmte und vom Verlag unterzeichnete sowie gestempelte Vertragsexemplar enthält. Nun ist es offiziell und rechtsverbindlich. Der 27jährige Adolf Fraenkel zählt zu den Buchautoren des mathematisch aufstrebenden Springer Verlages. Die gemeinsame Erfolgsgeschichte, die sich hieraus entwickeln sollte, war zu diesem frühen Zeitpunkt noch mit keiner Silbe zu antizipieren, aber die Worte Stefan Zweigs sollten sich auch in diesem Falls einmal mehr bewahrheiten, denn einem Autor kann „nichts Glücklicheres geschehen, als jung auf einen jungen Verlag zu stoßen und mit ihm gemeinsam in Wirkung zu wachsen; nur solche gemeinsame Entfaltung schafft eigentlich eine organische Lebensbedingung zwischen ihm, seinem Werk und der Welt".[72] Die *Einleitung* als das unbedingte Bindeglied zwischen Autor und Verlag sollte in ihren drei facettenreichen Auflagen diese weiterführende intellektuelle Entfaltung manifestieren und in den beeindruckenden Verkaufszahlen zum unmissverständlichen Ausdruck der gemeinsamen Erfolgsgeschichte werden. Mit der Zustellung des ersten Verlagsvertrages war der Grundstein hierfür gelegt.

Bei dieser Gelegenheit übermittelt Springer die erfreuliche Information: „Ich hoffe, Ihnen die ersten Fahnen in spätestens 8 Tagen übersenden zu können".[73] Die ersten Korrekturbögen sollten also noch in der letzten Septemberwoche beim Autor eintreffen. Mit der Aussicht, dass sich der Verlag umgehend an das Setzen des schlanken Manuskriptes begibt, wird in Fraenkel der Wunsch gewachsen sein, das Werk in seiner vereinbarten Auflagenhöhe von 1250 Exemplaren[74] noch 1918 im Druck zu sehen. Das schien durchaus realistisch. Mit einem intensiven Redigieren der Fahnen im September und Oktober, hätte im November der Druck erfolgen können und im Dezember – wenngleich bereits mit dem offiziellen Publikationsjahr 1919 versehen – die Auslieferung erster Exemplare. Diese Hoffnung Fraenkels entsprang derselben Erwartungshaltung wie die Annahme, im November wieder im Feld militärischen Dienst verrichten zu müssen und nicht – wie von der Philosophischen Fakultät erhofft – an der Philipps-Universität zu unterrichten. Mit keiner Silbe glaubte er Mitte September daran, im November als Zivilist wieder in Marburg zu sein. Doch genau das sollte der Fall sein.

Mit Ausnahme seiner ersten beiden Briefe vom 5. Mai und 7. Juli an den Verlag, die aus dem Feld heraus entstanden, führte Fraenkel die gesamte bisherige Korrespondenz von

[71] Vgl. Fraenkel an den Springer Verlag in einem Brief vom 13. September 1918. Quelle: Akte „Fraenkel, Adolf B-F 120 I"; Zentral- und Landesbibliothek Berlin.

[72] Zweig (1941), 184.

[73] Springer Verlag an Fraenkel in einem Brief vom 16. September 1918. Quelle: Akte „Fraenkel, Adolf B-F 120 I"; Zentral- und Landesbibliothek Berlin.

[74] Vgl. § 4 des Verlagsvertrages als Anlage zum Brief vom Springer Verlag an Fraenkel vom 11. September 1918. Quelle: Akte „Fraenkel, Adolf B-F 120 I"; Zentral- und Landesbibliothek Berlin.

München aus. Nachdem er im Juli 1918 erkrankt war,[75] erholte er sich in einem Münchner Lazarett[76] und verrichtete danach seinen weiteren militärischen Dienst in der Bayrischen Hauptwetterwarte, die ebenfalls in München stationiert war.[77] Allerdings befindet er sich zu dieser Zeit im Ungewissen über die weiteren Entwicklungen. Noch Mitte Oktober ersucht er den Verlag um zeitnahe Übersendung der Korrekturbögen, da er „möglicherweise in einigen Wochen wieder ins Feld rücke".[78] Nicht nur aufgrund dieser Unabwägbarkeit waren die letzten Tage des Krieges für Fraenkel „erlebnisreich und abwechslungsvoll",[79] was in Anbetracht der sich überschlagenden, teils dramatischen Ereignisse wohl nichts anderes besagte als eine turbulente und unübersichtliche Entwicklung der Dinge. Vergessen werden darf nicht, dass Fraenkel zu dieser Zeit sehnsüchtig in Marburg erwartet wurde.

Bereits für das Wintersemester 1917/18 hatte das Preußische Kultusministerium beim Militär um eine Beurlaubung Fraenkels an die Philipps-Universität für vier Monate ersucht, da er dort dringend für den akademischen Unterricht benötigt wurde.[80] Entsprochen wurde diesem Antrag seinerzeit nicht, weil er als Wissenschaftler im meteorologischen Dienst unabkömmlich war. Die Situation verdeutlichte jedoch, dass man ihn in Marburg dringend brauchte – zumal das gesamte hauptamtliche Lehrpersonal der Mathematik über weite Teile des Krieges im Dienst des Vaterlandes stand. Hensel gehörte als Hauptmann der Landwehr an und diente zuerst als Bahnhofskommandant in Gerstungen in der Nähe Eisenachs und dann in Marburg.[81] Während dieser Zeit konnte er seine Vorlesungstätigkeit nur in beschränktem Umfang wahrnehmen. Ernst Neumann, neben Hensel der zweite Ordinarius, war seit Ostern 1916 ebenfalls eingezogen und konnte somit seinen umfangreichen Lehr- und Prüfungsverpflichtungen an der Philippina bis auf Weiteres nicht nachkommen. So auch im Herbst 1918.

Es ist hierbei einer Randnotiz würdig, dass es in Marburg im just verstrichenen Sommersemester wahrscheinlich eine weitere Vorlesung zur Mengenlehre (vor Fraenkel) gegeben hat. Trotz seiner Abwesenheit ließ Neumann als Ausdruck seines stetigen Hoffens auf ein baldiges Kriegsende jedes Semester erneut Vorlesungen unter seinem Namen ankündigen. Dieses im Vorlesungsverzeichnis stets präsente Veranstaltungsangebot wurde ab der Planung für das Winterhalbjahr 1916/17 ergänzt für „den Fall der Behinderung von Prof. Neumann".[82] Da sich diese zu einem dauerhaften Zustand entwickelte, schuf das

---

[75] Vgl. Fraenkel (1967), 139.

[76] Vgl. Fraenkel an den Springer Verlag in einem Brief vom 9. September 1918. Quelle: Akte „Fraenkel, Adolf B-F 120 I"; Zentral- und Landesbibliothek Berlin.

[77] Vgl. Fraenkel (1967), 139.

[78] Fraenkel an den Springer Verlag in einer Feldpostkarte vom 15. Oktober 1918. Quelle: Akte „Fraenkel, Adolf B-F 120 I"; Zentral- und Landesbibliothek Berlin.

[79] Fraenkel (1967), 140.

[80] Vgl. Fraenkel (1967), 139.

[81] Vgl. Hasse (1950), 4.

[82] *Philipps-Universität Marburg. Verzeichnis der Vorlesungen. Winterhalbjahr 1916/17*, N. G. Elwert'sche Universitäts-Buchhandlung, Marburg an der Lahn 1916, 26.

Mathematische Seminar vorsorglich ein kontinuierliches Ersatzangebot, welches bis zum Ende des Krieges auch in Geltung gesetzt werden musste. Neumann wird seine Lehrtätigkeit in Marburg erst zu Ostern 1919 wieder aufgenommen haben. Für das Wintersemester 1918/19 hatte er an der Universität Dorpat, der heutigen Universität Tartu (Estland), einen Lehrauftrag angenommen und hielt Vorlesungen über Mathematik.[83] Die Kurse, mit denen die Abwesenheit von Neumann kompensiert werden sollte, wurden von Georg Jakob Wiarda angeboten wie auch durchgeführt, der innerhalb der Analysis vor allem zur Theorie der Orthogonalfunktionen forschte. Er vertrat Neumann bis zu dessen Rückkehr sowohl in der Lehre als auch als Mitglied in der Prüfungskommission für die Lehramtskandidaten. Das galt im Besonderen für das Sommerhalbjahr 1918.

Für dieses Semester kündigte das, Anfang des Jahres geplante Veranstaltungsprogramm im Vorlesungsverzeichnis neben zwei weiteren Kursen die dreistündige Vorlesung „*Mengenlehre*, Di Do Fr 9–10“[84] an, die aufgrund von Neumanns Abwesenheit auch stattgefunden haben dürfte. Da Wiarda diese Vorlesung bereits zum Beginn des Jahres 1918 konzipiert haben wird und Fraenkel sein Manuskript erst im weiteren Verlauf des Jahres fertigstellte, ist es keinesfalls abwegig, dass Fraenkel Wiarda aufgrund von dessen jüngst erfolgter thematischer Auseinandersetzung mit der Materie gezielt in die Endredaktion seines Manuskriptes mit einbezogen hat. Ob dies der alleinige Grund war, wissen wir nicht. Aber sicher ist, dass es diese Unterstützung gab. Immerhin dankt der Autor neben Alexander Ostrowski Georg Wiarda im „Vorwort“ seiner Schrift ausdrücklich „für freundliche Hilfe und Ratschläge bei der Korrektur“.[85] Möglicherweise lieferte Wiardas akademisches Ersatzprogramm im Sommer für Fraenkel eine weitere Quelle der Inspiration, einen entsprechenden Veranstaltungsvorschlag für den Herbst zu formulieren. Für das besagte Wintersemester 1918/19 hatte das Mathematische Seminar in seinem Namen jedenfalls zwei Vorlesungen angekündigt:[86]

- *Mengenlehre* (vierstündig); Mo Do 16–18 Uhr
- *Die Transzendenz von e und π* (einstündig); Mi 11–12 Uhr

Den Beginn des Vorlesungsbetriebes in Marburg am Montag, den 30. September,[87] verpasste Fraenkel ebenso wie die nachfolgenden sechs Vorlesungswochen, da er sich zu dieser Zeit bis einschließlich des Tages der Unterzeichnung des Waffenstillstandes in seiner

[83] Vgl. Redaktion JDMV (1918b), 49.

[84] *Philipps-Universität Marburg. Verzeichnis der Vorlesungen. Sommerhalbjahr 1918*, N. G. Elwert'sche Universitäts-Buchhandlung, Marburg an der Lahn 1918, 27.

[85] [*Einleitung*[1]], V.

[86] Vgl. *Philipps-Universität Marburg. Verzeichnis der Vorlesungen. Winterhalbjahr 1918/19*, N. G. Elwert'sche Universitäts-Buchhandlung, Marburg an der Lahn 1918, 26.

[87] Vgl. *Philipps-Universität Marburg. Verzeichnis der Vorlesungen. Winterhalbjahr 1918/19*, N. G. Elwert'sche Universitäts-Buchhandlung, Marburg an der Lahn 1918, 2.

Münchner Kaserne befand.[88] Nach dem 11. November geht alles ganz schnell. Nur wenige Tage später „erhielt ich Urlaub und fuhr sogleich nach Marburg, um meine Vorlesungen aufzunehmen".[89] Ungesehen des kurzen Gastbesuchs bei Anlass der Habilitation lag sein letzter Aufenthalt mehr als fünf Jahre zurück. Nun kehrte Fraenkel an seine Alma Mater zurück.

2.3 Wieder in Marburg

Bei dem besagten Urlaub handelte es sich zwar dem Wortlaut nach um eine bloß temporäre Freistellung, gleichwohl ging mit ihm nichts Geringeres einher als eine dauerhafte militärische Beurlaubung,[90] die Fraenkel die sofortige Wiederaufnahme eines zivilen Lebens ermöglichte. Bereits am Freitag, den 15. November, gerade einmal vier Tage, nachdem nahe Compiègne der Waffenstillstand unterzeichnet wurde, befindet sich Fraenkel in Marburg. Sogleich schickt er von dort eine Feldpostkarte an Springer und teilt seine neue Adresse, Schulstraße 16, mit, die „von nun an"[91] gilt. Vorbei sind die Zeiten wechselnder Kontaktadressen, vorbei die Erreichbarkeit über Dritte, vorbei der Adresszusatz „Im Feld".[92] Es ist beeindruckend, mit welcher Akribie und Vehemenz Fraenkel die Drucklegung seiner Schrift vorantreibt. In einer welthistorisch außergewöhnlichen Zeit und in für ihn ereignisreichen Tagen reist er umgehend, ohne jede Zeit verstreichen zu lassen, nach Marburg an seine alte Universität, die er seit mehr als zwei Jahren nicht betreten hatte und die ihn nun als Angehörigen der Philosophischen Fakultät begrüßen wird. Aber seine erste Handlung vor Ort gilt einem Schreiben nach Berlin, um dem Zufall zuvorzukommen. Fraenkel möchte in jedem Fall vermeiden, dass die sehnlich erwarteten Korrekturfahnen an seine alte Kontaktadresse in München geschickt werden, was unweigerlich zu weiteren Verspätungen führen würde. Auf dem schnellsten Weg teilt er Springer seine neue Anschrift mit und bittet, dies „für die Korrektursendungen meiner Schrift über Mengenlehre zu berücksichtigen".[93]

Die Ungeduld war nicht unberechtigt. Der Verlag hatte die ersten Korrekturfahnen spätestens für den 24. September in Aussicht gestellt.[94] Bis Mitte Oktober war bei Fraenkel nichts

[88] Vgl. Fraenkel (1967), 140.

[89] Fraenkel (1967), 140.

[90] Vgl. Fraenkel an den Springer Verlag in einer Feldpostkarte vom 15. November 1918. Quelle: Akte „Fraenkel, Adolf B-F 120 I"; Zentral- und Landesbibliothek Berlin.

[91] Fraenkel an den Springer Verlag in einer Feldpostkarte vom 15. November 1918. Quelle: Akte „Fraenkel, Adolf B-F 120 I"; Zentral- und Landesbibliothek Berlin.

[92] Vgl. die Briefe Fraenkels an den Springer Verlag vom 5. Mai und vom 7. Juli 1918. Quelle: Akte „Fraenkel, Adolf B-F 120 I"; Zentral- und Landesbibliothek Berlin.

[93] Fraenkel an den Springer Verlag in einer Feldpostkarte vom 15. November 1918. Quelle: Akte „Fraenkel, Adolf B-F 120 I"; Zentral- und Landesbibliothek Berlin.

[94] Vgl. Springer Verlag an Fraenkel in einem Brief vom 16. September 1918. Quelle: Akte „Fraenkel, Adolf B-F 120 I"; Zentral- und Landesbibliothek Berlin.

eingetroffen. Beherzt hatte er die Initiative ergriffen und sich in Erinnerung gebracht. „In Ihrem letzten, über 3 Wochen zurückliegenden Schreiben kündigten Sie mir für die letzte Septemberwoche den Beginn der Korrekturensendungen meiner in Ihrem Verlag erscheinenden Schrift über Mengenlehre an. Doch sind bisher Korrekturen weder bei mir noch bei Prof. Loewy – Freiburg eingegangen".[95] Eine Woche später klärt Springer Fraenkel über den Grund der Verzögerung auf. „Durch unerwartete Personalschwierigkeiten – hervorgerufen durch Erkrankungen – hat der Beginn der Drucklegung Ihres Werkes leider eine Verzögerung erfahren und es werden leider ungefähr 10 Tage vergehen, bis ich Ihnen die ersten Korrekturabzüge zustellen kann".[96] Die ersten Fahnen sollten also nicht vor Anfang November bei Fraenkel eintreffen und sie waren auch noch nicht eingetroffen, als dieser in der Monatsmitte nach Marburg aufbrach. Da ihm der Verlag jedoch versicherte, Vorkehrungen getroffen zu haben, die sicherstellen, „dass dann der Satz mit grösster Beschleunigung erledigt und das jetzt Versäumte wieder eingeholt wird",[97] wollte Fraenkel weitere, vor allem von ihm verantwortete Verzögerungen unbedingt vermeiden. Die Feldpostkarte aus Marburg, die er umgehend am 15. November in die Post gab, sollte dem unwahrscheinlichen Zufall zuvorkommen. Doch der Zufall war schneller, das Unwahrscheinliche wurde Wirklichkeit.

Just am Folgetag, Sonnabend, den 16. November, versendet der Verlag Probeseiten an Fraenkels Münchner Adresse.[98] Exakt das, was Fraenkel unbedingt vermeiden wollte, widerfährt ihm nun. Wochenlang hatte sich in der Drucklegung überhaupt nichts bewegt und genau in jenem verschwindend kleinen, aber nichtsdestotrotz bestehenden ungeschützten Zeitfenster, in dem Fraenkel seinen Ortswechsel unangekündigt vollzieht, gibt es Verlagsaktivitäten. Als am Montag die Feldpostkarte aus Marburg Springer erreicht, bleibt dem Verlag nichts anderes übrig, als das Schreiben in Kopie einem neuen Brief beizulegen und die Druckerei zu bitten, die Probeseiten direkt nach Marburg zu schicken.[99] Obgleich Springer schnell reagiert, dürfte dem Autor der Inhalt der Schreiben wenig gefallen haben. Nachdem nun die Druckerei endlich in den Herstellungsprozess involviert war, stellte sich heraus, dass für den Umfang der Schrift statt der vorgesehenen 5 bis 6 Bogen nahezu 13 Bogen veranschlagt werden müssten.[100] Der

[95] Fraenkel an den Springer Verlag in einer Feldpostkarte vom 15. Oktober 1918. Quelle: Akte „Fraenkel, Adolf B-F 120 I"; Zentral- und Landesbibliothek Berlin.

[96] Springer Verlag an Fraenkel in einem Brief vom 23. Oktober 1918. Quelle: Akte „Fraenkel, Adolf B-F 120 I"; Zentral- und Landesbibliothek Berlin.

[97] Springer Verlag an Fraenkel in einem Brief vom 23. Oktober 1918. Quelle: Akte „Fraenkel, Adolf B-F 120 I"; Zentral- und Landesbibliothek Berlin.

[98] Vgl. Springer Verlag an Fraenkel in einem Brief vom 18. November 1918. Vgl. zudem Springer Verlag an Fraenkel in einem Brief vom 16. November 1918 als Anlage zum Brief vom Springer Verlag an Fraenkel vom 18. November 1918. Quelle: Akte „Fraenkel, Adolf B-F 120 I"; Zentral- und Landesbibliothek Berlin.

[99] Vgl. Springer Verlag an Fraenkel in einem Brief vom 18. November 1918. Quelle: Akte „Fraenkel, Adolf B-F 120 I"; Zentral- und Landesbibliothek Berlin.

[100] Vgl. Springer Verlag an Fraenkel in einem Brief vom 16. November 1918 als Anlage zum Brief vom Springer Verlag an Fraenkel vom 18. November 1918. Quelle: Akte „Fraenkel, Adolf B-F 120 I"; Zentral- und Landesbibliothek Berlin.

Verlag schlägt daher vor, die Satzeinrichtung abzuändern, so dass der Umfang auf nur etwas mehr als 9 Bogen beschränkt werden kann. Fraenkel erhält in Marburg also nicht die ersehnten ersten Korrekturfahnen, denn mit dem Setzen des Manuskriptes wurde noch gar nicht begonnen. Indes erhält er eine wenig erfreuliche Information und Probeabzüge, die vom erhofften Seitenlayout abweichen.

Ernüchtert, vielleicht sogar ein wenig enttäuscht schreibt er die Zeilen seiner Antwort nieder. Aber er lässt sich bei dieser nicht von seinen Gefühlen leiten, sondern denkt vielmehr an die möglichen Auswirkungen auf den Verkaufspreis und die heikle Frage der Papierverfügbarkeit. Er akzeptiert den Verlagsvorschlag in erster Linie deshalb, um „Ihnen in Ihrer ohne Ihr Verschulden eingetretenen verhältnismäßigen Notlage entgegenzukommen".[101] Fraenkel unterstellt dem Verlag mit keiner Silbe Versäumnisse und betont darüber hinaus die Bedeutsamkeit einer verlässlichen Zusammenarbeit zwischen beiden. Er möchte Springer bei dieser Gelegenheit unmissverständlich signalisieren, dass auf ihn als Autor Verlass ist. Die Möglichkeit einer langfristigen Zusammenarbeit setzt Kompromissbereitschaft voraus, auch von Seiten des Autors. Mit seinem Schreiben vom 20. November und der darin zum Ausdruck gebrachten Haltung legt Fraenkel den Grundstein für die gemeinsame Erfolgsgeschichte der *Einleitung in die Mengenlehre*. Schließlich liegt ihm schon jetzt „unser gegenseitiges gutes Einvernehmen […] umsomehr am Herzen, als dies, wie ich hoffe, nicht das letztemal ist, daß wir miteinander arbeiten".[102] Für den Verlag ist dies ein „liebenswürdiges Schreiben".[103] In Berlin hat man diese Zeilen mit Erleichterung und voller Wertschätzung zur Kenntnis genommen. Nun kann die Prüfung des gesetzten Textes endlich beginnen. Was Fraenkel bei Erhalt der ersten Korrekturbögen verspürt hat, wissen wir nicht. Vielleicht aber treffen es die Worte eines anderen Autors in vergleichbarer Situation, in denen sich nicht wenige Buchautoren jedes Mal aufs Neue wiedererkennen werden. „Es kam das Paket mit den ersten Korrekturen, das man mit maßloser Erregung aufschnürte, um die Type zu sehen, den Satzspiegel, die embryonale Gestalt des Buchs".[104] Es ist der Moment eines ersten Blickes in das unverwechselbare Gesicht des eigenen geistigen Zöglings. Es ist die situative Vergegenwärtigung, hier die eigene intellektuelle DNA in einem neuen, eigenständigen Subjekt verkörpert zu sehen. Ein einzigartiger, unvergleichbarer Moment in jedem Herstellungsprozess. Sicher auch für Fraenkel.

Für den jungen Privatdozenten war das Erreichen dieser Etappe im Herstellungsprozess ein erster großer Erfolg, als er Mitte November sein Quartier, seine „Studentenbude",[105] in unmittelbarer Nähe zum Universitätsgebäude bezieht. Als Parallelstraße zur Universitätsstraße

[101] Fraenkel an den Springer Verlag in einem Brief vom 20. November 1918. Quelle: Akte „Fraenkel, Adolf B-F 120 I"; Zentral- und Landesbibliothek Berlin.

[102] Fraenkel an den Springer Verlag in einem Brief vom 20. November 1918. Quelle: Akte „Fraenkel, Adolf B-F 120 I"; Zentral- und Landesbibliothek Berlin.

[103] Springer Verlag an Fraenkel in einem Brief vom 22. November 1918. Quelle: Akte „Fraenkel, Adolf B-F 120 I"; Zentral- und Landesbibliothek Berlin.

[104] Zweig (1941), 113.

[105] Fraenkel (1967), 142.

liegt sie inmitten des Stadtkerns der Unterstadt und bis zu den Hörsälen des Universitätsgebäudes sind es lediglich 300 m zu Fuß, ohne nennenswerte Höhenunterschiede. Mit seinem Eintreffen zur Monatsmitte dürfte feststehen, dass der seit mehr als zwei Jahren habilitierte Wissenschaftler nun erstmals in seinem Leben die Möglichkeit eingeräumt bekommt, als Privatdozent zu unterrichten. Wohl am Montag, den 18. November 1918, 16 Uhr besteigt Fraenkel erstmals das Katheder im Universitätsgebäude seiner Alma Mater Philippina und liest über „Mengenlehre". Es ist seine erste Vorlesung überhaupt.[106] Obgleich er vollkommen unverhofft, geradezu „über Nacht" vom militärischen Dienst dauerhaft beurlaubt wurde, trifft er in Marburg nicht unvorbereitet ein. Ebenso dürfte das Thema der bereits zum 30. September 1918 angekündigten Vorlesung nicht zufällig ausgewählt worden sein. Die Planungen für die laufende Vorlesungszeit werden im Sommer des Jahres stattgefunden haben und die Marburger Mathematik wird sich bei Fraenkel – wenngleich wir über keine Schriftstücke verfügen, die dies belegen – rückversichert haben, was im Fall der Aufnahme seiner Lehrtätigkeit unter seinem Namen angekündigt werden soll. Selbstverständlich Mengenlehre.

Schließlich blickt er zu dieser Zeit voller Stolz auf ein erst jüngst fertiggestelltes Buchmanuskript, das er aussichtsreich beim Springer Verlag eingereicht hat. Nichts lag näher, als eben dieses Thema für eine große, vierstündige Vorlesung zu wählen. Als er es für das Verzeichnis der Vorlesungen in der Mitte des Jahres 1918 anzeigt, wird er wahrscheinlich nicht sonderlich viel Zuversicht verspürt haben, die Vorlesung im kommenden Wintersemester auch halten zu können. Seit Juni trat der Rückzug der deutschen Truppen zwar immer weiter in den Vordergrund, doch ein Ende des Krieges war nicht in Sicht. Darüber hinaus dürfte es Fraenkel schwergefallen sein, sich daran zu erinnern, wie es sich überhaupt anfühlt, ein Zivilist zu sein. Er diente immerhin seit vier langen Jahren und es waren nicht irgendwelche Lebensjahre, sondern es war seine Zeit als Mittzwanziger. Aber seine Weitsicht sollte belohnt werden. So befindet sich in seinem Reisegepäck, das er irgendwann nach dem 11. und vor dem 15. November zusammenstellt, ein eigenes, vollständig ausgearbeitetes Manuskript für einen Einführungskurs über Mengenlehre. Er muss es einfach zu seinen Sachen packen – es ist bereits fertig. Besser vorbereitet kann man als junger Privatdozent nicht zur ersten Vorlesung aufbrechen. Da gerät es fast zur Randnotiz, dass ihm seine zweite, kleine Vorlesung keine großen Mühen bereiten wird. Für eine professionellen Algebraiker und nunmehr auch mengentheoretisch versierten Mathematiker wie ihn ist es ein kurzweiliges Vergnügen, im Rahmen einer einstündigen Veranstaltung die Transzendenz von e und π aufzubereiten.

Die Architektur der Vorlesung sieht man förmlich vor sich: Ausgehend von einer Analyse der algebraischen Eigenschaften des reellen Zahlkörpers wird die zentrale Unterscheidung von algebraischen und transzendenten Zahlen eingeführt, einschließlich der Betrachtung einiger paradigmatischer algebraischer irrationaler Zahlen. Nachfolgend findet – als erster Höhepunkt der Veranstaltung – Cantors mengentheoretisch geführter Beweis, dass es überabzählbar viele transzendente Zahlen gibt, eine ausführliche Würdigung. Um den Spannungsbogen weiter aufzubauen, wird ausgehend von der erstaunlichen Einsicht, dass es „mehr" transzendente als al-

[106] Ein vollständiges Verzeichnis sämtlicher in Marburg angebotener Veranstaltungen findet sich im Anhang „Veranstaltungen Fraenkels an der Philipps-Universität Marburg" zum vorliegenden Band.

gebraische Zahlen gibt, der historische Umstand betont, dass man fast bis in die Mitte des 19. Jahrhunderts überhaupt keine erwiesenermaßen transzendente Zahl kannte. Schließlich werden als Krönung der Vorlesung die Transzendenz von e und π in aller gebührenden Ausführlichkeit erwiesen, eventuell beginnend mit den ursprünglichen Beweisen von Charles Hermite und Ferdinand von Lindemann, möglicherweise gefolgt von eleganteren und jüngeren.[107] Für eine Semesterwochenstunde, also insgesamt 15 Unterrichtsstunden, ein durchaus faszinierender mathematischer Plot. Freilich ist dieser Vorlesungsentwurf ein Phantasieprodukt dieser Zeilen. Doch er zeigt, wie einfach sich eine solche einstündige Vorlesung konzipieren ließe – zumal für einen Algebraiker wie Fraenkel. Vielleicht fiel ihm themenstiftend oder aber ergänzend zur eigenen Inspiration Gerhard Hessenbergs wundervolle kleine Schrift *Transzendenz von* e *und* π[108] in die Hände, die mit einer beneidenswerten Sorgfalt beide Beweiskomplexe aufbereitet und deren mitreißend lebendige Sprache ihren faszinierenden Gegenständen mehr als gerecht wird. Als Folie für eine akademische Vorlesung bot sich dieses Bändchen schon deshalb an, weil es sich mit Bedacht dem Wesen des Genialen näherte, obwohl „der Durchschnittsverstand ihm nicht in die Werkstatt zu blicken vermag“.[109] Eine Unterstützung wäre es fraglos gewesen, bedurft hätte es Fraenkel gleichwohl nicht. Unstrittig dürfte jedenfalls sein, dass ihm seine zweite Vorlesung in der Vorbereitung nicht viel abverlangte.

Parallel zu seinen beiden Vorlesungen galt es nun, die erste Korrektur des gesetzten Manuskriptes in Angriff zu nehmen und sich Gedanken über die Veranstaltungen im Sommersemester 1919 zu machen. Eine begrüßenswerte Annehmlichkeit brachte die inzwischen aufgelaufene Verzögerung im Herstellungsprozess immerhin mit sich. Fraenkel konnte nunmehr synchron zu seiner Vorlesung über Mengenlehre das zugrundeliegende und inzwischen gesetzte Manuskript in aller Gründlichkeit korrekturlesen. Das Halten seiner allerersten Vorlesung wird unterstützend begleitet durch das Redigieren der Fahnen zu seinem ersten echten Buchmanuskript. Die sich hierbei ergebenden Synergieeffekte wird der junge Privatdozent begrüßt haben, vor allem die Annehmlichkeit, dass die Korrekturlesung neben dem laufenden Vorlesungsbetrieb schneller vorangetrieben werden konnte als im Fall thematischer Divergenzen. Ein Erscheinen um den Jahreswechsel war mittlerweile kein realistisches Ziel mehr. Dafür bestand nun die vielversprechende Aussicht, das Buch pünktlich zum Beginn des Sommersemesters auf den Markt zu bringen. Die besonderen Umstände der Zeit spielten diesem Ansinnen sogar zu. Bedingt durch das außerplanmäßige Zwischensemester für Kriegsteilnehmer, das mit zweieinhalbmonatigen Auffrischungs- und Fortbildungskursen vom 3. Februar bis zum 16. April[110] zur besseren Wiedereingliederung ehemaliger Militärangehöriger „dazwischengeschoben“ wurde, begann das Sommersemester 1919 mit dem 28. April außergewöhnlich spät.

[107] Wie etwa von Hilbert (1893).

[108] Hessenberg (1912).

[109] Hessenberg (1912), 3.

[110] Vgl. *Philipps-Universität Marburg. Verzeichnis der Vorlesungen im Zwischensemester für Kriegsteilnehmer. Februar, März und April 1919*, N. G. Elwert'sche Universitäts-Buchhandlung, Marburg an der Lahn 1919, 2.

Der Beginn der Vorlesungszeit wurde gar erst auf den 5. Mai festgesetzt.[111] Für dieses Sommerhalbjahr finden wir nun auch offiziell im *179. Namen-Verzeichnis* der Philippina im Block über den ‚Lehrkörper' und dort unter der Rubrik der Privatdozenten der Philosophischen Fakultät Fraenkels Namen mit Funktion und Privatadresse sowie den erhaltenen militärischen Auszeichnungen wieder.[112] Sollte Fraenkel das Ziel verfolgt haben, seine *Einleitung* als Begleitlektüre für eine entsprechend konzipierte Vorlesung rechtzeitig in den Buchhandel zu bringen, so kam ihm dieser versetzte Vorlesungsbeginn um mehr als zwei Wochen entgegen. Zwischen den ersten Fahnenkorrekturen in der zweiten Novemberhälfte und dem (verspäteten) Beginn der Vorlesungszeit Anfang Mai lag fast ein halbes Jahr. Genug Zeit, um das Buch rechtzeitig publiziert zu bekommen. In der Tat besitzen wir ein untrügliches Indiz dafür, dass Fraenkel dieses Ziel verfolgt haben dürfte. Unter den drei für das Sommersemester 1919 angekündigten Veranstaltungen findet sich eine, deren Titel kaum besser auf die Ausrichtung und das Anliegen der *Einleitung in die Mengenlehre* passen könnte:[113]

- *Einführung in die Mengenlehre* (dreistündig); Mo Di Fr 7–8 Uhr

Die Literalität der *Einleitung* flankiert die Oralität der *Einführung*. Direkt nach seiner ersten Vorlesung über Mengentheorie im Wintersemester 1918/19, in dessen Vorlesungsbetrieb er erst mit sechs Wochen Verspätung einsteigen konnte, bietet Fraenkel sogleich eine zweite an. Es war mithin seine erste reguläre Vorlesungszeit, die er von Beginn an bestreiten konnte. Entsprechend galt es, die *Vorschriften für die Studierenden der Philipps-Universität zu Marburg* zur Anwendung zu bringen. Auch im Falle von Fraenkels Vorlesung „Einführung in die Mengenlehre" hatten sich die Teilnehmer rechtzeitig bei ihm persönlich zu melden und „um Eintragung ihres Namens und des Datums der Meldung in die dazu bestimmte Spalte des Anmeldebuches zu ersuchen".[114] Fehlt indes der Eintrag in das Anmeldebuch, „so wird die Vorlesung in das Abgangszeugnis nicht aufgenommen".[115] Ohne Bestätigung durch den Dozenten oder – im Fall einer gerechtfertigten Verspätung – durch den Rektor galt eine Vorlesung als nicht belegt.

In dieser biederen Konvention der Universitätsbürokratie mochte ein Unterschied zu den außergewöhnlichen Umständen des vorausgegangenen Wintersemesters oder auch des Zwischensemesters bestanden haben, doch die semesterübergreifende Gemeinsamkeit des thematischen Gleichklangs von Fraenkels Vorlesungen schien weniger Ausdruck der

---

[111] Vgl. *Philipps-Universität Marburg. Verzeichnis der Vorlesungen. Sommerhalbjahr 1919*, N. G. Elwert'sche Universitäts-Buchhandlung, Marburg an der Lahn 1919, 2.

[112] Vgl. Philipps-Universität Marburg, *179. Namen-Verzeichnis. Sommer-Halbjahr 1920*, K. Friedrich's Universitäts-Buchdruckerei (Karl Gleiser), Marburg an der Lahn 1920, 8.

[113] Vgl. *Philipps-Universität Marburg. Verzeichnis der Vorlesungen. Sommerhalbjahr 1919*, N. G. Elwert'sche Universitäts-Buchhandlung, Marburg an der Lahn 1919, 24.

[114] Philipps-Universität (1920), § 14.

[115] Philipps-Universität (1920), § 14.

Kohärenz, als vielmehr ein Monitum zu sein. Unter anderen Umständen würde der Eindruck einer unnötigen Wiederholung entstehen, wenn ein Lehrender ohne curricularen Zwang in einem derart kurzen Abstand wesentlich dasselbe noch einmal anbietet. Doch dieser Fall mag etwas anders gelagert sein, wenn man die im Hintergrund befindliche Fertigstellung des Buches berücksichtigt. Nachdem es ihm im ersten Durchlauf vergönnt blieb, sein eigenes Buch zu bewerben und als Begleitlektüre zugrunde zu legen, würde eine für das Sommersemester maßgeschneiderte Vorlesung eine geeignete Bühne für einen erneuten Versuch bieten. Das buchhändlerische Treiben in Marburg dürfte diesen tatkräftigen Gedanken befördert haben. Die akademischen Unternehmer im Umfeld der Universität begannen frühzeitig, das wiedererstarkte studentische Leben durch vielfältige Dienstleistungen zu fördern.

Vor allem die Universitätsbuchhandlung Elwert, seit 1783 mit diesem Privileg versehen,[116] ließ keinen Zweifel daran, dass man nunmehr nach den entbehrungsreichen Jahren wieder in der Lage sei, die Infrastruktur für ein vollwertiges Fachstudium sicherzustellen. Symbolbehaftetes und deutlichstes Zeichen für diesen Aufbruch, dieses „wiedererwachten akademischen Lebens“,[117] war der von der Elwert'schen Universitätsbuchhandlung herausgegebene, einmal jährlich erscheinende Marburger akademische Kalender, der nun den Titel *Marburger Akademisches Taschenbuch* trägt und nach zehn Semestern der Unterbrechung erstmals wieder verfügbar ist. Es war die inzwischen 38. Ausgabe – exklusiv zum „1. Friedens-Semester“.[118] Diese kleine Marburger Institution war für Studierende aller Semester von größter Bedeutsamkeit, denn er „will ein A u s k u n f t s b u c h für alle Fragen sein, die für den Marburger Studenten von Interesse sind“.[119] Der Zweck blieb derselbe wie vormals, inhaltlich wurde es indes neu aufgestellt. Das Taschenbuch wird nun zu einem handlichen annualen enzyklopädischen Führer rund um das Leben der Alma Mater Philippina. Im Klein-Oktav enthält es – vom Verzeichnis der Vorlesungen einmal abgesehen, das selbstverständlich halbjährlich separat zu veröffentlichen ist – so ziemlich alle wichtigen Informationen das akademische Leben betreffend. Elwert versammelt hier im Kompaktformat alle aktuellen Adressen sowie Öffnungszeiten sämtlicher universitärer Einrichtungen, Prüfungsausschüsse, die Promotions- und damit Prüfungsordnungen aller Fakultäten, die Honorarerlass-Ordnung, die Gebührensatzung der Universitätsbibliothek, Hinweise zur Immatrikulation, zu Studentenfonds, zum studentischen Wohnen, zur akademischen Krankenkasse, zur Unfallversicherung, Informationen über die Stadt, ein vollständiges und annotiertes Verzeichnis der akademischen Vereinigungen, das Verzeichnis der Dozenten, Literaturhinweise, Statistiken, jede Menge Anzeigen von Ortsansässigen, die in irgendeiner Weise für das universitäre Leben von Belang sein könnten usw. usw.

---

[116] Zur Geschichte der Universitätsbuchhandlung siehe Braun (1927); ders. (ed.) sowie N. G. Elwert Universitäts-Buchhandlung und Verlag (1958).

[117] Braun (1919), 3.

[118] Vgl. Braun (1919), 3.

[119] Braun (1919), 3.

Das *Marburger Akademische Taschenbuch* war für jeden ordentlichen Studierenden ein Muss und so wurden dieselben in demselben mit äußerster Präzision wiederholt darauf hingewiesen, dass die eingeführten Lehrbücher selbstverständlich in der hiesigen Universitätsbuchhandlung vorrätig sind.[120] Während also auch die Studenten der Mathematik dieses Auskunftsbuch gründlich studierten, wurden sie mehr als nur einmal darauf aufmerksam gemacht, dass mithin auch die in den Veranstaltungen des Mathematischen Seminars verwendeten Lehrbücher im Ladengeschäft in der Reitgasse verfügbar gehalten werden. Unterstützt wird dieser Gedanke durch die Buchhandlung selbst, die junge Studierende in dem Anliegen zu bestärken versucht, dass angehende Akademiker einer eigenen Bibliothek bedürfen, um gut gerüstet zu sein. Nicht ganz ohne Eigennutz wird betont, dass die Ausgaben für Bücher gemessen an den Gesamtkosten der Studienjahre gering ausfallen, während der aus ihnen zu ziehende Nutzen beträchtlich ist.[121] Der Krieg war vorüber, den Mangel galt es demonstrativ zu überwinden. Man konnte sich endlich wieder Annehmlichkeiten gönnen – auch und vor allem Bücher, diesen lang vernachlässigten Inbegriff geistiger Bildung, diese Nahrung für den Weltstoffwechsel.

Quelle: N. G. Elwert'sche Universitäts- und Verlagsbuchhandlung (ed.), *Marburger Akademisches Taschenbuch. 38. Ausgabe. Sommer-Semester 1919*, N. G. Elwert'sche Verlagsbuchhandlung (G. Braun), Marburg, 93

Ökonomisch-intellektuelle Impulse dieser Prägung wird Fraenkel aufmerksam im Geiste notiert haben. Hier wurde der Weg geebnet, auf dem die eigenen akademischen Werke am Wirkungsort eine besonders günstige Möglichkeit zur Verbreitung finden konnten. Eine solche Gelegenheit konnte sich ein junger Privatdozent kaum entgehen lassen. Es spricht somit viel dafür, dass die Vorlesung „Einführung in die Mengenlehre" für das Som-

[120] Die entsprechende Anzeige findet sich sowohl auf S. 22 wie auch auf S. 93 des *Marburger Akademischen Taschenbuchs*.

[121] Vgl. u. a. Anzeige (1927).

mersemester 1919 angekündigt wurde, um katalytisch den Absatz vor Ort zu befördern. Fraenkel wird der Gedanke gefallen haben, dass ein beträchtlicher Teil seiner Hörer nach dem ersten Vorlesungstermin über diesen faszinierenden Gegenstand sogleich den Weg zur Universitätsbuchhandlung einschlägt, um sich mit einem eigenen Exemplar für die Veranstaltung und die persönliche Bildung zu rüsten. Eine kleinere zweistellige Anzahl an Exemplaren hätte auf diese Weise sicherlich veräußert werden können. Unbegründet war diese Hoffnung nicht, immerhin füllten sich nach dem Krieg „die Hörsäle erneut mit einer gereiften, von ungewöhnlichem Arbeitseifer beseelten und größtenteils hochbefähigten akademischen Jugend".[122] Nun musste das Werk nur noch fertiggestellt und zur Veröffentlichung gebracht werden. Der verfügbare Zeitrahmen stimmte zuversichtlich, doch es sollte einmal mehr anders kommen.

Die Vorlesungspause über die Weihnachtsfeiertage und den Jahreswechsel 1918/1919 hätte eigentlich beste Voraussetzungen bieten können, um die erste Korrektur abzuschließen. Zwei Wochen, die man nahezu ausschließlich auf das Redigieren verwenden konnte. Allerdings verwandte Fraenkel die Weihnachtsferien nicht nur nicht vorrangig für die Korrekturlesung, sondern wahrscheinlich überhaupt nicht darauf. Am 7. Januar 1919 kehrt er nach Marburg zurück und schreibt am folgenden Tag an Springer. „Ich bin gestern von einer mehrwöchigen Reise zurückgekehrt, die im Zusammenhang mit meiner militär. Entlassung gestanden hatte. Hierdurch bin ich mit den Korrekturen meiner Schrift über Mengenlehre stark in Rückstand geraten und kann das Versäumte nun allmählich nachholen".[123] In den folgenden Wochen findet ein reger Austausch zwischen Autor und Verlag statt. Die Zusammenarbeit mit der beauftragten Druckerei verläuft reibungslos und viele Details können zufriedenstellend geklärt werden. Vor allem beeindruckt die zeitnahe Bearbeitung aller Arbeitsaufträge. Häufig noch am selben Tag beantwortet Springer die postalisch eingegangenen Anliegen Fraenkels und leitet alles Erforderliche in die Wege. Es überrascht daher nicht, dass Fraenkel gut einen Monat nach der Wiederaufnahme seiner Arbeit dem Verlag gegenüber seiner Freude schriftlich Ausdruck verleiht, „daß der Druck meines Büchleins über Mengenlehre weiter so schnell vorwärts schreitet".[124] Da fügt es sich vorzüglich, dass er im selben Brief dem Verlag den, „nach nochmaliger Überlegung"[125] endgültigen Haupt- sowie Untertitel seiner Schrift mitteilt. Es ist diese Titelgebung, mit der sich der Verlag „sehr einverstanden"[126] erklären wird und die zum offiziellen Namen des Buches (in seiner ersten Auflage) avanciert: *Einleitung in die Mengenlehre. Eine gemein-*

[122] Hasse (1950), 4.

[123] Fraenkel an den Springer Verlag in einem Brief vom 8. Januar 1919. Quelle: Akte „Fraenkel, Adolf B-F 120 I"; Zentral- und Landesbibliothek Berlin.

[124] Fraenkel an den Springer Verlag in einem Brief vom 10. Februar 1919. Quelle: Akte „Fraenkel, Adolf B-F 120 I"; Zentral- und Landesbibliothek Berlin.

[125] Fraenkel an den Springer Verlag in einem Brief vom 10. Februar 1919. Quelle: Akte „Fraenkel, Adolf B-F 120 I"; Zentral- und Landesbibliothek Berlin.

[126] Springer Verlag an Fraenkel in einem Brief vom 13. Februar 1919. Quelle: Akte „Fraenkel, Adolf B-F 120 I"; Zentral- und Landesbibliothek Berlin.

verständliche Einführung in das Reich der unendlichen Größen. Ein weiterer wichtiger Schritt ist damit geschafft, den es aufgrund der sich entwickelnden Biographie des Werks bei jeder weiteren Auflage erneut zu beschreiten galt.[127]

Der vom Autor vorgeschlagene und vom Verlag genehmigte Buchtitel barg aufgrund seiner nüchternen Funktionalität auch keinerlei Spannungspotenzial für eventuelle Nachverhandlungen zwischen beiden Seiten. Als eine *Einleitung in die Disziplin/Wissenschaft X* besaß der Name von Fraenkels Werk eine gleichermaßen schlanke wie elegante Titelform. Mit den beiden Hauptworten ‚Einleitung' und ‚Mengenlehre' gelingt auf kürzest mögliche Weise das Anzeigen eines an Informationen reichen gemischten Titels, mit dem sogleich sowohl der Inhalt (‚Mengenlehre') als auch die gattungsspezifische Weise der Befassung mit diesem (‚Einleitung') angezeigt wird. Mit der ökonomisch sparsamen Namenwahl wird sogleich Auskunft über das gegenständliche ‚Was' als auch über das literale ‚Wie' erteilt. Der Titel von Fraenkels *Einleitung in die Mengenlehre* ist damit gleichermaßen ein thematischer wie ein rhematischer[128] und besitzt damit wie so viele andere theoretische Werke eine „äußerst klassische und sehr deutliche Formulierung".[129] Es überrascht daher keineswegs, dass Fraenkel und Springer mit der Wahl des Haupttitels einer weit verbreiteten und bewährten Üblichkeit der Zeit folgen. Allein in unmittelbarer Nachbarschaft zum Veröffentlichungstermin zu Fraenkels Buch finden sich neben diversen Einleitungen in die Metaphysik, die Erkenntnistheorie oder andere fachwissenschaftliche Disziplinen nicht weniger als fünf verschiedene Werke mit dem Titel *Einleitung in die Philosophie.*[130]

Aufgrund der konventionellen Namenwahl des Buches war freilich nicht abzusehen, dass Fraenkels *Einleitung in die Mengenlehre* in ihrer Zeit die einzige mit diesem Titel bleiben sollte. Zur Gewährleistung der Eindeutigkeit, vor allem aber zur näheren Bestimmung des gemischten Haupttitels sollte der Untertitel *Eine gemeinverständliche Einführung in das Reich der unendlichen Größen* Klarheit stiften. Mit dem rhematischen Element der ‚Einleitung' hatte der Haupttitel zwar bereits angezeigt, dass es sich um Sachliteratur handelt. Offen blieb dabei jedoch, ob es sich um ein populäres Sachbuch, ein akademisches Fachbuch oder gar um einen wissenschaftlichen Beitrag zur Forschung handeln sollte. Mit der näheren rhematischen Bestimmung einer ‚gemeinverständlichen Einführung' stellen Autor und Verlag klar, dass die Klassifikation als populäres Sachbuch dem Werk am ehesten gerecht wird. Als gemeinverständliche Einführung richtet sich Fraenkels *Einleitung* damit ausdrücklich an einen weiten Adressatenkreis und eben nicht nur an ein akademisch vorgebildetes Fachpublikum. Vergleichbares gelingt im Fall der näheren thematischen Bestimmung des Haupttitels, denn mit dem Verweis auf ‚das Reich der unend-

---

[127] Siehe 5.2 u. 6.4.

[128] Hierzu Genette (1987), 82–89.

[129] Genette (1987), 89.

[130] Unter anderem von Wilhelm Jerusalem (Wilhelm Braumüller, Wien/Leipzig 1919[7]), Oswald Külpe (Verlag von S. Hirzel, Leipzig 1918[8]), Paul Menzer (Verlag von Quelle & Meyer, Leipzig 1918[2]), Friedrich Paulsen (Cotta'sche Buchhandlung Nachfolger, Stuttgart/Berlin 1919[29]), Wilhelm Wundt (Alfred Kröner Verlag, Leipzig 1918[7]).

lichen Größen‘ wird unmissverständlich geklärt, was hier unter ‚Mengenlehre‘ verstanden wird. Hier geht es eben nicht um Punktmengen in euklidischen Räumen oder Inhalt und Maß reeller Funktionen, sondern um die allgemeine Mengenlehre rund um die Theorie der transfiniten Ordinal- und Kardinalzahlen.

Gleichermaßen klar wie konzise waren sowohl Titel als auch Untertitel geraten und damit ein neunmonatiger Reifungsprozess zum Abschluss gekommen, der anfangs die nahezu invertierte Gestaltung ‚*Über die unendlichen Größen. Eine gemeinverständliche Einführung in die Mengenlehre*‘[131] vorsah. Allerdings kristallisierte sich innerhalb eines Dreivierteljahres heraus, dass die thematisch-rhematische Prägnanz der Ausdruckskombination von ‚Einleitung‘ und ‚Mengenlehre‘ kaum verbesserungsfähig sein dürfte und die Rede von ‚unendlichen Größen‘ zur näheren Bestimmung entsprechend in den Untertitel zu wandern hat.

2.4 Die *Einleitung* erscheint

Diese bei jedem Buch aufs Neue bedeutsame Entscheidung datiert auf den 10. Februar – ein Datum, das Hochschullehrer in der Regel frohlocken lässt, denn es bewegt sich im unmittelbaren Umfeld des Vorlesungsendes im Wintersemester und kündet vom heraufziehenden Freiraum intensiver Forschungsaktivitäten. Allerdings erwartete die Lehrenden im Jahr 1919 keine vorlesungsfreie Zeit bis Mitte April. Auch an den Universitäten tat man das Möglichste, um nach der epochalen Zäsur in einen neuen Alltag zu gelangen. Zwar wurden die Vorlesungen des Wintersemesters ordentlich am Samstag, den 1. Februar, beschlossen,[132] aber seit Montag, den 3. Februar, befanden sich die Universitätsangehörigen bereits im Zwischensemester für Kriegsteilnehmer. Hinter Fraenkel lag also bereits die erste Vorlesungswoche eines außerplanmäßigen Semesters, als er gegenüber dem Verlag einräumt, hinter seinem Zeitplan zurückzuliegen. Eine „augenblicklich bei mir vorliegende kleine Stockung hoffe ich dadurch wettzumachen, daß ich demnächst die Korrekturen mit vermehrter Schnelligkeit zurücksenden kann“.[133] Vielleicht besaß er zu diesem Zeitpunkt bereits einen zuverlässigen Eindruck vom potentiellen Interesse, das seiner Veranstaltung entgegengebracht werden würde, und konnte mithin die Arbeitsbelastung für das Zwischensemester abschätzen. Schließlich war diese Vorlesungszeit kürzer als eine reguläre und Fraenkel bot auch kein umfangreiches Programm an, sondern lediglich eine

[131] Vgl. Anlage Entwurf „Inhalt“ zu Fraenkels Brief an den Springer Verlag vom 5. Mai 1918. Quelle: Akte „Fraenkel, Adolf B-F 120 I“; Zentral- und Landesbibliothek Berlin.

[132] Vgl. *Philipps-Universität Marburg. Verzeichnis der Vorlesungen. Winterhalbjahr 1918/19*, N. G. Elwert’sche Universitäts-Buchhandlung, Marburg an der Lahn 1918, 2.

[133] Fraenkel an den Springer Verlag in einem Brief vom 10. Februar 1919. Quelle: Akte „Fraenkel, Adolf B-F 120 I“; Zentral- und Landesbibliothek Berlin.

dreistündige Vorlesung über „Ebene und sphärische Trigonometrie".[134] Eventuell gab es nicht einmal einen Kriegsteilnehmer, der an dieser Veranstaltung teilzunehmen gedachte. In diesem Fall wäre der junge Privatdozent von jeglicher Unterrichtspflicht im Zwischensemester entbunden gewesen.

Fraenkels dreiseitiger Brief war ein Musterbeispiel harmonischer Ausführlichkeit, denn er sprach nicht nur selbstkritisch über die verbesserungsbedürftige Geschwindigkeit beim Korrigieren oder die nun endlich feststehende Titelgebung, sondern er erbat nochmals Nachsicht bei der Vielzahl vorzunehmender Verbesserungen, denn es „hat sich leider – infolge der Entstehung der Schrift im Feld, ohne hinreichende Literatur – nicht vermeiden lassen, daß ich bei der 1. Korrektur eine Reihe von Änderungen und Hinzufügungen vornehmen mußte".[135] Er wusste um das Entgegenkommen und die Geduld von Seiten des Verlages, aber ihm lag dennoch viel daran, sich bei dieser Gelegenheit noch einmal herzlich zu bedanken „für Ihr bisheriges Entgegenkommen beim Druck".[136] Verlässliche Autoren, die gleichermaßen selbstkritisch wie dankbar sind, sind selbstverständlich für jeden Verlag ein Geschenk. Deshalb überrascht es nicht, dass auch Springer seine Wertschätzung zum Ausdruck bringt. „Es ist mir eine Freude, mit Ihnen zusammenzuarbeiten und ich hoffe, dass wir die gemeinsame Arbeit auch weiterhin fortsetzen werden".[137] Damit hatte nach dem Autor nun auch der Verlag seinen Wunsch zum Ausdruck gebracht, die Zusammenarbeit über das laufende Projekt hinaus fortzusetzen. Diese Auskunft bot eine mehr als günstige Gelegenheit, um sogleich noch die vielversprechenden Perspektive vorzutragen, „dass Ihr Buch nunmehr in etwa 4 Wochen fertig vorliegt, wenn es Ihnen möglich ist, weitere Arbeit Zug um Zug zu erledigen".[138] Mit „fertig" meinte der Verlag in Anbetracht der noch ausstehenden Herstellungsschritte sicherlich nicht die Verfügbarkeit gedruckter Exemplare für den Buchhandel, wohl aber die Druckreife des Buches. Springer stellt also den Druckbeginn zur Monatsmitte März in Aussicht, sofern Fraenkel seinem Arbeitspensum nachkommt. Jeden Autor beflügelt eine solche Ankündigung, weil dann die Stunde der Druckerei schlägt und die Arbeit des geistigen Urhebers getan ist.

Fraenkel schien diese Ankündigung allerdings missverstanden zu haben, denn aus seiner Antwort lässt sich die Sorge herauslesen, eine Publikation abseits des Vorlesungsbe-

[134] Vgl. *Philipps-Universität Marburg. Verzeichnis der Vorlesungen im Zwischensemester für Kriegsteilnehmer. Februar, März und April 1919*, N. G. Elwert'sche Universitäts-Buchhandlung, Marburg an der Lahn 1919, 14.

[135] Fraenkel an den Springer Verlag in einem Brief vom 10. Februar 1919. Quelle: Akte „Fraenkel, Adolf B-F 120 I"; Zentral- und Landesbibliothek Berlin.

[136] Fraenkel an den Springer Verlag in einem Brief vom 10. Februar 1919. Quelle: Akte „Fraenkel, Adolf B-F 120 I"; Zentral- und Landesbibliothek Berlin.

[137] Springer Verlag an Fraenkel in einem Brief vom 13. Februar 1919. Quelle: Akte „Fraenkel, Adolf B-F 120 I"; Zentral- und Landesbibliothek Berlin.

[138] Springer Verlag an Fraenkel in einem Brief vom 13. Februar 1919. Quelle: Akte „Fraenkel, Adolf B-F 120 I"; Zentral- und Landesbibliothek Berlin.

ginns könnte den Studierenden entgehen. „Ich dachte, daß es für den Vertrieb der Schrift vielleicht günstig sein wird, wenn sie erst zu Beginn des Sommersemesters (Anfang Mai) den Sortimentern zugeht. Doch Sie können dies jedenfalls am zutreffendsten beurteilen".[139] Der Verlag sollte auf diesen Punkt nicht näher eingehen – wahrscheinlich deshalb, weil er schlicht gegenstandslos war. Von einer Verfügbarkeit auf dem Büchermarkt Mitte März war von Seiten des Verlages nie die Rede. Für die weitere Terminierung der noch ausstehenden Herstellungsschritte lieferte Fraenkels Brief jedoch in einer anderen Hinsicht einen wertvollen Bezugspunkt. Er fragt in seinem Schreiben an, ob nach dem ersten Korrekturdurchlauf eine weitere Bogenrevision vorgesehen sei.[140] Springer teilt ihm daraufhin mit, von einem zweiten Durchlauf könne abgesehen werden, „wobei ich voraussetze, dass die Korrekturen nicht mehr allzu erheblich sein dürften".[141]

Im Verlaufe des Zwischensemesters dürfte Fraenkel den ersten Korrekturdurchlauf vollständig absolviert haben, wenngleich derselbe nicht bis Mitte März geschafft wurde. Die vom Verlag am 13. Februar hoffnungsvoll formulierte Prognose, in vier Wochen soweit fertig zu sein, trat also nicht ein. In den sechs Wochen nach dem 26. Februar findet zwischen Autor und Springer keine überlieferte Korrespondenz statt. Dafür meldet sich der Verlag am 5. April mit dem Anliegen zurück, dass man es in Anbetracht „der immerhin zahlreichen letzten Korrekturen in einzelnen Bogenabzügen [...] für richtiger [halte], von allen Bogen eine nochmalige Revision zu veranlassen".[142] Dennoch ist der Verlag zuversichtlich, dass die Prüfung der zweiten Korrekturbögen eine zügig umzusetzende Formalie ist, „sodass der Druckbeginn nicht hinausgeschoben zu werden braucht".[143] Ein weiteres Mal ist es jedoch der Autor, der eine reibungslose Fertigstellung nicht gewährleisten kann. Noch während des Vorlesungszeit des Zwischensemesters, am 10. April, bricht Fraenkel in Richtung seiner Heimatstadt auf. Ein verwegenes, im Ansatz gar gefährliches Unterfangen. Drei Tage zuvor hatte der Zentralrat der bayerischen Republik zusammen mit dem Revolutionären Arbeiterrat eine sozialistische Räterepublik im Freistaat Bayern ausgerufen. Er reist trotzdem und erreicht München infolge einer „Verkehrssperre in Bayern"[144] am 12. April. Da für ihn am fraglichen 11. April nicht abzusehen ist, ob er München zeit-

[139] Fraenkel an den Springer Verlag in einem Brief vom 23. Februar 1919. Quelle: Akte „Fraenkel, Adolf B-F 120 I"; Zentral- und Landesbibliothek Berlin.

[140] Vgl. Fraenkel an den Springer Verlag in einem Brief vom 23. Februar 1919. Quelle: Akte „Fraenkel, Adolf B-F 120 I"; Zentral- und Landesbibliothek Berlin.

[141] Springer Verlag an Fraenkel in einem Brief vom 26. Februar 1919. Quelle: Akte „Fraenkel, Adolf B-F 120 I"; Zentral- und Landesbibliothek Berlin.

[142] Springer Verlag an Fraenkel in einem Brief vom 5. April 1919. Quelle: Akte „Fraenkel, Adolf B-F 120 I"; Zentral- und Landesbibliothek Berlin.

[143] Springer Verlag an Fraenkel in einem Brief vom 5. April 1919. Quelle: Akte „Fraenkel, Adolf B-F 120 I"; Zentral- und Landesbibliothek Berlin.

[144] Fraenkel an den Springer Verlag in einem Brief vom 11. April 1919. Quelle: Akte „Fraenkel, Adolf B-F 120 I"; Zentral- und Landesbibliothek Berlin.

nah überhaupt erreichen kann, schreibt er dem Verlag von Frankfurt a.M. aus und teilt diesem eine neue Kontaktadresse mit, die bis auf Weiteres statt der Marburger oder Münchner Anschrift verwendet werden soll.

Für die folgenden vier Wochen, in denen Fraenkel unter nunmehr „aufregenden Begleitumständen"[145] sein Elternhaus besuchen sollte, herrschte in ganz Bayern eine unübersichtliche politische Ordnung, einschließlich einer diffusen Informationslage. Die öffentliche Sicherheit konnte nicht länger gewährleistet werden und politisch motivierte Gewalt war allgegenwärtig. Eine echte Ausnahmesituation. Der Mathematiker bereist seine Heimat just in jenen Tagen, in denen politische Morde „in den entgegengesetzten Lagern Bayerns an der Tagesordnung"[146] waren und die angespannte Lage den idealen Nährboden für eine aufkeimende antisemitische Stimmung bildete. Fraenkel erlebte schließlich aus nächster Nähe, wie Freikorpsverbände und reguläre Armeeeinheiten der Reichsregierung die Münchner Räterepublik bis Anfang Mai gewaltsam mit militärischen Mitteln niederschlugen. Es „kam zu einem Straßenkampf mit Kanonen, dessen Zeuge ich war".[147] An einen geordneten Kontakt mit dem Verlag war in dieser Zeit überhaupt nicht zu denken.

Vielmehr beginnt mit der abenteuerlichen Reise in die Bayrische Räterepublik ein Verwirrspiel, das erst mit seiner Rückkehr nach Marburg am 8. Mai ein Ende nehmen sollte. Zum einen erwies sich die Frankfurter Adresse als wenig zielführend, denn nicht nur reiste Fraenkel tags darauf bereits nach München weiter. Zum anderen führte ein umgehendes Reagieren durch den Verlag zum gegenteiligen Effekt. Die nach Frankfurt nachgesandten Bögen gingen als „nicht ermittelt"[148] an Springer zurück. Am selben Tag schickt Fraenkel von München aus seine dortige Kontaktadresse,[149] die aber bereits am 24. des Monats durch eine Ersatzadresse in Bad Reichenhall ergänzt wird, da München in diesen Tagen „postalisch ganz abgesperrt"[150] ist. Mit Marburg waren damit insgesamt vier Adressen im Umlauf, aber es schien keineswegs klar, ob überhaupt eine und welche der vier Anschriften zum Adressaten führen würde. Für die Übersendung der Revisionsbögen sowie deren zügiger Prüfung waren das äußerst schlechte Bedingungen, die sich auch in den nachfolgenden Wochen nicht besserten, da Fraenkel während seines gesamten Aufenthalts in München vom 12. April bis zum 7. Mai „von jedem Verkehr abgesperrt"[151] war. Fast vier

[145] Fraenkel (1967), 141.

[146] Fraenkel (1967), 141.

[147] Fraenkel (1967), 141.

[148] Poststempel auf dem Kuvert eines Briefes vom Springer Verlag an Fraenkel vom 14. April 1919. Quelle: Akte „Fraenkel, Adolf B-F 120 I"; Zentral- und Landesbibliothek Berlin.

[149] Vgl. Fraenkel an den Springer Verlag in einem Brief vom 14. April 1919. Quelle: Akte „Fraenkel, Adolf B-F 120 I"; Zentral- und Landesbibliothek Berlin.

[150] Fraenkel an den Springer Verlag in einem Brief vom 20. April 1919. Quelle: Akte „Fraenkel, Adolf B-F 120 I"; Zentral- und Landesbibliothek Berlin.

[151] Fraenkel an den Springer Verlag in einem Brief vom 9. Mai 1919. Quelle: Akte „Fraenkel, Adolf B-F 120 I"; Zentral- und Landesbibliothek Berlin.

Wochen hatte der Verlag keine Möglichkeit, dem Autor den zweiten Korrekturumbruch zukommen zu lassen. In dieser Zeit ruhte faktisch die Fertigstellung der *Einleitung*.

Ende Februar hatte Fraenkel noch die Sorge, sein neues Buch könnte für den Vorlesungsbetrieb im Sommersemester zu früh auf den Markt kommen. Nun war die erste Vorlesungswoche vorüber und das Buch war immer noch nicht in Sicht. Am kommenden Montag, den 12. Mai, würde er am frühen Morgen die erste Vorlesung seiner „Einführung in die Mengenlehre“ halten, aber auch dieses Mal blieb es ihm verwehrt, die Hörer zu einer gemeinsamen Lektüre einzuladen. Die Elwert'sche Universitätsbuchhandlung wird die neuesten und von den Dozenten empfohlenen Lehrbücher für das neue Semester in hinreichender Stückzahl vorrätig gehabt haben. Doch Fraenkels *Einleitung in die Mengenlehre* zählte noch nicht dazu. Immerhin scheinen in den kommenden beiden Wochen die finalen Korrekturen zügig voranzugehen. Am 19. Mai äußert sich Springer zum Verkaufspreis. Er liegt deutlich höher als vormals mit 6 Mark erwartet. Der Verlag räumt selbst ein, dass 10 Mark ein hoher Preis ist, der zum Teil bedingt ist durch den deutlich erhöhten Arbeitsaufwand bei den umfangreichen Korrekturmaßnahmen, zum Teil durch die Teuerungsraten und stetig weiter steigenden Materialkosten. Hier muss Springer nahezu machtlos zusehen, wie der Einfluss auf ein zentrales Steuerungselement schwindet. „Wo hinaus die andauernde Steigerung der Produktionskosten und damit der Bücherpreise aber führen soll, darüber vermag ich mir heute noch keinerlei Ausicht [sic] zu bilden“.[152]

Zum Ziel der Deckung der Herstellungskosten muss Springer die vertraglich vereinbarte Auflagenhöhe nach oben korrigieren.[153] Statt der ursprünglich vorgesehenen 1250 Exemplare werden nun 75 zusätzliche produziert,[154] um die Fixkosten auf mehr Bücher verteilen zu können und damit den Verkaufspreis nicht noch weiter nach oben korrigieren zu müssen. Damit hat die erste Auflage von Fraenkels *Einleitung* nicht aus Gründen eines besonderen Nachfrageerfolges, sondern aus ökonomischen Zwängen eine Gesamtauflagenhöhe von 1325 Exemplaren. Fraenkels Ernüchterung über die Preisinformation[155] dürfte schnell verflogen sein, denn am 31. Mai vermeldet der Verlag: „Mit der Druckarbeit an Ihrer Schrift wurde inzwischen begonnen“.[156] Ein Signal der Erleichterung. Für den Autor war damit die anspruchsvolle Endredaktion getan. Nun war absehbar, dass das Buch in Kürze verfügbar sein würde. Aber Fraenkel war erneut unentschlossen, ob eine umge-

[152] Springer Verlag an Fraenkel in einem Brief vom 28. Mai 1919. Quelle: Akte „Fraenkel, Adolf B-F 120 I“; Zentral- und Landesbibliothek Berlin.

[153] Vgl. Springer Verlag an Fraenkel in einem Brief vom 19. Mai 1919. Quelle: Akte „Fraenkel, Adolf B-F 120 I“; Zentral- und Landesbibliothek Berlin.

[154] Vgl. Kostenkalkulation „Fraenkel Mengenlehre“. Quelle: Akte „Fraenkel, Adolf B-F 120 I“; Zentral- und Landesbibliothek Berlin.

[155] Vgl. Fraenkel an den Springer Verlag in einem Brief vom 21. Mai 1919. Quelle: Akte „Fraenkel, Adolf B-F 120 I“; Zentral- und Landesbibliothek Berlin.

[156] Springer Verlag an Fraenkel in einem Brief vom 31. Mai 1919. Quelle: Akte „Fraenkel, Adolf B-F 120 I“; Zentral- und Landesbibliothek Berlin.

hende Versendung an die Sortimentsbuchhandlungen inmitten der Vorlesungszeit ein günstig gewählter Zeitpunkt sei „oder ob es – was freilich angesichts der unsicheren wirtschaftlichen Verhältnisse unwahrscheinlich scheint – im Interesse des Absatzes vorzuziehen wäre, damit bis zum Beginn des nächsten Semesters zu warten".[157] Das von ihm eingeschobene Bedenken wies in die richtige Richtung. Aus betriebswirtschaftlicher Sicht gab es hier für Springer keine sinnvolle Wahlmöglichkeit. Der Verlag war in Vorleistung gegangen, hatte bis dato in der Sache noch überhaupt keine Einnahmen verbuchen können und jede weitere Verzögerung bei der Auslieferung hätte einzig die Lagerkosten in die Höhe getrieben. Nun galt es Einkünfte zu erwirtschaften. Die Antwort des Verlages fiel entsprechend klar aus. „Mit der Versendung des Buches im Buchhandel werde ich nicht länger zögern, das Buch vielmehr gleich nach vollständiger Fertigstellung versenden".[158]

Keine drei Wochen später ist das Buch erschienen – endlich. Am 19. Juni informiert Springer den Autor, dass am Vortrag die vereinbarte Anzahl an Exemplaren an Fraenkel versandt wurde.[159] Die Neuigkeit wird dieser wahrscheinlich am Freitag mit großer Freude dem Brief entnommen haben und möglicherweise hielt er noch zum Ende der Woche seine Monographie erstmals persönlich in Händen. Das Öffnen einer solch ganz besonderen Paketsendung vergisst kein Autor. Der erste Kontakt mit dem ersten eigenen Buch zählt zu den außergewöhnlichen Singularitäten der akademischen Biographie, er zählt zu den großen, unvergesslichen Momenten des eigenen Lebens. Dieser intime Moment des Bekanntwerdens zwischen Urheber und Werk wird sofort eingeholt vom Drang, der ganzen Welt die Geburt des Buches zu verkünden oder – nicht minder selbstbewusst – sich in dieser zu vergewissern, ob sie selbst schon von der Veröffentlichung Notiz genommen hat. In diesen Momenten dreht sich für jeden Autor die Welt um das Werk. Borgen wir einmal mehr die Worte Stefan Zweigs. Hier waren sie nun, „die ersten Exemplare, die man nicht müde wurde zu beschauen, zu betasten, zu vergleichen, einmal und noch einmal und noch einmal. Und dann die kindische Wanderung zu den Buchläden, ob sie schon Exemplare in der Auslage hätten und ob sie in der Mitte des Ladens prangten oder bescheiden an dem Rande sich versteckten".[160]

Für den jungen Privatdozenten war es eine emotional bewegte Zeit. Neben der Geburt des ersten monographischen Zöglings stand dieser Tage auch die Gedenkfeier der Universität zu Ehren der Gefallenen aus den eigenen Reihen an. Die akademischen Bürger Marburgs hatten sich bei der Terminfindung auf die Sommersonnenwende am Samstag, den

---

[157] Fraenkel an den Springer Verlag in einem Brief vom 21. Mai 1919. Quelle: Akte „Fraenkel, Adolf B-F 120 I"; Zentral- und Landesbibliothek Berlin.

[158] Springer Verlag an Fraenkel in einem Brief vom 28. Mai 1919. Quelle: Akte „Fraenkel, Adolf B-F 120 I"; Zentral- und Landesbibliothek Berlin.

[159] Vgl. Springer Verlag an Fraenkel in einem Brief vom 19. Juni 1919. Quelle: Akte „Fraenkel, Adolf B-F 120 I"; Zentral- und Landesbibliothek Berlin.

[160] Zweig (1941), 113.

21. Juni, verständigt.[161] Schwer lastende Vergangenheitsbewältigung und zuversichtlich stimmende Zukunftsplanung fielen fast zusammen. Während die Marburger Studentenschaft ihre Feier am Mittsommerabend vor der Bismarcksäule abhielt, fand die Veranstaltung der Philippina bereits vormittags in der Universitätskirche statt. Der Musik kam in dieser religiösen Gedenkfeier eine besondere Rolle zu. Den Rahmen bildete Händels Trauerhymne für Chor und Orchester, gesungen vom akademischen Gesangverein unter der Leitung von Gustav Jenner. Für einen Kriegsveteranen wie den zurückgekehrten Mathematikdozenten war diese Zeremonie besonders ergreifend – erinnerte sie einmal mehr an Einzelschicksale und das gemeinsam erlittene Trauma. Vielleicht hielt Fraenkel ein erstes Exemplar seiner *Einleitung* ganz fest in seinen Händen, als er der Gedenkrede von Horst Emil Stephan, Professor für Systematische Theologie, aufmerksam folgte, die mit den bewegenden Worten anhob: „Noch einmal krampft unser Herz sich zusammen, wenn wir derer gedenken, die wir verloren. Wie sind sie gelichtet, die jüngeren Dozenten und die letzten fünf akademischen Generationen".[162]

Stephans Gedanken führten Fraenkel in die eigene Vergangenheit, doch sein jüngstes Werk wies in die Zukunft – eine vielversprechende zudem. Entsprechend wird der frisch gebackene Buchautor zeitnah den Weg zur Elwert'schen Universitätsbuchhandlung gesucht haben – schließlich galt es zu prüfen, wann der Buchhändler die Monographie vorrätig haben könnte. Zweifelsohne wird er am folgenden Montag, dem 23. Juni, den Hörern in seiner Veranstaltung über Mengentheorie von der unmittelbar bevorstehenden Verfügbarkeit der Schrift berichtet haben. Wesentlich zeitgleich dürften auch die ersten Sortimentsbuchhandlungen beliefert worden sein. Die Vorlesungszeit war inzwischen weit vorangeschritten. Vielleicht vermochte es der außergewöhnliche Charakter des Gegenstandes dennoch, bei einzelnen faszinierten Hörern umgehend eine Neugier für die geschriebene Fassung hervorzurufen. Zumindest ist es ein rührendes Gedankenspiel, dass Fraenkel sein Auditorium über die Verfügbarkeit der Schrift im Buchhandel unmittelbar nach Erscheinen in Kenntnis setzt und sich einzelne sogleich auf den gerade einmal 100 m kurzen, aber steil die Reitgasse bergauf führenden Weg vom Auditoriengebäude zur Universitätsbuchhandlung begeben, um sich ein eigenes Exemplar zu beschaffen.

---

[161] Vgl. Heitmüller (1919), 12.

[162] Stephan (1919), 6.

Nicht zuletzt der Weg von Studierenden und Dozenten: die Elwert'sche Universitätsbuchhandlung (Reitgasse 7 und 9, die beiden Gebäude links) vom Auditoriengebäude aus kommend. (Quelle: Braun 1927, 90)

Am Ende dieser Vorlesungszeit kann Fraenkel auf ein erfolgreiches erstes akademisches Jahr als Privatdozent zurückblicken. Als Hochschullehrer hatte er inzwischen zwei große Vorlesungen zur Mengentheorie gehalten und als Autor kann er nunmehr auch eine Monographie zum Thema vorweisen, die ihm einen guten Ruf als wissenschaftlichen Schriftsteller eintragen kann, wenn das Buch „seinen Weg machen wird".[163] In den zurückliegenden drei Jahren war die Mengenlehre zweifelsfrei zum bestimmenden Gegenstand seiner intellektuellen Tätigkeit gereift. In Wort und Schrift hatte er sich zu einem Vermittler ihrer Inhalte entwickelt. Kunstvoll vermochte er es, dieses äußerst abstrakte Reich anschaulich darzustellen. Wie kaum einem anderen gelang ihm eine souveräne di-

[163] Springer Verlag an Fraenkel in einem Brief vom 28. Mai 1919. Quelle: Akte „Fraenkel, Adolf B-F 120 I"; Zentral- und Landesbibliothek Berlin.

daktische Reduktion der Mengenlehre, aber er war damit eben noch kein Mengentheoretiker. Der Mengenlehre war er ein exzellenter Verwalter, kein innovativer Gestalter. Es fehlte die Forschung. Mit eigenen wissenschaftlichen Resultaten war er bisher noch nicht hervorgetreten und es sollte auch noch ein weiteres Jahr vergehen, bis aus den unverbindlichen Gedanken dieses „anspruchslose[n] Büchlein[s]“[164] die Verbindlichkeit neuer mengentheoretischer Beweise erwuchs.

2.5 Das Einsetzen der Besprechungen

Während der Drucklegung des Buches hatte Fraenkel wiederholt Bedenken, ein ungünstiger Erscheinungstermin innerhalb des Semesterrhythmus könnte sich nachteilig auf den Absatz der Monographie auswirken. Für den Autor waren damit vor allem die Termine der eigenen Universität verbindlich, während die Perspektive des Verlages allerdings über die Marburger Verhältnisse hinaus reichte. Die kalendarischen Besonderheiten von Fraenkels Alma Mater dürften für die strategische Planung Springers keine nennenswerte Rolle gespielt haben. Gleichwohl sorgte sich niemand mehr um einen zielführenden Vertrieb als eben der Verlag selbst. Der Erscheinungstermin mochte im Einzelfall, wie etwa im Fall von Jubiläumsschriften, eine Rolle spielen – weitaus wichtiger war aber die Frage, was in der ersten Zeit nach der Veröffentlichung passiert. Auch ein gutes Buch muss beworben und an geeigneten Stellen aus berufener Feder empfohlen werden, damit es sich verkauft. Das beste Buch hat keinen Erfolg, wenn es niemand kennt. Wovon man nichts weiß, kann man weder bestellen noch gezielt kaufen. Ohne die Werkzeuge des Vertriebs würde man es dem Zufall überlassen, ob eine Nachfrage einsetzt. Zu wenig für einen Verlag, der seinen unternehmerischen Erfolg nicht auf Glücksspiel gründet. Für die Etablierung auf dem Buchmarkt und die Gewährleistung respektabler Absatzzahlen bedarf es gezielter Werbung und geeigneter Multiplikatoren, über die sich im besten Fall eine wachsende Bekanntschaft verselbständigt.

Im Fall akademischer Werke ist es vor allem die fachwissenschaftliche Rezensionspraxis, durch die ein Buch gleichermaßen beworben wie auch in seiner Qualität unabhängig beurteilt werden kann. Mithin zählt es zu den wichtigsten Schritten parallel zur Fertigstellung, einen möglichst maßgeschneiderten Katalog an Besprechungsorganen zu definieren, durch dessen Umsetzung alle Zielgruppen präzise erreicht werden können. Das Rezensionsgeschäft erweist sich vor allem dann als guter Katalysator für den Vertrieb, wenn seine Diversifizierung wohl überlegt ist. Die Erfassung und Auswahl besonders gut geeigneter Fachzeitschriften, Tages- oder Wochenzeitungen ist ein, bei jeder Buchpublikation aufs Neue vorzunehmender Akt der Urteilskraft. Die Herausforderungen bilden hierbei weniger die allgemeinen Züge thematischer Architektur, in denen sich Werke unterscheiden, sondern vielmehr all die autorenspezifischen Nuancen, wiedererkennbaren Facetten und einzigartigen Details, die ein Buch eben unverwechselbar werden lassen. Letztere bei der

[164] Fraenkel (1967), 136.

Bestimmung geeigneter Rezensionsorte zu berücksichtigen, setzt stets eine sensitive Kenntnis der einschlägigen Journallandschaft voraus. Hier ist die Zusammenarbeit zwischen Verlag und Autor einmal mehr gefragt.

Entsprechend möchte es Springer als einen Vorschlag, eine Diskussionsgrundlage, verstanden wissen, als der Verlag als Anlage zu seinem Schreiben vom 19. Mai eine umfangreiche Liste für mögliche Besprechungsorgane übersendet.[165] Darauf verzeichnet sind 22, durchweg deutschsprachige Publikationsorte, mehrheitlich mathematisch-naturwissenschaftliche Fachzeitschriften, aber auch fachlich einschlägige Journale für das Schulwesen sowie ausgewählte Tageszeitungen und populärwissenschaftliche Wochenzeitschriften. In den ersten Monaten des Friedens war es dem Verlag wahrscheinlich entgangen, aber vier der aufgeführten Titel hatten nach dem Ende des Krieges ihre Aktivitäten eingestellt oder hatten sich mit anderen Periodika zusammengeschlossen. Die Liste bleibt allerdings auch nach ihrer Bereinigung stattlich und für mindestens acht der aufgeführten Organe können Besprechungen nachgewiesen werden. Für die technikwissenschaftlichen Periodika sowie naturwissenschaftlichen Schuljournale bezweifelte Fraenkel allerdings, „ob eine Besprechung merklichen Wert besitzt".[166] Es sollte sich jedoch herausstellen, dass einzelne eben dieser Publikationsorte zuverlässig eine gleichermaßen aussagekräftige wie fürsprechende Rezension liefern sollten. Mit diesen wurde vielleicht nicht die primäre Zielgruppe erreicht, aber ein solches Ergebnis war dennoch unendlich viel mehr wert als eine unerfüllt gebliebene Rezensionszusage bei einer der besten Adressen. Und von diesen sollte es einige geben.

Die Expertise des Autors gab sich indes dort zu erkennen, wo sie komplementär zu den Verlagsvorschlägen operierte und im Besonderen die Berücksichtigung von philosophischen Fachzeitschriften anmahnte, „von denen keine einzige in Ihrer Liste steht".[167] Immerhin bestand zwischen Autor und Verlag von Beginn der Zusammenarbeit an der Konsens, dass die Schrift für eine breit gefächerte, philosophisch aufgeschlossene Leserschaft bestens geeignet ist. „Der Kreis, an den sich das Büchlein wendet, setzt sich zusammen aus Philosophen, angehenden Mathematikern und einem nach meinen Erfahrungen gar nicht kleinen Bereich von (namentlich etwas philosophisch interessierten) Laien".[168] Da es im Besonderen „zur Information des (ja an der Mengenlehre wegen des Problems des Unendlichen erheblich interessierten) Philosophen"[169] dient, dürfen dessen Publikationsorgane nicht vergessen werden. So ergänzte

[165] „Besprechungsliste „Fraenkel, Mengenlehre"" als Anlage zum Brief des Springer Verlags an Fraenkel vom 19. Mai 1919. Quelle: Akte „Fraenkel, Adolf B-F 120 I"; Zentral- und Landesbibliothek Berlin.

[166] Fraenkel an den Springer Verlag in einem Brief vom 21. Mai 1919. Quelle: Akte „Fraenkel, Adolf B-F 120 I"; Zentral- und Landesbibliothek Berlin.

[167] Fraenkel an den Springer Verlag in einem Brief vom 21. Mai 1919. Quelle: Akte „Fraenkel, Adolf B-F 120 I"; Zentral- und Landesbibliothek Berlin.

[168] Fraenkel an den Springer Verlag in einem Brief vom 5. Mai 1918. Quelle: Akte „Fraenkel, Adolf B-F 120 I"; Zentral- und Landesbibliothek Berlin.

[169] Fraenkel an den Springer Verlag in einem Brief vom 5. Mai 1918. Quelle: Akte „Fraenkel, Adolf B-F 120 I"; Zentral- und Landesbibliothek Berlin.

Fraenkel die Liste um 17 weitere potentielle Besprechungsorte, unterschieden nach philosophischen Periodika, internationalen Fachzeitschriften sowie weiteren nationalen.[170] Für das internationale Sichtbarmachen empfahl er vornehmlich Organe aus Italien und Amerika, während solche aus Frankreich und England in Anbetracht der noch frischen europäischen Zäsur „wohl unnötig"[171] sind. Mindestens vier der von Fraenkel aufgeführten Vorschläge enthielten später eine Rezension. Die von Autor und Verlag gemeinsam erstellte (und von den inexistenten Einträgen bereinigte) Liste umfasste etwas mehr als 30 Titel. Im Ganzen erscheinen mindestens 16 Besprechungen,[172] die meisten davon bis 1921. Aber für nahezu ebenso viele Publikationsorte konnte erwiesen werden, dass keine Besprechung erschien.[173]

Der Verlag scheint die Rezensionsexemplare zügig versandt zu haben, denn obgleich das erste Halbjahr schon abgelaufen war, wurden bis zum Jahreswechsel immerhin noch mehrere Besprechungen zur Veröffentlichung gebracht[174] oder – wie etwa im Fall von Bieber-

[170] Vgl. Fraenkel an den Springer Verlag in einem Brief vom 21. Mai 1919. Quelle: Akte „Fraenkel, Adolf B-F 120 I"; Zentral- und Landesbibliothek Berlin.

[171] Fraenkel an den Springer Verlag in einem Brief vom 21. Mai 1919. Quelle: Akte „Fraenkel, Adolf B-F 120 I"; Zentral- und Landesbibliothek Berlin.

[172] Vgl. Bernays (1920); Bieberbach (1921); Blumberg (1923); Gutberlet (1919); Hilb (1919); Lense (1920); Lietzmann (1920); Lorey (1920); Mecklenburg (1920); N.N. (1920/21); Pfeiffer (1921); Rosenthal (1924/26); Szász (1921); Wagner (1919). Die Rezension aus der *Frankfurter Zeitung* konnte noch nicht aufgefunden werden. Eine entsprechende Recherche im Gesamtbestand der Zeitung durch Frau Bärbel Wagner von der Sammlung Frankfurt (Universitätsbibliothek Frankfurt a.M.) blieb erfolglos. Ich danke Frau Wagner für ihre zeitintensive Unterstützung in der Sache! Aus der Korrespondenz zwischen Autor und Verlag geht indes unmissverständlich hervor, dass es die Buchkritik geben soll. Vgl. Springer Verlag an Fraenkel in einem Brief vom 6. Juli 1920. Quelle: Akte „Fraenkel, Adolf B-F 120 I"; Zentral- und Landesbibliothek Berlin. Wesentlich dasselbe gilt für die Besprechung, die in den *Unterrichtsblättern für Mathematik und Naturwissenschaften* erschienen ist. Siehe Fraenkel an den Springer Verlag in einem Brief vom 12. Februar 1924. Quelle: Akte „Fraenkel, Adolf B-F 120 I"; Zentral- und Landesbibliothek Berlin.

[173] Darüber hinaus gibt es gar den Sachverhalt einer bibliographisch angeführten Rezension, für die sich keine Besprechung finden lässt. Mit der Anlage zum Brief vom 6. Juli 1920 übersandte der Verlag zwei weitere Besprechungen „und zwar die aus der „Zeitschrift des Vereins deutscher Ingenieure" und der „Elektrotechnischen Zeitschrift"". Von diesen beiden konnte die aus der *Zeitschrift des Vereines Deutscher Ingenieure* nicht verifiziert werden. Zwar findet sich in der Ausgabe vom 26. Juli 1919 unter der Rubrik „Bei der Redaktion eingegangene Bücher" der Hinweis, dass ein Exemplar von Fraenkels *Einleitung* bei der Redaktion eingegangen ist (vgl. *Zeitschrift des Vereines Deutscher Ingenieure* 63(30), 708). Dem Publikationsorgan lag damit ab Ende Juli ein Rezensionsexemplar vor. Allerdings konnte weder in einer der nachfolgenden Ausgaben des 63. Bandes noch in einer der Nummern des 64. Bandes für das Jahr 1920 eine Besprechung aufgewiesen werden. Zum Zeitpunkt des Briefes lag nach dem Stand der Dinge keine veröffentlichte Rezension in der *Zeitschrift des Vereines Deutscher Ingenieure* vor. Ob es sich bei der übersandten Rezension indes um einen unveröffentlichten Text gehandelt haben könnte, der lediglich zur Publikation vorgesehen war, oder ob sich der Verlag in den brieflich mitgeteilten bibliographischen Angaben schlicht vertan hatte, muss hier offengelassen werden.

[174] Vgl. Gutberlet (1919); Hilb (1919); Wagner (1919).

bachs Datierung auf den 11. August 1919[175] – kurz nach dem Veröffentlichungstermin der *Einleitung* fertiggestellt. Diese Besprechungsaktivitäten waren allerdings in der Mitte des Jahres nicht abzusehen. Dafür begann für Fraenkel nun die obligatorische Geduldsprobe, die sich unweigerlich einstellt, wenn ein Buch in die Welt entlassen wird. Dieser, zuweilen quälende Zustand stellt sich besonders eindringlich dar im Fall des eigenen Buchdebüts. Fünf Monate nach dem Erscheinen hatte noch keine offizielle Literaturkritik den Weg zu ihm gefunden, dafür immerhin so manche persönliche Rückmeldung. „Rezensionen des Büchleins habe ich noch nicht empfangen, wohl aber viele freundliche Zuschriften von Fachkollegen; es scheint, daß es viel empfohlen wird und trotz der Ungunst der Umstände befriedigenden Absatz findet".[176] Erbauliche Worte eines bekannten Adressanten nimmt man gern entgegen, nicht minder gern die ersehnten öffentlichen Beurteilungen an exponierten Stellen. Da letztere ausstanden, lesen sich diese Zeilen an den Verlag wie ein geduldiges Arrangieren mit dem Verfügbaren, weshalb man im Spiegel von Stefan Zweigs trefflicher Selbstbeobachtung auch Fraenkels Verfasstheit erkennen mag. „Und dann das Warten auf die Briefe, auf die ersten Kritiken, auf die erste Antwort aus dem Unbekannten, dem Unberechenbaren – alle diese Spannungen, Erregungen, Begeisterungen, um die ich jeden jungen Menschen heimlich beneide, der sein erstes Buch in die Welt wirft".[177]

Knapp eineinhalb Jahre lang sollte sich Fraenkel wiederholt beim Verlag über den Stand der Besprechungen erkundigen,[178] der ihm anfangs mitteilen musste, dass die „Nachfrage darnach […] nicht sehr stark [ist]", wenngleich man in Berlin den Eindruck hat, „dass das Buch Interesse findet".[179] Dieser Zuspruch sollte sich mit zunehmend mehr Substanz füllen. Das Werk „fand großen Anklang",[180] es wurde „durch den Erfolg bestätigt; denn die 1. Aufl. ist nach wenigen Jahren vergriffen".[181] So mancher übermittelte seine Zeilen „mit bestem Glückwunsch zu dem buchhändlerischen Erfolg Ihres Werkes"[182] oder bedankt sich beim Verlag für das Buch, „dem ich einen guten buchhändlerischen Erfolg prophezeie".[183] Es war ein Arbeitserfolg – erzielt durch eine angemessene Aufnahme

[175] Vgl. Bieberbach (1921).

[176] Fraenkel an den Springer Verlag in einem Brief vom 11. November 1919. Quelle: Akte „Fraenkel, Adolf B-F 120 I"; Zentral- und Landesbibliothek Berlin.

[177] Zweig (1941), 113.

[178] Vgl. Fraenkel an den Springer Verlag in Briefen vom 11. November 1919, 2. Juli 1920, 25. Februar 1921 und 8. März 1921 sowie die entsprechenden Antworten von Seiten des Verlages vom 21. November 1919, 6. August 1920 und 2. März 1921. Quelle: Akte „Fraenkel, Adolf B-F 120 I"; Zentral- und Landesbibliothek Berlin.

[179] Springer Verlag an Fraenkel in einem Brief vom 21. November 1919. Quelle: Akte „Fraenkel, Adolf B-F 120 I"; Zentral- und Landesbibliothek Berlin.

[180] Fraenkel (1967), 136.

[181] Fricke (1925), Sp. 1027.

[182] Felix Hausdorff an Fraenkel in einer Postkarte vom 9. Juni 1924. Zit. n. Purkert (2008), 2.

[183] Edmund Landau an den Springer Verlag in einer Postkarte vom 19. Juni 1919. Quelle: Akte „Fraenkel, Adolf B-F 120 I"; Zentral- und Landesbibliothek Berlin.

in den akademischen Kreisen. Das Lob war aufrichtig, nicht überschwänglich. Fraenkels Buch, „a handy volume of 156 pages, thick paper with wide margins and good print, in a cover of cream-coloured sugar paper“,[184] ist „eine leicht lesbare, weil nie abstrakte, sondern immer mit Beispielen belebte Darstellung der Mengenlehre, die es bisher nach meiner Kenntnis in der deutschen Literatur fehlte“.[185] In Anbetracht der bisherigen problemgeschichtlichen Entwicklung der Mengentheorie ist dieses Werk „sehr zu begrüßen“.[186] „Als eine leicht lesbare Einführung in dieses grundlegende mathematische Gebiet ist das Büchlein zu begrüßen. Im Feld geschrieben, ist es eine bemerkenswerte Leistung“,[187] bei der es dem Verfasser gelungen ist, „den an sich recht abstrakten Gegenstand überaus fesselnd und anschaulich zu behandeln“.[188] „Das klar und leicht faßlich geschriebene Buch ist jedem, der sich für dieses überaus wichtige Gebiet interessiert, als eine erste Einführung zu empfehlen“.[189]

Der Stil beeindruckt, Fraenkel schreibt in „breiter behaglicher Darstellung“.[190] Die Sätze sind verfasst „with a literary and logical swing that must have given joy to the author“.[191] Das Werk, das sogar einen „sketch of Zermelo's *Grundlagen*“[192] enthält, ist „eine geschickt und flüssig geschriebene, angenehm lesbare, im guten Sinne gemeinverständliche, dabei durchaus wissenschaftlich-strenge Einführung in die Mengenlehre“.[193] Dabei war der „Wunsch des Verfassers, möglichst leichte Verständlichkeit zu erzielen, [...] jedoch kein Hindernis, die volle mathematische Strenge aufrecht zu erhalten, was nur mit Freude begrüßt werden kann“.[194] Diese souveräne didaktische Reduktion wurde möglich, weil der Autor „offenbar eine sehr bemerkenswerte Lehrbefähigung besitzt“.[195] Das „vorliegende Buch ist wirklich gut“,[196] immerhin wird das Thema in „ausgezeichnet klarer und doch gründlicher Weise behandelt“.[197] Vor allem die grundlegenden Begriffe und Lehrsätze werden in „leicht faßlicher und anregender Form“[198] entwickelt. Wer sich entsprechend für die Besonderheiten der mathematischen Begriffsbildung interessiert, „dem kann die Lektüre des Fraenkelschen Buches als eine angenehme geistige Unterhaltung empfohlen wer-

[184] Young (1926), 127.
[185] Lietzmann (1920), 74f.
[186] Lorey (1920), 389.
[187] Szász (1921).
[188] Wagner (1919).
[189] Hilb (1919).
[190] Hilb (1919).
[191] Blumberg (1923), 199.
[192] Blumberg (1923), 199.
[193] Rosenthal (1924/26).
[194] Lense (1920), 10.
[195] Mecklenburg (1920), 303.
[196] Mecklenburg (1920), 303.
[197] Mecklenburg (1920), 304.
[198] Bernays (1920).

den".[199] Aus der Fülle der genannten Gründe kann das Buch „unseren Studierenden als Privatlektüre nur warm empfohlen werden".[200] „The book should be very useful for upper collegiate classes in mathematics and for those interested in mathematical philosophy in a general way".[201] Mathematiker wie Philosophen sollten es „sorgfältig studieren".[202] Da sie gleichermaßen für den Laien geeignet ist, kann „diese Einleitung in die Mengenlehre besonders auch Nichtmathematikern sehr empfohlen werden".[203] Diese Empfehlung richtete sich dabei nicht nur an Akademiker, sondern darüber hinaus an eine geeignete jüngere Zielgruppe. Nicht wenige Rezensenten waren davon überzeugt, dass das Buch „sehr wohl schon interessierten Primanern gegeben werden kann".[204]

Diese unmissverständliche Form der Wertschätzung wurde dem Werk auch von den *Unterrichtsblättern für Mathematik und Naturwissenschaften* entgegengebracht. Die renommierte Monatsschrift für die pädagogischen und fachdidaktischen Belange rund um die Mathematik zählte gar nicht zu den mit einem Besprechungsexemplar bedachten Zeitschriften, sondern sie besprach das Buch von sich aus.[205] Dem Herausgeber lag die Angelegenheit offenkundig sehr am Herzen, denn der „mathematische Unterricht der Oberstufe kann aus fachlichen und philosophischen Gründen an den Problemen der Mengenlehre nicht vorübergehen".[206] Entsprechend wurde es in den Unterrichtsblättern als eine wertvolle Dienstleistung erachtet, das Buch vor allem für all jene Mathematiklehrer vorzustellen, die in ihrem eigenen Studium keine Gelegenheit hatten, diese vergleichsweise junge Disziplin kennenzulernen. Und das dürfte die große Mehrheit gewesen sein. „Wer das Glück nicht gehabt hat, sich auf der Hochschule mit den mengentheoretischen Fragen zu befassen, dem war es bislang unmöglich sich in schmackhafter Form in das Gebiet einzuarbeiten. Wir begrüßen deshalb mit Freuden ein während des Krieges verfaßtes Buch: Einleitung in die Mengenlehre, Berlin 1919, Springer: 155 S., das in knapper, klarer und leichtfaßlicher Form in die Cantorschen Grundfragen und ihre Weiterbildung einführt".[207]

Die Freude über das Buch hielt an. Zeitlich späte Rezensionen konnten mithin die weitere Erfolgsgeschichte in die Vorstellung des Bandes mit einbeziehen. „Daß diese „Einführung" weite Verbreitung gefunden hat, ergibt sich daraus, daß sie mittlerweile in einer zweiten erweiterten Auflage erschienen ist".[208] Fraenkels wachsende fachliche Kompetenz, gepaart mit seiner beneidenswerten Befähigung zur didaktischen Reduktion ließen die *Einleitung* auch in

[199] Bernays (1920).

[200] Bieberbach (1921).

[201] Pfeiffer (1921), 334.

[202] Gutberlet (1919), 370.

[203] Lorey (1920), 390.

[204] Lorey (1920), 390.

[205] Vgl. Fraenkel an den Springer Verlag in einer Postkarte vom 1. April 1924. Quelle: Akte „Fraenkel, Adolf B-F 120 I"; Zentral- und Landesbibliothek Berlin.

[206] Wolff (1922a).

[207] Wolff (1922a).

[208] Rosenthal (1924/26).

ihren nachfolgenden Auflagen zu einem sicheren Besprechungsgegenstand in den *Unterrichtsblättern* werden.[209] Unmittelbaren Mehrwert schaffte Georg Wolff, der Herausgeber der Zeitschrift, selbst. Beeindruckt vom Werk ersuchte er den Autor darum, für die Monatsschrift ein Essay zu verfassen, mit dem er auf wenigen Seiten einen Abriss der zeitgenössischen Herausforderungen und grundlegenden Fragen der Mengentheorie liefert. Dem kam Fraenkel gerne nach. Anfang 1922 erscheint in den *Unterrichtsblättern* in der Rubrik ‚Forschung und Schule' der didaktisch exzellent verfasste, aber heute kaum noch bekannte Beitrag „Probleme der Mengenlehre".[210] Redaktionell eingeführt wurde Fraenkel bei dieser Gelegenheit durch den Herausgeber, der aus- und nachdrücklich auf die *Einleitung* verwies. „Der Verfasser dieses Buches ist unserer Aufforderung, eine übersichtliche Zusammenstellung der Hauptprobleme der Mengentheorie zu schreiben, nachgekommen. Wir empfehlen unseren Lesern nach dem Studium dieses interessanten Aufsatzes die gründliche Durcharbeitung der „Einleitung", die sicherlich manche Reflexionen in dem Schulunterricht der Oberstufe werfen wird".[211]

[209] Siehe 6.1.

[210] Fraenkel (1922f).

[211] Wolff (1922a).

3 Vom Verwalter zum Gestalter: 1920–1921

3.1 Dienstreise: das Mathematische Kolloquium in Frankfurt a.M.

Anfang Mai 1921 informiert Fraenkel den Springer Verlag darüber, dass „neue Besprechungen meiner Einleitung in die Mengenlehre, die mir zufällig zu Gesicht kamen",[1] erschienen sind. Mit dieser erfreulichen Auskunft endet die von beiden Seiten betriebene Pflege des Rezensionsgeschäfts und damit die Nachsorge für das gesamte Publikationsprojekt. Beschlossen ist Fraenkels Gastspiel als Verwalter der Mengenlehre. Der Disziplin hatte er damit nicht den Rücken zugewandt, sondern sich dieser inzwischen ganz verschrieben. In der Zeit zwischen Mitte 1919 und Ende 1920 ereignete sich etwas Bemerkenswertes. Hatte es in der *Einleitung* noch ohne jeden kritischen Unterton gelautet, dass Zermelos Axiome dem Begriff der Menge einen solchen Umfang zuteilen, dass „zwar alle mathematisch wichtigen, nicht aber die in sich widerspruchsvollen Mengen unter ihn fallen"[2] und dass sich mittels dieser Axiome alle etablierten Lehrsätze der Mengentheorie herleiten lassen,[3] so reklamiert Fraenkel die inzwischen erkannten Unzulänglichkeiten. Dezidiert betont er nunmehr die Defizite und Lücken dieser Axiomatisierung. „Vor allem reichen die sieben Axiome Zermelos nicht aus zur Begründung der legitimen Mengenlehre".[4] Aus dem populären Verwalter war inzwischen ein kritischer Gestalter der Mengenlehre geworden.

[1] Fraenkel an den Springer Verlag in einer Postkarte vom 6. Mai 1921. Quelle: Akte „Fraenkel, Adolf B-F 120 I"; Zentral- und Landesbibliothek Berlin. Die beiden angesprochenen Besprechungen sind Lense (1920) und Pfeiffer (1921).

[2] [*Einleitung*[1]], 135.

[3] Vgl. [*Einleitung*[1]], 135.

[4] Fraenkel (1921), 97.

M. Wille, *Fraenkel*, https://doi.org/10.1007/978-3-662-66167-3_3

Wie so häufig beschreibt auch in diesem Fall unser ätiologisches Narrativ eine Rotationsbewegung. Wir gravitieren um den Ursprung, den es zu erhellen, zu erklären gilt. Über welche nächtlichen Gedankenbahnen oder heuristischen Konjekturen Fraenkel letztlich zu seinen beeindruckenden Resultaten gelangte, entzieht sich unserer Kenntnis – zumal sich der Protagonist beharrlich über diese bedeutsame Genesis trotz der ergriffenen Gelegenheit einer Autobiographie ausschweigt. Aber immerhin vermögen wir die zufallsbehafteten Pfade und günstigen intellektuellen Fügungen mit einer respektablen Verbindlichkeit nachzuzeichnen, die zu den Anfängen seiner mengentheoretischen Forschung führten. Der erzählerische Schritt zum Heureka bleibt zu gehen, aber ihm wird nicht abverlangt, die Kluft der Unverständlichkeit, eine ausgedehnte Zwischenzeit des Unerklärten zu überwinden. Einmal mehr müssen aus verdichteten Hinweisen sozioakademische Konstellationen geflochten und mit belastbaren Indizien versehen werden, um ein veritables Bild von Fraenkels axiomatischer Wende zu erhalten – jener dynamischen Perspektivenverschiebung, mit der er von der deskriptiven auf die reflexionslogische Ebene wechselte. An die Stelle der populären Darstellung der Axiome tritt die beweistheoretische Analyse ihrer Geltungsbedingungen. Der professionelle Algebraiker nimmt eine metamathematische Haltung ein und hinterfragt die Beweiskraft des Systems sowie die Unabhängigkeit einzelner Mittel. Fraenkel entdeckt die philosophische Einstellung. Damit beginnt das große Kapitel eines mengentheoretischen Schaffens, dessen raumzeitliche Anfänge nunmehr näher zu bestimmen sind.

Unsere Ätiologie setzt ein mit jenem Tag, an dem Springer den Autor darüber in Kenntnis setzt, dass soeben die *Einleitung* erschienen ist und sich die Autorenexemplare bereits auf dem Weg zu ihren Bestimmungsorten befinden. Eine Postsendung nach Marburg ist versehen mit „den 2 von Ihnen selbst gewünschten Exemplaren".[5] An eben diesem 19. Juni 1919 weilt Fraenkel allerdings nicht in Marburg, sondern ist auf einer Dienstreise. Im nahegelegenen Frankfurt a.M. hält er im Mathematischen Kolloquium einen Gastvortrag „Über den Zahlbegriff bei Gauß".[6] Das zugrundeliegende umfangreichere Manuskript zählt seinerseits zu den „Materialien für eine wissenschaftliche Biographie von Gauß" und wird von Felix Klein am 31. Oktober der Königlichen Gesellschaft der Wissenschaften zu Göttingen vorgelegt, in deren *Nachrichten* es im Folgejahr als Beiheft erscheinen sollte.[7] Trotz ihres Umfangs und ihrer Zugehörigkeit zum Göttinger Gauß-Projekt besaß diese Arbeit für Fraenkel „keine wahre Originalität".[8] Das Besondere an dieser Begebenheit ist auch nicht der distinguierte Hintergrund, dem im März 1919 sogar eine Einladung nach Göttingen durch Felix Klein persönlich vorausging,[9] oder die historiographische Ausrichtung des Themas, sondern der Vortragsort. Das Mathematische Kolloquium in Frankfurt a.M. sollte in den folgenden drei Jahren eine exponierte Rolle in Fraenkels intellektueller

[5] Springer Verlag an Fraenkel in einem Brief vom 19. Juni 1919. Quelle: Akte „Fraenkel, Adolf B-F 120 I"; Zentral- und Landesbibliothek Berlin. Siehe 2.4.

[6] Vgl. Redaktion JDMV (1919b), 54.

[7] Vgl. Fraenkel (1920).

[8] Fraenkel (1967), 149.

[9] Vgl. Fraenkel (1967), 152.

Entwicklung einnehmen. Das akademische Klima in der Frankfurter Mathematik wurde für Fraenkel zu einem intellektuellen Inkubator der eigenen Gedanken, dessen er wissenschaftsbiographisch bedurfte und das es in Marburg nicht gab.

Seine akademische Heimat an der Lahn verfügte zu dieser Zeit nicht nur über keine lebendige mengentheoretische Forschungskultur, sondern wahrscheinlich nicht einmal mehr über das Vortragsforum der einst so lebendigen „Mathematischen Gesellschaft in Marburg a. d. L.", in der gut anderthalb Jahrzehnte zuvor Otto Blumenthal und Rudolf Fueter die Mengentheorie an die Philipps-Universität brachten. Aktivitäten dieser Marburger Sozietät lassen sich lediglich für den Zeitraum zwischen Sommersemester 1904 und Wintersemester 1909/10 dokumentieren.[10] Ab dem Sommersemester 1910 verlieren sich die Spuren der Gesellschaft und lassen sich erst wieder für das Sommersemester 1930 sowie das Wintersemester 1930/31 belegen.[11] Zwar gab es auch im Fall anderer namhafter Mathematischer Gesellschaften zuweilen Unterbrechungen in den Berichtszeiträumen. Diese beschränkten sich jedoch in der Regel auf die fehlende Dokumentation eines einzelnen Semesters oder eines akademischen Jahres. Eine Absenz von ganzen 20 Jahren im *Jahresbericht der Deutschen Mathematiker-Vereinigung* begünstigt indes die Annahme, dass die akademischen Aktivitäten nach 1909/1910 keine Verstetigung erfahren haben und erst deutlich später wieder lose aufgegriffen wurden. Unterstützt wird diese Vermutung durch das Fehlen jeglicher Hinweise auf die Existenz einer Mathematischen Gesellschaft im Universitätsarchiv der Philipps-Universität,[12] die es im Falle einer nahezu drei Jahrzehnte währenden Aktivität sicherlich gegeben hätte. Folglich finden sich auch keinerlei Indizien dafür, dass Fraenkel während seiner zehnjährigen Lehrtätigkeit an der Philipps-Universität auch nur ein Referat in einer hiesigen Mathematischen Gesellschaft gehalten hätte. Seine nachweisbare Vortragstätigkeit in Marburg beschränkt sich auf die *Gesellschaft zur Beförderung der gesamten Naturwissenschaften zu Marburg*.[13]

Was ihm Marburg nicht bot, fand er dafür 80 km weiter südlich. In Frankfurt traf er nicht nur auf seinen alten Dozenten Ernst Hellinger, der ihn einst mit der Disziplin bekannt gemacht hatte, sondern vor allem auf Arthur Schoenflies, den „verdienten Verkünder und Verbreiter"[14] der Cantorschen Mengenlehre, dem Fraenkel eine große Wertschätzung entgegenbringt. Hinweise darauf finden sich schon in der *Einleitung*. Abschließend zur Monographie werden einige Werke annotiert, die der Autor als kanonisch einstuft und hier in der Form einer kleinen exklusiven Bibliographie präsentiert. Von den vier, mit Anmer-

---

[10] Vgl. Redaktion JDMV (1904c), 487; (1905b), 202; (1906a), 64; (1906c), 537; (1907a), 324; (1907b), 523; (1910e), 144. Siehe 1.1 u. 1.2.

[11] Vgl. Redaktion JDMV (1932), 15f.

[12] Im Universitätsarchiv der Philipps-Universität Marburg findet sich kein einziger Hinweis auf eine Mathematische Gesellschaft und damit auch kein Hinweis auf Aktivitäten nach 1910. Katharina Schaal an den Autor in einer Mail vom 30. März 2020. Ich danke Frau Dr. Schaal vom Universitätsarchiv für die eingehende Prüfung des Sachverhalts.

[13] Vgl. Fraenkel (1924b).

[14] Georg Faber zit. n. Fritsch/Fritsch (2003), 66.

kungen versehenen Autoren folgt Schoenflies unmittelbar auf Cantor, dessen beide Teile seiner *Entwickelung der Lehre von den Punktmannigfaltigkeiten*[15] „als – erstaunlich inhaltsreiches – Nachschlagewerk und als Ausgangspunkt für den Forscher“[16] vorgestellt werden. Bei Schoenflies' Studie handelt es sich um einen umfassenden Bericht, der „den vorliegenden Stoff in seiner gewaltigen Fülle zu sammeln und seinem historischen und sachlichen Zusammenhang nach darzustellen versucht“.[17] Zu dieser Zeit zählt Schoenflies schon seit gut zwei Jahrzehnten zu den führenden Mengentheoretikern in Deutschland und mit dem Mathematischen Kolloquium am Main ist ein Vortragszirkel verfügbar, in dem Fraenkel seine Überlegungen zur semiöffentlichen Diskussion stellen kann.

Ein Gastvortrag des Marburger Privatdozenten schien aus gleich mehreren Faktoren zweckmäßig zu sein. An erster Stelle dürfte die persönliche Beziehung zu Hellinger zu erwähnen sein, die inzwischen fast ein ganzes Jahrzehnt währte. Fraenkel zählte nicht nur zu dessen ehemaligen Studenten, mit dem er einen bedeutsamen Abschnitt seiner eigenen akademischen Biographie teilte. Darüber hinaus war Fraenkel der Nachfolger Hellingers in Marburg, der diesem bei der Gelegenheit eines Besuches am Main die Möglichkeit verschaffte, aus erster Hand aktuelle Informationen über die Entwicklungen des Seminars an der Lahn zu erhalten. Hellinger, der vor nunmehr fast fünf Jahren die Philippina verlassen hatte, befand sich zwar augenblicklich auf einem aussichtsreichen Weg, in Frankfurt zum Ordinarius ernannt zu werden,[18] aber habilitiert hatte er sich nun einmal im kleinen Marburg. Spätere Institutionen des eigenen akademischen Wirkens mögen sich an Glanz und Ruhm überbieten, aber der Ort der eigenen Habilitation als raumzeitlicher Singularität eines ganz besonderen Erlebnisses hat bei allen nachfolgenden Veränderungen Bestand. Das verbindet.

Dürfte Hellinger aus den genannten Gründen ein persönliches Einladungsbestreben verspürt haben, so wird das Interesse von Schoenflies an Fraenkel nicht minder groß ausgefallen sein. Die gemeinsame Begeisterung für die Mengenlehre ist für sich bereits ein hinreichendes Einladungsmotiv. Da zudem Marburg geographisch auch noch vergleichsweise nah ist und damit der zu erwartende organisatorische Aufwand für eine solche akademisch veranlasste Reise überschaubar bleibt, wird Schoenflies mit einer besonderen Aufmerksamkeit jenen jungen Kollegen zur Kenntnis genommen haben, der sich mit einem neuen Buch um die weitere Verbreitung und gemeinverständliche Vermittlung der Mengenlehre verdient machen möchte. Eine Einladung in das Frankfurter Mathematische Kolloquium schien daher nahezu unausweichlich zu sein. Als Fraenkel diese akademische Bühne Mitte 1919 erstmals betritt, ist sie bereits eine kleine Institution mit einer eigenen Historie von etwas mehr als viereinhalb Jahren.

---

[15] Schoenflies (1900) resp. (1913); (1908).

[16] [*Einleitung*[1]], 155.

[17] [*Einleitung*[1]], 154f.

[18] Zum ordentlichen Professor wurde er am schließlich 19. August 1920 ernannt. Vgl. „Hellinger, Ernst“, in: Professorenkatalog der Philipps-Universität Marburg https://www.uni-marburg.de/uniarchiv/pkat/details?id=9883 (Stand: 28.03.2020).

Mit der Aufnahme des Lehrbetriebs an der neu gegründeten Frankfurter Universität zum Wintersemester 1914/15 etabliert der Gründungsordinarius Schoenflies zusammen mit dem neu berufenen Extraordinarius Hellinger umgehend ein Mathematisches Kolloquium, in dem sich die ortsansässigen Kollegen über ihre Forschung oder aktuelle Entwicklungen austauschen können. Kurzzeitig zählte zu diesen auch Richard von Mises, der das Kolloquium in den ersten Monaten des Jahres 1919 verstärkte,[19] nachdem das Elsass unter französische Souveränität zurückgefallen war und er seine Straßburger Professur verloren hatte. Zudem genutzt werden sollte dieses akademische Forum durch Examenskandidaten, die in diesem Kreis die Ergebnisse aus ihren Dissertationen zur Diskussion stellen konnten. Schoenflies' Doktorand Samson Breuer[20] sowie die beiden Promovenden Karl Reinhardt[21] und Wilhelm Süss[22] von Bieberbach machten von diesem Angebot zum Teil regen Gebrauch. Fakultätskollegen aus der Physik bereicherten das Programm. Als Gründungsdekan der naturwissenschaftlichen Fakultät wird Schoenflies Wert gelegt haben auf diese integrative Funktion des Kolloquiums, dank der unter anderem Max von Laue[23] sowie Max Born[24] in diesem Kreis vortrugen. Der eine als jüngst gekürter Nobelpreisträger und der andere als theoretischer Physiker auf dem Weg dorthin. Im Einzelfall bot sich das Kolloquium zudem als geeigneter Ort für Gastvorträge an. Neben Fraenkel oder Darmstädter Kollegen gab es auch internationalen Besuch. Am 14. Juni 1920 referierte Brouwer „Über Abbildungsklassen von Flächen" in diesem Kreis.[25] Die Frankfurter Mathematiker folgen damit den Vorbildern diverser anderer Universitätsstädte und verschaffen sich neben dem mathematischen Seminar einen lebendigen Vortragszirkel.

Am Donnerstag, den 10. Dezember 1914, eröffnet Schoenflies persönlich die Liste der Vortragenden mit einem Referat „Über Kristallstruktur".[26] Das „Mathematische Kolloquium in Frankfurt a.M." lässt sich im *Jahresbericht der Deutschen Mathematiker-Vereinigung* für den Zeitraum von Dezember 1914 bis Juli 1922 nachweisen und wird wahrscheinlich infolge der Emeritierung von Schoenflies endgültig eingestellt, nachdem bereits 1921 der zweite, seit 1915 in Frankfurt wirkende Ordinarius Ludwig Bieberbach nach Berlin gewechselt war. Zumindest fällt Schoenflies' Entpflichtung 1922 zeitlich zusammen mit dem Ausbleiben von Veranstaltungsangaben im *Jahresbericht* und mit Bieberbach sowie Schoenflies verlor das Kolloquium innerhalb kurzer Zeit die beiden mit

[19] Vgl. Redaktion JDMV (1919a), 28.

[20] Vgl. Redaktion JDMV (1917c), 112.

[21] Vgl. Redaktion JDMV (1917a), 31; (1920d), 54; (1921f), 106.

[22] Vgl. Redaktion JDMV (1919b), 55; (1921b), 31.

[23] Vgl. Redaktion JDMV (1915a), 26.

[24] Vgl. Redaktion JDMV (1921b), 31.

[25] Vgl. Redaktion JDMV (1920d), 54.

[26] Vgl. Redaktion JDMV (1915a), 26.

Abstand aktivsten Referenten.[27] In den 15 dokumentierten Semestern[28] fanden 108 Vorträge statt,[29] von denen allein 40 durch die beiden Ordinarien bestritten wurden. Die Vielfalt von Schoenflies' Vorträgen repräsentierte dabei einen lebendigen Querschnitt aus seiner breit aufgestellten Forschung.

Es überrascht daher nicht, dass er bereits früh über Themen referierte, die eine offensichtliche Nähe zur klassischen Mengenlehre aufwiesen. Neben dem am 22. Juli 1915 gehaltenen Vortrag „Über Bereichmengen"[30] sowie dem Referat am 3. Februar 1916 über „Lineare Punktmengen"[31] ist vor allem der am 13. Dezember 1917 gehaltene Vortrag „Über einen Satz von G. Cantor aus der Theorie der trigonometrischen Reihen"[32] zu erwähnen. Schließlich bilden Cantors Untersuchungen zur Fourier-Reihentheorie, im Besonderen seine Analysen zu Eindeutigkeitsfragen der Darstellung, den problemgeschichtlichen Nukleus für die Untersuchungen zu den Punktmannigfaltigkeiten. Eine besonders exponierte Stellung besitzen indes jene drei Vorträge, die im Kontext seines Aufsatzes „Zur Axiomatik der Mengenlehre"[33] gehalten wurden. Vermutlich zum Zweck einer inhaltlichen Verifikation sowie redaktionellen Endbearbeitung für die anstehende Veröffentlichung in den *Proceedings*[34] der Königlichen Akademie der Wissenschaften in Amsterdam trägt Schoenflies verteilt auf zwei Sitzungen (15. Januar sowie 10. Februar 1920) seine „Bemerkungen zur Grundlegung der Mengenlehre" vor.[35] Währenddessen besitzen seine „Bemerkungen zur Mengenlehre" vom 15. Dezember 1921 wohl einen retrospektiven Charakter auf dasselbe Projekt, denn die Klammernotiz „Vgl. Math. Annalen 85" verweist auf seinen am 15. August 1921 ebendort eingegangenen und 1922 erschienenen Beitrag „Bemerkung zur Axiomatik der Größen und Mengen".[36] Der renommierte Mengentheoretiker knüpft damit an die Publikation jener Addenda an, die durch eine Replik Fraenkels zur Axiomatik der Mengenlehre erforderlich geworden waren. In diesem Vortrag spielen beachtliche Überlegungen des Marburger Privatdozenten eine vordergründige Rolle.

Als dieser Mitte Juni 1919 in dem Frankfurter Kreis über Gauß vorträgt, dürften in den Begleitgesprächen Schoenflies' Überlegungen zu einer Axiomatik der Größenlehre noch keine Rolle gespielt haben. Dafür war es schlicht zu früh und darüber hinaus gab es ein ganz

[27] Vom Sommersemester 1915 bis Wintersemester 1920/21 hielt Bieberbach insgesamt 23 Vorträge. Schoenflies kam auf 17 Referate zwischen Wintersemester 1914/15 und Wintersemester 1921/22.

[28] Einzig für das Sommersemester 1917 finden sich im *Jahresbericht* keine Angaben.

[29] Vgl. Redaktion JDMV (1915a), 26; (1915b), 67; (1917a), 31; (1917b), 82; (1917c), 112f.; (1918a), 28; (1918b), 42; (1919a), 28; (1919b), 54f.; (1920d), 54; (1921b), 31; (1921f), 106; (1922c), 50; (1922e), 126.

[30] Vgl. Redaktion JDMV (1915b), 67.

[31] Vgl. Redaktion JDMV (1917a), 31.

[32] Vgl. Redaktion JDMV (1918a), 28.

[33] Schoenflies (1920), ders. (1921).

[34] Schoenflies (1920).

[35] Vgl. Redaktion JDMV (1920b), 32; (1920d), 54.

[36] Schoenflies (1922a).

anderes, hoch aktuelles Thema, über das es sich auszutauschen galt. Schließlich erschien in diesen Tagen die *Einleitung in die Mengenlehre*. Die Frankfurter Mathematiker werden mit großem Interesse Fraenkels Ausführungen über Inhalt und Ausrichtung des Werkes verfolgt haben. Nicht minder aufmerksam wird man zur Kenntnis genommen haben, wer von ihnen gegebenenfalls mit einem Autorenexemplar bedacht werden würde. Der Verlag hatte auf Anweisung des Autors 29 Exemplare dafür vorgesehen, die am Vortag „an die aufgegebenen Adressen zur Versendung gelangt“[37] sind. Als Fraenkel nach Frankfurt reist, befanden sich also in ganz Deutschland Exemplare auf dem Weg zu ihren Adressaten oder hatten diese just an diesem Tag erreicht. Von Edmund Landau wissen wir, dass er das für ihn bestimmte Autorenexemplar bereits am 19. Juni in Händen hält, weil er sich noch am selben Tag beim Verlag für „das zugesandte hübsche Buch von Herrn Fraenkel“[38] bedankt.

Obgleich die Liste nicht überliefert ist, dürfte Schoenflies zweifelsohne zum exklusiv bedachten Personenkreis gezählt haben und so scheint es im Bereich des Möglichen, dass Fraenkel anreist und in den Händen Schoenflies' bereits ein Exemplar seiner *Einleitung* entdeckt. Was wäre das für eine Begrüßung gewesen. Aber auch wenn Schoenflies das ihm dedizierte Exemplar erst in den kommenden Tagen erhalten sollte, wird man Anlass genug gehabt haben, um über das Buch zu sprechen. Vielleicht diskutierte man bei dieser Gelegenheit zudem über die, vom Verlag zeitgleich artikulierte Hoffnung, „dass die Ausstattung des Buches, an die natürlich Friedensansprüche nicht gestellt werden dürfen, doch im wesentlichen Ihren Beifall findet“.[39] In jedem Fall wird Fraenkel die Gelegenheit ergriffen haben, um bei den Frankfurter Kollegen potentielle Interessenten für weitere Rezensionen zu umwerben. Der Versand der Besprechungsexemplare sollte laut Auskunft des Verlages zwar „ebenfalls in den nächsten Tagen“[40] erfolgen. Aber es sprach nichts dagegen, über die zwischen Autor und Springer abgesprochene Liste von Besprechungsorganen hinaus weitere Rezensenten zu gewinnen. Und Fraenkel sollte Erfolg haben.

Die *Einleitung* wurde im Frankfurter Kreis früh eingehend zur Kenntnis genommen. Schoenflies und Hellinger werden sich umgehend mit der Schrift befasst haben – der eine vor allem aus Motiven des eigenen Forschungsprofils, der andere nicht zuletzt aus autobiographischen Beweggründen. Während sich das Interesse dieser beiden von selbst erklären dürfte, lassen sich für alle weiteren zentralen Gestalten der Frankfurter Mathematik in der Zeit 1919/1920 Belege für die Auseinandersetzung mit Fraenkel anführen. Mit Ludwig Bieberbach und Otto Szász, der sich 1914 in Frankfurt habilitiert hatte und dort ab 1921 ein Extraordinariat begleiten sollte, besprechen gleich zwei Frankfurter Mathematiker die

[37] Springer Verlag an Fraenkel in einem Brief vom 19. Juni 1919. Quelle: Akte „Fraenkel, Adolf B-F 120 I“; Zentral- und Landesbibliothek Berlin.

[38] Landau an den Springer Verlag in einer Postkarte vom 19. Juni 1919. Quelle: Akte „Fraenkel, Adolf B-F 120 I“; Zentral- und Landesbibliothek Berlin.

[39] Springer Verlag an Fraenkel in einem Brief vom 19. Juni 1919. Quelle: Akte „Fraenkel, Adolf B-F 120 I“; Zentral- und Landesbibliothek Berlin.

[40] Springer Verlag an Fraenkel in einem Brief vom 19. Juni 1919. Quelle: Akte „Fraenkel, Adolf B-F 120 I“; Zentral- und Landesbibliothek Berlin.

Einleitung, und Paul Epstein, der 1919 als Privatdozent gekommen war und ebenfalls ab 1921 als außerordentlicher Professor lehren sollte, empfiehlt sie bereits kurze Zeit später zur „ersten Einführung" in das Thema in der neubearbeiteten vierten Auflage von Heinrich Webers *Arithmetik, Algebra und Analysis*.[41] Szász lobt im Besonderen die mengentheoretischen Darstellungen in „klarer und anregender Sprache" und verbindet mit dieser Leistung die Hoffnung, dass „das Büchlein dieser bewundernswerten Theorie viele neue Freunde zuführen [möge]".[42]

Bieberbachs Rezensionsprojekt scheint erst bei der Gelegenheit von Fraenkels Besuch ihren Anfang genommen zu haben. Zumindest taucht der Publikationsort dieser Besprechung, *Dinglers Polytechnisches Journal*, nicht in der von Autor und Verlag gemeinsam abgestimmten Liste möglicher Rezensionsorgane auf. Hier ging die Initiative offenkundig nicht von der Zeitschrift, sondern vom Rezensenten aus. Diese Besprechung wurde unabhängig der Verlagsaktivitäten ins Leben gerufen und sie fiel zudem weitaus kritischer aus als die der meisten anderen. Vor allem gesteht Bieberbach dem Werk weniger didaktische Spielräume zu als Fraenkel dies für seine gemeinverständliche Einführung beansprucht. Zwar spricht Bieberbach „dem scharfsinnigen Marburger Mathematiker"[43] seine Anerkennung für die Einführung aus, allerdings zeigt er sich skeptisch gegenüber Fraenkels „Drang zu populärer Darstellung". Dabei beanstandet er einerseits das Fehlen einer „eleganten Darstellung", die der Autor „überheblich und geringschätzig" anderen überlässt. Andererseits lässt sich Fraenkel „hie und da einmal zu mathematisch nicht haltbaren Aeußerungen" verleiten. Dabei sollte sich doch auch eine populäre Darstellung wie diese „restlos klar ausdrücken, auch wenn es mehr Worte kostet".

Was der Grund für diese zuweilen etwas pedantisch anmutende Kritik gewesen sein mag, ist für den Moment unbekannt. Ressentiments gegenüber Autor oder Werk sind es jedenfalls nicht gewesen, denn Bieberbachs spätere Besprechung der dritten Auflage lässt keinen Zweifel daran, dass er dieses Werk – auch in seiner ursprünglichen Fassung – als ein ausgezeichnetes einstuft.[44] Mehr noch. Er verteidigt bei dieser Gelegenheit die Gesamtanlage des Werkes gegenüber Dritten und begrüßt ausdrücklich, dass „der Verf. sich nicht von den Sirenenklängen einer Rezensentin hat verlocken lassen".[45] Seine erste Fraenkel-Rezension beeindruckt durch die aus Schnellig- und Gründlichkeit bestehende Paarung, mit der er liefert. Bereits am 11. August 1919 und damit keine zwei Monate nach Veröffentlichung der *Einleitung* wird seine Besprechung, die zur Hälfte aus einer mit Seitenangaben versehenen Liste von terminologisch präzisierungsbedürftigen Passagen besteht, fertiggestellt. Das lässt auf eine gleichermaßen um- wie eingehende Lektüre schließen. Ludwig Bieberbach dürfte damit zu den ersten Lesern der Schrift gezählt haben.

[41] Weber (1922), 123.

[42] Szász (1921).

[43] Die Bieberbach-Zitate aus diesem Absatz entstammen durchweg Bieberbach (1921).

[44] Vgl. Bieberbach (1929). Zur Deutung sollte mithin nicht auf Bieberbachs unrühmliche Rolle in der Zeit zwischen 1933 und 1945 zurückgegriffen werden.

[45] Bieberbach (1929). Nicht namentlich angesprochen ist Young (1926).

3.2 „Herr A. Fränkel hat mich darauf hingewiesen“: erste Resultate

Mit dem Gauß-Vortrag Mitte Juni 1919 war der persönliche Kontakt zu den Frankfurter Mathematikern hergestellt. Referat und Referent dürften überzeugt haben. Bis zur Auflösung des Kolloquiums sollte Fraenkel zwei weitere Male – Mitte Juli 1921 und Mitte Juni 1922 – vor diesem Forum sprechen. Es sollten für ihn wichtige Vorträge werden – beides Generalproben für die große Bühne der *Deutschen Mathematiker-Vereinigung*, bei der er erstmals über jene Resultate vortrug, die ihm einen dauerhaften Platz in der Geschichte der Mengentheorie eintragen würden. Heute wissen wir, dass die Inhalte einen wegweisenden Charakter besaßen. Für Schoenflies als Zuhörer waren es jeweils Gelegenheiten, die weitere Entwicklung jener Fragen mitzuverfolgen, die er selbst aufgeworfen hatte.

Verstärkt durch die persönliche Bekanntschaft und das aufrichtige Interesse an Schoenflies' Forschung verfolgte Fraenkel eingehend das mengentheoretische Alterswerk des Frankfurter Kollegen. Dieser stellte wahrscheinlich in der zweiten Jahreshälfte 1919 und damit unmittelbar im Anschluss an Fraenkels Besuch am Main eine allgemeine axiomatische Theorie der Größen- und Mengenlehre fertig, die den Fokus auf die Mengenäquivalenz, -teilung, -verbindung und den Mengenvergleich richtet. „Die Vergleichung der Mengen bezüglich ihres Grössencharacters ist nämlich nichts, was dem Mengenbegriff allein eigentümlich ist; sie betrifft allgemeiner *alle Objecte*, für die man das *Ganze* und den *Bestandteil* unterscheiden kann. Die Axiomatik, die hier entwickelt wird, ist also richtiger *eine Axiomatik der Grössenlehre*“.[46] Das Ganze war wesentlich inspiriert von Hilberts axiomatischer Begründung der Geometrie, denn diese „darf für alle analogen Untersuchungen als vorbildlich gelten“.[47] Ganz nach dessen Vorbild wurden die Axiome nach ihren funktionalen Zuständigkeiten unterschieden und in Gruppen organisiert, denn „es ist eine wesentliche Aufgabe des axiomatischen Aufbaues, zu prüfen, bis zu welchen Resultaten eine einzelne oder mehrere dieser Gruppen für sich führen. Die gleiche Behandlung eignet sich für die Mengenlehre“.[48]

Das fertige Manuskript trägt den gleichermaßen schlichten wie weitreichenden Titel „Zur Axiomatik der Mengenlehre“. Zu den ersten Lesern und Unterstützern des Ansatzes zählte Luitzen Egbertus Jan Brouwer. Dieser legt den Text Anfang des Jahres 1920 der Königlichen Akademie der Wissenschaften in Amsterdam vor und referiert ihn auf den beiden Akademiesitzungen am 28. Februar sowie 27. März.[49] Der Beitrag erscheint schließlich im Herbst des Jahres im Heft 9/10 der *Proceedings* der *Koninklijke Akademie van Wetenschappen te Amsterdam*. Da der Aufsatz an diesem würdevollen Publikationsort jedoch nur wenige deutsche Mathematiker erreichen würde, werden seine Ergebnisse we-

[46] Schoenflies (1920), 785. Gleichlautend, bei marginalen orthographischen Unterschieden (1921), 174.

[47] Schoenflies (1920), 784; (1921), 173.

[48] Schoenflies (1920), 784; (1921), 173.

[49] Vgl. Schoenflies (1920), 784.

sentlich zeitgleich zur Erstpublikation des Manuskriptes erneut und dieses Mal vor einer weitaus größeren mathematischen Öffentlichkeit vorgetragen. Die Entscheidung dazu scheint Schoenflies früh im Jahr getroffen zu haben, denn bereits in der ersten Jahreshälfte findet sich im *Jahresbericht* die Ankündigung zu seinem Vortrag.[50] Gemeldet hatte er für die Versammlung der *Deutschen Mathematiker-Vereinigung* in Bad Nauheim, die im Rahmen der 86. Versammlung Deutscher Naturforscher und Ärzte stattfand. Es war dies „die erste große geistige Heerschau nach dem Kriege",[51] an der insgesamt an die 2000 Naturwissenschaftler, Mediziner, Mathematiker und Vertreter anderer Disziplinen teilnehmen sollten.

Erstmals nach einer gefühlten Ewigkeit kamen die Mitglieder und Gäste der *DMV* zu einem solchen Ereignis wieder zusammen. Die letzte gemeinsame Jahresversammlung lag lange zurück. Wie lange, ermisst man am Ort der Zusammenkunft. Es währte noch „das goldene Zeitalter der Sicherheit",[52] als die Tagung in der Hauptstadt eines gewaltigen Vielvölkerreiches stattfand, die zugleich die schillernde Residenzstadt einer der mächtigsten Monarchien des alten Europas war. Die letzte Versammlung der *Deutschen Mathematiker-Vereinigung* fand 1913 in der Kaiserstadt Wien statt, dem Mittelpunkt der „fast tausendjährigen österreichischen Monarchie",[53] von der inzwischen nichts mehr übriggeblieben war. Kaiserreiche gab es inmitten Europas nicht mehr, aber die *DMV* fand in Bad Nauheim zur alten akademischen Kultur zurück. Am Vormittag des 24. September 1920 referiert Schoenflies „Zur Axiomatik der Mengenlehre".[54] Sein Auftritt blieb in Erinnerung. Noch drei Wochen später berichtet Otto Blumenthal an Felix Klein von dem Ereignis. „Der ‚Löwe' unter den Mathematikern war entschieden Schönflies, den ich noch nie so anregend und angeregt gesehen habe. Sein Vortrag über die Axiome der Mengenlehre war scharf und gut".[55] Für jeden, der sich an diesem Freitag im Auditorium befunden hat, war es eine exzellente Gelegenheit, Schoenflies' Projekt kennenzulernen, und einige Teilnehmer dürften wertvolle Hinweise gegeben haben, die der Autor aufgreift und in das Manuskript einpflegt. Der bekannte Mengentheoretiker wird sein Referat kaum als externen Vortrag verstanden haben. Nicht nur lag der Tagungsort in unmittelbarer Nachbarschaft zur eigenen Wirkungsstätte. Darüber hinaus bestand die Frankfurter Delegation neben Schoenflies aus Ludwig Bieberbach, Karl Reinhardt, Wilhelm Süss sowie Otto Szász.[56] Für Schoenflies dürfte sich die Nauheimer Tagung wie eine Erweiterung des eigenen Mathematischen Kolloquiums angefühlt haben.

Beeindruckt von der Ausrichtung des Vortrags ist Otto Blumenthal in seiner Funktion als Mitherausgeber der *Mathematischen Annalen* sogleich auf Schoenflies zugegangen, um auf eine erneute Veröffentlichung des Manuskriptes hinzuwirken. „Ich habe ihm vor-

[50] Vgl. Redaktion JDMV (1920a), 30.

[51] Schwab (1920), 77.

[52] Zweig (1941), 15.

[53] Zweig (1941), 15.

[54] Vgl. Redaktion JDMV (1920c), 46.

[55] Blumenthal an Klein in einem Brief vom 14. Oktober 1920. In Rowe/Felsch (2019), 118–121, hier 120.

[56] Vgl. Redaktion JDMV (1920c), 45f.

geschlagen, seine Arbeit über diesen Gegenstand, die bereits in der Amsterdamer Akademie „unter Ausschluss der Oeffentlichkeit" publiziert ist, in den Annalen abdrucken zu lassen, wozu Brouwer namens der Akademie die Genehmigung gegeben hat".[57] Bei dieser Gelegenheit warb Blumenthal sogleich noch Brouwers Vortrag „Besitzt jede reelle Zahl eine Dezimalbruchentwicklung?"[58] zur Publikation an[59] in der Hoffnung, „dass diese beiden Publikationen klar den Willen der Redaktion betonen sollen, zu der neuen Krisis der Mengenlehre Stellung zu nehmen und Arbeiten darüber herauszufordern".[60] Schließlich geht bei der Redaktion der *Mathematischen Annalen* die leicht überarbeitete Fassung von „Zur Axiomatik der Mengenlehre" am 14. Dezember 1920 ein, deren Aktualisierungen[61] allesamt von einer akademischen Diskurskultur zeugen, die zwischen der *Proceedings*- und der *Annalen*-Fassung stattfand und die nicht zuletzt mit der Nauheimer Versammlung in Verbindung gestanden haben dürfte. Die Diversität dieser Fußnotenbemerkungen, die von problemgeschichtlichen über bibliographische bis hin zu beweisrelevanten Details reicht, lässt sich am einfachsten über ein versiertes Auditorium erklären, das in der Diskussion des Vortrags entsprechende Hinweise platziert. Da würde es sich harmonisch fügen, unter den Zuhörern auch Fraenkel zu entdecken, der sich ebenfalls zu Wort meldet.

Bedauerlicherweise ist uns keine detaillierte Teilnehmerliste im *Jahresbericht* überliefert. Für die Geschäftssitzung während der Versammlung wird lediglich festgehalten, die „Anwesenheitsliste weist 67 Namen auf".[62] Die Nauheimer Tagung hätte für Fraenkel eine vorzügliche Plattform geboten, sich zu präsentieren und an den Diskussionen zu partizipieren. Für einen jungen Privatdozenten, der an den nachfolgenden Jahresversammlungen der Mathematiker aktiv teilnehmen sollte und der um die sozio-akademische Bedeutsamkeit dieser Zusammenkünfte weiß, wäre eine Teilnahme an der Versammlung 1920 nur naheliegend gewesen. Unterstützt werden würde diese Annahme durch den Umstand, dass sein Lehrer und Förderer Hensel zu den Referenten der Jahrestagung zählte und dort über „Die Primfaktoren in allgemeinen Kummerschen Körpern" vortrug.[63] Schließlich darf noch in Erinnerung gerufen werden, dass Bad Nauheim von Marburg aus nicht einmal 60 km entfernt liegt, womit der Tagungsort in geoakademischen Dimensionen geradezu in die unmittelbare Nachbarschaft rückt. Die Nähe zur Heimatuniversität liefert mithin einen weiteren Beweggrund für die Teilnahme, die damit ohne nennenswerte Reiselogistik zu bewerkstelligen gewesen wäre. Eine umständliche Anreise hätte jedenfalls nicht als Hin-

[57] Blumenthal an Klein in einem Brief vom 14. Oktober 1920. In Rowe/Felsch (2019), 118–121, hier 120.

[58] Vgl. Redaktion JDMV (1920c), 45.

[59] Vgl. Brouwer (1921).

[60] Blumenthal an Klein in einem Brief vom 14. Oktober 1920. In Rowe/Felsch (2019), 118–121, hier 120.

[61] Vgl. Schoenflies (1921), 173 (Fußnote 2), 180 (Fußnote 5a), 183 (Fußnote 9), 193 (Fußnote 13), 199 (Fußnote 15).

[62] Vgl. Redaktion JDMV (1920c), 41.

[63] Vgl. Redaktion JDMV (1920c), 46.

derungsgrund angeführt werden können. Doch nach allem, was wir wissen, hat Fraenkel nicht an der Nauheimer Tagung teilgenommen. Zumindest wird sein Name nicht auf der offiziellen Teilnehmerliste geführt, die als Aktenunterlage den archivierten Beständen der *Deutschen Mathematiker-Vereinigung* angehört.[64]

Fraenkel wird Schoenflies' Axiomatik nicht bei dieser Gelegenheit kennengelernt haben. Eventuell hatte er bereits im Sommer des Jahres die Möglichkeit für ein Studium des Manuskriptes, spätestens in den Wochen nach der Nauheimer Versammlung. Sollte es Separatdrucke der Erstveröffentlichung gegeben haben, so dürften sie zu diesem Zeitpunkt ebenfalls verfügbar gewesen sein. Unzweifelhaft setzte er sich mit dem Ansatz 1920 auseinander – eingehender und engagierter als die meisten anderen. Davon zeugt bereits ein Zusatz, den Schoenflies für die *Annalen*-Fassung vorsieht und mit dem als nahezu unscheinbarer Fußnotenkommentar eingeräumt wird, dass ein vom Autor konstruiertes Beispiel nicht in der erdachten Weise funktioniert. „Herr A. Fränkel hat mich darauf hingewiesen, daß nicht einmal alle Axiome über Teilmengen gelten. Axiom I bleibt bestehen, Axiom II nicht; es gilt auch Axiom III von § 3".[65] Was es damit exakt auf sich hat, wird nicht ausgeführt. Ebenfalls bleibt ungeklärt, wie weitreichend gegebenenfalls die Konsequenzen für Schoenflies' gesamten Ansatz sind. Die *Annalen*-Fassung unterscheidet sich von der *Proceedings*-Erstveröffentlichung neben den angeführten Fußnotenbemerkungen einzig hinsichtlich marginaler orthographischer Details. Ausrichtung, Aufbau und Umsetzung des Projektes sind in beiden Fassungen identisch. Fraenkels offenkundig substantielle Erwiderung fand jedenfalls keine angemessene Entsprechung im Text. Möglicherweise hätte sich an dieser Konstellation nichts verändert, wenn sich Fraenkel nicht zwischenzeitlich an Brouwer gewandt hätte, um seine Überlegungen zum Schoenflies-Text einem Unabhängigen zur Beurteilung vorzulegen.

Die mitgeteilten Einwände scheinen auf Brouwers Interesse gestoßen zu sein, denn dieser wendet sich am 14. Mai 1921 wiederum an den Autor. „Fraenkel schrieb mir allerlei über Ihren Aufsatz, den die Annalen nun aus den Amsterdamer Berichten übernehmen; Sie werden seinen auch Ihnen mitgeteilten Bemerkungen beim Wiederabdruck wohl Rechnung tragen, soviel Ihnen nötig erscheinen könnte".[66] Obgleich inhaltlich gleichermaßen im Unbestimmten verbleibend gewinnt die Angelegenheit durch den freundschaftlich-dezidierten Ratschlag an Verbindlichkeit und lässt damit deutlich werden, dass Fraenkel offenkundig einen bedeutsamen Punkt benannt hat. Brouwers Hinweis war unmissverständlich, aber für eine Berücksichtigung in der *Annalen*-Fassung war es Mitte Mai bereits zu spät. Das Heft 3/4, für das „Zur Axiomatik der Mengenlehre" vorgesehen war, dürfte zu diesem Zeitpunkt bereits redaktionell endbearbeitet gewesen sein. Es wurde am 23. Juli ausgegeben. Schoenflies verblieb damit vor allem die Möglichkeit, einen ergänzenden Nachtrag in Form einer Miszelle aufzusetzen und möglichst schnell publizistisch nachzureichen. So geschah es dann auch.

---

[64] Alexander Zahoransky an den Autor in einer Mail vom 29. Mai 2020. Ich danke Herrn Zahoransky vom Universitätsarchiv Freiburg sowie Frau Andrea Kirstein-Gaekel von der DMV Geschäftsstelle für ihre Unterstützung in der Klärung dieses Sachverhalts.

[65] Schoenflies (1921), 199.

[66] Brouwer an Schoenflies in einem Brief vom 14. Mai 1921. In Rowe/Felsch (2019), 133.

Zeitnah zu Brouwers Aufforderung schreibt Schoenflies seine gerade einmal fünf Druckseiten umfassende „Bemerkung zur Axiomatik der Größen und Mengen“ nieder, um in der gebotenen Gründlichkeit an die betroffenen Beispiele anzuknüpfen. Das Manuskript, das am 15. August 1921 bei der *Annalen*-Redaktion eingeht und Anfang 1922 erscheinen wird, erhellt den Kontext und legt Fraenkels Argumentation dar, warum „für das von mir konstruierte Beispiel schon ein Teil der in meinem Artikel zugrunde gelegten Axiome versagt; und zwar ein Teil der Axiome über Teilmengen“.[67] Fraenkel hatte dabei nichts anderes gemacht, als die drei für den Teilmengenbegriff zentralen Axiome aufzugreifen, um ihr Bestehen in einem, Teilmengen verwendenden Beispiel zu überprüfen. Er kam dabei zu einem überraschenden Ergebnis und dieses hatte er Schoenflies vor Veröffentlichung der *Annalen*-Fassung und später auch Brouwer mitgeteilt. Beginnen wir mit den Schoenfliesschen Axiomen für Teilmengen.

> „Für die Teilmengen sollen folgende Axiome gelten (*Axiome der Teilmengen*):
> I. Aus $M' \; t \; M$ und $M'' \; t \; M'$ folgt $M'' \; t \; M$.
> II. Jede Teilmenge M' von M bestimmt eindeutig eine zweite Teilmenge M_1 von M, die ihre *Komplementärmenge* bezüglich M heisst.
> III. Die Komplementärmenge von M_1 ist wiederum M'.
> Wir dürfen daher folgende Bezeichnungen einführen. Wir schreiben $M_1 \; k \; M'$ resp. $M' \; k \; M_1$ und setzen dem gemäss (III) in die Form
> III′. Aus $M_1 \; k \; M'$ folgt $M' \; k \; M_1$“.[68]

Die Gruppe der Teilmengenaxiome fordert mithin den minimalen Eigenschaftskatalog für die t- und k-Relation, zu dem im Besonderen die Transitivität der t- und die Symmetrie der k-Relation zählt. Diesen Forderungen genügen sollen – wie bereits zitiert – „*alle Objecte*, für die man das *Ganze* und den *Bestandteil* unterscheiden kann“.[69] Von Interesse sind für uns die ersten beiden Axiome:

(A_1)	$\bigwedge\mathfrak{x}\bigwedge\mathfrak{y}\bigwedge\mathfrak{z}(\mathfrak{x}\subseteq\mathfrak{y}\wedge\mathfrak{y}\subseteq\mathfrak{z}\rightarrow\mathfrak{x}\subseteq\mathfrak{z})$
	Ist $\mathfrak{x}$ eine Teilmenge von $\mathfrak{y}$ und $\mathfrak{y}$ eine Teilmenge von $\mathfrak{z}$, dann ist auch $\mathfrak{x}$ eine Teilmenge von $\mathfrak{z}$.
(A_2)	$\bigwedge\mathfrak{x}\bigwedge\mathfrak{y}(\mathfrak{y}\subseteq\mathfrak{x}\rightarrow\bigvee!\mathfrak{z}(\mathfrak{x}\setminus\mathfrak{y}=\mathfrak{z}\wedge\mathfrak{z}\subseteq\mathfrak{x}))$
	Zu jeder Teilmenge $\mathfrak{y}$ von $\mathfrak{x}$ gibt es genau eine komplementäre Teilmenge $\mathfrak{z}$ von $\mathfrak{x}$.

[67] Schoenflies (1922a), 60.

[68] Schoenflies (1920), 787. Gleichlautend, bei marginalen orthographischen Unterschieden (1921), 176.

[69] Schoenflies (1920), 785. Gleichlautend, bei marginalem orthographischem Unterschied (1921), 174.

Im weiteren Verlauf seiner Untersuchung entwirft Schoenflies für seine Axiomatik der Größen und Mengen ein Beispiel,[70] bei dem man „als Größen einseitig begrenzte Geraden von unendlicher Länge, aber von zwei entgegengesetzten Richtungen wählte, als Teilmenge jeden ebenfalls unendlichen Bestandteil zuläßt und die Äquivalenz z. B. durch eindeutige Ähnlichkeitsabbildung definiert".[71] Wir betrachten mithin einen Gegenstandsbereich, bei dem alle Teilmengen wiederum einseitig begrenzte Geraden von unendlicher Länge sind. Fraenkel wird diese Konstruktion als Gegenbeispiel für die Axiome der Teilmengenbildung aufgreifen.[72]

Gegeben sei als erste Menge a eine durch den Punkt A einseitig begrenzte Gerade von unendlicher Länge ($a = \{x | x \in [A, \infty[\ \}$). Gegeben sei weiterhin eine zweite Menge b, die dadurch entsteht, dass auf der durch den Punkt A einseitig begrenzten Geraden ein weiterer Punkt B markiert wird ($b = \{x | x \in [B, \infty[\ \}$). Damit entsteht eine weitere Halbgerade. Die dritte Menge c entsteht dadurch, indem ein Punkt C erzeugt wird derart, dass der Punkt B zwischen den Punkten A und C liegt ($c = \{x | x \in [C, \infty[\ \}$). Die Mengen a, b und c repräsentieren einseitig begrenzte Geraden von unendlicher Länge.

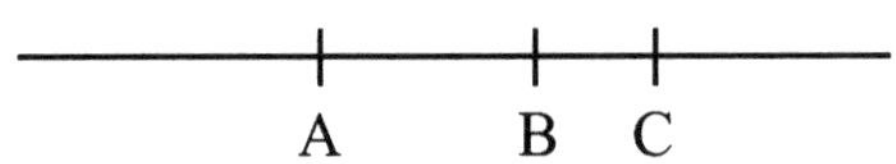

Abb.: Beispiel von Schoenflies

Bereits die Geometrie lässt unschwer erkennen, dass sowohl die Halbgerade ausgehend vom Punkt B als auch die Halbgerade ausgehend vom Punkt C Teile der Halbgeraden ausgehend vom Punkt A sind und darüber hinaus die Halbgerade ausgehend vom Punkt C Teil der Halbgeraden ausgehend vom Punkt B ist. Fraenkel betrachtet nun die drei Mengen a, b und c auf der Folie der beiden Axiome (A_1) und (A_2). Das Teilmengenaxiom (A_1) ist unzweifelhaft erfüllt. Aus dem Bestehen der Voraussetzungen $b \subseteq a$ und $c \subseteq b$ folgt mittels (A_1) der realisierte Sachverhalt $c \subseteq a$, denn die Halbgerade ausgehend vom Punkt C ist laut Konstruktion eindeutig als Teilmenge der Halbgeraden ausgehend vom Punkt A zu erkennen. Es gilt:

$$\{x|x \in [C,\infty[\} \subseteq \{x|x \in [B,\infty[\} \wedge \{x|x \in [B,\infty[\} \subseteq \{x|x \in [A,\infty[\} \rightarrow \{x|x \in [C,\infty[\} \subseteq \{x|x \in [A,\infty[\}$$

Anders sieht dies im Fall von (A_2) aus, bei dem es methodisch vor der Eindeutigkeitsfrage überhaupt erst einmal die Existenz sicherzustellen gilt, denn ohne Existenz gibt es auch keine eindeutige Existenz. Fraenkel betrachtet etwa die Folgerungen, die sich aus dem Teilmengenverhältnis $c \subseteq b$ ergeben. In diesem Fall folgt mittels (A_2) die Aussage $\bigvee!\mathfrak{z}\left(b \setminus c = \mathfrak{z} \wedge \mathfrak{z} \subseteq b\right)$, d. h. es gibt zur Teilmenge c genau eine komplementäre Teilmenge von b. Da die Menge c die Halbgerade ausgehend vom Punkt C auf der durch den Punkt B

[70] Vgl. Schoenflies (1920), 808f.; (1921), 198f.

[71] Schoenflies (1922a), 61.

[72] Vgl. Schoenflies (1922a), 61.

begrenzten Halbgeraden darstellt, führt die Bestimmung von $b \backslash c$ zur Menge $\{x | x \in [B, C[\ \}$. Gemäß der Konstitutionsbedingung für den Gegenstandsbereich müsste diese Teilmenge von unendlicher Länge sein, was sie offenkundig nicht ist, denn ihre Länge wird begrenzt durch die Länge der Strecke *BC*. Damit verstößt diese Teilmengenbildung gegen die Bedingung, dass jede Teilmenge des Bereichs eine ,einseitig begrenzte Gerade von unendlicher Länge' zu sein hat. Die im Komplementärmengenaxiom (A_2) enthaltene Existenzforderung wird nicht erfüllt. „In der Tat bleibt dann das erste Axiom erhalten, das zweite aber nicht. Wenn man nämlich von einer solchen Geraden eine Teilmenge *M'* im obigen Sinne abspaltet, so bleibt außerdem noch ein endlicher Abschnitt übrig, und der entspricht unserm Begriff der Teilmenge nicht mehr".[73]

Fraenkel greift das Beispiel von Schoenflies auf und interpretiert es zugleich als Modell für (A_1) und non-(A_2). Das war ein bemerkenswertes Resultat, ein innovativer Forschungsbeitrag, der in seinen unmittelbaren Konsequenzen für die Mengentheorie und in seiner methodologischen Pointe für die Metamathematik fruchtbar gemacht werden konnte. Mit einem simplen Vorgehen hinterfragte er den axiomatischen Forderungskatalog für die Teilmengenbildung und adaptierte damit sogleich eine beweistheoretische Methode, die aufgrund ihrer unkontroversen Anleihen bestens geeignet ist, um die Unabhängigkeitsfrage von Axiomen zu untersuchen. All dies erfolgte zudem in der Form einer rein immanenten Kritik, d. h. Fraenkel trägt nichts von außen an Schoenflies' Axiomatik heran, sondern operierte vollständig mit einem elementaren Teilmittelbestand derselben. Dies entsprach uneingeschränkt dem metamathematischen Begründungsideal, das wesentlich zeitgleich in Göttingen aus der Taufe gehoben wurde.[74] Hilbert wäre begeistert gewesen. Schließlich repräsentierte auch im Fall der Mengentheorie „die Prüfung der Widerspruchslosigkeit eine unabweisbare Aufgabe".[75] Die gesamte Argumentation erfolgte äußerst voraussetzungsarm und gerade deshalb war sie so beeindruckend. Man versteht, weshalb Brouwer Schoenflies ausdrücklich darum ersuchte, diesen Punkt in der gebührenden Gründlichkeit zu würdigen. „Diese von Herrn Fränkel bemerkte Tatsache ist auch deshalb von Interesse, weil sie den Teilmengenbegriff und seine Eigenart in neuer Weise beleuchtet. Sie zeigt nämlich in erster Linie die Unabhängigkeit der Axiome I und II, sie zeigt außerdem, daß der Teilmengenbegriff gewisse mathematische Operationen auch dann noch zuläßt, wenn das Komplementärmengenaxiom nicht erfüllt ist".[76]

Fraenkel gelingt dieses beachtliche Resultat wahrscheinlich im Herbst 1920 und damit in einer Phase seines Lebens, in der er sich zu innovativer Forschung kaum noch befähigt sieht. In jüngerer Vergangenheit kann er als einziges großes Projekt auf seine *Einleitung in die Mengenlehre* verweisen, die jedoch mit keinen neuen wissenschaftlichen Resultaten

[73] Schoenflies (1922a), 61.

[74] Zu den begründungstheoretischen Besonderheiten der Beweistheorie siehe umfassend Wille (2008), passim. Für die beweiskritischen Gelingensbedingungen der klassischen Metamathematik siehe ebd., 49–146.

[75] Hilbert (1917), 412.

[76] Schoenflies (1922a), 61.

aufzuwarten weiß und inhaltlich kaum als originell beurteilt werden darf. Indes liegen seine algebraischen Forschungen nicht nur mehrere Jahre zurück, sondern sie fallen in eine gänzlich andere Zeit, eine andere biographische Epoche, was in der Selbstwahrnehmung den fatalen Eindruck entstehen lassen kann, dass die vormalige Originalität durch eine gänzlich andere Person erbracht wurde, während das gegenwärtige Ich den Beweis schuldig bleibt, zu dergleichen befähigt zu sein. Daraus kann schnell der Zweifel erwachsen, dass man Vergleichbares nicht mehr zu leisten vermag. Verfestigt sich ein solcher Glaube, kann er leicht zu einer sich selbst erfüllenden Prophezeiung werden.

So weit war es bei Fraenkel noch nicht, aber im Herbst 1920 trieben ihn zweifelsohne derartige Bedenken um. Verstärkt wurde dies durch die Sorge, über nicht mehr ausreichend Zeit zur wissenschaftlichen Bewährung zu verfügen. Mit zunehmendem Alter schwand für ihn die Hoffnung auf wahre Originalität. Bald würde es vorbei sein. Er befand sich unmittelbar „vor Toresschluß“.[77] Selbst mit einem Abstand von mehr als viereinhalb Jahrzehnten erinnert er sich mit einem beklemmenden Gefühl an diese Zeit, die sich in der Rückblende als wegweisend für seine weitere akademische Laufbahn erweisen sollte. „Die in meiner Dissertation und Habilitationsschrift enthaltenen Fortschritte in abstrakter Algebra waren durch über vierjährigen Kriegsdienst in meinen „besten“ Jahren, von 23 bis 28, unterbrochen worden, und ich fühlte nicht die Kraft in mir, die zu ihrer Fortführung erforderlichen neuartigen Gedanken zu verwirklichen“.[78]

Wie erfreut überrascht muss er über sich selbst gewesen sein, als er das in der Schoenflies-Replik Vollbrachte begutachtete. Erhalten hatte er das Manuskript des Frankfurter Kollegen als versierter Verwalter der Mengenlehre, als solider Kenner der Materie, dessen Hinweise mit aufrichtigem Interesse am Main erwartet wurden. Abgesandt hatte der Marburger Privatdozent seine kritische Rückmeldung indes als ein innovativer Gestalter der Mengentheorie, dem soeben weitaus mehr gelungen war als eine hilfreiche historiographische Fußnote zu platzieren oder eine fehlerhafte Subindizierung auszubessern. Fraenkels Antwortschreiben enthielt etwas Grundsätzliches, das weit über Schoenflies' Ansatz hinausreichte. Die Post von der Lahn umfasste nicht nur die Manifestation des Modells für (A_1) und non-(A_2), das für das Frankfurter Axiomatik-Projekt eine substantielle Herausforderung darstellte, sondern mit dieser besonderen Problemexposition verband sich die allgemeine Frage, wie ein axiomatisches Vorgehen prinzipiell die Unabhängigkeitsbedingung zu gewährleisten gedenkt. Schoenflies hatte darauf keine Antwort und Fraenkel sollte zeitnah feststellen, dass sich auch bei Zermelo kein Hinweis verborgen hatte. Vollkommen unerwartet war er zu einer Beobachtung von fundamentalem Charakter gelangt, die sich bei keinem der beiden großen zeitgenössischen Mengentheoretiker finden ließ. Nahezu leichtfüßig, im Vorübergehen war Fraenkel etwas ohne nennenswerte Mühe gelungen, was weder Schoenflies noch Zermelo bisher geschafft hatten. Die besten Jahre waren also noch nicht vorbei.

---

[77] Fraenkel (1967), 149.

[78] Fraenkel (1967), 148f.

Stolz und Erleichterung dürfte Fraenkel verspürt haben, als Schoenflies den gemachten Punkt einräumt. Die Gunst dieses Moments durfte nicht ungenutzt bleiben. Als beflügelnde Erfahrung besaß sie das Potenzial, den Beginn eines neuen Forschungsschwerpunktes zu markieren. Die überaus präzisen Beobachtungen zur Teilmengenbildung und zur Unabhängigkeitsfrage verdienten eine gleichermaßen eingehendere wie allgemeine Betrachtung. Die Umstände waren günstig. Zum Schwerpunkt seiner Forschung erkor Fraenkel die Grundlagen der Mengentheorie zu einer Zeit, „wo fast niemand sich für sie interessierte und es deshalb verhältnismäßig leicht war, zu wichtigen Resultaten zu gelangen“.[79] Sie mussten nur noch erbracht werden. Neben einer verbindlichen Erweiterung des Fokus bedurfte es im Besonderen einer nachhaltigen Dokumentation des vorliegenden Falls. Für eine exponierte Positionierung der geleisteten Kritik bot sich kein besserer Ort an als das *Jahrbuch über die Fortschritte der Mathematik*, das bereits aus Gründen der Vollständigkeit die bibliographischen Koordinaten von Schoenflies’ Aufsatz „Zur Axiomatik der Mengenlehre“ von 1920, dessen mit Zusätzen versehenen Wiederabdruck von 1921 sowie die zugehörige Miszelle „Bemerkung zur Axiomatik der Größen und Mengen“ aufnehmen würde.

Hier musste keine Besprechung mühsam erkämpft, keine Redaktion vom Erfordernis einer kurzen inhaltlichen Darstellung überzeugt werden. Das persönliche Interesse an einer ausgewogenen Darstellung konnte hier umgehend in den Dienst der Redaktion gestellt werden und erreichte dabei einen ungemein hohen Verbreitungsgrad. Früh dürfte Fraenkel klar gewesen sein, dass die gezielte Verbreitung von erreichten Ergebnissen wesentlich über den Weg des *Jahrbuchs* führt, welches bereits seit einem guten halben Jahrhundert den unbestrittenen Maßstab für die bibliographische Dokumentation mathematischer Publikationen darstellt. Das *Jahrbuch* war und ist die erste Adresse, wenn es um eine verbindliche Orientierung in der Welt der mathematischen Veröffentlichungsaktivitäten geht.[80]

Aufgrund der Fülle der, jahrgangsweise bibliographierten Arbeiten legte man in der *Jahrbuch*-Redaktion zwar Wert darauf, dass vornehmlich größere Werke mit einer inhaltlichen Anzeige versehen wurden. Allerdings war es unmöglich, für jedes Buch oder gar jeden Aufsatz den Anspruch einer Inhaltsangabe aufrechterhalten zu wollen. Entsprechend war man vor allem im Fall von kleineren Arbeiten auf die Initiative von frei zuarbeitenden Fachwissenschaftlern angewiesen, die nach eigenem Ermessen entschieden, welcher Aufsatz eine kurze Besprechung verdiente. Fand sich jemand, der eine ausgewogene Darstellung lieferte, griff man für die betroffene bibliographierte Arbeit dankbar auf diese Zuarbeit zurück. Für Fraenkel war dies die passgenaue Gelegenheit, um unabhängig der von Schoenflies getätigten Anmerkungen die eigenen Leistungen als nüchterne Addenda zur Inhaltsangabe der Texte zu lancieren. Genauso geschah es dann auch. Für alle drei Schoenflies-Publikationen finden sich im *Jahrbuch* Fraenkel-Anzeigen[81] und es sind diese

[79] Fraenkel (1967), 149.

[80] Zur besonderen Rolle des *Jahrbuchs* im mathematischen Rezeptionsgeschehen siehe Wille (2020a), 90–96.

[81] Vgl. Fraenkel (1924/26), (1925/28b), (1925/28c).

publizistischen Miniaturen, die aus erster Hand zu berichten wissen, welch außergewöhnlichen Stellenwert diese Texte in Fraenkels intellektueller Entwicklung besitzen. Durch die bloße Existenz der *Jahrbuch*-Einträge wird die autobiographische Signifikanz der Schoenflies-Aufsätze belegt. Dabei nutzte der Marburger Privatdozent das einzige Manko dieses annualen Periodikums zu seinem Vorteil.

Im Unterschied zu Fachzeitschriften, die mit einem verhältnismäßig kleinen zeitlichen Vorlauf angenommene Manuskripte und somit auch Rezensionen zur Publikation bringen konnten, gab es im Fall des *Jahrbuchs* stets eine mehrjährige Verzögerung. Einem Jahrgang zugehörige Publikationen wurden weder in ihrem Erscheinungsjahr noch im Folgejahr zur Anzeige gebracht. Aufgrund der Fülle der zusammenzutragenden und redaktionell aufzubereitenden Informationen benötigte man mindestens zwei, häufig mehrere Jahre, bis ein Jahrgang fertiggestellt und zur Publikation gebracht werden konnte – vor allem in der Zeit nach dem Ersten Weltkrieg. Die einzelnen Bände des *Jahrbuchs über die Fortschritte der Mathematik* waren gewaltige Gemeinschaftsleistungen einer großen Forschergemeinde, die es aufwendig zu koordinieren und aufeinander abzustimmen galt. Entsprechend musste man auf einen Jahrgang auch vergleichsweise lang warten. Dafür erhielt man dann – wiederum im Unterschied zu konventionellen Periodika – keine Jahresschrift, die bereits kurze Zeit später wieder an Aktualität eingebüßt hatte. Die Bände des *Jahrbuchs* besaßen etwas Überzeitliches, ihre Nutzung war auf Dauer angelegt. Ihnen war dieselbe Konstitution zu eigen wie den Bibliotheken, die ihnen ein Zuhause boten – sie waren für die Ewigkeit erdacht. Ihre überragende Qualität entfaltete sich erst mit den Jahren. Je länger ein Jahrgang in der Vergangenheit lag, um so bedeutsamer und wertvoller wurden die *Jahrbuch*-Dokumentationen. Mit jedem Jahreswechsel wurde die Verfügbarkeit früherer Jahrgänge unverzichtbarer. Das gilt bis auf den heutigen Tag.

Diese Konstellation nutzte Fraenkel auf mehreren Ebenen zu seinem Vorteil. Zum einen konnte er die Besprechung der erstveröffentlichten *Proceedings*-Fassung von „Zur Axiomatik der Mengenlehre“ zu einem Zeitpunkt fertigstellen, an dem bereits die *Annalen*-Fassung erschienen war. Das eröffnete ihm sogleich die für Rezensionen ansonsten untypische Möglichkeit, die Geschichte in Kenntnis ihrer weiteren Entwicklung aufzubereiten. Nach konziser Darstellung von Schoenflies' Axiomatik-Projekt konnte er mithin nicht nur auf den entdeckten Fehler hinweisen. Vielmehr konnte er diesen sogleich in den komplexen Hinweis einbetten, dass „ein hierbei am Schluß auftretender, nicht wesentlicher Irrtum [...] im Wiederabdruck der Arbeit in Math. Ann. 83 (1921) gekennzeichnet“[82] wird. Fraenkel gelang damit das bemerkenswerte Kunststück, die eigene Person ohne namentliche Erwähnung legitim in den Zusammenhang einer Veröffentlichung zu stellen, in deren Publikationschronologie er nachweislich gar keine Rolle gespielt hatte. Schließlich trat er erst *nach* der *Proceedings*-Fassung auf den Plan. Darüber hinaus barg der zitierte Hinweis die keineswegs subtile Anspielung, dass der besprochene Autor die Kritik zwar angenommen, aber bei Weitem noch nicht umgesetzt hatte. Der Rezensent sollte sich selbst im unmittelbar nachfolgenden, 48. Band des *Jahrbuchs* den Raum verschaffen, erneut auf

[82] Fraenkel (1924/26), 170.

diesen Sachverhalt zu sprechen zu kommen. Fraenkel wird die Anzeigen für die beiden Nachfolgepublikationen als Vehikel nutzen, um das Faktum seiner Kritik wiederholt in Erinnerung zu rufen.

Allein dabei sollte es nicht bleiben. Mit der gut 16 Zeilen umfassenden Besprechung im 47. Band des *Jahrbuchs* beschränkte sich der Marburger Mathematiker nicht nur auf die Konstatierung des besagten Irrtums. Dank der inzwischen verflossenen Zeit, die seit der Diagnose des Schoenflies-Fehlers vergangen war, und der damit neu hinzugewonnenen Souveränität konnte er den Kontext sogleich für eine weitreichendere Beobachtung nutzen. Er verfasste die Besprechung der *Proceedings*-Fassung in Kenntnis seiner inzwischen selbst erzielten fundamentalen Resultate, weshalb er selbstbewusst darauf hinweisen konnte, dass eine der zentralen metamathematischen Aufgaben im Axiomatik-Projekt Schoenflies' keine Aufmerksamkeit erfahren hatte. „Die Frage der Unabhängigkeit des Axiomensystems, d. h. der Notwendigkeit aller zahlreichen Einzelaxiome wird nicht untersucht".[83] Rezensionskritische Äußerungen dieser Form setzen für die vollständige Entfaltung ihrer performativen Kraft die Befähigung des Angemahnten durch den Rezensenten voraus. Andernfalls bleiben sie bis zu einem gewissen Grad unglaubwürdig oder wirken gar herablassend. Fraenkel konnte sich diesen forschungskritischen Gestus erlauben, denn zeitgleich arbeitete er als wahrscheinlich einziger aussichtsreich an der Unabhängigkeitsfrage des Auswahlaxioms.

Bei dieser einen Anzeige konnte er es nicht belassen. Besprechungen für den Wiederabdruck aus dem Jahr 1921 sowie die zugehörige Miszelle von 1922 standen aus und mit dem 48. Band sollte sich eine für Fraenkel äußerst attraktive *Jahrbuch*-Besonderheit einstellen. Dieser Band vereinte sogleich die Jahrgänge 1921 und 1922, was dem neu kreierten Mengentheoretiker die einzigartige Möglichkeit verschaffte, die beiden noch unkommentierten Aufsätze der Schoenflies-Forschung nicht nur im selben *Jahrbuch*-Band zu annotieren, sondern diese publizistischen Miniaturen sogleich in den Zusammenhang des eigenen Schriftenverzeichnisses zur Mengentheorie zu stellen. Mit diesen beiden Besprechungen eröffnet Fraenkel eine beeindruckende Anzeigenfolge, die sich ununterbrochen über die Seiten 198–200 des Jahrgangs 1921–1922 erstreckt. Eine außergewöhnliche, allerdings auch schnell zu übersehende Konstellation. Im Ganzen bespricht er an dieser Stelle sechs Arbeiten zur Mengentheorie,[84] darunter die beiden benannten von Schoenflies.[85] Auf diese folgen unmittelbar die Selbstanzeigen für die eigenen ersten mengentheoretischen Forschungsschriften.[86] Das gemeinsame Auftreten dieser sechs Schriften im *Jahrbuch*-Verbund, diese vom Anzeigenden als Einheit gestiftete und von der Redaktion beibehaltene Abfolge liest sich wie die Dokumentation der eigenen intellektuellen Entwicklung. Im Band 48 des *Jahrbuchs* legt Fraenkel darüber Zeugnis ab, wessen intellektuelle Inspiration und publizistische Impulse seine mengentheoretische Forschung mit initiiert haben. Es war nicht Zermelo, sondern Schoenflies.

[83] Fraenkel (1924/26), 170f.

[84] Fraenkel (1925/28b); (1925/28c); (1925/28d); (1925/28e); (1925/28f).

[85] Vgl. Fraenkel (1925/28b), (1925/28c).

[86] Fraenkel (1921); (1922a); (1922b); (1922c); (1922d).

Bei der näheren Betrachtung des Arrangements der Seiten 198 bis 200 wird nachdrücklich deutlich, welch persönliche Bedeutsamkeit dem Schoenfliesschen Axiomatik-Projekt beigemessen wird. Fraenkel lässt es sich nicht nehmen, am selben Ort erneut „Zur Axiomatik der Mengenlehre" anzuzeigen, wobei gerade in diesem Fall für die Zwecke des *Jahrbuchs* einzig die Dokumentation der bibliographischen Koordinaten mit dem Hinweis „Mit Zusatz abgedruckt aus Amsterdam Ac. Proceedings 22 (1920)"[87] vollkommen ausreichend gewesen wäre. Die etablierte *Jahrbuch*-interne Verweisüblichkeit – hier in dem Fall auf ‚F. d. M. 47, 170' – hätte jeden Interessenten präzise rückverwiesen auf die bereits verfügbare Besprechung im vorangegangenen Band. Das doppelte Anzeigen desselben Inhalts war jedenfalls äußerst ungewöhnlich. Doch der Besprechung aus dem 47. Band folgt im 48. eine 13 Zeilen umfassende Anzeige für denselben Aufsatz, die einmal mehr mit einem Hinweis auf den von Fraenkel entdeckten Fehler endet. „Am Schluß folgt ein (nicht geglückter) Versuch, die Unvergleichbarkeit unendlicher Mengen an einem Beispiel zu realisieren".[88]

Mehr braucht der Besprechende bei dieser Gelegenheit gar nicht vorzutragen, da ihm der Doppeljahrgang des Periodikums sogleich die Möglichkeit verschafft, unmittelbar im Anschluss an die Rezension des 1921er Wiederabdrucks eine Anzeige für dessen publizistischen Nachtrag „Bemerkung zur Axiomatik der Größen und Mengen" aus dem Folgejahr aufzusetzen. Es ist diese, gerade einmal fünf Seiten umfassende „Bemerkung", die es dem Rezensenten nunmehr gestattet, den eigenen Namen legitim anzuführen. Immerhin war es die kritische Replik Fraenkels und Brouwers nachdrücklicher Hinweis darauf, die Schoenflies' Miszelle allererst hat entstehen lassen, und so erörtert der Aufsatz „die von Fraenkel gemachte Bemerkung, daß das am Schluß des vorstehend besprochenen Aufsatzes konstruierte System nicht mit der Axiomatik verträglich ist, und sucht dem durch Abänderung jenes Systems abzuhelfen".[89] Damit ist das erste mengentheoretische Forschungsresultat Fraenkels bibliographisch fixiert.

3.3 Eine Beobachtung: ‚1908 + 13 = 1921'

Der Privatdozent hatte selbst dafür Sorge getragen, dass seine Beobachtungen zum axiomatisch gefassten Teilmengenbegriff von Schoenflies und dem daraus resultierenden Unabhängigkeitsresultat im *Jahrbuch* eine nachhaltige Dokumentation fanden. Fraenkel meldet sich forschend zu Wort und seine Stichpunktgeber sind die grundlagentheoretisch heikle Teilmengenbildung sowie die beweistheoretische Herausforderung von Unabhängigkeitsnachweisen. Es ist keinesfalls ein Zufall, dass die großen Resultate der kommenden beiden Jahre exakt diesen beiden Bereichen zuzuordnen sind. Dabei geriet Schoenflies für Fraenkel allerdings zur mengentheoretischen Ouvertüre, zu einem biographischen Intermezzo, dem nur für kurze Zeit besondere Aufmerksamkeit geschenkt wurde. Zwar hatte der Frankfurter Kollege auf nicht alle aus Marburg übersandten grundsätzlichen Fragen

[87] Schoenflies (1921), 173.

[88] Fraenkel (1925/28b).

[89] Fraenkel (1925/28c), 199.

geantwortet,[90] aber der Mengentheoretiker von der Philippina hatte seine Neugier bereits auf eine weitaus vielversprechendere Axiomatik gerichtet. Was Fraenkel am Beispiel Schoenflies' mit einem neu erstarkten forschenden Selbstbewusstsein aufgewiesen hatte, bedurfte nunmehr am publizistischen Befund Zermelos einer eingehenderen Betrachtung.

Für nähere Untersuchungen zur Trag- und Reichweite von Schoenflies' Ansatz verblieb vorerst keine Zeit und Fraenkel sollte sie sich auch künftig nicht mehr nehmen. Das besorgte schließlich sein erster Doktorand Julius Merzbach,[91] der sich in der zweiten Jahreshälfte 1924 dieser Aufgabe umfassend annahm und dabei zu beeindruckenden Ergebnissen gelangte.[92] Mit gut einem halben Jahrzehnt Verzögerung legte Merzbach in aller gebotenen Gründlichkeit dar, was der Marburger Mengentheoretiker bereits 1920 wusste. Zermelos Axiomatik der Mengenlehre ist von beiden die weitaus bessere. Es überrascht daher keineswegs, dass sich Fraenkels Aufmerksamkeit umgehend vom jüngeren Frankfurter Axiomatik-Projekt hin zum älteren Göttinger Grundlegungsprogramm verschob. Es waren die dort erreichten Standards, die ihn bereits in der *Einleitung* zu dem Urteil veranlassten, dass wir „mit gutem Recht die Cantor-Zermelosche Mengenlehre als eine Wissenschaft von gleicher Sicherheit und Folgerichtigkeit betrachten dürfen wie jede andere mathematische Disziplin".[93] Mit Beginn des Jahres 1921 standen die „Untersuchungen über die Grundlagen der Mengenlehre. I" im Fokus der Betrachtung.

Der private Schreibtisch, an dem ein Großteil dieser Arbeit geleistet werden sollte, befand sich inzwischen nicht mehr in der Schulstraße, am Fuße des Schlossbergs. Seine neue Forschung wurde beflügelt durch eine neue, großzügig bemessene Wohnung. Erhob er seinen Blick von den Manuskripten, so wurde er beschenkt mit einer weiten, unverbauten Sicht, die über die Giebel der Oberstadt und die gesamte Südstadt bis weit ins Lahntal reichte. In ganz Marburg dürfte es – vom Schloss einmal abgesehen – kaum einen besseren Ort gegeben haben, um das sich gen Süden öffnende Panorama zu genießen. Seit dem Frühjahr 1920 wohnte Fraenkel – nun zusammen mit seiner Frau – auf dem Plateau des Schlossberges, jenem Ort, auf den letztlich all die verwinkelten, steil bergan führenden Gassen der Oberstadt zulaufen. Der Privatdozent lebte damit auch ein Stück weit die Marburg ganz eigene Universitätsromantik. Mathematische Forschung über den Dächern Marburgs. Ermöglicht hatte ihm dies sein Doktorvater und nunmehriger Kollege Hensel, der 1906 auf dem Schlossberg, unmittelbar an den Stadtpark grenzend, auf einem großzügig bemessenen Grundstück bauen ließ, da ihm sein vormaliges Domizil in der Universitätsstraße nicht nur zu klein, sondern auch „für die wissenschaftliche Arbeit zu unruhig"[94] geworden war.

---

[90] Vgl. „Gutachten Fraenkel", in *Promotionsakte Merzbach*, Archiv der Philipps-Universität Marburg, Bestand 307 d Nr. 288, Bl. 12.

[91] Vgl. Merzbach (1925), 5–33.

[92] Siehe 6.2.

[93] [*Einleitung*[1]], 151.

[94] Hasse (1950), 3.

Das architektonische Ergebnis im Breiter Weg 7,[95] dem heutigen Gisonenweg 7, in dem seit 1952 das Herder-Institut für historische Ostmitteleuropaforschung residiert, beeindruckt auch nach mehr als 100 Jahren seiner Entstehung. Mit Hilfe eines Frankfurter Architekten wurde „das prächtige, in einem wundervollen Garten gelegene Haus auf dem Schloßberg errichtet".[96] Die imposante dreigeschossige Villa wurde gleichermaßen zu einem Treffpunkt des Marburger Kulturlebens wie zu einem Ort mathematischer Gastlichkeit und so haben es die „meisten Mathematiker Deutschlands aus dem ersten Drittel unseres Jahrhunderts, aber auch zahlreiche Fachgenossen aus anderen Ländern"[97] kennengelernt. Zu diesen wird auch Thoralf Skolem gezählt haben, der in der mengentheoretischen Forschung 1922 unabhängig von Fraenkel, aber eben ein Jahr nach diesem zu wesentlich denselben Einsichten gelangte. Skolem besuchte Fraenkel nach 1923 „für längere Zeit in Marburg, wo auch Hensel – auf einem anderen Gebiet – für ihn einen Anziehungspunkt bildete".[98] Man kann es sich lebhaft vorstellen, wie der Hausherr und der norwegische Mathematiker leidenschaftlich über zahlentheoretische Probleme diskutierten.

Das Haus hinterließ „durch seine schöne Lage und Einrichtung, vor allem aber durch den in ihm gepflegten Geist, bei jedem, der Hensel in seiner zweiten Lebenshälfte besuchte, bleibenden Eindruck".[99] Diese aufrichtige Gastfreundschaft fand nicht zuletzt Ausdruck darin, dass Hensel seinen Besuchern selbst entlegene private Winkel in „dem von prächtigen Bäumen aller Arten beschatteten, etwas hügeligen Garten"[100] nicht vorenthielt. So befand sich dort „ein älteres kleines Häuschen, wie geschaffen, um sich zu völlig ungestörter Arbeit zurückziehen zu können",[101] das er, eingekleidet in ein kleines Epigramm, als ideal geratenes Refugium zu erkennen gab:

> „In diesem kleinen Gartenhaus
> Bezwing' ich selbst den harten Gauß".[102]

Ein beachtlicher Vertrauensbeweis gegenüber seinen Gästen, zählen doch Orte der intellektuellen Muse zu den besonders intimen Bedingungen des eigenen Forscherlebens. Anfang des Jahres 1920 wird das Idyll im Breiter Weg 7 auch zu Fraenkels neuem Zuhause[103] und

[95] Die ‚Villa Hensel' findet sich auf dem abgedruckten Stadtplan gut sichtbar im Feld C1. Es handelt sich hierbei um das freistehende Gebäude, das sich direkt über dem zweiten „e" der Straßenbezeichnung „Breiter" befindet.

[96] Hasse (1950), 3.

[97] Hasse (1950), 3f.

[98] Fraenkel (1967), 150.

[99] Hasse (1950), 3.

[100] Hasse (1950), 4.

[101] Hasse (1950), 4.

[102] Hensel zit. n. Hasse (1950), 4.

[103] Für das Sommersemester 1920 wird diese Anschrift bereits offiziell in den Universitätsverzeichnissen verwendet. Siehe Philipps-Universität Marburg, *179. Namen-Verzeichnis. Sommer-Halbjahr 1920*, K. Friedrich's Universitäts-Buchdruckerei (Karl Gleiser), Marburg an der Lahn 1920, 8.

das sollte es bleiben bis zu seiner Berufung nach Kiel im Jahr 1928.[104] Zusammen mit seiner Frau bezieht er das Obergeschoss[105] von Hensels Haus. Sowohl für den Hausherrn wie auch seine neuen Mieter war dieses Arrangement von Vorteil, da es für Hensel unumgänglich schien, aufgrund der vorherrschenden Wohnungsnot Mieter aufzunehmen. Fraenkels Dienstweg führte ihn inzwischen über den Hainweg und damit die nördliche Seite des Schlossbergs zum Renthof, kurz unterhalb des Schlosses. Das mathematische Seminar war nach dem Sommersemester 1919 aus dem Universitätsgebäude ausgezogen und befand sich in der Zeit vom Wintersemester 1919/20[106] bis einschließlich Wintersemester 1920/21[107] übergangsweise in Räumlichkeiten des alten physikalischen Instituts bzw. der Alten Sternwarte im Renthof 6.[108]

Unter diesen erfrischend veränderten Bedingungen entdeckt Fraenkel Anfang 1921 jenen Autor erneut und nunmehr mit Verbindlichkeit, dem er bereits eineinhalb Jahre zuvor öffentlich den Erfolg zugeschrieben hatte, „einen Weg zur Begründung der Mengenlehre vorzuzeichnen".[109] Der Schritt schien unausweichlich und wurde durch Schoenflies selbst, wenngleich ungewollt, vorgezeichnet. Das Frankfurter Axiomatisierungsprojekt beruft sich ausdrücklich auf Hilberts Ansatz und begrüßt den Verzicht auf alle gegenstandsbezogenen Begriffsbestimmungen, diesen „wesentlichen durch Hilbert besonders modern gewordenen Gedanken".[110] Zermelos Arbeit ist am Main selbstverständlich bekannt und es wird auf dieselbe auch wiederholt Bezug genommen,[111] allerding gesteht Schoenflies dieser nicht zu, eine axiomatische Begründung für die Mengentheorie geleistet zu haben. Für den von Hilbert verfochtenen Zugang wird lediglich angemerkt, dass sich die Mengenlehre „diesem Gedanken bisher nicht erschlossen"[112] hat. Diese Einschätzung teilte Fraenkel nicht. Ganz im Gegenteil. Für den Marburger Mathematiker galt die Axiomatisierung des Frankfurter Kollegen als „noch nicht abgeschlossen",[113] während der Göttinger Entwurf für ihn „die einzige brauchbare bisher vorliegende Axiomatik der Mengenlehre"[114]

[104] Vgl. Fraenkel (1967), 143.

[105] Vgl. Fraenkel (1967), 142.

[106] Vgl. *Philipps-Universität Marburg. Verzeichnis der Vorlesungen. Winter-Halbjahr 1919/20*, N. G. Elwert'sche Universitäts-Buchhandlung, Marburg an der Lahn 1919, 8.

[107] Vgl. *Philipps-Universität Marburg. Verzeichnis der Vorlesungen. Winter-Halbjahr 1920/21*, N. G. Elwert'sche Universitäts-Buchhandlung, Marburg an der Lahn 1920, 7.

[108] Siehe Philipps-Universität Marburg, *179. Namen-Verzeichnis. Sommer-Halbjahr 1920*, K. Friedrich's Universitäts-Buchdruckerei (Karl Gleiser), Marburg an der Lahn 1920, 13.

[109] [*Einleitung*[1]], 130.

[110] Schoenflies (1921), 173. In der Erstveröffentlichung ((1920), 784) war die Zuschreibung noch exklusiver gefasst: „[…] der wesentlichen Hilbertschen, und durch ihn modern gewordenen Gedanken".

[111] Vgl. Schoenflies (1920), 797 u. 803; (1921), 187 u. 193.

[112] Schoenflies (1921), 173; wesentlich gleichlautend (1920), 784.

[113] Fraenkel (1925e), 29.

[114] Fraenkel (1925e), 29.

geliefert hat. Fraenkel sollte auf lange Zeit nicht mehr von den beiden *Annalen*-Aufsätzen aus dem Jahr 1908 loskommen, denn in beiden Texten fand er jene Fäden gesponnen, die ihn besonders interessierten. Nun musste er sie nur noch aufgreifen und so warf er zuerst im „Jahre 1921 […] die Frage auf, ob das Auswahlaxiom unabhängig sei".[115] Damit begann sein „life-long interest in the axiom of choice".[116]

Die Unabhängigkeitsfrage des Auswahlaxioms hatte ihn bereits bei der Niederschrift der *Einleitung* beschäftigt. Explizit wies er seinerzeit auf „den von ZERMELO selbst ausdrücklich hervorgehobenen Umstand"[117] hin, dass das kontroverse Prinzip „eine besondere, aus den anderen Axiomen wohl nicht ableitbare Voraussetzung darstellt".[118] Geschrieben stand nicht „nicht ableitbare", sondern bloß „wohl nicht ableitbare". Betont wurde also das Vortragen einer Vermutung, wertschätzend hervorgehoben eine nicht begründete Überzeugung. Mathematische Gewissheit war damit nicht gegeben. Gewiss war hier einzig die Hoffnung. Fraenkel wird sich persönlich angesprochen gefühlt haben, als Zermelos „Neuer Beweis für die Möglichkeit einer Wohlordnung" eine weitere eingehende Lektüre erfährt. Wieder dürfte es die „Diskussion der Einwände gegen den früheren Beweis"[119] sein, die ihn besonders fesselt. Dort, sogleich zu Beginn findet er erneut die Stelle, die er als persönlich adressierte Aufforderung verstehen wird. Gerichtet war sie einst an jene Kritiker, die „den Mangel eines Beweises konstatieren"[120] – also beanstandeten, dass das als unbeweisbar behandelte Beweisprinzip immer noch eines Beweises mangelte. Dabei hatten sich diese Kritiker lediglich auf Zermelos „eigenen Standpunkt gestellt. Sie hätten mich sogar zu Dank verpflichtet, wenn sie die von mir behauptete Unbeweisbarkeit, d. h. die logische Unabhängigkeit dieses Postulates von den übrigen, nun ihrerseits bewiesen und damit meine Überzeugung bestätigt hätten".[121]

Es war dies der Einwand, der vor allen anderen verhandelt wurde. Der Göttinger Mathematiker maß dieser Kritik eine besondere Bedeutsamkeit zu. Sie betraf das Fundament axiomatischer Systeme überhaupt und war frei von den – ungleich schwerer auszuräumenden – Bedenken, ob und wie überzeugend das Prinzip sei. Diese Kritik konnte im Idealfall durch einen entsprechenden Beweis als gegenstandslos erwiesen werden und so durfte Zermelos Anmerkung sogleich als Aufruf an die Mathematikerschaft verstanden werden, das offensichtlich Ausstehende zu leisten. Mit der Feststellung der Unabhängigkeit des Prinzips wäre nicht nur die Eigenständigkeit des Axioms erwiesen, sondern im Besonderen der Verdacht ausgeräumt, dass dieses Beweismittel im Zusammenspiel mit dem weiteren System für widerspruchsvolle Resultate verantwortlich sein könnte, denn Unabhängigkeit einer Aussage $\mathfrak{A}$ von einem System Σ impliziert eben nicht nur die Unableitbarkeit

[115] Fraenkel (1967), 151.

[116] Bar-Hillel (1966), 1098.

[117] [*Einleitung*[1]], 145.

[118] [*Einleitung*[1]], 145f.

[119] Vgl. Zermelo (1908a), 111–128.

[120] Zermelo (1908a), 111.

[121] Zermelo (1908a), 111f.

von $\mathfrak{A}$ aus Σ, sondern auch $\Sigma \nvDash \neg\mathfrak{A}$. Diese Aufgabe war freilich ein ganz anderes Kaliber als die Unabhängigkeit von Schoenflies' Teilmengenaxiomen zu untersuchen. Aber Fraenkel war eben dies methodologisch souverän gelungen, weshalb es nur nahe lag, sich dieser anspruchsvolleren Herausforderung zu stellen. Nachdrücklich bestärkt wird er in dieser Überlegung, als er Zermelos „Untersuchungen über die Grundlagen der Mengenlehre. I" zur Hand nimmt und wiederholt auf die zwar felsenfeste, aber letztlich formal nicht abgesicherte Überzeugung stößt, dass sich die klassische Mengenlehre auf „einige wenige Definitionen und auf sieben anscheinend voneinander unabhängige „Prinzipien" oder „Axiome" zurückführen läßt".[122]

Einmal mehr konnte Zermelo nicht mehr vortragen als die Vermutung ‚anscheinend voneinander unabhängiger' Axiome. Zum Vorwurf machte Fraenkel ihm dies selbstverständlich nicht. Der Göttinger Mengentheoretiker hatte mit seiner ersten Axiomatisierung etwas Großartiges geleistet, während die „weitere, mehr philosophische Frage nach dem Ursprung und dem Gültigkeitsbereiche dieser Prinzipien [...] hier noch unerörtert bleiben"[123] sollte. Mehr konnte anno 1908 nicht erwartet werden, zumal es der Ordnung der mathematischen Vernunft entspricht, eine metamathematische Analyse erst zu initiieren, wenn es den zu untersuchenden mathematischen Gegenstand bereits gibt. Ohne axiomatisch bestimmtes Objekt keine wohldefinierte beweistheoretische Aufgabe. Zermelo war dies klar. „Für spätere Untersuchungen, welche sich mit solchen tiefer liegenden Problemen beschäftigen, möchte ich hiermit wenigstens eine nützliche Vorarbeit liefern".[124] Diese Vorarbeit war geleistet, aber es fand sich lange Zeit keiner, der sie an den noch offenen Enden weitergeführt hätte. Selbst David Hilbert sprach anlässlich eines Vortrags vor der Schweizerischen mathematischen Gesellschaft am 11. September 1917 in Zürich unbekümmert davon, dass dank Zermelos Leistung „die in Rede stehenden Widersprüche wegfallen, daß aber trotz der auferlegten Beschränkungen die Tragweite und Anwendungsfähigkeit der Mengentheorie die gleiche bleibt".[125] Diese Worte waren Ausdruck einer frommen Hoffnung, nicht die einer begründeten Feststellung. Nichts davon war zum Zeitpunkt der Äußerung erwiesen – keine zählbare Untersuchung lag vor. Es war Fraenkel, der in seinen Vorstudien zur Rezeptionsgeschichte des Ansatzes zu der arithmetisch trivialen, aber empirisch nicht unwesentlichen Beobachtung gelangte ‚1908 + 13 = 1921'. Zermelos „Grundlagen"-Arbeit „wurde während dreizehn Jahren wenig beachtet"[126] und nun schrieb man eben das Jahr 1921.

Diese knappe Stellungnahme schloss sogleich zwei Urteile ein. Zum einen die Bewertung, dass die besagte Arbeit seit ihrer Veröffentlichung 1908 keine nennenswerten Forschungsimpulse induziert hatte – ein Ergebnis, das auch einer unabhängigen rezeptionsgeschichtlichen

[122] Zermelo (1908b), 262.
[123] Zermelo (1908b), 262.
[124] Zermelo (1908b), 262.
[125] Hilbert (1917), 411.
[126] Fraenkel (1967), 149.

Analyse standhält.[127] Von Marginalien abgesehen blieb Zermelos Axiomatisierung in der Zeit bis 1920 schlicht folgenlos. Zum anderen präsupponiert die Zeitangabe eine erfolgreiche Überwindung dieses Desiderats nach 13 Jahren durch eine substantielle Auseinandersetzung mit dem Text. Diese erfolgte ab 1921 durch den Diagnostizierenden selbst und beginnend mit der Vortragsnotiz „Über die Zermelosche Begründung der Mengenlehre“[128] wird die *Annalen*-Abhandlung endlich „zum Ausgangspunkt für die mengentheoretisch orientierte Grundlagenforschung“,[129] zu der ab Mitte der 1920er-Jahre „eine wahre Flut von Veröffentlichungen“[130] einsetzen wird. Hier nun, „ein Jahrzehnt später“,[131] sollte Ernst Hellingers Vorlesung, vor allem in ihrer Befassung mit Zermelos Axiomatisierung, „für meine Zukunft entscheidend werden“.[132] Ein weiteres Mal wirkte die Biographie prägende „Einführung in die Mengenlehre“ aus dem Sommersemester 1911 nach. Die nunmehr beginnende intensive Auseinandersetzung mit dem Methodenideal der modernen mengentheoretischen Axiomatik war für Fraenkel jedoch kein Neuland. Bereits zum Ende seines Studiums, vor inzwischen mehr als sieben Jahren, war er eingebunden in die redaktionelle Endbearbeitung von Alfred Loewys *Lehrbuch der Algebra. Erster Teil: Grundlagen der Arithmetik*,[133] das eine gleichermaßen souveräne wie umfangreiche Entfaltung der abstrakten Theorie der reellen Zahlen liefert.

Durch seine intensive Befassung mit dem Manuskript, für die der Autor am Ende seines Vorwortes „Herrn Dr. Adolf Fraenkel in München für aufopfernde Unterstützung beim Lesen der Korrektur und für eine große Anzahl sehr wertvoller Ratschläge“[134] herzlichst dankte, konnte Fraenkel viel über die systematische Architektur des Lehrbuchs sowie den axiomatischen Aufbau der modernen algebraischen Analysis lernen. Am Werk wird ihn nicht zuletzt die Strenge der praktizierten Beweisführung beeindruckt haben, die ausgehend von den formal explizierten Voraussetzungen mittels eines geeigneten Symbolismus und unter weitgehendem Prosaverzicht realisiert werden konnte. Loewy wurde inspiriert von den Standards seiner Zeit und so repräsentiert das Lehrbuch nicht weniger als ein Zeugnis moderner Axiomatik. „Meine Einführung in axiomatische Gedankengänge verdanke ich einer anderen Quelle: der intensiven Teilnahme an Formulierung und Korrektur des erst 1915 erschienenen Buches meines Onkels Loewy „Grundlagen der Arithmetik“. Die Mitarbeit an diesem Buch hat mich für dauernd beeinflußt“.[135] Manifest wurde dies in der Gegenwart des Jahres 1921, in dem Fraenkel beide Kompetenzfelder zusammenführte: Mengentheorie & formale Axiomatik. Dank des neuen Forschungsprofils des Marburger

[127] Vgl. u. a. Moore (1982), 160–167.

[128] Fraenkel (1921).

[129] Fraenkel (1967), 112.

[130] [*Einleitung*[3]], IX.

[131] Fraenkel (1967), 105. Siehe 1.4.

[132] Fraenkel (1967), 105.

[133] Loewy (1915).

[134] Loewy (1915), IV.

[135] Fraenkel (1967), 111.

Privatdozenten, „Grundlagenforschung, namentlich Axiomatik der Mengenlehre“,[136] ist der rezeptionsgeschichtliche Wendepunkt für Zermelos „Grundlagen“-Aufsatz 1921 erreicht. Nun war es also an Fraenkel, die auf Hoffnung gegründete Überzeugung durch beweistheoretische Ergebnisse abzusichern.

Die allgemeine Beweisheuristik war denkbar einfach. Zermelo hatte sieben Axiome vorgelegt, für die es nachzuweisen galt, dass jeweils eines von den übrigen sechs unabhängig war. Im Fall des Auswahlaxioms, dem Axiom VI, besagte dies, dass ein Bereich von Mengen anzugeben war, der nachweislich die Sachverhalte der Axiome I bis V plus VII erfüllt, aber nicht die Aussage des Axioms VI. Gesucht wurde also ein Modell der Axiome I–V+VII, das mindestens in einem Fall die Existenz einer Auswahlmenge ausschloss. Man wird also „eine mit den übrigen Axiomen verträgliche Realisierung der Beziehung $m \varepsilon M$, d. h. des Mengenbegriffs, anzugeben haben, bei der folgendes eintritt: Bildet man irgendwie oder in bestimmter Weise zu der gegebenen Menge T Mengen $\{m\}$, $\{n\}$, ..., so daß $m \varepsilon M$, $n \varepsilon N$, ..., so existiert *keine* Menge S_1, die die Elemente m, n, ... und nur sie enthält“.[137] Die konkrete Beweisstrategie war indes alles andere als einfach. Induziert wurde dies durch das Auswahlaxiom selbst:

> „**Axiom VI.** Ist T eine Menge, deren sämtliche Elemente von 0 verschiedene Mengen und untereinander elementenfremd sind, so enthält ihre Vereinigung $\mathfrak{S}T$ mindestens eine Untermenge S_1, welche mit jedem Element von T ein und nur ein Element gemein hat“.[138]

Das Axiom selbst sprach für eine bestimmte Klasse von Mengen von der Existenz einer Vereinigungs- und einer bestimmten ihrer Untermengen. Allessamt bekannte Begriffe, die nach erstem Dafürhalten in den Zuständigkeitsbereich anderer Axiome fielen. Schließlich konnte unbestritten für jede beliebige Menge und mithin auch für eine Menge m von paarweise disjunkten nicht-leeren Mengen m_i deren Vereinigungsmenge $\mathfrak{S}m$ gebildet werden. Dafür hatte Zermelo an der unmittelbar vorangegangenen Stelle seiner Axiomatisierung gesorgt:

> „**Axiom V.** Jeder Menge T entspricht eine Menge $\mathfrak{S}T$ (die „*Vereinigungsmenge*“ von T), welche alle Elemente der Elemente von T und nur solche als Elemente enthält“.[139]

Die Bildung einer Vereinigungsmenge $\mathfrak{S}m$ war jederzeit möglich. Verblieb eigentlich nur noch der Aussonderungsprozess für eine Untermenge von $\mathfrak{S}m$, die mit jedem m_i genau ein Element gemeinsam hat. Das fiel prima facie in den Zuständigkeitsbereich des Aussonderungsaxioms. Sofern also das Auswahlaxiom von den anderen Axiomen unabhängig ist, „muß nachgewiesen werden, daß Teilmengen der Vereinigungsmenge $\mathfrak{S}M$ von solchen Eigenschaften, wie sie für die Auswahlmengen einer vorgelegten Menge M charak-

---

[136] Hensel/Fraenkel (1927), 755.

[137] Fraenkel (1922a), 233.

[138] Zermelo (1908b), 266.

[139] Zermelo (1908b), 265.

teristisch sind, nicht schon auf Grund des A. d. Aussonderung gebildet werden können".[140] Nachzuweisen war mithin, dass sich die Existenz einer solchen Menge nicht mittels konventioneller Teilmengenbildung gewährleisten lässt. Als sich Fraenkel an diese Herausforderung begab, stellte er fest, dass für den Unabhängigkeitsbeweis des Auswahlaxioms „die ungenügende Bestimmtheit des Begriffs „definit" und damit des Axioms III [...] sehr störend"[141] ist. Die Konstruktion eines geeigneten Modells setzte im Besonderen einen durch das Axiom III eindeutig bestimmten Sachverhalt voraus. Diese Voraussetzung war bei näherer Betrachtung jedoch nicht gegeben. Bei Zermelo war zu lesen:

> „**Axiom III.** Ist die Klassenaussage $\mathfrak{E}(x)$ definit für alle Elemente einer Menge *M*, so besitzt *M* immer eine Untermenge $M_{\mathfrak{E}}$, welche alle diejenigen Elemente *x* von *M*, für welche $\mathfrak{E}(x)$ wahr ist, und nur solche als Elemente enthält".[142]

Mit diesem Axiom sollte die Mengenkomprehension reguliert, auf ein zulässiges Maß beschränkt werden. Daher durften durch dieses Axiom nur dann neue Mengen in ihrer Existenz postuliert werden, wenn deren Komprehensionsbedingung ‚definit' für alle Elemente der Grundmenge ist. Eine wichtige Errungenschaft repräsentierte hierbei bereits die logische Struktur des Axioms, die neue Mengen nicht beliebig, frei eines jeden Bezuges zu bekannten Mengen zu bilden erlaubte. Zermelos Axiom III verpflichtete die Komprehension auf die Form eines bedingten Existenzpostulats. Neue Mengen wurden in ihrer Existenzberechtigung notwendig an die Existenz geeigneter Bezugsmengen angebunden. Die Mengendependenz bildet eine notwendige Bedingung für die Mengenkomprehension. Keine neue Existenz ohne eine bereits bekannte. Entsprechend „dürfen mit Hilfe dieses Axiomes niemals Mengen *independent definiert*, sondern immer nur als Untermengen aus bereits gegebenen ausgesondert werden".[143] Diese Dependenzforderung fand ihren tadellosen axiomatischen Ausdruck in der Implementierung der freien Variablen *M*.

Betont werden kann in der Betrachtung des Teilmengenaxioms jedoch nicht nur die freie Variable *M*, sondern auch die Indizierung der abhängigen freien Variablen $M_{\mathfrak{E}}$. Damit rückt dann die Aussagenvariable $\mathfrak{E}(x)$ in den Fokus der Betrachtung, für die einzig definite Bedingungen eingesetzt werden dürfen. Die Frage der zulässigen Teilmengenbildung war damit zu reformulieren als die Frage nach definiten Klassenaussagen. Zulässig ist, was definit ist. Das Axiom selbst erteilt keine Auskunft darüber, was „Definitheit" besagt und wie für eine Klassenaussage die Definitheitsbedingung abzuprüfen ist. Hinweise darauf lieferte Zermelo bereits im Vorfeld des Teilmengenaxioms. „Eine Frage oder Aussage $\mathfrak{E}$, über deren Gültigkeit oder Ungültigkeit die Grundbeziehungen des Bereiches vermöge der Axiome und der allgemeingültigen logischen Gesetze ohne Willkür entscheiden, heißt „*definit*". Ebenso wird auch eine „Klassenaussage" $\mathfrak{E}(x)$, in welcher der variable

140 [*Einleitung*²], 225.

141 Fraenkel (1922a), 234.

142 Zermelo (1908b), 263.

143 Zermelo (1908b), 263f.

Term x alle Individuen einer Klasse $\mathfrak{K}$ durchlaufen kann, als „definit" bezeichnet, wenn sie für *jedes einzelne* Individuum x der Klasse $\mathfrak{K}$ definit ist".[144]

Es handelt sich hierbei um eine, im Begleittext gegebene Instruktion, worauf der Mengentheoretiker bei der Anwendung zu achten hat, um eine Bedingung $\mathfrak{E}(x)$ als „definit" abzuprüfen. Beschränken soll er sich dabei auf die Entscheidbarkeit von $\mathfrak{E}(x)$ für jedes einzelne x von M allein aufgrund der ‚Grundbeziehungen des Bereiches'. Gelingt dies nicht nur im Einzelfall, sondern für *jede* Klassenaussage, dann „kommen alle solchen Kriterien wie „durch eine endliche Anzahl von Worten definierbar" und damit die „Antinomie Richard" oder die „Paradoxie der endlichen Bezeichnung" [...] für unseren Standpunkt in Wegfall".[145] Das ist der Anspruch, das ist die Hoffnung. Zermelos Hinweis, der „nicht ohne eine mehr oder weniger vage Berufung auf die Gesetze der Logik"[146] auskam, war bestenfalls ein respektabler informeller Leitfaden für die Urteilskraft des Anwenders, eher „ein Hinweis als eine Definition".[147] Allerdings war er eben nicht axiomatisch gefasst und genau deshalb „die wesentlichste Lücke in dieser Axiomatik".[148] Ihm musste erst noch „ein *bestimmter* Sinn beigelegt werden".[149] Für die freie Variable $\mathfrak{E}$ im Axiom III hätte es einer Substitutionsbedingung bedurft, die formal regelt, unter welchen (syntaktischen) Voraussetzungen eine Aussage $\mathfrak{A}$ für den Platzhalter $\mathfrak{E}$ eingesetzt werden darf. Mit seinen Begleitkommentaren hatte Zermelo eine Ersetzungsregel der Form

$$\mathfrak{E}(x) \Rightarrow \mathfrak{E}/\mathfrak{A}(x) \qquad \text{für } \mathfrak{A} \text{ definit}$$

im Blick, die allerdings aufgrund der interpretationsfähigen Zulässigkeitsbedingung vage blieb. „Das Unbefriedigende dieser Erklärung [...] liegt offen zutage",[150] denn die Entscheidung darüber, ob beim Abprüfen einer Bedingung $\mathfrak{E}(x)$, vermöge der Axiome' und ‚ohne Willkür' verfahren wird, ist nicht mit den Mitteln des Systems abprüfbar, sondern – sofern überhaupt – diskursiv einzulösen. Entsprechend hatte der Appell zu genügen, dass die Obermenge, von der ausgehend die Teilmengenbildung vollzogen wird, „von vornherein rechtmäßig vorliegen"[151] muss. Dabei ging es freilich nicht um die überwältigende Vielzahl der unproblematischen Anwendungen oder die offenkundig unzulässigen Fälle, sondern um die offene Frage, ob zwischen diesen beiden Polen ein potentiell bedenklicher Bereich von Anwendungen verbleibt. Das klärte dieser „etwas quallenhafte Begriff"[152] nicht. Es war nicht zu leugnen. Das Prädikat befand sich „an wichtiger Stelle [...], womit

[144] Zermelo (1908b), 263.

[145] Zermelo (1908b), 264.

[146] Fraenkel (1924b), 94. Weitgehend gleichlautend Fraenkel (1925d), 271.

[147] Fraenkel (1927a), 104.

[148] Fraenkel (1924b), 94. Weitgehend gleichlautend Fraenkel (1925d), 271.

[149] Fraenkel (1922a), 236.

[150] Fraenkel (1925e), 31.

[151] Fraenkel (1925a), 100.

[152] Fraenkel (1927a), 104.

aufs neue Unbestimmtheiten und Gefahren von der logischen Seite her gewärtigt werden mußten".[153] Diese Unbestimmtheit war wesentlich dafür verantwortlich, dass dem Sachverhalt des Axioms III jene erforderliche Schärfe fehlte, die für den Unabhängigkeitsnachweis des Auswahlaxioms erforderlich war.

Fraenkel war umgehend klar, dass der Weg zum Unabhängigkeitsnachweis nur über eine vorgängige Klärung des Definitheitsprädikats führt. In seiner aktuellen Verfasstheit war der Ausdruck „für subtile Untersuchungen zu unscharf".[154] Er sah „in der mangelnden Präzision des, die Teilmengenbildung ermöglichenden Axioms"[155] sogar den wesentlichen Grund, weshalb ein Beweis bisher „vergebens gesucht worden"[156] ist. Entsprechend früh dürften erste Fassungen erwogen worden sein, wie das informelle Prädikat zu axiomatisieren ist, „z. B. mag von einer definiten Aussage $\mathfrak{E}$ gesprochen werden, falls sie mittels der Grundbeziehungen $m \varepsilon M$ und $M = N$ „im Sinn des heutigen Standes der Wissenschaft" formuliert und „intern entscheidbar" gedacht werden kann".[157] Formal gefasst war auch dieser Entwurf nicht, aber es war ein interpretatorischer Versuch, Zermelos Wendungen ‚vermöge der Axiome' und ‚ohne Willkür' näher hin zu bestimmen. Die hieraus langsam erwachsende Verbindlichkeit in der semantischen Präzisierung der Definitheit war längst überfällig, denn sie berührte zugleich die Essenz der Widerspruchsfreiheitsfrage. Schließlich repräsentierte dieses Prädikat die Klasse der zulässigen Komprehensionsbedingungen und stand damit stellvertretend für den Anspruch der Konsistenz. Mit dieser Problemkategorie wollte sich Fraenkel jedoch gar nicht erst näher befassen. Das überließ er den Göttingern. „Für diese schwierige Frage dürfen neue Erkenntnisse aus dem Fortgang der Untersuchungen Herrn D. Hilberts erwartet werden".[158]

Die diffuse Semantik des Ausdrucks erwies sich metamathematisch als Hindernis für jede weiterführende beweistheoretische Untersuchung und objektmathematisch als Schwachpunkt in der Axiomatisierung der Mengenlehre. Eine ungefähre Komprehension ist eben keine ungefährliche. Zwischen 1904 und 1908 stand das Auswahlaxiom im Mittelpunkt des mengentheoretischen Interesses und es schickte sich auch nach nahezu 13 Jahren des Forschungsstillstandes wieder an, in den Fokus der Betrachtung zu rücken. Fraenkels Untersuchungen begannen mit ihm, doch nun stellte sich heraus, dass nahezu alle bedeutsamen Fragen der Grundlegung der Mengentheorie über die Definitheit führten. Die Prioritäten in Fraenkels mengentheoretischer Forschung hatten sich bereits nach kurzer Zeit neu sortiert. Das Auswahlaxiom blieb zentral, aber zuerst galt es die Achillesferse der Mengentheorie zu beheben. „Der schwächste oder vielmehr [...] der einzige schwache Punkt in Zermelos Axiomatik ist die „Definition" des Begriffs einer „*definiten*" Frage oder Klassenaussage".[159]

[153] Fraenkel (1923), 2.

[154] Fraenkel (1925/28e).

[155] Fraenkel (1925/28e).

[156] Fraenkel (1925/28e).

[157] Fraenkel (1922a), 236.

[158] Fraenkel (1923), 2.

[159] Fraenkel (1922a), 231f.

Bereits im März 1921 wendet sich Fraenkel brieflich an Zermelo, um ihn darüber zu informieren, dass er an der Unabhängigkeit des Auswahlaxioms arbeitet. Es folgt ein kurzer, aber intensiver Briefwechsel bis Anfang Juli.[160] Der Marburger Mathematiker wird von Beginn des Kontaktes an keinen Zweifel daran belassen haben, dass Zermelo bisher den einzigen Ansatz vorgelegt hat, Cantors Mengenlehre auf „mathematisch befriedigende Grundlagen"[161] zu stellen und seine eigenen kritischen Erwägungen „das Grundgerüst dieser Begründung betreffende und z. T. es modifizierende Bemerkungen bilden".[162] Fraenkel übt keine dogmatische Fundamental-, sondern zielführende Sachkritik. Zermelo begrüßt die Forschungsaktivitäten und gibt diverse Hinweise, für die sich Fraenkel auch an öffentlicher Stelle bedankt.[163] Schließlich erfreut sich etwa die in Marburg verfochtene Deutung des Auswahlprinzips „freundlicher brieflicher Bestätigung von Herrn Zermelo".[164] Beide diskutieren unter anderem das Erfordernis einer axiomatischen Erweiterung des Systems, denn Fraenkel hatte im Rahmen seiner eingehenden Auseinandersetzung mit der Axiomatisierung ein weiteres Defizit entdeckt: „*Die sieben Zermeloschen Axiome reichen nicht aus zur Begründung der Mengenlehre*".[165] So hatte er festgestellt, dass sich im Besonderen Mengen mit der Mächtigkeit $\geq \aleph_\omega$ mit den Mitteln des Systems nicht als solche nachweisen lassen.

„Mir fiel nun beiläufig ein, daß Zermelos Axiome nicht hinreichen, um gewisse Mengen zu bilden – eine Entdeckung, die auch Zermelo überraschte".[166] Fraenkel bezieht sich hierbei auf die Antwort Zermelos vom 9./10. Mai 1921 auf einen entsprechenden Brief seinerseits vom 6. des Monats.[167] Der konstruierte Fall „scheint berechtigt und war mir bei der Abfassung meiner Gr[und]l[agen] entgangen. In der Tat wird da noch ein Axiom nötig sein".[168] Entsprechend inspiriert diskutieren beide das Erfordernis und die präzise Fassung eines weiteren Axioms, des Ersetzungsaxioms. Fraenkels substantielle Gesamtdiagnose dürfte ihn ermutigt haben, mit dem Stand seiner Ergebnisse an die Öffentlichkeit zu gehen. Zwar standen Mitte des Jahres 1921 die endgültigen Ergebnisse zum Definitheitsprädikat und damit a fortiori auch zum Auswahlaxiom noch aus, aber allein die Präsentation des Aufgabenkataloges und der weiterführenden Hinweise zu seiner möglichen Bearbeitung versprachen einen respektablen Vortrag oder einen programmatischen Aufsatz oder beides. Schließlich betrafen Fraenkels Überlegungen nicht irgendeinen randständigen Ansatz, sondern die „scharfsinnige Axiomatik Herrn Zermelos […], die in gewissem Sinn für die Mathematik überhaupt grundlegend ist".[169]

[160] Vgl. Ebbinghaus (2007a), 135–138.

[161] Fraenkel (1922a), 230.

[162] Fraenkel (1922a), 230.

[163] Vgl. Fraenkel (1922a), 232; (1922b), 254, Fußnote 1.

[164] Fraenkel (1922a), 232.

[165] Fraenkel (1922a), 230.

[166] Fraenkel (1967), 150.

[167] Vgl. Ebbinghaus (2010a), 23; (2010b), 47.

[168] Zermelo an Fraenkel in einem Brief vom 9./10. Mai 1921. In Ebbinghaus (2007a), 286.

[169] Fraenkel (1921), 97.

3.4 Premieren: *DMV*-Vortrag & *Annalen*-Aufsatz

Nun galt es an die Öffentlichkeit zu treten und Fraenkel entschied sich für beide Wege, Vortrag und Aufsatz. Die Jahresversammlung der *Deutschen Mathematiker-Vereinigung* fand 1921 vom 18. bis zum 25. September in Jena statt. Den Entschluss, „Über die Zermelosche Begründung der Mengenlehre“[170] auf dem *Deutschen Mathematikertag* im Thüringischen zu referieren, dürfte er im Frühjahr getroffen haben. Dafür sprechen gleich mehrere Indizien. Zum einen wird Fraenkels Vortrag bei den frühzeitig gemeldeten Referaten für die Jahrestagung im Heft 1/4 des *Jahresberichts* noch nicht gelistet.[171] Der Grund dafür dürfte schlicht in dem Umstand begründet sein, dass von seiner Seite aus im ersten Drittel des Jahres 1921 noch kein Vortragsangebot unterbreitet wurde. Diese Konstellation würde sich nahtlos in die Entwicklung des Zermelo-Kontaktes fügen, bei dem erst im Verlauf des Frühjahrs vollständige Klarheit darüber hergestellt werden konnte, dass Fraenkels Bestrebungen durchweg berechtigt und innovativ waren. Der Marburger Mathematiker wird das finale Placet Zermelos abgewartet haben, um – ermutigt durch diesen Zuspruch aus berufenem Munde – für Jena zu melden. Unterstützt wird dieses Ansinnen wesentlich zeitgleich durch die, ebenfalls im Heft 1/4 des *Jahresberichts* vorfindliche, gut platzierte Aufforderung: „Weitere Vortragsanmeldungen werden bis zum 15. Juli an den Schriftführer der Vereinigung: Prof. Dr. L. Bieberbach, Berlin-Schmargendorf, Marienbader Str. 9, erbeten“.[172] Dieser dürfte der Marburger Mengentheoretiker gefolgt sein, denn im Heft 5/8 des *Jahresberichts* wird im vorläufigen Programm der Jahresversammlung nunmehr auch Fraenkels Beitrag geführt.[173] Ende des zweiten Drittels des Jahres liegt das Vortragsangebot also nachweislich vor. Das sich damit eröffnende Zeitfenster zwischen Anfang Mai und Mitte Juli lässt sich jedoch einmal mehr zugunsten des Frühjahrs eingrenzen.

So stellt Fraenkel am 10. Juli 1921 seinen Aufsatz „Zu den Grundlagen der Cantor-Zermeloschen Mengenlehre“ fertig,[174] der den gesamten Forschungsstand des ersten Halbjahres umfasst und der bereits vier Tage später als Manuskript der Generalprobe für Jena zugrunde gelegt werden wird. Am Donnerstag, den 14. Juli, trägt Fraenkel zum zweiten Mal im Mathematischen Kolloquium der Frankfurter Kollegen vor[175] und es hat fast den Anschein, als ob sein mengentheoretischer Vortrag erst zur Mitte des Jahres für das Frankfurter Kolloquium vorgesehen wurde, nachdem von der *DMV* die Zusage für Jena kam. Ungewöhnlich für seine Dienstreise an den Main ist der Umstand, dass sein Gastspiel aus zwei, voneinander unabhängigen Vorträgen besteht. Zum einen trägt er über den Zusammenhang zwischen dem ersten und dem dritten Gaußschen Beweis für den Fundamentalsatz der Algebra vor. Diese Überlegungen, die thematisch nahtlos an den ersten Frankfur-

---

[170] Fraenkel (1921).

[171] Vgl. Redaktion JDMV (1921a), 27.

[172] Redaktion JDMV (1921a), 27.

[173] Vgl. Redaktion JDMV (1921c), 46.

[174] Vgl. Fraenkel (1922a), 237.

[175] Vgl. Redaktion JDMV (1921f), 106.

ter Vortrag anschlossen, sollten erst im Frühjahr 1922 endgültig fertiggestellt werden und erschienen schließlich im weiteren Verlauf des Jahres.[176] Gut möglich, dass dieser Teil bei der Kolloquiumsplanung für das Sommersemester im Februar/März ursprünglich vorgesehen war und Fraenkel deshalb über einen Vortragstermin in Frankfurt verfügte.

Nachdem in der Mitte des Jahres jedoch der beeindruckende Programmaufsatz vorliegt und der Vortrag in Jena im September ansteht, dürfte Fraenkel ein erhebliches Interesse an einem Testlauf gehabt haben. Mit Schoenflies gab es in Frankfurt wiederum einen Kollegen, der ein ebenso großes Interesse daran gehabt haben dürfte, zeitnah über die substantiellen Fortschritte in Marburg unterrichtet zu werden. Der Vortragstermin am 14. Juli im Mathematischen Kolloquium in Frankfurt musste also unbedingt dazu genutzt werden, „Zu den Grundlagen der Cantor-Zermeloschen Mengenlehre" zu referieren. Zu diesem Zeitpunkt dürfte Schoenflies noch mit dem Gedanken gespielt haben, an der Jenaer Versammlung teilzunehmen. Doch Ende August musste er sich gegen eine Reise nach Thüringen entscheiden. Mit Bedauern teilte er dies Bieberbach mit. „Nach Jena zu kommen habe ich nach längerem Schwanken doch aufgesteckt. So frisch ich in Nauheim war, so müde würde ich in Jena sein".[177] Fraenkels Generalprobe am Main erwies sich mithin aus einem weiteren Grund als eine gute Entscheidung. Die mit der Absage ebenfalls verpasste Gelegenheit, Fraenkels Vortrag in Jena beizuwohnen, wird Schoenflies nicht sonderlich gestört haben – kam er doch in den Genuss der früheren Vortragspremiere.

Die Tatsache des vorgängigen Frankfurter Testlaufs macht es äußerst unwahrscheinlich, dass Fraenkel erst das fertige Manuskript zum Anlass nimmt, um sich für Jena zu bewerben. Nicht nur wäre die verbliebene Zeit zwischen Fertigstellung des Textes (10.7.) und Ablauf der Anmeldefrist (15.7.) äußerst knapp bemessen gewesen. Im Besonderen wäre mit dieser Abfolge der Planungsvorlauf für die Generalprobe am Main nicht mehr erklärbar. Vielmehr scheint es der Fall gewesen zu sein, dass Fraenkel die aus dem öffentlich artikulierten Vortragsansinnen erwachsene Pflicht zum Anlass nimmt, sich an die kohärente Niederschrift seiner Einsichten zu setzen, die es bis zum Frankfurter Termin fertigzustellen gilt. Diese Abfolge der Ereignisse würde Umfang, Ausrichtung und Zeitpunkt der Fertigstellung des Textes erklären, der in Erwartung eines akademischen Ereignisses verfasst wurde. Mit seinem programmatischen Charakter, der eine Vielzahl von Forschungsimpulsen zu setzen vermag, ist das Manuskript bestens geeignet für ein lebendiges Referat und mit seinem vortragsverträglichen Umfang, der in der Publikationsfassung gerade einmal gut sieben Druckseiten beanspruchen sollte, ist Kurzweiligkeit sichergestellt. Erfolgte die Niederschrift also parallel zur Vortragsofferte oder gar erst nach der Vortragszusage, dann dürfte die Anmeldung nicht wesentlich später als im Mai des Jahres 1921 erfolgt sein.

Das Manuskript wird noch vor der Jahresversammlung zur Veröffentlichung eingereicht. Fraenkel wartet die Jenaer Tagung gar nicht mehr ab, sondern drängt auf Publikation. Er „sandte einen kurzen Aufsatz, der noch andere Verbesserungen von Zermelos

---

176 Vgl. Fraenkel (1922e).

177 Schoenflies an Bieberbach in einem Brief vom 27. August 1921. Quelle: Bl. 030, Akte E 4/24; Universitätsarchiv Freiburg.

System enthielt, an die „Mathematischen Annalen", wo er sogleich von Hilbert angenommen wurde".[178] Die zügige Annahme war nur folgerichtig. Bei dem konzisen Programmtext handelte es sich nicht nur um die erste substantielle Auseinandersetzung mit Zermelos „Grundlagen"-Aufsatz, die ganz in dessen Geiste erfolgte und nun auch noch am selben Ort erscheinen sollte. Vor allem der Tenor des kritischen Beitrags wird Hilbert überzeugt haben, denn die „überaus scharfsinnigen Untersuchungen Zermelos sollen hierdurch nicht umgestoßen, sondern nur vervollständigt und befestigt werden, u. a. auch nach der Richtung der bisher nicht gelungenen Klärung der *Unabhängigkeit der Axiome*".[179] Fraenkels *Annalen*-Aufsatz erschien schließlich im Heft 3/4 des 86. Bandes, das am 30. Mai 1922 ausgegeben wurde. Damit erhielt das Göttinger Grundlagenprogramm eine erste beeindruckende Unterstützung aus Marburg. Der mit Forschungsimpulsen immens verdichtete Text lieferte einen intellektuellen Vorgeschmack auf das, was folgen sollte.

Otto Blumenthal, der für die Redaktion verantwortliche Herausgeber, wird Anfang 1922 bei Hilbert noch einmal nachfragen, wann das Manuskript genau bei ihm eingetroffen sei. „Haben Sie noch eine Ahnung, wann die Arbeit des Herrn Fränkel – Marburg „Zu den Grundlagen der Cantor-Zermeloschen Mengenlehre" bei Ihnen für die Annalen eingelaufen ist? Der Verfasser datiert „Juli 1921", Sie haben mir die Arbeit am 1.11. geschickt. Die Diskrepanz ist entschieden ungewöhnlich gross. Ich wäre für Bescheid sehr dankbar".[180] Die erhoffte Auskunft erhielt Blumenthal offenkundig, denn Fraenkels erster *Annalen*-Aufsatz wird flankiert von der Information: ‚Eingegangen am 10.8.1921'.[181] Der Aufsatz wird also vier Wochen nach dem Frankfurter und sechs Wochen vor dem Jenaer Vortrag bei Hilbert persönlich eingereicht. Damit konnten wertvolle Hinweise aus dem Kreis um Schoenflies gegebenenfalls noch Berücksichtigung finden, während andererseits vermieden wurde, noch unveröffentlichte Ergebnisse einer weitaus größeren und in Teilen unbekannten Hörerschaft unbedarft mitzuteilen. Das Eingangsdatum der *Annalen* war für Fraenkel die Rückversicherung, Priorität bei den darin enthaltenen, wegweisenden Einsichten beanspruchen zu können – sofern die Erstrangigkeit von anderer Seite aus reklamiert werden sollte. Es ist verständlich, dass dem noch Unberufenen nach Jena darin niemand zuvorkommen durfte. Immerhin hatte er es diesem Aufsatz „vornehmlich zu verdanken, daß seit drei bis vier Jahrzehnten ein wichtiges Axiomensystem der Mengenlehre den Namen „Zermelo-Fraenkelsche Mengenlehre" trägt".[182]

Wenngleich die Publikationshistorie seines ersten echten Fachaufsatzes zur Mengentheorie keinerlei Berührungspunkte zur 1921er-Jahresversammlung aufweist, so liegt „Zu den Grundlagen der Cantor-Zermeloschen Mengenlehre" zweifelsohne als literale Selbstvergewisserung dem Jenaer Vortrag zugrunde. Fraenkel persönlich liefert mindestens zwei biblio-

---

[178] Fraenkel (1967), 150.

[179] Fraenkel (1922a), 230.

[180] Blumenthal an Hilbert in einem Brief vom 21. Februar 1922. In Rowe/Felsch (2019), 152f., hier 153.

[181] Vgl. Fraenkel (1922a), 237.

[182] Fraenkel (1967), 150.

graphische Testimonia und autorisiert damit ex post eine inhaltliche Gleichbehandlung des Textes mit dem Referat. Zum einen annotiert er den Aufsatz retrospektiv als „wesentlich Wiedergabe eines Vortrags a. d. deutschen Mathematikertag, Jena 1921“.[183] Zum anderen bildet die Vortragszusammenfassung „Über die Zermelosche Begründung der Mengenlehre“ aus dem *Jahresbericht* zusammen mit dem *Annalen*-Aufsatz den Gegenstand einer Doppelbesprechung für das *Jahrbuch*,[184] d. h. beide Veröffentlichungen werden vom Urheber selbst als verschiedene Publizitätsformen desselben Gegenstandes verstanden. Entsprechend unterscheidet die Anzeige nicht zwischen Vortrag und Aufsatz.[185] Die Vortragsessenz „Über die Zermelosche Begründung der Mengenlehre“ hatte Fraenkel schon vorab in Marburg erstellt und in Kopie mit auf die Reise genommen, weil an die Herren Vortragenden unter anderem die Auflage erging: „Zum Vortrag ist mitzubringen und vor dem Vortrag an den diensttuenden Schriftführer abzugeben: a) ein Referat für die Fachzeitschriften, b) ein kurzes Referat (10–12 Druckzeilen) für die Tagespresse“.[186] Beides konnte mittels des Vortragsabstracts bedient werden. Um wesentliche Diskussionsbeiträge wurde diese Kurzfassung dann vor Ort vervollständigt, denn zur Dokumentation im *Jahresbericht* sollten nicht nur die Kerneinsichten des 15minütigen Vortrags, sondern auch die Pointen der anschließenden 5minütigen Diskussion umgehend hinterlegt werden. „Die Herren Diskussionsredner werden gebeten, unmittelbar nach der Diskussion dem Schriftführer eine kurze Niederschrift zu übergeben, da sonst eine Wiedergabe der Diskussionsbemerkungen nicht stattfinden kann“.[187]

Zu seiner ersten Jahresversammlung der *Deutschen Mathematiker-Vereinigung* reist der Marburger Mengentheoretiker Mitte September mit gestärktem Selbstbewusstsein. Bestens vorbereitet bezieht er Quartier im Kochersgraben 3[188] und nimmt im Haus der Volkshochschule (Carl-Zeiss-Platz 3p.), in dem während der Tagung die Geschäftsstelle untergebracht ist, „Teilnehmerabzeichen, Drucksachen u. dgl. gegen Vorzeigung der Teilnehmerkarte“[189] entgegen. Im Gepäck befindet sich ein Vortrag, dessen Ausrichtung im Großen und Ganzen die Unterstützung von Zermelo findet, der gut zwei Monate zuvor eine Generalprobe im Kolloquium von Schoenflies durchlaufen hat und dessen Aufsatzpendant bereits von David Hilbert höchst persönlich zur Publikation in den *Mathematischen Annalen* angenommen wurde. Auf der neunten Sitzung am Donnerstag, den 22. Sep-

[183] Fraenkel [*Einleitung*[2]], 187. Vgl. zudem die bibliographische Aufbereitung in [*Foundations*[1]], 365; bzw. in [*Foundations*[2]], 359.

[184] Vgl. Fraenkel (1925/28f), 199.

[185] Vgl. Fraenkel (1925/28f), 200.

[186] „Zur Beachtung für die Teilnehmer“ (11.), in „Deutscher Mathematikertag vom 18. bis 24. September 1921 in Jena“. Quelle: Bl. 053, Akte E 4/24; Universitätsarchiv Freiburg.

[187] „Zur Beachtung für die Teilnehmer“ (11.), in „Deutscher Mathematikertag vom 18. bis 24. September 1921 in Jena“. Quelle: Bl. 053, Akte E 4/24; Universitätsarchiv Freiburg.

[188] Vgl. „Teilnehmer des Mathematikertages“. Quelle: Bl. 037, Akte E 4/24; Universitätsarchiv Freiburg.

[189] „Zur Beachtung für die Teilnehmer“ (1.), in „Deutscher Mathematikertag vom 18. bis 24. September 1921 in Jena“. Quelle: Bl. 052, Akte E 4/24; Universitätsarchiv Freiburg.

tember, nachmittags 5 Uhr,[190] wird Fraenkel ein für die Mengentheorie wegweisendes Referat halten und er weiß bereits vorab um die Sympathien der wichtigsten Repräsentanten in diesem Feld. Besser vorbereitet kann man kaum sein. Erst seit einem knappen Dreivierteljahr beforscht er Zermelos Axiomatisierung und schon jetzt kann er mit diesem Hintergrund nicht nur die diagnostizierten Schwachpunkte vortragen, sondern auch selbstbewusst Wege zu ihrer Behebung aufweisen. Auch der Jenaer Vortrag wird eröffnet mit der Erinnerung, dass Zermelos Axiomatisierung im Besonderen noch einer Klärung des Unabhängigkeitsproblems bedarf. „Bei einer Prüfung dieser Frage ergab sich nebenbei, daß jene Axiomatik einige bisher unbemerkte Lücken und Unvollständigkeiten aufweist".[191]

Geschickt weiß er den Spannungsbogen weiter auszudehnen, als dies von den meisten Hörern erwartet wird. Das Auswahlaxiom bleibt als Ausgangspunkt der Marburger Forschung zur Mengentheorie klar erkennbar, aber hier fungiert dieser spannende Gegenstand zudem als Stichwortgeber für die Dokumentation der weiteren Schwerpunkte. So wird unter Angabe eines Beispiels auf das Erfordernis des Ersetzungsaxioms hingewiesen,[192] durch welches man „ersichtlich die erforderliche Freiheit in der Bildung von Mengen"[193] erlangt, und dessen Fehlen eine „bisher nicht bemerkte Lücke der Zermeloschen Begründung"[194] darstellt. Hingewiesen wird zudem auf die Notwendigkeit eines Beschränktheitsaxioms, „das dem Bereich den kleinsten mit den Axiomen verträglichen Umfang auferlegt".[195] Aus dieser Beobachtung sollte das Fundierungsaxiom hervorgehen. Schließlich kommt er auf das bedeutsamste seiner bisherigen Ergebnisse zu sprechen. „Der Präzisierung bedarf noch Zermelos Kennzeichnung des Begriffs „definit", der namentlich für Teile der Unabhängigkeitsuntersuchung eine Rolle spielt".[196] Knapp wird er erwähnen, dass das Prädikat „einer scharfen Präzisierung [bedarf], die zweckmäßigerweise davon ausgeht, daß von vornherein die Beziehungen $m \varepsilon M$ („m ist Element von M") und $M = N$ als definit erklärt werden".[197] Schemenhaft mag man hier am Horizont künftiger Schriften das Ansinnen erahnen, die Semantik des Ausdrucks über eine induktive Definition definiter Formeln einzuführen, mit den beiden Grundrelationen als Induktionsanfang. Aber das ist hier noch in weiter Ferne und nur mit anachronistischer Härte erkennbar. Der Referent selbst kann hier nur hoffnungsvoll, aber unbestimmt auf Künftiges verweisen. „Ein Versuch der Ausfüllung dieser Lücke bleibe der zusammenhängenden Darstellung vorbehalten".[198]

In welchem Umfang der Referent auf den problemgeschichtlichen Ausgangspunkt seines Vortrags im weiteren Verlauf eingehen konnte, ist ungewiss. So mag für den Vortrag gelten, was für sein literales Pendant manifest ist. Unabhängigkeitsbeweise werden bei

190 Vgl. Fraenkel (1921), 97.
191 Fraenkel (1921), 97.
192 Vgl. Fraenkel (1921), 97.
193 Fraenkel (1922a), 231.
194 Fraenkel (1922a), 231.
195 Fraenkel (1921), 98.
196 Fraenkel (1921), 98.
197 Fraenkel (1922a), 232.
198 Fraenkel (1922a), 232.

dieser Gelegenheit „teils geführt, teils angedeutet".[199] Sicher verblieb ein wenig Zeit, um anzumerken, dass für die meisten Axiome „geeignete Unabhängigkeitsbeweise naheliegend und ohne besondere Schwierigkeiten durchführbar"[200] sind. Offensichtlichkeit in der Beweisführung und jede Menge geduldige Fleißarbeit in deren Umsetzung ließen Fraenkel jetzt und künftig davon Abstand nehmen, die weniger anspruchsvollen Unabhängigkeitsbeweise in aller Gründlichkeit selbst zu führen. Diese Aufgabe überließ er Jahre später seinem zweiten Doktoranden Heinrich Vieler, der dieser Aufgabe 1926 mit seinen *Untersuchungen über Unabhängigkeit und Tragweite der Axiome der Mengenlehre in der Axiomatik Zermelos und Fraenkels* nachkommen sollte.[201] Vielers Aufmerksamkeit galt dabei den Axiomen der Bestimmtheit, der Paarung, der Vereinigung und der Potenzmenge. Für diese waren die fraglichen metamathematischen Betrachtungen weitgehend ohne nennenswerte Hürden durchführbar.

Teilmengen- und Auswahlaxiom blieben jedoch bereits 1921 von dieser Feststellung aus den bekannten Gründen ausgenommen. Als zu komplex und ergebnisoffen erwies sich hier der Klärungsvorlauf für den Moment.[202] Sofern jedoch zum Ende des Vortrags hin die aktuell favorisierte Beweisheuristik für den Fall des Auswahlaxioms „der Richtung nach angedeutet werden"[203] konnte, so erfolgte dies zumindest unter Maßgabe „des angegebenen Vorbehalts".[204] Die gewichtige Vielschichtigkeit des Vortrags sowie fortgeschrittene Stunde werden die Erörterung beweisrelevanter Details nicht gerade begünstigt haben. So mancher Zuhörer wird deshalb im nachfolgenden Jahr wohl noch einmal die schriftliche Fassung konsultiert haben, um sich die verfochtene Beweisheuristik[205] im Einzelnen anzusehen. Eröffnet wird sie nach wie vor durch jene einschränkenden Worte, die bereits zum Tenor des Jenaer Vortrags zählten. „Der Mangel an präzisem Gehalt, der hierbei dem Axiom III anhaftet, beeinträchtigt wohl die Beweiskraft der folgenden Betrachtung, tut dem Gedankengang und seiner Konsequenz aber keinen Abbruch; erst die Beseitigung jener Lücke ermöglicht es, aus der nachstehend nur skizzierten Überlegung einen strengen Beweis zu formen".[206] Damit war die zentrale Aufgabe für das kommende Jahr vorgegeben.

Eine besondere Legitimation erfährt Fraenkels Projekt durch den in jedem Abschnitt angesprochenen Zermelo, der sich im Auditorium befindet und dessen Stellungnahme von einem Großteil der Zuhörerschaft sicherlich mit Spannung erwartet wird. Trotz der vorgetragenen Kritik überwog bei diesem allein schon die Genugtuung für den fundamentalen Tenor, dass für „die axiomatische Grundlegung der Mengenlehre [...] vorläufig nur das

199 Fraenkel (1925/28f), 200.

200 Fraenkel (1922a), 234.

201 Siehe 6.3.

202 Siehe 4.1.

203 Fraenkel (1922a), 235.

204 Fraenkel (1922a), 237.

205 Vgl. Fraenkel (1922a), 236f.

206 Fraenkel (1922a), 236.

ausgezeichnete Verfahren Zermelos in Betracht"[207] kommt. Ein solches Urteil hatte er in den zurückliegenden Jahren nicht allzu häufig vernommen. Die im Anschluss an den Vortrag erörterten Punkte dürften die konstruktive Gesprächskultur zwischen Referenten und Respondenten während ihres Briefwechsels wiedergegeben haben. Weitgehende Übereinstimmung in den allgemeinen Aspekten, inhaltliche Differenzen vornehmlich in axiomatischen Details. „Die Diskussion ergibt in der Hauptsache die Zustimmung Herrn Zermelos zu den gemachten Ausführungen. Nur über den Umfang der in die zwei neuen Axiome aufzunehmenden Forderungen bleiben gewisse Meinungsverschiedenheiten zwischen Zermelo und dem Vortragenden bestehen".[208] Auf die weiteren Teilnehmer an dieser neunten Sitzung dürfte dies einen nachhaltigen Eindruck gemacht haben. Vor der versammelten Mathematikerschaft, die einen repräsentativen Querschnitt für das akademische Fach in der Weimarer Republik abgegeben haben dürfte, empfiehlt sich auf beeindruckende Weise ein neuer Mengentheoretiker.

Es war jedoch eine bei dieser Gelegenheit wohlplatzierte, gleichwohl äußerst unscheinbare Anmerkung, auf deren Vorkommnis der Referent in der bereits 1921 erschienenen Kurzfassung des Vortrags besonders Wert gelegt haben dürfte. „Für diese Untersuchung sowie für nähere Ausführung des Skizzierten wird auf eine 1922 in den Math. Ann. erscheinende Arbeit Fraenkels verwiesen".[209] Dabei sollte es nicht einmal eine vordergründige Rolle spielen, dass die in Aussicht gestellte nähere Untersuchung des Definitheitsprädikats im fraglichen Aufsatz überhaupt keine zufriedenstellende Behandlung erfahren wird, sondern auch dort wieder nur zu lesen war, „eine ausführlichere und zusammenhängende Erörterung des hier in einigen Kernpunkten berührten Fragenkomplexes bleibt einem weiteren Aufsatz vorbehalten, in dem eine endgültige axiomatische Begründung versucht wird".[210] Wer sich fragt, weshalb Fraenkel zur Klärung des Sachverhalts im September 1921 auf einen Aufsatz verweist, von dem er bereits im Juli desselben Jahres wusste, dass er diese Klärung nicht erbringen kann, der findet im Faktum des gegebenen Literaturhinweises die Antwort. Entscheidend war, dass der Aufsatz mit seinen bibliographischen Koordinaten dokumentiert wurde. Mit dem Verweis auf die Existenz und den Publikationsort des *Annalen*-Aufsatzes „Zu den Grundlagen der Cantor-Zermeloschen Mengenlehre" wird ebenso unprätentiös wie bestimmt darauf hingewiesen, dass der Vortragende seinen Urheberanspruch bereits geltend gemacht hat. Anfang 1922 bekräftigt er dies erneut in seiner kleinen Überblicksstudie „Probleme der Mengenlehre". Das Problem einer axiomatischen Begründung wurde durch Zermelo im Wesentlichen gelöst, doch für „Ergänzungen und die Ausfüllung gewisser Lücken in dieser Abhandlung vgl. meinen in den Math. Annalen 1922 erscheinenden Aufsatz".[211]

[207] Fraenkel (1925/28f), 200.

[208] Fraenkel (1921), 98.

[209] Fraenkel (1921), 98.

[210] Fraenkel (1922a), 230.

[211] Fraenkel (1922f), 19.

Diesen prospektiven Bezugnahmen folgte auf der unmittelbar nachfolgenden Jahresversammlung der *Deutschen Mathematiker-Vereinigung* in Leipzig sogleich eine flankierende retrospektive Referenz. Fraenkel vergegenwärtigte in seinen Überlegungen „Zu den Grundlagen der Mengenlehre“ das Vorhandensein dieses frühen publizistischen Zeugnisses, indem er elegant darauf zu sprechen kommt, wie sich eine in „Math. Ann. **86** (1922), S. 230f., als erforderlich nachgewiesene Erweiterung“[212] hier nun zufriedenstellend durchführen lässt. Der Vortrag vom 19. September 1922 sollte freilich durch ganz anderes brillieren.[213] Aber fast auf den Tag genau ein Jahr nach Jena macht der Mengentheoretiker die anwesende Mathematikerschaft erneut aufmerksam auf diesen ersten, vor allem programmatischen Text. Neben dieser Manifestation der frühzeitigen Schriftlichkeit bedurfte es Vergleichbares für die Dokumentation der ihr vorgängigen Mündlichkeit. Der Autor brachte sich entsprechend als ersten Referenten in der Sache in Erinnerung, indem er die Angaben zum *Annalen*-Aufsatz flankieren ließ mit den Daten zum Jena-Vortrag, „vgl. Jahresb. d. D. Math.-Ver., **30** [1921], 97 f.“.[214] Der zweite *DMV*-Vortrag vergegenwärtigte den ersten und wiederum fast genau ein Jahr später, am 21. September 1923, erinnerte einmal mehr auch der dritte *DMV*-Auftritt im vertrauten Marburger Landgrafenhaus an die „von mir schon auf unserer Jenenser Tagung 1921 vorgebrachten Bemerkungen zu Zermelos Axiomatik der Mengenlehre“,[215] was erneut mit der bibliographischen Erinnerung an diesen „Jahresbericht **30** (1921), *97f.*; vgl. auch Math. Annalen **86** (1922), 230–237“[216] unterlegt wurde. Die programmatischen Gedanken „Über die Zermelosche Begründung der Mengenlehre“ kamen innerhalb von zwei Jahren auf allen drei Jahresversammlungen zu Wort. In der eigenen Narration war vor allem an diesem Vortrag kein vorbeikommen. Wer auch immer sich von dem Referat inspirieren ließ und in dieselbe Richtung forschte, hatte sich fortan auch auf Fraenkel zu berufen.

Gleichwohl dürfte für ihn die Last der Verpflichtung Anfang der 1920er-Jahre durchaus spürbar gewesen sein. Mit dem exponierten Verweis auf einen ‚weiteren Aufsatz‘ wurde ebenso hoffnungsvoll wie unbestimmt ein Versprechen vorgetragen, an das sich die Leser erinnern würden. Doch der verheißungsvolle Aufsatz lag Ende 1921 weder als Manuskript vor noch war er in Entstehung begriffen. Zu viele Fragen warteten nach wie vor auf ihre Klärung. Fraenkel war in seinem ersten Jahr als professioneller Mengentheoretiker weit gekommen. Dennoch besaßen seine eigenen Untersuchungen zu diesem Zeitpunkt noch nicht die erforderliche Reife, um das in Aussicht gestellte zeitnah erbringen zu können. Es ist wohl eher ein Wunsch, der durch die schriftliche Fixierung auf Künftiges selbstverpflichtend wirken soll. Letztlich werden fast drei weitere Jahre vergehen, bis das Versprechen mit den „Untersuchungen über die Grundlagen der Mengenlehre“[217] endlich erfüllt werden sollte.

[212] Fraenkel (1922c), 102.

[213] Siehe 4.2.

[214] Fraenkel [*Einleitung*²], 187.

[215] Fraenkel (1925a), 97.

[216] Fraenkel (1925a), 97.

[217] Fraenkel (1925b).

Bis dahin wird Fraenkel wiederholt die formelhafte und für den Leser wenig zufriedenstellende Wendung bemühen,[218] mit der zuweilen auf den programmatischen *Annalen*-Aufsatz und auf „dessen in Vorbereitung befindliche Fortsetzung“[219] bzw. auf eine „weitere, an meinen Jenaer Vortrag […] anknüpfende Arbeit“[220] aufmerksam gemacht wird.

Als es nach Jahren die Einlösung des Ehrenwortes zu proklamieren gilt, wird einmal mehr auf die benannte Konstellation von 21er Vortrag & 22er Aufsatz ein gesteigerter Wert gelegt. Das frühe Vorkommnis der Publizitätszwillinge, das Vortrag-Aufsatz-Paar, sollte über die Anfänge hinaus im rezeptionsgeschichtlichen Bewusstsein verbleiben und für die nachfolgenden 30 Jahre zu einem konstanten Gegenstand der bibliographischen Dokumentation werden, bis hinein in die gewaltige „Bibliography“ der ersten Auflage der *Abstract Set Theory*.[221] Selbst zu einer Zeit, in der Fraenkel bereits mit Genugtuung und Stolz auf ein gutes Duzend an einflussreichen Fachpublikationen sowie die Aufnahme seiner deutlich erweiterten zweiten Auflage der *Einleitung* in Springers *Grundlehren*-Reihe zurückblicken kann, nutzt er die Gelegenheit seiner umfangreichen *Jahrbuch*-Anzeigenfolge,[222] um die Dokumentation auf die gemeinsame Anzeige von Vortrag und Aufsatz zulaufen zu lassen:

> A. Fraenkel. **Über die Zermelosche Begründung der Mengenlehre.** Deutsche Math.-Ver. **30**, *97-98* (1921).
>
> A. Fraenkel. **Zu den Grundlagen der Cantor-Zermeloschen Mengenlehre.** Math. Ann. **86**, 230-237 (1922).

Kopfzeile der Doppelbesprechung von Fraenkel (1921) und (1922a). Quelle: *Jahrbuch über die Fortschritte der Mathematik* 48 (= Jahrgang 1921–1922), 1925/28, 199

Vergegenwärtigt ist damit Fraenkels persönliche Problemgenesis, die mit der Befassung von Schoenflies' Axiomatik-Projekt einsetzt[223] und zu nichts Geringerem als einer Renaissance von Zermelos Grundlegung der Mengenlehre führt. Für jedermann gut sichtbar datieren deren Anfänge auf 1921/22. Früher als Fraenkel war damit keiner. Für ihren Autor leistet diese Doppelanzeige jedoch noch mehr. Nicht minder beachtlich ist der Sachverhalt, dass es Fraenkel bei dieser Gelegenheit nicht versäumt, die in Vortrag und Aufsatz platzierten Hinweise auf zukünftige, klärende Publikationen erneut aufzugreifen. „Für die vollständige Ausführung all dieser Bemerkungen wird auf weitere Veröffentlichungen ver-

---

[218] Vgl. Fraenkel (1922b), 253; ders. (1922c), 102; ders. (1922d), 154; [*Einleitung*^{2}], 187; Fraenkel (1923), 2 u. 7.

[219] Fraenkel (1922b), 253.

[220] Fraenkel (1922d), 154.

[221] Vgl. [*Set Theory*^{1}], 384.

[222] Fraenkel (1925/28b); ders. (1925/28c); ders. (1925/28d); ders. (1925/28e); ders. (1925/28f). Vgl. bereits 3.2.

[223] Vgl. Fraenkel (1925/28b); ders. (1925/28c); ders. (1925/28d).

wiesen (inzwischen zum Teil erschienen)".[224] Der knapp bemessene Raum der *Jahrbuch*-Anzeige, der für die Dokumentation der wichtigsten Inhalte vorgesehen ist, wird mit dieser Anmerkung beschlossen. Entsprechend darf dieser Hinweis nicht als eine belanglose Information missverstanden werden. Für Fraenkel repräsentierten diese beiden Beschlusszeilen die Dokumentation eines Versprechens. Mehr noch. Der finale Satz der Anzeigenfolge bildet die Dokumentation eines eingelösten Versprechens. Der weitere Aufsatz – es gibt ihn endlich.

[224] Fraenkel (1925/28f), 200.

Durchbrüche: 1922

4

4.1 „eine konkrete Realisierung“: von der Skizze zum Beweis

Erfolg verpflichtet. Die Jahresversammlung der *DMV* in Jena erwies sich für Fraenkel als ein voller Erfolg. Seine beeindruckende Programmatik, der intellektuelle Ehrgeiz sowie die ambitionierten Ziele riefen eine kollektive Erwartungshaltung hervor, der es nun gerecht zu werden galt. Nach der Tagung dürften viele ihn als den kommenden Mengentheoretiker wahrgenommen haben. Fraenkel gab zu berechtigten Hoffnungen Anlass. Vielleicht würde er gar ein neuer Zermelo werden. Damit war ein konstruktiver Druck geschaffen, der motivieren und nicht lähmen sollte. Die intellektuelle Bilanz des Jahres 1921 konnte sich sehen lassen und mit dem Folgejahr galt es dieses Ergebnis mindestens zu konsolidieren. Fraenkel hielt dem Druck stand und erfüllte die in ihn gesetzten Erwartungen. 1922 entwickelte sich für den Mengentheoretiker sogar zu einem akademisch äußerst ertragreichen Jahr, das weitaus mehr aufzubieten hatte als den Vertragsschluss für die zweite Auflage der *Einleitung* im September.[1] In Fraenkels akademischer Vita sollte das Jahr 1922 zum entscheidenden schlechthin werden, denn mit der Fertigstellung von zwei Schlüsseltexten gelingt ihm sowohl der Durchbruch bei der Unabhängigkeitsfrage des Auswahlaxioms als auch ein erster Achtungserfolg bei der Präzisierung der Teilmengenbildung. Beide wegweisenden Ergebnisse sollten im selben Jahr zum Gegenstand von nicht weniger als vier distinguierten akademischen Ereignissen werden.

So legt Erhard Schmidt am 20. April 1922 auf der XIII. Sitzung der Physikalisch-mathematischen Klasse der *Preussischen Akademie der Wissenschaften* Fraenkels bedeutsames Manuskript „Der Begriff »definit« und die Unabhängigkeit des Auswahlaxioms“ vor, das noch im selben Jahr in den *Sitzungsberichten* erscheint. Knapp zwei Monate spä-

[1] Siehe 5.1.

M. Wille, *Fraenkel*, https://doi.org/10.1007/978-3-662-66167-3_4

ter, am 15. Juni, hält Fraenkel mit „Über die Grundlagen der Mengenlehre" abermals einen Vortrag im *Mathematischen Kolloquium* der Universität zu Frankfurt, der einmal mehr als Generalprobe für die annuale Zusammenkunft der *Deutschen Mathematiker-Vereinigung* fungiert haben dürfte, für die Fraenkel bereits früh im Jahr gemeldet hatte. Vor dem Vortrag in Leipzig kommt es jedoch zu einer Einladung der ganz besonderen Art. In der Zeit vom 11. bis 25. Juli hält Fraenkel einen Gastvortrag über die Unabhängigkeit des Auswahlaxioms vor der exklusiven *Mathematischen Gesellschaft Göttingen*,[2] dem Hilbert ebenso beigewohnt haben dürfte wie dem Vortrag „Zu den Grundlagen der Mengenlehre", den Fraenkel am 19. September auf der *Jahresversammlung der DMV* in Leipzig gehalten hat. All diese Erfahrungswerte befinden sich auf der Habenseite als er am 18. Oktober das wegweisende Manuskript „Die Axiome der Mengenlehre" fertigstellt und damit selbstbewusst seinen ersten Vorschlag einer Axiomatisierung vorlegt. Als Fraenkel Ende September 1921 aus Jena abreist, wird er wahrscheinlich einzig in seinen kühnen Träumen erahnt haben, welch produktive Zeit vor ihm liegt.

Der Marburger Mengentheoretiker wird nach seiner Rückkehr aus dem Thüringischen allerdings gar keine Zeit verloren haben, um sich den nunmehr öffentlich gemachten Herausforderungen zu stellen. Dabei dürfte er zeitnah festgestellt haben, dass er im Herbst 1921 von der Lösung der beiden, für ihn unauflöslich miteinander verbundenen Probleme weiter entfernt war, als noch in Jena proklamiert. Eine Ernüchterung. Während er coram publico festgestellt hatte, dass die nach wie vor ausstehende Präzisierung des Aussonderungsaxioms zwar Einfluss auf die Rigorosität, wohl aber nicht auf die Beweisheuristik der skizzierten Überlegungen zur Unabhängigkeit des Auswahlaxioms nehmen mag,[3] so stellte er am heimischen Schreibtisch nunmehr fest, dass der gesamte Beweisansatz überarbeitet werden musste. Dies ging einher mit einer ersten axiomatischen Verschärfung der Teilmengenbildung, „um die feinen Maschen des Unabhängigkeitsbeweises darin einhängen zu können"[4] und all dies geschah zwischen Ende September 1921 und Mitte April 1922.

Zu konstituieren war ein Gegenstandsbereich, der ausnahmslos alle Zermeloschen Axiome (exklusive Auswahlaxiom) erfüllt, und in dem sich mindestens eine Menge T von nicht-leeren, paarweise elementfremden Mengen konstruieren lässt, für die es nachweislich keine Auswahlmenge geben kann. Die Beweisheuristik vom Sommer 1921 lieferte jedoch noch keinen überzeugenden Kandidaten, weil sie in einer Hinsicht zu wenig leistete, dafür aber in einer anderen zu viel voraussetzte. Neben den obligatorischen Mengen „existiere ferner eine abzählbare Menge $T = \{M_1, M_2, \dots\}$ von folgenden zwei Eigenschaften: M_1, M_2, ... sind lauter elementefremde Mengen von je mindestens zwei Elementen; jede mittels der Grundbeziehungen des Bereiches $\mathfrak{B}$ herstellbare, für die Elemente der Vereinigungsmenge $\mathfrak{S}T$ definite Klassenaussage $\mathfrak{E}(x)$, die für mindestens je ein Ele-

[2] Siehe 4.4.

[3] Vgl. Fraenkel (1922a), 236.

[4] Fraenkel (1927a), 166.

ment jeder der Mengen M_k wahr ist, ist für alle Elemente mindestens einer dieser Klassen wahr".[5] An dieser Forderung hängt der gesamte Unabhängigkeitsnachweis. Selbstverständlich war Fraenkel klar, dass das ‚es existiere ferner'-Postulat in der Beweisskizze zu ersetzen blieb durch eine ordentliche operationale Bereitstellung der fraglichen Menge. Postulieren konnte man viel, doch es galt „eine konkrete Realisierung der im nächsten Absatz bezeichneten Menge T herzustellen".[6] Einzig dies genügte der offenen Beweispflicht.

Es war jedoch nicht die, für den Moment ungedeckte Existenzforderung, die eine grundständige Überarbeitung des Ansatzes erforderlich werden ließ. Vielmehr waren es die ›folgenden zwei Eigenschaften‹, die eine hinreichende Charakterisierung der Menge liefern sollten. Die erste Bedingung betraf klar die Bereitstellung der Auswahlmengenvoraussetzungen. Die Elemente von T sind nicht-leer und paarweise elementfremd, bestehend aus ‚je mindestens zwei Elementen'. Hier musste sich Fraenkel nun entscheiden. In der vorliegenden Fassung wurde nicht von einer bestimmten Menge T gesprochen, sondern lediglich eine notwendige Bedingung für mögliche Kandidaten fixiert. Der Beweis war indes unter Verwendung einer bestimmten Menge zu führen. Freilich mochten hierfür gegebenenfalls diverse Kandidaten zur Auswahl stehen, doch dann galt es zu entscheiden, aus wie vielen Elementen (≥ 2) die Elemente der Referenzmenge bestehen sollten. Die Bedingung des ‚je mindestens zwei Elemente' verblieb zu unbestimmt, um über eine konkrete Menge sprechen zu können. Dieses Problem sollte sich vergleichsweise einfach beheben lassen, denn wenn die Elemente der fraglichen Menge jeweils aus mindestens zwei Elementen zu bestehen haben, dann beschränke man sich aus Gründen der Einfachheit eben auch auf die Konstruktion einer Menge, deren nicht-leere und paarweise elementfremde Elemente, aus jeweils exakt zwei Elementen bestehen. So geschah es denn auch – zumal ihn Zermelo ausdrücklich dazu anhielt, entsprechend zu verfahren. „Für den Hinweis, daß es genügt, die Elemente von A aus je n u r z w e i Elementen bestehen zu lassen, [...] bin ich Hrn. ZERMELO zu besonderem Dank verpflichtet".[7] Es ist gut möglich, dass dieser Hinweis zu den Diskussionspunkten zählte, die zwischen beiden nach dem Jenaer Vortrag kommuniziert wurden.

Weitaus spannender war da schon die Frage, von welcher Beschaffenheit diese mengentheoretischen Bausteine zu sein haben. In den heuristischen Anfängen schien es eine Wahlmöglichkeit zu geben. Entsprechend erteilt Fraenkel in seiner Beweisskizze vom Sommer 1921 Auskunft über die mögliche axiomatische Herkunft. „Hierbei können die Mengen M_k und T entweder schon auf Grund der zu Beginn dieses Absatzes getroffenen Festsetzung existieren oder nicht; im letzteren (begrifflich wohl einfacheren) Fall mag zur Vereinfachung vorausgesetzt werden, daß die Elemente der Mengen M_k, die sämtlich dem Bereich $\mathfrak{B}$ angehören sollen, keine Mengen seien".[8] Hier verspürt man noch die Zuver-

[5] Fraenkel (1922a), 236.

[6] Fraenkel (1922a), 236.

[7] Fraenkel (1922b), 254.

[8] Fraenkel (1922a), 236.

sicht, dass es bei der mengentheoretischen DNA der fraglichen Auswahlmenge keine substantielle Rolle spielt, ob die Elemente der Mengen M_k selbst Mengen oder Urelemente sind. Lediglich aus Gründen der Einfachheit wird in der Passage erwogen, dass wir mit mengentheoretischen Gebilden beginnen, die selbst keine Mengen sind, mithin selbst keine Elemente enthalten, wohl aber Mengen als Elemente angehören können.

Das war gedeckt durch Zermelos Axiomatisierung, die im Besonderen einen Bereich von Dingen vorsah, die selbst keine Mengen sind, mittels derer aber Mengen gebildet werden können. Es sind dies die „letzten Bausteine oder innersten Kerne einer Menge".[9] Als mengentheoretisch nicht unterscheidbare Ur-Individuen sollte durch sie vor allem der reibungslose Mengenbildungsprozess in Gang gesetzt werden. Ab Frühjahr 1922 wird Fraenkel bei derartigen Gebilden ausdrücklich von „G r u n d d i n g e n"[10] sprechen, weil sie sich in der Ausgestaltung des Auswahlaxioms und wider aller Hoffnung für die verfochtene Beweisheuristik als alternativlos und unverzichtbar erweisen sollten. Von ihnen musste „wesentlich Gebrauch gemacht"[11] werden. Neben der leeren Menge und der Menge der natürlichen Zahlen werden nunmehr auch „weitere abgezählt unendlich viele verschiedene Dinge $a_1, \bar{a}_1, a_2, \bar{a}_2, a_3, \bar{a}_3, \ldots$, die sämtlich nicht als Mengen gelten",[12] vorausgesetzt. Aus diesen Grunddingen sollte schließlich Ende 1921/Anfang 1922 die entscheidende Grundmenge für den Beweis gebildet werden. All dies betraf die erste Hälfte der beiden geforderten Eigenschaften.

Die zweite, von Fraenkel zudem formulierte Bedingung erwies sich als nicht minder diffizil und der Grund hierfür bestand nicht darin, dass der Ausdruck ‚definite Klassenaussage' Verwendung fand. Dieser Punkt war bereits zugestanden und lief unter dem Vorbehalt, dass er sich präzise ersetzen ließ. Heikel waren zwei andere Bausteine. So ging in die Charakterisierung eines elementaren mathematischen Objektes im Besonderen die Quantifizierung über einen höherstufigen Gegenstandsbereich ein – eine grundlagentheoretisch nicht gerade unbedenkliche Reihenfolge. Nahezu mit Selbstverständlichkeit wurde zur Bestimmung eines singulären Objektes etwas über ‚jede definite Klassenaussage $\mathfrak{C}(x)$' einer bestimmten Beschaffenheit ausgesagt. Dabei blieb klärungsbedürftig, was diese Quantifikation über den Bereich von Aussageformen rechtfertigt und wie der fragliche höherstufige Gegenstandsbereich überhaupt verfügbar gemacht wurde. Gleichermaßen rechtfertigungspflichtig war der Gehalt dieser definiten Klassenaussagen, dem gemäß für die Elemente der Vereinigungsmenge $\mathfrak{S}T$ gefordert wurde, dass jede Komprehensionsbedingung, die für mindestens je ein Element jeder der Mengen M_k wahr ist, für alle Elemente mindestens einer dieser Mengen wahr ist.

Fraenkel gedachte also für seinen 1921er Beweisansatz eine Menge T zu betrachten, für die nichts anderes als die Bedingung gefordert wurde, dass jede Eigenschaft zur Teilmengenbildung von $\mathfrak{S}T$, die in jeder Menge M_k von mindestens einem Element besessen

[9] Fraenkel (1927a), 166.

[10] Fraenkel (1922b), 254.

[11] Fraenkel (1927a), 166.

[12] Fraenkel (1922b), 254.

wird, im Falle mindestens einer Menge M_k von all ihren Elementen erfüllt wird. Ausnahmslos jede Teilmengenbildung von $\mathfrak{S}T$ führt mithin dazu, dass „eine Menge, die aus *jeder* Menge M_k ein Element enthält, mindestens *eine* Menge M_k als Untermenge besitzen muss. […] Die Menge $\mathfrak{S}T$ besitzt also keine Untermenge S_1 von der in Axiom VI angegebenen Eigenschaft“.[13] Selbstverständlich sollte genau dies die Pointe des Unabhängigkeitsbeweises sein: der Nachweis, dass es eine Menge einer bestimmten Beschaffenheit nicht geben kann. Das war offensichtlich, allerdings im vorliegenden Fall bereits aus semantischen Gründen. In die Anlage der fraglichen Menge T sollte nichts anderes als das triviale definitorische Merkmal eingehen, dass ihre Vereinigung $\mathfrak{S}T$ keine Untermenge S_1 besitzt, welche mit jedem Element von T ein und nur ein Element gemein hat. Für einen aussagekräftigen Beweis war das zu wenig, weil durch die Beweisanlage bereits vorausgesetzt wurde, was durch die Begründungsführung allererst zu zeigen war. Hier konnte unter expliziter Inanspruchnahme der Grunddinge des mengentheoretischen Bereiches entscheidend nachgebessert werden.

Der ‚definit‘-Aufsatz repräsentierte in mehrerlei Hinsicht einen entscheidenden Fortschritt gegenüber dem *Annalen*-Text. Er verfährt nicht nur eindeutig in Bezug auf die Referenzmenge, deren nicht-leere und paarweise elementfremde Elemente nunmehr aus jeweils exakt zwei Elementen bestehen, sondern er liefert auch ein klares formal-ontisches Bekenntnis zur Verwendung unendlich vieler Urelemente. Auch verzichtet er in der näheren Bestimmung der fraglichen Menge auf klärungsbedürftige Quantifikationen über Aussageformen, so dass der Beweis im ‚definit‘-Aufsatz im Unterschied zur Beweisskizze des *Annalen*-Textes mit einer axiomatisch realisierten Menge aufzuwarten weiß, die alle Voraussetzungen für die Anwendung des Auswahlaxioms erfüllt, für die sich aber nachweislich keine Auswahlmenge angeben lässt. Möglich ist all dies nicht zuletzt deshalb, weil mittels einer ersten operativen Präzisierung des Teilmengenbildungsprozesses nunmehr besser verstanden und dargestellt werden kann, was de jure passiert, wenn wir Mengen bilden.

Kurzum, der Unabhängigkeitsbeweis des ‚definit‘-Aufsatzes ist in jeder Hinsicht der Beweisskizze aus dem älteren *Annalen*-Text überlegen. Nachdem dieser mehrstufige Prozess der intellektuellen Reifung durchschritten war, konnte er retrospektiv leichtfüßig als ein kohärenter Akt der mengentheoretischen Bewusstwerdung beschrieben werden. Vergessen waren die Sackgassen, nicht länger relevant die Fallstricke technischer Details. Fraenkels offizielle Narration vermochte lediglich konzise festzustellen, dass sich ihm gelegentlich „einer Untersuchung über die Grundlagen der Mengenlehre und über die Unabhängigkeit eines ihr zugrunde zu legenden Axiomensystems im allgemeinen […] speziell ein Unabhängigkeitsbeweis für das Auswahlaxiom“ ergab, dessen Durchführung „sich als eng verknüpft mit einer scharfen Klärung des Begriffs einer „definiten Eigenschaft“ in dem für die Mengenlehre erforderlichen Umfang [erwies]; eine solche Klärung war bisher nicht gelungen und mangelt auch in der bahnbrechenden Arbeit“[14] Zermelos.

[13] Fraenkel (1922a), 237.

[14] Fraenkel (1922b), 253.

Sobald sich für den Urheber abzeichnete, wie groß der mathematische Erkenntnismehrwert gegenüber der Protofassung ausfallen würde, dürfte er nach ersten Gelegenheiten Ausschau gehalten haben, um den Inhalt zu kommunizieren. Es war Erhard Schmidt, mit dem Fraenkel seit dem Sommersemester 1914 persönlich bekannt war und mit dem er „auch später in Kontakt blieb“,[15] durch dessen persönliche Unterstützung das Manuskript sogleich im Frühjahr 1922 auf der XIII. Sitzung der physikalisch-mathematischen Klasse der *Preußischen Akademie der Wissenschaften* am 20. April vorgelegt und für die XXI. Sitzung am 6. Juli 1922 in deren *Sitzungsberichten* veröffentlicht werden konnte. Schmidt schien prädestiniert für diese Aufgabe, schließlich hatte die Frage nach der Unabhängigkeit des Beweisprinzips eine „erhöhte Bedeutung gewonnen, nachdem sich seit den Anregungen der HH. B. Levi, E. Schmidt und namentlich E. Zermelo das Auswahlprinzip als ein in fast allen Teilen der Mathematik unentbehrliches Beweishilfsmittel erwiesen hat“.[16] Darüber hinaus wird er als enger Freund Zermelos, der seinerzeit maßgeblich Anteil an der Entwicklung des ersten Wohlordnungbeweises hatte,[17] ein ganz persönliches Interesse daran gehabt haben, Fraenkels Ergebnis weitläufig publik zu machen.

Schmidt dürfte umgehend die Tragweite des Manuskriptes erkannt haben, zumal das Verhältnis zwischen beiden von großer gegenseitiger Wertschätzung geprägt war. So veranlasste Fraenkels mengentheoretische Expertise den Berliner Ordinarius unter anderem im Jahr darauf, ein bei ihm eingesandtes, äußerst komplexes mengentheoretisches Manuskript in Marburg begutachten zu lassen. Dank der Umsicht Schmidts nahm Fraenkel auf diesem Weg erstmals Notiz „von einem mir unbekannten Verfasser namens Johann von Neumann“[18] und konnte somit zu dessen Mentor und frühem Förderer werden. Zudem legte Schmidt auch später der *Preußischen Akademie der Wissenschaften* Resultate des Marburger Kollegen vor, so etwa auf der Gesamtsitzung am 1. März 1928 mit dem Manuskript „Über die Ordnungsfähigkeit beliebiger Mengen“.[19] Auf der anderen Seite betonte Fraenkel wiederholt die besondere Rolle, die Schmidt einst für Zermelo bei dessen erstem Wohlordnungsbeweis eingenommen hatte. Aus Zermelos ausdrücklicher Verwendung des Auswahlaxioms, die „z. T. auf Anregung von *Erhard Schmidt*“[20] erfolgte, wurde im Verlauf der Jahre ein Gebrauch, der „auf Anregung von Erhard Schmidt“[21] geschah.

Mit dem Berliner Mathematiker als Unterstützer hatte Fraenkel eine ausgezeichnete Wahl getroffen. Zudem dürfte er umgehend nach Fertigstellung des Beweises zu der Entscheidung gelangt sein, künftig nur noch auf den ‚definit‘-Aufsatz in der Klärung der Unabhängigkeitsfrage zu verweisen. Manifest wird dies ab dem Spätsommer 1922. In der Zusammenfassung zu seinem Leipziger *DMV*-Vortrag ist für den metamathematischen

[15] Fraenkel (1967), 127.

[16] Fraenkel (1922b), 253.

[17] Vgl. Ebbinghaus (2007a), 53.

[18] Fraenkel (1967), 168.

[19] Fraenkel (1928a).

[20] [*Einleitung*^{2}], 208.

[21] [*Einleitung*^{3}], 302. Gleichlautend bereits in Fraenkel (1927a), 94.

Beweis „auf die Darstellung in den Sitzungsber. d. Preuß. Akad. d. Wiss., Math.-Phys. Kl., 1922, S. 253, zu verweisen“.[22] Der *Annalen*-Aufsatz findet in diesem Kontext ausdrücklich keine Erwähnung. Lediglich ein einziges Mal sollte Fraenkel auf beide Arbeiten Bezug nehmen, in dem kurz nach der Leipziger Tagung fertiggestellten „Die Axiome der Mengenlehre“[23] und dies wohl vor allem deshalb, um die Klärungsansprüche einmal mehr auf den Jenaer Vortrag 1921 datieren zu können. In ausnahmslos allen nachfolgenden Untersuchungen sollte beim Bibliographieren der einschlägigen Arbeiten zum Unabhängigkeitsbeweis des Auswahlaxioms einzig der ‚definit‘-Aufsatz Erwähnung finden.[24] Er wurde damit zum *locus classicus* für die erste respektable beweistheoretische Befassung mit diesem Beweisprinzip – wenn auch unter einer Voraussetzung, durch die „das Unabhängigkeitsproblem noch keineswegs voll erledigt“[25] war. Fraenkels Begründungsansatz konnte auf die Existenz unendlich vieler Grunddinge jedoch nicht verzichten.

Mittels der Urelemente $a_1, \bar{a}_1, a_2, \bar{a}_2, a_3, \bar{a}_3, \ldots$ lässt sich voraussetzungsarm die Existenz der unendlichen Menge $A = \{\{a_1, \bar{a}_1\}, \{a_2, \bar{a}_2\}, \{a_3, \bar{a}_3\}, \ldots\}$ postulieren.[26] Deren Elemente sind Paare von Grunddingen. Jedes einzelne Paar $p_k = \{a_k, \bar{a}_k\}$ der Grundmenge A bezeichnet Fraenkel als Zelle, wobei sich beide „konjugierte Zellelemente“[27] einer jeden Zelle einzig und allein mittels der für sie vorgesehenen symbolischen Darstellung unterscheiden lassen. Es spielt also keine Rolle, ob wir zur Darstellung der Urelemente auf die Verwendung eines Akzentzeichens wie in Fraenkels Arbeit $\{a_1, \bar{a}_1, a_2, \bar{a}_2, a_3, \bar{a}_3, \ldots\}$ zurückgreifen oder stattdessen etwa einen weiteren Buchstaben $\{a_1, b_1, a_2, b_2, a_3, b_3, \ldots\}$ oder dergleichen gebrauchen. Dasselbe gilt für die Indizierungen, mit denen lediglich der Namensgebrauch in unserer Prosa erleichtert wird. Mit den gewählten Bezeichnungskonventionen wird nichts über die Beschaffenheit der Grunddinge ausgesagt. „Über die Natur dieser Grunddinge wird keinerlei Voraussetzung gemacht“[28] und da es sich bei ihnen um keine Mengen handelt, können die Kriterien zur Identifikation und Unterscheidbarkeit von Mengen auch nicht zur Anwendung gebracht werden. Trotz dieser fehlenden Möglichkeiten zur Identifikation und Unterscheidbarkeit bleibt jedes Urelement ontisch eigenständig, was Fraenkel zuweilen[29] durch eine Illustration Russells[30] veranschaulicht, nach der wir zwar souverän zwischen dem rechten und linken Stiefel beim Anziehen zu unterscheiden

[22] Fraenkel (1922c), 102.

[23] Vgl. Fraenkel (1923), 2.

[24] Siehe [*Einleitung*²], 226; Fraenkel (1924), 88; ders. (1925e), 31; ders. (1927a), 166; [*Einleitung*³], 346; Fraenkel (1928a), 90; ders. (1937a), 1; ders. (1959), 47f.; [*Foundations*²], 58.

[25] Fraenkel (1928b), 257.

[26] Vgl. Fraenkel (1922b), 254.

[27] Fraenkel (1922b), 255.

[28] Fraenkel (1927a), 166.

[29] Siehe u. a. [*Einleitung*²], 203f.; Fraenkel (1924b), 87; ders. (1925c), 252; ders. (1925f), 151; ders. (1927a), 86f.; [*Einleitung*³], 345f.; Fraenkel (1959), 40f.

[30] Erstmals Ende 1905 vorgelegt. Vgl. Russell (1907), 47f. Dort noch in der Fassung ununterscheidbarer Stiefel.

vermögen, nicht jedoch bei den zwar verschiedenen, aber ansonsten ununterscheidbaren Sockenpaaren. Bei einer beliebigen Menge von Stiefelpaaren können wir problemlos die Teilmengen der bloß rechten bzw. linken Stiefel bilden, aber „the socks we shall have to choose arbitrarily".[31]

Mengentheoretisch verfügen wir mithin über keine formalen Werkzeuge, um auch nur zwischen zwei Urelementen axiomatisch unterscheiden zu können – eine Besonderheit, die in Fraenkels Beweis wesentlich genutzt wurde. So sind etwa für den Prozess der Teilmengenbildung die beiden Mengen A und $A \setminus \{\{a_1, \bar{a}_1\}\}$ absolut ununterscheidbar. Unterscheidbar sind einzig endliche Teilmengen von A hinsichtlich der Anzahl der enthaltenen Zellen. Unterscheidbar bleibt also etwa die 2-elementige Menge $\{\{a_1, \bar{a}_1\}, \{a_2, \bar{a}_2\}\}$ von der 3-elementigen $\{\{a_3, \bar{a}_3\}, \{a_4, \bar{a}_4\}, \{a_5, \bar{a}_5\}\}$. Bilden wir indes Teilmengen von A, die alle Zellen bis auf endlich viele enthalten, dann sind diese unendlichen Teilmengen voneinander nicht unterscheidbar. Nach Fraenkel heiße „jede fast alle Elemente von A enthaltene Untermenge von A [...] eine Hauptmenge".[32] Später verwendete er hierfür den Ausdruck „Hauptteilmenge".[33]

An dieser Stelle greift nun Fraenkels erste axiomatische Verschärfung des Teilmengenbildungsprozesses wie ein maßgeschneidertes Präzisionswerkzeug in den Beweis ein, denn für die Menge A bleibt nunmehr in aller Transparenz zu beweisen, dass „auch eine beliebig oftmalige Anwendung des Aussonderungsaxioms keinesfalls zu einer derartigen Auswahlmenge führt".[34] Die Begründungspflicht war immens, schließlich galt es nicht weniger als die unscharfe Rede von ‚definiten Klassenaussagen' zu ersetzen durch einen gleichermaßen lückenlosen wie allgemeingefassten Algorithmus möglicher Mengenbildungen. Das Einzige, was vorab verbindlich schien, war die Gewissheit, dass jeder Teilmengenbildungsprozess in endlich vielen Schritten zu erfolgen hatte. Für Auswahl, Abfolge und Umfang im Gebrauch der Mengenbildungsaxiome waren indes der Phantasie nahezu keine Grenzen gesetzt. Solange man in der Anwendung der Axiome korrekt verfuhr, gab es keine Beschränkungen bei den unendlich vielen anwendungskombinatorischen Möglichkeiten, um ausgehend der Grundmenge A eine beliebige Menge in ihrer Existenz zu postulieren. Für alle diese potentiell möglichen Wege war zu zeigen, dass keiner die Aussonderung einer Teilmenge mit Auswahleigenschaft gestattet, wenn wir die verschiedenen, aber ansonsten ununterscheidbaren konjugierten Zellelemente einer Zelle miteinander vertauschen: $\{a_k, \bar{a}_k\} \rightarrow \{\bar{a}_k, a_k\}$ für $p_k \in A$.

Fraenkels erste beachtliche Leistung bestand darin, dass er das aufgespannte mengentheoretische Universum von Zermelos Mengenlehre auf ein transparentes, für den Beweis handhabbares Maß brachte. Das nahm seinen Ausgang bei den drei Grundmengen: der leeren Menge $\varnothing$, der Menge $Z_0 = \{\varnothing, \{\varnothing\}, \{\{\varnothing\}\}, \ldots\}$ für die natürlichen Zahlen und unserer Menge $A = \{\{a_1, \bar{a}_1\}, \{a_2, \bar{a}_2\}, \{a_3, \bar{a}_3\}, \ldots\}$. In axiomatisch gefasster Form fixierte der

[31] Russell (1919), 126.

[32] Fraenkel (1922b), 255.

[33] Fraenkel (1927a), 167.

[34] Fraenkel (1928b), 257.

Marburger Mathematiker den Weg von den Grundmengen und Axiomen hin zu den Mengen, die wir bilden. Miteinander verschmolzen wurden hierbei zwei fundamentale Einsichten, von denen sich die eine bereits in der 1. Auflage der *Einleitung* wiederfindet in der konditionalen Wahrheit, dass auch illegitime Mengen zulässig wären, wenn die für ihre Komprehension erforderlichen illegitimen Bezugsmengen bereits zulässig wären. „Die entsprechende Schlußweise ist dagegen z. B. für die Menge aller Mengen, die sich selbst nicht enthalten, nicht zulässig. Denn die Bildung dieser Menge aus der „Menge *aller* Mengen“ wäre zwar nach dem Axiom der Aussonderung zulässig – aber nur, wenn die Menge aller Mengen selbst eine zulässige Menge wäre. Unsere Axiome berechtigen uns aber ersichtlich nicht zur Annahme dieser Zulässigkeit“.[35] Zugehörigkeit zum mengentheoretischen Universum ist mithin kein ontischer Zustand an sich, sondern eine epistemische Frage der mengentheoretischen Genealogie.

Die lückenlose Dokumentation einer Abstammungskette gewährleistet das Privileg der Zulässigkeit. Die ‚bedingte Existenz‘ von Mengen bezieht sich mithin vor allem auf die bedingte Geltung der Existenzberechtigung von Mengen. Diese Kerneinsicht konditionaler Geltung kommt nun im Zusammenspiel mit den Anfängen einer operativen Axiomatik zum Tragen, denn die zweite fundamentale Einsicht besteht in der wegweisenden Entscheidung, die bedingten Existenzaxiome der Paarung, der Aussonderung, der Potenzmenge, der Vereinigung sowie der Auswahl (Zermelos Axiome II–VI) als Handlungsanweisungen zu verstehen, mittels derer wir ausgehend gegebener Mengen die Existenz weiterer Mengen einer bestimmten Beschaffenheit postulieren dürfen. Unter Verwendung eines Axiomes ist es gestattet, eine gegebene Menge auf eine neue Menge abzubilden. Wenn wir jedoch die einzelnen bedingten Existenzaxiome als Abbildungsvorschriften interpretieren dürfen, dann ist es auch legitim, den gesamten Mengenbildungsprozess über eine Klasse von Funktionen zu beschreiben, die ausgehend der Grundfunktionen nach fest vorgegebenen Regeln entsteht. Den ersten Entwurf hierfür lieferte der ‚definit‘-Aufsatz. „Aus einem (»variabeln«) Ding x, das die Elemente einer Menge durchlaufen kann, und evtl. aus weiteren festgegebenen (»konstanten«) Dingen soll mittels einer vorgeschriebenen (natürlich endlichmaligen, durch ϕ bezeichneten) Anwendung der Axiome II–VI ein Ding $\phi(x)$ gebildet werden“.[36]

Was hier in äußerst kondensierter und wahrscheinlich noch nicht vollständig klarer Form enthalten ist, sollte durch nachfolgende Veröffentlichungen, gleichsam in einem Prozess der intellektuellen Bewusstwerdung behutsam seziert werden und es scheint klar, dass die Essenz desselben in allgemeiner Diktion den Gegenstand eines verschärften Aussonderungsaxioms zu bilden hatte. Das Axiom für die Teilmengenbildung hatte von diesen Prozessen zu handeln und von nichts sonst. So ist bereits hier erkennbar, dass jede noch so komplexe Mengenbildung als eine Funktion der Form $\phi\colon x \to \phi(x)$ verstanden werden kann, bei der in der Abbildungsvorschrift ϕ eine komplexe Handlungsanweisung enthalten ist, welche Axiome (der Axiome II–VI) in welcher Reihenfolge wie häufig zur Anwen-

[35] [*Einleitung*[1]], 140f.

[36] Fraenkel (1922b), 253f.

dung gebracht werden sollen. Dies schloss selbstverständlich auch das Aussonderungsaxiom mit ein, für das nun separat zu erläutern war, wie mittels der Funktionsdarstellung Teilmengen gebildet werden sollen. „Axiom III. Sind eine Menge M und in bestimmter Reihenfolge zwei Funktionen ϕ und ψ gegeben, so besitzt M eine Untermenge $M_{\mathfrak{E}}$ bzw. eine Untermenge $M_{\mathfrak{E}'}$, die alle und nur die Elemente x von M als Elemente enthält, für die $\phi(x)$ Element von $\psi(x)$ bzw. $\phi(x)$ nicht Element von $\psi(x)$ ist".[37] Bedeutsam an dieser ersten Neufassung des Axioms, mit der nun die „einzige wesentliche Schwäche der überaus scharfsinnigen Zermeloschen Axiomatik"[38] überwunden werden soll, war die Bedingung, dass die für die Teilmengenbildung erforderliche beiden ‚Funktionen ϕ und ψ gegeben' sein müssen. Ausgesondert werden kann also nur dann, wenn ausnahmslos alle Bestandteile der komplexen Handlungsanweisung $\xi(x)$ $(= \phi(x) * \psi(x))$ bereits vorliegen, d. h. die für den Aussonderungsprozess erforderlichen Erzeugungsschrittfolgen ϕ und ψ verfügbar sind.

Bei einer erstmaligen Anwendung der Teilmengenbildung scheint klar, dass in die Handlungsanweisungen für ϕ und ψ noch keine Funktion zur Teilmengenbildung eingehen kann bzw. dass zur Bildung neuer Teilmengen einzig auf Untermengen $M_{\mathfrak{E}}$ zurückgegriffen werden darf, die bereits vorliegen und mithin in die Formulierung einer weiteren komplexen Handlungsanweisung der Form $\xi(x)$ $(= \phi(x) * \psi(x))$ eingehen dürfen. Syntaktisch wird auch dies von Fraenkel noch einmal eigens herausgestellt, um damit der Sonderstellung des Aussonderungsaxiom in der Substitution der ‚definit'-Redeweise durch einen Funktionsbegriff gerecht zu werden. „Die Rolle der »Variabeln« in den durch die Axiome II und IV–VI definierten Grundfunktionen ist ohne weiteres klar. Axiom III kann eine Funktion in der Art definieren, daß M variabel ist oder auch eines der in die Funktionen ϕ und ψ eingehenden konstanten Dinge variabel gelassen wird".[39] Zermelos unscharfer Begriff war damit fürs Erste getilgt, aber es waren bei Weitem noch nicht alle Fragen geklärt. Für den Moment schien diese Fassung jedoch hinreichend, um den Unabhängigkeitsbeweis zum Abschluss zu bringen.

Es war nunmehr zu zeigen, dass es keinen noch so verschachtelten, kreativ umständlichen Mengenbildungsprozess Φ ausgehend der Menge $A = \{\{a_1, \bar{a}_1\}, \{a_2, \bar{a}_2\}, \{a_3, \bar{a}_3\}, \ldots\}$ geben kann, der uns zu irgendeiner Menge M führt, deren sukzessive, bis auf die Grundmengen zurückführende Vereinigungsmengenbildung die Aussonderung einer Teilmenge mit Auswahleigenschaft gestattet. Hierfür zeigt Fraenkel nunmehr,[40] dass es zu jeder Menge M mindestens eine Haupt(teil)menge A_M gibt, so dass sich M nicht ändert, wenn $\{a_k, \bar{a}_k\} \rightarrow \{\bar{a}_k, a_k\}$ für $p_k \in A_M$. Der für den Beweis unter anderem erforderliche Nachweis, dass man für eine beliebige Menge M in ihren Elementen, den Elementen ihre Elemente usw. stets die Elemente a_k und $\bar{a}_k$ der Zelle p_k miteinander vertauschen kann, besitzt einen axiomatisch klar bestimmten Sinn. Da eine beliebige Menge M durch einen

[37] Fraenkel (1922b), 254.

[38] Fraenkel (1925e), 31.

[39] Fraenkel (1922b), 254.

[40] Vgl. Fraenkel (1922b), 255ff.

beliebig komplexen, aber lediglich endlich viele Schritte umfassenden Mengenbildungsprozess Φ entstanden ist, führt die auf sie n-fach wiederholt angewendete Vereinigungsmengenbildung $\mathfrak{S}_n\left(\mathfrak{S}_{n-1}\ldots\left(\mathfrak{S}_1 M\right)\right)$ letztlich zu einer Vereinigungsmenge, die einzig aus den grundlegenden Mengen des Bereichs gebildet werden kann. Die in der Mathematik zuweilen gefährliche Phrase ‚usw.' stellt hier jedenfalls keine „Verschleierung eines unbequemen Sachverhalts dar".[41]

Der Autor selbst sorgt einmal mehr dafür, dass auch dieser Beitrag im kollektiven Gedächtnis der Fachgenossen verbleibt. So zählt die zwölf Zeilen umfassende Anzeige zu jener Besprechungsfolge im *Jahrbuch über die Fortschritte der Mathematik*, mit der er bereits die beiden Vorgängertexte[42] bibliographisch exponierte.[43] Unprätentiös dokumentiert die Besprechung des ‚definit'-Aufsatzes Fraenkels Narrativ, dass ein bisheriges Scheitern in der Klärung der Unabhängigkeitsfrage wesentlich auf die unzureichende Präzision des Aussonderungsaxioms zurückzuführen ist. „Jenes Axiom wird daher auf eine von der allgemeinen Logik unabhängige, rein mathematische Form gebracht, die anderweitig als zureichend für den Aufbau der Mengenlehre erwiesen werden soll; gestützt hierauf gelingt für einen zu diesem Zweck konstruierten Bereich von Mengen der Nachweis, daß in ihm die übrigen Axiome Zermelos, nicht aber das Auswahlaxiom erfüllt ist".[44] Fraenkel hatte mit dem Verweis auf den ‚anderweitig als zureichend für den Aufbau der Mengenlehre' zu erbringenden Nachweis erneut den problemgeschichtlichen Faden positioniert, den es nach Abschluss des ‚definit'-Aufsatzprojektes wieder aufzugreifen galt. Ab jetzt stand die Teilmengenbildung ganz im Fokus des Interesses. Im Unterschied zum Unabhängigkeitsbeweis sollte der Marburger Mengentheoretiker im Fall des Mengenbildungsprozesses in den nachfolgenden Jahren immer wieder verbesserte Versionen vorlegen.

4.2 „ohne Zirkelschluß möglich": Arbeit am Funktionsbegriff

Als das ‚definit'-Manuskript in Berlin vorgelegt wurde, hatte Fraenkel bereits für Leipzig gemeldet. Mit gut einem halben Jahr Vorlaufzeit für die in der zweiten Septemberhälfte stattfindende Jahresversammlung der *DMV* zeigt der Marburger Mathematiker mit einem Vortragsangebot „Zu den Grundlagen der Mengenlehre" seinen Bedarf an. Mit aller gebotenen Professionalität erfolgt eine erneute Selbstverpflichtung, die mit der Ausgabe des Heftes 1/4 des 31. Bandes des *Jahresberichtes* im Frühjahr manifest wird. „Bisher sind folgende Vorträge zugesagt worden: [...] A. Fraenkel: Zu den Grundlagen der Mengenlehre".[45] Mit dieser frühzeitig öffentlich gemachten Bereitschaft zur Programmgestaltung

[41] Fraenkel (1927a), 168.

[42] Fraenkel (1922a); ders. (1922c).

[43] Fraenkel (1925/28f).

[44] Fraenkel (1925/28e).

[45] Redaktion JDMV (1922b).

verpflichtet sich Fraenkel einmal mehr, erneut zu liefern. Nun verblieben einige Monate, um dem Titel Taten folgen zu lassen. Auffällig ist dabei die Unbestimmtheit desselben – gleich so, als ob sich der Referent alle Optionen offenhalten möchte. Das wird auch der Fall gewesen sein. Nach dem ‚definit'-Aufsatz durfte in der Sache erst gar keine Beschaulichkeit aufkommen, die sich in der Unverbindlichkeit des Rastens verliert. Es musste umgehend nachgelegt werden und die fortzuspinnenden Fäden hatte der Autor in seinem Manuskript für Berlin in aller gebotenen Sorgfalt und für jedermann sichtbar drapiert. Es war nicht weniger als seine ganz persönliche Forschungsagenda, mindestens für das laufende Kalenderjahr.

> „Es erheben sich hierzu einige (in F. II zu erörternde) Fragen, namentlich ob und wie der Prozeß der Untermengenbildung sich in der legitimen Mengenlehre nach diesem wohlbestimmten Schema vollzieht, d.h. namentlich ob dieses umfassend genug ist, ferner ob die gegenseitige Verknüpfung von Funktionsbegriff und Axiom III ohne Zirkelschluß möglich ist, weiter ob man sich bei der Einführung des Funktionsbegriffs auf die Axiome II–V beschränken, also Axiom VI fortlassen kann".[46]

Der ‚definit'-Aufsatz war randvoll mit neuen Erkenntnissen, aber es waren die aus ihnen abgeleiteten offenen Fragen, die den Problemhorizont für Fraenkels ganz persönliche mengentheoretische Forschung der kommenden Zeit aufspannten und diese grundlagentheoretisch bedeutsamen Herausforderungen sollten sogleich zum Gegenstand der Untersuchung gemacht werden. Der Zitierte vertagte sich hierbei nicht auf ‚F. II' – jene in Aussicht gestellte Fortsetzung des *Annalen*-Aufsatzes, deren mantraartige Ankündigung[47] Fraenkels Veröffentlichungen noch bis 1924 begleiten sollte. Die drei Problemexpositionen bildeten sogleich das Forschungsvorhaben der folgenden Monate und es liegt auf der Hand, dass Fraenkel in Leipzig und folglich auch vorab in Frankfurt über jene Frage eingehender zu referieren gedachte, bei deren Klärung er bis zum Sommer des Jahres entscheidend vorangekommen sein würde. Das erklärt die Unbestimmtheit des Titels für Leipzig als auch seine noch allgemein gehaltenen Gedanken „Über die Grundlagen der Mengenlehre", die er Mitte Juni im Kolloquium von Schoenflies vorzutragen gedachte.

Die Neufassung des Aussonderungsaxioms war hierbei etwas gänzlich anderes als etwa die formale Erweiterung des Systems durch die Hinzunahme des Ersetzungsaxioms. Mit letzterem erweitern wir – vorbehaltlich der relativen Konsistenz – das mengentheoretische Universum auf konservative Weise, d. h. die neuen Mengenbildungsmöglichkeiten haben keinerlei Einfluss auf die bereits etablierten. Nicht so im Fall des Aussonderungsaxioms. Die Verschärfung des Teilmengenbildungsprozesses ist nichts Geringeres als eine formale Intervention im System an zentraler Stelle. Sie strahlt in nahezu alle Bereiche aus und es ist zu prüfen, ob dieser Eingriff nicht revisionär verfährt und einen kreativen Einfluss auf den etablierten Mengenbestand nimmt. Wenngleich zum Ziel der Präzisierung ersonnen verbleibt die Frage, ob die Verschärfung nicht möglicherweise zu weit geht, d. h. ob even-

[46] Fraenkel (1922b), 254.

[47] Siehe 3.4.

tuell durch die restriktive Maßnahme eigentlich zulässige Mengenbildungen nicht mehr durchführbar sind. Dieses Anliegen sollte zu einem bestimmenden der folgenden beiden Jahre werden, denn so bedeutsam und unverzichtbar das Präzisierungserfordernis war, es wurde eben begleitet durch den schwerwiegenden „Zweifel, ob mit der gewonnenen Präzision die veränderte Axiomatik nicht die Fähigkeit verliere, das Gesamtgebiet der allgemeinen Mengenlehre zu umfassen“.[48]

Ausgeräumt werden konnten diese Bedenken erst durch den lang ersehnten und häufig in Aussicht gestellten Aufsatz „Untersuchungen über die Grundlagen der Mengenlehre“. Dass es mit diesem gelang, die bestehenden „Zweifel durch die tatsächliche Durchführung zu widerlegen“,[49] stand nicht zuletzt mit der vorgelagerten Klärung der beiden anderen benannten Probleme im Zusammenhang. Das zweite, von Fraenkel vorgetragene Forschungsanliegen betrifft unmittelbar den Definitionsversuch des ‚definit‘-Manuskriptes und den durchaus berechtigten Verdacht, es könne sich bei diesem um eine zirkuläre Bestimmung handeln. Immerhin ging in die Bestimmung der Grundfunktionen sogleich die „Anwendung der Axiome II–VI“[50] ein, während für das damit ebenfalls angesprochene Axiom III eine weitere Bedingung unter Rückgriff auf eben diese Grundfunktionen nachgetragen werden musste.[51] In einer strikten Lesart wäre mithin in die Definition der Funktion für den Teilmengenbildungsprozess das zu Definierende mit eingegangen. Der Urheber dürfte aber durchaus zuversichtlich gewesen sein, dass es sich hierbei bloß um eine unvorteilhaft gewählte Form der Darstellung handelt. Eine unglückliche Formulierung, die mit ein wenig mehr Disziplin zur terminologischen Strenge vermieden werden kann.

Während diese beiden ersten Forschungsanliegen im ‚definit‘-Text allein durch den technischen Beweisvollzug eine „teilweise Beleuchtung von selbst erfahren“,[52] kann etwas Vergleichbares für das dritte der benannten Probleme freilich nicht beansprucht werden. Schließlich wurde mit der letzten Frage erstmals der Gedanke erwogen, das Auswahlaxiom bei der Einführung des Funktionsbegriffs außen vor zu lassen, damit eine grundlagentheoretische Kritik an demselben oder gar dessen Zurückweisung keinerlei Folgen für den Funktionsbegriff hat. Dieser Aufgabe galt es sich unmittelbar nach dem Unabhängigkeitsbeweis zu stellen und Fraenkel sollte auch einen definitionstheoretischen Modus finden, mit dem die semantische Bestimmung des Funktionsbegriffs entkoppelt werden konnte von der (hier mit Worten der späteren Diktion formulierten) Frage, ob ZF oder ZFC. Klar war jedenfalls, dass das begriffliche Entbinden von Axiom VI sowie die Behebung des Zirkularitätsverdachts terminologische Präzisierungsmaßnahmen waren, deren Umsetzung der Lösung der ersten Aufgabe voranzugehen hatten.

Die Forschungsagenda aus dem ‚definit‘-Manuskript hatte damit ihre strategische Ausrichtung erhalten. Es galt zuerst, Verbindlichkeit in der Beantwortung der Fragen Zwei

---

[48] Fraenkel (1925b), 251.

[49] Fraenkel (1925b), 251.

[50] Fraenkel (1922b), 253f.

[51] Vgl. Fraenkel (1922b), 254.

[52] Fraenkel (1922b), 254.

und Drei zu erzielen, da es diese beiden Klärungsanliegen waren, die auf das Ansinnen einer kanonischen Fassung des Funktionsbegriffs abzielten. Erst eine zufriedenstellende Behandlung dieser Punkte ermöglichte es schließlich, sich aussagekräftig dem ersten Problem zuwenden zu können. Der Fahrplan für den Sommer schien damit klar. Am 15. Juni 1922 trägt Fraenkel zum inzwischen dritten Mal in Frankfurt vor. Im vertrauten Kreis des dortigen Mathematischen Kolloquiums denkt er „Über die Grundlagen der Mengenlehre" nach.[53] Die der Dokumentation zugesetzte, unmittelbar nachfolgende Klammernotiz „(Vgl. Math. Annalen 86 und Berliner Berichte 1922)"[54] bestätigt, dass bei dieser Gelegenheit Fragen verhandelt wurden, die sich aus den Einsichten des *Annalen*-Aufsatz sowie dem ‚definit'-Manuskript ergeben hatten. Da es sich bei dem Vortrag am Main wahrscheinlich einmal mehr um die Generalprobe für die *DMV*-Jahresversammlung gehandelt haben dürfte, wird der Marburger Mathematiker vor seinen Frankfurter Kollegen vor allem über die erzielten Fortschritte in der Tilgung des Definitheitsprädikats referiert haben. Schließlich wurde dieses Thema mit der Fertigstellung des ‚definit'-Manuskriptes zum bestimmenden und es handelte sich fraglos um jenen Topos, bei dem der Erkenntniszuwachs im weiteren Verlauf des Jahres eine ganz besondere Dynamik erfuhr. Die Aussicht auf einen weiteren *DMV*-Vortrag dürfte ihn zudem beflügelt haben und er sollte für seinen Forschungseifer belohnt werden.

Mitte September bricht Fraenkel nach Leipzig auf, um dort vom 17. bis zum 24. September zum zweiten Mal an der Jahresversammlung der *Deutschen Mathematiker-Vereinigung* teilzunehmen. Er reist mit großem Selbstvertrauen, schließlich war er es, dem Anfang des Jahres die Antwort auf die schwierige Frage gelang, „ob das Auswahlprinzip wirklich ein neues Prinzip der Mathematik bezw. Logik sei, oder ob es vielleicht aus den übrigen anerkannten Prinzipien deduktiv hergeleitet werden könne".[55] Durch ihn war dieses beweistheoretische Problem „im ersteren Sinne entschieden worden".[56] Mit derartigen Referenzen in der Vita konnte der akademische Ausflug genossen werden. Im Gepäck hat er erneut einen beeindruckenden Vortrag „Zu den Grundlagen der Mengenlehre", der im Unterschied zu seinem Jenaer Vorgänger mit weniger Programmatik, dafür aber mit umso mehr Verbindlichkeit in den Resultaten aufzuwarten weiß. Es ist die konsequente Fortführung des 1921er Referats – in Teilen eine mustergültige Einlösung des dort in Aussicht Gestellten.

Die Qualität der Inhalte lässt den Vortragenden selbstbewusst auftreten und erlaubt ihm, mittels einer schonungslosen Diagnose des Status quo zu eröffnen. „Der empfindlichste Mangel der Zermeloschen Begründung der Mengenlehre liegt in dem Umstand, daß sie sich (im „Axiom der Aussonderung") wesentlich auf den unscharf umgrenzten Begriff einer „definiten" Eigenschaft oder Klassenaussage stützt und sich so einer Gefähr-

[53] Vgl. Redaktion JDMV (1922e), 126.

[54] Redaktion JDMV (1922e), 126.

[55] Fraenkel (1924b), 87f. Weitgehend gleichlautend Fraenkel (1925c), 252; Fraenkel (1925f), 152.

[56] Fraenkel (1924b), 87f. Weitgehend gleichlautend Fraenkel (1925c), 252; Fraenkel (1925f), 152.

dung durch die Unsicherheit der allgemeinen Logik aussetzt".[57] Erneut wird die beste verfügbare Axiomatisierung zum Ausgangspunkt und Gegenstand der Kritik genommen. Derartiges kann sich nur erlauben, wer auch Wege zur Lösung aufzuzeigen vermag. Das Problem ist damit profiliert, das Prekäre der Situation herausgestellt und die Aufmerksamkeit der Zuhörer gewährleistet. Das wegweisende Grundlagenreferat verdient größtmögliche Aufmerksamkeit und beschenkt wird der Referent durch die günstigen Umstände der Tagung.

Mitte des Jahres war für die erste Vormittagssitzung am 19. September noch geplant, dass sie durch Erich Hecke mit einem Bericht über „Analytische Funktionen und algebraische Zahlkörper" eröffnet wird.[58] Dazu kam es nicht und wahrscheinlich erfolgte Heckes Absage kurzfristig, denn noch auf der offiziellen Tagesordnung der Leipziger Versammlung, die der Einladung zur Mitgliederversammlung beigefügt war, wird Heckes Bericht ordentlich geführt.[59] Niemand Geringeres als David Hilbert sprang offenkundig spontan als Ersatz ein und eröffnete die erste Vormittagssitzung am zweiten Kongresstag mit dem Vortrag „Das Auswahlaxiom in der mathematischen Logik", für den als Zusammenfassung im *Jahresbericht* festgehalten wurde, dass er „in den Math. Annalen 88 erschienen"[60] ist. Die hinzugesetzte Information war ein wenig irreführend, weil sie den Eindruck vermittelte, als ob Hilbert über ein zwar hoch aktuelles, aber eben auch bereits veröffentlichtes Thema referieren würde. In Anbetracht einer kaum vorhandenen Vorlaufzeit zur Vorbereitung hätte man dies auch einem Forscher dieses außergewöhnlichen Formats zugestehen müssen. Doch Hilbert wäre nicht Hilbert, wenn er nicht auch bei dieser Gelegenheit im höchsten Maße inspirierende und innovative Gedanken entwickelt hätte. Zum einen erschien die fragliche Arbeit erst am 16. Dezember des Jahres mit der Ausgabe des Heftes 1/2 des 88. Bandes der *Mathematischen Annalen* und zum anderen reichte er das finale Manuskript am 29. September – und damit ganze zehn Tage nach dem Vortrag – bei der Zeitschrift ein.[61] Angereist war es also mit unveröffentlichtem Material, das außerhalb des Göttinger Kreises noch weitgehend unbekannt gewesen sein dürfte.

Hilbert präsentierte in Leipzig einmal mehr grundlagentheoretische Nova. Publiziert wurden diese Überlegungen nicht unter dem Vortragstitel, sondern unter dem heute weithin bekannten „Die logischen Grundlagen der Mathematik" – einem jener bahnbrechenden Gründungstexte der Hilbertschen Metamathematik, mit der die moderne Beweistheorie ihre Erfolgsgeschichte antrat. Es handelt sich hierbei um jenes Manuskript, in dem von Hilbert die Hinzunahme von transfiniten Axiomen zur Metamathematik erwogen wird, damit auf „dem Boden des Finiten [...] die freie Handhabung und volle Beherrschung des Transfiniten erreicht werden"[62] kann. Zu diesem metalogischen Panorama zählt zweifels-

[57] Fraenkel (1922c), 101.

[58] Vgl. Bl. 225, Akte E 4/24; Universitätsarchiv Freiburg.

[59] Vgl. Bl. 258, Akte E 4/24; Universitätsarchiv Freiburg.

[60] Redaktion JDMV (1922d), 101.

[61] Vgl. Hilbert (1922), 165.

[62] Hilbert (1922), 156.

ohne auch ein fulminantes Plädoyer für das Auswahlaxiom, für das sich in der logischen Analyse der Beweistheorie herausstellt, dass „der wesentliche dem Auswahlprinzip zugrunde liegende Gedanke ein allgemeines logisches Prinzip ist, das schon für die ersten Anfangsgründe des mathematischen Schließens notwendig und unentbehrlich ist".[63] Diese Anfangsgründe gilt es zu sichern und dies geschieht mit den Mitteln der Metamathematik. Illustriert wird dies für den Moment durch die Einführung des τ-Operators, mit dessen Hilfe unter anderem das Tertium non datur als zulässig erwiesen werden kann.[64] Hier wurde in den großen Bildern gedacht, hier wurden die großen Bögen gespannt und mit fundamentaler Substanz versehen. Den Marburger Mengentheoretiker dürften diese visionären Überlegungen tief beeindruckt haben. Umgehend nach der Tagung ergreift er als einer der ersten überhaupt die Gelegenheit und verweist sogleich in der Fertigstellung des Aufsatzes „Die Axiome der Mengenlehre" unter anderem auf Hilberts Leipziger Vortrag,[65] ebenso wie er auf diese Untersuchungen „aus jüngster Zeit"[66] auch künftig wiederholt Bezug nehmen wird.

Für Fraenkel hätte die Eröffnung dieser Vormittagssitzung kaum besser verlaufen können, denn der Name seines Vorredners hätte nicht klangvoller sein können und dieser ebnete ihm auch noch atmosphärisch den Weg mit der bekenntnishaften Feststellung, dass es gerade unsere Aufgabe ist „zu erkennen, warum und inwieweit die Anwendung der transfiniten Schlußweisen so wie sie in der Analysis und in der Mengenlehre geschieht, doch stets richtige Resultate liefert".[67] An diese gleichermaßen kritischen wie optimistischen Worte konnte der Marburger Mathematiker unmittelbar anschließen. Es passte alles. Zusammen mit Hilbert und Felix Hausdorff hatte Fraenkel eines der besten Tagungszeitfenster zugewiesen bekommen und dank des über jeden Zweifel erhabenen Interesses an Hilberts Gedanken war der Hörsaal bestens besucht, zum Teil auch aus den Reihen der Naturforscherversammlung, mit der die Mathematiker wieder zusammen konferierten. Mit insgesamt 127 anwesenden Personen[68] zählte das Auditorium dieser Vormittagssitzung zu den größten der gesamten Jahresversammlung. Fraenkel referierte vor der versammelten Mathematikerschaft. Zu seinen Hörern zählten viele alte Bekannte, unter ihnen Alexander Ostrowski, Ludwig Bieberbach, Arthur Schoenflies, Ernst Hellinger, Otto Szász, Helmut Hasse oder auch Ernst Steinitz. Anwesend war zudem eine große Gruppe um David Hilbert selbst, darunter Richard Courant, Emmy Noether, Otto Blumenthal, Paul Bernays, Otto Toeplitz und Heinrich Behmann.

Mit Moritz Schlick, Hans Hahn und Hans Reichenbach waren zudem Wissenschaftler vor Ort, die in folgenden Jahren zu zentralen Figuren in der Entwicklung des logischen

[63] Hilbert (1922), 152.

[64] Zu den Hintergründen siehe Wille (2008), Kap. 2 und 3; vor allem 61ff.

[65] Vgl. Fraenkel (1923), 2.

[66] [*Einleitung*^{2}], 235.

[67] Hilbert (1922), 156.

[68] „Anwesenheitsliste: Sitzung: Dienstag, den 19. Sept, 9^h vorm.". Quelle: Bl. 253, Akte E 4/24; Universitätsarchiv Freiburg.

Empirismus avancieren sollten. Gut möglich, dass hier in Leipzig ein erster Kontakt zwischen Fraenkel und einzelnen Gelehrten des späteren Wiener Kreises entstand, der im weiteren Verlauf der 1920er-Jahre durch eine wechselseitige intellektuelle Sympathie getragen wurde. Immerhin lassen sich zum Ausgang des Jahrzehnts mehrere Begebenheiten benennen, die von einer Intensivierung des Kontaktes zeugen. So gewann Fraenkel 1929 sowohl Rudolf Carnap als auch Karl Menger als Autoren für das von ihm verantwortete Sonderheft „Philosophische Grundlegung der Mathematik" der *Blätter für Deutsche Philosophie*. Der inzwischen nach Kiel Berufene hatte sich von der Redaktion die Bedingung erbeten, dass ihm „völlige Freiheit in der Wahl der Themen und Mitarbeiter zugestanden"[69] wurde und dies führte geradewegs zu einer Idealbesetzung der Beitragenden. Während Paul Bernays für einen Beitrag zur Hilbertschen Metamathematik gewonnen werden konnte,[70] lieferte Carnap einen Beitrag zum Logizismus,[71] wohingegen Menger Überlegungen zum Intuitionismus beisteuerte.[72] Heinrich Scholz,[73] Walter Dubislav[74] und Fraenkel[75] selbst runden das exzellente Autorenkollektiv des Ende 1930 erschienenen Doppelheftes ab.

Im Gegenzug lieferten Carnap und Menger überaus positive Besprechungen der dritten Auflage der *Einleitung in die Mengenlehre*.[76] Karl Menger stand dabei nicht nur als Privatperson auf der ersten Verteilerliste für das 1928 erschienene Werk an dritter Stelle,[77] sondern in seinem Fall legte Fraenkel einen großen Wert darauf, dass ihn zudem das für die *Monatshefte für Mathematik und Physik* vorgesehene Besprechungsexemplar erreichte. So bat er frühzeitig den Verlag darum, dass „Sie das für die „Monatshefte f. Math. u. Phys., Wien" bestimmte Rezensionsexemplar der Redaktion mit der Bitte senden, es möge [...] an Prof. Menger – Wien zur Rezension gegeben werden".[78] Da hatte dieser dem Autor gegenüber wahrscheinlich bereits signalisiert, dass er für eine Buchkritik zur Verfügung stehen würde. Der Verlag scheint das Anliegen präzise weitergeleitet zu haben, denn bereits 1929 erscheint im 36. Band der Zeitschrift Mengers Besprechung, eine der ausführlichsten zur dritten Auflage überhaupt. Fraglos handelte es sich bei den Rezensionen von Carnap und Menger nicht um bloße Gefälligkeiten, denn die wertgeschätzten Aspekte verdienten ihr Lob zu Recht.

---

[69] Fraenkel (1967), 152.

[70] Bernays (1930).

[71] Carnap (1930).

[72] Menger (1930).

[73] Scholz (1930).

[74] Dubislav (1930).

[75] Fraenkel (1930c).

[76] Carnap (1929a); ders. (1929b); Menger (1929).

[77] Vgl. Anlage „Vorläufige Liste für die Versendung von Fraenkel, Einl. in d. Mengenl., 3. Auflage" zu Fraenkels Brief an den Springer Verlag vom 5. November 1928. Quelle: Akte „Fraenkel, Adolf B-F 120 I"; Zentral- und Landesbibliothek Berlin.

[78] Fraenkel an den Springer Verlag in einem Brief vom 5. November 1928. Quelle: Akte „Fraenkel, Adolf B-F 120 I"; Zentral- und Landesbibliothek Berlin.

Carnap etwa zeigt sich beeindruckt von Fraenkels Bibliographie, die „wohl die vollständigste, gegenwärtig vorliegende Zusammenstellung“[79] an Titeln für die moderne Logik enthält. „Das Literaturverzeichnis ist sehr reichhaltig; eine vollständigere Zusammenstellung der modernen logischen Literatur dürfte es gegenwärtig kaum geben“.[80] Dieses Werkzeug sollte sich auch für spätere Wissenschaftlergenerationen noch als überaus wertvoll erweisen. Indes legt Menger eine äußerst detaillierte Besprechung vor, in der er unter anderem den „leichtfaßlichen Zugang“[81] lobt, mit dem der Autor Russells Logizismus vorstellt. Vor allem aber betont Menger wiederholt, dass wir es auch Fraenkels „anregenden und reichhaltigen Ausführungen“[82] zu verdanken haben, wenn die klassischen Arbeiten zur Mengenlehre inzwischen eine weitere Verbreitung und Anerkennung erfahren. „Wenn heute Cantors Grundgedanken auch in weiteren nichtmathematischen Kreisen bekannt und diskutiert zu werden beginnen, so ist dies sicher zum großen Teil ein Erfolg von Fraenkels ausgezeichneter Einleitung in die Mengenlehre“.[83] Die benannten Aktivitäten vermitteln den Eindruck, dass Carnap, Fraenkel und Menger die Arbeiten der jeweils anderen – zumindest Ende der 1920er-Jahre – äußerst aufmerksam verfolgt haben.

Bereits im Jahr zuvor hatte Hans Hahn die *Zehn Vorlesungen über die Grundlegung der Mengenlehre* besprochen und dabei nicht nur Fraenkels „außerordentlich sorgfältiges, acht Seiten umfassendes Literaturverzeichnis“[84] gelobt. Zudem wusste es Hahn zu schätzen, dass dieses Buch, obgleich nicht für ein spezifisch mathematisches Publikum ersonnen, auch dem Mathematiker „manche Belehrung und vielen Stoff zum Nachdenken liefern“[85] wird. Durch die Zeilen dieser Rezension kam aber vor allem zum Vorschein, was den logischen Empiristen genuin am Marburger Mengentheoretiker gefiel. Da war zum einen sein Einsatz um die axiomatische Begründung der Mengentheorie, die durch seine Forschungsarbeiten „ganz beträchtlich gefördert wurde“.[86] Besonders beeindruckt zeigte man sich vom philosophisch-didaktischen Gespür, mit dem Fraenkel die zum Teil diffizilen Themen literarisch aufbereitete. „Bei der immer steigenden Bedeutung, die die hier behandelten Fragen für die exakte Philosophie haben, ist es sehr zu hoffen, daß das philosophisch orientierte Publikum sich aus dem vorliegenden Buche Aufklärung hole, wie sie nur ein in eine schwierige Materie wirklich eingearbeiteter Fachmann geben kann“.[87] Als Repräsentant und Vermittler der modernen Mengentheorie gehört Fraenkel zu den wichtigen Förderern der exakten Wissenschaften. Man profitierte von einander. Für die treffliche Rezension und die damit verbundene Wertschätzung des Werkes bedankte sich Fraenkel

[79] Carnap (1929a), 429.

[80] Carnap (1929b).

[81] Menger (1929), 6.

[82] Menger (1929), 7.

[83] Menger (1929), 5.

[84] Hahn (1928).

[85] Hahn (1928).

[86] Hahn (1928).

[87] Hahn (1928).

akademisch angemessen. Hans Hahn zählte zu den Ersten, die ein Autorenexemplar der dritten Auflage der *Einleitung* erhalten sollten.[88]

Auf der anderen Seite zählte er zum exklusiven Referentenkreis der „Ersten Tagung für Erkenntnislehre der exakten Wissenschaften" in Prag Mitte September 1929[89] – jener legendär gewordenen Tagung, mit der die Wissenschaftliche Weltauffassung der logischen Empiristen selbstbewusst an eine weitere Öffentlichkeit trat und die vollumfänglich dokumentiert wurde im ersten Band von *Erkenntnis*. Auf exakt diesen Pfaden gelangte Fraenkels Prager Vortrag „Die heutigen Gegensätze in der Grundlegung der Mathematik"[90] zur Veröffentlichung in der im Auftrag der Gesellschaft für empirische Philosophie Berlin und des Vereins Ernst Mach in Wien von Carnap und Reichenbach herausgegebenen Zeitschrift. Wohl noch im selben Jahr führte Fraenkel ein weiterer Vortrag auch nach Wien, bei dessen Gelegenheit er mit Schlick „eine langdauernde, äußerst anregende Diskussion führen durfte".[91] Bedauerlicherweise konnte für den Moment nicht geklärt werden, in welchem Rahmen dieser Vortrag stattfand. Das von Karl Menger organisierte „Mathematische Kolloquium" scheint auszuscheiden, da für den fraglichen Zeitraum kein Vortrag Fraenkels dokumentiert ist.[92] Als (ungeprüfte) Möglichkeit verbleibt eine durch das Komitee zur Veranstaltung von Gastvorträgen ausländischer Gelehrter der exakten Wissenschaften veranlasste Einladung. Ungesehen dessen darf festgestellt werden, dass es zum Ende des Jahrzehnts mannigfache wissenschaftsbiographische Querbezüge zwischen Fraenkel und namhaften Mitgliedern des Wiener Kreises gab.

Schlicks Anwesenheit in Leipzig besaß fraglos einen besonderen Stellenwert – war er doch von Max Planck, dem Vorsitzenden der *Gesellschaft Deutscher Naturforscher und Ärzte*, mit der die *DMV* wieder zusammen tagte, dazu eingeladen worden, in seiner Rolle als philosophischer Interpret von Einsteins Relativitätstheorie zu diesem Thema zu referieren. Schlicks Vortrag „Die Relativitätstheorie in der Philosophie",[93] den er tags zuvor in der „prall gefüllten"[94] Alberthalle des Kristallpalastes gehalten hatte, sollte zu einem Höhepunkt der Tagung werden, ein Beitrag von bleibendem Wert. Für nahezu jeden Anwesenden an diesem Tag war es wohl „ein erhebender Anblick, die vieltausendköpfige Menge – insgesamt waren über 8000 Teilnehmer erschienen – in der großen Alberthalle des Kristallpalastes in Leipzig an dem Begrüßungsmorgen der Hundertjahrfeier zu sehen".[95] Von Festvorträgen war Fraenkel 1922 zwar noch weit entfernt, aber sein Vortrags-

[88] Vgl. Anlage „Vorläufige Liste für die Versendung von Fraenkel, Einl. in d. Mengenl., 3. Auflage" zu Fraenkels Brief an den Springer Verlag vom 5. November 1928. Quelle: Akte „Fraenkel, Adolf B-F 120 I"; Zentral- und Landesbibliothek Berlin.

[89] Vgl. Carnap et al. (1929), 114.

[90] Fraenkel (1930/31).

[91] Fraenkel (1967), 157.

[92] Vgl. Stadler (1997), 454–457.

[93] Schlick (1923).

[94] Engler (2019), XXXVII.

[95] Wolff (1922b), 84.

material hatte nicht minder das Potenzial für einen Klassiker. Vor dem distinguierten Auditorium trug er nun ausgehend der kritischen Zermelo-Analyse Ergebnisse aus seiner Forschung vor, was der „Vermeidung dieses Übelstands“[96] dient. Was im vorangegangenen Jahr in Jena noch als unverbindliche Zukunft galt, war inzwischen zur verbindlichen Gegenwart geronnen. Detailliert konnte der Vortragende darlegen, wie „mittels der Grundbeziehung der Zermeloschen Axiomatik ein Funktionsbegriff *definitorisch* eingeführt“[97] werden kann. Nachdem dies geleistet war, konnte vom Vortragenden im nächsten Schritt gezeigt werden, wie auf dieser Grundlage eine mathematisch scharf präzisierte Forderung des Aussonderungsaxioms aufzustellen ist, „im wesentlichen dahingehend, daß – eine Menge M und zwei Funktionen φ und ψ als gegeben vorausgesetzt – die Untermenge aller *der* Elemente x von M existieren soll, für die $\phi(x)$ Element der Menge $\psi(x)$ ist“.[98]

Hier wird bereits mehr eingegangen sein, als es das ‚definit'-Manuskript im Frühjahr vorsah, denn in der zweiten Septemberhälfte befand sich bereits eine deutlich weiterentwickelte Fassung des Funktionsbegriffs in Fertigstellung, die in „Die Axiome der Mengenlehre“ eingehen sollte.[99] Es überrascht daher nicht, dass nach Neufassung des Axioms für den Teilmengenbildungsprozess nunmehr an ausgewählten Beispielen „die Art der Anwendung dieses Axioms zur Konstruktion von Mengen beleuchtet“[100] werden konnte, um dann sogleich – „als charakteristisch für den Wert des neuen Verfahrens“[101] – zu zeigen, „wie mit seiner Hilfe der bisher nicht gelungene Beweis der *Unabhängigkeit des Auswahlaxioms von den übrigen Axiomen der Mengenlehre* zu erbringen ist“.[102] Die Dokumentation dieses Leistungsmerkmals dürfte fraglos zu den Höhepunkte des Referats gezählt haben. Allerdings ließ es sich Fraenkel nicht nehmen, am Ende seiner Ausführungen noch ein Versprechen einzulösen, das er in Jena gegeben und im *Annalen*-Aufsatz schriftlich hinterlegt hatte. Dort wurde im Kontext der Einführung des Ersetzungsaxioms in Aussicht gestellt, „den Begriff „ersetzen“, der im wesentlichen auf den Funktionsbegriff hinausläuft und einer besonderen Einführung bedürfte, überflüssig zu machen“.[103] Die erforderliche Präzisierung musste jedoch „der künftigen Gesamtdarstellung vorbehalten bleiben, da sie mit der Klärung des Begriffs „definit“ [...] zusammenhängt“.[104] Letztere war nunmehr geleistet und so konnte der Referent seinem Vortrag den Hinweis zusetzen, dass „sich mittels einer Erweiterung des verwendeten Funktionsbegriffs auch die Math. Ann. **86** (1922), S. 230f., als erforderlich nachgewiesene Erweiterung des (unzureichenden) Axioms des Unendlichen durchführen läßt“.[105]

[96] Fraenkel (1922c), 101.
[97] Fraenkel (1922c), 101.
[98] Fraenkel (1922c), 101.
[99] Siehe 4.3.
[100] Fraenkel (1922c), 101f.
[101] Fraenkel (1922c), 102.
[102] Fraenkel (1922c), 102.
[103] Fraenkel (1922a), 231.
[104] Fraenkel (1922a), 231.
[105] Fraenkel (1922c), 102.

4.3 Der *Scripta*-Beitrag: „Die Axiome der Mengenlehre"

Erneut war damit ein Ausrufezeichen gesetzt. Ein zweiter Vortrag – ein zweites Mal bestach das Referat durch wegweisende Einsichten und einschneidende Verbesserungen. Wenn es überhaupt etwas zu beanstanden gegeben haben dürfte, dann nur den Umstand, dass sich im gegebenen Rahmen nicht alle Folgen dieser axiomatischen Maßnahmen für den mengentheoretischen Bestand überblicken ließen. Das konnte dem Vortragenden nicht angelastet werden und dennoch stand diese Aufgabe aus. Vorausschauend widmet Fraenkel das letzte Wort des Vortrags diesem Gedanken. „Eine ausführliche Darstellung im Rahmen eines neugestalteten Axiomensystems der Mengenlehre wird bald erscheinen".[106] Im Unterschied zu früheren Gelegenheiten, bei denen ein ähnlich lautendes Versprechen vorgetragen wurde, arbeitete der Mengentheoretiker zu dieser Zeit immerhin an einer partiellen Einlösung des Versprechens. Am 18. Oktober 1922[107] stellt er mit „Die Axiome der Mengenlehre" seinen nächsten bedeutsamen Entwicklungsschritt fertig, mit dem erstmals das von Fraenkel novellierte Zermelosche Axiomensystem präsentiert wird, die Urform von Zermelo-Fraenkel.

Der gerade einmal (bereinigt) sieben Druckseiten umfassende Aufsatz besticht dabei nicht zuletzt durch die präzise Trennung zwischen Semantik und Axiomatik, denn was eine bestimmte Menge kennzeichnet, kann unabhängig von der Frage bestimmt werden, unter welchen Bedingungen es Mengen entsprechender Beschaffenheit auch gibt. Es muss nicht beides den Axiomen aufgebürdet werden. Die Klärung der Begriffe erfolgt also nicht länger im unmittelbaren Kontext der sie verwendenden Axiome, sondern die Liste der Definitionen[108] geht der Liste der Axiome systematisch voraus.[109] Das macht die Axiome ungleich konziser und die Architektur der gesamten Axiomatisierung souveräner. Als nach fast zwei weiteren Jahren am 20. Juni 1924 endlich die häufig in Aussicht gestellte, lang ersehnte umfassende und maßgebliche Untersuchung fertiggestellt ist, weiß der Autor über die erreichten Leistungen viel zu berichten. Über das nunmehr kanonische Axiomensystem verweist er indes ausdrücklich zurück auf den im Herbst 1922 fertiggestellten Aufsatz, denn dort findet man „schon im wesentlichen den Inhalt des § 1, der aber im folgenden des Zusammenhangs wegen nicht entbehrt werden konnte".[110] Zwar noch nicht sämtliche Bausteine der Axiomatisierung, wohl aber immerhin die Axiome als ihr exponierter Kern haben also kurz nach der Leipziger Tagung ihre nahezu endgültige Form erhalten.

Etwas anderes lässt sich bei dem Titel „Die Axiome der Mengenlehre" eigentlich auch gar nicht erwarten, denn es geht hier nicht einfach nur um „Axiome der Mengenlehre", sondern um „*Die* Axiome der Mengenlehre". Es ist dies keine unverbindliche Betrach-

---

[106] Fraenkel (1922c), 102.

[107] Vgl. Fraenkel (1923), 8.

[108] Vgl. Fraenkel (1923), 3.

[109] Vgl. Fraenkel (1923), 5f.

[110] Fraenkel (1925b), 251.

tung, sondern eine definitive Antwort. Im Unterschied zum Gebrauch unbestimmter Artikel will die Verwendung bestimmter Artikel in der wissenschaftlichen Publikationspraxis wohlüberlegt sein. Immerhin vermitteln sie eine Form von Verbindlichkeit, Gewissheit und Endgültigkeit im Klärungsanliegen, auf die man verpflichtet werden kann. Fraenkels Aufsatztitel tritt nicht nur ungleich selbstbewusster und anspruchsvoller auf, als alle anderen vor ihm. Er erfüllt darüber hinaus die in ihn gesetzten Erwartungen. Dem Marburger Mengentheoretiker lag es daher am Herzen, dass dieser zwar kleine, aber gleichwohl gewichtige Beitrag im *Jahresbericht* mit einer kurzen inhaltlichen Anzeige versehen wurde und so findet sich fünf Jahre später der Hinweis, dass in diesem Text „ein verbessertes Axiomensystem aufgestellt und gezeigt [wird], wie sich der Inhalt gewisser Zermeloscher Axiome aus den neuen (im wesentlichen schwächeren) folgern läßt“.[111]

Noch unter dem Eindruck der Leipziger Tagung stehend dürfte sich Fraenkel äußerst motiviert an die Fertigstellung seines jüngsten Beitrags gesetzt haben, denn in der Selbstbetrachtung der eigenen Forschung konnte er auf beeindruckende Resultate zurückblicken. Entsprechend selbstbewusst tritt die Narration in eigener Sache auf, um das Anliegen des Aufsatzes einzubetten. „Nachdem es inzwischen gelungen ist, auch den Begriff des „Definiten“ auszuschalten und durch eine scharfe mathematische Begriffsbildung zu ersetzen, kann und soll nachstehend ein verändertes Axiomsystem angegeben werden, aus dem heraus, zunächst in dem Umfange wie bei ZERMELO, die Mengenlehre deduktiv entwickelt werden kann. Auf diese Entwicklung wird im folgenden nur andeutungsweise hingewiesen werden, während eine eingehende Untersuchung einer weiteren Veröffentlichung vorbehalten bleibt“.[112] Auffällig ist einmal mehr die vorsorgliche Relativierung, der redaktionelle Verweis auf Künftiges, sofern es um das Umfassende geht. Das war aber bereits zugestanden, denn die Forschungsagenda aus dem ‚definit‘-Manuskript hatte bereits transparent gemacht,[113] dass erst nach endgültiger Präzisierung aller offenen Fragen in der Definition des Funktionsbegriff klar beantwortet werden kann, ob der Begriff der Aussonderungsmenge „wirklich weit genug ist, um die in der legitimen Mengenlehre vorkommenden Mengenbildungen zu ermöglichen“.[114]

Eines dieser vorgelagerten Probleme bestand im Verdacht, in die Definition der Funktion für den Teilmengenbildungsprozess könne derselbe eingehen. Diese drohende Zirkularität galt es durch eine geeignete Überarbeitung der Definition zu vermeiden und entsprechend hatte sich Fraenkel eine ganz besondere Aufgabe für „Die Axiome der Mengenlehre“ vorgenommen. So erlaubte die vorgelagerte Erfassung der zentralen Definitionen für Paar-, Unter-, Potenz-, Vereinigungs- und Auswahlmenge im Besonderen eine semantisch untadelige Einführung des ersten Teils des Funktionsbegriffs, während derselbe erst nachfolgend in den Axiomen zur Anwendung kommt. „Wir schreiten nun zur Erklärung des Funktionsbegriffs. Wird eine Menge x unbestimmt („variabel“) gelassen, so

[111] Fraenkel (1927/28a).

[112] Fraenkel (1923), 2.

[113] Siehe 4.2.

[114] Fraenkel (1923), 5.

werden im allgemeinen auch ihre Potenzmenge, ihre Vereinigungsmenge und ihre Auswahlmenge unbestimmt sein, ebenso die Paarmenge von ihr und einer anderen Menge. Diese von x abhängigen Mengen – den Grenzfall der festen („konstanten") Menge eingeschlossen – werden als F u n k t i o n e n v o n x bezeichnet, ebenso heißt eine Funktion einer Funktion von x wiederum eine F u n k t i o n v o n x".[115]

Auf dieser ersten Definitionsstufe des Funktionsbegriffs wird mithin fixiert, dass die Paar-, Potenz-, Vereinigungs- und Auswahlmenge für eine Referenzmenge x ebenso als eine Funktion von x aufzufassen sind wie x selbst, eine konstante Menge sowie die Funktion einer Funktion von x. Konventionelle Mengenbildungsmöglichkeiten (inkl. Auswahlmengenbildung) sowie endlichfache Iterationen derselben sind damit erfasst. Als *Funktion* φ einer Menge x gilt entsprechend:

(i)	$\varphi(x) = c$	(konstante Funktion)
(ii)	$\varphi(x) = x$	(Identitätsfunktion)
(iii)	$\varphi(x) = \lambda y(\bigwedge w(w \in y \leftrightarrow \bigvee z(w \in z \wedge z \in x))$	(Vereinigungsmengenfunktion)
(iv)	$\varphi(x) = \lambda y(\bigwedge w(w \in y \leftrightarrow w \subseteq x))$	(Potenzmengenfunktion)
(v)	$\varphi(x) = \lambda y(\bigwedge w \bigvee u(w \in x \rightarrow y \cap w = \{u\}))$	(Auswahlmengenfunktion) (für nicht-leere Mengen x, deren Elemente paarweise elementfremd sind)

Sind φ, ψ Funktionen einer Menge x, dann sind auch

(vi)	$\{\varphi(x),\ \psi(x)\} = \lambda y(\bigwedge w(w \in y \leftrightarrow w = \varphi(x) \vee w = \psi(x)))$	(Paarmengenfunktion)[116]
(vii)	$\psi : x\ \varepsilon\ \lambda y \varphi(y) \rightarrow x\ \varepsilon\ \lambda y \psi(\varphi(y))$	(Funktion einer Funktion)[117]

Funktionen von x. Die Anweisung (vii) gewährleistet hierbei die endlichfache und – vorbehaltlich der Gewährleistung der individuellen Regelvoraussetzungen – beliebig permutierbare Iterierbarkeit aller anderen Mengenbildungsfunktionen. ‚Was soeben noch das $\varphi(x)$ war, ist im nächsten Fall das x'. Durch die Bedingung die *Funktion einer Funktion von x ist wiederum eine Funktion von x* wird gefordert, dass sowohl Argumente als auch Funktionswerte von Mengenbildungsfunktionen ausnahmslos Mengen sind. Äußerst bemerkenswert ist jedoch, dass weder der Begriff der Teilmenge noch das Aussonderungsaxiom auftreten. Fraenkel war inzwischen zu der Einsicht gelangt, dass sich zur Vermeidung des Zirkularitätsverdachts ein zweistufiges Definitionsverfahren besonders gut eignet – mit einer Startbedingung, die noch nichts über Teilmengen aussagt, diese jedoch ermöglicht, und mit einer Folgebedingung, die den allgemeinen Fall abdeckt. Im vorliegenden Manuskript war dies noch nicht in der mustergültigen Form einer indukti-

[115] Fraenkel (1923), 4.

[116] Alternativ lässt sich diese Funktion auch dem ersten Block zuordnen. Dann allerdings unter Verwendung einer zweistelligen Funktion: $\varphi(x, z) = \lambda y(\bigwedge w(w \in y \leftrightarrow w = x \vee w = z))$.

[117] Kurz: $\psi : \varphi(x) \rightarrow \psi(\varphi(x))$.

ven Definition vorgesehen, sondern erschloss sich aus den Erläuterungen über den Funktionsbegriff sowie der methodisch nachgeordneten Definition für den Begriff der Aussonderungsmenge. „φ ist also eine Vorschrift darüber, in welcher Reihenfolge auf x (und eventuell, infolge der Paarmengenbildung, auf weitere konstante Mengen) die Operationen der Bildung von Paarmenge, Potenzmenge, Vereinigungsmenge, Auswahlmenge (und Aussonderungsmenge gemäß der nachfolgenden Definition 6) anzuwenden sind – nach Definition natürlich endlichmaliger Wiederholung".[118]

Diese Passage, die in Reinform Fraenkels Ansatz der operativen Axiomatik illustriert, mag definitionstheoretisch nicht ganz einwandfrei sein, da die letzte Klammernotiz in einer strikten Lesart begrifflich vorgreift. Aber sie legt gleichwohl offen, was dem Urheber der Zeilen vorschwebt: Nachdem mittels der bereits etablierten Begriffe das Geschäft der Mengenbildung in Gang gesetzt wurde, kann mit diesem axiomatischen Material schließlich auch der Teilmengenbildungsprozess initiiert werden, der sich in einem zweiten Schritt ebenfalls als Funktion beschreiben lässt. Die angestrebte „Begriffsbildung wird schließlich vervollständigt durch folgende *Definition 6*. Sind φ und ψ Funktionen, R eine der Grundbeziehungen $=, \neq, \in, \notin$, endlich m und m_0 Mengen von der Art, daß m_0 alle diejenigen Elemente y von m und nur sie als Elemente enthält, für die die Beziehung $\varphi(y)$ R $\psi(y)$ gilt, so[119] heißt m_0 eine (nach Axiom I: die) durch die Beziehung φ R ψ bestimmte A u s s o n d e r u n g s - m e n g e von m (in Zeichen: $m_0 = m_{\varphi \text{ R } \psi}$). Kommt insbesondere in m,[120] φ oder ψ eine Unbestimmte x vor, (abgesehen von der „Hilfsvariablen" y) so heißt auch m_0 eine F u n k t i o n von x".[121] Fraenkel sieht mithin folgenden induktiven Erweiterungsschritt vor. Sind φ, ψ Funktionen einer Menge x, die nach den Bildungsvorschriften (i)–(vii) erzeugt wurden, so ist auch

(viii)	$\xi(x) = \lambda y(\bigwedge w(w \in y \leftrightarrow \varphi(w) \text{R} \psi(w)) \wedge y = x)$	(Teilmengenfunktion) für R aus $[\in, \notin, =, \neq]$

eine Funktion von x. Funktionen einer Menge x sind folglich alle endlich-fachen Anwendungen der Mengenbildungsfunktionen (i)–(viii). Es ist diese Klasse von Funktionen, die für die Teilmengenbildung Verwendung finden darf. Sind φ, ψ Funktionen einer Menge x, die nach den Bildungsvorschriften (i)–(viii) erzeugt wurden, so gilt:

$$\bigvee y \bigwedge x\big(x \in y \leftrightarrow \varphi(x) \text{R} \psi(x)\big) \qquad \text{für R aus}[\in, \notin, =, \neq]$$

Mehr als zuvor kann begründet der Anspruch erhoben werden, diese „Definition schaltet den Begriff einer „definiten Eigenschaft" aus".[122] Vor allem liefert dieser definitorische Zugang endlich ein axiomatisch implementiertes Kriterium, das zur Bildung neuer Teil-

[118] Fraenkel (1923), 4.

[119] Statt „so" hier Typo „sc" im Original.

[120] Statt „in m" hier Typo „*im*" im Original.

[121] Fraenkel (1923), 4.

[122] Fraenkel (1923), 4.

mengen nur φ/ψ -Aussonderungsfunktionen zugelassen sind, bei denen „φ und ψ gegebene Funktionen bedeuten".[123] Deren Verfügbarkeit im Einzelfall zu entscheiden, obliegt keinem externen Urteilsvermögen, sondern wird operativ geprüft mittels des systemintern verfügbaren Funktionsbegriffs.

Dem Ansatz nach hatte Fraenkel einen probaten Lösungsweg für das Zirkelproblem gefunden, wenngleich terminologisch hier und da noch nachgebessert werden musste. Auch schien die wiederholte Bezugnahme auf sogleich vier Grundbeziehungen $=$, $\neq$, $\in$ und $\notin$ etwas umständlich, bei der zu überlegen blieb, ob das Auftreten einer solchen nicht grundsätzlich durch ein Platzhalterzeichen zu ersetzen wäre oder aber – mit sicherem Blick auf die logische Syntax – sogleich beschränkt werden könnte auf die Grundform $\varphi \in \psi$. Doch das waren Fleißaufgaben für die Feinarbeit. Jedenfalls keine Herausforderungen fundamentaler Natur. Bereits dieser erste Entwurf lässt erkennen, weshalb es zwischen Funktions- und Teilmengenbegriff keine konfligierende Konstellation geben wird. „Daß Definition 6 keine unzulässige gegenseitige Verknüpfung zwischen den Begriffen der Funktion und der Aussonderungsmenge herstellt [...], leuchtet ein in Rücksicht auf die nur *endliche* Zahl von Operationen, die nach Definition bei der Funktionsbildung in Betracht kommt".[124] Indem der Begriff der Funktion in eine semantische Basis (ohne Bezug auf den noch undefinierten Teilmengenbegriff) und einen Bedeutungsnachtrag (mit ausdrücklicher Einbeziehung des inzwischen definierten Teilmengenbegriffs) zerlegt wird, fungiert der Ausdruck „Funktion" selbst wie eine Variable – vor der Teilmengendefinition operiert er mit einem Definitionsbereich ohne den Begriff der Aussonderungsmenge und nach der Teilmengendefinition mit einem, um den Begriff der Aussonderungsmenge erweiterten Definitionsbereich. Dies eröffnet nicht nur die zirkelfreie Einführung des Begriffs der Teilmengenbildung, sondern nachfolgend umgehend die Teilmengenbildung unter Verwendung bereits verfügbarer Teilmengen. Nachfolgende Veröffentlichungen besserten terminologisch nach und verfeinerten einzelne definitionstheoretische Details. Der Sache nach hatte Fraenkel aber das zweite Problem seiner Forschungsagenda gelöst.

Nicht so im Fall der dritten Frage. Allerdings ermöglichte der beschränkte Rahmen des Beitrags auch gar keine umfängliche Behandlung der Frage, ob und wie das Auswahlaxiom bei der Einführung des Funktionsbegriffs außen vor zu lassen sei, damit eine grundlagentheoretische Kritik an demselben keinen Einfluss auf den Funktionsbegriff nimmt. Fraenkel vergegenwärtigte immerhin dieses Anliegen, indem er offen einräumte, dass „hier übrigens die Frage offen gelassen [sei], ob der Funktionsbegriff nicht insofern noch enger erklärt werden kann, als die Bildung der Auswahlmenge für ihn auszuschalten wäre".[125] Unter welchen Gegebenheiten „eine solche Beschränkung gemacht werden kann",[126] wird erst durch weiterführende Untersuchungen entschieden werden können.

[123] Fraenkel (1923), 5.

[124] Fraenkel (1923), 5.

[125] Fraenkel (1923), 5.

[126] Fraenkel (1923), 5.

Den Sonderstatus gilt es dessen ungeachtet stets zu berücksichtigen, denn schließlich ist eine Auswahlmenge von x die einzige Funktion von x, bei der wir eben – im Unterschied zu allen anderen Mengenbildungsverfahren – in der Regel nicht sagen können, durch welche Elemente sie im Einzelnen vollständig bestimmt ist. Diese Vorschrift zur Mengenbildung kann in letzter Konsequenz nicht restlos transparent gemacht werden, weshalb die Parenthese „Falls die Bildung der Auswahlmenge bei der Funktionsbildung zugelassen wird"[127] nicht überraschen sollte.

Fraenkel schien zuversichtlich, auch diese Herausforderung meistern zu können und bis zur Mitte der 1920er-Jahre sollte sich für ihn herauskristallisieren, dass der von ihm verfochtene Zugang über ein zweistufiges Definitionsverfahren mit vorgängiger Trennung zwischen Definition und Axiom alle erforderlichen Anlagen barg, um für dieses Problem eine überaus elegante Lösung zu liefern. Letztlich musste diese Frage durch den Axiomatisierenden gar nicht selbst entschieden werden, weil Fraenkel in der Architektur seines Systems eine feine Weiche vorsah, die vom Nutzer zugunsten des Auswahlaxioms gestellt werden konnte oder aber für dessen Suspendierung sorgte. Wenngleich „Die Axiome der Mengenlehre" dies noch nicht zu antizipieren vermochten, so erinnerte der Text doch ausdrücklich an diese bestehende Verpflichtung ebenso wie er Leser und Autor gleichermaßen in Erinnerung rief, dass sich die Qualität all dieser Maßnahmen letztlich am Erfolg bemessen lassen musste. So war „vor allem nachzuweisen, daß und wie die in der legitimen Mengenlehre notwendigen Überlegungen und Prozesse auf Grund des Axioms III durchzuführen sind. Diese Aufgabe bleibt einer ausführlicheren Arbeit überlassen".[128] So sehr dieses Versprechen – auch dem Wortlaut nach – bereits an frühere Vorkommnisse erinnerte, so sehr unterschied es sich doch von diesen. Der Marburger Mengentheoretiker hatte sich mit dem vorliegenden Aufsatz dem in Aussicht gestellten Ziel ein ganz entscheidendes Stück weit angenähert.

Jenseits von Fraenkels intellektueller Entwicklung kam „Die Axiome der Mengenlehre" keine nennenswerte Rolle zu. Trotz seiner außerordentlichen systematischen Substanz ist ein publizistischer Einfluss des Aufsatzes außerhalb von Fraenkels Werk nicht messbar. Das mag vor allem mit dem Publikationsort im Zusammenhang stehen, der damals wie heute weitgehend unbekannt geblieben sein dürfte. Die *Scripta Universitatis atque Bibliothecae Hierosolymitanarum*, die Arbeiten der Universität und Universitätsbibliothek zu Jerusalem, waren Anfang der 1920er-Jahre ein ehrgeiziges Projekt, das mit einem beeindruckenden Engagement aus der Taufe gehoben wurde und ebenso schnell wieder aus der Öffentlichkeit verschwand.[129] Die *Scripta* sollten zum weltweit sichtbaren publizistischen Ausdruck jener Institutionalisierungsbestrebungen werden, die mit der Gründung der Universität Jerusalem in Verbindung standen. Schließlich repräsentiert die Beständigkeit eines sich in regelmäßigen Abständen an die internationale Öffentlichkeit richtenden akademischen Publikationsorgans den gleicherma-

[127] Fraenkel (1923), 5.

[128] Fraenkel (1923), 7.

[129] Zur kurzen Historie der *Scripta* siehe Leimkugel (2005), 263ff.

ßen lebendigen wie unverfälschten Ausdruck institutionalisierter Vernunft. Der Anspruch der Jerusalemer Universitätsgründung konnte nachdrücklich unterstrichen werden mittels eines eigenen herausragenden Periodikums. Dazu bedurfte es berühmter Namen und Beiträge von exzeptioneller Qualität. Renommierte jüdische Gelehrte gab es, doch befanden sich nur die wenigsten dieser in Palästina.

Initiiert von Heinrich (Eliakim) Löwe wurden im Hebräischen Jahr 5682 (1921/1922) jüdische Wissenschaftler aus der gesamten Welt zur Gründung einer wissenschaftlichen Zeitschrift aufgerufen. Im Unterschied zu den meisten anderen wissenschaftlichen Periodika sollte dieses Publikationsorgan nicht auf eine bestimmte Disziplin oder Fachgruppe beschränkt bleiben, sondern sich mit „Arbeiten von bedeutenden Gelehrten und von Qualität"[130] auf alle „Wissensgebiete der Kulturmenschheit"[131] erstrecken, um zu dokumentieren, „dass das jüdische Volk zu den Kulturnationen gehört, die der Wissenschaft heute das Meiste bieten, und dass es auf geistigem Gebiete hinter keinem anderen Stamme zurückstehen muss".[132] Ein ungemein ehrgeiziger Anspruch, der einzig durch die Verstetigung einer intellektuellen Gemeinschaftsleistung verwirklicht werden konnte. Neben der Provenienz ihrer Autoren war mithin „die Bedeutung und strenge Wissenschaftlichkeit der Arbeit"[133] das zweite, nicht minder ausschlaggebende Auswahlkriterium zur Aufnahme in die Zeitschrift, welches zur Wahrung der Exklusivität vervollständigt wurde durch die Forderung, dass es sich um bis dato unveröffentlichte Beiträge zu handeln hatte. „No paper that has already appeared elsewhere will be accepted for publication".[134]

Für die aufzunehmenden Texte galt es, sowohl die kulturelle Prägung ihrer Autoren wie auch des internationalen Anspruchs ihrer Inhalte gerecht zu werden. Deshalb sollten alle „nicht hebräisch geschriebenen Arbeiten [...] zugleich in hebräischer Sprache, alle hebräisch geschriebenen gleichzeitig in einer europäischen erscheinen".[135] Die Bände wurden mithin bilingual konzipiert und da es sich jeweils um den Erstveröffentlichungsort handelte, erschienen die neuen Beiträge, „which embody the results of original research",[136] sogleich doppelt, im Hebräischen und einer weiteren Sprache. Die meisten der veröffentlichten Aufsätze erschienen in deutscher Sprache, einige wenige in Englisch, Französisch und Italienisch. Um jedoch eine gewisse thematische Kohärenz in der Publikationsabfolge gewährleisten zu können, wurden die von Heinrich Löwe und Immanuel Velikovsky ge-

[130] Heinrich Löwe an Otto Warburg in einem Brief vom 29. September 1921. Zit. n. Leimkugel (2005), 263.

[131] Heinrich Löwe zit. n. Leimkugel (2005), 263.

[132] Heinrich Löwe zit. n. Leimkugel (2005), 263.

[133] Heinrich Löwe zit. n. Leimkugel (2005), 263.

[134] „Notices to Contributors", Einstein (ed.) bzw. Collegium Eruditorum (ed.), jeweils ohne Paginierung.

[135] Heinrich Löwe an Otto Warburg in einem Brief vom 29. September 1921. Zit. n. Leimkugel (2005), 263.

[136] „Notices to Contributors", Einstein (ed.) bzw. Collegium Eruditorum (ed.), jeweils ohne Paginierung.

meinsam herausgegebenen *Scripta Universitatis atque Bibliothecae Hierosolymitanarum* in vier Abteilungen – „Mathematica et Physica", „Biologia et Chimia", „Litterae Humaniores" und „Orientalia et Judaica" – untergliedert, für die nahezu 180 namhafte jüdische Gelehrte aus der gesamten Welt gewonnen werden konnten.[137]

Kein Geringerer als Albert Einstein übernahm sogleich die Verantwortung jenes Bandes, in dem auch Fraenkels „Die Axiome der Mengenlehre" erscheinen sollte: Band I von „Mathematica et Physica". Wie die Einladung zustande kam, ist für den Moment nicht bekannt. Sicher ist jedoch, dass Einstein früh um das wachsende mengentheoretische Portfolio Fraenkels wusste und dies eine gezielte Aufforderung zur Beteiligung sicherlich begünstigt haben dürfte. Bereits 1920 ließ er Ernst Steinitz während seines Besuches der Kieler Herbstwoche wissen, dass ihm Fraenkels *Einleitung in die Mengenlehre* „gut gefallen"[138] habe. Auch die zweite Auflage hat er später „mit dem größten Interesse"[139] gelesen. Es ist gut möglich, dass dieses Wort der Wertschätzung, das er Fraenkel über seine Sekretärin mitteilen ließ,[140] im Rahmen der redaktionellen Tätigkeit am Band „Mathematica et Physica" übersandt wurde. Der persönliche mündliche wie schriftliche Kontakt zwischen beiden scheint sich jedenfalls Anfang der 1920er-Jahre eingestellt und schnell verstetigt zu haben. Die Schnittmenge war groß. Neben wissenschaftlichen Belangen lag beiden der Aufbau der Hebräischen Universität besonders am Herzen und bis 1952 sind beide in Europa sowie jenseits des Atlantiks „zu vielen ausführlichen Unterhaltungen zusammengetroffen".[141]

Anfang des Jahres 1922 entwickelte sich das imposante *Scripta*-Projekt nach der Auffassung des Initiators vielversprechend. „Es sind bereits einige wertvolle und wichtige Manuskripte in unseren Händen, darunter Einsteins Arbeit, die auch bereits sehr gut ins Hebräische übersetzt ist. Eine Reihe weiterer Beiträge stehen in naher Aussicht, sodass wir nach Erledigung der hebräischen Uebersetzungen sehr bald an den Beginn der Drucklegung denken können".[142] Fraenkels Text lag der Redaktion zu diesem frühen Zeitpunkt noch lange nicht vor. Dieser wurde erst am 18. Oktober des Jahres fertiggestellt[143] und dürfte in Jerusalem erst im Spätherbst eingetroffen sein. Der von Einstein besorgte Band erschien schließlich 1923. Neben diesem schaffte es im selben Jahr mit Volumen I von „Orientalia et Judaica" lediglich ein weiterer Band der *Scripta* zur Publikation. Die ersten Folgen von „Biologia et Chimia" und „Litterae Humaniores" gelangten indes nicht mehr zur Drucklegung. Von den fast 180 Gelehrten, die sich zur Mitarbeit am Projekt bereiterklärt hatten, kamen letztlich nur 26 überhaupt in den Genuss einer

[137] Vgl. Doppelseite „Collaborant" in Einstein (ed.) sowie Collegium Eruditorum (ed.), jeweils ohne Paginierung.

[138] Einstein zit. n. Fraenkel (1967), 170.

[139] Einstein zit. n. Fraenkel (1967), 170.

[140] Vgl. Fraenkel (1967), 170.

[141] Fraenkel (1967), 171.

[142] Heinrich Löwe an Otto Warburg in einem Brief vom 9. Januar 1922. Zit. n. Leimkugel (2005), 264.

[143] Vgl. Fraenkel (1923), VI.8.

Scripta-Veröffentlichung. Rechnerisch hätten die Zusagen ein Gesamtvolumen von 12 bis 15 Bänden gewährleisten können. Realisiert wurden also letztlich nur zwei.

Nach den beiden ersten Bänden von „Mathematica et Physica" und „Orientalia et Judaica" stellten die *Scripta Universitatis atque Bibliothecae Hierosolymitanarum* ihr Erscheinen bereits wieder ein. Vor allem zwei Gründe dürften dafür mitverantwortlich gewesen sein.[144] Zum einen wollte man einzig Wissenschaftler jüdischen Glaubensbekenntnisses für die Mitarbeit gewinnen, was getaufte Juden ausschloss. Da jedoch die Taufe für viele jüdische Gelehrte der einzig gangbare Weg war, im deutschen Wissenschaftssystem eine akademische Laufbahn einschlagen zu können, dürfte es nicht wenige unter den potentiellen Mitarbeitern gegeben haben, welche die strengen biographischen Kriterien nicht mehr erfüllten. Dies zu eruieren stellte für die Verantwortlichen eine heikle Aufgabe mit ungewissem Ausgang dar, persönliche Enttäuschungen auf Seiten der Angefragten eingeschlossen. Zudem konnte keine zufriedenstellende Erklärung geliefert werden, weshalb es sich bei dem Periodikum um ‚die Arbeiten der Universität und Universitätsbibliothek zu Jerusalem' handeln sollte, wenn dessen Existenz und Qualität jedoch mehrheitlich durch Forschungsbeiträge von Gelehrten außerhalb Palästinas gewährleistet wurde.

4.4 „gelegentlich eines Vortrags in Göttingen"

Mit den zwei Vorträgen in Frankfurt und Leipzig, der Manuskriptvorlage in Berlin sowie den beiden maßgeblichen Aufsätzen erwies sich das Jahr 1922 zum bis dato ertragreichsten in Fraenkels noch junger Karriere. Dank der Gehalte sowohl des ‚definit'- als auch des *Scripta*-Artikels war es ein Jahr der intellektuellen Durchbrüche in der eigenen Forschung. All diese Begebenheiten konnten durch die vorliegende Untersuchung gut dokumentiert werden. Wir kennen die Inhalte und nicht minder die raumzeitlichen Koordinaten ihrer Kommunikation, häufig gar sozioakademische Begleitumstände. Nicht so in einem weiteren Fall, bei dem wir als Quelle lediglich über eine äußerst kurze und in ihrer Zuverlässigkeit noch zu prüfende autobiographische Notiz verfügen. Dennoch soll es auch diese akademisch veranlasste Reise gegeben haben. Nach Auskunft von Fraenkel kam in der besagten Zeit noch eine weitere bedeutsame Vortragsgelegenheit hinzu. So begab es sich „in meinem 30. und 31. Jahr (1921), daß ich zwei verschiedene Untersuchungen auf einem neuen Gebiet (Grundlagen der Mengenlehre) anstellte, über deren Ergebnisse ich auf den Jahresversammlungen 1921 und 1922 der Deutschen Mathematiker-Vereinigung und in der Mathematischen Gesellschaft Göttingen vortrug und die beide 1922 in angesehenen Zeitschriften erschienen".[145]

Uns sind ausnahmslos alle seiner Untersuchungen aus dieser Zeit bekannt, ebenso ihre – zum Teil renommierten – Publikationsorte und nicht zuletzt die Engagements in

[144] Vgl. Leimkugel (2005), 265.

[145] Fraenkel (1967), 149.

Jena und Leipzig. Das Meiste, von dem Fraenkel schreibt, lässt sich vor dem Hintergrund der bereits aufbereiteten Historie gleichermaßen vollständig wie souverän verorten. Es überrascht der unkommentierte Verweis auf einen Göttinger Vortrag und so ist vorerst Sorgfalt im Umgang mit diesem verlockenden Hinweis geboten, den es zu prüfen und nicht unkommentiert zu folgen gilt. Historiographische Narrative, mit denen das Unbelegte als nicht nur mögliches, sondern wahrscheinlich Geschehenes gestiftet werden soll, operieren in gefährlicher Nähe zum bloß hoffnungsvollen Wunsch, es möge sich so zugetragen haben. Gleichwohl erweisen sich solche Erzählstrukturen als überaus wertvoll, wenn sie dem künftig Suchenden als wertvolle Spur zum noch ausstehenden Zeugnis dient. So auch in diesem Fall, bei dem Erzählender und Fährtenleser letztlich dieselbe Person gewesen sind. Entfalten wir das Gefüge also mit Bedacht.

Fraenkels Hinweis birgt das ‚wo', es fehlt vorerst das ‚was', das ‚weshalb' und letztlich auch das ‚wann'. Immerhin fanden diverse Episoden Erwähnung, die sich über einen Zeitraum von nahezu zwei Jahren verteilten. Allerdings kommt zur Datierung des unbekannten Ereignisses einzig das Sommersemester 1922 in Frage. Für alle anderen Vorlesungszeiten innerhalb der beiden fraglichen Kalenderjahre (Wintersemester 1920/21, Sommersemester 1921, Wintersemester 1921/22, Wintersemester 1922/23) verfügen wir für die Mathematischen Gesellschaft Göttingen über entsprechende Veranstaltungsverzeichnisse, in denen Fraenkel nirgendwo aufgeführt wird.[146] Bedauerlicherweise gelten gerade die Sitzungen der Gesellschaft für das Sommersemester 1922 als „nicht dokumentiert".[147] Auch findet sich nirgendwo an dritter Stelle ein Ver- oder Hinweis, mit dem auf Inhalte des Referats Bezug genommen werden würde. Auf der Grundlage veröffentlichter Dokumente kann der Vortrag leider durch keine weitere Quelle als Fraenkels 45 Jahre alte Erinnerung belegt werden.

Besteht eventuell die Gefahr, dass mit dem erinnerten Vortrag in Göttingen vielleicht das Referat in Abwesenheit vor der Preußischen Akademie der Wissenschaften gemeint gewesen sein könnte? Die theoretische Möglichkeit einer Verwechslung würde in Anbetracht des gewaltigen Abstands von viereinhalb Jahrzehnten gleichermaßen erklärt wie entschuldigt werden können – zumal es in Fraenkels Autobiographie Vorkommnisse von chronologischer Unschärfe oder historischer Konfundierung gibt, wie etwa das Versehen, Hellingers Habilitationsschrift in dessen Göttinger, statt Marburger Zeit anzusiedeln,[148] oder die Fertigstellung des ersten eigenen Buches auf den Sommer, statt das Frühjahr 1918 zu datieren.[149] Selbsterklärend, Berlin ist nicht Göttingen, aber die akademische Institution

[146] Vgl. Redaktion JDMV (1921b), 32; (1921d), 47f.; (1922c), 50f.; (1923b), 20ff.

[147] Vgl. „Sitzungen der Mathematischen Gesellschaft in Göttingen S.-S. 1918 bis W.-S. 1934/1935" unter: http://www.math.uni-goettingen.de/historisches/rest.html. Ich danke Herrn Philipp Kastendieck (Göttingen), der mir in einer Mail vom 14. April 2020 die fehlende Dokumentation bestätigte und darauf hinwies, dass es in den 1920er (wie auch in den 1930er) Jahren zahlreiche mutmaßlich realisierte, aber im *Jahresbericht* nicht dokumentierte Sitzungen gegeben haben könnte.

[148] Vgl. Fraenkel (1967), 105.

[149] Vgl. 2.2.

war mindestens genauso ehrwürdig, das Auditorium gleichermaßen honorabel. Für einen Mathematiker zählten beide seit Kaisers Zeiten zu den exklusivsten Adressen der Republik. Vor allem aber gilt für das ‚definit'-Manuskript, dass es exakt im fraglichen Zeitfenster 1922 kommuniziert und noch im selben Jahr in den *Sitzungsberichten der Preussischen Akademie der Wissenschaften* veröffentlicht wurde. Schließlich zählt das in Berlin vorgelegte Manuskript zu den beiden hervorragenden Aufsätzen, die ‚1922 in angesehenen Zeitschriften erschienen'. Bis auf den Ort würden alle anderen Angaben passen. Hat sich Fraenkel in seiner Autobiographie also bloß ein weiteres Mal falsch erinnert? Es wäre die einfachste Antwort und dennoch gibt es mehr als nur einen Beleg für diesen nahezu unbelegten Vortrag.

Die Möglichkeit einer Verwechselung kann trotz der weit in der Vergangenheit zurückliegenden Begebenheit ausgeschlossen werden. Ein Irrtum im Falle Göttingens scheint ausgeschlossen, denn dieser Ort der Mathematik besaß in der akademischen Vita des Marburger Mathematikers von Beginn an einen besonderen Platz. Fraenkels „berufliche Tätigkeit begann, neben den Vorlesungen, im März 1919 mit einer Einladung nach Göttingen"[150] zu Felix Klein. Auch wenn es bei diesem Besuch um den, keine Fortsetzung findenden Ausflug in das Gauß-Projekt ging,[151] so verschaffte er dem jungen Privatdozenten doch die inspirierende Gelegenheit, „zum erstenmal eine Vorlesung von Hilbert"[152] zu hören. Die Atmosphäre dieses mathematischen Epizentrums ließ ihn nicht mehr los und „bei meinen Besuchen in Göttingen während der folgenden Jahre kam ich mit fast allen führenden Mathematikern zusammen".[153] Nach 1919 besuchte Fraenkel mithin wiederholt die Göttinger Mathematik und mindestens einem dieser Anlässe lag eine Einladung durch David Hilbert zugrunde, denn „als Folge meiner eigenen Beschäftigung mit der Mengenlehre forderte mich Hilbert 1922 zu Vorträgen in der Göttinger Mathematischen Gesellschaft auf".[154] Die Korrektheit des erinnerten Zeitfensters steht außer Frage – es ist exakt das Jahr, das sich unabhängig von Fraenkel rekonstruieren lässt. Dieser Einladung folgte die Tat mindestens eines Vortrags, denn er wusste über dieses Ereignis zu berichten, dass der Göttinger Mathematiker in der Sache hart und wertschätzend zugleich verfuhr. „Ein unerbittlicher, doch objektiver Kritiker bei solchen Gelegenheiten, muß er von meinen Ergebnissen doch angetan gewesen sein, denn er spendete mir warmes Lob".[155]

Das sind Belege genug, um dem Ereignis eines Göttinger Vortrags weiter nachzugehen. Schließlich gilt es das ‚wann' näher hin zu bestimmen, ebenso die Frage nach den Umständen sowie dem ‚was'. Letzteres lässt sich in Anbetracht der eingangs zitierten Passage vergleichsweise einfach eingrenzen, denn neben den angesprochenen Jahresversammlun-

[150] Fraenkel (1967).

[151] Siehe 3.1.

[152] Fraenkel (1967), 152.

[153] Fraenkel (1967), 152.

[154] Fraenkel (1967), 160.

[155] Fraenkel (1967), 160.

gen 1921 und 1922 in Jena bzw. Leipzig sowie der Mathematischen Gesellschaft Göttingen findet nichts namentlich Erwähnung. Es darf davon ausgegangen werden, dass der ebenfalls 1922 publizierte umfangreiche Beitrag „Axiomatische Begründung der transfiniten Kardinalzahlen. I“[156] nicht zu den angesprochenen zählt, obwohl auch dieser in einer angesehenen Zeitschrift, der *Mathematischen Zeitschrift*, erschien. Das erschließt sich aus dem Kontext der zitierten Passage,[157] in deren Mittelpunkt ‚zwei verschiedene Untersuchungen auf einem neuen Gebiet (Grundlagen der Mengenlehre)‘ stehen. Jene beiden Arbeiten, die er in seinem ‚30. und 31. Jahr (1921)‘ anfertigte und die ihm die Aufmerksamkeit und Wertschätzung der Kollegen eintrugen, sind zweifelsohne die *Annalen*-Arbeit „Zu den Grundlagen der Cantor-Zermeloschen Mengenlehre“ und „Der Begriff »definit« und die Unabhängigkeit des Auswahlaxioms“. Von diesen beiden kann wiederum das Projekt des ‚Grundlagen‘-Aufsatzes als Gegenstand der beiden Jahresversammlungen 1921 und 1922 identifiziert werden, denn die Definitheitsproblematik und die Schärfung des Aussonderungsaxioms bilden die zentralen Themen der beiden *DMV*-Vorträge. Verbliebe mithin die Unabhängigkeit des Auswahlaxioms, über die Fraenkel an keiner anderen Stelle referierte, denn die Mitteilung in Berlin vor der Preußischen Akademie der Wissenschaften erfolgte in Stellvertretung durch ein Mitglied der Gesellschaft. Das ‚was‘ scheint damit – vor allem in Ermangelung vernünftiger alternativer Erwägungen – geklärt. Fraenkel referiert in Göttingen über die metamathematische Unabhängigkeitsfrage des Auswahlaxioms.

Nicht minder interessant wie die thematische Ausrichtung des Göttinger Vortrags ist die Frage, welche Motivlage Hilbert für eine Einladung hatte. Das Forum der Göttinger Mathematischen Gesellschaft war erst einmal den Göttinger Mathematikern sowie distinguierten mathematischen Gästen vorbehalten. Da Fraenkel im Frühjahr/Sommer 1922 noch nicht weithin als axiomatischer Mengentheoretiker bekannt war, dürfte es in Göttingen neben Hilbert weiterer Mathematiker gegeben haben, die bereits Kenntnis von seinen Fortschritten hatten und dies vor Ort mit Selbstverständlichkeit kommunizierten. Kandidaten hierfür gab es einige, denn am Mathematikertag in Jena 1921, in dessen Rahmen Fraenkel seinen wegweisenden Vortrag zu den axiomatischen Grundlagen der modernen Mengentheorie hielt, nahmen 11 Fachkollegen aus Göttingen teil.[158] Diesen dürfte es durchaus nicht entgangen sein, dass der anwesende Zermelo die kritischen Ausführungen Fraenkels begrüßte und ihnen im Wesentlichen zustimmte. Neben Richard Courant, Edmund Landau und Carl Runge war mit Paul Bernays ein weiterer namhafter Protagonist der Mathematischen Gesellschaft Göttingen anwesend, der tags darauf „Über Hilberts Gedanken zur Grundlegung der Arithmetik“ referierte,[159] sich dabei ausdrücklich auf Zermelos Aufbau der Mengenlehre bezog[160] und damit thematisch in unmittelbare Nachbarschaft zu Fraenkels Vortrag rückte.

[156] Fraenkel (1922d).

[157] Vgl. Fraenkel (1967), 149ff.

[158] Vgl. Redaktion JDMV (1921e), 73. Im Fall von Richard Courant vgl. ebendort 74f.

[159] Vgl. Redaktion JDMV (1921e), 99; Bernays (1922).

[160] Vgl. Bernays (1922), 10 u. 12.

Bernays kannte die erste Auflage der *Einleitung* seit dem Zeitpunkt ihrer Veröffentlichung. Er rezensierte das Werk bereits 1920 für die *Physikalische Zeitschrift* und kam zu einem positiven Urteil.[161] Wertschätzend merkt er an, dass dort im Besonderen Zermelos axiomatische Begründung behandelt wird. Betonung erfährt dabei vor allem, dass in diesem letzten Abschnitt des Buches das Auswahlaxiom näher hin betrachtet wird, „von welchem Fraenkel mit Recht bemerkt, daß kein ernstlicher Grund besteht, es als weniger einleuchtend zu betrachten als alle andern Axiome der Mathematik".[162] Von allen Axiomen erfährt das Auswahlprinzip auf nicht weniger als sechs Seiten[163] die ausführlichste Würdigung. Diese umfasst eine umsichtige Auseinandersetzung mit dem Misstrauen, das dem Auswahlprinzip entgegengebracht wurde. Doch Fraenkel weiß den Grund der Ablehnung zu relativieren, „wenn man sich nur stets des nicht nur logisch, sondern auch mathematisch bedeutungsvollen Unterschieds zwischen der gedanklichen Möglichkeit und der wirklichen Durchführbarkeit einer Operation klar bewußt bleibt".[164] Die dort vorfindliche ausgewogene Darstellung, die auf ein Plädoyer für seine Annahme hinausläuft und dabei keineswegs dogmatisch wird,[165] dürfte man in Göttingen mit besonderer Freude zur Kenntnis genommen haben.

Mit Zermelo stand Fraenkel zu dieser Zeit bereits ein halbes Jahr in einem intensiven Briefkontakt.[166] Er hatte eingehend Kenntnis von dessen Vorhaben und Fortschritten. Vor allem begrüßte er von Beginn an das Vorhaben, die Unabhängigkeit des Auswahlaxioms zu klären. Zermelo war ein Eingeweihter, dessen Wort großes Gewicht besaß. Doch unabhängig von dieser Fürsprache dürfte Fraenkels Projekt in Göttingen auf ein besonderes Interesse und eine große Sympathie gestoßen sein, denn die Klärung der Unabhängigkeitsfrage präsupponierte bereits die Einsicht in die Bedeutsamkeit des Auswahlprinzips. Wer sich dieser metamathematischen Frage zuwandte, hatte bereits akzeptiert und anerkannt, dass dieses Beweismittel erforderlich war. Fraenkels Projekt signalisierte also unmissverständlich seinen Standpunkt in der grundlagentheoretischen Debatte. Er stand auf Seiten Zermelos, er unterstützte die Göttinger Sichtweise. Der damit einhergehende Zuspruch dürfte eine Einladung nur beschleunigt haben, denn allein schon aus beweistheoretischer Neugier werden Hilbert, Bernays und andere ein großes Interesse daran gehabt haben zu erfahren, mittels welcher metalogischer Überlegungen Fraenkel die Unabhängigkeitsfragen zu klären gedachte. Mit der Artikulation des Klärungsanliegens ging also nicht nur eine Anerkennung des kontrovers diskutierten Beweisprinzips einher, sondern eben auch eine Wertschätzung beweistheoretischer Begründungsanliegen, die just zu dieser Zeit in Göttingen in den Rang eines Forschungsprogramms erhoben wurden. Fraenkel befürwortete beides, Auswahlaxiom und Metamathematik.

[161] Vgl. Bernays (1920).

[162] Bernays (1920).

[163] Vgl. [*Einleitung*[1]], 142–148.

[164] [*Einleitung*[1]], 148.

[165] Wie von Pfeiffer (1921), 334, erwogen.

[166] Siehe 3.3.

Es ist daher nicht weit hergeholt, dass der exponierte Charakter von Fraenkels weitreichenden Überlegungen zu Zermelo, die zum Kerninteresse der Göttinger Grundlagenforschung zählen und hier nun erstmals eine vielversprechende Weiterentwicklung der ebendort 1907/08 entwickelten Axiomatisierung der Mengenlehre erfahren, die besondere Aufmerksamkeit der angereisten Göttinger Mathematiker erhält. Es entspräche guter akademischer Praxis, dass im Nachklang einer solchen Jahrestagung die beachtlichen Aktivitäten zu Zermelos Axiomatisierung auch gegenüber Hilbert mündlich kommuniziert werden und man sich gemeinschaftlich dazu entschließt, den jungen Marburger Kollegen bei nächster Gelegenheit zu einem Vortrag in die Mathematische Gesellschaft einzuladen. Da Ende September 1921 das Vortragsprogramm für das unmittelbar anstehende Wintersemester 1921/22 festgestanden haben dürfte, würde der nächstmögliche Termin für eine Einladung auf das Sommersemester 1922 fallen – eben jenes Semester, für das wir keine Dokumentation besitzen.

Unabhängig von dieser Möglichkeit des Mündlichen gewährleistete das Schriftliche, dass man in Göttingen von Fraenkels Fortschritten Notiz nahm. Schließlich lag seit dem 10. August in der Redaktion der *Mathematischen Annalen* der dem Vortrag korrespondierende Aufsatz „Zu den Grundlagen der Cantor-Zermeloschen Mengenlehre" vor,[167] der nach Auskunft Fraenkels „sogleich von Hilbert angenommen wurde".[168] Entsprechende Bemerkungen von Bernays oder anderen über den Jenaer Vortrag hätten also einen entsprechenden Kontext vorgefunden. Unabhängig von der Frage, ob Anmerkungen zum Vortragsgeschehen eine schnelle Annahme des Aufsatzes begünstigt haben oder die zügige Publikationszusage für den Text ihrerseits die Aufmerksamkeit in der Berichterstattung über die Jenaer Tagung auch auf Fraenkels Referat lenkte, ist gewiss, dass im Herbst 1921 die Göttinger Mathematik um die weitreichenden grundlagentheoretischen Aktivitäten des Marburger Privatdozenten weiß. Die Reichweite seines Projektes mit dem Anspruch einer mustergültigen Axiomatisierung, das sich den anspruchsvollen Forderungen der Unabhängigkeit der Axiome sowie der Vollständigkeit und Widerspruchsfreiheit des Systems ganz im Hilbertschen Sinne verpflichtet sieht, und das dezidiert im Anschluss an Zermelos große Göttinger Arbeit aus dem Jahr 1908 entworfen wird, sind als Gründe mehr als ausreichend, um eine Einladung für die Mathematische Gesellschaft zu erhalten.

Soweit der Befund, der sich auf der Grundlage der veröffentlichten Dokumente erstellen lässt. Wird dabei die Geschichte mit Rücksicht auf das mitschwingende Dokumentationsproblem hin erzählt, damit das erforderliche Feingefühl für die Suche eines versteckt liegenden Belegs kultiviert ist, so verfügt die Narration über einen unwiderstehlichen forschungsheuristischen Reiz, der den suchenden Blick mit der erforderlichen Sensibilität ausstattet. Zuerst gehört die Problematik des Befundes erstellt, erst dann ist zu wissen, wann man einen Fund in den Händen hält. Derart gewappnet entdeckt man selbst in der mehrere hundert Schriftstücke umfassenden Korrespondenz zwischen Fraenkel und dem

[167] Vgl. Fraenkel (1922a), 237.

[168] Fraenkel (1967), 150.

Springer Verlag[169] einen weiteren, Gewissheit stiftenden und dennoch gänzlich marginal anmutenden Hinweis, der darüber hinaus die Motivlage anreichert, weshalb sich die Einladung an Fraenkel gerade 1922 ganz besonders anbot: durch den jüngst eingesetzten Kontakt zu Richard Courant.

Während Fraenkel mit Hilbert vor allem die Begeisterung für eine formal-axiomatische Begründung der Mengentheorie und die metamathematische Untersuchung ihrer beweistheoretischen Eigenschaften teilte, sollte ihn mit Courant ein Projekt ganz besonderer Prägung verbinden: die Aufnahme einer intellektuell erwachsen gewordenen *Einleitung in die Mengenlehre* in die noch junge Reihe *Grundlehren der mathematischen Wissenschaften in Einzeldarstellungen mit besonderer Berücksichtigung der Anwendungsgebiete*. Das war viel mehr als nur die Veröffentlichung unter einem einheitlichen äußeren Erscheinungsbild. Das war eine biographische Weichenstellung. Es bedeutete die Mitgliedschaft in einem exklusiven Kreis mathematischer Fachgelehrter von internationalem Rang, die Aufwertung des Autors zu einem weithin sichtbaren Experten.

Als enger Vertrauter und Berater von Ferdinand Springer, der seinen „Freund Springer vor Risiken und Verlusten"[170] schützte, kam Courant beim Aufstieg des Unternehmens zum führenden Fachverlag für Mathematik eine herausragende Rolle zu. Er besaß einen maßgeblichen Einfluss auf die mathematische Programmgestaltung und die Auswahl der Verlagsautoren. Im Fall des Marburger Mathematikers wirkte der Göttinger Ordinarius vor allem im Hintergrund, wobei er früh über ein unabhängiges Urteil von dessen Fertigkeiten als Buchautor verfügte. Bereits Ende März 1922 lässt er dies den Springer Verlag wissen. „Was Fränkel anbetrifft, so habe ich das Buch sorgfältig durchgesehen, nachdem ich es schon früher gelesen hatte".[171] Nach seiner Einschätzung ist es „sehr lebendig und anregend geschrieben und stellt gewiss eine ausgezeichnete Einführung in diese mathematische Disziplin"[172] dar.

Courant antwortete mit dieser Beurteilung auf die bereits Anfang März an ihn herangetragene Frage, „ob nach Ihrer Meinung die Veranstaltung einer Neuauflage der kleinen „Einführung in die Mengenlehre" von Fränkel – Marburg sich empfiehlt. Das Buch ist 1919 erschienen, und die 1920 hergestellten Exemplare sind nahezu ausverkauft".[173] Anfang 1922 war es für den Verlag also keineswegs ausgemacht, dass das Werk trotz seines guten Absatzes eine weitere Auflage erfahren würde. Ein nennenswerter wirtschaftlicher

[169] Vgl. die Akten „Fraenkel, Adolf B-F 120 I" und „Fraenkel, Adolf B-F 120 II" sowie die Fraenkel betreffenden Dokumente aus den Beständen C-257 und E-29-1 der Zentral- und Landesbibliothek Berlin.

[170] Courant, zit. n. Reid (1976), 100.

[171] Courant an den Springer Verlag in einem Brief(auszug) vom 28. März 1922. Quelle: Akte „Fraenkel, Adolf B-F 120 I"; Zentral- und Landesbibliothek Berlin.

[172] Courant an den Springer Verlag in einem Brief(auszug) vom 28. März 1922. Quelle: Akte „Fraenkel, Adolf B-F 120 I"; Zentral- und Landesbibliothek Berlin.

[173] Springer Verlag an Courant in einem Brief(auszug) vom 7. März 1922. Quelle: Akte „Fraenkel, Adolf B-F 120 I"; Zentral- und Landesbibliothek Berlin.

Erfolg war es in Anbetracht der Herstellungskosten und entsprechend kalkulierten Auflagenhöhe nicht.[174] Ein ordentliches Buchdebüt, aber kein verlegerischer Selbstläufer. Für den Verlag gab es in der Sache nichts zu forcieren, die Anfrage nur „gelegentlich zu beantworten; besonders eilig ist sie nicht“.[175] Wenn man an dem Werk festhielt, dann aus der Zuversicht, das Buch würde auch den künftigen Leser ansprechen. Da für den Springer Verlag Courants Empfehlung – in die eine oder andere Richtung – zugleich das maßgebliche Urteil des Fachgutachters bildete, war die Sache bereits entschieden, als er Berlin wissen ließ, „wenn innerhalb zweier Jahre die erste Auflage ausverkauft ist, so kann man ruhig eine zweite wagen“.[176]

Seine Einschätzung bewog den Verlag jedoch nicht nur zu einer weiteren Auflage, sondern auf Courants Wirken hin wurde aus der populär gehaltenen Einführung allererst ein ernstzunehmendes Werk für Forschung und akademische Lehre. Noch war es eine populäre Einführung, aber Manuskript und Autor bargen das Potenzial für ein curriculares Standardwerk. Der Reihenherausgeber sah dies umgehend. Es war der Göttinger Mathematiker, der erst den Verlag und schließlich den Autor darauf aufmerksam machte, die Gelegenheit der Neuauflage sogleich zur substantiellen Erweiterung der Monographie zu gebrauchen. Aus den mit der Neuausgabe sowieso einhergehenden redaktionellen und verlagstechnischen Aufgaben ergab sich unmittelbar ein gestalterischer Spielraum, den man nicht ungenutzt lassen sollte. „Ich würde aber raten, die zweite Auflage stark zu ändern, nämlich in Prinzipienfragen unter besonderer Berücksichtigung der neuen grossartigen Hilbert'schen Entdeckungen in einem Schlusskapitel in Kürze einführend zu behandeln; dadurch würde das Buch sehr gewinnen“.[177] Courant empfiehlt ausdrücklich die Beschäftigung mit dem jüngsten Göttinger Forschungsprogramm und stellt damit die Weichen, dass die Überarbeitung des Autors den eingehenderen Kontakt mit hiesigen Personen und Werken nach sich zieht.

Entsprechend eröffnet der Reihenherausgeber gegenüber dem Verlag bereits erste Vorschläge, wie dies operativ etwa aussehen könnte. „Fränkel müsste hierzu als Mitarbeiter einen der Herren haben, der mit Hilbert zusammen jetzt die Entwicklung erlebt hat, das ist entweder Bernays, der aber kaum Zeit haben wird (er muss jetzt die Relativitätstheorie von Hilbert und dann das Buch über die neuen Sachen für Springer schreiben) oder Behmann“.[178] Die hierfür erforderlichen Sondierungsgespräche konnten selbstverständlich

[174] Siehe 2.4.

[175] Springer Verlag an Courant in einem Brief(auszug) vom 7. März 1922. Quelle: Akte „Fraenkel, Adolf B-F 120 I“; Zentral- und Landesbibliothek Berlin.

[176] Courant an den Springer Verlag in einem Brief(auszug) vom 28. März 1922. Quelle: Akte „Fraenkel, Adolf B-F 120 I“; Zentral- und Landesbibliothek Berlin.

[177] Courant an den Springer Verlag in einem Brief(auszug) vom 28. März 1922. Quelle: Akte „Fraenkel, Adolf B-F 120 I“; Zentral- und Landesbibliothek Berlin.

[178] Courant an den Springer Verlag in einem Brief(auszug) vom 28. März 1922. Quelle: Akte „Fraenkel, Adolf B-F 120 I“; Zentral- und Landesbibliothek Berlin.

vor Ort in Göttingen immer noch am besten vollzogen werden, womit der Gedanke einer Vortragseinladung oder dessen bereits umgesetzter Entschluss zusätzlich an Attraktivität gewann. Eingeladen für einen Vortrag über die Unabhängigkeit des Auswahlaxioms konnte der Referent sogleich alle anliegenden organisatorischen Fragen für das neue Publikationsprojekt angehen. Obgleich nicht übermittelt ist davon auszugehen, dass Fraenkel während seines Aufenthalts Paul Bernays dafür gewinnen konnte, ihm in den Überarbeitungsauflagen beratend zur Seite zu stehen, denn der Autor der *Einleitung* dankt Hilberts Mitarbeiter im Vorwort zur zweiten Auflage unter anderem für „verschiedene wertvolle Bemerkungen"[179] zu jenen Seiten, auf denen das metamathematische Projekt Vorstellung findet und die in dem Urteil kulminiert, dass „in *Hilberts* Untersuchungen einer der kühnsten, neuartigsten und grundsätzlich wichtigsten Schritte vorliegt, von denen die Geschichte der Mathematik und des Erkenntnisproblems überhaupt zu berichten weiß".[180]

Richard Courant lieferte einen ehrgeizigen intellektuellen Impuls, durch den Autor und Verlag letztlich ein nahezu neues Werk schaffen sollten, bei dem das Manuskript der ursprünglichen Auflage lediglich noch als Rumpfgerüst fungierte. Neben ihrem Nachfolger wurde das Original rückblickend schlicht „die so ganz andersartige 1. Auflage".[181] Formuliert war ein derartiges Anliegen schnell, seine Umsetzung alles andere als das. Fraenkel musste sich selbst noch von der Attraktivität dieses weitreichenden Gedankens überzeugen. Schließlich forderte dieser dem Autor einiges ab – statt der schlichten Korrekturlesung für einen bloß verbesserten Neudruck sah er sich nun mit der Herausforderung einer komplett neu zu überdenkenden Architektur konfrontiert. Dies bedeutete erneute Forschung, intensive schriftstellerische Tätigkeit und ein noch nicht abzuschätzendes Aufkommen an erforderlicher Zeit. Ein eigentlich druckfertiges Manuskript musste zergliedert und in Teilen neu komponiert werden. Aber die *Einleitung in die Mengenlehre. Eine elementare Einführung in das Reich des Unendlichgrossen* – wie der neue vollständige Titel lauten sollte – würde sich als der beste Ort erweisen, um ein Panorama der zeitgenössischen Grundlagenforschung zu zeichnen und die eigenen bisher geleisteten Beiträge kanonisch aufzubereiten.

Die Aufforderung zur substantiellen Erweiterung war die großzügige Einladung, die persönlich besonders wertgeschätzten grundlagentheoretischen Topoi in aller Gründlichkeit darzustellen und den damit aufgespannten Horizont zur Einbettung der eigenen mengentheoretischen Forschung aus den vergangenen beiden Jahren zu verwenden. Hier musste nicht mit ungewissem Ausgang um die Gewährung von mehr Raum zur Darstellung gebeten werden – hier erteilte der einflussreiche Herausgeber vorab die Erlaubnis, sich die erforderlichen schriftstellerischen Freiheiten zu nehmen und so schrieb Fraenkel nicht nur über die ‚neuen großartigen Hilbertschen Entdeckungen', sondern mit Brouwer, Weyl und

179 [*Einleitung*^{2}], VIII.

180 [*Einleitung*^{2}], 240.

181 Fraenkel an den Springer Verlag in einer Postkarte vom 12. März 1925. Quelle: Akte „Fraenkel, Adolf B-F 120 I"; Zentral- und Landesbibliothek Berlin.

anderen über all jene, die im zurückliegenden Jahrzehnt maßgeblich Anteil an der mathematischen Grundlagenforschung hatten. Derartig gute Bedingungen zur intellektuellen Entfaltung mussten vom Autor nicht erst mühsam beim Verlag ausgehandelt werden. Sie waren bereits durch Springers „Hauptberater in mathematischen und physikalischen Dingen“[182] gegeben.

Das Projekt einer zweiten Auflage bot somit eine vorzügliche und sogleich weithin sichtbare Gelegenheit, im Besonderen über die noch junge Geschichte der modernen formal-axiomatischen Mengentheorie und damit auch über sich selbst zu schreiben. Die neue Auflage konnte und sollte zur besten Werbung in eigener Sache werden. So entwickelte sich in diesem Publikationsprojekt die problemgeschichtliche Darstellung des axiomatischen Aufbaus der Mengenlehre zu einem schriftstellerischen Höhepunkt der gesamten zweiten Auflage. Während der von Zermelo gewiesene Weg im Werk von 1919 lediglich mit ein paar Seiten im Oktav-Format bedacht wurde, wird er nun „in § 13 in aller Ausführlichkeit entwickelt, wobei die Darstellung zu den letzten Ergebnissen der Forschung heran und teilweise über sie hinaus führt“.[183] Das schließt vor allem die kanonische Aufbereitung der eigenen erzielten Ergebnisse mit ein. Mit über 50 Druckseiten im Groß-Oktav ist dieser Paragraph der mit Abstand umfangreichste der 1923er Monographie. Es verwundert daher kaum, dass Nachfolgende gerade in der zweiten Auflage ein Werk von ganz besonderer Qualität erkannten.

Es war nicht die erste Auflage, mit der Fraenkels Ruf als vorzüglicher Vermittler mathematischer Inhalte begründet wurde und es brauchte auch nicht erst eine „dritte umgearbeitete und stark erweiterte Auflage“,[184] um das Vermögen seiner didaktischen Finessen oder die Fülle seiner mengentheoretischen Forschung erkennen zu können. All dies geschah dazwischen, wobei Autor und Verlag bescheiden eine „zweite erweiterte Auflage“[185] ankündigten. In diesen unscheinbaren Erweiterungen verbarg sich das Wegweisende. Auch wenn letztlich die dritte Auflage mit ihren abermaligen Überarbeitungs- und Erweiterungsschritten die maßgebliche werden sollte, so erfolgten die entscheidenden Entwicklungsschritte innerhalb dieser Werkbiographie doch von der ersten hin zur zweiten. Das Wesentliche geschah in keinem anderen Jahr als 1922. So sieht es wohl auch Fraenkels späterer Schüler und Koautor Yehoshua Bar-Hillel, als er feststellt, dass der Mengentheoretiker „seinen hervorragendsten Beitrag zur Mathematik, die grundlegende „Einleitung in die Mengenlehre“, ebenfalls frühzeitig, 1922, also im Alter von 31 Jahren, veröffentlicht“.[186]

Hier wird weder ein Wort über die frühe Ausgabe von 1919 noch über jene spätere von 1928 verloren, sondern die zwischen diesen beiden befindliche, zweite Auflage als das

[182] Ferdinand Springer zit. n. Sarkowski (1992), 264.

[183] [*Einleitung*^{2}], VIII.

[184] [*Einleitung*^{3}], Titelblatt.

[185] [*Einleitung*^{2}], Titelblatt.

[186] Bar-Hillel (1967), 7.

eigentlich neue Werk gewertet. Kaum dürfte überraschen, dass dies einmal mehr mit der Einschätzung von Alonzo Church für die offizielle Bewertung in der *Bibliography of Symbolic Logic* konform geht. Dort wird die Existenz der zweiten Auflage nicht als bibliographischer Zusatz zu den Daten der ersten Auflage geführt, sondern strikt zwischen beiden unterschieden. Das gereifte Werk von 1923 genießt als Band IX von Courants Reihe eine selbstbewusste bibliographische Eigenständigkeit, während die Angaben zur dritten Auflage hierzu bloße Addenda darstellen.[187] Die erste Auflage auf der einen Seite und die zweite (sowie dritte) auf der anderen repräsentieren in Churchs *Bibliography* zwei verschiedene Bücher und selbstverständlich wird dort nicht die erste, sondern erst die zweite Auflage der *Einleitung* mit einem Kreuzzeichen versehen,[188] womit sie zu jenen Werken gehört, „recommended for their expository value in connection with topics which fall squarely within the field of the bibliography".[189]

269. ADOLF FRAENKEL.

1. ***Einleitung in die Mengenlehre. Eine gemeinverständliche Einführung in das Reich der unendlichen Grössen.*** Berlin 1919, vi+156 pp.

2. Der Begriff "definit" und die Unabhängigkeit des Auswahlaxioms. ***Sitzungsberichte der Preussischen Akademie der Wissenschaften,*** Phys.-math. Kl., 1922, pp. 253–257.

3. Zu den Grundlagen der Cantor-Zermeloschen Mengenlehre. ***Math. Annalen,*** vol. 86 (1922), pp. 230–237.

4. Die Axiome der Mengenlehre. ***Scripta Universitatis atque Bibliothecae Hierosolymitanarum, Mathematica et physica,*** vol. 1 no. 6 (1923), 8+6 pp.

† *5.* ***Einleitung in die Mengenlehre.*** Die Grundlehren der mathematischen Wissenschaften in Einzeldarstellungen mit besonderer Berücksichtigung der Anwendungsgebiete, vol. 9. 2nd. edn., Berlin 1923, ix+251 pp. 3rd. edn., Berlin 1928, xiii+424 pp. "Die zweite wesentlichere Ausgestaltung betrifft die Behandlung der *prinzipiellen Fragen,* die mit der Grundlegung der Mengenlehre zusammenhängen und zum Teil das *Grenzgebiet zwischen Mathematik und Philosophie* berühren."

Auszug aus dem Eintrag „269. Adolf Fraenkel" in *A Bibliography of Symbolic Logic*. (Quelle: Church 1936, 182)

Diese exklusive Bewertung hatte sich Fraenkel redlich verdient und er hatte sie vornehmlich für „die zweite wesentlichere Ausgestaltung"[190] seines Werkes erhalten, namentlich „die Behandlung der *prinzipiellen Fragen*, die mit der Grundlegung der Mengenlehre zusammenhängen und zum Teil das *Grenzgebiet zwischen Mathematik und Philosophie* berühren".[191] Das betraf exakt die vorbildliche Umsetzung von Courants Anregung und die zitierte Passage aus dem „Vorwort zur zweiten Auflage" repräsentierte zugleich die stellvertretend Auskunft erteilende Annotation in Churchs *Bibliography*.[192] Das, was

[187] Vgl. die Nummern 1. und 5. zum Eintrag „269. Adolf Fraenkel" in Church (1936), 182.

[188] Vgl. Church (1936), 182.

[189] Church (1936), 123.

[190] [*Einleitung*^{2}], VII.

[191] [*Einleitung*^{2}], VII.

[192] Vgl. Church (1936), 182.

Courant von Fraenkel forderte, war exakt das, was Church später besonders wertschätzen sollte. 14 Jahre nachdem der Reihenherausgeber mit seinem Gespür für den mathematischen Zeitgeist die Ausrichtung für eine weitere Auflage gewiesen hatte, empfiehlt der Herausgeber des *Journal of Symbolic Logic* das in seiner Neufassung auftretende Werk für sein hohes Maß an erklärendem Wert. Es ist gerade dieses bibliographische Detail, mit dem im überzeitlichen Charakter der *Bibliography of Symbolic Logic*[193] auch Courant ein kleines, freilich anonymes Denkmal in der Entstehung der zweiten Auflage gesetzt wird. Ohne dessen Einflussnahme wäre es kaum zu diesem meisterhaften Werk gekommen.

Von all diesen Begebenheiten und Entwicklungen konnte im März 1922 selbstverständlich noch keine Rede sein. Nichts davon war absehbar. Aber der Umfang und Ehrgeiz, mit dem das Projekt noch in der ersten Jahreshälfte vorangetrieben werden sollte, lassen erkennen, mit welcher akribischen Verbindlichkeit bereits im ersten Quartal 1922 in Göttingen daran gearbeitet wurde. Der vielversprechende junge Mengentheoretiker aus Marburg befand sich von nun an im Fokus des Reihenherausgebers und dieser erlaubte sich keine Nachlässigkeit. Vor allem galt es, weder zu zögern noch Zeit zu vergeuden. Nachdem der Verlag bei Courant angefragt hatte, betrachtete er die *Einleitung* bereits mit verbindlicher redaktioneller Sorgfalt und erwog neben der Möglichkeit substantieller Erweiterungen zudem detaillierte Ausführungen an verschiedenen Stellen im bereits vorhandenen Textkorpus. „Auch in anderen, mehr Einzelheiten betreffenden Dingen würde ich Ergänzungen für erwünscht halten. Wenn Sie wollen, kann ich darüber mit Fränkel verhandeln".[194] Springers mathematischer Hauptberater hatte das Potenzial des Werkes zu diesem Zeitpunkt bereits klar vor Augen, denn er spielte bereits mit dem Gedanken, es für seine neue, exklusive Reihe zu gewinnen. „Vielleicht wäre es gut, wenn dann das Buch in unserer Sammlung erschiene, was sicherlich dem Absatz förderlich ist".[195]

Er nahm die Sache sogleich selbst in die Hand und wandte sich mit seinem Anliegen direkt an den Autor. Den Verlag ließ er kurz darauf wissen, „Fränkel habe ich geschrieben".[196] In der ersten Aprilhälfte erfuhr der Urheber der *Einleitung in die Mengenlehre* somit selbst von dem an anderer Stelle gefassten Plan, dass sein Werk unter geeigneten Voraussetzungen im Verlagsprogramm eine Zukunft besitzen könnte. Wäre der Marburger Mathematiker nicht bereits von Hilbert aufgrund des großen Interesses an seiner Forschung nach Göttingen eingeladen worden, dann würde Courants couragierte Vorarbeit ein weiteres hinreichendes und vor allem von Hilbert unabhängiges Motiv liefern. Nichts wäre naheliegender, als den Autor kurzerhand für einen Gastvortrag in der Mathemati-

[193] Zur ausgezeichneten Rolle der *Bibliography of Symbolic Logic* in der Rezeptionsdynamik der Logik und mathematischen Grundlagenforschung siehe Wille (2016), Kap. 5, vor allem 163–181.

[194] Courant an den Springer Verlag in einem Brief(auszug) vom 28. März 1922. Quelle: Akte „Fraenkel, Adolf B-F 120 I"; Zentral- und Landesbibliothek Berlin.

[195] Courant an den Springer Verlag in einem Brief(auszug) vom 28. März 1922. Quelle: Akte „Fraenkel, Adolf B-F 120 I"; Zentral- und Landesbibliothek Berlin.

[196] Courant an den Springer Verlag in einem Brief(auszug) vom 17. April 1922. Quelle: Akte „Fraenkel, Adolf B-F 120 I"; Zentral- und Landesbibliothek Berlin.

schen Gesellschaft einzuladen, um bei einem solchen Besuch gleichermaßen zwanglos wie ausführlich über all jene offenen Punkte sprechen zu können, die sich aus einem gemeinsam verfolgten Publikationsprojekt ergeben. Das war einfacher und effizienter als der langwierige Austausch per Brief.

Zusammen lieferten Hilberts und Courants Absichten für den Marburger Mathematiker jedenfalls ein unwiderstehliches Gesamtpaket, um im Sommer 1922 nach Göttingen zu reisen und es ist sicher, dass sowohl Hilbert als auch Courant das bekamen, was sie sich von Fraenkel erhofften: Hilbert einen spannenden Vortrag über geltungstheoretische Fragen von Zermelos Axiomatisierung, wahrscheinlich mit einer klaren Akzentsetzung auf den Unabhängigkeitsbeweis des Auswahlaxioms, und Courant sein intensives persönliches Gespräch für das Lehrbuchvorhaben, in dem er nicht zuletzt den besonderen Charakter seiner Sammlung ausführlich umrissen haben dürfte. Dies ist gewiss, denn es gab den Vortrag in der Mathematischen Gesellschaft Göttingen. Geradezu *en passant* schreibt Fraenkel Ende Juli seinem zuständigen Verlagsreferenten mit größerem zeitlichem Abstand zu seinem letzten Brief, „einmal weil ich das Ende Ihres Urlaubs herannahen lassen wollte, dann auch weil ich erst kürzlich, gelegentlich eines Vortrags in Göttingen, Gelegenheit hatte mit Prof. Courant die Besprechung zu pflegen, auf die Sie mich verwiesen".[197] Mehr schreibt er nicht, aber das Wichtigste ist gesagt – das Ereignis verbrieft.

Der Vortrag in Göttingen muss im Juli – tendenziell Mitte des Monats – stattgefunden haben, denn ‚kürzlich' ist in Relation zu den vorangegangenen 35 Tagen zu deuten, nachdem Fraenkels vormalige Briefzeilen den Springer-Mitarbeiter am 22. Juni „im Moment bei der Abreise in einen 6-wöchigen Urlaub antreffen".[198] Wer am 27. Juli 1922 rückblickend über die Zeit seit dem 22. Juni 1922 schreibt, kann sich mit dem kontextvarianten Zeitindikator ‚kürzlich' schwerlich auf eine Begebenheit aus den verbliebenen Junitagen beziehen. Bei einem Zeitraum von 35 Tagen bezieht man sich mit Wendungen wie ‚dieser Tage', ‚unlängst' oder ‚jüngst' auf die letzten, nicht aber auf die ersten Tage der besagten fünf Wochen. Der Juni scheidet folglich aus. Mit ‚kürzlich' bezieht man sich in der Regel auf eine zeitliche Verortung, die – bei aller Vorsicht in der Approximation – mindestens einmal näher am Äußerungs- als am Ausgangsbezugsdatum liegt. Im Falle Fraenkels bezieht sich ein angemessener Gebrauch des Ausdrucks mithin auf einen Termin nach/ab dem 10. Juli. Nach dieser ersten Eingrenzung verbleiben damit gar nicht mehr so viele Möglichkeiten, denn die Mathematische Gesellschaft Göttingen tagte regulär dienstags, im Sommerhalbjahr bis Ende Juli. Damit verbleiben in Angesicht der bereits vorangeschrittenen Vorlesungszeit als potenzielle Vortragstermine der 11., 18. oder 25. Juli. Als Fraenkel nach Berlin schreibt, dürfte der Vortrag nicht länger als gut zwei Wochen zurückliegen.

[197] Fraenkel an den Springer Verlag in einem Brief vom 27. Juli 1922. Quelle: Akte „Fraenkel, Adolf B-F 120 I"; Zentral- und Landesbibliothek Berlin.

[198] Springer Verlag an Fraenkel in einem Brief vom 22. Juni 1922. Quelle: Akte „Fraenkel, Adolf B-F 120 I"; Zentral- und Landesbibliothek Berlin.

Es sei damit noch einmal auf das Vortragsthema zurückgekommen. Vergegenwärtigt man sich vor dem aufgespannten Panorama von plausibilisierten Wahrscheinlichkeiten und belegten Verbindlichkeiten noch einmal die Chronologie, die von der Beweisskizze zum Unabhängigkeitsbeweis führte, dann scheint es nahezu zwingend, dass Fraenkel in Göttingen im Besonderen über die Unabhängigkeit des Auswahlaxioms referierte. Man muss sich dafür nur in Erinnerung rufen, dass man in Göttingen bis Mitte des Jahres 1922 in dieser bedeutsamen metamathematischen Frage noch auf dem Vorjahresforschungsstand war. Für den verantwortlichen Beweisführenden Fraenkel dürfte es ein quälender Gedanken gewesen sein zu wissen, dass die einflussreichen Göttinger Grundlagenforscher in dieser wichtigen Frage nicht über die in der Zwischenzeit erzielten Erfolge des eigenen intellektuellen Fortkommens im Bilde waren. Dort kannte man freilich die Fassung des *Annalen*-Aufsatzes. Hilbert selbst zählte vormals zu den Ersten, die Kenntnis vom ursprünglichen Beweisversuch hatten, da er das Manuskript bereits im August 1921 studierte.[199] Ihm folgten schließlich jene Göttinger, die in Jena dem Vortrag des Marburger Mengentheoretikers beiwohnten und schließlich erschien Fraenkels erster Beweisansatz für alle sichtbar am 30. Mai 1922.

Zum Zeitpunkt seiner Publikation war der Beweisansatz jedoch bereits veraltet und repräsentierte bei Weitem nicht mehr den Forschungsstand,[200] denn spätestens seit Ende März/Anfang April lag der ordentliche Unabhängigkeitsbeweis vor. Als man sich in den mathematischen Seminaren der Republik im Verlaufe des Junis anschickt, auch Fraenkels ‚Grundlagen'-Text zu studieren, wird dem Autor des Aufsatzes klar, dass etwas als Stand der Dinge wahrgenommen wird, was längst nicht mehr Stand der Dinge ist. Das gilt auch und im Besonderen für die Rezeption des *Annalen*-Textes in Göttingen. Mitte des Jahres waren Ausrichtung und Details des innovativen ‚definit'-Aufsatzes dort noch gänzlich unbekannt. In der Sache stellte sich also ein legitimes Kommunikationserfordernis ein, das sich aus der Warte des Urhebers jedoch als ein pressierendes Mitteilungsbedürfnis dargestellt haben dürfte. Die mathematische Gemeinschaft sollte so schnell wie möglich über die Fortschritte in Kenntnis gesetzt werden. Fraenkel war früh im Jahr endlich ein Beweis gelungen und alle sollten es wissen. Entsprechend dürfte die für Mitte Juli vorgesehene Vortragsgelegenheit in der Mathematischen Gesellschaft Göttingen als ideale zeitliche Fügung wahrgenommen worden sein. Es war die perfekte, sehnlich erwartete Gelegenheit, um mit Stolz den beeindruckenden Beweis zu präsentieren, und Fraenkel wird sie genau dafür genutzt haben.

Mehr lässt sich für den Moment nicht sagen. Das Eruierte liefert gleichwohl bemerkenswerte Erkenntnisse. Wir wissen damit, dass sich Fraenkel in seiner Autobiographie korrekt erinnert. Nach dem ersten Drittel des Monats Juli referiert er vor der Mathematischen Gesellschaft Göttingen. Das belässt auch kaum einen Zweifel daran, dass im Mittelpunkt dieses Vortrags Fraenkels Unabhängigkeitsbeweis für das Auswahlaxiom mit der

[199] Siehe 3.4.

[200] Siehe 4.1.

von ihm entwickelten gruppentheoretischen Methode und der Verwendung von Urelementen gestanden haben dürfte. Vor dem Hintergrund seiner persönlichen Rückschau verbleibt schlicht keine andere thematische Auswahl. Auch wenn sich der persönliche Kontakt zwischen Fraenkel und Hilbert „meist nur schriftlich"[201] abspielte, so sahen beide einander bald wieder auf der besagten *DMV*-Tagung in Leipzig. Damit hatte Hilbert innerhalb von nur zwei Monaten beiden wegweisenden Vorträgen Fraenkels beigewohnt. Sein Urteil über die Qualität des Marburger Mengentheoretikers dürfte sich damit nachhaltig gefestigt haben und erwies sich später „von entscheidendem Einfluss".[202] Dank Hilbert glückte 1928 die Berufung Fraenkels zum Ordinarius in Kiel.

[201] Fraenkel (1967), 160.

[202] Fraenkel (1967), 160.

5 Mengentheoretisch etabliert: 1923

5.1 Die zweite Auflage der *Einleitung* entsteht

Mitte November 1923 ist es wieder einmal geschafft. Die ersten Exemplare der zweiten erweiterten Auflage von Fraenkels *Einleitung in die Mengenlehre* verlassen die Buchbinderei und treten sogleich ihre Reise nach Marburg an.[1] Dort werden sie bereits sehnsuchtsvoll erwartet. Die Entstehung des überarbeiteten Werks folgte in weiten Teilen demselben Muster der ersten Auflage. Mit gut anderthalb Jahren Projektzeitraum übertraf der Nachfolger gar die Genesis des Originals. Im Ganzen wurden in der Sache ca. 75 Briefe in nahezu ebenso vielen Wochen gewechselt.[2] Die Kontaktintensität erreichte damit dasselbe Maß wie vormals und nicht nur in diesem Punkt erinnerte die erneute Zusammenarbeit an die erste Kooperation. Einmal mehr trifft man auf einen überaus ehrgeizigen Autor, der ambitionierte Abgabefristen für frühestmögliche Publikationstermine in Aussicht stellt, um sie dann das eine und andere Mal nicht verwirklichen zu können – vor allem aufgrund diverser und stets mehrwöchiger Reisetätigkeiten. Zudem koppelt er erneut die Manuskriptbearbeitung mit einer thematisch einschlägigen Vorlesung und auch dieses Mal treffen wir auf einen Verlag, der all dies geduldig begleitet und mit Professionalität sämtlichen Wünschen des Autors zuarbeitet.

Die Voraussetzungen für eine erneute Zusammenarbeit waren 1922 freilich gänzlich andere als 1918. Der Krieg war Geschichte, dafür belasteten vor allem die Reparationszahlungen die junge Republik erheblich. Trotz der fortschreitenden Geldentwertung hatte sich das Unternehmen von Ferdinand Springer als führender Verlag für Mathematiker etabliert und alle strategischen Weichen gestellt, um diesen Vorsprung weiter auszubauen. Wer Anfang der 1920er-Jahre als mathematischer Autor zu Springer wollte, bewarb sich

[1] Vgl. Springer Verlag an Fraenkel in einem Brief vom 14. November 1923. Quelle: Akte „Fraenkel, Adolf B-F 120 I"; Zentral- und Landesbibliothek Berlin.

[2] Vgl. hierzu die Akte „Fraenkel, Adolf B-F 120 I" der Zentral- und Landesbibliothek Berlin.

M. Wille, *Fraenkel*, https://doi.org/10.1007/978-3-662-66167-3_5

nunmehr bei der ersten Adresse. Den Weg eines unbeschriebenen Bittstellers musste Fraenkel nicht mehr beschreiten. Er zählte zur Autorenfamilie des Verlages, dessen mengentheoretische Expertise zusehends mehr an Profil gewann und der darüber hinaus an seiner Alma Mater mit Wirkung vom 21. Februar 1922 zum außerordentlichen Professor ernannt worden war.[3] Aus dem Privatdozenten war ein Professor geworden, der sich als etablierter Hochschullehrer und wissenschaftlicher Autor nicht mehr überall vorstellen musste. Gleichwohl begann das Projekt der zweiten Auflage ohne Fraenkels Zutun und ohne sein Wissen. Bevor Marburg einbezogen wurde, setzten Berlin und Göttingen erste Impulse. Verlagsintern wurde schlicht vermerkt. „An den Verfasser ist wegen einer Neuauflage noch nicht geschrieben worden. Dagegen wurde mit Prof. Courant Briefwechsel geführt".[4]

Den Anlass für diese Aktivitäten bildete die Feststellung, dass die erste Auflage Anfang 1922 vollständig ausverkauft war. Die Firma fixierte dies innerhalb eines kleinen internen Memos. „Laut Auskunft von Herrn Schulz nichts mehr am Lager. [...] Im Buchhandel befindet sich nichts mehr".[5] Innerhalb von etwas mehr als zwei Jahren hatte der Markt das Produkt vollständig aufgenommen. Ein beachtlicher Erfolg. Allerdings musste man gerade aufgrund dieser erfreulichen Entwicklung mit Bedauern Fraenkels Bitte abschlägig bescheiden, diesem ein Paket mit weiteren Exemplaren zukommen zu lassen. „Leider besitze ich augenblicklich nicht ein Exemplar und es ist auch nicht anzunehmen, dass ich von den in Kommission verschickten noch welche zurückbekommen werde".[6] Den Autor brachte dies in eine „nicht geringe Verlegenheit",[7] da er sein eigenes Exemplar fortgegeben hatte und in Marburg „kein Exemplar mehr bekommen"[8] konnte. Elwert mochte über keine Bestände mehr verfügen, aber in einer der vielen Buchhandlungen der heranwachsenden Metropole müsste man doch fündig werden. Eventuell vermochte der Verlag „von den in Kommission versandten Exemplaren noch einige zurückzubekommen, was vielleicht in Berlin selbst relativ leicht ist".[9] Springer blieb nichts anderes übrig als zu „versuchen, Ihnen noch das eine oder andere Exemplar der 1. Auflage zu verschaffen. Ob ich allerdings Erfolg haben werde, weiss ich nicht".[10] Offensichtlich gab es eine Nach-

---

[3] Vgl. https://professorenkatalog.online.uni-marburg.de/de/pkat/gsrec/details?current=2&q=fraenkel

[4] Interne Notiz des Springer Verlages (undatiert, aber wohl zwischen Mitte April und Anfang Juni 1922 erstellt). Quelle: Akte „Fraenkel, Adolf B-F 120 I"; Zentral- und Landesbibliothek Berlin.

[5] Interne Notiz des Springer Verlages (undatiert, aber wohl zwischen Mitte April und Mitte Juni 1922 erstellt). Quelle: Akte „Fraenkel, Adolf B-F 120 I"; Zentral- und Landesbibliothek Berlin.

[6] Springer Verlag an Fraenkel in einem Brief vom 12. Juni 1922. Quelle: Akte „Fraenkel, Adolf B-F 120 I"; Zentral- und Landesbibliothek Berlin.

[7] Fraenkel an den Springer Verlag in einem Brief vom 20. Juni 1922. Quelle: Akte „Fraenkel, Adolf B-F 120 I"; Zentral- und Landesbibliothek Berlin.

[8] Fraenkel an den Springer Verlag in einem Brief vom 20. Juni 1922. Quelle: Akte „Fraenkel, Adolf B-F 120 I"; Zentral- und Landesbibliothek Berlin.

[9] Fraenkel an den Springer Verlag in einem Brief vom 20. Juni 1922. Quelle: Akte „Fraenkel, Adolf B-F 120 I"; Zentral- und Landesbibliothek Berlin.

[10] Springer Verlag an Fraenkel in einem Brief vom 22. Juni 1922. Quelle: Akte „Fraenkel, Adolf B-F 120 I"; Zentral- und Landesbibliothek Berlin.

frage, die nicht aktuell bedient werden konnte. Ein entsprechendes Angebot musste mithin bereitgestellt werden.

Nachdem Courant Votum und redaktionellen Vorschlag kommuniziert sowie mit Fraenkel Kontakt aufgenommen hatte,[11] klärte der Verlag das weitere Vorgehen mit dem Autor ab. Mitte Juni zeigt sich dieser noch unentschlossen, ob und in welchem Umfang er die Anregungen Courants umzusetzen gedenkt. Wieviel „Zeit die Herstellung des neuen Manuskripts beansprucht, wird davon abhängen, ob ich – worüber ich noch nicht ganz schlüssig bin – erhebliche Abänderungen anbringe“.[12] Es sollte sich im weiteren Verlauf der Korrespondenz noch herausstellen, dass es hier möglicherweise ein Missverständnis gegeben hat. Während Fraenkel fest davon ausging (und sich zurecht auf den Verlagsvertrag berufen konnte), unabhängig von den von ihm vorgenommenen Erweiterungen Aufnahme in die neue Reihe zu finden, war dies von Seiten des Göttinger Mathematikers keineswegs so gemeint, obwohl der Verlag dem Autor nach einem Treffen mit dem Reihenherausgeber ausdrücklich mitteilte, Courant „rechnet also bestimmt darauf, dass Sie sie [die zweite Auflage, MW] in der Monographien-Sammlung erscheinen lassen werden“.[13] Doch dieser behielt sich ein Veto vor. „Ueber die Frage der Aufnahme in die Sammlung möchte ich dann auch bei der Fahnenkorrektur erst endgültig entscheiden“.[14] Für ihn blieb die Aufnahme in die Sammlung an die Umsetzung seiner Hinweise geknüpft. Für den Moment war die *Einleitung* noch ein populäres Sachbuch, aber für die Reihe hatte sich das zugrundeliegende Manuskript zu einem akademischen Fachbuch zu wandeln. Bei allem Interesse an dem Projekt – Courant musste das Werk nicht um jeden Preis für sich gewinnen. Er würde auf ein Erscheinen in der *Grundlehren*-Reihe „nicht bestehen, wenn irgendwelche Gesichtspunkte Ihnen eine unabhängige Herausgabe zweckmässiger erscheinen lassen“.[15] Dies waren die diplomatisch gewählten Worte für den Fall, dass sich am augenblicklichen Charakter des Werkes nichts nennenswert ändern würde. Was Fraenkel als unverbindliche Anregung verstand, hatte der Reihenherausgeber als verbindliche, wenngleich höflich vorgetragene Auflage verstanden wissen wollen.

Dazwischen stand der Verlag, der dem Autor die Aufnahme in die Reihe vertraglich zusicherte, ohne bei dieser Gelegenheit die von Seiten des Herausgebers erwünschten inhaltlichen Veränderungen rechtlich zu fixieren.[16] Fraenkel hatte die schriftliche

---

[11] Siehe 4.4.

[12] Fraenkel an den Springer Verlag in einem Brief vom 20. Juni 1922. Quelle: Akte „Fraenkel, Adolf B-F 120 I“; Zentral- und Landesbibliothek Berlin.

[13] Springer Verlag an Fraenkel in einem Brief vom 22. Juni 1922. Quelle: Akte „Fraenkel, Adolf B-F 120 I“; Zentral- und Landesbibliothek Berlin.

[14] Courant an den Springer Verlag in einer Postkarte vom 4. Februar 1923. Quelle: Akte „Fraenkel, Adolf B-F 120 I“; Zentral- und Landesbibliothek Berlin.

[15] Courant an den Springer Verlag in einem Brief vom 17. August 1922. Quelle: Akte „Fraenkel, Adolf B-F 120 I“; Zentral- und Landesbibliothek Berlin.

[16] Vgl. „Mitarbeitervertrag“ als Anlage zum Brief vom Springer Verlag an Fraenkel vom 11. September 1922. Quelle: Akte „Fraenkel, Adolf B-F 120 I“; Zentral- und Landesbibliothek Berlin.

Publikationszusage, an eine redaktionelle Pflicht im Geiste der Reihe war er indes nicht gebunden. Offenkundig wurde das Missverständnis erst im Frühjahr 1923, als Fraenkel bei der Betrachtung einer Anzeige für die Courantsche Sammlung auffiel, dass „mein Büchlein gar nicht erwähnt ist, weder bei den unter der Presse befindlichen noch bei den geplanten Bänden. Vermutlich ist dies auf ein Versehen zurückzuführen“.[17] Das war kein Versehen. Courant hatte den Band in seine Werbeanzeigen noch nicht aufgenommen, weil er gegenüber dem Autor bisher lediglich eine Absicht bekundet, aber eben noch keine Zusage geliefert hatte. Da der Mitarbeitervertrag zwischen Verlag und Autor ohne Beteiligung des Reihenherausgebers geschlossen wurde, dürfte Courant von diesem Kontrakt keine Kenntnis besessen haben.

Von besonderen Verpflichtungen gegenüber der Reihe ist dort nirgendwo die Rede. Als hier einschlägige Autorenpflicht wird einzig im § 3 die allgemeine Auflage zur sorgfältigen Durchführung von Korrektur- und Revisionsarbeiten im Verlauf der Drucklegung gesprochen.[18] Diese Verpflichtung besaß jedoch einen allgemeinen Charakter, der man ohne jede substantielle Erweiterung des Manuskriptes genügen konnte. Zur Klärung des Sachverhalts wendet sich der angeschriebene Verlag umgehend an den Reihenherausgeber, der erhellen kann, wie es dazu kam. „Ich hatte gegen die Aufnahme Bedenken gehabt, da ich nach einem früheren Brief von Herrn Fränkel den Eindruck behielt, als ob die von ihm beabsichtigten Aenderungen nicht alles das enthielten, was ich für die Aufnahme in die Sammlung in zwei Besprechungen mit Herrn Fränkel gewünscht hatte, und ich hatte auch eine Aeusserung von Herrn Fränkel so verstanden, als ob er wegen Zeitmangel Aenderungen nicht machen wollte. Inzwischen hat sich aber aus der letzten Korrektur und aus der erneuten Korrespondenz mit Herrn Fränkel ergeben, dass dies ein Missverständnis war, und dass Herr Fränkel Wert auf Aufnahme in die Sammlung legt“.[19]

Die Fehleinschätzung blieb zum Glück folgenlos, weil sich Fraenkel im Fortgang der Manuskriptüberarbeitung selbst davon überzeugen konnte, dass Courants Vorschläge dem Buch unglaublich guttun würden und die hierfür erforderliche Arbeit bestens investiert wäre. Sein anfängliches Zögern wich der Einsicht, dass die Erweiterungen dem Werk eine ganz neue Qualität verschaffen würden. Courant konnte also ohne Bedenken seine Zustimmung erteilen – symbolisch nachträglich und wahrscheinlich ohne jede juristische Kraft. Am 18. April hatte Courant an Fraenkel geschrieben und sich in dem Brief „mit der Aufnahme in die Sammlung einverstanden erklärt“.[20] Ein möglicher Konflikt war damit abgewendet und es verblieb die Hoffnung, „dass für die Verlagsbuchhandlung aus diesem

[17] Fraenkel an den Springer Verlag in einem Brief vom 18. April 1923. Quelle: Akte „Fraenkel, Adolf B-F 120 I“; Zentral- und Landesbibliothek Berlin.

[18] Vgl. „Mitarbeitervertrag“ als Anlage zum Brief vom Springer Verlag an Fraenkel vom 11. September 1922. Quelle: Akte „Fraenkel, Adolf B-F 120 I“; Zentral- und Landesbibliothek Berlin.

[19] Courant an den Springer Verlag in einem Brief(auszug) vom 20. April 1923. Quelle: Akte „Fraenkel, Adolf B-F 120 I“; Zentral- und Landesbibliothek Berlin.

[20] Courant an den Springer Verlag in einem Brief(auszug) vom 20. April 1923. Quelle: Akte „Fraenkel, Adolf B-F 120 I“; Zentral- und Landesbibliothek Berlin.

Hin und Her keine Unbequemlichkeiten“[21] entstehen. Das nicht, aber auf die brieflich nach Marburg übersandte Nachricht, dass der Verlag um den 22. April von Courant offiziell die Mitteilung erhalten hatte, „dass Ihr Buch einen Band dieser Sammlung bilden soll“,[22] merkt Fraenkel gegenüber dem Verlag mit ein wenig Verwunderung an, dass trotz des geklärten Sachverhalts eigentlich überhaupt kein Klärungsbedarf bestanden haben dürfte. Er erinnert an den abgeschlossenen Verlagsvertrag, „laut dem mein Büchlein in der Courantschen Sammlung erscheint“.[23] Es gab Mitte April 1923 nichts zu entscheiden, was vertraglich bereits Mitte September 1922 entschieden war. Damit hatte Fraenkel Recht.

Im ersten Halbjahr 1922 arbeiteten beide Seiten nicht nur an den Details dieses Vertrages, sondern eruierten mögliche Terminketten für die weiteren redaktionellen Schritte. Dabei ging es stets um die Frage: „Bis wann werden Sie das Manuskript wohl liefern können“?[24] Mit dem im Frühjahr gemeinsam gefassten Entschluss, eine zweite, überarbeitete Auflage herauszubringen, dürfte Fraenkel unglaublich motiviert zur Tat geschritten sein. Ähnlich wie schon im Fall der ersten Auflage wird er die überaus ehrgeizige Hoffnung verbunden haben, das neue Werk könnte vielleicht schon für die Vorlesungen im unmittelbar nachfolgenden Semester auf den Markt gebracht werden. Immerhin wurde von Springer signalisiert, man könne nach Erhalt des Manuskriptes „für eine sehr schnelle Drucklegung sorgen“.[25] Dem Verlag stellt er das fertige Manuskript für den Spätsommer in Aussicht und dieser vergewissert sich, „dass Sie das Manuskript für die 2. Auflage Ihres Buches frühestens Ende September werden abliefern können. Ob es dann noch möglich sein wird, das Buch zum Semesterbeginn, gegen Anfang November, in den Handel zu bringen, muss ich leider bezweifeln“.[26] Der Marburger Mathematiker hatte zwar größtes Vertrauen in die Fähigkeiten des Verlages und dessen effizient organisierte Arbeitsabläufe, aber einer derart kurzen Herstellungszeit konnte auch ein Springer Verlag bei den gegenwärtigen wirtschaftlichen und arbeitsrechtlichen Bedingungen nicht dienen. „Vor dem Kriege konnte ich in Ausnahmefällen die Fertigstellung eines Buches stark beschleunigen, heute bin ich bei der 8-stündigen Arbeitszeit der Druckereien und der Langsamkeit der Buchbindereien zu solchen Ausnahmen kaum noch in der Lage“.[27]

---

[21] Courant an den Springer Verlag in einem Brief(auszug) vom 20. April 1923. Quelle: Akte „Fraenkel, Adolf B-F 120 I“; Zentral- und Landesbibliothek Berlin.

[22] Springer Verlag an Fraenkel in einem Brief vom 24. April 1923. Quelle: Akte „Fraenkel, Adolf B-F 120 I“; Zentral- und Landesbibliothek Berlin.

[23] Fraenkel an den Springer Verlag in einem Brief vom 9. Mai 1923. Quelle: Akte „Fraenkel, Adolf B-F 120 I“; Zentral- und Landesbibliothek Berlin.

[24] Springer Verlag an Fraenkel in einem Brief vom 22. Juni 1922. Quelle: Akte „Fraenkel, Adolf B-F 120 I“; Zentral- und Landesbibliothek Berlin.

[25] Springer Verlag an Fraenkel in einem Brief vom 22. Juni 1922. Quelle: Akte „Fraenkel, Adolf B-F 120 I“; Zentral- und Landesbibliothek Berlin.

[26] Springer Verlag an Fraenkel in einem Brief vom 5. August 1922. Quelle: Akte „Fraenkel, Adolf B-F 120 I“; Zentral- und Landesbibliothek Berlin.

[27] Springer Verlag an Fraenkel in einem Brief vom 5. August 1922. Quelle: Akte „Fraenkel, Adolf B-F 120 I“; Zentral- und Landesbibliothek Berlin.

Der Vorlesungsbeginn im Wintersemester 1922/23 mochte illusorisch sein, doch der Verlag machte den Autor darauf aufmerksam, dass die Gefahr einer Verzögerung minimiert und damit ein möglichst früher Erscheinungstermin begünstigt werden kann, wenn in kurzer zeitlicher Folge fertige Teile umgehend übersandt werden. Verlag und Autor könnten mithin parallel zueinander arbeiten. „Wenn Sie mir das Manuskript fortlaufend in einigen Druckbogen schon von Mitte August ab senden, wird die gesamte Herstellungszeit selbstverständlich dadurch erheblich verkürzt werden".[28] Neben dieser Maßnahme griff Fraenkel für die Organisation und Optimierung seiner Arbeitsabläufe offenkundig auf Bewährtes zurück. Just zu der Zeit, in der das erneute Auflegen des Werkes beschlossen wurde, kündigte er für die Vorlesungszeit des Wintersemester 1922/23 unter anderem die Vorlesung[29]

- *Mengenlehre, mit Besprechungen und Uebungen* (dreistündig); Mo 12–13, Mi 11–13

an. Funktional war dies einmal mehr eine vorzügliche Entscheidung, denn die Veranstaltung würde sich entweder als Multiplikator für den Absatz oder als Katalysator für die Fertigstellung erweisen. Eines von beiden – dies war gewiss. Sollte der ehrgeizige Fall eines frühzeitigen Erscheinens entgegen aller Wahrscheinlichkeiten realisiert werden können, so würde sich die Vorlesung sogleich attraktiv als absatzförderliches Ereignis anbieten, während sie sich im naheliegenden Falle eines späteren Veröffentlichungstermins als wertvolles akademisches Testgelände mit Synergieeffekten erweisen würde, um das Manuskript für den Druck fertigzustellen. Mit dem korrelativen Modus von akademischer Lehre und Schriftstellerei war er bestens vertraut, schließlich wurde bereits die Entstehung der ersten Auflage sowohl im Winterhalbjahr 1918/19 sowie im Sommerhalbjahr 1919 durch je eine Vorlesung zur Mengentheorie flankiert.[30]

Schnell dürfte sich abgezeichnet haben, dass auch diese Vorlesung vor allem eine synergetische Quelle der Inspiration bildete. Als Multiplikator schied sie bereits frühzeitig aus. Fraenkel musste einsehen, dass eine gründliche Überarbeitung mehr Zeit in Anspruch nahm, als ihm die laufenden Semesterferien boten. Nüchtern konstatiert er „nach dem langsamen Fortgang meiner vor Ende Oktober kaum beendigten Neuredaktionsarbeiten, daß die neue Auflage kaum früher als gegen Jahresende herauskommen wird".[31] Die Drucklegung sollte damit in jedem Fall weit in die Vorlesungszeit des Wintersemesters 1922/23 hineinreichen. Eine redaktionelle Funktionalisierung des parallel veranstalteten

[28] Springer Verlag an Fraenkel in einem Brief vom 5. August 1922. Quelle: Akte „Fraenkel, Adolf B-F 120 I"; Zentral- und Landesbibliothek Berlin.

[29] Vgl. *Philipps-Universität Marburg. Verzeichnis der Vorlesungen. Winter-Halbjahr 1922/23*, Marburg an der Lahn 1922, 28.

[30] Siehe 2.2 u. 2.3. Vgl. zudem „Anhang I: Veranstaltungen Fraenkels an der Philipps-Universität Marburg".

[31] Fraenkel an den Springer Verlag in einem Brief vom 21. August 1922. Quelle: Akte „Fraenkel, Adolf B-F 120 I"; Zentral- und Landesbibliothek Berlin.

Kurses bot sich mehr als an. Der Hörsaal wurde wiederholt zum Ort, an dem die Architektur des neu konzipierten Werkes und der schriftlich fixierte Gedankengang eine umgehende didaktische Erprobung im Raum der Oralität fanden, während spontan besonders gut gelungene Momente akademischer Mündlichkeit sicherlich sogleich ihre literale Verstetigung für die Buchaufzeichnungen erfahren haben dürften.

Manuskript und Vorlesung befruchteten einander wechselweise. Hier waren Forschung und Lehre unauflöslich miteinander verwoben. Das Werk profitierte von seiner lebendigen Vergegenwärtigung im Hörsaal und die Selbstverpflichtung auf didaktisch tadellos aufbereitete Buchinhalte dürfte ihrerseits einen günstigen Einfluss auf die Unterrichtsmethoden gehabt haben. Sicherlich leistete Fraenkels Autorentätigkeit das ihrige, um mit der Zeit immer besser adressatengerecht zu lehren. „Nach dem Urteil kritischer Beobachter las ich am Anfang zu schwer, paßte mich aber nach einigen Jahren dem Auffassungsvermögen schwächerer Studenten an".[32] Die Intensität dieser intellektuellen Symbiose zwischen Manuskript und Vorlesung schien derart stark, dass der vormals avisierte Abgabetermin gegenstandslos geriet und eine Fertigstellung synchron zum Vorlesungsverlauf als neues Ziel gefasst wurde. Das schien vielversprechend. Die Veranstaltung erfuhr durch die zugrundeliegende vollständige Ausarbeitung einen rigoros geplanten Inhalt mit beeindruckender Detailgenauigkeit, das Werk hingegen erhielt dafür erneut die didaktisch zertifizierte Gewissheit gelungener Kurzweilig- und Gemeinverständlichkeit. In späteren Besprechungen für die Schulmathematik sollte vor allem dieses Qualitätsmerkmal Erwähnung finden, weshalb man das Werk nicht zuletzt Lehrern „wärmstens empfehlen"[33] konnte. „Doch auch mancher Hochschullehrer, selbst wenn er weit über dem Inhalt dieses Werkes steht, kann daraus lernen, wie Universitätsvorlesungen gehalten werden sollten".[34] Für Fraenkel festigte sich der Ruf eines versierten Wissenschaftlers – gleichermaßen tadellos als Dozent wie als Autor.

Die Pflicht zur akademischen Lehre wurde von Fraenkel gekonnt genutzt für die Belange seiner schriftstellerischen Kür. Da die aktuelle Vorlesung im Unterschied zu ihren beiden thematischen Vorläufern nach ihrem Wortlaut Übungen mit einschloss, galt für sie neben den obligatorischen Anmeldemodalitäten der Passus, dass „die Studierenden außerdem die Pflicht [haben], sich bei den Lehrern innerhalb der letzten 14 Tage vor dem vorgeschriebenen Schlusse des Semesters abermals persönlich zu melden und sie um Eintragung ihres Namens und des Datums in die für die Abmeldung bestimmte Spalte des Anmeldebuchs zu ersuchen".[35] Neben einer ordnungsgemäßen Teilnahmeanmeldung diente diese Regelung der Gewährleistung, dass die Studierenden über die Vorlesungszeit hinweg den, durch den Dozenten bestimmten Übungsauflagen in einem angemessenen Rahmen nachgekommen sind. Andernfalls verfügte der verantwortliche Lehrende über die Handhabe, seine Unterschrift zu verweigern. Konnte auf diese Weise mithin keine Abmeldung

[32] Fraenkel (1967), 153.

[33] Banauch (1925), 56.

[34] Banauch (1925), 56.

[35] Philipps-Universität (1920), § 15, erster Absatz.

erfolgen, „so wird über die Übungsvorlesung kein Vermerk in das Abgangszeugnis aufgenommen".[36]

Bevor diese Pflichten des akademischen Alltags wieder anstanden, konnte dem Projekt im Verlauf der vorlesungsfreien Zeit mehr Aufmerksamkeit geschenkt werden. Dazu zählte nicht zuletzt die Klärung sämtlicher vertraglicher Details, angefangen von der Auflagenhöhe, den vorgesehenen Freiexemplaren und dem Einband, bis hin zum geplanten Verkaufspreis und der Beteiligung des Autors an den Erlösen. Noch im Sommer verständigte man sich im Besonderen darauf, dass trotz der vom Verlag geplanten Auflagenhöhe von bis zu 1500 Exemplaren der Wunsch des Autors, höchstens 1200 Exemplare anzusetzen, Eingang in den Kontrakt fand. Am 5. September 1922 übersendet der Verlag den Mitarbeitervertrag für die zweite Auflage mit der Bitte, „die beiden Vertragsexemplare unterschrieben mir wieder zuzusenden".[37] Drei Tage darauf schickt Fraenkel zwar nicht die fraglichen Exemplare, wohl aber eine kleine Liste mit Änderungsvorschlägen und dem Ersuchen „mit nochmaliger Umschreibung des Vertrags",[38] dem Springer am 11. September nachkommt. „Ich bin gern bereit, Ihre kleinen Abänderungswünsche noch zu berücksichtigen".[39] Mitte September liegt Fraenkel der fertige Kontrakt vor und so sendet er am 17. des Monats „die Vertragsexemplare unterschrieben zurück".[40] Keine Woche später erreicht ihn ein Einschreiben aus Berlin, mit dem ihm „ein auch von mir unterschriebenes und gestempeltes Exemplar des mit Ihnen geschlossenen Vertrages"[41] übersandt wird. Damit ist es erneut offiziell: Der Marburger Mathematiker und der Berliner Verlag werden zeitnah ein weiteres gemeinsames Werk auf den Buchmarkt bringen.

Mitte September 1922 sind alle Formalia geklärt, nun könnte man sich mit ganzer Kraft und Aufmerksamkeit der Überarbeitung des Werkes zuwenden. Während der Verlag bis auf Weiteres abwartend zu verharren hat, ist dies die Zeit des Autors. Doch Fraenkel weilt nach dem Ende der Vorlesungszeit nicht in Marburg, um unter Inanspruchnahme der Seminar- und Universitätsbibliothek die erforderliche Recherchearbeiten durchzuführen. Die für das Redigieren günstige akademische Routine wird nicht in Anspruch genommen. Seit August befindet er sich erst in Bad Reichenhall und ab Mitte September für die „nächsten Wochen"[42] in München, um schließlich erst zum Beginn der Vorlesungszeit

[36] Philipps-Universität (1920), § 15, fünfter Absatz.

[37] Springer Verlag an Fraenkel in einem Brief vom 5. September 1922. Quelle: Akte „Fraenkel, Adolf B-F 120 I"; Zentral- und Landesbibliothek Berlin.

[38] Fraenkel an den Springer Verlag in einem Brief vom 8. September 1922. Quelle: Akte „Fraenkel, Adolf B-F 120 I"; Zentral- und Landesbibliothek Berlin.

[39] Springer Verlag an Fraenkel in einem Brief vom 11. September 1922. Quelle: Akte „Fraenkel, Adolf B-F 120 I"; Zentral- und Landesbibliothek Berlin.

[40] Fraenkel an den Springer Verlag in einem Brief vom 17. September 1922. Quelle: Akte „Fraenkel, Adolf B-F 120 I"; Zentral- und Landesbibliothek Berlin.

[41] Springer Verlag an Fraenkel in einem Brief vom 21. September 1922. Quelle: Akte „Fraenkel, Adolf B-F 120 I"; Zentral- und Landesbibliothek Berlin.

[42] Fraenkel an den Springer Verlag in einem Brief vom 17. September 1922. Quelle: Akte „Fraenkel, Adolf B-F 120 I"; Zentral- und Landesbibliothek Berlin.

wieder an der Lahn einzutreffen. Es überrascht kaum, dass unter den Annehmlichkeiten des Reisens sowie den mit ihnen einhergehenden Ablenkungen vor allem das Arbeitstempo gelitten hat und so ist seine gesamte Überarbeitung „erst wenige Bogen weit gediehen".[43]

Entsprechend muss Fraenkel Anfang November dem Verlag mitteilen, dass „meine Arbeit an der Neuauflage meiner „Einleitung in die Mengenlehre" (für die Courantsche Sammlung) zwar fortschreitet, aber infolge anderweitiger wissenschaftlicher Ferienarbeiten langsamer vor sich ging, als ich erwartete".[44] Hier wiederholte sich ein Muster der ersten Auflage und es ist ein Stück weit bedauerlich, dass die vier Jahre zuvor gemachten Erfahrungen nicht zielführend zur Anwendung kamen. Statt den Sommer über an der gut ausgestatteten Philippina konzentriert an der Fertigstellung des Manuskriptes zu arbeiten, verreist der Autor für nahezu zwei Monate. Der Urlaub wurde nicht preisgegeben, dafür aber willentlich der Vorsatz einer zeitnahen Fertigstellung. Nach wenigen Wochen der Vorlesungszeit gilt es dies einzugestehen. „Ich glaube darnach nicht, daß das Manuskript früher als im Spätwinter fertig wird, was wohl ein Erscheinen zu Beginn des Sommersemesters bedeuten würde".[45]

Schnell ist ein neuer ehrgeiziger Termin gefunden und in den nachfolgenden Wochen wird Fraenkel parallel zu seiner Vorlesung „Mengenlehre, mit Besprechungen und Uebungen" sicherlich konzentriert an der Überarbeitung gesessen haben. Dabei bewegt ihn vor allem die Frage, „wann das Manuskript (an dem ich fast ausschließlich arbeite) fertig sein muß, damit das Buch zum Semesterbeginn (Ende April) erschienen sein kann. Ich dachte Ende Februar".[46] Es ist bezeichnend, dass die Antwort aus Berlin gar nicht abgewartet, sondern sogleich mitübersandt wird in der Erwartung einer Bestätigung. Nun soll alles ganz schnell gehen, aber zu des Autors Bedingungen. Für den Verlag ist diese Phase in der Zusammenarbeit sicherlich eine Geduldsprobe, denn die von Fraenkel ambitioniert gefassten Terminketten waren weder mit diesem abgestimmt noch sprachen die sonstigen Planungen des Marburger Mathematikers dafür, dass er die selbst gesetzten Fristen würde einhalten können. So ließ er im selben Brief, in dem er den Februartermin vorgab, Springer wissen, dass er vielleicht im März und April 1923 in Holland weilen wird.[47] Der Autor würde sich also nahezu zwei Monate im Ausland aufhalten, er wollte von dort aus den bereits unter regulären Bedingungen intensiven Prozess der Drucklegung begleiten und dies

---

[43] Fraenkel an den Springer Verlag in einer Postkarte vom 2. November 1922. Quelle: Akte „Fraenkel, Adolf B-F 120 I"; Zentral- und Landesbibliothek Berlin.

[44] Fraenkel an den Springer Verlag in einer Postkarte vom 2. November 1922. Quelle: Akte „Fraenkel, Adolf B-F 120 I"; Zentral- und Landesbibliothek Berlin.

[45] Fraenkel an den Springer Verlag in einer Postkarte vom 2. November 1922. Quelle: Akte „Fraenkel, Adolf B-F 120 I"; Zentral- und Landesbibliothek Berlin.

[46] Fraenkel an den Springer Verlag in einem Brief vom 26. Dezember 1922. Quelle: Akte „Fraenkel, Adolf B-F 120 I"; Zentral- und Landesbibliothek Berlin.

[47] Vgl. Fraenkel an den Springer Verlag in einem Brief vom 26. Dezember 1922. Quelle: Akte „Fraenkel, Adolf B-F 120 I"; Zentral- und Landesbibliothek Berlin.

auch noch in einem beeindruckend kurzen Zeitfenster bis zur geplanten Veröffentlichung. Eine geradezu naive Vorstellung. Ein erfahrener Buchautor sollte es eigentlich besser wissen.

In Berlin dürften diese Pläne vor allem mit Skepsis aufgenommen worden sein, wenngleich man die Ernüchterung für sich behielt und der Verlag seine Antwort konziliant abfasste. Das Anliegen eines frühen Erscheinungstermins konnte man nur mit Freude aufnehmen, allerdings musste mit vorsichtigen Worten darauf hingewiesen werden, dass eine Abgabe Ende Februar leider zu spät und ein mehrwöchiger Auslandsaufenthalt just zur Zeit der redaktionellen Endbearbeitung auch nur suboptimal für die weitere Fertigstellung wäre. „Ich würde es sehr begrüssen, wenn die 2. Auflage Ihrer „Mengenlehre" bis zum Semesterbeginn erscheinen könnte; allerdings wären die Termine, die Sie für die Ablieferung des Manuskriptes angaben, hierfür etwas spät, und ich müsste Sie bitten, sie bedeutend früher zu legen. Je eher ich das Manuskript erhalte, um so eher ist es möglich, das Buch zum gewünschten Zeitpunkt herauszubringen, zumal durch Ihren längeren Aufenthalt in Holland eine Verzögerung in der Fertigstellung doch sehr leicht eintreten kann".[48]

Springer hatte in aller gebotenen Höflichkeit auf die drohenden Planungsprobleme hingewiesen. Vor allem aber hatte man mit diesem Schreiben Ende Dezember 1922 betont, dass ein Erscheinen zum Beginn der Vorlesungszeit vier Monate später die Abgabe des vollständigen Manuskriptes ‚bedeutend früher' als Ende Februar erforderlich macht. Die umsichtigen Ratschläge griff Fraenkel nur halbherzig auf, dafür teilte er dem Verlag eine neue Terminkette mit, nach der er versuchen wird, „den größten Teil des Manuskripts früher als geplant, womöglich schon Ende Januar abzuliefern. Den Rest allerdings, etwa das letzte Viertel oder Fünftel, das besonders viel Arbeit macht, fürchte ich nicht vor Ende März Ihnen übersenden zu können; ich hoffe, daß, wenn die obigen Teile inzwischen gedruckt sind, dies das Erscheinen des Buchs zu Semesterbeginn nicht verhindern wird".[49] Das Schreiben vom 28. Dezember hatte der Mathematiker offenkundig nicht gründlich gelesen. Der Verlag hatte ihn wissen lassen, dass das Manuskript deutlich früher als Ende Februar vorliegen muss, um eine Publikation Ende April noch realisieren zu können und der Autor teilt Springer nun im Gegenzug mit, dass ein bedeutsamer Teil, wahrscheinlich der gesamte § 13 (und wie sich später herausstellen sollte auch noch erhebliche Teile des § 12), nicht vor Ende März vorliegt, was aber ‚das Erscheinen des Buchs zu Semesterbeginn nicht verhindern wird'.

Man kann nur Verständnis dafür haben, dass der Verlag in seinen nachfolgenden Briefen mit keiner Silbe auf diesen Vorschlag zu sprechen kommt. Die zweite Hälfte der Terminkette war schlicht nicht zu verwirklichen. Dafür verblieb ihr erster Teil immerhin im Bereich des Möglichen und dieses Mal hält Fraenkel Wort. Ende Januar übersendet er

---

[48] Springer Verlag an Fraenkel in einem Brief vom 28. Dezember 1922. Quelle: Akte „Fraenkel, Adolf B-F 120 I"; Zentral- und Landesbibliothek Berlin.

[49] Fraenkel an den Springer Verlag in einem Brief vom 3. Januar 1923. Quelle: Akte „Fraenkel, Adolf B-F 120 I"; Zentral- und Landesbibliothek Berlin.

große Teile des Manuskriptes – nach eigenem Bekunden $^{2}/_{3}$ des Gesamtumfangs.[50] Das letzte Drittel hofft er zum kleineren Teil im Februar, zum größeren gegen Mitte März nachsenden zu können. „Ich hoffe durch diese Beschleunigung gegenüber meiner ursprünglichen Absicht das rechtzeitige Erscheinen des [...] Buchs vor Semesterbeginn (2. Aprilhälfte) gesichert".[51] Auch diese bekundete Hoffnung bleibt aus Berlin aus nachvollziehbaren Gründen unkommentiert. Ende Februar 1923 zeichnet sich dafür ab, dass die Zusammenarbeit in den kommenden beiden Monaten durch den angekündigten Auslandsaufenthalt zusätzlich erschwert wird. Fraenkel teilt dem Verlag eine neue Kontaktadresse in Amsterdam mit, die sowohl für März wie auch für April gilt.[52]

Aus Amsterdam schreibend bittet der Autor den Verlag Mitte März, die Korrekturfahnen für die anbei mit übersendeten korrigierten Seiten 129–159 in einem vierten Abzug an Brouwer, „dessen Durchsicht (nur für diese Partie) für mich von Wichtigkeit ist"[53] zu senden. Es handelt sich hierbei aller Voraussicht nach um die, den § 12 bildenden Seiten. Da dieser bald zu einer Reise aufbricht, ersucht er den Verlag darum, das für Brouwer gedachte Exemplar „möglichst rasch, womöglich noch vor Ostern"[54] zu versenden. Das war äußerst ambitioniert, wenngleich Fraenkel um das bewundernswürdige Engagement und die beeindruckende Zuverlässigkeit des Verlages wusste. Die Sendung aus Amsterdam mit den überarbeiteten Manuskriptseiten erreichte Berlin am 21. März, einem Mittwoch, wo man keine Zeit verlor und sich umgehend der Sache annahm. „Ich gebe sie sofort an die Druckerei weiter mit dem Auftrag, diese Seiten sofort abzusetzen und ausser an Sie, Korrektur auch an Herrn Professor Dr. H. [sic] Brouwer, Laren b. Hilversum (Holland) zu senden. Ich glaube bestimmt, dass die Korrekturen noch vor Ostern eintreffen werden".[55] Damit stellte Springer in Aussicht, dass sich die Korrekturabzüge bereits in der nachfolgenden Arbeitswoche wieder auf dem Weg nach Holland befinden könnten. Der Karfreitag fiel 1923 auf den 30. März. Dem Verlag verblieb netto also nicht mehr als eine Arbeitswoche, um die handschriftlichen Korrekturen einzuarbeiten, die Seiten über die Druckerei vervielfältigen zu lassen und mit dem erforderlichen Vorlauf von mindestens zwei Tagen an die erbetene Adresse Brouwers zu schicken. Zu wenig Zeit, wie sich herausstellen sollten, obgleich Fraenkel die für ihn bestimmten Korrekturabzüge bereits nach

[50] Vgl. Fraenkel an den Springer Verlag in einem Brief vom 29. Januar 1923. Quelle: Akte „Fraenkel, Adolf B-F 120 I"; Zentral- und Landesbibliothek Berlin.

[51] Fraenkel an den Springer Verlag in einem Brief vom 29. Januar 1923. Quelle: Akte „Fraenkel, Adolf B-F 120 I"; Zentral- und Landesbibliothek Berlin.

[52] Vgl. Fraenkel an den Springer Verlag in einer Postkarte vom 25. Februar 1923. Quelle: Akte „Fraenkel, Adolf B-F 120 I"; Zentral- und Landesbibliothek Berlin.

[53] Fraenkel an den Springer Verlag in einer Postkarte vom 19. März 1923. Quelle: Akte „Fraenkel, Adolf B-F 120 I"; Zentral- und Landesbibliothek Berlin.

[54] Fraenkel an den Springer Verlag in einer Postkarte vom 19. März 1923. Quelle: Akte „Fraenkel, Adolf B-F 120 I"; Zentral- und Landesbibliothek Berlin.

[55] Springer Verlag an Fraenkel in einem Brief vom 21. März 1923. Quelle: Akte „Fraenkel, Adolf B-F 120 I"; Zentral- und Landesbibliothek Berlin.

einem außergewöhnlich kurzen Realisierungsprozess am Samstag, den 31. März,[56] in den Händen hielt. Einen Monat später merkt Fraenkel an, dass die Sendung nach Laren „nicht erfolgt oder wenigstens nicht eingetroffen“[57] ist. Brouwer arbeitet indes mit einem Exemplar von Fraenkels Fahnen.

Springer tat das Möglichste, aber die für eine zügige Drucklegung erforderliche eng getaktete Korrespondenz konnte ins Ausland nicht gleichermaßen souverän aufrechterhalten werden. Fraenkels längerer Aufenthalt in Holland führte – ganz wie vom Verlag befürchtet – zu einer weiteren Verzögerung in der Endredaktion. Das sah schließlich auch der Autor ein, wenngleich er nur von einem Termin abrückte, der in Berlin nirgendwo vermerkt war. „Wenn, wie ich jetzt fürchte, das Ganze bis April nicht vollendet sein wird, so doch sicher bis Mai“.[58] Für den Verlag war eine Veröffentlichung bis Ende Mai gleichermaßen unrealistisch, dafür wird man im Unternehmen vier Wochen später mit Freude vernommen haben, dass Fraenkel bald zurück sein wollte. „Vom 23. April ab gedenke ich wieder in Marburg a. Lahn zu sein“.[59] Ende April zeichnet sich dann auch ab, welche Bandnummer Fraenkels Werk innerhalb der *Grundlehren*-Sammlung erhalten wird. „Da die Bände in der Reihe der Fertigstellung numeriert werden, wird Ihr Band voraussichtlich als IX. erscheinen“.[60] Damit war immerhin die verworrene Historie um den Eingang in Courants Sammlung abgeschlossen, ein weiterer wichtiger Schritt erreicht. Darüber hinaus gestaltete sich die Fertigstellung des Manuskriptes, vor allem in seinen komplett neu zu verfassenden Paragraphen, als langwierig.

Nach seiner Rückkehr aus Holland erwartete Fraenkel in Marburg umgehend der akademische Alltag mit allen damit verbundenen Pflichten. Vor allem hatte er im Sommersemester 1923 eine große Grundvorlesung zur Differential- und Integralrechnung zu halten,[61] die ihn zeitlich in Anspruch genommen haben dürfte. Die Drucklegung hatte sich nun wieder die Aufmerksamkeit mit anderen Aufgaben zu teilen. Zudem schien er bis dato den Aufwand in der Anfertigung der beiden neuen und äußerst umfangreichen Paragraphen 12 und 13 unterschätzt zu haben, die letztlich auf einen gemeinsamen Umfang von beachtlichen 90 Druckseiten im Groß-Oktav kommen sollten. „Ich bedauere es sehr, daß die Korrektur meinerseits z. Zt. so langsam vorwärts schreitet; das liegt, außer am Wiederbeginn der Vorlesungen, vor allem daran, daß ich intensiv an der Fertigstellung der

[56] Vgl. Fraenkel an den Springer Verlag in einem Brief vom 18. April 1923. Quelle: Akte „Fraenkel, Adolf B-F 120 I“; Zentral- und Landesbibliothek Berlin.

[57] Fraenkel an den Springer Verlag in einem Brief vom 18. April 1923. Quelle: Akte „Fraenkel, Adolf B-F 120 I“; Zentral- und Landesbibliothek Berlin.

[58] Fraenkel an den Springer Verlag in einer Postkarte vom 19. März 1923. Quelle: Akte „Fraenkel, Adolf B-F 120 I“; Zentral- und Landesbibliothek Berlin.

[59] Fraenkel an den Springer Verlag in einem Brief vom 18. April 1923. Quelle: Akte „Fraenkel, Adolf B-F 120 I“; Zentral- und Landesbibliothek Berlin.

[60] Springer Verlag an Fraenkel in einem Brief vom 24. April 1923. Quelle: Akte „Fraenkel, Adolf B-F 120 I“; Zentral- und Landesbibliothek Berlin.

[61] Siehe „Anhang I: Veranstaltungen Fraenkels an der Philipps-Universität Marburg“.

zwei letzten Paragraphen des Manuskripts arbeite, deren erster umfangreich gestaltet u. ganz neu geschrieben werden muß. Ich hoffe im Mai damit zu Ende zu kommen".[62] Obgleich auch dieses ehrgeizig gesetzte Ziel einmal mehr nicht erreicht werden konnte, so benötigte Fraenkel im Ganzen doch nur gut einen Monat mehr, um diesen letzten großen Block des Werks endlich nach Berlin zu übersenden.

Ende Juni 1923 ist dieser Gipfel endlich erreicht, Courants Empfehlung mustergültig umgesetzt. „Damit ist das Manuskript fertig bis auf den nur 4 Seiten langen Schluß-§, das Literaturverzeichnis u. die Register".[63] Es standen damit nur noch gut zehn Druckseiten aus – ein überschaubarer Aufwand, der in den nachfolgenden Wochen abgearbeitet werden konnte. Dieses Mal war es nicht hinderlich und sicherlich auch wohlverdient, dass der Mengentheoretiker den gesamten August über in Bad Reichenhall weilt,[64] während er den September und große Teile des Oktobers wiederum in Holland zubringt.[65] Noch in Marburg nimmt er sich vor, binnen einer Woche „die ganze Fahnenkorr. zum Umbruch fertig gemacht zu haben."[66] Bevor Fraenkel zu seinen Reisen aufbricht, hat er erstmals einen vollständigen Überblick über das gesamte neu gesetzte Manuskript gewonnen. Ende Juli redigiert er auf der Zielgeraden der Korrekturbögen und ist beeindruckt vom Erscheinungsbild des Werks. „Der Druck ist vorzüglich erledigt".[67] Da ist es nur verständlich, dass er in Gedanken bereits beim fertigen Werk ist.

5.2 Funktionsbegriff in der zweiten Auflage der *Einleitung*

Es waren die umfänglichen Erweiterungen des Werks, die eine frühere Fertigstellung des Manuskriptes verhinderten. Namentlich betraf dies vor allem die beiden bereits angesprochenen Paragraphen 12 und 13, deren Abfassung viel Zeit in Anspruch nahm.[68] Die gebührende Sorgfalt, mit der im § 12 Einwände gegen die Mengenlehre aufbereitet und Wege zu ihrer Überwindung aufgezeigt wurden, sollte sich auszahlen – nicht zuletzt des-

[62] Fraenkel an den Springer Verlag in einem Brief vom 9. Mai 1923. Quelle: Akte „Fraenkel, Adolf B-F 120 I"; Zentral- und Landesbibliothek Berlin.

[63] Fraenkel an den Springer Verlag in einem Brief vom 25. Juni 1923. Quelle: Akte „Fraenkel, Adolf B-F 120 I"; Zentral- und Landesbibliothek Berlin.

[64] Vgl. Fraenkel an den Springer Verlag in einer Postkarte vom 30. Juli 1923. Quelle: Akte „Fraenkel, Adolf B-F 120 I"; Zentral- und Landesbibliothek Berlin.

[65] Vgl. Springer Verlag an Fraenkel in Briefen vom 6. September und 16. Oktober 1923 sowie Fraenkel an den Springer Verlag in einem Brief vom 12. Oktober 1923. Quelle: Akte „Fraenkel, Adolf B-F 120 I"; Zentral- und Landesbibliothek Berlin.

[66] Fraenkel an den Springer Verlag in einem Brief vom 24. Juli 1923. Quelle: Akte „Fraenkel, Adolf B-F 120 I"; Zentral- und Landesbibliothek Berlin.

[67] Fraenkel an den Springer Verlag in einem Brief vom 24. Juli 1923. Quelle: Akte „Fraenkel, Adolf B-F 120 I"; Zentral- und Landesbibliothek Berlin.

[68] Vgl. vor allem Fraenkel an den Springer Verlag in einem Brief vom 9. Mai 1923. Quelle: Akte „Fraenkel, Adolf B-F 120 I"; Zentral- und Landesbibliothek Berlin.

halb, weil in den Besprechungen die Auseinandersetzung mit Brouwers Mathematikbegründung oder Russells Typenlogik anerkennend hervorgehoben wurden.[69] Wesentlich dasselbe galt auch für den gänzlich neu gefassten § 13 zum axiomatischen Aufbau der Mengenlehre, der eingerahmt wurde von einer konzisen Vorstellung des metamathematischen Programms. Für Fraenkel bedeutete die Beschäftigung mit dem Intuitionismus, dem Logizismus sowie Hilberts Beweistheorie ein immenses Recherche- und Lektüreaufkommen, dessen Essenz es nachfolgend in didaktisch versierter Manier aufzubereiten galt. Er hatte mit der Niederschrift dieses grundlagentheoretischen Panoramas vor dem Hintergrund der mengentheoretischen Probleme derart viel zu tun, dass er im Fall der induktiven Bestimmung des Funktionsbegriffs weitgehend auf die Vorarbeiten aus „Die Axiome der Mengenlehre“[70] zurückgreifen konnte, was in Anbetracht der dort bereits erreichten Reife als günstige Fügung betrachtet werden darf.[71]

Lediglich in einer Hinsicht unterscheiden sich die beiden Fassungen aus dem Herbst 1922 und dem Sommer 1923 nennenswert: die Rolle des Auswahlaxioms. Während es im *Scripta*-Beitrag unter den grundlegenden Funktionen der Mengenbildung explizit aufgeführt wird, verzichtet Fraenkel in der zweiten Auflage der *Einleitung* (und ab jetzt durchweg) auf diese Mengenbildungsfunktion. Das Auswahlaxiom erfährt damit einen optionalen Charakter in der Axiomatisierung. Dessen Tilgung aus der Definition des Funktionsbegriffs dürfte vor allem dem Umstand geschuldet sein, das semantische Fundament der Mengenbildungsfunktionen von der Frage zu entkoppeln, ob das Auswahlprinzip zulässig sein sollte. Anstatt also den Fall einer begrifflichen Einschränkung im Fall einer negativen Antwort vorzunehmen, sollte eine semantische Erweiterung im Fall einer positiven Antwort stattfinden. Der Standard war damit ein induktiv definierter Mengenbildungsfunktionsbegriff *ohne* Auswahlpostulat. Entsprechend normiert Fraenkel: „a) bedeutet $\varphi(x)$ die Vereinigungsmenge von x oder die Potenzmenge von x oder die Menge x selbst oder eine konstante (d. h. gegebene, von x nicht abhängige) Menge, so heißt $\varphi(x)$ eine *Funktion* von x; b) bedeuten $\varphi(x)$ und $\psi(x)$ Funktionen von x, so heißt die Paarmenge $\{\varphi(x),\ \psi(x)\}$ eine *Funktion* von x; c) bedeutet $\varphi(x)$ eine Funktion von x, so heißt auch jede Funktion von $\varphi(x)$ eine Funktion von x; d) siehe nachstehend“.[72] Als *Funktion* φ einer Menge x gilt entsprechend:

(i)	$\varphi(x) = c$	(konstante Funktion)
(ii)	$\varphi(x) = x$	(Identitätsfunktion)
(iii)	$\varphi(x) = \lambda y(\bigwedge w(w \in y \leftrightarrow \bigvee z(w \in z \wedge z \in x))$	(Vereinigungsmengenfunktion)
(iv)	$\varphi(x) = \lambda y(\bigwedge w(w \in y \leftrightarrow w \subseteq x))$	(Potenzmengenfunktion)

[69] Vgl. Banauch (1925), 58; Brillouin (1926), 311; Fano (1926), 202; Feigl (1926), 259; Fricke (1925), 1027f.; Hammerstein (1925); Hilb (1924); Kl. (1925), 347; König (1924–26), 62; N.N. (1924), 719; Pfeiffer (1925), 278; Rademacher (1924), 11; Smart (1926); Vietoris (1926), 13; Wolff (1926).

[70] Vgl. Fraenkel (1923), 4.

[71] Siehe 4.3.

[72] [*Einleitung*²], 198.

Sind φ, ψ Funktionen einer Menge x, dann sind auch

(v)	$\{\varphi(x), \psi(x)\} = \lambda y(\bigwedge w(w \in y \leftrightarrow w = \varphi(x) \vee w = \psi(x)))$	(Paarmengenfunktion)
(vi)	$\psi : x \, \varepsilon \, \lambda y \varphi(y) \rightarrow x \, \varepsilon \, \lambda y \psi(\varphi(y))$	(Funktion einer Funktion)

Funktionen von x. Dem Problem eines möglichen Definitionszirkels begegnet Fraenkel mit dem vorgezogenen Verweis ‚d) siehe nachstehend', denn bevor der Teilmengenbildungsprozess als weitere Funktion bestimmt werden kann, bedarf es vorgelagert des Aussonderungsaxioms. „**Axiom V.** *Gegeben sei eine Menge m, zwei Funktionen* $\varphi(y)$ *und* $\psi(y)$ *einer die Elemente von m durchlaufenden Veränderlichen y, endlich eine der vier Grundbeziehungen unserer Axiomatik:* $\in$, $\notin$, $=$, $\neq$, *z. B.* $\in$*; dann existiert eine Teilmenge* $m_{\mathfrak{E}}$ *von m, die alle und nur diejenigen Elemente y von m als Elemente enthält, für die* $\varphi(y) \in \psi(y)$ *ist, d. h. für die die Menge* $\varphi(y)$ *Element der Menge* $\psi(y)$ *ist.* Die Menge $m_{\mathfrak{E}}$ wird gemäß ihrer Definition auch als $m_{\varphi \in \psi}$ bezeichnet. (*Ist eine andere Grundbeziehung als* $\in$ *gewählt, so ist diese stets an Stelle von* $\in$ *einzusetzen.*)".[73] Diese Fassung unterscheidet sich von der *Scripta*-Fassung lediglich in der syntaktischen Variation, statt des Platzhalters ‚R' für eine der Grundrelationen sogleich die Elementrelation zu verwenden und zu erklären, dass Entsprechendes auch für die drei anderen benannten Relationen gilt. Formal sind beide Fassungen ununterscheidbar, weshalb zur Darstellung sogleich ein neutraler Platzhalter gewählt sei. Ist φ eine Funktion einer Menge x, so gilt:

$$\bigvee y \bigwedge x\big(x \in y \leftrightarrow \varphi(x) \bigcirc \psi(x)\big) \qquad \text{für } \bigcirc \text{ aus}\big[\in, \notin, =, \neq\big]$$

Nachdem nun die Möglichkeit erster Aussonderungsprozesse unter Verwendung von (i)–(vi) in Gang gesetzt wurde, lässt sich die Teilmengenbildung ebenfalls als Funktion einführen. „d) ist bei der eben gegebenen Fassung des Axioms V die Menge $m = x$ veränderlich oder geht in die Funktionen $\varphi(y)$ und $\psi(y)$ eine (die Elemente einer Menge n durchlaufende) Veränderliche x ein (an Stelle einer konstanten Menge) – so daß auch die Teilmenge $m_{\mathfrak{E}}$ von x abhängen kann –, so heißt die Teilmenge $m_{\mathfrak{E}}$ eine *Funktion* von x".[74] Sind φ, ψ Funktionen einer Menge, dann ist also auch

(vii)	$\xi(x) = \lambda y(\bigwedge w(w \in y \leftrightarrow \varphi(w) \bigcirc \psi(w)) \wedge y = x)$	(Teilmengenfunktion)

eine Funktion von x. Die Klasse der Mengenbildungsfunktionen ist unter diesen Erzeugungsverfahren abgeschlossen. Diese Fassung einer mehrstufigen Definition des Funktionsbegriffs für die Mengenbildung haben wir unter Verwendung moderner Notationsmittel sowie einer λ-Term-Darstellung als zweifach verschränkte induktive Definition wiedergegeben. Es gibt hierbei einen äußeren induktiven Definitionsteil, dessen Definitionsanfang durch die Begriffsbestimmung eines weiteren, inneren induktiven Definitionsteils bereitgestellt wird. Methodisch muss also erst der innere induktive

---

[73] [*Einleitung*[2]], 198.

[74] [*Einleitung*[2]], 198.

Definitionsteil erfolgen, bevor der äußere angegeben werden kann. Erst zusammen bestimmen sie induktiv den Begriff der Mengenbildungsfunktion.

Vorgegangen wird dabei wie folgt: Mittels der vier elementaren Mengenbildungsfunktionen (i)–(iv) als dem Anfang des inneren induktiven Definitionsteils lassen sich in einem ersten induktiven Definitionsschritt die beiden Mengenbildungsfunktionen (v)–(vi) einführen, für die wir eben bereits Mengenbildungsfunktionen bedürfen. Dieser erste induktive Definitionsteil ermöglicht die formale Darstellung des Teilmengenaxioms. Da mittels der Formulierungsmöglichkeit des Teilmengenaxioms zugleich die Möglichkeit einer weiteren Mengenbildungsfunktion gestiftet wird, repräsentiert der gesamte Definitionsteil (i)–(vi) den Induktionsanfang für den äußeren Definitionsteil. Durch die Möglichkeit von ersten Aussonderungsprozessen sind wir nun auch in der Lage, unter Rückgriff auf bereits verfügbare Mengenbildungsfunktionen die Teilmengenbildungsfunktion (vii) als Induktionsschritt für den äußeren Definitionsteil zu vollziehen. Erst deren Verfügbarkeit liefert den Definitionsabschluss für die zweifach verschränkte induktive Definition des Begriffs der Mengenbildungsfunktion. Diese mehrstufige semantisch-axiomatische Operation bestehend aus *äußerer Definitionsanfang (= innerer Definitionsanfang + innerer Definitionsschritt) – Formulierung Teilmengenaxiom – äußerer Definitionsschritt* bestimmt nach Maßgabe von Fraenkel den Begriff der Mengenbildungsfunktion vollständig.

Zusammen mit dem älteren *Scripta*-Manuskript hatte die zweite Auflage der *Einleitung* damit eine neue definitionstheoretische Reife etabliert, die nicht nur Zermelos ursprüngliche ‚definit'-Redeweise weit hinter sich ließ, sondern auch den ersten eigenen grundlegenden Verbesserungsvorschlag, der 1922 eben nur als Skizze vorgelegt worden war. Nun findet sich alles „ausgeführt Mengenlehre S. 197 ff. und namentlich Scripta".[75] Die invertierte Reihenfolge in der Erwähnung der Quellen mag hierbei nicht nur dem Anliegen geschuldet sein, die Gehalte der eigenen Monographie herauszustellen, sondern auch dem Umstand, dass es sich bei den *Scripta Universitatis atque Bibliothecae Hierosolymitanarum* Mitte der 1920er bereits nicht mehr um ein lebendiges Format handelte, deren erster Band von *Mathematica et Physica* auch nur schwer – wenn überhaupt – zu bekommen gewesen sein dürfte. Im Unterschied zur selbstbewussten Buchmarktpräsenz des IX. Bandes aus Courants *Grundlehren*-Reihe bewegte sich der in Fragen der Funktionsbegriffsklärung nicht minder bedeutsame, weil ältere Beitrag „Die Axiome der Mengenlehre" inzwischen nah der publizistischen Inexistenz.

Das umgearbeitete und deutlich erweiterte Manuskript firmierte inzwischen unter dem abgeänderten Titel *Einleitung in die Mengenlehre. Eine elementare Einführung in das Reich des Unendlichgrossen.* Im Fall des Haupttitels gab es freilich keinerlei Änderungsbedarf. Der Name ‚*Einleitung in die Mengenlehre*' war nicht nur nach wie vor maßgeschneidert, sondern er entwickelte sich zusehends mehr zum Markennamen von Fraenkels Buch, nachdem in den zurückliegenden zwei Jahren kein Werk ähnlichen Zuschnitts oder gar mit demselben Namen auf den Markt gekommen war. An dieser Konstellation

[75] Fraenkel (1925b), 251.

sollte sich auch in den Verkaufsjahren der zweiten Auflage nichts ändern, so dass nach fast neun Jahren der Marktpräsenz und ohne nennenswerte Konkurrenzprodukte auf das Führen eines Untertitels gänzlich verzichtet werden konnte. Als Anfang 1928 schließlich der endgültige Titel für die dritte Auflage besprochen wird, unterbreitet Springer kurzerhand den Vorschlag, sich selbstbewusst auf ‚*Einleitung in die Mengenlehre*' als vollständigen Namen für das Buch zu beschränken.[76] Wiedererkennbarkeit als ein weiteres Qualitätsmerkmal. Das überzeugt Fraenkel. Seit nahezu einem Jahrzehnt gibt es auf dem Buchmarkt nur eine *Einleitung in die Mengenlehre* und nun sorgen Verlag und – nach einigem Zögern letztlich auch der – Autor durch die vollständige Tilgung des Untertitels dafür, dass es sich bei der dritten Auflage des Werks schlussendlich um die *Einleitung in die Mengenlehre* handelt. Auf dem Büchermarkt hatte man damit Fakten geschaffen. Für mögliche nachfolgende Konkurrenzprodukte war damit eine Erschwernis geschaffen, sich mit demselben Titel zu schmücken. Eventuell gründet hierin der Umstand, dass es bis auf den heutigen Tag kein weiteres Werk mit diesem Titel gibt.

Von dieser souveränen Haltung war man 1922/23 noch weit entfernt, aber mit der Umarbeitung auf die Standards von Courants Reihe war eine Monographie geschaffen, die selbstsicher als akademisches Fachbuch auftreten konnte. Durch die Umarbeitung des ursprünglichen Manuskriptes sowie die gänzlich neuen Teile hatte sich der Charakter eines rein populären Sachbuches weitgehend verloren. Es schien daher nicht länger angemessen, von einer ‚gemeinverständlichen Einführung' zu sprechen.[77] Nicht alle Teile des Werkes waren weiterhin verständlich für den gemeinen Leser. Das war auch Fraenkel klar, weshalb er Springer früh wissen ließ, dass dieser Punkt zwischen beiden erneut besprochen werden musste. „Über den Untertitel wird noch gelegentlich zu reden sein".[78] Die Neufassung des Untertitels wurde von beiden Seiten nicht als mögliches Spannungsfeld zwischen den Parteien verstanden, sondern als elegante Chance, sämtlichen rhematischen Verschiebungen und thematischen Erweiterungen über entsprechende Veränderungen gerecht zu werden. Dieser Prozess begann für den Autor selbstverständlich mit der Bemerkung, dass „ich, der Art der Sammlung entsprechend, im Untertitel des Buchs diesmal den Ausdruck „gemeinverständlich" fortlassen möchte, wogegen Sie wohl keine Bedenken haben".[79] Für den Verlag gab es hier nichts zu beanstanden, schließlich war es das dezidierte Ziel der aufwendigen Transformation des Manuskriptes, aus dem populären Sachbuch ein akademisches Fachbuch werden zu lassen. Entsprechend erklärte sich Springer mit Fraenkels „Wunsche, im Untertitel Ihres Buches dieses Mal den Ausdruck „gemeinverständlich" fortzulassen, einverstanden".[80]

---

[76] Siehe 6.4.

[77] Siehe 2.3.

[78] Fraenkel an den Springer Verlag in einem Brief vom 8. September 1922. Quelle: Akte „Fraenkel, Adolf B-F 120 I"; Zentral- und Landesbibliothek Berlin.

[79] Fraenkel an den Springer Verlag in einem Brief vom 17. September 1922. Quelle: Akte „Fraenkel, Adolf B-F 120 I"; Zentral- und Landesbibliothek Berlin.

[80] Springer Verlag an Fraenkel in einem Brief vom 21. September 1922. Quelle: Akte „Fraenkel, Adolf B-F 120 I"; Zentral- und Landesbibliothek Berlin.

Da es jedoch – wie bereits im Fall der ersten Auflage – das rhematische Element des Haupttitels näher hin zu bestimmen galt, besaß die ‚Einleitung' der zweiten Auflage nunmehr den Charakter einer ‚elementaren Einführung'. Die Monographie war mithin zu einer methodischen Einführung in die grundlegenden, vor allem axiomatisch fundamentalen Teile der Mengentheorie geworden, die sich damit vornehmlich, wenngleich nicht ausschließlich an ein akademisch vorgebildetes Publikum richtete. Redaktionell entsprach Fraenkel der Adressierung an seine beiden verschiedenen Leserkreise – interessierte Laien und fachkundige Akademiker – durch die Verwendung von zwei unterschiedlichen Schriftgrößen im Textverlauf, bei denen der Leser je nach Interessenlage und Vorkenntnisstand selbst entscheiden konnte, die strikt akademischen Fachbuchpassagen zu überspringen oder in die Lektüre einzubeziehen. Der Unterschied wurde durch Mittel des Layouts einfach angezeigt. Die sanfte Abwandlung des thematischen Untertitelaspektes vom ‚Reich der unendlichen Größen' hin zum ‚Reich des Unendlichgrossen' kündet – stilistisch gelungen – vom methodischen Wandel. Vergangen scheinen die Zeiten einer als Größenlehre verstandenen Mathematik, begründet wird sie nunmehr auf der Mengenlehre. Aus der gemeinverständlichen Einführung in das Reich der unendlichen Größen war nunmehr eine elementare Einführung in das Reich des Unendlichgrossen geworden. Eine mehr als beeindruckende Entwicklung.

Nun war die Arbeit des Autors nahezu getan und es mischte sich eine sympathische Ungeduld dazu, wann es endlich soweit sein könnte. Für den Marburger Mathematiker gibt es Mitte 1923 eine ausgezeichnete Terminfrist, die vor allen anderen erstrebenswert scheint. „Ich wünschte sehr, daß das Buch noch vor dem Deutschen Mathematikertag (Mitte September) erscheinen könnte".[81] Die *Deutsche Mathematiker-Vereinigung* hatte selbstverständlich auch für 1923 eine Jahresversammlung vorgesehen. Doch die diesjährige Zusammenkunft war für den Mengentheoretiker von der Philippina eine ganz besondere. Sie sollte an der eigenen Alma Mater stattfinden.

5.3 „dort im schönen Marburg": das Planungsproblem der *DMV* 1923

Im Herbst 1922 hatte Fraenkel zum inzwischen zweiten Mal auf einer annualen Versammlung der *DMV* referiert. Ein drittes Mal sollte unmittelbar folgen, aber es war zu diesem Zeitpunkt noch überhaupt nicht abzuschätzen, dass die Jahresversammlung für die Marburger Mathematiker fußläufig erreichbar sein sollte. Nach dem Stand der Dinge wäre eine mehrtägige Dienstreise in das Rheinland erforderlich geworden. Schließlich wurde auf der *DMV*-Geschäftssitzung am 20. September 1922 während der Leipziger Tagung beschlossen: „Als nächster Tagungsort wird Bonn gewählt".[82] Das war unmissverständlich. Bis in das erste Quartal des Jahres 1923 scheint sich an diesem Entschluss nichts geändert

[81] Fraenkel an den Springer Verlag in einem Brief vom 24. Juli 1923. Quelle: Akte „Fraenkel, Adolf B-F 120 I"; Zentral- und Landesbibliothek Berlin.

[82] Redaktion JDMV (1922d), 113.

zu haben. Doch am 27. März berichtet Eduard Study an den Schriftführer der *DMV* und Herausgeber des *Jahresberichts*, Ludwig Bieberbach, ihm sei die Nachricht zugetragen worden, „wegen der politischen Zustände sei diese Zusammenkunft abbestellt und die Bonner Versammlung aufgegeben".[83] Der Absender bezog sich mit den ‚politischen Zuständen' auf beunruhigende Entwicklungen, die sich in Teilen der von Frankreich und Belgien besetzten deutschen Gebiete ereigneten. Verschiedene separatistische Bewegungen formierten sich zu dieser Zeit im Rheinland, um einen eigenen Staat, eine Rheinische Republik, zu gründen. Diese militarisierten, teilweise revanchistischen Gruppierungen zielten auf eine politische Destabilisierung, in deren Folge es regional zu unkontrollierter, willkürlicher Gewalt kam.

Bei der von Study weitergebenen Nachricht scheint es sich für den Augenblick um ein Gerücht gehandelt zu haben, denn ein entsprechender Beschluss des *DMV*-Ausschusses, der übrigens in Abstimmung mit dem zuständigen Ortsausschuss erfolgt wäre, lag zu diesem Zeitpunkt noch nicht vor. Kein Gerücht war indes, dass die öffentliche Ordnung und Sicherheit in Bonn zuweilen nicht mehr gewährleistet werden konnte. So berichtet es auch Study an Bieberbach Anfang Mai. Mit Bezug auf einen beigelegten (Zeitungs-)Ausschnitt berichtet er von beunruhigenden Ereignissen im geplanten Tagungsort. „Es sind vorgestern 180 Familien auf einmal aus ihren Wohnungen vertrieben und ihrer Möbel beraubt worden, ebenso haben schon vorher viele Studenten ihre Wohnungen verloren. Auch die Versorgung von Bonn mit Lebensmitteln scheint gefährdet zu sein".[84] Vor allem für Bürger aus anderen Teilen der Republik waren diese Entwicklungen äußerst besorgniserregend. Immerhin wäre man im Fall einer gelungenen Sezession zu einem Ausländer, möglicherweise zu einem Angehörigen einer feindlich gesinnten Nation geworden. Selbst unter den ‚normalen' Umständen der Zeit – Wirtschaftskrise, Inflation, Wohnungsnot – wäre es ein beachtliches Unterfangen gewesen, die Jahresversammlung zu organisieren. Nun kamen unkalkulierbare Risiken wie systematische Vertreibung und Plünderung sowie logistische Erschwernisse wie die drohende Lebensmittelknappheit hinzu, die eine Durchführung nahezu unmöglich erscheinen ließen.

Das lokale Organisationskomitee verfügte damit über keinerlei Planungssicherheit mehr. „Jedenfalls ist es nicht möglich, Vorbereitungen zu treffen, die doch im letzten Augenblick wieder über den Haufen geworfen werden könnten".[85] Study konnte den neun Ausschussmitgliedern der *DMV*[86] daher nur den Vorschlag unterbreiten, von einer Tagung

---

[83] Study an Bieberbach in einer Postkarte vom 27. März 1923. Quelle: Bl. 012, Akte E 4/25; Universitätsarchiv Freiburg.

[84] Study an Bieberbach in einem Brief vom 6. Mai 1923. Quelle: Bl. 010, Akte E 4/25; Universitätsarchiv Freiburg.

[85] Study an Bieberbach in einem Brief vom 6. Mai 1923. Quelle: Bl. 010, Akte E 4/25; Universitätsarchiv Freiburg.

[86] Für das Berichtsjahr 1922/23 gehörten dem Ausschuss an: Erich Hecke (Vorsitzender), Ludwig Bieberbach (Schriftführer und Herausgeber des *Jahresberichts*), Adolf Krazer (Schatzmeister), August Gutzmer (Herausgeber des *Jahresberichts*), Arthur Schoenflies, Georg Hamel, Walther Lietzmann, Otto Blumenthal und Heinrich Tietze. Vgl. Redaktion JDMV (1923a), 2.

am geplanten Ort zur geplanten Zeit abzusehen. „Unter den Umständen […] muss ich leider den Rat geben, die geplante Zusammenkunft in Bonn auf gelegenere Zeit zu verschieben".[87] Diese Empfehlung Anfang Mai scheint in Berlin entweder gerade noch rechtzeitig vor Druck des Heftes 1/4 des *Jahresberichts* eingetroffen zu sein oder man hatte unabhängig von Studys Einschätzung für diese Eventualität bereits vorgesorgt. Üblicherweise fanden die Mitglieder der *DMV* sowie Interessierte im Frühjahr eines Jahres unter dem Topos „Angelegenheiten der Deutschen Mathematiker-Vereinigung" im Besonderen die allgemeinen Tagungskoordinaten für die Jahresversammlung im Spätsommer vor. Versehen mit dem Titel „Jahresversammlung" stand geschrieben, wo und wann die Tagung stattfinden wird und bis wann Vortragsanmeldungen einzusenden sind. Im Einzelfall fanden sich bereits erste Vortragsanmeldungen abgedruckt. Dieses Mal fiel die Ankündigung in zweifacher Hinsicht unbestimmt aus. Zum einen gab es keinen Hinweis auf den Tagungsort und zum anderen mangelte es der Verbindlichkeit, dass getagt *wird*. Indes fand der Leser lediglich eine Absichtserklärung vor. „Die diesjährige Jahresversammlung soll vom 16.–22. Sept. abgehalten werden".[88]

Die Redaktion des *Jahresberichts* hatte sich mit dieser Formulierung vorerst alle Möglichkeiten offengehalten. Theoretisch bestand also auch weiterhin die Option, in Bonn zu tagen. Das schloss die Ankündigung nicht aus. Vor allem aber hatte man sich damit den Spielraum verschafft, die Versammlung auf einen anderen Ort zu verlegen, sie zu einer anderen Zeit durchzuführen oder aber ganz ausfallen zu lassen. Die Unbestimmtheit in der Ankündigung war nicht zuletzt deshalb geboten, weil man im selben Moment zum Einreichen von Beiträgen aufrief und den Referenten keine Konditionen in Aussicht stellen wollte, die sich eventuell letztlich nicht realisieren ließen. „Vortragsanmeldungen werden bis zum 15. Juli 1923 vom Schriftführer der Vereinigung […] entgegengenommen".[89] Wer auch immer innerhalb der nachfolgenden zwei Monate dieser Offerte folgte, wie etwa der junge Privatdozent Helmut Hasse, der Ende Juni „Aufforderungsgemäß"[90] einen Vorschlag unterbreitete, musste sich darauf einstellen, dass die Tagungskoordinaten noch nicht fix waren. Gleichwohl konnte man in Anbetracht der aktuellen Situation fast mit Verbindlichkeit davon ausgehen, dass der auf der Leipziger Versammlung gefasste Beschluss im Mai 1923 hinfällig war. Bonn als Tagungsort rückte in weite Ferne.

Offen war damit nicht nur, wo die Tagung stattdessen durchgeführt werden konnte, sondern zudem, ob überhaupt eine Möglichkeit zum Tagen verblieb. Bis zur angestammten Zeit im September waren es nur noch vier Monate und die wirtschaftliche Situation war in anderen Teilen der Weimarer Republik – vorsichtig formuliert – nicht minder angespannt. Bei der sich rasant entwickelnden Inflation und den damit einhergehenden erschreckenden

[87] Study an Bieberbach in einem Brief vom 6. Mai 1923. Quelle: Bl. 010, Akte E 4/25; Universitätsarchiv Freiburg.

[88] Redaktion JDMV (1923a), 2.

[89] Redaktion JDMV (1923a), 2.

[90] Hasse an Bieberbach in einem Brief vom 26. Juni 1923. Quelle: Bl. 023, Akte E 4/25; Universitätsarchiv Freiburg.

Teuerungsraten wird überhaupt nur die wenigsten die Frage umgetrieben haben, ob eine Tagung stattfinden kann. Die Sorgen der meisten, auch der Mathematiker, galten den Belangen des Alltags. Man konnte förmlich dabei zusehen, wie sich das Geld selbst entwertete. Die Geschäftsführung der *DMV*, Ludwig Bieberbach im Besonderen, hatte sich dessen ungeachtet dieses Planungsproblems anzunehmen. Um eine Entscheidung „ob Bonn oder überhaupt“ herbeiführen zu können, mussten zügig die Einschätzungen der Ausschussmitglieder eingeholt werden. Zum Monatswechsel Mai/Juni setzt Bieberbach an die Mitglieder des *DMV*-Gremiums Briefe auf, in denen er „die Sache schildert“.[91] Er informiert über die Situation und scheint bei dieser Gelegenheit sogleich Marburg als möglichen Ausweichort ins Spiel gebracht zu haben. Das belegen zum einen diverse Antwortschreiben der Kollegen, die auf die Universitätsstadt an der Lahn ausdrücklich zu sprechen kommen. Zudem schien Bieberbach am Tagungsvorhaben festhalten zu wollen und war mithin gut beraten, dem Ausschuss sogleich einen konkreten Vorschlag zu unterbreiten. Ohne einen bestimmten Stadtnamen, der der Planung ein neues lebendiges Gesicht verschaffte, wäre es ein abstraktes Anliegen ohne Aussicht auf Zustimmung verblieben. Schließlich entwickelten sich nicht nur die äußeren Umstände ungünstig. Es drängte auch die Zeit.

Der Vorsitzende Erich Hecke reagierte umgehend mit einer gleichermaßen umfangreichen wie entschlossenen Antwort. Für ihn stand außer Frage, dass unter den widrigen ökonomisch-politischen Verhältnissen überhaupt nicht an eine Tagung in Bonn zu denken ist. „Ich halte es für ganz ausgeschlossen, dass wir (oder auch die Physiker) in Bonn tagen. Selbst wenn die Besatzungsbehörde jetzt keine Einwendungen machte, wäre mit ziemlicher Sicherheit anzunehmen, dass nur ganz wenige Kollegen hinkämen und dass wir dann, sei es sofort wieder hinausbefördert, sei es verhaftet würden, da es dort Verordnungen gibt, nach denen „Beamte“ keine Aufenthaltserlaubnis bekommen. Der Wortlaut ist wohl absichtlich vieldeutig gehalten, um alles machen zu können“.[92] Gegen Bonn sprach vor allem der dort herrschende sozio-politische Rumor. Wer sich als Beamter der Weimarer Republik seiner Unversehrtheit nicht sicher sein konnte, sollte die besetzen Gebiete für den Moment meiden.

Heckes Bedenken reichten weiter. Auch Universitätsstädte in den nicht besetzten Gebieten erwiesen sich dieser Tage als wenig attraktive Tagungsorte, denn „schon die Kosten werden für den einzelnen so erheblich sein, dass nur die wenigsten sich die Teilnahme werden leisten können“.[93] Doch selbst wer sich den Luxus für eine Zugfahrkarte hätte leisten können, wäre wahrscheinlich am sich gleichermaßen astronomisch entwickelnden Ausgabenbedarf für Kost und Logis vor Ort verzweifelt. „Vor einigen Tagen las ich eine

[91] Hecke an Bieberbach in einem Brief vom 3. Juni 1923. Quelle: Bl. 013, Akte E 4/25; Universitätsarchiv Freiburg.

[92] Hecke an Bieberbach in einem Brief vom 3. Juni 1923. Quelle: Bl. 013, Akte E 4/25; Universitätsarchiv Freiburg.

[93] Hecke an Bieberbach in einem Brief vom 3. Juni 1923. Quelle: Bl. 013, Akte E 4/25; Universitätsarchiv Freiburg.

Aufstellung der Teuerungsziffern, wonach selbst kleine Orte wie Giessen, wegen der Nähe der besetzten Zone, sehr teuer geworden sind, teurer als Hamburg sogar! Und Marburg wird wohl ähnlich sein".[94] Diese Bedenken waren überaus gegenwärtig und sie sollten in der weiteren Korrespondenz zum bestimmenden Tenor Heckes werden. Die Teuerungsraten nahmen in immer kürzer werdenden Abständen immer größere Ausmaße an. Während Anfang Juni einem Dollar noch 100.000 Reichsmark entsprachen, stand er Mitte September bereits bei 10.000.000.[95] Das war kaum mehr zu begreifen und ein Ende nicht in Sicht. Heckes Aufruf zur Vorsicht war mehr als verständlich, denn „angesichts der katastrophalen Finanzlage in Deutschld., deren Weiterentwicklung nach der schlimmen Seite noch garnicht abzusehen ist, halte ich die Abhaltung der Mathematiker-Tagung für höchst unglücklich, um einen milden Ausdruck zu gebrauchen".[96]

Noch kurz vor Tagungsbeginn mahnt er fragend gegenüber der Geschäftsstelle an, welcher „Beamte, wenn er nicht auf Staatskosten reist, kann zur Zeit Mittel disponibel haben für solche Reisen"?[97] Überzogene Dramatik konnte man ihm nicht unterstellen und seine Beurteilung der Situation fand schließlich auch andernorts Zustimmung. „Unter obwaltenden Verhältnissen wird es nur wenigen möglich sein, die Tagung zu besuchen. Man müßte also event. die Versammlung absagen. Von hier aus ist ein ähnlicher Kongreß dieser Tage auch abgesagt worden".[98] Das war die Einschätzung aus Halle. Dabei wurde der Verfasser dieser Zeilen selbst zum Opfer der Verhältnisse. August Gutzmer, Ausschussmitglied und Mitherausgeber des *Jahresberichts*, musste seine Teilnahme unmittelbar vor Reiseantritt in Anbetracht der finanziellen Belastungen absagen. „Die neue gewaltige Fahrpreiserhöhung hat alle guten Absichten und Pläne über den Haufen geworfen. Die Hin- und Rückreise nach Marburg (ohne Aufenthalt usw.) würde sich für mich auf mindestens 75 Millionen in der <u>IV.</u> Klasse belaufen – das übersteigt bei weitem das „Begriffsvermögen" meiner Geldtasche. Ich muß also hübsch daheim bleiben".[99]

Es entbehrt nicht der Tragik, dass für Gutzmer das Kapitel der Jahresversammlungen durch die absonderlichen Auswüchse der Hyperinflation beschlossen wurde. Wie kein Zweiter stand er für die personifizierte Kontinuität in der *Deutschen Mathematiker-Vereinigung*,[100] der aus dem öffentlichen Wirken der Gesellschaft kaum wegzudenken

[94] Hecke an Bieberbach in einem Brief vom 3. Juni 1923. Quelle: Bl. 013, Akte E 4/25; Universitätsarchiv Freiburg.

[95] Vgl. Hecke an Bieberbach in einem Brief vom 12. September 1923. Bl. 052, Quelle: Akte E 4/25; Universitätsarchiv Freiburg.

[96] Hecke an Bieberbach in einem Brief vom 12. September 1923. Bl. 052, Quelle: Akte E 4/25; Universitätsarchiv Freiburg.

[97] Hecke an Bieberbach in einem Brief vom 12. September 1923. Bl. 052, Quelle: Akte E 4/25; Universitätsarchiv Freiburg.

[98] Gutzmer an Bieberbach in einem Brief vom 16. September 1923. Bl. 058, Quelle: Akte E 4/25; Universitätsarchiv Freiburg.

[99] Gutzmer an Bieberbach in einem Brief vom 16. September 1923. Bl. 058, Quelle: Akte E 4/25; Universitätsarchiv Freiburg.

[100] Zur zentralen Rolle Gutzmers in der *DMV* siehe Krazer (1925) u. Wille (2020a), 283–286.

war und der mit Regelmäßigkeit an den annualen Zusammenkünften teilgenommen hatte. Er war ein vertrautes Gesicht auf den Jahresversammlungen. In Marburg hätte sich August Gutzmer noch einmal im Kreis jener Sozietät bewegen können, an deren Aufbau und Erfolg er seit nahezu drei Jahrzehnten maßgeblich Anteil hatte. Für die *DMV* war er zweifelsohne „eines ihrer verdientesten Mitglieder",[101] der als Schriftführer ab 1894 Verantwortung übernahm, ein Chronist der Gesellschaft,[102] der bereits im Jahr nach ihrer Gründung Mitglied geworden war. Seit 1895 – erst als Angehöriger der Redaktionskommission und ab 1901 als Herausgeber – zeichnete er durchgehend verantwortlich für den *Jahresbericht*, ab 1921 dann zusammen mit Bieberbach. Viele freuten sich auf ein Wiedersehen mit ihm und so verblieb einzig die Möglichkeit, über den Schriftführer der Vereinigung Grüße ausrichten zu lassen. „Sollte die Versammlung trotz allem stattfinden, so entschuldigen Sie mich, bitte, bei ihr und grüßen Sie alle Freunde und Bekannten bestens von mir".[103] Die Abwesenheit seines Herausgeberkollegen konnte Bieberbach nur bedauern. „Es ist sehr schade, dass Sie nicht nach Marburg kommen können".[104] Eine weitere Möglichkeit zur Zusammenkunft im vertrauten Kreis der *DMV* sollte sich für ihn nicht mehr ergeben. Am 10. Mai 1924 verstarb August Gutzmer „nach kurzem schwerem Leiden".[105]

Hecke sorgte sich im Sommer 1923 indes um das Entstehen einer Zweiklassengesellschaft unter den Kollegen: Jene, die arrivierten Ordinarien, die sich aufgrund der horrenden Kosten ein Fernbleiben leisten konnten und jene, die Unberufenen, die jede sich bietende Gelegenheit nutzen mussten, um im Berufungsgeschäft präsent zu bleiben. „Auf diese jüngeren Herren wird doch de facto Druck ausgeübt".[106] Gerade für die wirtschaftlich schlechter Gestellten könnte sich ein Festhalten an der Tagung als exorbitante finanzielle Zumutung erweisen, während eine Absage für alle eine Entlastung darstellen würde. Auch Gutzmer kannte einen solchen Fall, „der stets in Not ist und für den man dringend sorgen muß"[107] und der sich eine Teilnahme unmöglich leisten konnte, „obwohl es für ihn dringend nötig wäre, sich zu zeigen und sich hören zu lassen".[108] Im Ganzen bot sich für Hecke ein überaus ernüchterndes Bild und ließ nur eine Empfehlung zu. „Ich bin aber wei-

---

[101] Krazer (1925), 1.

[102] Vgl. Gutzmer (1909).

[103] Gutzmer an Bieberbach in einem Brief vom 16. September 1923. Bl. 058, Quelle: Akte E 4/25; Universitätsarchiv Freiburg.

[104] Bieberbach an Gutzmer in einem Brief vom 16. September 1923. Bl. 059, Quelle: Akte E 4/25; Universitätsarchiv Freiburg.

[105] Redaktion JDMV (1925), 1.

[106] Hecke an Bieberbach in einem Brief vom 3. Juni 1923. Quelle: Bl. 013, Akte E 4/25; Universitätsarchiv Freiburg.

[107] Gutzmer an Bieberbach in einem Brief vom 16. September 1923. Bl. 058, Quelle: Akte E 4/25; Universitätsarchiv Freiburg.

[108] Gutzmer an Bieberbach in einem Brief vom 16. September 1923. Bl. 058, Quelle: Akte E 4/25; Universitätsarchiv Freiburg.

ter der Meinung, dass man unter diesen Umständen überhaupt dieses Jahr die Tagung ausfallen lassen soll – wie im Kriege. Die Zeit, grosse Tagungen abzuhalten, ist jetzt sowenig wie damals".[109]

Mit August Gutzmer, Otto Blumenthal und Arthur Schoenflies erreichten Bieberbach in der ersten Junihälfte Stellungnahmen von drei weiteren Ausschussmitgliedern. Gutzmer hielt „es zwar für sehr dankenswert, dass die Marburger Kollegen bereit sind, uns dort im schönen Marburg aufzunehmen".[110] Allerdings teilte er Heckes Bedenken, dass ein Festhalten am Tagungsvorsatz vor allem für die jungen Mathematiker eine erhebliche finanzielle Erschwernis darstellen würde. So hat er „doch auch von nicht wenigen jungen Kollegen gehört, dass es sie schwer, recht schwer belaste, wenn sie im September eine Reise unternehmen müssen, nachdem sie – so weit sie dazu in der Lage sind – im August eine mehr oder minder lange Erholungsreise ausgeführt haben".[111] Dieses Argument der Doppelbelastung sollte Bieberbach nicht überzeugen. Wer sich im Falle des eigenen Urlaubs nicht von der galoppierenden Inflation beeindrucken lässt, sollte dies nicht zum Vorwand einer ungleich kürzeren Tagungsreise nehmen. Hecke ließ er später noch seine Beobachtung zukommen, dass „so gut wie jeder meiner Bekannten dies Jahr seine Sommerreise gemacht, zu einer Zeit, wo die Mark genau so purzelte wie heute. Einem solchen Verhalten scheint mir auch die Notwendigkeit einer Absage nicht zu entsprechen".[112] Für Gutzmer war die Doppelbelastung jedoch nicht das einzige Manko. Zudem gab er vor allem zu bedenken, dass die Physiker nach dem Stand der Dinge nicht mit vor Ort wären, wo doch „viele Kollegen Wert auf das Beisammensein mit den Physikern"[113] legen. Trotz der entgegenkommenden Offerte aus Marburg sprach er sich dafür aus, dass „wir diesmal die Zusammenkunft ausfallen lassen".[114]

Gegen die Abwesenheit der Physiker konnte immerhin auf das erstmalige Zusammenwirken mit der 1922 in Leipzig gegründeten *Gesellschaft für angewandte Mathematik und Mechanik* verwiesen werden, die zusammen mit der *DMV* die Marburger Tagung durchzuführen gedachte, schließlich mit 31 Mitgliedern vor Ort vertreten war und mit 18 wissenschaftlichen Vorträgen nahezu das halbe gemeinsame Programm sicherstellte.[115] Diese Art der Einstellung wünschte sich Bieberbach auch von seinen Ausschusskollegen. Ein erstes

---

[109] Hecke an Bieberbach in einem Brief vom 3. Juni 1923. Quelle: Bl. 013, Akte E 4/25; Universitätsarchiv Freiburg.

[110] Gutzmer an Bieberbach in einem Brief vom 13. Juni 1923. Quelle: Bl. 017, Akte E 4/25; Universitätsarchiv Freiburg.

[111] Gutzmer an Bieberbach in einem Brief vom 13. Juni 1923. Quelle: Bl. 017, Akte E 4/25; Universitätsarchiv Freiburg.

[112] Bieberbach an Hecke in einem Brief vom 13. September 1923. Bl. 053, Quelle: Akte E 4/25; Universitätsarchiv Freiburg.

[113] Gutzmer an Bieberbach in einem Brief vom 13. Juni 1923. Quelle: Bl. 017, Akte E 4/25; Universitätsarchiv Freiburg.

[114] Gutzmer an Bieberbach in einem Brief vom 13. Juni 1923. Quelle: Bl. 017, Akte E 4/25; Universitätsarchiv Freiburg.

[115] Vgl. Redaktion ZAMM (1923), 399.

klares Signal erhielt er aus Aachen. So bedauerte Blumenthal zwar aufrichtig den Verzicht auf Bonn, „indessen wage ich es wirklich nicht, bei den jetzigen Verhältnissen zu sehen, doch noch an diesem Plan festzuhalten“,[116] womit er die unter den Ausschussmitgliedern unisono bestehende Meinung zum Ausdruck brachte. Bonn kam nicht länger in Frage. Gleichwohl unterschied er diesen besonderen Fall sorgsam von der allgemeinen Situation in der Republik. Gegen Bonn sprach die vor Ort herrschende sozio-politische Stimmung. Das traf aber nicht auf große Teile des Landes zu. Die wirtschaftlichen Entwicklungen repräsentierten für ihnen jedenfalls keinen hinreichenden Grund für eine Absage. „Die Zusammenkunft überhaupt aufzugeben, halte ich nicht für gut. Ich glaube, dass die Beteiligung gut sein wird, allen Geschehnissen zum Trotz“.[117] Endlich ein klares Zeichen der Zuversicht.

Fast zeitgleich mit Blumenthals Empfehlung wird ein weiterer Brief eingetroffen sein, verfasst von einem alten Vertrauten, dessen Beurteilung ein besonderes Gewicht besessen haben dürfte. Arthur Schoenflies, der vormalige *DMV*-Vorsitzende und langjährige Kollege von Bieberbach in Frankfurt, schrieb nur wenige Zeilen, die beim Schriftführer allerdings letzte Zweifel beseitigt haben werden. „Ich stimme Ihnen zu, auch diesmal zu tagen. Wer weiss, wie es im nächsten Jahr steht“.[118] Bieberbach hatte gegenüber Schoenflies in seiner Anfrage offenkundig deutlich gemacht, dass er am Tagungsvorhaben festzuhalten gedachte. Nun bedurfte es eines entsprechenden Zuspruchs und den lieferte sein ehemaliger Kollege mit Verlässlichkeit. Vor allem lieferte der Frankfurter Mathematiker ein wertvolles strategisches Argument. Schoenflies dachte sogleich in größeren Dimensionen, vor allem in jenen der *DMV*. Mit Bad Nauheim 1920, Jena 1921 und Leipzig 1922 hatte man gerade erst wieder zaghaft an die wertvolle Tradition der annualen Zusammenkünfte angeknüpft, die durch den Krieg in den Jahren von 1914 bis einschließlich 1919 eine jähe Zäsur der Unterbrechung von sechs ausgefallenen Versammlungen in Folge hinnehmen musste. In den Augen Schoenflies' wäre es einem leichtfertigen Versäumnis gleichgekommen, diese Kette erneut zu unterbrechen – zumal eben nicht absehbar war, ob sich zeitnah die Bedingungen überhaupt nennenswert bessern würden. Die Tagung 1923 bereits jetzt preiszugeben, hätte das gesamte Anliegen jährlicher Versammlungen ins Wanken bringen und schleichend deren Ende einläuten können. Das konnte nicht im Interesse der *DMV* sein. Also wurde mit Marburg geplant – was konnte schon passieren? Bieberbach kannte die Antwort bereits. „Schlimmstenfalls tagt man im kleinen Kreis“.[119] Ein annehmbarer Preis.

[116] Blumenthal an Bieberbach in einem Brief vom 14. Juni 1923. Quelle: Bl. 019, Akte E 4/25; Universitätsarchiv Freiburg.

[117] Blumenthal an Bieberbach in einem Brief vom 14. Juni 1923. Quelle: Bl. 019, Akte E 4/25; Universitätsarchiv Freiburg.

[118] Schoenflies an Bieberbach in einem Brief vom 13. Juni 1923. Quelle: Bl. 018, Akte E 4/25; Universitätsarchiv Freiburg.

[119] Bieberbach an Hecke in einem Brief vom 13. September 1923. Bl. 053, Quelle: Akte E 4/25; Universitätsarchiv Freiburg.

An der vierten Zusammenkunft nach dem Krieg musste so lange wie möglich festgehalten werden. Für die Skeptiker im *DMV*-Ausschuss hatte Schoenflies daher als tagungsversierter Pragmatiker sogleich noch einen Rat parat. „Sollte übrigens die Beteiligung für Marburg zu gering ausfallen, kann man immer noch absagen".[120] Auf diese strategische Haltung konnte man auch die Zweifler verpflichten, was sich in der weiteren Planungskorrespondenz immer einmal wieder zu erkennen geben sollte. Aus Schoenflies' Rat wurde Bieberbachs Entschluss, dessen Richtigkeit wiederum vom Ratgeber nachdrücklich unterstrichen werden sollte. Just zu der Zeit, zu der Hecke erneut „mit Nachdruck für die Absage"[121] der Versammlung warb, erhielt die Geschäftsstelle eine symbolträchtige moralische Unterstützung aus Frankfurt. Schoenflies schaffte weitere Fakten, deren performative Kraft Robert Königs Proklamation „Ich komme nach Marburg"[122] in nichts nachstanden. Er meldete sich noch kurz vor Beginn der Tagung an,[123] übernahm sogleich den Vorsitz der ersten Sitzung[124] und brachte sich zudem noch mit einem eigenen Vortrag über einen „Beweis des Jordanschen Kurvensatzes" ein,[125] der außerhalb des Berichtes über die Versammlung im *Jahresbericht* eine Veröffentlichung fand.[126] Das war eine Stellungnahme – auch und gerade gerichtet an die Kritiker innerhalb des Ausschusses. Schoenflies erging sich nicht in Worten, schon gar nicht jenen der Kritik, sondern er handelte durch die Tat. Wenn die Verhältnisse schon nicht günstig sind, dann beklage man sie nicht, sondern tue etwas, damit es sich bessert. Durch den Vollzug leistete der alte Frankfurter Kollege seinen persönlichen Beitrag dafür, die Tagung 1923 zu einem Erfolg werden zu lassen.

5.4 „der Sache ihren Lauf lassen": die Jahresversammlung 1923

Ob Marburg die erste Wahl bei der Suche nach einem Ersatzort gewesen ist, wissen wir nicht. Gewiss ist aber, dass Bieberbach sich Ende Mai/Anfang Juni mit dem entsprechenden Anliegen an das Mathematische Seminar an der Lahn wendet und vorsichtig anfragt, ob die Kollegen von der Philippina gegebenenfalls aushelfen könnten. Am 10. Juni antwortet Hensel nach eingehender Beratung mit Neumann. Die beiden Professoren sind sich zwar

[120] Schoenflies an Bieberbach in einem Brief vom 13. Juni 1923. Quelle: Bl. 018, Akte E 4/25; Universitätsarchiv Freiburg.

[121] Hecke an Bieberbach in einem Brief vom 12. September 1923. Bl. 052, Quelle: Akte E 4/25; Universitätsarchiv Freiburg.

[122] König an Bieberbach in einem Brief vom 8. Juli 1923. Bl. 025, Quelle: Akte E 4/25; Universitätsarchiv Freiburg.

[123] Vgl. Bieberbach an Hecke in einem Brief vom 13. September 1923. Quelle: Bl. 053, Akte E 4/25; Universitätsarchiv Freiburg.

[124] Vgl. Redaktion JDMV (1923d), 66.

[125] Vgl. Redaktion JDMV (1923d), 69.

[126] Vgl. Schoenflies (1925).

nicht sicher, ob man trotz der aktuellen Entwicklungen, den vormals gefassten Plan, die Tagung in Bonn stattfinden zu lassen, verbindlich aufgeben muss. Allerdings teilen sie die Befürchtung, „dass bei den traurigen Verhältnissen jetzt, der Besuch dieser Tagung sehr gering sein wird, so dass die sehr mühevolle Vorbereitung einer solchen Tagung doch nur einen sehr geringen Erfolg haben wird“.[127] Die Situation am Rhein wurde in Mittelhessen offenkundig nicht mit derselben Brisanz bewertet. Weitaus wichtiger als diese Einschätzung war jedoch die grundsätzliche Bereitschaft, als Ersatzort auszuhelfen und die Jahresversammlung auszurichten. „Wenn aber doch an dem Plan in diesem Jahr und zwar in Marburg zu tagen, festgehalten werden sollte, so wollen wir gern die mit der Vorbereitung verbundene grosse Arbeit auf uns nehmen, und uns grosse Mühe geben, dass diese Zusammenkunft so gut und erfolgreich wird, wie dies unter den gegenwärtigen u. traurigen Verhältnissen nur irgend möglich ist“.[128]

Die Marburger Mathematik unterbreitete dies als entgegenkommenden Vorschlag, mit dem noch keine Fakten geschaffen sein sollten. Allerdings bat man das Entscheidungsgremium darum, „wenn wir den definitiven Entschluss nach der einen oder der anderen Seite so schnell als möglich erhalten könnten“.[129] Im Falle eines Zuschlags bat man zudem um einige Informationen bezüglich der zu erwartenden Teilnehmerzahl sowie einiger hilfreicher Hinweise zur Planungsorganisation. Die Marburger Mathematiker waren in den zurückliegenden Wochen alles andere als untätig gewesen. Einer Vielzahl organisatorischer Aufgaben hatte man sich bereits angenommen. So war inzwischen in der Schwanallee 9 ein Wohnungsamt eingerichtet worden, um den Tagungsgästen bei der Beschaffung eines Hotel- oder Privatzimmers „zu einem möglichst ertragbaren Preis“[130] behilflich sein zu können. Der Bitte Hensels, die Teilnehmer auf diesen Service hinzuweisen, kam die *DMV* im Heft 5/8 des 32. Bandes des *Jahresberichts* nach, wo im Rahmen der Ankündigung der Marburger Tagung alle wichtigen Informationen für Übernachtungssuchende vermerkt waren.[131] Die Fürsorge um die Unterbringung ging so weit, dass Hensel offen darüber nachdachte, „einzelne aber wenige Teilnehmer bei hiesigen Bekannten und Collegen unterzubringen“.[132] Die Zimmerknappheit gepaart mit der galoppierenden Inflation repräsentierte zweifelsohne die größte Herausforderung für die Ausrichter der Tagung. Daher hielt Hensel auch Anfang August am Gedanken eines akademischen

[127] Hensel an Bieberbach in einem Brief vom 10. Juni 1923. Quelle: Bl. 016, Akte E 4/25; Universitätsarchiv Freiburg.

[128] Hensel an Bieberbach in einem Brief vom 10. Juni 1923. Quelle: Bl. 016, Akte E 4/25; Universitätsarchiv Freiburg.

[129] Hensel an Bieberbach in einem Brief vom 10. Juni 1923. Quelle: Bl. 016, Akte E 4/25; Universitätsarchiv Freiburg.

[130] Hensel an Bieberbach in einem Brief vom 21. Juli 1923. Quelle: Bl. 032, Akte E 4/25; Universitätsarchiv Freiburg.

[131] Vgl. Redaktion JDMV (1923c), 42.

[132] Hensel an Bieberbach in einem Brief vom 21. Juli 1923. Quelle: Bl. 033, Akte E 4/25; Universitätsarchiv Freiburg.

Solidaritätsaufrufes fest, wenngleich in Anbetracht der äußeren Umstände unklar blieb, in welchem Umfang die Marburger Professorenschaft würde folgen können. „Ich glaube es wird am besten sein, dass wir eine Liste bei den Kollegen umgehen lassen, ob sie nicht gern einen Teilnehmer aufnehmen möchten. Leider ist die Wohnungsnot hier so entsetzlich gross, dass ich nicht sagen kann, ob der Erfolg zufriedenstellend sein wird“.[133]

An der Lahn hatte man zudem bereits darüber nachgedacht, „am ersten Abend einen Begrüssungsabend in dem herrlich gelegenen und sehr schönen Hessen-Preussenhause abzuhalten“,[134] das oberhalb der Ketzerbach einen prächtigen Panoramablick auf das Schloss, die Elisabethkirche und Teile der Stadt bot. Dort sollte auch für einen Teil der Gäste das Mittag- sowie Abendessen stattfinden. Für die übrigen Gäste hatte man für diesen Zweck zwei bis drei weitere „sehr gute Lokale“[135] im Blick. Nicht nur an das leibliche Wohl sowie die Unterkünfte hatte man inzwischen gedacht. Die erforderliche Tagungsinfrastruktur wurde selbstverständlich von der Philippina übernommen. „Ich habe bereits mit unserem Rektor genau gesprochen; wir erhalten selbstverständlich in der Universität alle Räumlichkeiten, derer wir bedürfen speziell einen schönen Sitzungssaal dauernd“.[136] Für das Tagungsgeschehen im engeren Sinne waren damit die wichtigsten Punkte angesprochen. Auch an den kulturellen Rahmen hatte man gedacht. Im selben Brief stellt Hensel zudem Überlegungen für ein mögliches Begleitprogramm an. Erwogen wird der nahe gelegene Frauenberg, auch ein Ausflug nach Wetzlar scheint möglich, ebenso wie eine Besichtigung der Leiser'schen Werke oder auch der Behringwerke. Bestimmt würde auch Kollege Clemens Schaefer eine von ihm als Direktor höchst selbst geleitete Führung durch sein „ganz ausgezeichnetes physikalisches Institut“[137] vornehmen. Ein Angebot, welches Schaefer einschließlich der Offerte eines passenden Vortrages aufrechterhalten sollte.[138]

Auf die nochmalige Nachfrage, mit wie vielen Teilnehmern man zu rechnen hätte, erhielt man aus Berlin den Hinweis, dass man höchstens mit 150 Personen zu rechnen hätte. Anfang August hatten immerhin schon mehr als 100 Personen für Marburg gemeldet[139] – eine Zahl, die in den nachfolgenden Wochen allerdings schwanken sollte, da zehn Tage vor Beginn der Tagung bei nicht allen Gemeldeten klar war, ob sie auch anreisen würden.

[133] Hensel an Bieberbach in einem Brief vom 4. August 1923. Quelle: Bl. 036, Akte E 4/25; Universitätsarchiv Freiburg.

[134] Hensel an Bieberbach in einem Brief vom 21. Juli 1923. Quelle: Bl. 032, Akte E 4/25; Universitätsarchiv Freiburg.

[135] Hensel an Bieberbach in einem Brief vom 21. Juli 1923. Quelle: Bl. 032, Akte E 4/25; Universitätsarchiv Freiburg.

[136] Hensel an Bieberbach in einem Brief vom 21. Juli 1923. Quelle: Bl. 032, Akte E 4/25; Universitätsarchiv Freiburg.

[137] Hensel an Bieberbach in einem Brief vom 21. Juli 1923. Quelle: Bl. 033, Akte E 4/25; Universitätsarchiv Freiburg.

[138] Vgl. Hensel an Bieberbach in einem Brief vom 4. August 1923. Quelle: Bl. 036, Akte E 4/25; Universitätsarchiv Freiburg.

[139] Vgl. Hensel an Bieberbach in einem Brief vom 4. August 1923. Quelle: Bl. 035, Akte E 4/25; Universitätsarchiv Freiburg.

Laut Auskunft von Ernst Neumann „können wir mit einiger Sicherheit heute bereits auf etwa 80 Teilnehmer rechnen“.[140] Diese Zahl sollte in den nachfolgenden Tagen noch anwachsen. Die Anwesenheitslisten der *DMV* vermerkten schließlich die Namen von exakt 100 Fachgenossen[141] und nach dem Bericht der *Gesellschaft für angewandte Mathematik und Mechanik* hatten sich gar „über hundert Teilnehmer aus allen Teilen Deutschlands eingefunden“.[142] In Anbetracht der widrigen Umstände war dies eine geradezu beachtliche Anzahl. Wesentlich dasselbe konnte von der Liste der Referate gesagt werden. Auch ihr Umfang schwankte leicht und ermöglichte dennoch ein umfang- und abwechslungsreiches Programm.

Anfang August lagen der *DMV* stattliche 46 Vortragsangebote vor,[143] deren Verteilung in den Augen Hensels „sehr schön zu sein [scheint]“.[144] Die Anzahl sollte sich bis zur Tagung als leicht rückläufig erweisen, denn letztlich fanden 38 Referate statt.[145] Zwei Monate vor der Tagung war dieselbe noch auf die vormals vereinbarte[146] Zeit 16.–22. September (Sonntag bis Samstag) terminiert.[147] Der Begrüßungsabend am Sonntag im Hessen-Preußen-Haus ist zwar – ebenso wie die Ausflüge auf den Frauenberg und nach Wetzlar sowie die Besichtigung der Behringwerke – nach wie vor geplant, aber es ist „bisher noch nicht möglich gewesen, das fest zu machen“.[148] Mit dem aus Berlin stammenden Vorschlag, den Ausflug auf den Frauenberg auf Dienstagnachmittag zu legen, erklärt sich das lokale Organisationskomitee „ganz einverstanden“.[149] Die gemeinsame Sitzung des *DMV*-Ausschusses mit dem Ortsausschuss soll bereits am Sonntagnachmittag im Ubbelohde-Zimmer des Landgrafenhauses stattfinden. Da Hensel am 5. August für 14 Tage verreist war,[150] übernahm Neumann während dieser Zeit die Korrespondenz mit der Geschäftsführung in Berlin. Dieser teilte er am 8. August weitere Details zur Programmplanung mit. So war nunmehr der Beginn des geplanten Begrüßungsabends am Sonntag im Hessen-Preußen-Haus auf 20 Uhr festgelegt worden und es stand nunmehr auch fest:

---

[140] Neumann an Hecke in einem Brief vom 11. September 1923. Quelle: Durchschlag desselben, Bl. 051, Akte E 4/25; Universitätsarchiv Freiburg.

[141] Vgl. Redaktion JDMV (1923d), 65f.

[142] Redaktion ZAMM (1923), 399.

[143] Vgl. Redaktion JDMV (1923c).

[144] Hensel an Bieberbach in einem Brief vom 4. August 1923. Quelle: Bl. 035, Akte E 4/25; Universitätsarchiv Freiburg.

[145] Vgl. Redaktion JDMV (1923d), 66–79.

[146] Vgl. Redaktion JDMV (1923a), 2.

[147] Vgl. Redaktion JDMV (1923c), 41.

[148] Hensel an Bieberbach in einem Brief vom 4. August 1923. Quelle: Bl. 035, Akte E 4/25; Universitätsarchiv Freiburg.

[149] Hensel an Bieberbach in einem Brief vom 4. August 1923. Quelle: Bl. 035, Akte E 4/25; Universitätsarchiv Freiburg.

[150] Vgl. Hensel an Bieberbach in einem Brief vom 21. Juli 1923. Quelle: Bl. 033, Akte E 4/25; Universitätsarchiv Freiburg.

„Alle Vorträge finden im „Landgrafenhaus“, d. i. dem der Universität gegenüberliegenden neuen Universitätsgebäude statt“,[151] nicht zuletzt auch die Geschäftssitzung im „mathematischen Hörsaal (No 9)“.[152]

Das Landgrafenhaus war ein modernes Mehrzweckgebäude für den Hörsaal- und Verwaltungsbetrieb, dessen 1921 fertiggestellter Bau einige Jahre zuvor erforderlich geworden war, nachdem die Räumlichkeiten des Universitätsgebäudes für die wachsenden Erfordernisse nicht mehr hinreichten. Gebaut wurde es direkt unterhalb des Hauptgebäudes, auf einem Areal zwischen Untergasse und Universitätsstraße liegend, nur wenige Meter vom Rudolphsplatz entfernt. Mit Zugängen zu allen angrenzenden Straßen konnte die Lage innerhalb Marburgs für akademische Veranstaltungen kaum besser sein. In eben dieses neue Gebäude war die Mathematik zum Sommersemester 1921 gezogen, nachdem sie für eineinhalb Jahre bis einschließlich des Wintersemester 1920/21 übergangsweise in Räumlichkeiten der Physik im Renthof 6 untergekommen war. In der Universitätsstraße 7 fand das Mathematische Seminar jedoch nur ihr nächstes Notquartier vor. Ihr wurde ein Auditorium mit 90 Plätzen, eines mit 40 Plätzen sowie zwei Amtszimmern für die Direktoren zugestanden.[153] Letztere beiden bestanden jedoch in nichts anderem als zwei Dachkammern. Die ebenfalls dort untergebrachte Bibliothek benötigte nicht viel Platz – sie umfasste zur damaligen Zeit etwa 1100 Werke und 300 Zeitschriftenbände.[154] Trotz der umfangreichen Bau- und Modernisierungsmaßnahmen der Universität sowie der wachsenden Anzahl ihrer Institutsgebäude hatte es die Mathematik offenkundig versäumt, einen eigenen Bedarf anzuzeigen und in den entsprechenden Gremien durchzusetzen. Aus dieser Übergangslösung sollte ein Provisorium für Jahrzehnte werden. Ganze vier Jahrzehnte sollte dieser Zustand anhalten, bis man 1963 einige Hundert Meter entfernt, ebenfalls in der Universitätsstraße, das Alte Amtsgericht bezog und in diesem repräsentativen Bau erstmals ganz allein residieren konnte. Doch für den Moment lebte die Marburger Mathematik in äußerst beengten Verhältnissen.

Auf die Jahresversammlung der *DMV* hatte dies keinerlei Einfluss. Für diese zählte einzig der moderne Charakter des Tagungskomplexes, der ein mühsames Erklimmen des Schlossberges aus touristischen Motiven zwar nicht ausschloss, aber aus akademischen Gründen nicht erforderlich machte. Mit dem Landgrafenhaus lieferte der Ortsausschuss ein weiteres gutes Argument für die Durchführung der Tagung. Darüber hinaus zeigte man sich äußerst entgegenkommend in der Neubestimmung der zeitlichen Tagungskoordinaten. Als Hensel von seiner 14tägigen Reise zurückgekehrt war, hörte er „von dem Plane, die

[151] Neumann an Bieberbach in einem Brief vom 8. August 1923. Quelle: Bl. 038, Akte E 4/25; Universitätsarchiv Freiburg.

[152] Neumann an Bieberbach in einem Brief vom 8. August 1923. Quelle: Bl. 038, Akte E 4/25; Universitätsarchiv Freiburg.

[153] Vgl. Boymann (1925), 60.

[154] Vgl. Boymann (1925), 60.

Versammlung wegen der Physiker zu verlegen".[155] Nichts wurde unversucht gelassen, um die Physikalische Gesellschaft eventuell doch noch zu einer gemeinsamen Tagung gewinnen zu können. So fragte Hensel entsprechend bei Bieberbach an, wie es wäre, „wenn wir die Versammlung etwa vom Mittwoch den 19 Sept bis Dienstag den 25 Sept gehen liessen"?[156] Dies war eines der Zeitfenster, das man auch vor Ort realisieren konnte und so verständigte man sich schließlich darauf, die Jahresversammlung um vier Tag versetzt und einen Tag verkürzt in der Zeit 20.–25. September stattfinden zu lassen.[157] Die Geschäftssitzung wurde entsprechend auf Montag, den 24. September, 18 Uhr festgesetzt.[158] Es sollte den Erfolg nicht trüben, dass die Physiker der Versammlung fernblieben.

Mit der *Gesellschaft für angewandte Mathematik und Mechanik* tagte man dafür erstmals mit dieser ingenieurwissenschaftlichen Vereinigung, die sogleich in ihrer Haltung bestärkt wurde, denn trotz „der äußerst ungünstigen Zeitverhältnisse vermochte die gemeinsame Jahresversammlung der Deutschen Mathematiker-Vereinigung und der Gesellschaft für angewandte Mathematik und Mechanik in Marburg starken Besuch und einen vollen Erfolg aufzuweisen".[159] Schließlich gelang es Hensel sogar noch, die Direktion der Behringwerke für eine Besichtigung derselben zu gewinnen,[160] womit die Organisationsbemühungen einen mehr als würdigen Abschluss fanden. Das sechstägige Programm umfasste nunmehr acht wissenschaftliche Sitzungen mit einem Gesamtumfang von 38 Vorträgen. Die mindestens 100 Teilnehmer erwartete im modern konzipierten Landgrafenhaus eine Tagung, die sich der Tradition der Jahresversammlungen als würdig erwies. Die Zuversicht der Unterstützer hatte sich ausgezahlt und Neumann Recht behalten, als er auf Anfrage des Vorsitzenden Hecke vom respektablen Zuspruch berichtete, der zweifelsohne die Existenzberechtigung der Zusammenkunft unterstrich. „Geringe Beteiligung könnte man jetzt allerdings kaum als Grund einer Absage angeben, denn die Anmeldungen gehen recht zahlreich ein".[161]

Der Hamburger Mathematiker hatte sich zwei Tage zuvor direkt an den Ortsausschuss gewandt, um sich über den Stand der Dinge zu informieren und um die Organisatoren von seiner skeptischen Haltung in Kenntnis zu setzen. „Die Idee, in diesen Zeiten eine Mathematikerversammlung in Deutschland abzuhalten, kommt mir immer kurioser vor. Ich war schon vor zwei Monaten der Meinung, dass man in diesem Jahr die Tagung besser

155 Hensel an Bieberbach in einer Postkarte vom 23. August 1923. Quelle: Bl. 047, Akte E 4/25; Universitätsarchiv Freiburg.

156 Hensel an Bieberbach in einer Postkarte vom 23. August 1923. Quelle: Bl. 047, Akte E 4/25; Universitätsarchiv Freiburg.

157 Vgl. Redaktion JDMV (1923d), 65.

158 Vgl. Redaktion JDMV (1923d), 79.

159 Redaktion ZAMM (1923), 399.

160 Vgl. Neumann an Hecke in einem Brief vom 11. September 1923. Quelle: Durchschlag desselben, Bl. 051, Akte E 4/25; Universitätsarchiv Freiburg.

161 Neumann an Hecke in einem Brief vom 11. September 1923. Quelle: Durchschlag desselben, Bl. 051, Akte E 4/25; Universitätsarchiv Freiburg.

unterlässt, und die Entwicklung der inneren Verhältnisse bei uns hat mich jetzt noch mehr in meiner Meinung bestärkt".[162] Aus dem Kritiker war inzwischen ein Zweifler geworden. Allerdings wollte Hecke sein weiteres Votum im Ausschuss von der Einschätzung vor Ort abhängig machen. Deshalb „möchte ich aber doch die Meinung der Marburger Kollegen hören, die mit der Vorbereitung schon so viel Mühe gehabt haben und deren Ansichten wir doch in erster Linie berücksichtigen müssen".[163] Das schien nur angemessen. In seiner Auffassung wurde er durch die Marburger nicht bestätigt, dafür berichtete Neumann aber von den Fortschritten, vor allem von den mindestens etwa 80 Teilnehmern. Es trägt daher einen faden Beigeschmack, dass Hecke gegenüber Bieberbach einen mangelnden Zuspruch diagnostiziert sieht. So „scheint mir auch das Interesse für die Tagung nicht so sehr gross zu sein".[164]

Es wurde nun grundsätzlich und Hecke gab – als letztes Mittel – unverhohlen zu erkennen, dass in diesem Jahr eine Zusammenkunft völlig unnötig sei. „Und ich für meinen Teil muss auch erklären, dass die politische Lage nur dazu angetan ist, eine solche Tagung als recht überflüssig erscheinen zu lassen. Die Ziffern, die in dem beiliegenden Briefe aus Marburg genannt sind, scheinen mir recht zu geben".[165] Er verweigerte sich schlicht der Tatsache, dass es hinreichend viele *DMV*-Mitglieder anders sahen und sich trotz der Umstände gerne in Marburg zusammenfinden würden. Stattdessen ließ er wissen, dass man sich um Bedeutsameres kümmern sollte. „Ich meine, wir in Deutschld. haben wichtigeres zu tun, als Kongresse abzuhalten".[166] Bieberbach nahm dies mit Ruhe zur Kenntnis, zumal er aus Marburg „einen Durchschlag zur Kenntnisnahme"[167] erhalten hatte und mithin vom Korrespondenzverlauf zwischen Hecke und Neumann wusste. Es verblieben auch nur noch wenige Tage bis zum Beginn der Versammlung und so versicherte er sich einzig bei Richard von Mises, dem Geschäftsführer der *Gesellschaft für angewandte Mathematik und Mechanik*, über das fortwährende Bestehen der gemeinsamen Tagungsabsicht. Beide waren „der Ansicht, dass man nun der Sache ihren Lauf lassen soll. Da kann jeder einzelne am besten selbst entscheiden, ob er kommen will oder nicht".[168] Damit war die Sache entschieden und klargestellt, dass Hecke seine

[162] Hecke an Neumann in einer Karte vom 9. September 1923. Quelle: Abschrift desselben, Bl. 051, Akte E 4/25; Universitätsarchiv Freiburg.

[163] Hecke an Neumann in einer Karte vom 9. September 1923. Quelle: Abschrift desselben, Bl. 051, Akte E 4/25; Universitätsarchiv Freiburg.

[164] Hecke an Bieberbach in einem Brief vom 12. September 1923. Quelle: Bl. 052, Akte E 4/25; Universitätsarchiv Freiburg.

[165] Hecke an Bieberbach in einem Brief vom 12. September 1923. Quelle: Bl. 052, Akte E 4/25; Universitätsarchiv Freiburg.

[166] Hecke an Bieberbach in einem Brief vom 12. September 1923. Quelle: Bl. 052, Akte E 4/25; Universitätsarchiv Freiburg.

[167] Neumann an Hecke in einem Brief vom 11. September 1923. Quelle: Durchschlag desselben, Bl. 051, Akte E 4/25; Universitätsarchiv Freiburg.

[168] Bieberbach an Hecke in einem Brief vom 13. September 1923. Quelle: Bl. 053, Akte E 4/25; Universitätsarchiv Freiburg.

resignative Haltung keinem anderen Mitglied verbindlich vorschreiben konnte. Eines kleinen Kommentars bedurfte es indes noch, denn die Infragestellung der Sinnhaftigkeit akademischer Zusammenkünfte in Zeiten einer Wirtschaftskrise konnte so nicht stehen bleiben. Auch in bewegten Zeiten sollte man sich an die Erfüllung der eigenen Pflichten begeben. „Was soll auch schliesslich der Gelehrte in dieser Zeit besseres tun als sich seiner Wissenschaft widmen".[169]

Von dieser Beharrlichkeit Bieberbachs profitierte Fraenkel in besonderem Maße. Unter den Teilnehmern war er der einzige unberufene Mathematiker, der keinerlei finanzielle und organisatorische Last zu schultern hatte, um sich ein weiteres Mal mit einem Vortrag zu empfehlen. Nach den beiden weitgehend technischen Referaten aus den Vorjahren trat er dieses Mal mit einem philosophischen Vortrag in Erscheinung, der die eigenen mengentheoretischen Beiträge in ein größeres grundlagentheoretisches Panorama einzubetten vermochte und damit zu einem lebendigen Ausdruck des eigenen erreichten Forschungsprofils wurde. Dieser Vortrag war mehr als die beiden zuvor ein klares Empfehlungsschreiben an die Berufungskommissionen der Republik. Mit der Dokumentation formaler Innovationen vor einem mit großer Sorgfalt entworfenen Hintergrund der mathematischen Grundlagenforschung spiegelt sich hier der unverwechselbare reife Charakter der jüngst fertiggestellten zweiten Auflage der *Einleitung*.

Mit seinem sogleich auf der ersten Sitzung gehaltenen Referat „Neuere Ideen zur Grundlegung der Analysis und Mengenlehre" repräsentierte er nicht nur das gastgebende Seminar würdig, sondern er nahm mit diesem eine vermittelnde Rolle zwischen den großen Grundlegungspositionen ein, da er unparteiisch „die, wie mir scheint, wesentlichsten und charakteristischen *unterscheidenden Züge* zwischen den beiden Hauptrichtungen"[170] zu schildern gedachte. Neben dem Tertium non datur[171] sah er diese wesentlich gegeben durch den Mengenbegriff[172] sowie die Zulässigkeitsfrage nicht-prädikativer Begriffsbildungen.[173] Den informellen Kulminationspunkt bildete gleichwohl die Bezugnahme auf das selbst Vollbrachte, namentlich jene „Methode, die ich jüngst angegeben habe",[174] mit der sich der Prozess der Teilmengenbildung axiomatisch präzisieren und Zermelos kritikanfälliges Definitheitsprädikat vollständig tilgen lässt. En passant erwähnt wurde damit ein Beitrag, der sowohl auf den Zuspruch von Hilbert wie auch von Brouwer rechnen durfte. Der Referent bestimmte damit den eigenen Ort in der Grundlagendiskussion. Eröffnet wurde der Vortrag indes mit einer Bemerkung, die gleichermaßen als zeitkritische Erinnerung oder tagesaktuelle Feststellung verstanden werden konnte. Wahrscheinlich

---

[169] Bieberbach an Hecke in einem Brief vom 13. September 1923. Quelle: Bl. 053, Akte E 4/25; Universitätsarchiv Freiburg.

[170] Fraenkel (1925a), 98.

[171] Vgl. Fraenkel (1925a), 98f.

[172] Vgl. Fraenkel (1925a), 99ff.

[173] Vgl. Fraenkel (1925a), 101ff.

[174] Fraenkel (1925a), 100f.

sogar beides. „Die Fragen der Grundlegung der Mathematik stehen heute im Vordergrund des Interesses der Fachgenossen".[175]

Recht hatte Fraenkel in doppelter Hinsicht. Im Vordergrund standen Grundlegungsfragen heutzutage nicht zuletzt deshalb, weil seit geraumer Zeit vor allem in Göttingen und Amsterdam Grundlegungsprogramme entwickelt wurden, die weithin sichtbar kommuniziert und kontrovers diskutiert wurden. An den exponierten Repräsentanten kam man als mathematischer Fachgenosse dieser Tage nicht vorbei und die von einzelnen diagnostizierte „innere Haltlosigkeit der Grundlagen"[176] führte seit gut zweieinhalb Jahren zur öffentlichen Auseinandersetzung mit der neuen Grundlagenkrise der Mathematik. Dieses zeitlich weit ausladende ‚heutzutage' bildete an diesem 21. September 1923 vor allem das tagesaktuelle ‚heute', denn seit 9:30 Uhr standen auf der diesjährigen Jahresversammlung Grundlegungsfragen im Mittelpunkt des Interesses. Immerhin beschloss man mit Fraenkel die unter dem Vorsitz von Schoenflies abgehaltene erste Sitzung, die mit Heinrich Behmanns Vortrag „Algebra der Logik und Entscheidungsproblem"[177] eröffnet wurde.

In der anschließenden Diskussion äußerte der unmittelbar nachfolgende Referent „Bedenken hinsichtlich der Verwendung der Redeweise „usw." und des Begriffes der endlichen Anzahl",[178] die in Teilen durch Behmann und Schoenflies ausgeräumt werden konnten. Dieser Bedenkenträger war niemand Geringeres als Luitzen Egbertus Jan Brouwer, der mit seinem eigenen Vortrag „Die Rolle des Satzes vom ausgeschlossenen Dritten in der Mathematik" ein Ausrufezeichen setzte. Der zweite Tagungsvortrag markiert sogleich einen ersten Höhepunkt. Brouwer spannt mit seiner unverwechselbaren energischen Haltung einen fundamentalmathematischen Horizont auf, indem er die in Vergessenheit geratene Genesis nachzeichnet, wie aus einem legitimen Argumentationsmittel im Endlichen ein fragwürdiges im Unendlichen wurde, und welche prominenten Sätze in ihrer problematischen Geltung vom Tertium non datur abhängen.[179] Nicht zuletzt auf dieses Faktum einer mit widerspruchsfreien Fehlern operierenden Analysis sollte Fraenkel in seinem Anschlussreferat souverän zurückverweise können.[180] Vor allem mit Brouwers Vortrag kehrt die internationale Grundlagenforschung im kleinen Marburg ein und liefert einen untrüglichen Beleg dafür, dass die Durchführung der Tagung die richtige Entscheidung gewesen ist.

Von den bemerkenswerten Begebenheiten, die sich vor Ort ereigneten, sei immerhin noch die erste Begegnung zwischen Brouwer und Paul Urysohn erwähnt, zu der es andernfalls möglicherweise nie gekommen wäre. Marburg bildete den Ausgangspunkt einer intensiven intellektuellen Verbundenheit und akademischen Freundschaft zwischen bei-

[175] Fraenkel (1925a), 97.

[176] Weyl (1921), 39.

[177] Vgl. Redaktion JDMV (1923d), 66f.

[178] Redaktion JDMV (1923d), 67.

[179] Vgl. Redaktion JDMV (1923d), 67f.

[180] Vgl. Fraenkel (1925a), 98f.

den,[181] die durch den tragischen Unfalltod Urysohns im Sommer des Folgejahres jäh beendet wurde. Urysohn war als Referent zur „Theorie der allgemeinen Cantorschen Kurven"[182] angereist. Brouwer zählte zwar nicht zum Hörerkreis dieses Vortrags, vernahm aber in der Nachfolge, dass Urysohn bei dieser Gelegenheit „meine allgemeine Dimensionstheorie als prinzipiell unhaltbar hingestellt"[183] hatte. Noch in Marburg hatte er diesen dazu aufgefordert, seine Einwände schriftlich mitzuteilen. Dem kam Urysohn schließlich auch nach und Brouwer musste einräumen, dass mit seiner Definition des Dimensionsgrades der Beweis des Dimensionssatzes nicht gelingt. Beeindruckt haben dürfte ihn aber vor allem Urysohns Vorschlag, dass durch eine geeignete Modifikation der Definition sowohl Satz als auch Beweis durchgehen. Bis zum viel zu frühen Tod des jungen Topologen sollte sich aus diesen Anfängen ein eminent fruchtbarer Gedankenaustausch ergeben.

Fast hätte es diese Begebenheiten nicht gegeben. Sie waren möglich, weil Marburg stattfand. Neben dem unermüdlichen Wirken von Hensel und Neumann gilt vor allem Bieberbach der Dank. Ohne dessen Durchsetzungsvermögen hätte sich im *DMV*-Ausschuss wahrscheinlich die Skepsis durchgesetzt. Als zum Ende der Tagung, am Dienstagnachmittag, die *Gesellschaft für angewandte Mathematik und Mechanik* ihre Mitgliederversammlung durchführte, stand ein Anliegen ganz oben auf der Tagesordnung. Die anwesenden Mitglieder beauftragten Richard von Mises, „den Geschäftsführer, dem Marburger Ortsausschuß für die erfolgreiche Vorbereitung und Organisation der Tagung den Dank der Gesellschaft auszusprechen".[184]

5.5 Die zweite Auflage der *Einleitung* erscheint

Für Fraenkel dürfte das Wiedersehen mit Brouwer und anderen in Marburg der akademische Höhepunkt des Sommers gewesen sein. Die Publikation der zweiten Auflage rechtzeitig zur Versammlung an der Lahn hätte dieses Ereignis zweifelsohne gekrönt. So konnte sich der Mengentheoretiker mit dem Gedanken trösten, dass zeitnah ein weiterer, ganz persönlicher Höhepunkt folgen würde. Allerdings lag das Werk mit der beginnenden Vorlesungszeit im Wintersemester 1923/24 Ende Oktober immer noch nicht vor. Der Autor dürfte in den Wochen zuvor, nicht zuletzt auf der Marburger Tagung, eingehend Werbung für die anstehende Publikation gemacht haben. Nun wartete nicht nur er ungeduldig auf die Auslieferung der ersten Exemplare. „Von verschiedenen Seiten kommen an mich Anfragen, ob denn das Buch noch nicht zu haben sei, es komme sonst angesichts des Semesterbeginns zu spät".[185]

---

[181] Siehe hierzu die Dokumente in Rowe/Felsch (2019), 165–194.

[182] Vgl. Redaktion JDMV (1923d), 69.

[183] Brouwer an Bieberbach in einem Brief(entwurf) von Anfang Oktober 1923. In Rowe/Felsch (2019), 165.

[184] Redaktion ZAMM (1923), 400.

[185] Fraenkel an den Springer Verlag in einem Brief vom 30. Oktober 1923. Quelle: Akte „Fraenkel, Adolf B-F 120 I"; Zentral- und Landesbibliothek Berlin.

Es kam jedenfalls nicht rechtzeitig, denn die Vorlesungen begannen allerorts und der Band befand sich in keiner Buchauslage. Just in dem Moment, in dem Fraenkel den Verlag wiederholt eindringlich bittet, „meine „Mengenlehre“ beschleunigt, in den nächsten Tagen, herauszubringen“,[186] werden in Berlin Zeilen der Zuversicht aufgesetzt. „Der Druck der „Mengenlehre“ geht weiter vorwärts, und ich habe von der Druckerei die bestimmte Zusage, dass das Buch in den nächsten Tagen im Druck fertiggestellt ist, sodass in allernächster Zeit die ersten fertigen Exemplare zur Verfügung stehen“.[187] Als Fraenkels Bitte am 1. November bei Springer eintrifft, nimmt dies das Unternehmen unverzüglich zum Anlass, „noch einmal der Druckerei die schnellste Fertigstellung ans Herz zu legen“.[188] Mit dem Druck allein war es jedoch nicht getan. Im Falle eines gebundenen Buches hatte die Buchbinderei als nachfolgender Produktionsort noch diverse Arbeitsschritte zu gehen, die sich auch nicht beliebig zeitlich verkürzen ließen. Hochwertig hergestellte Bücher – wie dies zu einem Markenzeichen von Courants *Grundlehren*-Bänden werden sollte – benötigen schlicht etwas mehr Zeit für ihre Fertigstellung.

Dafür können diese Bücher auch nach 100 Jahren einem druckfrischen Exemplar zum Verwechseln ähnlich sein. Die Qualität dieser alten Bände war und ist über jeden Zweifel erhaben. Ein wenig Geduld ob der aufwendigen Herstellung war daher geboten. Entsprechend vermutete der Verlag, dass die Verzögerung in der Auslieferung durch einen der nachgeordneten Schritte bedingt ist. „Ich hoffe jedoch, dass der Druck selbst inzwischen fertiggestellt ist und nur durch das notwendige Glätten des Druckes die Aushängebogen noch nicht zum Versand gekommen sind. Auf jeden Fall soll alles geschehen, das Buch in den nächsten Tagen fertigzustellen“.[189] Man gab sich alle Mühe, den Versand zu beschleunigen, damit die Widmungsexemplare zügig an ihre Bestimmungsorte gelangten und eventuell noch für den inzwischen eingesetzten Vorlesungsbetrieb Berücksichtigung finden konnten. „Um Ihrem Wunsche, den Professoren noch vor Beginn der Vorlesungen ein Exemplar zur Verfügung zu stellen, zu entsprechen, würde ich gern bereit sein, die betreffenden Exemplare direkt von der Buchbinderei übersenden zu lassen“.[190]

Das las sich vielversprechend. Entsprechend groß war die Geduldsprobe, die der Autor in den nachfolgenden beiden Wochen über sich ergehen lassen musste. Jeden Tag dürfte er voller Hoffnung die versprochenen ersten Exemplare erwartet haben, um täglich erneut die Enttäuschung zu erfahren, dass wieder kein Paket aus Berlin eingetroffen war. Nach

[186] Fraenkel an den Springer Verlag in einem Brief vom 30. Oktober 1923. Quelle: Akte „Fraenkel, Adolf B-F 120 I“; Zentral- und Landesbibliothek Berlin.

[187] Springer Verlag an Fraenkel in einem Brief vom 30. Oktober 1923. Quelle: Akte „Fraenkel, Adolf B-F 120 I“; Zentral- und Landesbibliothek Berlin.

[188] Springer Verlag an Fraenkel in einem Brief vom 1. November 1923. Quelle: Akte „Fraenkel, Adolf B-F 120 I“; Zentral- und Landesbibliothek Berlin.

[189] Springer Verlag an Fraenkel in einem Brief vom 1. November 1923. Quelle: Akte „Fraenkel, Adolf B-F 120 I“; Zentral- und Landesbibliothek Berlin.

[190] Springer Verlag an Fraenkel in einem Brief vom 1. November 1923. Quelle: Akte „Fraenkel, Adolf B-F 120 I“; Zentral- und Landesbibliothek Berlin.

zwei Wochen war seine Geduld erschöpft. So kam es, dass Fraenkel seinen nächsten Brief an Springer mit einer besonderen, Unmut bekundenden Datierung versah. Am 14. November ‚Abends' schreibt Fraenkel gleichermaßen enttäuscht wie verärgert an den Verlag. „Ich bin geradezu bestürzt, die ersten Exemplare meiner „Einleitung in die Mengenlehre", die Sie mir bereits für Anfang voriger Woche (aus der Buchbinderei) in Aussicht gestellt hatten, immer noch nicht zu haben. Ich kann schwer begreifen, daß 6 Wochen nach Abschluß des Druckes das Buch noch nicht heraus ist".[191] Bereits am nächsten Tag hätte er diesen Brief gar nicht mehr geschrieben. Exakt in dem Moment, in dem er seinen Ärger und seine Enttäuschung durch die Niederschrift der Zeilen Luft verschaffte, beförderte die Reichspost eine ganz besondere Sendung nach Marburg, die begleitet wurde von den Worten „ich freue mich, Ihnen mit gleicher Post je ein gebundenes und broschiertes Exemplar der neuen Auflage Ihrer „Mengenlehre" übersenden zu können. Es sind die ersten Exemplare, [...] die mir die Buchbinderei soeben vorlegt. Ich würde mich freuen, wenn die Ausstattung des Buches Ihren Beifall fände".[192] Der Verlag hatte keine Zeit verloren. Die allerersten Exemplare gingen auf geradezu direktem Weg von der Buchbinerei zum Postamt. Das Warten sollte Fraenkel nicht länger zu schaffen machen. denn just am Folgetag traf die erlösende Paketsendung bei ihm ein,[193] weshalb nachträglich seine Karte „gegenstandslos geworden"[194] war.

Jeder Buchautor weiß um den erlösenden Moment, in dem man das eigene neue Werk erstmals in den Händen hält. Jeglicher Unmut über das – gefühlt – zu lange Warten ist augenblicklich verflogen und es überwiegt eine stolze Bewunderung über das Verwirklichte. Fraenkel hält nun die erste eigene gebundene Monographie in seinen Händen und wird mit Begeisterung nicht nur den großartigen Einband als ein gleichermaßen optisches wie haptisches Vergnügen erfahren haben. Mit großer Genugtuung wird der taktile Sinn die hohe Qualität des Papiers sowie die fühlend wahrnehmbare Prägung der gestochen scharfen Typen festgestellt haben.

Ein drucktechnischer Hochgenuss, der auch von manch einem Leser mit besonderem Vergnügen zur Kenntnis genommen werden wird – „the typography is excellent, as in previous volumes of the Springer series".[195] Gerade in Berlin wird man mit Genugtuung zur Kenntnis genommen haben, dass die eigenen Qualitätsstandards selbst vom anspruchsvollen Leser goutiert werden und man von Springer nicht weniger als das Beste erwartet. „The mechanical execution of the book is, as is usual with the publishing firm, very excel-

[191] Fraenkel an den Springer Verlag in einer Postkarte vom 14. November 1923. Quelle: Akte „Fraenkel, Adolf B-F 120 I"; Zentral- und Landesbibliothek Berlin.

[192] Springer Verlag an Fraenkel in einem Brief vom 14. November 1923. Quelle: Akte „Fraenkel, Adolf B-F 120 I"; Zentral- und Landesbibliothek Berlin.

[193] Vgl. Fraenkel an den Springer Verlag in einem Brief vom 16. November 1923. Quelle: Akte „Fraenkel, Adolf B-F 120 I"; Zentral- und Landesbibliothek Berlin.

[194] Fraenkel an den Springer Verlag in einem Brief vom 16. November 1923. Quelle: Akte „Fraenkel, Adolf B-F 120 I"; Zentral- und Landesbibliothek Berlin.

[195] Pfeiffer (1925), 279.

lent".[196] An diesem Werk gab es handwerklich nichts auszusetzen. „Von der Ausstattung des Buchs bin ich sehr befriedigt".[197] Mit dem Staunen über das gemeinsam Vollbrachte wächst die Dankbarkeit gegenüber jenen, die einem auf diesem Weg eine unverzichtbare Unterstützung waren. Sämtliche Dissonanzen, die sich im Verlaufe der zurückliegenden anderthalb Jahre, ergeben haben mochten, sind vergessen. Was bleibt, ist die Wertschätzung. „Vor allem möchte ich Ihnen bei diesem Anlaß meinen verbindlichen Dank sagen für das freundliche Entgegenkommen, das Sie mir bei der Herstellung der Neuauflage und während des Drucks stets bewiesen haben".[198]

Bei der Gelegenheit seines Dankesschreibens übersendet er eine erste Liste von Personen, die in seinem Namen ein Freiexemplar erhalten sollen. Dies sind Edmund Landau (Göttingen), Alfred Loewy (Freiburg), Helmut Hasse (Kiel), Robert Schmidt (bei Hasse, Kiel), Anton Rella (Graz), Gerhard Kowalewski (Dresden), Gerhard Hessenberg (Tübingen), Ludwig Bieberbach (Berlin), Erich Hecke (Hamburg), Eduard Study (Bonn). Das offizielle Erscheinungsjahr 1923 blieb mit der Auslieferung erster Autorenexemplare Mitte November gewahrt, während „die erste buchhändlerische Versendung jedoch erst Mitte Januar 1924 stattgefunden hat".[199] In den Handel kam die Schrift also zwei Monate später. Zu diesem Zeitpunkt stand dann auch schon fest, in welchem Umfang das Buch bei Besprechungsorganen beworben werden sollte. Sowohl für den Autor wie auch für den Verlag gestalteten sich die informellen Verhandlungen hierüber ungleich anspruchsvoller als im Fall des Verlagsvertrags. Der Autor wollte an möglichst allen potentiell einschlägigen Orten Buchkritiken platziert sehen, während der Verlag mit einem vertretbaren Aufwand jene Periodika zu gewinnen gedachte, die zügig liefern könnten und für die zentrale Zielgruppe weithin sichtbar waren. Den funktionalen Erfolg der Rezensionen zur ersten Auflage galt es in den Augen Fraenkels in jedem Fall zu übertreffen.

Bis 1923 waren nicht weniger als 13 Besprechungen erschienen[200] und die zweite Auflage traf nunmehr auf eine vitale Zeitschriftenkultur, deren fachliche Diversifizierung vom ehrgeizigen Autor auf das Genaueste unter die Lupe genommen wurde. Als der Verlag Mitte Oktober 1923 Fraenkel mitteilt, dass ihm von „meiner Propaganda-Abteilung [...] in den nächsten Tagen eine Liste der für Besprechungen vorgesehenen Zeitschriften"[201] zugeht, wird er eine eigene Wunschliste zum Abgleich bereitgehalten oder bei Anlass dieser Ankündigung erstellt haben. Er war jedenfalls gut vorbereitet, als die Propaganda-

[196] N.N. (1924), 719.

[197] Fraenkel an den Springer Verlag in einem Brief vom 16. November 1923. Quelle: Akte „Fraenkel, Adolf B-F 120 I"; Zentral- und Landesbibliothek Berlin.

[198] Fraenkel an den Springer Verlag in einem Brief vom 16. November 1923. Quelle: Akte „Fraenkel, Adolf B-F 120 I"; Zentral- und Landesbibliothek Berlin.

[199] Springer Verlag an Fraenkel in einem Brief vom 13. März 1924. Quelle: Akte „Fraenkel, Adolf B-F 120 I"; Zentral- und Landesbibliothek Berlin.

[200] Siehe S. 261.

[201] Springer Verlag an Fraenkel in einem Brief vom 16. Oktober 1923. Quelle: Akte „Fraenkel, Adolf B-F 120 I"; Zentral- und Landesbibliothek Berlin.

Abteilung des Verlags am 25. Oktober schließlich eine 20 Einträge umfassende Liste möglicher Rezensionsorte übersendet. Es handelt sich bei diesen vor allem um einen repräsentativen Querschnitt der nationalen sowie internationalen mathematischen und philosophischen Fachzeitschriften.[202] Mit der sichtbaren Berücksichtigung philosophischer Fachzeitschriften hatte der Verlag ein Anliegen des Autors berücksichtigt, welches dieser im Juni des Jahres angetragen hatte. „Insbesondere wird es angesichts der starken Berücksichtigung philosophischer Fragen sich empfehlen, einige philosophische Zeitschriften mit heranzuziehen".[203] Springer war mithin bereit, die respektable Anzahl von 20 Besprechungsexemplaren in die Werbung zu investieren.

Für den Autor war diese Anzahl jedoch offenkundig nicht groß genug. In seinem Antwortschreiben vom 5. November ergänzt Fraenkel die Liste um 17 zusätzliche Vorschläge und trägt am 12. November, kurz vor Erhalt der ersten eigenen Buchexemplare, drei weitere Zeitschriftentitel aus Holland nach, „wo (namentl. durch Brouwers Wirken) besonderes Interesse dafür besteht".[204] Für diese nunmehr insgesamt zusätzlich genannten 20 Titel „wäre ich Ihnen sehr dankbar für gütige Mitteilung, ob Sie an alle von mir noch (jüngst und heute) hinzugenannten Zeitschriften Exemplare versenden bezw. an welche Sie es nicht tun".[205] Der vom Verlag geplante und bereits großzügig bemessene Umfang an Besprechungsexemplaren wurde vom Autor also verdoppelt. Fraenkel wollte es mit seiner Nachfrage genau wissen, denn zu diesem Zeitpunkt lag ihm bereits das Antwortschreiben aus Berlin vor. „Ich habe gern aus Ihren Ergänzungen die mir auf Grund meiner propagandistischen Erfahrung als für den Absatz Ihres Buches förderlich erscheinenden Zeitschriften berücksichtigt und werde nunmehr die Versendung in diesem Sinne vornehmen".[206] Die Propaganda-Abteilung hatte sich Fraenkels Vorschläge angesehen und dankbar jene ausgewählt, die der eigenen Liste noch fehlten. „Von der Berücksichtigung der übrigen Zeitschriften möchte ich zunächst absehen, da mir mit diesen Zeitschriften der Käuferkreis des Buches doch zu wenig getroffen zu sein scheint".[207]

An diesem Punkt divergierten nun die Auffassungen von Verlag und Autor. Während Springer darauf zu achten hatte, dass sich der Posten der Besprechungsexemplare durch potente Multiplikatoren mindestens amortisierte, legte Fraenkel hier eine gewisse Groß-

[202] Vgl. Anlage „Besprechungsliste „Fraenkel" Mengenlehre" zum Schreiben des Springer Verlages an Fraenkel vom 25. Oktober 1923. Quelle: Akte „Fraenkel, Adolf B-F 120 I"; Zentral- und Landesbibliothek Berlin.

[203] Fraenkel an den Springer Verlag in einem Brief vom 25. Juni 1923. Quelle: Akte „Fraenkel, Adolf B-F 120 I"; Zentral- und Landesbibliothek Berlin.

[204] Fraenkel an den Springer Verlag in einer Postkarte vom 12. November 1923. Quelle: Akte „Fraenkel, Adolf B-F 120 I"; Zentral- und Landesbibliothek Berlin.

[205] Fraenkel an den Springer Verlag in einer Postkarte vom 12. November 1923. Quelle: Akte „Fraenkel, Adolf B-F 120 I"; Zentral- und Landesbibliothek Berlin.

[206] Springer Verlag an Fraenkel in einem Brief vom 10. November 1923. Quelle: Akte „Fraenkel, Adolf B-F 120 I"; Zentral- und Landesbibliothek Berlin.

[207] Springer Verlag an Fraenkel in einem Brief vom 16. November 1923. Quelle: Akte „Fraenkel, Adolf B-F 120 I"; Zentral- und Landesbibliothek Berlin.

zügigkeit – freilich auf Kosten des Verlages – an den Tag. Der Verlag hatte betriebswirtschaftlich zu kalkulieren, denn für jedes kostenlos überlassene Exemplar musste eine entsprechende Anzahl über den Buchhandel verkauft werden, um durch die jeweils kleine Gewinnmarge die Kosten für das Freiexemplar zu decken. Indes lag es dem Autor doch sehr am Herzen, möglichst viele Besprechungsorgane sowie deren, zuweilen äußerst spezialisierte Leserschaft von der Existenz der zweiten Auflage wissen zu lassen und manches Mal war sein Auswahlmotiv wenig vielversprechend. So schaffte es etwa die illustrierte Zeitschrift *Unsere Welt* auf die Liste, da der Herausgeber „für diese Fragen spezielles Interesse bezeigt“[208] hat. Mit einer solchen Auskunft konnte der Verlag nichts anfangen. Für Fraenkel bestand ein Erfolg schon dann, wenn eine Rezension erschien – ungesehen der Frage, ob dadurch der Absatz auch nur um ein Exemplar erhöht wurde. Deshalb konnte er nur auf eine Weise auf die Mitteilung des Verlages reagieren. „Ihr Brief von vorgestern hat mich sehr enttäuscht und veranlaßt mich, nochmals nachdrücklich auf die Sache zurückzukommen“.[209] Unabhängig von Fraenkels zusätzlichen kostenintensiven Wünschen gab es so schon die finanziellen Aufwendungen für viele Freiexemplare zu decken. Der Autor musste mit diesen ökonomischen Erwägungen nicht im Detail vertraut sein, doch wie sich noch zeigen sollte, hatte Fraenkel eine geradezu unbedarfte Auffassung davon, über welche Möglichkeiten der Verlag (nicht) verfügte. Dafür war es freilich von Grund auf sympathisch, dass er mit der großzügig bemessenen Versendung von Rezensionsexemplaren einen Verkündungs- und Bildungsauftrag verband. Die Welt sollte möglichst schnell und in jedem ihrer Winkel von der zweiten Auflage wissen. Daher war es ihm sachlich „unbegreiflich, wie Sie die anderen von mir genannten Zeitschriften als den Käuferkreis des Buches nicht treffend bezeichnen können“.[210]

Durch eine marginal anmutende Veränderung hatte der Autor den Verlag mit Worten zitiert, die dieser gar nicht gebraucht und auch gar nicht gemeint hatte. Aus Zeitschriften, die den ‚Käuferkreis des Buches doch zu wenig getroffen‘ hätten, wurden in der Replik solche, bei denen der ‚Käuferkreis des Buches nicht treffend‘ gewesen wäre. Aus ‚zu wenig getroffen‘ machte Fraenkel kurzerhand ‚nicht getroffen‘. In seinen Augen mochte das auf dasselbe hinauslaufen, wenngleich der Verlag hier in keiner Weise die Beurteilungskompetenz des Autors in Frage zu stellen gedachte, sondern einzig mit Umsicht an die Verteilung der verfügbaren Besprechungsexemplare gehen wollte. Die Empörung Fraenkels wird man in Berlin trotzdem vernommen haben. Begleitet wurde sie durch die dringende Bitte, „mindestens die Zeitschriften unter den hinzu genannten, die ich nicht schon

[208] Fraenkel an den Springer Verlag in einem Brief vom 5. November 1923. Quelle: Akte „Fraenkel, Adolf B-F 120 I“; Zentral- und Landesbibliothek Berlin.

[209] Fraenkel an den Springer Verlag in einem Brief vom 18. November 1923. Quelle: Akte „Fraenkel, Adolf B-F 120 I“; Zentral- und Landesbibliothek Berlin.

[210] Fraenkel an den Springer Verlag in einem Brief vom 18. November 1923. Quelle: Akte „Fraenkel, Adolf B-F 120 I“; Zentral- und Landesbibliothek Berlin.

durch Klammern und „ev.“ Ihrem Ermessen freigab, bestimmt zu berücksichtigen“.[211] Vor allem mit Bezug auf den § 4 des Verlagsvertrags, in dem insgesamt 100 Exemplare für Besprechungs- und Geschenkzwecke sowie für Freiexemplare vorgesehen sind, beanstandet Fraenkel die vermeintlich kleinliche Vergabepolitik des Verlages. Immerhin erhält er von dieser Gesamtstückzahl lediglich 20 Autorenexemplare kostenfrei. Nach seiner Rechnung verbleiben damit insgesamt 80 Exemplare für alles Weitere und da „darf es wirklich nicht darauf ankommen, ob zu den wenigen von Ihnen in Aussicht genommenen noch 10 weitere Rezensionsexemplare hinzukommen“.[212]

Diese Rechnung war dann doch zu einfach und so musste der Verlag ihn darüber aufklären, dass sich hinter der Wendung ‚Freiexemplare, Besprechungs- und Geschenkzwecke‘ mehr verbarg als das bereits Benannte. Zu den ‚Freiexemplaren‘ zählten verlagstechnisch alle Exemplare, die der Verlag für verschiedenste Zwecke kostenfrei abzugeben hatte. Autoren-, Dedikations- und Rezensionsexemplare zählten freilich dazu. Doch dazu zählte auch eine Klasse, die quantitativ nicht unerheblich ausfiel: die für den Buchhandel bestimmten Freiexemplare. „Wie Ihnen vielleicht bekannt ist, erhält der Buchhändler bei Abnahme von 8 Exemplaren ein sogenanntes Partie-Exemplar gratis. Die Anzahl der für diesen Zweck benötigten Exemplare ist meistens eine beträchtliche und legt deshalb ein sehr haushälterisches Umgehen mit den über die Auflage hergestellten Mehrexemplaren nahe“.[213] Wenn es also Fraenkel gelingen würde, sein neues Werk an der Philippina erfolgreich zu bewerben, so dass vielleicht bei Elwert auch nur 16 Exemplare in kurzer Folge über den Ladentisch verkauft werden könnten, so erhielte Gottlieb Braun allein dafür zwei Exemplare kostenfrei. Sollte dem Werk mithin ein guter buchhändlerischer Erfolg beschieden sein und sich nicht zuletzt – was durchaus in der Absicht von Autor und Verlag lag – in den Universitätsstädten der Republik gut verkaufen, dann musste Springer für diesen Fall eine respektable Anzahl von Freiexemplaren für den Buchhandel zurückhalten. Das musste auch Fraenkel einräumen, der in seiner Rechnung diesen einflussreichen Faktor überhaupt nicht bedacht hatte. „Die Sitte der „Partie-Exemplare“ ist mir in der Tat unbekannt gewesen“.[214]

Selbstverständlich zeigte sich der Verlag „stets gern bereit, in propagandistischer Hinsicht alles zu tun, was die Verbreitung und den Absatz Ihres Buches zu fördern vermag“.[215] Fraenkels Unmut hatte man in Berlin aufmerksam zur Kenntnis genommen und es galt,

[211] Fraenkel an den Springer Verlag in einem Brief vom 18. November 1923. Quelle: Akte „Fraenkel, Adolf B-F 120 I“; Zentral- und Landesbibliothek Berlin.

[212] Fraenkel an den Springer Verlag in einem Brief vom 18. November 1923. Quelle: Akte „Fraenkel, Adolf B-F 120 I“; Zentral- und Landesbibliothek Berlin.

[213] Springer Verlag an Fraenkel in einem Brief vom 27. November 1923. Quelle: Akte „Fraenkel, Adolf B-F 120 I“; Zentral- und Landesbibliothek Berlin.

[214] Fraenkel an den Springer Verlag in einem Brief vom 29. November 1923. Quelle: Akte „Fraenkel, Adolf B-F 120 I“; Zentral- und Landesbibliothek Berlin.

[215] Springer Verlag an Fraenkel in einem Brief vom 27. November 1923. Quelle: Akte „Fraenkel, Adolf B-F 120 I“; Zentral- und Landesbibliothek Berlin.

dem Autor entgegenzukommen. Gleichwohl warb man um Verständnis für die umsichtige Distribution von Besprechungsexemplaren, denn die Maxime ‚Viel hilft viel' galt es nun gerade nicht zu befolgen. Für Springer ist es „nötig zu wissen, ob ein Buch rasch und sachgerecht besprochen wird. Besonders die Schnelligkeit der Besprechung spielt bei Erscheinen eines neuen Buches eine grosse Rolle, und ich pflege Zeitschriften, die in dieser Hinsicht versagen, keine Besprechungsexemplare mehr zu senden, da verspätete Besprechungen häufig gar keinen Nutzen mehr für ein Buch bedeuten".[216] Der Verlag sprach hier aus Erfahrung und so dürften sich auf Fraenkels Liste auch Vorschläge befunden haben, denen das Unternehmen nur ungern und wider besseres Wissen ein Exemplar zugesandt hätte. Anstatt also weitere Teile der Liste abzuarbeiten, richtete man an die Adresse des Autors den Vorschlag, „Ihnen noch 5 Exemplare Ihres Buches für Besprechungszwecke zur freien Verfügung überlasse".[217] Damit überließ man es der Zuständigkeit des Autors, sich um zusätzliche Rezensionsplätze zu sorgen. Mit der partiellen Übernahme propagandistischer Aufgaben wird Fraenkel keine Probleme gehabt haben, wohl aber mit dem offerierten Umfang der zusätzlichen Exemplare. Seine Antwort fällt entsprechend aus, wobei er dem Verlag jedoch die Möglichkeit einer Kompromisslösung anbietet. „Was nun Ihren Vorschlag betrifft, so bitte ich Sie dringend, Ihr Angebot für weitere Besprechungsexemplare auf <u>zehn</u> freundlichst zu erweitern, während ich für den Rest selbst aus Freiexemplaren bezw. von mir zu kaufenden aufkommen würde".[218]

Wenige Tage später akzeptiert Springer Fraenkels Vorschlag und erklärt sich bereit, nunmehr insgesamt 30 Besprechungsexemplare vorzusehen. „Ich bin gern bereit, die Zahl der noch zu versendenden Rezensions-Exemplare auf 10 zu erhöhen".[219] Zusammen mit den Autorenexemplaren ist damit die Hälfte aller vorgesehenen Freiexemplare verplant. Umgehend erfolgt die erfreute Antwort aus Marburg, für „die Erhöhung der weiteren Rezensionsexemplaranzahl bestens dankend".[220] Bei nachweislich mindestens 26 erschienenen Besprechungen[221] und dem Wissen, dass einmal mehr nicht alle Periodika geliefert hatten,[222] war die Anzahl der insgesamt 30 versandten Besprechungsexemplare gut angesetzt. Wiederholt hatte Fraenkel die Bedeutsamkeit von Periodika betont, die Springer (wahrscheinlich aus gutem Grund) nicht zu berücksichtigen gedachte. Nun ließ man

[216] Springer Verlag an Fraenkel in einem Brief vom 27. November 1923. Quelle: Akte „Fraenkel, Adolf B-F 120 I"; Zentral- und Landesbibliothek Berlin.

[217] Springer Verlag an Fraenkel in einem Brief vom 27. November 1923. Quelle: Akte „Fraenkel, Adolf B-F 120 I"; Zentral- und Landesbibliothek Berlin.

[218] Fraenkel an den Springer Verlag in einem Brief vom 29. November 1923. Quelle: Akte „Fraenkel, Adolf B-F 120 I"; Zentral- und Landesbibliothek Berlin.

[219] Springer Verlag an Fraenkel in einem Brief vom 4. Dezember 1923. Quelle: Akte „Fraenkel, Adolf B-F 120 I"; Zentral- und Landesbibliothek Berlin.

[220] Fraenkel an den Springer Verlag in einem Brief vom 6. Dezember 1923. Quelle: Akte „Fraenkel, Adolf B-F 120 I"; Zentral- und Landesbibliothek Berlin.

[221] Siehe S. 261.

[222] Wir kommen hierauf im weiteren Verlauf zu sprechen.

den Autor zwar gewähren, doch bestätigt wurde vor allem die abwägende Haltung des Verlages. So hatte sich Fraenkel im Besonderen und wiederholt[223] für eine Berücksichtigung der *Frankfurter Zeitung* ausgesprochen. „Übrigens ist z. B. das Literaturblatt der Fkft. Zt., das mir ferner steht und das Sie nicht in betr. gezogen haben, m. W. die Zeitschrift, die als erste die 1. Auflage des Buches besprochen hat".[224]

Obgleich diese Besprechung bedauerlicherweise nicht aufgefunden werden konnte,[225] scheint klar, dass diese für Fraenkel eine gesonderte Rolle gespielt haben dürfte. Nicht nur ihr frühes Erscheinen – wahrscheinlich in der zweiten Jahreshälfte 1919 – wird ihn gefreut haben. Darüber hinaus erreichte die *Frankfurter Zeitung* im Unterschied zu den Besprechungen in den mathematischen, naturwissenschaftlichen oder philosophischen Fachzeitschriften große Teile der bürgerlichen Gesellschaft, nicht zuletzt in und um Marburg. Zudem hielt das Feuilleton dieser Tageszeitung „im deutschen Blätterwald ein überragendes Niveau".[226] Obwohl die Buchkritik als eine der ersten erschien, hat sie Fraenkel doch erst über Umwege spät erreicht. Anfang Juli 1920 erhält er von seinem Wiener Namensvetter die Besprechung aus der *Frankfurter Zeitung*,[227] die der Verlag diesem fälschlich zugesandt hatte, worauf Springer wiederum mit Erleichterung antwortet, dass Fraenkel „auf Umwegen nun doch noch in den Besitz der Besprechung"[228] gelangt ist. Für Fraenkel zählt die *Frankfurter Zeitung* aufgrund der frühen Buchkritik 1919 vorbehaltlos zu jenen Orten, „die Aussicht auf baldige Rezension erkennen ließen".[229] Seine Erwartungen an eine erneute zeitnahe Besprechung waren mehr als hoch und entsprechend eindringlich fiel das Warten aus.

Zwei Monate nachdem er sich mit seinem Vorschlag durchgesetzt hatte, kommen ihm erste Zweifel. „Dagegen wundere ich mich, daß noch keine Rezensionen erschienen sind (die ich z. B. bei „Unsere Welt", „Frankfurter Zeit." u. a. für bald erwartet hatte)".[230] Anfang Mai 1924 meldet er sich in der Sache ein weiteres Mal beim Verlag. „Ich wundere mich, daß häufig erscheinende Zeitschriften, wie z. B. das Literaturblatt der „Frankfurter Zeitung", noch immer keine Besprechung gebracht hat und gebe Ihnen anheim, wenn es

223 Vgl. Fraenkel an den Springer Verlag in einem Brief vom 6. Dezember 1923. Quelle: Akte „Fraenkel, Adolf B-F 120 I"; Zentral- und Landesbibliothek Berlin.

224 Fraenkel an den Springer Verlag in einem Brief vom 29. November 1923. Quelle: Akte „Fraenkel, Adolf B-F 120 I"; Zentral- und Landesbibliothek Berlin.

225 Siehe S. 78.

226 Apfel (1976), 252.

227 Fraenkel an den Springer Verlag in einer Postkarte vom 2. Juli 1920. Quelle: Akte „Fraenkel, Adolf B-F 120 I"; Zentral- und Landesbibliothek Berlin.

228 Springer Verlag an Fraenkel in einem Brief vom 6. Juli 1920. Quelle: Akte „Fraenkel, Adolf B-F 120 I"; Zentral- und Landesbibliothek Berlin.

229 Fraenkel an den Springer Verlag in einem Brief vom 29. November 1923. Quelle: Akte „Fraenkel, Adolf B-F 120 I"; Zentral- und Landesbibliothek Berlin.

230 Fraenkel an den Springer Verlag in einem Brief vom 12. Februar 1924. Quelle: Akte „Fraenkel, Adolf B-F 120 I"; Zentral- und Landesbibliothek Berlin.

Ihnen zweckmäßig erscheinen sollte, doch gelegentlich zu reklamieren".[231] Fraenkel hatte sich in diesem Fall gegen die Einschätzung des Verlages durchgesetzt, doch nun sollte sich Springer um die säumige Tageszeitung kümmern. Was immer auch passierte, in Frankfurt passierte nichts. Anfang November 1924 scheint Fraenkels Geduld erschöpft. Lobende Worte über das Literaturblatt der Zeitung vernimmt man nicht mehr, dafür zeigt er sich „erstaunt, wie manche inländische Zeitschriften sich Zeit lassen. Wenn z. B. das „Literaturblatt der Frankfurter Zeitung" bis heute noch keine Besprechung gebracht haben sollte, wäre es da nicht rätlich entweder um Aufklärung zu ersuchen oder für ein andermal auf die Heranziehung eines solchen Blatts zu verzichten"?[232] Der Autor scheint bei der Niederschrift dieser Zeilen vergessen zu haben, dass es zu dem Arrangement überhaupt erst aufgrund seines Insistierens kam. Der Verlag wollte schon zuvor verzichten.

[231] Fraenkel an den Springer Verlag in einem Brief vom 12. Mai 1924. Quelle: Akte „Fraenkel, Adolf B-F 120 I"; Zentral- und Landesbibliothek Berlin.

[232] Fraenkel an den Springer Verlag in einem Brief von Anfang November 1924. Quelle: Akte „Fraenkel, Adolf B-F 120 I"; Zentral- und Landesbibliothek Berlin.

Vollendung: 1924–1928 6

6.1 Eine Leistung „wie sie bisher noch nicht erschienen ist"

Der Misserfolg bei der *Frankfurter Zeitung* war nicht absehbar. Das Rezensionsgeschäft ist leider immer auch ein Stück weit ein Spielball wechselnder akademischer Prioritäten. Kommt man nicht sofort zur Besprechung eines Werkes, schwindet mit zunehmender Zeit die Wahrscheinlichkeit, dass es dazu überhaupt noch kommt. Aus Besprechungszusagen werden mit fortschreitender Zeit zuweilen bloße Rezensionsabsichten, die sich in Folge unvorhergesehener Entwicklungen und sich ändernder Pläne auch im Ungefähren verlieren können. Dies gilt umso mehr, wenn es sich beim Publikationsorgan nicht um eine Monats-, Quartals- oder gar Jahresschrift handelt, bei denen das Zeitfenster zum Vergangenen entsprechend großzügig bemessen ist, sondern um eine Tageszeitung, die im wöchentlich erscheinenden Literaturteil von der Aktualität neuer Titel lebt. Wer auch immer die zweite Auflage der *Einleitung* für das Literaturblatt der *Frankfurter Zeitung* besprechen sollte, scheiterte nicht an der Verständlichkeit des Werkes, sondern an etwas, das mit der Qualität des Buches nichts zu tun hatte. Im Falle der *Frankfurter Zeitung* hatte Fraenkel schlicht Pech. Dafür hatte er etwa im Fall der *Unterrichtsblätter für Mathematik und Naturwissenschaften* Erfolg, der sich im Hinblick auf die Klientel der Zeitschrift sogar als äußerst stabil und nachhaltig erweisen sollte.

Diese kleine Erfolgsgeschichte setzt sich am 1. April 1924 fort, als er dem Verlag davon berichtet, dass die *Unterrichtsblätter* „in der math.-pädagog. Literatur wohl an führender Stelle" stehen und „über die 1. Auflage des Buchs, von der ihnen auch kein Rezensionsexempl. zugegangen war, von sich aus empfehlend berichtet"[1] haben. Obgleich es nicht zu-

[1] Fraenkel an den Springer Verlag in einer Postkarte vom 1. April 1924. Quelle: Akte „Fraenkel, Adolf B-F 120 I"; Zentral- und Landesbibliothek Berlin.

M. Wille, *Fraenkel*, https://doi.org/10.1007/978-3-662-66167-3_6

traf, dass die Zeitschrift seinerzeit kein Besprechungsexemplar erhalten hatte,[2] so mag immerhin die Einschätzung des besonderen Wertes von unaufgeforderten Rezensionen zutreffen – erwuchsen sie doch unzweifelhaft aus einem aufrichtigen Interesse am Werk. Fraenkels Hinweis besaß dessen ungeachtet Substanz und sollte sich als zielführend erweisen, denn Georg Wolff, der Herausgeber der *Unterrichtsblätter*, besprach persönlich das Werk und beließ keinen Zweifel daran, dass Fraenkel mit der Neufassung die Bedürfnisse der Schulmathematiker noch besser bediente hatte als ihm dies bereits beim Original gelungen war. „Die zweite Auflage dieses bekannten Werkes ist für den Schulmann, der sich mit dem Fortgang der Mengenlehre befassen will, noch wertvoller geworden".[3] Wolff legte von Beginn an großen Wert auf die Besprechung von Fraenkels Werken,[4] die in ihrer Ausrichtung den schulmathematischen Belangen sehr entgegenkamen.[5] Alle Auflagen der *Einleitung* sowie die *Zehn Vorlesungen* wurden in den *Unterrichtsblättern* besprochen.[6] Im Besonderen galt für die *Einleitung* bis zur dritten Auflage hin der Tenor, dass das Buch „auch den Lesern dieser Zeitschrift warm empfohlen werden"[7] kann. Die Wertschätzung für den Autor war aufrichtig und zeigte sich nicht zuletzt darin, dass Fraenkel bereits 1922 den Beitrag „Probleme der Mengenlehre"[8] in den *Unterrichtsblättern* platziert hatte und dass Georg Wolff den Marburger Mengentheoretiker knapp drei Jahre später für die Überblicksstudie „Ueber die gegenwärtige Krise in den Grundlagen der Mathematik"[9] gewann, in der dieser „mit treffenden Worten die jüngste Entwicklung der mathematischen Philosophie"[10] kennzeichnet. Für die *Unterrichtsblätter* in der Mitte der 1920er-Jahre galt fraglos: „Der Autor ist unsern Lesern nicht unbekannt".[11]

Unbestreitbar beförderte vor allem die Überblicksstudie die Aufmerksamkeit auf Autor und Werk – allein schon deshalb, da zwanglos und wiederholt auf das Buch verwiesen

---

[2] Bei der Redaktion der Zeitschrift war ein Besprechungsexemplar der ersten Auflage nachweislich in der Zeit zwischen dem 11. Juni und dem 8. September 1919 eingegangen (vgl. *Unterrichtsblätter für Mathematik und Naturwissenschaften* 25(5/6), 71). Es mag sein, dass Fraenkel mit der Wendung ‚von sich aus empfehlend berichtet' unbestimmt auf eine wertschätzende bibliographische Erwähnung innerhalb eines ebendort veröffentlichten Beitrags abzielt. Naheliegend scheint gar die Anspielung auf Georg Wolffs redaktionelle Fußnotenanmerkung zu Fraenkels „Probleme der Mengenlehre" (vgl. Wolff (1922a)), die auf ganz kleinem Raum der ersten Auflage mit großer Wertschätzung begegnet (siehe 2.5.). Die Bezugnahme auf eine Rezension ist indes alles andere als wahrscheinlich, denn es findet sich in sämtlichen Heften zwischen 25(5/6) und 32(4) [= Publikationsort für die Besprechung der zweiten Auflage] keine eigenständige Besprechung der ersten Auflage des Werkes.

[3] Wolff (1926).

[4] Vgl. Wolff (1922a).

[5] Siehe S. 81f.

[6] Riebesell (1930); Wolff (1926); ders. (1927). Siehe zudem S. 262.

[7] Riebesell (1930).

[8] Fraenkel (1922f).

[9] Fraenkel (1925c); (1925d).

[10] Wolff (1926).

[11] Wolff (1926).

werden konnte. Etwas Vergleichbares hatte Fraenkel bereits kurz zuvor versucht, als er für das *Berliner Tageblatt* einen Artikel über „Das Unendliche" verfasst hatte. Entsprechend zuversichtlich berichtet er darüber dem Verlag. „Von einem wohl nächster Tage im „Berliner Tageblatt" erscheinenden Aufsatz von mir, der auf meine „Einleitung in die Mengenlehre" hinweist, werden Sie wohl ohnehin Notiz nehmen".[12] Der Beitrag erschien bereits am Freitag, den 9. Mai 1924, jedoch in erheblich gekürzter Form. So reichte es bei diesem Artikel letztlich nur für die Fußnote der Redaktion, dass „Professor Fraenkel [...] uns auf unseren Wunsch aus seiner „Einleitung in die Mengenlehre" (Berlin, J. Springer) die vorstehenden aktuellen Probleme skizziert"[13] hat. Offenkundig fand die Fußnote anstelle jener Passage Verwendung, in der Fraenkel vormals näher auf Inhalte der zweiten Auflage einzugehen gedachte. Die Redaktion des *Tageblatts* kürzte redaktionell und sie tilgte dabei gerade jene Teile, aufgrund derer Fraenkel den Beitrag überhaupt zu schreiben gedachte. Dieser war mit der Veröffentlichung sichtlich unzufrieden. Der Artikel ist „ärgerlicherweise sehr gekürzt u. verstümmelt"[14] erschienen. Allerdings soll laut Auskunft von Fraenkel im *Berliner Tageblatt* vom 2. September 1924 eine Besprechung seiner zweiten Auflage erschienen sein.[15] Doch findet sich weder in der Morgen- noch in der Abend-Ausgabe des besagten Tages ein Hinweis auf eine entsprechende Anzeige und auch in den Tagen vor sowie nach dem 2. September wird der Suchende nicht fündig. Eventuell wurde das *Berliner Tageblatt* damit für die zweite Auflage der *Einleitung* das, was die *Zeitschrift des Vereines Deutscher Ingenieure* für die erste Auflage war[16] – ein Ort nicht bestätigter Rezensionsaktivitäten.

Während die Besprechungsaktivitäten erst zeitlich versetzt ein Stimmungsbild liefern konnten, erhielt Fraenkel in der Zeit bis dahin vielfältige persönliche Rückmeldungen. Gleichermaßen stolz wie erfreut ließ er Berlin davon wissen, dass dem Werk in Fachkreisen von Beginn an Wertschätzung entgegengebracht wurde. „Es wird Sie vielleicht interessieren, daß ich von einer Reihe Kollegen des In- und Auslands, Mathematikern und Philosophen, bereits sehr freundliche Äußerungen zu dem Buche erhielt".[17] Das sollte sich in den nachfolgenden Monaten fortsetzen und führte möglicherweise sogleich zu einer verstärkten Nachfrage zum Beginn der Vorlesungszeit im April 1924. „Von einer Reihe hervorragender Gelehrten habe ich weiterhin ungemein freundliche Zuschriften zu dem Buch

---

[12] Fraenkel an den Springer Verlag in einem Brief vom 12. Mai 1924. Quelle: Akte „Fraenkel, Adolf B-F 120 I"; Zentral- und Landesbibliothek Berlin.

[13] Zit. n. Fraenkel (1924a).

[14] Fraenkel an den Springer Verlag in einem Brief vom 18. Mai 1924. Quelle: Akte „Fraenkel, Adolf B-F 120 I"; Zentral- und Landesbibliothek Berlin.

[15] Vgl. Fraenkel an den Springer Verlag in einem Brief von Anfang November 1924. Quelle: Akte „Fraenkel, Adolf B-F 120 I"; Zentral- und Landesbibliothek Berlin.

[16] Siehe 2.5.

[17] Fraenkel an den Springer Verlag in einem Brief vom 12. Februar 1924. Quelle: Akte „Fraenkel, Adolf B-F 120 I"; Zentral- und Landesbibliothek Berlin.

erhalten, das demnach zum Semesterbeginn vielfach empfohlen sein dürfte".[18] Zu diesen Gelehrten, die sich persönlich an Fraenkel wandten, gesellte sich auch Felix Hausdorff. Er dankte Fraenkel für die Existenz der zweiten Auflage der *Einleitung*. Diese hatte ihm für die neue Auflage seines eigenen Werkes „einen grossen Dienst geleistet, insofern ich für verschiedene wichtige Dinge, die mir nicht liegen, auf Ihre ausgezeichnete Darstellung verweisen kann, z. B. für die Axiomatik (in der Sie einen wesentlichen Fortschritt über Zermelo hinaus erzielt haben betr. das Axiom der Aussonderung) und die Behandlung der Antinomien".[19]

In den nun folgenden beiden Jahren setzte die größte Rezensionsaktivität zur *Einleitung* ein. Bis 1926 erschienen mindestens 25 Besprechungen zur zweiten Auflage – eine beachtliche Anzahl innerhalb von nicht einmal drei Jahren, die weder von der ersten noch von der dritten Auflage erreicht werden konnte.[20] Die gewachsene Aufmerksamkeit war vollkommen gerechtfertigt, denn die „Neuauflage, die Fraenkel jetzt als Band IX der bekannten Sammlung »Die Grundlehren der mathematischen Wissenschaften in Einzeldarstellungen« vorlegt, übertrifft an Wert noch sehr wesentlich die 1. Aufl.".[21] Diese „zweite Auflage der bekannten Fraenkelschen »Einleitung in die Mengenlehre« dürfte das für eine Einführung in die Mengenlehre zurzeit weitaus am besten geeignete Werk darstellen".[22] Führende deutschsprachige Fachzeitschriften für Mathematik und Philosophie besprachen die zweite Auflage und nahezu ebenso viele internationale Journale.[23] Neben dem wachsenden angelsächsischen Sprachraum wurde die *Einleitung* gleichermaßen für die französischen, holländischen, italienischen und ungarischen Gelehrtenkreise vorgestellt. Zweifel an Fraenkels mengentheoretischer Expertise bestanden schon vormals nicht mehr, doch Mitte der 1920er-Jahre wurde er dank der internationalen Rezeption der *Einleitung* zu einem weithin sichtbaren Mengentheoretiker. Für viele Rezensenten galt, was so mancher den Lesern wünschte. „Möge dieses ausgezeichnete Lehrbuch vielen Freude bereiten".[24]

Allem anderen voran wurde von den Rezensenten vor allem die Gründlich- und Ausführlichkeit gelobt. „Die zweite Auflage des Buches ist so erheblich erweitert, dass es jetzt zu einem mathematischen Lehrbuch geworden ist, jedoch ohne dass deshalb sein ursprünglicher Charakter einer allgemeinverständlichen Einführung in die Mengenlehre verwischt worden wäre".[25] Offenkundig bestand ein zentrales Motiv für die Neuausgabe darin, „to give more space to a critical consideration".[26] Feststellungen dieser Prä-

[18] Fraenkel an den Springer Verlag in einem Brief vom 12. Mai 1924. Quelle: Akte „Fraenkel, Adolf B-F 120 I"; Zentral- und Landesbibliothek Berlin.

[19] Felix Hausdorff an Fraenkel in einer Postkarte vom 9. Juni 1924. Zit. n. Purkert (2008), 2.

[20] Siehe S. 261.

[21] Fricke (1925), Sp. 1027.

[22] Feigl (1926), 258.

[23] Siehe S. 261ff.

[24] Banauch (1925), 59.

[25] Hartmann (1925), 78f.

[26] Smart (1926).

gung gingen häufig einher mit dem Lob, dass das Werk „ausserordentlich durchsichtig und anregend geschrieben"[27] ist. So kann es „certainly be recommended as a valuable introduction to an important and difficult subject".[28] Eingedenk der didaktisch versierten inhaltlichen Erweiterungen kann es „für solche, die sich dem Studium der Mengenlehre ganz widmen wollen, keine bessere und bequemere Einführung geben".[29] Die Umstände, die einst zur ersten Auflage führten, dürften nach wie vor „viel dazu beigetragen haben, daß er den Stoff in einer so leicht dahinfließenden Schreibweise zu behandeln vermochte".[30] Gegenüber der ersten Auflage enthält die Neuausgabe jedoch viele „wertvolle Ergänzungen und Erweiterungen".[31] Von diesen Erweiterungen profitierte nicht zuletzt der erste Teil des Werkes, der etwa von Dénes König, dem Sohn von Julius König, besonders wertgeschätzt wird. „Die erste Hälfte des Buches gibt eine sehr breite und sehr klare Darstellung der wichtigsten Tatsachen der klassischen Mengenlehre, die in hohem Masse geeignet ist Anfänger, Nicht-Mathematiker und Philosophen in das Gebiet einzuführen".[32]

Sowohl die Erweiterungen in der ersten Hälfte der *Einleitung* über die technischen Grundlagen wie auch die gänzlich neu gefasste zweite Hälfte zur Grundlagenforschung, die „den Erfordernissen der neuesten Arbeiten gemäß ausgestaltet"[33] ist, begeistert viele Leser. Durch den massiven Ausbau des Textkorpus bei gleichbleibend guter Verständlichkeit „wird dieses allgemein interessierende Gebiet weiteren Kreisen zugänglich".[34] So sind es „die größtenteils völlig neu hinzugekommenen Ausführungen der §§ 12 und 13, die den sehr erheblichen Wertzuwachs der Neuauflage gegenüber der ersten bedingen".[35] Exakt diese beiden Paragraphen liefern „the most readily available means of obtaining an acquaintance with the present state of the theory of the foundations of Mengenlehre and, indeed, of mathematics".[36] Dabei gewähren diese Ausführungen „eine gute Übersicht für die neuen Arbeiten von Brou[w]er, Weyl, Hilbert und Russel[l] über die Grundlagen der Mathematik".[37] Deshalb kann dieses Werk „vor allem zur Orientierung über die aktuellsten Fragen der Philosophie der Mathematik bestens empfohlen werden".[38] Dabei erfolgt die Auseinandersetzung mit den grundlagentheoretischen Einwänden im § 13 „auf höchst interessante Art".[39] Das schließt im Besonderen die umsichtige Diskussion von Missver-

[27] Lichtenstein (1927/28), 137.

[28] Carslaw (1924), 313.

[29] Banauch (1925), 56.

[30] Funk (1924).

[31] Hilb (1924), 309.

[32] König (1924–26), 61.

[33] Schiller (1924), 161.

[34] Szász (1924).

[35] Fricke (1925), Sp. 1027.

[36] Pfeiffer (1925), 278f.

[37] Funk (1924).

[38] Becker (1925), 113.

[39] Banauch (1925), 58.

ständnissen ein, die etwa von philosophischer Seite aus vorgetragen wurden. „Zum Schutze gegen solche Missverständnisse kann das schöne Buch FRAENKEL's auch Philosophen wärmstens empfohlen werden".[40] Auch galt es „die Gerechtigkeit hervorzuheben, die er dem gegnerischen intuitiven Standpunkt zuteil werden läßt und die Vorsicht, mit der er am Schlusse seines Buches das Fazit seiner Erwägungen zieht".[41]

Fraenkel festigt damit seinen Ruf als exzellenter Mathematikdidaktiker und versierter mengentheoretischer Grundlagenforscher. „Bewundernswert gelingt es dem Verfasser, die oft äußerst abstrakten Gedankenfolgen leicht verständlich und zugleich sehr interessant zu machen".[42] Darüber hinaus etabliert er sich nun auch als philosophierender Chronist der jüngsten Entwicklungen, denn über die Grundlagendebatte „berichtet Fraenkel in faßlicher, vielleicht nur allzu objektiver Weise".[43] All dies gelingt ihm in ausgewogener Darstellung, „dem Leser und noch mehr der wissenschaftlichen Weiterentwicklung die letzte Entscheidung überlassend".[44] Die Protagonisten in der zeitgenössischen Grundlagendiskussion „haben sich wenig umeinander gekümmert und manche von ihnen bilden eine sehr mühsame Lektüre. Um so dankbarer muss man dem Verf. sein, dass er „ohne eine gewisse Breite der Darstellung zu scheuen" mit ausserordentlicher Klarheit – die an den Styl der populärphilosophischen Schriften RUSSELL's erinnert – und mit strenger Objektivität diese verschiedenen Auffassungen zusammengestellt hat".[45] Durch diese Erweiterungen ist vor allem ein Bericht über ein Grenzgebiet von Logik und Mathematik „entstanden, wie er in gleicher Übersichtlichkeit wohl sonst kaum zu finden ist".[46] Die Paragraphen 12 bis 14 „bieten dem Leser eine außerordentlich fesselnde, eingehende, aber durchaus nicht einseitig orientierte Darstellung einer im lebhaftesten Schwunge begriffenen, die Grundlagen nicht nur der Mengenlehre, sondern der Mathematik überhaupt betreffenden Auseinandersetzung".[47] Für das vom Autor entworfene Panorama der mengentheoretischen Grundlagenforschung im Besonderen und der mathematischen Grundlagendebatte im Allgemeinen gilt ihm besonderer Dank, „als die Originalarbeiten großenteils sehr schwierig gehalten sind und als eine andere zusammenhängende Darstellung wohl kaum vorliegt".[48] Der Autor liefert eine Übersicht über die heutigen grundlagentheoretischen Standpunkte, „wie sie bisher noch nicht erschienen ist".[49] Kurzum, das „Fraenkelsche Buch verdient auch in philosophischen Kreisen die weiteste Verbreitung".[50]

[40] König (1924–26), 62.
[41] Becker (1925), 113.
[42] Banauch (1925), 57.
[43] Hilb (1924), 310.
[44] Hilb (1924), 310.
[45] König (1924–26), 62.
[46] Rademacher (1924), 11.
[47] Feigl (1926), 259.
[48] Feigl (1926), 259.
[49] Vietoris (1926), 13.
[50] Hartmann (1925), 80.

Es gab nicht nur Lob, wenngleich bei den offenkundig tadelnden Kritiken unklar blieb, aus welcher Motivlage heraus sie vorgetragen wurden. Möglicherweise wurde die *Einleitung* nur als Vehikel genutzt, um eine – wodurch auch immer induzierte – Kritik am Reihenherausgeber oder dem Verlag zu üben. So treffen wir unter anderem auf Grace Chisholm Youngs wenig schmeichelhafte Beobachtung zum äußeren Erscheinungsbild des Bandes. „What we have in our hands is the second edition, masquerading as a text-book in the ugly orange cover Professor Courant's series on the Foundations of Mathematical Sciences".[51] Eine rein äußerliche und zudem nur schwer nachvollziehbare Kritik,[52] die mit dem Werk im eigentlichen Sinne überhaupt nichts zu tun hatte.

Paul Funk tadelte zwar nicht die Farbgebung des Einbands, dafür aber eine andere, rein zufällige Nebensächlichkeit. Seine kurze Besprechung beschließt er mit einem Ausdruck des Bedauerns. „Leider sind durch Versehen der Druckerei einige Seiten doppelt gedruckt, während andere fehlen".[53] Diese letzten Worte wirken beim Leser nach – wird dieser doch darüber grübeln, ob derartiges bei der *Einleitung in die Mengenlehre* oder gar bei Springer-Werken allgemein häufiger vorkommt. Über diese Bemerkungen war der Verlag zurecht erzürnt, der dem Autor detailliert mitteilt, was in so einem Fall die eigentliche Aufgabe von Funk gewesen wäre. „Was die Besprechung Ihres Buches in der Zeitschrift „Hochschulwissen" betrifft, so ist es eigentlich bedauerlich, dass der Rezensent in einer Besprechung erwähnt, dass er zufällig ein verbundenes Exemplar bekommen hat. Es kann bei einer grossen Auflage in der Buchbinderei einmal durch Zufall vorkommen, dass bei einem Exemplar zwei gleiche Bogen mitgebunden und ein anderer weggelassen wird. Solche Exemplare schickt man an den Verlag zurück, der sie von seiner Buchbinderei in Ordnung bringen lässt und lässt sich dafür möglichst rasch ein komplettes Exemplar geben. Ich verstehe nicht, wie ein Rezensent, der doch häufiger mit Büchern zu tun hat, ein derart zufälliges Versehen der Buchbinderei zum Gegenstand seiner Besprechung wählt".[54] Der Standpunkt des Verlags war nicht nur verständlich, sondern auch berechtigt. Funks Kritik war ebenso unangemessen, wie Youngs ästhetisches Urteil über den ‚hässlichen orangefarbenen' Einband der Reihe fehl am Platz war.

Präzise waren indes jene Akzentsetzungen, mit denen nunmehr der von Fraenkel geleistete substantielle Mehrwert in der mengentheoretischen Axiomatik gewürdigt werden konnte. „Am ausführlichsten wird die ZERMELOsche Axiomatik behandelt, zu der der Verf. wertvolle Beiträge geliefert hat. (Ist aber in der neuen Form des Axiomes V., S. 198, kein Zirkel enthalten?)".[55] Eine berechtigte Frage, die auf eine gründliche Lektüre schließen ließ und durch die prägnant ein besonderes Anliegen Fraenkels zum Ausdruck gebracht wurde. Kritische Erwägungen dieser Prägung waren stets willkommen. Sie befeuerten den

---

[51] Young (1926), 128.

[52] Siehe 5.5.

[53] Funk (1924).

[54] Springer Verlag an Fraenkel in einem Brief vom 22. November 1924. Quelle: Akte „Fraenkel, Adolf B-F 120 I"; Zentral- und Landesbibliothek Berlin.

[55] König (1924–26), 62.

mengentheoretischen Diskurs in Passagen, über die sich der Marburger Mathematiker bereits eingehend Gedanken gemacht hatte und die zum Teil bereits ihren schriftlichen Niederschlag gefunden hatten, vor allem im § 13 der zweiten Auflage. Es sind dies „eigene wertvolle Beiträge des Verfassers",[56] erstmals curricular aufbereitet im Kontext des gesamten Forschungspanoramas. Sie waren damit gut lesbar zugänglich für jedermann außerhalb der kleinen Expertenkreise. „In connection with the Zermelo axiomatic the author gives in fine print an exposition of his contribution to the clarifying of the notion „eine definite Aussage" as used by Zermelo".[57] Erstmals findet in den Besprechungen nun auch Erwähnung, was schließlich mit der dritten Auflage zu einem Erkennungsmerkmal Fraenkels werden sollte: ein umfänglicher Literatur- und Registerappart. So enthält die zweite Auflage im Besonderen jene Anfänge bibliographischer Sorgfalt, die fünf Jahre später zu einem beeindruckenden Umfang anwachsen sollten. Nicht nur zaghaft findet Erwähnung, dass dieses Buch „auch Hinweise auf weitere Literatur"[58] enthält. Andernorts wird herausgestellt, dass dieser Teil des Werks seinen besonderen Nutzen besitzt. „Reichhaltige Literaturangaben, auch historischer Art [...] und ein Sachregister erhöhen die Brauchbarkeit des Buches".[59]

Diese bibliographische Gründlichkeit findet ihre Entsprechung in sämtlichen Paragraphen. Gegenüber der ersten Auflage hinzugekommen sind nicht zuletzt „sehr reichlich Literaturhinweise im Text",[60] wobei diese „vielen sorgfältigen Literaturangaben" als „wertvoll"[61] beurteilt werden. Bei aller Ausgewogenheit in der Darstellung der verschiedenen grundlagentheoretischen Argumente besaß der Autor das gesunde Selbstbewusstsein, die Koordinaten des eigenen Standpunktes nicht gänzlich unbestimmt zu belassen. Klar spricht er sich für einen modernen formal-axiomatischen Zugang aus, womit ihm – sicherlich nicht zu seinem Unwohlsein – die Haltung „eines konservativen Optimismus"[62] zugesprochen wird. Schließlich galt es von der klassischen Mathematik möglichst viel zu bewahren, weshalb er in diesem Sinne gerne als ‚konservativ' galt und mit seiner Zuversicht für die begründungstheoretische Reichweite der Hilbertschen Metamathematik dürfte er durchaus einen beweistheoretischen ‚Optimismus' verbunden haben. Zermelos Axiomatik hatte damit einen neuen Darstellungsstandard gefunden – nicht zuletzt deshalb, weil der von Fraenkel beschrittene Begründungsweg der Mengentheorie von ihm „mit besonderer Liebe hervorgehoben"[63] wird.

[56] Lichtenstein (1927/28), 137.

[57] Pfeiffer (1925), 278.

[58] Grelling (1924), 49.

[59] Becker (1925), 113.

[60] Vietoris (1926), 13.

[61] Banauch (1925), 57.

[62] Fricke (1925), Sp. 1029.

[63] Becker (1925), 113.

6.2 Lang ersehnt: „Untersuchungen über die Grundlagen der Mengenlehre“

Bis Mitte des Jahres 1924 war Fraenkel immer noch mit der Distribution seines neuen Werkes befasst. Auch gut ein halbes Jahr nach Veröffentlichung des Buches wurden gezielt mögliche Multiplikatoren in Form von Personen und Institutionen ausgewählt, um die *Einleitung* mit Nachdruck zu bewerben. Zu diesem Zweck übersendet der Marburger Mengentheoretiker noch Anfang Juni eine weitere Liste von nicht weniger als 20 Adressen von Kollegen, denen ebenfalls ein Autorenexemplar übersandt werden soll.[64] Diese zusätzlichen Exemplare hatte Fraenkel dem Verlag ebenso abgerungen wie die drei weiteren, ebenfalls für Kollegen bestimmten, mit denen am 19. Juni diese Versandrunde beschlossen wurde.[65] Exakt zu dieser Zeit stellte der Mathematiker jenen Aufsatz fertig, den er bereits vor gut zweieinhalb Jahren in Jena in Aussicht gestellt und seit dieser Zeit immer wiederkehrend angekündigt hatte. Am 20. Juni 1924 geht bei der *Mathematischen Zeitschrift* das Manuskript „Untersuchungen über die Grundlagen der Mengenlehre“ ein.

Bereits die Titelgebung lässt unmissverständlich erkennen, dass hier der Bezug zum Standard von Zermelos maßgeblicher Arbeit aus dem Jahr 1908 gesucht wird. Ausdrücklich spricht Fraenkel von einer „gleichbetitelten Arbeit“.[66] Der Titel ist derselbe – der Anspruch auch. Entsprechend lässt er den Text mit den Worten eröffnen „Der unter obigem Titel im 65. Band der Math. Annalen (1908) erschienene bahnbrechende Aufsatz Herrn Zermelos“.[67] Einen kleinen Unterschied in der Titelgebung gibt es dennoch. Zermelo kündigte 1908 durch Verwendung einer einzigen kleinen römischen Ziffer sogleich und ausdrücklich eine Fortsetzung an. Bei dessen „Untersuchungen über die Grundlagen der Mengenlehre. I“ handelt es sich eben um Teil I, der mindestens einen weiteren in Aussicht stellt. Einen zweiten Teil sollte es jedoch weder in naher noch ferner Zukunft geben. Er blieb unvollendet – zumindest unveröffentlicht. Zermelos „Untersuchungen“ ereilte damit das Schicksal von so vielen veröffentlichten ersten Teilen, die als solche geführt wurden und damit das Versprechen auf mindestens einen weiteren Teil präsupponierten, das dann – aus welchen Gründen auch immer – unerfüllt blieb. Der erste Teil blieb auch der einzige. Fraenkel verzichtete – eventuell sogar aufgrund der bekannten Gefahr unvorsichtiger Autorenversprechen – auf eine entsprechende Deklaration. Dafür lieferte er – wiederum im Unterschied zu Zermelo – mit den beiden Beiträgen „Axiomatische Theorie der geordneten Mengen“[68] und „Axiomatische Theorie der Wohlordnung“[69] die beiden Teile II und III

[64] Vgl. Fraenkel an den Springer Verlag in einem Brief vom 4. Juni 1924. Quelle: Akte „Fraenkel, Adolf B-F 120 I“; Zentral- und Landesbibliothek Berlin.

[65] Vgl. Fraenkel an den Springer Verlag in einer Postkarte vom 19. Juni 1924. Quelle: Akte „Fraenkel, Adolf B-F 120 I“; Zentral- und Landesbibliothek Berlin.

[66] Fraenkel (1932b), 47.

[67] Fraenkel (1925b), 250.

[68] Fraenkel (1926).

[69] Fraenkel (1932a).

seiner Untersuchungen über die Grundlagen der Mengenlehre. Der erste Teil wurde damit erst nachträglich als solcher kenntlich gemacht.

Es spricht alles dafür, dass das Projekt der „Untersuchungen über die Grundlagen der Mengenlehre“ erst nach Fertigstellung und Veröffentlichung der zweiten Auflage der *Einleitung* verbindlich in Angriff genommen wurde. Die gesamte Architektur des Aufsatzes wird vor den bereits erbrachten Leistungen des Bandes aus der *Grundlehren*-Reihe entworfen und mehr als nur ein Mal wird die Statik des Manuskriptes durch substantielle Verweise auf diese „anderweitige Erörterung“[70] abgesichert. Während Fraenkel den ‚Grundlagen‘-Aufsatz niederschrieb, befand sich neben den Manuskriptblättern zweifelsohne ein Exemplar der erweiterten *Einleitung* auf dem Schreibtisch. Mit dem Selbstbewusstsein und der Souveränität der großen Monographie konnte sich Fraenkel nun endlich in der ersten Hälfte des Jahres 1924 verbindlich mit dem Bedenken befassen, „ob mit der gewonnenen Präzision die veränderte Axiomatik nicht die Fähigkeit verliere, das Gesamtgebiet der allgemeinen Mengenlehre zu umfassen“.[71] Dieser naheliegende Einwand hatte ihn begleitet seit seinen ersten mengentheoretischen Forschungsbeiträgen im Sommer 1921. Nun war es an der Zeit, diesen „Zweifel durch die tatsächliche Durchführung zu widerlegen, und zwar zunächst für die allgemeine Theorie der Äquivalenz einschließlich des speziellen unentbehrlichen Begriffs der abzählbaren Mengen“.[72] Exakt dies „ist das Ziel des folgenden Aufsatzes“[73] und Fraenkel setzt dieses Anliegen auf komprimierten 23 Druckseiten, organisiert in vier Paragraphen, mustergültig um. Auf die grundlagentheoretischen und philosophischen Aspekte gilt es hier nicht einzugehen, dafür wird stets pünktlich auf diverse andere Beiträge – allen voran die *Einleitung* – verwiesen. Bevor er im § 3 die Theorie der Äquivalenz aufspannt[74] und im § 4 den Begriff der abzählbar unendlichen Mengen entfaltet,[75] werden im § 2 erst einmal die nächsten Folgerungen aus dem, im § 1 kanonisch vorgestellten Axiomensystem[76] gezogen.[77] Es sind dies charakteristische Theoreme, deren einfache Etablierung ein repräsentatives Zeugnis für die Beweiskraft des Systems ist. Wie bereits in „Die Axiome der Mengenlehre“[78] erfolgt die semantische Klärung der grundlegenden Mengen (Teil-, Paar-, Potenz-, Vereinigungsmenge) nicht im unmittelbaren Kontext der sie verwendenden Axiome, sondern innerhalb eines definitorischen Vorspanns,[79] welcher der Liste der Axiome systematisch vorausgeht.[80] Der konzise Charakter der Axiome bleibt damit gewahrt.

---

[70] Fraenkel (1925b), 250.

[71] Fraenkel (1925b), 251.

[72] Fraenkel (1925b), 251.

[73] Fraenkel (1925b), 251.

[74] Vgl. Fraenkel (1925b), 260–270.

[75] Vgl. Fraenkel (1925b), 270–273.

[76] Vgl. Fraenkel (1925b), 253–256.

[77] Vgl. Fraenkel (1925b), 256–260.

[78] Siehe 4.3.

[79] Vgl. Fraenkel (1925b), 253.

[80] Vgl. Fraenkel (1925b), 254.

Zur Umsetzung der lang aufgeschobenen Begründungspflicht konnte sich Fraenkel immerhin in der Bereitstellung des präzisierten Axiomensystems umfassend auf die einschlägigen Passagen der zweiten Auflage der *Einleitung* sowie umfassend auf die Gehalte des *Scripta*-Aufsatzes beziehen. Wenn der Autor mithin das Erfordernis vorträgt, dass wir „an Stelle des unbestimmten Begriffs einer definiten Aussage, der Einführung eines *Funktionsbegriffs* auf definitorischem Wege"[81] bedürfen, so kann nunmehr die gesammelte definitionstheoretische Erfahrung im Umgang mit dem Funktionsbegriff ausgespielt werden. Fraenkel muss sich in diesem Beitrag nicht neu erfinden. Gleichwohl führen die leichten Überarbeitungen am Definitionsverfahren zu merklichen Verbesserungen. Auf den ersten Blick mögen die Unterschiede zwischen der aktuellen (Sommer 1924) und der vormaligen Fassung (Herbst 1923) überschaubar ausfallen, aber die Veränderungen in Details der induktiven Definition des Funktionsbegriffs lassen die gesamte Begriffsbildung semantisch souveräner auftreten. Darüber hinaus finden sich nunmehr definitionstheoretische Gedanken, die in Form eines kleinen Kommentars die Definition einbetten und besser verständlich werden lassen. Für die Bestimmung des Funktionsbegriffs wird inzwischen ausdrücklich eingeräumt, dass sie „offenbar ein induktives Verfahren enthält"[82] und dass „sich die Bildung von Funktionen und daher auch von Aussonderungsmengen mittels *endlicher* Prozesse vollzieht".[83]

Den Anlass für diese ergänzenden Überlegungen bildete nicht zuletzt Thoralf Skolems Vortrag „Einige Bemerkungen zur axiomatischen Begründung der Mengenlehre"[84] auf dem Helsingforser Mathematikerkongress 1922, in dem dieser unabhängig vom bereits vorliegenden Ansatz eine „sehr wünschenswerte Präzisierung des Zermelo'schen Begriffes „definite Aussage"" gleichermaßen anmahnte wie auch besorgte und von dem Fraenkel offenkundig erst Mitte 1923 erfuhr – zu spät, um noch im erweiterten Manuskript der *Einleitung* reagieren zu können. „Der inhaltsreiche Vortrag *Skolems* wurde dem Verfasser erst während des Druckes zugänglich".[85] Skolems Vorschlag nahm keinerlei Anleihen bei den Besonderheiten der mengentheoretischen Axiomatisierung und bezog sich weder auf Zermelos noch auf Fraenkels Axiomensystem. Da für Skolem das Problem der Antinomien kein genuines Problem der Mengenlehre, sondern der zugrundeliegenden Logik darstellt, fasste er seinen Vorschlag sogleich allgemeiner über die logische Syntax der Sprache, dargestellt mit Mitteln von Schröders Algebra der Logik. Nach diesem haben wir uns auch bei mengentheoretischen Teilmengenbildungen auf syntaktisch wohlgeformte Komprehensionsbedingungen zu beschränken, die sich ausgehend von atomaren bzw. Elementaraussagen mit den aussagen- und prädikatenlogischen Mitteln der Konjunktion, Adjunktion, Negation, Existenz- und Allquantifikation bilden lassen. Im Unter-

[81] Fraenkel (1925b), 253f.

[82] Fraenkel (1925b), 254.

[83] Fraenkel (1925b), 254.

[84] Skolem (1923).

[85] [*Einleitung*[2]], 187.

schied zu Fraenkel geht Skolem – hier in moderner Notation gefasst – über eine induktive Definition des Formelbegriffs für die Prädikatenlogik erster Stufe:

(i) $\mathfrak{A}, \mathfrak{B} \,\varepsilon\, \text{Formel}_{PL} \;\Rightarrow\; \mathfrak{A} \wedge \mathfrak{B} \,\varepsilon\, \text{Formel}_{PL}$

(ii) $\mathfrak{A}, \mathfrak{B} \,\varepsilon\, \text{Formel}_{PL} \;\Rightarrow\; \mathfrak{A} \vee \mathfrak{B} \,\varepsilon\, \text{Formel}_{PL}$

(iii) $\mathfrak{A} \,\varepsilon\, \text{Formel}_{PL} \;\Rightarrow\; \neg\mathfrak{A} \,\varepsilon\, \text{Formel}_{PL}$

(iv) $\mathfrak{A}\mathfrak{c} \,\varepsilon\, \text{Formel}_{PL} \;\Rightarrow\; \bigwedge \mathfrak{x}\mathfrak{A}\mathfrak{c}/\mathfrak{x} \,\varepsilon\, \text{Formel}_{PL}$

(v) $\mathfrak{A}\mathfrak{c} \,\varepsilon\, \text{Formel}_{PL} \;\Rightarrow\; \bigvee \mathfrak{x}\mathfrak{A}\mathfrak{c}/\mathfrak{x} \,\varepsilon\, \text{Formel}_{PL}$

Alle Formeln, die sich ausgehend von den beiden grundlegenden Aussagen $a \in b$ *und* $a = b$ mittels der benannten Erzeugungsprinzipien in endlich vielen Schritten konstruieren lassen, sind für die Mengenbildung zulässig. „*Unter einer definiten Aussage kann man jetzt einen endlichen Ausdruck verstehen, der von Elementaraussagen der Form a ε b oder a = b mit Hilfe der 5 genannten Operationen aufgebaut ist*".[86] Nachdem Fraenkel von Skolems Vorschlag erfahren hatte, akzeptierte er diesen umgehend und auch künftig als eine „Methode, die unabhängig und andersartig ist als die von Referenten 1922 gegebene".[87] Beide Vorgehensweisen erachtet er als legitime Wege, „um den unscharfen Eigenschaftsbegriff entweder mit Hilfsmitteln der symbolischen Logik oder mittels eines mathematischen, auf die anderen Axiome gestützten Funktionsbegriffs *definitorisch* zu präzisieren".[88] Seine Wertschätzung für Skolems Vortrag brachte er unter anderem darüber zum Ausdruck, dass er eine ganzseitige Besprechung für das *Jahrbuch* aufsetzte, in der er jedoch nicht die Anmerkung versäumte, dass sich ein Großteil der vorgetragenen Bemerkungen „mit einschlägigen, 1922 erschienenen Betrachtungen des Referenten decken".[89] Damit war die Prioritätsfrage erneut geklärt, die Skolem zu keinem Zeitpunkt anders beantwortet sehen wollte. Selbstverständlich wies dieser in den eigenen Arbeiten darauf hin, dass er „eine anders formulierte Verbesserung vorgeschlagen"[90] hat. Aber im Punkt der Erstrangigkeit ließ er keine Zweifel aufkommen. „FRAENKEL hat den unklaren Punkt bei ZERMELO verbessert".[91] Der norwegische Logiker anerkannte und wertschätzte die Marburger Lösung gleichermaßen. Da Skolems eigener Vorschlag keine Kritik daran, sondern eine Alternative dazu repräsentierte, gab es für Fraenkel vorerst keinen inhaltlichen Grund, vom eigenen Ansatz abzurücken. Seinen Zugang favorisierte er weiterhin, denn nach seinem Dafürhalten „wird man der nachstehend gegebenen, an *Fraenkel II* sich anschließenden Lösung zum mindesten den Vorzug der scharfen, rein mathematischen Definition ohne Heranziehung des Logikkalküls zuerkennen".[92] Erst viele Jahre später sollte er von dieser

---

[86] Skolem (1923), 139.

[87] Fraenkel (1937b), 19.

[88] Fraenkel (1932c), 341.

[89] Fraenkel (1927/28b), 138.

[90] Skolem (1929), 219.

[91] Skolem (1929), 219.

[92] [*Einleitung*[2]], 188.

Einschätzung abrücken und die Auffassung teilen, dass Skolems Lösung „is preferable for its more general and natural character".[93]

Im Unterschied zur Fassung aus der zweiten Auflage der *Einleitung* erfolgt nunmehr der definitorische Unterbau des Funktionsbegriffs nicht unter Verwendung des Definitionsbestandteils ‚d) siehe nachstehend'.[94] Freilich hatte Fraenkel diesen seinerzeit vorgesehen, um einem möglichen Zirkelverdacht vorzubeugen. Mit dieser Leerstelle wurde klar herausgestellt, dass es einen letzten Bedingungsteil nachzutragen gilt, sobald ein weiterer Schritt vollzogen wurde. Elegant war das Vorgehen dennoch nicht. Selbsterklärend können Aussonderungsmengen nicht als Teilmengenfunktionen identifiziert werden, bevor sie nicht erstmals per Axiom gebildet wurden. Die endgültige Fassung stellt im inneren Definitionsanfang nur jene Bedingungen bereit, die für den inneren Definitionsschritt unverzichtbar sind:

> „a) Die Potenzmenge von x, die Vereinigungsmenge von x, ein von x abhängiges Paar werden, ebenso wie jede konstante Menge, als *Funktionen von x* bezeichnet. Eine Funktion einer Funktion von x heißt wiederum eine *Funktion von x*.
> b) Es seien $\varphi(x)$ und $\psi(x)$ gegebene Funktionen von x, $\bigcirc$ eine gegebene der vier Grundbeziehungen $=, \neq, \in, \notin$. Sind dann m und m' Mengen von der Art, daß m' alle diejenigen Elemente y von m und nur sie als Elemente enthält, für die die Beziehung $\varphi(y) \bigcirc \psi(y)$ gilt, so heißt m' eine (nach Axiom I: die) *durch $\varphi \bigcirc \psi$ bestimmte Aussonderungsmenge von m*, in Zeichen: $m' = m_{\varphi(y) \bigcirc \psi(y)}$".[95]

Bemerkenswert bei dieser Neufassung ist zu allererst die Verwendung des $\bigcirc$-Platzhalters für die vier zentralen Beziehungen. Es ist ein untadeliger Hinweis darauf, dass sich Fraenkel um eine elegante formale Grammatik zu sorgen bereit zeigt. Obgleich er mit Bezug auf die ‚definit'-Redeweise wiederholt betont, dass ihm „die Ausmerzung dieses Uebelstandes"[96] nicht über den Weg der logischen Syntax, sondern über jenen einer operativen Axiomatik gelungen sei, so erkennt er doch das Erfordernis syntaktischer Souveränität in der Formulierung des eigenen Vorschlags an. Passagen mit entsprechenden Überlegungen besitzen im Œuvre eher Seltenheitswert, aber zeitnah zum ‚Grundlagen'-Aufsatz stellt er flankierend für die Berliner Mathematische Gesellschaft fest, dass man sich in der Formulierung des Teilmengenbildungsprozesses – strenggenommen – auf die eine basale mengentheoretische Relation beschränken könnte. „Hinzuzufügen bleibt nur noch, daß an Stelle der einen Grundbeziehung $\in$ hier auch die andere = sowie die Negation jeder von ihnen stehen darf. (Übrigens läßt sich = immer auf $\in$ zurückführen, da $a = b$ gleichbedeutend mit $a \in \{b\}$ ist)".[97]

---

[93] Fraenkel (1958), 12.
[94] Siehe 5.2.
[95] Fraenkel (1925b), 254.
[96] Fraenkel (1925f), 148.
[97] Fraenkel (1925e), 32.

Während Fraenkel bis zur Mitte der 1920er-Jahre stets von vier Grundbeziehungen gesprochen hat, denen jeweils der Charakter der Irreduzibilität anzuhaften schien, greifen nun Überlegungen zur syntaktischen Sparsamkeit. Freilich würde ihm nicht jeder Logiker in der Auffassung folgen, dass sich die Identität stets auf die Elementrelation zurückführen lässt. Wohl aber ist umfassende Zustimmung dort gewiss, wo man sich statt der vier Grundbeziehungen $=, \neq, \in, \notin$ auf die Identität sowie die Elementrelation beschränkt, während man ihre Negationen als derivative Relationen begreift, die jederzeit über $\mathfrak{a} \neq \mathfrak{b} \rightleftharpoons \neg\mathfrak{a} = \mathfrak{b}$ bzw. $\mathfrak{a} \notin \mathfrak{b} \rightleftharpoons \neg\mathfrak{a} \in \mathfrak{b}$ zur Verfügung gestellt werden können. Doch kommen wir auf die semantischen Spezifikationen des Funktionsbegriffs zurück. Nach dem auf ein Minimum kondensierten Bedingungsteil a) gelten nunmehr als *Funktionen* φ einer Menge x:

(i)	$\varphi(x) = c$	(konstante Funktion)
(ii)	$\varphi(x) = x$	(Identitätsfunktion)
(iii)	$\varphi(x) = \lambda y(\bigwedge w(w \in y \leftrightarrow \bigvee z(w \in z \wedge z \in x))$	(Vereinigungsmengenfunktion)
(iv)	$\varphi(x) = \lambda y(\bigwedge w(w \in y \leftrightarrow w \subseteq x))$	(Potenzmengenfunktion)

Sind φ, ψ Funktionen einer Menge x, dann sind auch

(v)	$\{\varphi(x),\ \psi(x)\} = \lambda y(\bigwedge w(w \in y \leftrightarrow w = \varphi(x) \vee w = \psi(x)))$	(Paarmengenfunktion)
(vi)	$\psi(\varphi(x))$	(Funktion einer Funktion)

Funktionen von x. Im Unterschied zu früheren Vorschlägen wird nunmehr mittels der bereits etablierten Funktionen von x erklärt, was wir unter einer Aussonderungsmenge zu verstehen haben. Dieser Definitionsschritt vor der Einführung des Aussonderungsaxioms ist freilich zulässig, weil durch die Definition nicht präsupponiert wird, dass es entsprechende Mengen auch gibt. Sind φ, ψ Funktionen einer Menge x, so ist $m' = m_{\varphi(y) \bigcirc \psi(y)}$ die durch $\varphi \bigcirc \psi$ bestimmte Aussonderungsmenge für $\bigcirc$ aus $[\in, \notin, =, \neq]$. Nun verfügt Fraenkel über alle begrifflichen Voraussetzungen, um das Axiom für die Teilmengenbildung einzuführen: „Axiom V. Zu jeder Menge m und je zwei Funktionen $\varphi(x)$ und $\psi(x)$ existiert, falls $\bigcirc$ eine beliebige der Grundbeziehungen bedeutet, die Aussonderungsmenge $m_{\varphi(y) \bigcirc \psi(y)}$“.[98] Sind φ, ψ Funktionen einer Menge x, so gilt:

$$\bigvee y \bigwedge x(x \in y \leftrightarrow \varphi(x) \bigcirc \psi(x)) \qquad \text{für } \bigcirc \text{ aus } [\in, \notin, =, \neq]$$

Die durch das Aussonderungsaxioms gebildeten Teilmengen sind mithin durchweg durch $\varphi \bigcirc \psi$ bestimmt. Damit erweist sich auch $m_{\varphi \bigcirc \psi}$ als eine Funktion von x und wir können den Funktionsbegriff vervollständigen: „c) Ist $m' = m_{\varphi(y) \bigcirc \psi(y)}$ und ist m eine Funktion der Unbestimmten x oder geht in die Funktionen φ und ψ (abgesehen von der Hilfsvariablen y)

[98] Fraenkel (1925b), 254.

die Unbestimmte x ein, so heißt m' (als im allgemeinen von x abhängig) eine *Funktion von* x".[99] Sind φ, ψ Funktionen einer Menge, dann ist auch

(vii)	$\xi(x) = \lambda y(\bigwedge w(w \in y \leftrightarrow \varphi(w) \bigcirc \psi(w)) \wedge y = x)$	(Teilmengenfunktion)

eine Funktion von x. Die Klasse der Mengenbildungsfunktionen ist unter diesen Erzeugungsverfahren einmal mehr abgeschlossen. Nachdem Fraenkel in der zweiten Auflage der *Einleitung* nicht mehr auf den alternativen Definitionsvorschlag Skolems eingehen konnte, nutzte er entsprechend die nächstbesten publizistischen Gelegenheiten, um den Charakter und die Vorzüge des eigenen definitorischen Vorgehens zur erhellen, denn „Funktionen dieser Art spielen beim axiomatischen Aufbau der Mengenlehre eine entscheidende Rolle".[100] Dieser besonderen Aufgabe wird nicht nur im ‚Grundlagen'-Aufsatz entsprochen, sondern auch im unmittelbar nachfolgenden Beitrag „Axiomatische Begründung der geordneten Mengen".[101] Zusammen liefern sie Fraenkels kleine Theorie induktiver Definitionen Mitte der 1920er-Jahre. So geht er nun eigens noch darauf ein, „den hier verwendeten Begriff der Funktion zu erklären; hierbei muß eine definitorische Zurückführung auf die Grundbegriffe verlangt, also nicht etwa ein allgemeiner Funktionsbegriff vorausgesetzt werden. Eine solche Definition ergibt sich naturgemäß, indem auf eine unbestimmte bezw. variable Menge x sowie ev. auf gegebene (konstante) Mengen die elementaren Prozesse der Mengenbildung, wie sie im zweiten bis fünften Axiome Zermelos erscheinen, in endlicher Anzahl angewandt werden".[102]

Die besagte ‚definitorische Zurückführung auf die Grundbegriffe' ist gegeben durch die Deklaration der grundlegenden Mengen (Teil-, Paar-, Potenz-, Vereinigungsmenge) als Funktionen. Es sind dies die ersten Funktionen, die nachfolgend auch in die Formulierung des Aussonderungsaxioms mit eingehen und folglich in der Form $\varphi \bigcirc \psi$ die Teilmengen bestimmen. Dass damit auch Mengen der Form $m_{\varphi \bigcirc \psi}$ als Funktionen von x verstanden werden dürfen, erklärt sich über das Stufenmodell der Mengenbildung, mit dem eine zirkuläre Begriffsbildung nachweislich unterbunden bleibt. Dies wird nun auch ausdrücklich von Fraenkel herausgestellt. „Eine zirkelhafte Verflechtung der Definition[103] [...] mit dem Aussonderungsaxiom liegt nicht vor, da die Definition der Funktion induktiven Charakter zeigt, die Funktionen sich also nach der Zahl der aufeinanderfolgenden Anwendungen des Axioms klassifizieren lassen".[104] Damit wird deutlich, dass Aussonderungsmengen überhaupt erst dann als Funktionen für weitere Teilmengenbildungsprozesse zur Verfügung stehen, wenn sie ihrerseits mittels des Aussonderungsaxioms gebildet wurden. Einzig die

[99] Fraenkel (1925b), 254.
[100] Fraenkel (1925e), 34.
[101] Fraenkel (1925e).
[102] Fraenkel (1925e), 32.
[103] Bei Fraenkel repräsentiert durch den Definitionsteil c); bei uns dargestellt durch (vii).
[104] Fraenkel (1925e), 34.

fundamentalen Funktionen (i)–(vi) sind hiervon ausgenommen. Funktionen, welche die Bedingung (vii) erfüllen, werden indes klassifiziert ‚nach der Zahl der aufeinanderfolgenden Anwendungen des Axioms'. Obgleich in informeller Prosa gefasst, liegt dieser Erläuterung ein stufentheoretischer Gedanke für die axiomatische Verwendung von (vii) zugrunde. Während auf der 0. Stufe einzig die durch (i) bis (vi) bestimmten Funktionen φ_0 und ψ_0 zur Verfügung stehen, um erste Teilmengenfunktionen $\xi_1(x) = \lambda y(\bigwedge w(w \in y \leftrightarrow \varphi_0(w) \bigcirc \psi_0(w)) \wedge y = x)$ zu definieren, setzt die Einführung von Teilmengenfunktionen auf der (n+1). Stufe die Verfügbarkeit entsprechender Funktionen der n. Stufe voraus: $\xi_{n+1}(x) = \lambda y(\bigwedge w(w \in y \leftrightarrow \varphi_n(w) \bigcirc \psi_n(w)) \wedge y = x)$. Im Definiens neuer Teilmengendefinienda können mittels dieses stufentheoretischen Vorgehens in der operativen Axiomatik keine semantischen Bestanteile auftreten, die es allererst einzuführen gilt. Zirkuläre Strukturen sind damit in Gänze ausgeschlossen.

Einmal mehr sollte Fraenkel auch im Fall dieses Aufsatzes zum Chronisten in eigener Sache werden. Schließlich findet man dort „eine völlig scharfe Entwicklung"[105] des Sachverhaltes, dass die Neufassung des Aussonderungsaxioms unter Ausschaltung des Definitheitsprädikats die volle Leistungsstärke besitzt. Wenn es künftig festzustellen gilt, dass „eine Ausfüllung der bezeichneten Lücke […] neuerdings gelungen"[106] scheint, so wird nicht mehr nur auf den „definit"-Aufsatz verwiesen werden, sondern eben auch auf die „Untersuchungen über die Grundlagen der Mengenlehre". Mit nachfolgenden Beiträgen sowie einer Selbstanzeige im *Jahrbuch über die Fortschritte der Mathematik* wird er dokumentieren, dass es dem Autor mit den „Untersuchungen über die Grundlagen der Mengenlehre" gelungen sei, Zermelos „berühmtes Axiomensystem"[107] durch die Präzisierung des Aussonderungsaxioms verbessert zu haben, auf dem sich nicht nur „weiterhin die ganze Äquivalenztheorie *Zermelos* neu aufbauen ließ",[108] sondern sich „die Ergebnisse der eingangs erwähnten Arbeit vollständig"[109] herleiten lassen.

Damit hatte Fraenkel für die axiomatische Mengentheorie einen neuen Standard geschaffen. Vor allem hatte er ein langjähriges Versprechen eingelöst und eine Leistung vollbracht, die ihn von nun an zum Ko-Namengeber eines mengentheoretischen Axiomensystems prädestinierte. Vollkommen zu Recht wird der Aufsatz „Untersuchungen über die Grundlagen der Mengenlehre" – übrigens als einzige von Fraenkels Publikationen überhaupt – in Churchs *Bibliography of Symbolic Logic* mit einem Sternchen * indiziert,[110] womit er zu jenen Veröffentlichungen zu zählen ist, „which are thought to be of especial interest or importance from the point of view of symbolic logic".[111]

105 Fraenkel (1925e), 32.

106 Fraenkel (1924b), 94.

107 Fraenkel (1932b), 47.

108 Fraenkel (1926), 130.

109 Fraenkel (1932b), 48.

110 Vgl. Church (1936), 182.

111 Church (1936), 122.

6. Die neueren Ideen zur Grundlegung der Analysis und Mengenlehre. ***Jahresb. D. M.-V.,*** vol. 33 (1924), pp. 97–103.

7. Über die gegenwärtige Grundlagenkrise der Mathematik. ***Sitzungsberichte der Gesellschaft zur Beförderung der gesamten Naturwissenschaften zu Marburg,*** 1924, pp. 117–132.

8. Über die gegenwärtige Krise in den Grundlagen der Mathematik. ***Unterrichtsblätter für Mathematik und Naturwissenschaften,*** vol. 31 (1925), pp. 249–254, 270–274.

9. Der Streit um das Unendliche in der Mathematik. **"Scientia,"** vol. 38 (1925), pp. 141–152, 209–218.

10. Les discussions sur l'infini en mathématiques. French translation of the preceding by Marcel Thiers. Ibid , Supplément, pp. 49–58, 81–88.

* *11. Untersuchungen über die Grundlagen der Mengenlehre.* ***Math. Z.,*** vol. 22 (1925), pp. 250–273.

Auszug aus dem Eintrag „269. ADOLF FRAENKEL" in *A Bibliography of Symbolic Logic*. (Quelle: Church 1936, 182)

Der erste Mathematiker, der von dieser maßgeblichen Arbeit für die eigene Forschung umfänglich profitieren konnte, dürfte Julius Merzbach, Fraenkels erster Doktorand, gewesen sein. Dieser hatte vormals – vom Wintersemester 1918/19 bis zum Wintersemester 1923/24 – Mathematik und Physik an der Universität Berlin studiert, dort unter anderem bei Ludwig Bieberbach.[112] Zum Sommersemester 1924 wechselt er an die Philipps-Universität, wo er bereits im nachfolgenden Semester mit der Arbeit *Bemerkungen zur Axiomatik der Mengenlehre* promoviert wird. Merzbach trifft also just zu der Zeit an der Lahn ein, als Fraenkel das Manuskript für seine „Untersuchungen über die Grundlagen der Mengenlehre" fertigstellt. Der nur kurze zeitliche Abstand zwischen Studienortwechsel und Promotion legt die Vermutung nahe, dass Merzbach gezielt nach Marburg ging, um dort bei Fraenkel über die Axiomatik der Mengenlehre, vor allem jener Schoenflies', zu promovieren. Sollte der Student noch in Berlin Rat bei Bieberbach eingeholt haben, dürfte dieser Fraenkel empfohlen haben.

Immerhin war der Marburger Mengentheoretiker bis dato der einzige geblieben, der sich Anfang der 1920er-Jahre mit der neuen axiomatischen Theorie der Größen- und Mengenlehre des Frankfurter Kollegen kritisch auseinandergesetzt hatte und Bieberbach bildete seinerzeit zusammen mit Schoenflies das Herz der dortigen Mathematik.[113] Er kannte die Axiomatik seines alten Kollegen aus erster Hand und war Zeuge von deren Entstehung. Schoenflies hatte seinerzeit zwar auf einen bedeutsamen technischen Einwand Fraenkels reagiert, „ohne jedoch auf die grundsätzlichen Fragen einzugehen".[114] Eine umfassende Analyse des Ansatzes stand also Mitte des Jahrzehnts nach wie vor aus und Fraenkel, der selbst dafür keine Zeit mehr erübrigen konnte oder wollte, hatte gleichwohl

[112] Vgl. Merzbach (1925), 39.

[113] Siehe 3.1.

[114] „Gutachten Fraenkel", in *Promotionsakte Merzbach*, Archiv der Philipps-Universität Marburg, Bestand 307 d Nr. 288, Bl. 12.

ein Interesse an der Frage, wie weit Schoenflies' alternative Axiomatik der Mengenlehre trägt. Im Mittelpunkt von Merzbachs Untersuchungen stand nunmehr eine erneute Betrachtung jenes Zugangs, der die Mengenlehre allein mittels Größenvergleiches hinsichtlich Äquivalenz, Teilung und Verbindung von Mengen zu begründen gedachte. Es traf durchaus zu, dass in der Axiomatik der Mengenlehre inzwischen zwar der Zermelosche Zugang Beachtung gefunden hatte, nicht aber dieser alternative Ansatz. „Wenig Beachtung hat bisher ein solcher Versuch von *Schoenflies* gefunden".[115]

Fraenkels Neugier auf dieses Projektanliegen dürfte entsprechend groß gewesen sein. Eventuell bildete es für den angehenden Doktorvater dann auch den Anlass, um für das Winterhalbjahr 1924/25 den einstündigen Kurs „Die neueren Forschungen zur Begründung von Analysis und Mengenlehre" anzubieten. Ein solcher Rahmen hätte sich exzellent angeboten, um die Ergebnisse des fertigen ‚Grundlagen'-Textes, einschließlich seiner Überlegungen zu Schoenflies' Axiomatik, aufzubereiten. Es wäre zudem ein Ort gewesen, an dem der Doktorand seinerseits eigene Ergebnisse hätte zur Diskussion stellen können. Da der Kandidat am 13. Januar 1925 den Antrag auf Eröffnung des Verfahrens stellt,[116] dürfte die Begutachtungsfassung der Promotionsschrift im Zeitraum zwischen November 1924 und Anfang Januar 1925 entstanden sein – nahezu parallel zur thematisch maßgeschneiderten Veranstaltung. Die chronologische Passung zwischen Merzbachs Dissertationsvorhaben, der Fertigstellung des langersehnten ‚Grundlagen'-Textes sowie dieser einstündigen Veranstaltung ist zumindest bemerkenswert, denn es handelt sich bei dem Kurs um den einzigen, der sich nach dem Winterhalbjahr 1922/23 und vor dem Winterhalbjahr 1926/27 ausdrücklich mit Mengenlehre und dann sogleich noch mit deren neueren Forschungen befasst.[117] Zuletzt hatte Fraenkel eine Vorlesung zum Gegenstand aus Anlass der Arbeit an der zweiten Auflage der *Einleitung* im Winterhalbjahr 1922/23 angeboten[118] und es sollte wiederum erst zum Winterhalbjahr 1926/27 der Fall sein, dass er aus Anlass der *Zehn Vorlesungen* erneut über Mengenlehre las.[119] Innerhalb der dazwischenliegenden sieben Semester bildeten „Die neueren Forschungen zur Begründung von Analysis und Mengenlehre" den einzigen Kurs zum Thema, der just auch noch zeitgleich zur Entstehung von Merzbachs Dissertation angeboten wurde.

Unabhängig von dieser möglichen Motivlage dürfte unstrittig sein, dass Merzbach an dem fraglichen Kurs auch teilnahm, denn es ergab sich innerhalb seines kurzen Studiums in Marburg keine vergleichbar gute und schon gar keine bessere Möglichkeit, um von Fraenkel lernen und ihn zu seinen Lehrern zählen zu können. Im obligatorischen Lebenslauf dankte er freilich all seinen Dozenten, „ganz besonders aber Herrn Prof. Fraenkel in

---

[115] Merzbach (1925), 3.

[116] Vgl. „Promotionsgesuch Merzbach", in *Promotionsakte Merzbach*, Archiv der Philipps-Universität Marburg, Bestand 307 d Nr. 288, Bl. 1.

[117] Siehe „Anhang I: Veranstaltungen Fraenkels an der Philipps-Universität Marburg".

[118] Siehe 5.1.

[119] Siehe 6.3.

Marburg, bei dem ich Anregung und Belehrung in reichstem Maße fand und der mir jederzeit bei meinen Arbeiten mit wertvollster Beratung zur Seite stand“.[120] Für den Marburger Mathematiker war der junge Merzbach ein Glücksfall. Für Fraenkel bot sich nun erstmals in seiner akademischen Laufbahn die Gelegenheit zur arbeitsteiligen Forschung am eigenen Programm. Während er in den zurückliegenden Jahren weitgehend allein an der Zermeloschen Axiomatisierung der Mengenlehre wirkte, eröffnete sich jetzt die Option, die Vorzüge derselben auch noch einmal über die Diagnose möglicher Nachteile der konkurrierenden Axiomatisierung konstatiert zu wissen. „Stud. Merzbach griff nun auf meinen Vorschlag die Aufgabe an, in systematischer Weise zu prüfen, welche Teile der Schoenfliesschen Axiomatik haltbar seien, ob und in welchem Sinn die übrigen Teile sich umgestalten oder abändern ließen und schließlich ob bei einer solchen notwendigen Umgestaltung sich doch schließlich der Schoenfliessche Ansatz als fruchtbar und dem Zermeloschen grundsätzlich gleichberechtigt erweise“.[121] Diese Aufgabe sollte der Doktorand mit Bravour meistern.

Im ersten Kapitel betrachtet Merzbach eingehend das zentrale Axiom der Verknüpfung und rekonstruiert dessen bedeutsame Rolle für Schoenflies’ Axiomatisierung.[122] Dabei arbeitet er im Besonderen den zugrundeliegenden Gedanken von Fraenkels kritischer Replik[123] heraus und rekonstruiert, wie Schoenflies das brieflich mitgeteilte Gegenbeispiel auszuräumen gedachte.[124] Erst im Anschluss an diesen zentralen Einwand finden die anderen Axiome des Systems Beachtung, vor allem werden sie im Hinblick auf ihre Unabhängigkeit und Vollständigkeit geprüft.[125] Dahinter verbirgt sich das Anliegen der axiomatischen Vereinfachung, Axiome durch einfachere zu ersetzen bzw. durch nachgewiesene deduktive Abhängigkeitsverhältnisse wegzulassen. Nach dieser metamathematischen Analyse werden Schlussfolgerungen aus der geltungstheoretischen Diagnose gezogen. „Hierbei ergibt sich schließlich, daß eine auf der Grundbeziehung des *Teilmengenseins* aufgebaute Axiomatik wesentliche Teile der Mengenlehre ausschließen muß und sonach die Wahl des *Elementseins* als Grundbeziehung vorzuziehen ist“.[126] In seiner Analyse kommt Merzbach zu dem fundamentalen Ergebnis, dass Schoenflies eigentlich nur auf einem umständlichen, geradezu artifiziellen Weg zu einer Axiomatik der Mengenlehre gelangt. Da sein Zugang zugleich eine Größenlehre sein will, verfügt dieser schlicht nicht über den fundamentalen syntaktischen Spielraum für eine basale Elementrelation. *„Eine auf der Beziehung des Teiles zum Ganzen aufgebaute Axiomatik bleibt stets eine Axiomatik*

[120] Merzbach (1925), 39.

[121] „Gutachten Fraenkel“, in *Promotionsakte Merzbach*, Archiv der Philipps-Universität Marburg, Bestand 307 d Nr. 288, Bl. 12.

[122] Vgl. Merzbach (1925), 5–16.

[123] Siehe 3.2.

[124] Vgl. Merzbach (1925), vor allem 6–12.

[125] Vgl. Merzbach (1925), 16–27.

[126] Merzbach (1925), 4.

der Größen. Eine Axiomatik der Mengenlehre Cantors muß die Beziehung des Elements zur Menge als Grundbeziehung wählen, wie es in der Axiomatik Zermelos der Fall ist".[127] Das war eine der zentralen Pointen der Arbeit.

Dieses Ergebnis beeindruckte den Doktorvater so sehr, dass er sowohl in den *Zehn Vorlesungen* wie auch in der dritten Auflage der *Einleitung* mit ausdrücklichem Verweis auf Merzbachs Dissertation feststellte, dass Schoenflies' Methode „nur in sehr beschränktem Maß durchgeführt und durchführbar"[128] ist. In seinem am 22. Januar 1925 fertiggestellten[129] Gutachten lobt er nicht nur die „selbständig und in vielfach origineller Weise"[130] durchgeführte Forschungsleistung, sondern er macht sich im Besonderen die dort verfochtene Sichtweise zu eigen. „So erweist sich, daß die Sch'sche Untersuchung zwar ihren Nebenzweck (Axiomatisierung der Größenlehre), nicht aber ihren Hauptzweck (A. der Mengenlehre) erreichen kann, vielmehr nach wie vor auf die Axiomatik der Zermelos zurückgegriffen werden muß".[131] Nachdem sich mit dem Beschluss des dritten Kapitels herausgestellt hatte, dass dem Zermeloschen Zugang gegenüber jenem von Schoenflies der Vorzug zu geben ist, wendet sich Merzbach in seinem abschließenden Kapitel einer Beweislücke in Fraenkels Unabhängigkeitsbeweis für das Auswahlaxiom zu.[132] Im ‚definit'-Manuskript hatte Fraenkel einen Satz unbewiesen gelassen, weil die hierfür erforderlichen technischen Voraussetzungen im Umgang mit induktiv aufgebauten Funktionsausdrücken noch nicht vollständig bestimmt waren. Hierzu war ein Umweg erforderlich, „der die neuesten, z. T. erst in einer soeben erscheinenden Abhandlung enthaltenen Ergebnisse der axiomatisierten Mengenlehre benötigt".[133] In seinem Gutachten bezog sich Fraenkel mit dieser Passage ausdrücklich auf seinen ‚Grundlagen'-Aufsatz, der im Erscheinen begriffen war und von dessen Ergebnissen sein Doktorand für den Beweis eines weiteren Hilfssatzes[134] vorab Gebrauch machen konnte. Während die „Untersuchungen über die Grundlagen der Mengenlehre" für die Fachgelehrten gerade erst zugänglich wurden, hatten die Gehalte bereits während ihrer Drucklegung erste bedeutsamen Forschungsimpulse gesetzt. Schneller konnte dieser lang in Aussicht gestellte Aufsatz nicht wirksam werden.

[127] Merzbach (1925), 33.

[128] Fraenkel (1927a), 127; wesentlich gleichlautend in [*Einleitung*[3]], 268.

[129] Vgl. „Gutachten Fraenkel", in *Promotionsakte Merzbach*, Archiv der Philipps-Universität Marburg, Bestand 307 d Nr. 288, Bl. 16.

[130] „Gutachten Fraenkel", in *Promotionsakte Merzbach*, Archiv der Philipps-Universität Marburg, Bestand 307 d Nr. 288, Bl. 12.

[131] „Gutachten Fraenkel", in *Promotionsakte Merzbach*, Archiv der Philipps-Universität Marburg, Bestand 307 d Nr. 288, Bl. 15.

[132] Vgl. Merzbach (1925), 33–38.

[133] „Gutachten Fraenkel", in *Promotionsakte Merzbach*, Archiv der Philipps-Universität Marburg, Bestand 307 d Nr. 288, Bl. 16.

[134] Vgl. Merzbach (1925), 34–38.

6.3 „in einer Sommerwoche in Kiel": die *Zehn Vorlesungen* entstehen

Unter Leitung ihres Vorsitzenden, Heinrich Scholz, lud die 168 Mitglieder zählende Kieler Ortsgruppe der *Kantgesellschaft* Fraenkel im Sommersemester 1925 ein, „zehn Vorlesungen über die Axiomatik der Mengenlehre"[135] zu halten. Wie auch zu allen anderen Veranstaltungen der Ortsgruppe hatten alle Mitglieder des philosophischen und psychologischen Seminars freien Zutritt zu dieser Vorlesungsreihe, während alle weiteren Studierenden sowie Teilnehmer der Volkshochschule „eine bedeutende Ermäßigung"[136] genossen. Ermöglicht wurde diese Vorlesungsreihe – wie das gesamte Vortragsangebot der Kieler Ortsgruppe – u. a. durch die Möglichkeit einer unentgeltlichen Nutzung der Aula für die zehn Vortragsabende im Juni sowie die kostenlose Beherbergung Fraenkels während dieser Zeit im Bergmann-Haus.[137] Da im Besonderen dieser Vorlesungszyklus außer der Reihe der regulär geplanten Veranstaltungen durchgeführt wurde, war die Hilfe des Kurators der Universität Kiel, des Geheimen Regierungsrats Erich Wende, erforderlich, für dessen „hochherzige Unterstützung"[138] nicht zuletzt an der öffentliche Stelle der *Kant-Studien* herzlichst gedankt wurde.

Offiziell geladen hatte also die Kieler Ortsgruppe der *Kantgesellschaft* und unterstützt wurde das Vorhaben von den Universitätsoberen, doch die Organisatoren dieses einwöchigen akademischen Ereignisses waren das philosophische Seminar in Person von Scholz sowie das mathematische in Person von Helmut Hasse, Ernst Steinitz und Otto Toeplitz.[139] Das Engagement der Mathematik mag sich von selbst erklären, jenes der Philosophie bedarf eines kleinen Absatzes – zumal dank Scholz alles durch „meine Bitte"[140] zustande kam. Der Kontakt zwischen Fraenkel und Scholz reichte zurück bis in das Frühjahr 1923, als der Kieler Ordinarius für Philosophie über einen gemeinsamen Bekannten vom Marburger Mathematiker und seinem Buchprojekt einer zweiten Auflage der *Einleitung* erfuhr.[141] Vor allem die neu aufgenommenen Abschnitte zum Intuitionismus, Logizismus und Formalismus weckten seine Neugier, hatte Scholz doch selbst erst wenige Jahre zuvor die moderne formale Logik für sich entdeckt. Die Bekanntschaft mit der *Principia Mathematica* änderte nicht weniger als seinen gesamten akademischen Lebensentwurf und ließen ihn im nachfolgenden Vierteljahrhundert zu einem führenden Repräsentanten der mathematischen Logik und zum Begründer der institutionellen Fregeforschung in Deutsch-

[135] Scholz (1925), 615.
[136] Scholz (1925), 615.
[137] Vgl. Scholz (1925), 615.
[138] Scholz (1925), 616.
[139] Vgl. Fraenkel (1927a), VI.
[140] Scholz (1927), Sp. 2424.
[141] Vgl. Fraenkel (1967), 179.

land werden.[142] Als Scholz Korrekturbögen von Fraenkels Manuskript in den Händen hielt, hatte er sich bereits ganz der symbolischen Logik verschrieben. Entsprechend groß war das Interesse an einem Kontakt – schließlich war der Kreis potentieller Gesprächspartner zu der Zeit noch überschaubar klein. „Nun wollte Scholz den ihm unbekannten Verfasser, also mich, unbedingt kennenlernen und sich mit ihm aussprechen. Wir kamen auch alsbald zusammen, und daraus erwuchs eine fachliche und persönliche Freundschaft, die ununterbrochen bis zum Tod von Scholz andauerte".[143]

Der umgehend einsetzende wissenschaftliche Briefwechsel intensivierte sich nochmals, nachdem Fraenkel der Einladung gefolgt war und in der Zeit vom Montag, den 8. Juni, bis zum Freitag, den 12. Juni 1925 seine zehn Vorträge in Kiel gehalten hatte.[144] Wie intensiv sich der wissenschaftliche Kontakt zwischen beiden entwickelt hat, ersieht man an einzelnen Spuren, die Scholz im Werk Fraenkels hinterließ. Auch wenn dieser als Fregeforscher erst in den 1930er-Jahren publizistisch in Erscheinung treten sollte, war ihm die außergewöhnliche Rolle Gottlob Freges in der Geschichte der modernen formalen Logik bereits früh klar. Es trägt klar seine Handschrift, wenn sich nach Bekanntwerden mit dem Marburger Mengentheoretiker in dessen Werk zusehends auch Passagen finden, in denen bedeutsame, aber seinerzeit so gut wie unbekannte Errungenschaften Freges kommuniziert werden. Das sieht unmittelbar zu Beginn ihres Kontaktes noch ganz anders aus. Da wird Frege nur einmal mehr in ganz allgemeiner, allerdings unzureichender Weise mit Peano sowie Schröder in eine gemeinsame Logiktradition gestellt,[145] während fünf Jahre später die Bezugnahmen nicht nur differenzierter und vielfältiger ausfallen, sondern einzelne Bausteine etwa aus Freges Theorie von Funktion und Begriff näher hin Erwähnung finden.[146] Da für Fraenkel vor Ort in Marburg Freges Monographien weder verfügbar waren[147] noch sein vorrangiges Interesse der Logik galt, dürften die aus einer eingehenden Betrachtung resultierenden Einsichten von Scholz stammen.

In aller Deutlichkeit findet sich dieser Einfluss aber in den *Zehn Vorlesungen* selbst. Ohne inhaltliches Erfordernis setzt Fraenkel im Rahmen der Aufzählung moderner Logistiker bei der Erwähnung von Freges Namen eine Fußnote zu, in der die Asymmetrie zwischen Bedeutsamkeit und faktischem Einfluss beklagt wird. „FREGE, dessen hervorragende Leistungen nicht die verdiente Anerkennung gefunden haben, hat bereits wichtige Ergebnisse veröffentlicht, die viel später (unabhängig) von RUSSELL wiedergefunden und erst auf diesem Weg bekannt geworden sind".[148] Ein präzises Urteil. Um zu einer solchen Einschätzung zu gelangen, muss man jedoch nicht nur die entsprechenden Schriften Freges und Russells exzellent kennen, sondern nicht minder gut mit der Entwicklung der moder-

142 Umfassend hierzu Wille (2016), 121–150.

143 Fraenkel (1967), 179.

144 Vgl. Fraenkel (1967), 181.

145 Vgl. [*Einleitung*^{2}], 181.

146 Vgl. [*Einleitung*^{3}], 256.

147 Die Marburger Kataloge führen zumindest kein Werk Freges vor 1935.

148 Fraenkel (1927a), 53.

nen formalen Logik sowie mit den im Hintergrund befindlichen Rezeptionslinien vertraut sein. Mitte der 1920er-Jahre dürfte es neben Heinrich Scholz kaum jemanden in Deutschland gegeben haben, der zu diesem Urteil befähigt war. Es ist Fraenkel hoch anzurechnen, dass er sich durch die Aufnahme der Fußnote dieser Beurteilung angeschlossen hat. Aber die mit ihr verbundene Einsicht wurde durch den Kieler Freund induziert, der dem Mengentheoretiker ein Verständnis von den „tiefschürfenden Arbeiten Freges" vermittelte, „dem leider erst sehr verspätet, namentlich unter dem Einfluss Bertrand Russell[s], die verdiente Anerkennung zuteil geworden ist".[149] Ein um 1930 ungewöhnliches Urteil.

Dieser prägende intellektuelle Einfluss des Philosophen zeigt sich auch in anderen publizistischen Passagen. Als Fraenkel etwa im März 1927 seine Besprechung zu Christian Betschs *Fiktionen in der Mathematik*[150] aufsetzt, wird sein Lob um dessen vielfältige Berücksichtigung grundlagentheoretischer Arbeiten begleitet von der Feststellung, dass „nicht alle Autoren (z. B. Frege) gleichmäßig zu ihrem Recht kommen".[151] Geradezu im Vorübergehen, aber ohne jeden vorwurfsvollen Ton wird mit Leichtigkeit auf die Abwesenheit des offenkundig Selbstverständlichen aufmerksam gemacht. Der verständnisvolle Charakter dieser Anmerkung zeugt von einem verständigen Lehrer, der nicht von jedem erwartet, dass er Frege kennt, der es sich aber zur akademischen Gewohnheit hat werden lassen, darauf hinzuweisen, dass man ihn kennen sollte. Bei der Gelegenheit dieser Rezension spricht aus Fraenkel niemand anderer als Heinrich Scholz.

So wertvoll sich der Kontakt mit dem Theologen, Philosophen und nunmehr auch mathematischen Logiker Scholz für Fraenkel Werk erwies, es bezog sich nicht allein darauf, als Fraenkel in seiner Autobiographie davon sprach, dass „zuweilen ganz geringfügige Anlässe folgenreiche Ereignisse nach sich"[152] ziehen. Geringfügig schien 1923 fraglos das Kontaktinteresse aufgrund der Korrekturbögen. Doch von der sich daraus entwickelnden Freundschaft profitierte Fraenkel nicht nur in seinem intellektuellen, sondern auch in seinem beruflichen Fortkommen. Scholz setzte sich maßgeblich dafür ein, dass Fraenkel 1928 bei der Besetzung des Lehrstuhls von Otto Toeplitz Berücksichtigung fand. So war dessen „Energie und sein Einfluß vermutlich entscheidend",[153] dass Fraenkels Name an zweiter und damit aussichtsreicher Stelle der Vorschlagsliste auftrat. Als seine Berufung zum Sommersemester 1928 nach Kiel schließlich gelang, konnte er mit einem fast noch druckfrischen Werk die Reise antreten, dessen Entstehung unauflöslich mit seinem neuen Wirkungsort verbunden war. Im Vorjahr waren seine *Zehn Vorlesungen über die Grundlegung der Mengenlehre* erschienen und vor Ort in der Hansestadt wurden diese als „ein ganz besonders schönes Geschenk

[149] Fraenkel (1930d), 364.

[150] Betsch (1926).

[151] Fraenkel (1927d), 81.

[152] Fraenkel (1967), 179.

[153] Fraenkel (1967), 181.

der Mathematik an die Philosophie“[154] wertgeschätzt. Bei diesen handelt es sich „um eine ziemlich getreue Wiedergabe von Vorlesungen, die ich auf Einladung der Kantgesellschaft in einer Sommerwoche in Kiel gehalten habe“.[155]

Dabei hatte Fraenkel ursprünglich gar nicht die Absicht, die gehaltenen Vorlesungen auch zu veröffentlichen. Zumindest zeigte er sich anfangs unentschlossen als man mit dem Anliegen einer Publikation auf ihn zukam, konnten doch die Kieler Vorlesungen, „der Art der Hörer und der Kürze der Zeit entsprechend, nur in beschränktem Maße völlig Neues bieten“.[156] Überzeugen ließ er sich schließlich von der Einsicht, dass die mit didaktischer Sorgfalt besorgte Aufbereitung des, zuweilen in Zeitschriften verstreut vorliegen Materials einen eigenen Wert besitzt.[157] Die endgültige Titelwahl erfolgte erst im Folgejahr, denn noch Ende 1925 spricht der Autor in eigenen Arbeiten von seiner demnächst erscheinenden Schrift „Vorträge über die Grundlegung der Mengenlehre“.[158] In bewährter Manier induziert das Buchprojekt auch erneut Spuren in der Lehre, durch die – je nach Chronologie – entweder ein Synergieeffekt erzielt oder ein Multiplikator geschaffen werden sollte. Parallel zur Fertigstellung des Manuskriptes bzw. Publikation des Werks bietet Fraenkel eine Vorlesung zur Mengenlehre an:[159]

- Winterhalbjahr 1926/27: *Mengenlehre* (vierstündig); Mo Do 8–9, Mi 8–10; zudem *Uebungen zur Mengenlehre* (einstündig); nach Verabredung

Dazu passt auch, dass Fraenkel für die Drucklegung noch die jüngsten Marburger Forschungsresultate aus dem Sommer des Jahres berücksichtigen konnte. Inzwischen hatte er einen zweiten Doktoranden mit einem mengentheoretischen Thema erfolgreich zur Promotion geführt. Wir erinnern uns. In Vorbereitung auf die für ihn bedeutsamen Unabhängigkeitsuntersuchungen zu den Axiomen der Auswahl und Aussonderung hatte Fraenkel bereits im Sommer 1921 festgestellt, dass die meisten anderen naheliegend und ohne besondere Schwierigkeiten durchführbar seien[160] – eine Auffassung, die er im *Annalen*-Text erstmals vorgetragen und nachfolgend weder revidiert noch durch den Vollzug unterstrichen hatte. Mochten die fraglichen Unabhängigkeitsnachweise gleichermaßen offensichtlich wie einfach zu führen sein, so standen ordentliche Beweise für seine Axiomatisierung gleichwohl aus. „Eine systematische Veröffentlichung hierüber liegt aber bisher nicht vor; eine solche hat weniger grundsätzliche Schwierigkeiten mehr zu überwinden als vielmehr

[154] Scholz (1927), Sp. 2425f.

[155] Fraenkel an den Springer Verlag in einem Brief vom 4. November 1926. Quelle: Akte „Fraenkel, Adolf B-F 120 I“; Zentral- und Landesbibliothek Berlin.

[156] Fraenkel (1927a), V.

[157] Vgl. Fraenkel (1927a), V.

[158] Fraenkel (1925d), 271.

[159] Vgl. *Philipps-Universität Marburg. Verzeichnis der Vorlesungen. Winterhalbjahr 1926/27*, Marburg an der Lahn 1926, 19.

[160] Siehe 3.4.

spröde Kleinarbeit auf einem seiner Abstraktheit wegen schwierigen Felde zu leisten".[161] Geradezu maßgeschneidert für eine Qualifikationsarbeit. Mit dieser Aufgabe wurde nun Heinrich Vieler Anfang des Jahres 1926 betraut, dessen Promotionsschrift *Untersuchungen über Unabhängigkeit und Tragweite der Axiome der Mengenlehre in der Axiomatik Zermelos und Fraenkels* „im wesentlichen die Frage nach der Unabhängigkeit der einzelnen Axiome sowie einige damit zusammenhängende Probleme"[162] behandelt. Damit beschloss Vieler sein vormals in Halle begonnenes und seit dem Sommersemester 1924 in Marburg fortgesetztes Studium der Mathematik, Physik und Chemie.[163]

Wie schon im Fall von Merzbach, so hatte Fraenkel auch seinen zweiten Doktoranden mit Untersuchungen betraut, die im Rahmen seines Forschungsprogramms noch eines gewissen Abschlusses bedurften. Nichts von prinzipiellem Charakter, wohl aber technische Detail- und Geduldsarbeit. So mochten die fraglichen Unabhängigkeitsbeweise formal noch ausstehen, an ihrem Gelingen schien freilich niemand mehr Zweifel zu hegen. Ein Häkchen hinter diese metamathematische Pflicht musste gleichwohl gesetzt werden, schließlich galt es den souveränen Charakter „des Zermelo-Fraenkelschen Axiomensystems" – so der Autor ausdrücklich und als einer der ersten überhaupt auf Seite Eins seiner Arbeit – weiter zu kultivieren. Dem Doktorvater, „der die Anregung zu der vorliegenden Arbeit gab und mir durch seinen Rat wertvollste Unterstützung zu geben wußte",[164] galt einmal mehr der besondere Dank. Vieler führte nicht nur Unabhängigkeitsnachweise für die Axiome der Bestimmtheit,[165] der Paarung,[166] der Vereinigung,[167] der Potenzmenge[168] sowie eine kurze Betrachtung für die übrigen, von Fraenkel noch nicht bedachten Axiome,[169] sondern er lieferte zudem einen Beweis des Wohlordnungssatzes innerhalb der Fraenkelschen Axiomatik, d. h. unter Verwendung des verschärften Aussonderungsaxioms und damit unter Vermeidung des problematischen Prädikats ‚definit'.[170] Damit war ein weiterer bedeutsamer Baustein implementiert.

In seinem am 25. Mai 1926 fertiggestellten[171] Gutachten zeigt sich der Betreuer der Arbeit zufrieden mit der Umsetzung der gestellten Aufgaben. „Kand. hat, wenn auch die anzustrebenden Ergebnisse ihm in den großen Zügen angegeben waren, doch mit der Einzel-

[161] „Gutachten Fraenkel", in *Promotionsakte Vieler*, Archiv der Philipps-Universität Marburg, Bestand 307 d Nr. 293, Bl. 4.

[162] Vieler (1926), 2.

[163] Vgl. Vieler (1926), 41.

[164] Vieler (1926), 41.

[165] Vgl. Vieler (1926), 7ff.

[166] Vgl. Vieler (1926), 22ff.

[167] Vgl. Vieler (1926), 28ff.

[168] Vgl. Vieler (1926), 31–37.

[169] Vgl. Vieler (1926), 38ff.

[170] Vgl. Vieler (1926), 4–7.

[171] Vgl. „Gutachten Fraenkel", in *Promotionsakte Vieler*, Archiv der Philipps-Universität Marburg, Bestand 307 d Nr. 293, Bl. 7.

durchführung eine vielfach selbständige und durch die Abstraktheit gewisser Betrachtungen […] erschwerte Leistung vollbracht, zu deren Bewältigung Fleiß und Verständnis in gleichem Maße erforderlich waren".[172] Vielers Dissertation wurde am 6. Juli 1926 von der Philosophischen Fakultät der Philipps-Universität angenommen und nachfolgend von der Dieterichschen Universitätsbuchdruckerei (W. Fr. Kaestner) in Göttingen gedruckt. Wenn Fraenkel in den Korrekturfahnen der *Zehn Vorlesungen* nicht nur wiederholt auf diverse Ergebnisse aus Vielers Arbeit verweist, sondern im Kontext der Unabhängigkeitsproblematik vor allem noch den Hinweis platzieren konnte, dass „soeben eine einschlägige Spezialuntersuchung (Vieler) [erschien], die viele, wenn auch nicht alle der hierbei sich ergebenden Einzelfragen behandelt",[173] dann scheint die Drucklegung der Kieler Vorlesungen frühestens im weiteren Verlauf der zweiten Jahreshälfte 1926 begonnen zu haben. Zeitlich ideal gelegen für eine mündliche Selbstvergewisserung in Form einer flankierenden Vorlesung zum Thema.

Zum Beginn der Vorlesungszeit im Winterhalbjahr 1926/27 wurden die *Zehn Vorlesungen über die Grundlegung der Mengenlehre* bereits offiziell im Neuerscheinungsverzeichnis geführt. Die Veröffentlichung der Schrift stand in naher Zukunft also an. Publiziert wurde das Werk als Band XXXI in der berühmten Reihe *Wissenschaft und Hypothese* bei B. G. Teubner – seines Zeichens immer noch der größte Konkurrent von Springer als Fachverlag für Mathematik. Die Überraschung war für den Verleger der *Einleitung* nicht minder groß, als man im Herbst 1926 feststellte, im „neuesten Teubnerschen Katalog ist angezeigt ein Buch von Fraenkel – Marburg über „Mengenlehre"".[174] Schließlich hatte sich der Autor im Verlagsvertrag für die zweite Auflage dazu verpflichtet, „kein Werk ähnlichen Umfangs über das gleiche Thema in einem anderen Verlage erscheinen zu lassen, ohne es in erster Linie der Verlagsbuchhandlung Julius Springer anzubieten".[175] Nun lag das Werk zur Parallelbegutachtung noch nicht vor, aber die thematische Verwandtschaft war ebenso offenkundig wie der Umstand, dass Fraenkel das Manuskript vorab nicht Springer zur Publikation angeboten hatte. Ratsuchend wendet sich der Verlag sogleich an Courant. „Vertraglich ist Herrn Fraenkel die Abfassung eines Konkurrenzwerkes verboten bezw. er ist erpflichtet, Publikationen gleichen Umfanges auf dem gleichen Gebiet zuerst meiner Firma anzubieten. Ich möchte Sie nun fragen, ob nach Ihrer Meinung das Vorgehen Fraenkels gegen den Vertrag verstösst oder nicht".[176]

---

[172] „Gutachten Fraenkel", in *Promotionsakte Vieler*, Archiv der Philipps-Universität Marburg, Bestand 307 d Nr. 293, Bl. 6/7.

[173] Fraenkel (1927a), 163.

[174] Springer Verlag an Courant in einem Brief(auszug) vom 13. Oktober 1926. Quelle: Akte „Fraenkel, Adolf B-F 120 I"; Zentral- und Landesbibliothek Berlin.

[175] § 6 des am 17./21. September 1922 geschlossenen Mitarbeitervertrages zwischen dem Springer Verlag und Fraenkel. Quelle: Akte „Fraenkel, Adolf B-F 120 I"; Zentral- und Landesbibliothek Berlin.

[176] Springer Verlag an Courant in einem Brief(auszug) vom 13. Oktober 1926. Quelle: Akte „Fraenkel, Adolf B-F 120 I"; Zentral- und Landesbibliothek Berlin.

Dieser antwortet umgehend und empfiehlt dem Verlag, die Angelegenheit mit Umsicht zu behandeln. Immerhin besteht die Möglichkeit, dass sich der Sachverhalt bei näherer Betrachtung anders darstellt als auf den ersten Blick. Entsprechend sollte man den Autor in der gebührenden Form um eine klärende Auskunft ersuchen. „Zur Angelegenheit Fraenkel, Marburg möchte ich Ihnen schreiben, dass auch mir gerade eben die Ankündigung des Fraenkel'schen Buches bei Teubner aufgefallen ist. Ich halte es für durchaus richtig, dass man Fraenkel in höflicher und freundlicher Form unter Bezugnahme auf die betreffende Vertragsklausel bittet, sich darüber zu äussern, ob und inwiefern eine Kollision mit den Vertragspflichten ausgeschlossen ist".[177] Courant rät vor allem deshalb zu einem umsichtigen Vorgehen, da man als Außenstehender noch nicht ermessen kann, welchen rhematischen Charakter und welche thematische Ausrichtung das fragliche Werk erhalten hat. „Eine sachliche Beurteilung der Angelegenheit ist zunächst noch nicht möglich, da man nicht sieht, was denn eigentlich in dem neuen Buche stehen soll. Natürlich müssen die beiden Titel sich unmissverständlich voneinander unterscheiden".[178] Obgleich er als zuständiger Reihenherausgeber unmittelbar betroffen wäre, verfährt Courant klar nach der Unschuldsvermutung.

In Ermangelung weiterführender Informationen darf nach dem Stand der Dinge erst einmal nicht von einem ‚Werk ähnlichen Umfangs über das gleiche Thema' ausgegangen werden, denn man kann „aus der spärlichen Ankündigung seiner „10 Vorlesungen über die Grundlagen der Mengenlehre" noch nicht recht sehen, wie weit eine Kollision mit dem Buche in unserer Sammlung vorliegt".[179] Aufklärung in der Sache vor Publikation des Werks kann nur der Autor selbst geben, weshalb es in der Angelegenheit im Oktober 1926 nur eines zu tun gibt. „Ich möchte daher meinen Vorschlag aus meinem früheren Brief wiederholen, dass Sie selbst Herrn Fraenkel in einer an sich sehr freundlichen Weise um Aeusserung über diese Frage bitten; das einfachste wäre natürlich, wenn er zur Beurteilung der Sachlage Korrekturabzüge des neuen Buches an Sie überlassen könnte".[180] Diesem gleichermaßen herzlichen wie eindringlichen Rat folgt der Verlag. Zwei Tage nach Courants erneuter Empfehlung wendet sich Springer zur Klärung des Sachverhalts direkt an Fraenkel. „In dem neuesten Teubnerschen Katalog findet sich eine Ankündigung eines Buches von Ihnen, „Zehn Vorträge über die Mengenlehre". [...] Ich erlaube mir die Anfrage, wie sich dieses Buch in seiner Anlage und in seiner Richtung auf einen bestimmten Abnehmerkreis von Ihrem in meinem Verlag erschienenen Buch unterscheidet. Wir hatten ja vertraglich ausgemacht, dass eine anderweitige Bearbeitung des Themas „Mengenlehre"

[177] Courant an den Springer Verlag in einem Brief vom 15. Oktober 1926. Quelle: Akte „Fraenkel, Adolf B-F 120 I"; Zentral- und Landesbibliothek Berlin.

[178] Courant an den Springer Verlag in einem Brief vom 15. Oktober 1926. Quelle: Akte „Fraenkel, Adolf B-F 120 I"; Zentral- und Landesbibliothek Berlin.

[179] Courant an den Springer Verlag in einem Brief vom 23. Oktober 1926. Quelle: Akte „Fraenkel, Adolf B-F 120 I"; Zentral- und Landesbibliothek Berlin.

[180] Courant an den Springer Verlag in einem Brief vom 23. Oktober 1926. Quelle: Akte „Fraenkel, Adolf B-F 120 I"; Zentral- und Landesbibliothek Berlin.

die irgendwie mit dem bei mir erschienenen Buch kollidieren würde, in erster Linie meiner Firma anzubieten gewesen wäre".[181]

Die Antwort lässt zehn Tage auf sich warten. Dafür liefert sie die erhofften Informationen zur gleichermaßen rhematischen wie thematischen Variation, die die zulässige Nische neben der *Einleitung* besetzt, ohne dieser den Raum zu nehmen. „Offenbar liegt ein Mißverständnis vor, da bei meiner neuen Veröffentlichung weder vom „gleichen Thema" noch von „ähnlichem Umfang" die Rede sein kann. Vielmehr sind es Vorlesungen über die Grundlegung der Mengenlehre (so der Titel), die sich also mit dem Hauptthema meines bei Ihnen erschienenen Buches – auf das vielmehr verwiesen wird – gar nicht berühren, sondern nur mit dem Gegenstand des § 13 und allenfalls dem Teil c) des § 12. Diese Themen werden aber ganz anderes aus- und fortgeführt, mit den neuesten wissenschaftlichen Details, wie sie für ein Lehrbuch gar nicht in Betracht kommen".[182] Es trifft unzweifelhaft zu, dass – von den Gemeinplätzen zur klassischen Mengenlehre in den ersten beiden Vorlesungen einmal abgesehen – die Vorlesungen drei bis zehn Themen aufgreifen, die auch in den §§ 12–13 der zweiten Auflage der *Einleitung* verhandelt werden. Wir dürfen dennoch dankbar für die Existenz der *Zehn Vorlesungen* sein, denn hier liegt weder eine Doublette noch ein literarisches Konkurrenzprodukt vor, sondern eine komplementär angelegte Schrift, die durch ihre gattungsspezifische Besonderheit als veröffentlichte Vorlesungsreihe sowie die sichergestellte Forschungsaktualität des Themas im Jahr 1925 mindestens ebenso viele Unterschiede wie Gemeinsamkeiten zur *Einleitung* aufzuweisen hat.

All dies im Kleinoktavformat auf 182 Seiten machen klar, dass es sich bei diesem Buch um ‚kein Werk ähnlichen Umfangs über das gleiche Thema' handelt. Ein Verstoß gegen den § 6 des Verlagsvertrags lag also nicht vor. Es stellt sich sodann noch die Frage, weshalb das Manuskript trotz Teubners Offerte nicht zuerst Springer zur Veröffentlichung angeboten wurde. Schließlich hatte sich B. G. Teubner einst nicht gerade empfohlen, als man 1918 Fraenkels *Einleitung* aus für ihn nicht nachvollziehbaren Gründen ablehnte. Wie es dazu kam, erfährt man aus demselben Brief, mit dem Fraenkel bereits den Verdacht der Vertragsverletzung ausräumt. „Daß ich aber nicht nur formell korrekt, sondern auch so loyal wie nur möglich verfahren bin, sehen Sie aus folgender Tatsache: Als ich noch vor Abhaltung der fraglichen Vorlesungen, auf die bloße Ankündigung hin, von Teubner im Sommer 1925 um die Überlassung gebeten worden war, stellte ich gelegentlich der Mathematikertagung in Münster an einen hervorragenden Mathematiker [der mit dem Springer Verlag eng zusammengearbeitet hat, M.W.] [...] die Frage, ob ich die Teubnersche Aufforderung nicht zunächst an Sie weitergeben solle. Angesichts dessen, daß weder dem Vertragswortlaut noch der Sache nach eine Konkurrenz mit meinem Buch vorlag, riet er mir indes ab an Sie zu schreiben, mit dem

[181] Springer Verlag an Fraenkel in einem Brief vom 25. Oktober 1926. Quelle: Akte „Fraenkel, Adolf B-F 120 I"; Zentral- und Landesbibliothek Berlin.

[182] Fraenkel an den Springer Verlag in einem Brief vom 4. November 1926. Quelle: Akte „Fraenkel, Adolf B-F 120 I"; Zentral- und Landesbibliothek Berlin.

Bemerken, dies könne als ein undelikates Ansinnen zur Übernahme der fraglichen Vorlesungen in Ihren Verlag erscheinen".[183]

Bei der besagten Mathematikertagung in Münster handelte es sich nicht um die Jahresversammlung der *DMV*, die in dem Jahr in Danzig stattfand. Wahrscheinlich bezieht sich Fraenkel auf die „Weierstraß-Woche", die vom 2. bis 6. Juni 1925 von der Westfälischen Mathematischen Gesellschaft an der Wilhelms-Universität Münster durchgeführt wurde, mit der man die 1915 verstrichene und auch in den Nachfolgejahren nicht genutzte Möglichkeit zu einer Hundertjahrfeier des Geburtstages von Weierstraß endlich wahrnahm.[184] Bei dem Rat gebenden Mathematiker könnte es sich durchaus um Courant selbst gehandelt haben, der nicht nur teilnahm, sondern sich auch mit dem Vortrag „Neue Wege und Ziele der Variationsrechnung" einbrachte.[185] Zwar lässt Courants Briefantwort auf die Anfrage Springers nicht erkennen, dass ihm der Sachverhalt bereits bekannt gewesen ist. Allerdings lag die Tagung zum Zeitpunkt der Korrespondenz bereits mehr als 16 Monate zurück und das von Fraenkel geschilderte Gespräch könnte sich als ein überaus kurzes in einer ansonsten anregend gesprächsreichen Umgebung wiedergefunden haben. Gut möglich, dass sich Fraenkels Gesprächspartner nach fast anderthalb Jahren schlicht nicht mehr an die Gelegenheit zu erinnern vermochte.

Letztlich mag die Identität des Rat gebenden Kollegen von nachgeordnetem Interesse sein, denn entscheidend ist dessen legitimer Hinweis, dass es als ein unbeholfenes Anbiedern gegenüber Springer hätte missverstanden werden können, wenn Fraenkel den Anlass der einwöchigen Vorlesungsreihe, die Existenz des Manuskriptes oder gar die Publikationsofferte von Teubner zum ‚apropos' genommen hätte, um vom Berliner Verlag gegebenenfalls sanft eine Annahme zu erzwingen. Er tat gut daran, den Ratschlag zu beherzigen. In Berlin hat man diese offenen, vertrauensvollen Worte mit Erleichterung und Wertschätzung zur Kenntnis genommen. Die Sache war damit aus der Welt. Man verstand Fraenkels Beweggründe und man teilte die Einschätzung, dass mit den *Zehn Vorlesungen* kein Konkurrenzwerk zur *Einleitung* geschaffen war. „Ich nehme gern von Ihren Erklärungen vom 4.11. Kenntnis. Ich hatte auch garnichts anderes erwartet, als dass es Ihnen ohne weiteres möglich sein würde, eine befriedigende Antwort zu geben".[186] Der zwischen B. G. Teubner und Fraenkel geschlossenen Verlagsvertrag ist nicht überliefert.[187] Aus dem Briefwechsel mit Springer geht aber immerhin hervor, dass „für mein vor 1 Jahr bei Teubner erschienenes Buch (Wissensch. u. Hypothese, Bd. 31) mir vertraglich 6 $^1/_3$ % der Auflage

[183] Fraenkel an den Springer Verlag in einem Brief vom 4. November 1926. Quelle: Akte „Fraenkel, Adolf B-F 120 I"; Zentral- und Landesbibliothek Berlin.

[184] Vgl. König (1926).

[185] Vgl. König (1926), 108.

[186] Springer Verlag an Fraenkel in einem Brief vom 9. November 1926. Quelle: Akte „Fraenkel, Adolf B-F 120 I"; Zentral- und Landesbibliothek Berlin.

[187] Zu den Gründen siehe 2.2.

für Freiexemplare zu gestanden sind".[188] Offenkundig verfuhr man bei Teubner äußerst großzügig mit Autorenexemplaren.

Fraenkels besondere Leistung, die Tilgung der ‚definit'-Redeweise durch Einführung eines induktiv gefassten Funktionsbegriffs, fand in der Vorlesungsreihe eine besondere Wertschätzung. In der siebenten Vorlesung wendet er sich ausdrücklich der Verschärfung des Aussonderungsaxioms zu und legt in gemeinverständlichen Worten Anliegen sowie Ausrichtung seines Vorschlags dar. Im Unterschied zur methodischen Ordnung der mengentheoretischen Axiomatik erfolgt hier die Darstellung nach didaktischen Gesichtspunkten, beginnend mit dem verschärften „Axiom V′. (Axiom der Aussonderung.) *Ist m eine Menge und sind* $\varphi(x)$ *und* $\psi(x)$ *gegebene Funktionen einer Unbestimmten x, so existiert die Menge* $\overline{m}$ *aller derjenigen Elemente x von m, die der Relation* $\varphi(x) \in \psi(x)$ *genügen. Entsprechendes gilt, wenn statt der Grundrelation* $\in$ *ihre Negation* $\notin$ [...] *eingesetzt wird*".[189] Erst nachfolgend erteilt Fraenkel Auskunft über den gebrauchten Funktionsbegriff durch Angabe der zweiteiligen Definition. „Definition 4a. *Als Funktion der veränderlichen Menge x gilt jede feste (konstante) Menge, die Menge x selbst, die Vereinigungsmenge* $\mathfrak{S}x$, *die Potenzmenge* $\mathfrak{U}x$; *ferner, wenn* $\varphi(x)$ *und* $\psi(x)$ *Funktionen von x sind, das Paar* $\{\varphi(x), \psi(x)\}$ *und die Funktion einer Funktion* $\varphi(\psi(x))$. Definition 4b. *Die nach Axiom V′ existierende Menge* $m_{\varphi(x) \in \psi(x)}$ *heißt eine Funktion der veränderlichen Menge y, falls in die Bestimmungsstücke m,* $\varphi(x)$, $\psi(x)$ *Funktionen von y eingehen (abgesehen von der Hilfsveränderlichen x), d. h. falls bei der Bildung von* $m_{\varphi(x) \in \psi(x)}$ *gewisse eingehende konstante Mengen durch Funktionen von y ersetzt werden*".[190]

Diese Fassung geht weder inhaltlich noch definitionstheoretisch über den 1925 erreichten Stand hinaus. Sie unterscheidet sich – entsprechend des Anlasses – einzig in der Weise ihrer Präsentation und es ist diese Darstellungsform, die – von kleineren sprachlichen Variationen abgesehen – schließlich auch Verwendung findet in der dritten Auflage der *Einleitung*.[191] Die vollzogene didaktische Reduktion ließ jedoch nicht mehr gleichermaßen klar die stufentheoretische Einteilung im induktiven Aufbau des Funktionsbegriffs erkennen, so dass einige wenige Betrachter nun wieder einen Zirkelverdacht sahen, der bereits zwei Jahre zuvor klar ausgeschlossen werden konnte. „Am ausführlichsten behandelt Verf. das Aussonderungs- und das Auswahlaxiom. Es is[t] zu bedauern, dass er ersteres (Axiom V′) nicht einfacher aussprechen und von seiner (wenigstens scheinbar) zirkelhaften Formulierung befreien vermochte".[192]

Formale Präzision und Gemeinverständlichkeit laufen zuweilen einander zuwider. Gegenüber der Darstellung in den „Untersuchungen über die Grundlagen der Mengenlehre" besaß diese Schrift gleichwohl einen unbestreitbaren Vorteil. Sie erreichte dank ihres

---

[188] Fraenkel an den Springer Verlag in einem Brief vom 4. November 1927. Quelle: Akte „Fraenkel, Adolf B-F 120 I"; Zentral- und Landesbibliothek Berlin.

[189] Fraenkel (1927a), 106.

[190] Fraenkel (1927a), 110.

[191] Vgl. [*Einleitung*^{3}], 286.

[192] König (1927), 256.

„very pleasing style“[193] schlicht eine größeren Adressatenkreis und vermochte verständlicher auf den Punkt zu bringen, worin Fraenkels Anliegen bestand. Entsprechende Wertschätzung erfuhr dieser Punkt auch in den Besprechungen zu den *Zehn Vorlesungen*. So mancher Rezensent merkte ausdrücklich an, dass in der Präzisierung des Aussonderungsaxioms ein „besonderer Fortschritt der Fraenkelschen Darstellung gegenüber den Arbeiten Zermelos“[194] besteht. Heinrich Scholz erkannte in den Gehalten der siebenten Vorlesung gar den wertvollsten Beitrag des gesamten Werkes. „Die ungemein fesselnde Analysis und Korrektur dieses Aussonderungsaxioms ist wohl die originellste Leistung des vorliegenden Büchleins“.[195] Doch nicht nur deshalb sollte sich eine Lektüre lohnen. Jeder, der sich für Grundlagenfragen interessiert, „wird dem Verfasser dankbar sein, diese brennendsten Probleme der Wissenschaft in klarer Weise besprochen und hierdurch auch der Lösung gewiss näher gebracht zu haben“.[196] Fraenkel hat es vermocht, sich diesem äußerst komplexen Gegenstand „mit der größten Geschicklichkeit anzupassen“.[197] Für die Grundlagendiskussion der Zeit liefert das Büchlein eine „vorzügliche Einführung [...], das wir darum zu eingehendem Studium dringend empfehlen“.[198] Obgleich in einem konkurrierenden Verlag erschienen, bestachen die *Zehn Vorlesungen* durch dieselben schriftstellerischen Qualitäten wie die *Einleitung*. „Das neue Buch FRAENKEL's zeichnet sich durch dieselben Vorzüge aus, die wir in der Besprechung (im Bd. **2** *dieser Acta*) seiner *Einleitung in die Mengenlehre* gerühmt haben. Diese sind u. A.: die klare, leichtverständliche Sprache und die Unvoreingenommenheit, mit der die verschiedenen, oft einander widersprechenden neuen Theorien dargestellt werden“.[199]

Allerdings gab es nicht nur Lob. Dénes König, der bereits die Möglichkeit eines Zirkels beanstandet hatte, setzte die exponierte Behandlung einer im Geiste Zermelos geleisteten Axiomatisierung der Mengenlehre mit der These gleich, dies würde vom Autor als der einzig mögliche grundlagentheoretisch Weg verstanden werden. „Zwei Drittel des Buches behandeln, auf der ZERMELOschen Grundlegung basierend, die Axiomatisierung der Mengenlehre. Dies entspricht der festen Überzeugung des Verfassers, dass dies die einzige Methode zur Lösung der behandelten Probleme darstellt“.[200] Das hatte Fraenkel weder geschrieben noch hatte er jemals einen derartigen Ausschließlichkeitsanspruch verfochten. Selbstverständlich teilte er die Überzeugung, dass der von Zermelo und ihm verfolgte Weg ein besonders vielversprechender, vielleicht sogar der aussichtsreichste sei. Aber nirgendwo findet sich der Gedanke, es würde sich um den einzig möglichen handeln. Einmal

[193] Whyburn (1928).
[194] Hartmann (1928), 506.
[195] Scholz (1927), Sp. 2421.
[196] König (1927), 256.
[197] Scholz (1927), Sp. 2416.
[198] Hartmann (1928), 507.
[199] König (1927), 255.
[200] König (1927), 255.

ganz abgesehen von der nicht einlösbaren Begründungspflicht einer solchen Behauptung, erkennt der aufmerksame Leser gerade im Raum, der auch anderen Positionen in der ausgeglichenen Darstellung zugestanden wird, Fraenkels Toleranz gegenüber grundlagentheoretischen Alternativen.

6.4 „Bestellungen werden vorgemerkt": die dritte Auflage entsteht

Projektwechsel durch Absatz. Als Fraenkel mit seinem Schreiben vom 4. November 1926 seine Sicht darlegt, weshalb es sich mit den bei B. G. Teubner verlegten *Zehn Vorlesungen* um keinen Vertragsbruch mit Springer handelt,[201] kam man ihm bei dieser Interpretation in Berlin entgegen. Man konnte es so sehen – musste es aber nicht. Da war es mehr als eine vertrauensbildende Maßnahme, dass sich der produktive Autor noch im selben Brief beeilt, die Aufmerksamkeit sogleich auf das ungleich größere, gemeinsame Projekt zu lenken. Mit dem letzten Briefabsatz wechselt er den Gedanken und kommt auf eine Anfrage zu sprechen, die er bereits ein Vierteljahr zuvor an den Verlag herangetragen hatte. „Darf ich bei dieser Gelegenheit noch erinnern, daß meine Anfrage vom August betr. Neuauflage bisher unbeantwortet geblieben ist. Bei der raschen Entwicklung, die in diesen Jahren die grundsätzlichen Fragen der Mengenlehre erfahren, bedarf die Vorbereitung der Neuauflage immerhin geraumer Zeit".[202]

Dieses Anliegen war kein plumper Versuch, möglichst schnell das Thema zu wechseln, sondern der an Gesten reiche Hinweis, dass man nach wie vor an einem äußerst erfolgreichen Buch zusammenarbeitete. Diese inzwischen mehr als achtjährige Kooperation galt es im beiderseitigen Interesse auch für die Zukunft zu pflegen und was lag da näher, als auf die nahende Option einer dritten Auflage aufmerksam zu machen? Eventuell war dies in Berlin ein nicht unerheblicher Grund, in der Causa Fraenkel/Teubner nicht weiter nachzufragen und die Sache auf sich beruhen zu lassen. Zumindest geht auch Springer mit einem Absatzwechsel zur Tagesordnung über. Nachdem der Verlag Fraenkels Erklärung akzeptiert hat, kommt man auf die Sache nicht mehr zu sprechen, dafür aber umgehend und noch im selben Brief auf die hauseigene *Einleitung in die Mengenlehre*. „Was nun die neue Auflage betrifft, so würde ich es in der Tat begrüssen, das Manuskript in den nächsten Monaten zu erhalten, da der Vorrat jetzt ziemlich schnell zuende geht; ich schätze, dass er nicht länger als 2–3 Monate reichen wird".[203] Das waren vielversprechende Aussichten und für Fraenkel das Signal, so schnell wie möglich tätig zu werden.

---

[201] Siehe 6.3.

[202] Fraenkel an den Springer Verlag in einem Brief vom 4. November 1926. Quelle: Akte „Fraenkel, Adolf B-F 120 I"; Zentral- und Landesbibliothek Berlin.

[203] Springer Verlag an Fraenkel in einem Brief vom 9. November 1926. Quelle: Akte „Fraenkel, Adolf B-F 120 I"; Zentral- und Landesbibliothek Berlin.

Für eine Überarbeitung gab es viel zu tun. Um eine aktualisierte Ausgabe erstellen zu können, mussten im Besonderen die Entwicklungen der zurückliegenden drei Jahre Berücksichtigung finden und in dieser Zeit war in der mathematischen Grundlagenforschung wahrlich viel geschehen. Das beweistheoretische Forschungsprogramm Hilberts hatte beeindruckend an Profil gewonnen, ebenso die Vehemenz der intuitionistischen Revisionskritik. Und das waren nur die prominentesten Exponenten – von den inzwischen selbst erreichten neuen Forschungsresultaten ganz abgesehen. Umgehend versichert Fraenkel dem Verlag sich zu „bestreben, das Mskr. zur Neuauflage meiner Mengenlehre baldmöglichst vorzubereiten; infolge des raschen Fortschritts der Forschung wird in der 2. Hälfte mancherlei zu ändern bezw. hinzuzufügen sein. Es ist schade, daß ich erst jetzt die Antwort auf meine Anfrage von Anfang August erhielt, so daß die Ferien für diese Arbeit fortfielen; da ich im Semester stark beansprucht bin, wird kaum mit Fertigstellung vor dem Frühsommer zu rechnen sein“.[204] Einmal mehr fasste Fraenkel ehrgeizige Terminpläne. Ob das Manuskript nun bereits im Mai oder doch erst später fertig vorliegen würde – es war absehbar, dass die verbliebenen Exemplare längst verkauft sein würden, bevor weitere auf den Markt kämen. Die zweite Auflage war Ende 1923 mit einer Auflagenhöhe von 1500 Exemplaren (zuzüglich 100 Freiexemplaren) erschienen, von denen bereits im Verlaufe des ersten nachfolgenden Geschäftsjahres mehr als die Hälfte verkauft werden konnte.[205] Nun, Ende 1926 bildeten gerade einmal zehn Restexemplare den Gesamtvorrat von 1600 Exemplaren[206] und in der nachfolgenden Absatz-Übersicht zum Werk musste bereits am 31. März 1927 in roter Farbe der großformatige Stempelvermerk gesetzt werden:[207]

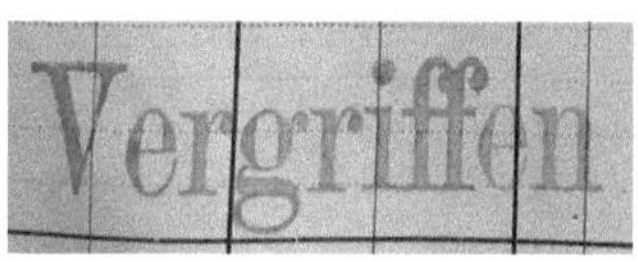

Auszug aus der „Absatz-Übersicht aus dem Verlagsbuch XX, Folio 263“ mit dem Eintrag zum 31. März 1927 (Quelle: Akte „Fraenkel, Adolf B-F 120 I“; Zentral- und Landesbibliothek Berlin)

Ähnlich wie im Fall der ersten Auflage war auch die zweite wiederum „innerhalb dreier Jahre vergriffen“.[208] Bis Ende 1926 ist die zweite Auflage also im Wesentlichen ausverkauft. Formal festgestellt wird dies kurz nach dem Jahreswechsel in einem verlagsinternen Memo der Abteilung Expedition, der Versandabteilung der Firma. „Das Werk: Fraenkel,

[204] Fraenkel an den Springer Verlag in einem Brief vom 11. November 1926. Quelle: Akte „Fraenkel, Adolf B-F 120 I“; Zentral- und Landesbibliothek Berlin.

[205] Vgl. Remmert/Schneider (2010), 171.

[206] Vgl. „Absatz-Übersicht aus dem Verlagsbuch XX, Folio 263“ mit dem Eintrag zum 29. Dezember 1926. Quelle: Akte „Fraenkel, Adolf B-F 120 I“; Zentral- und Landesbibliothek Berlin.

[207] Vgl. „Absatz-Übersicht aus dem Verlagsbuch XX, Folio 263“ mit dem Eintrag zum 31. März 1927. Quelle: Akte „Fraenkel, Adolf B-F 120 I“; Zentral- und Landesbibliothek Berlin.

[208] [*Einleitung*[3]], VIII.

Einleitung i. d. Mengenlehre 2. Auflage 1923 ist vergriffen. Bestellungen werden vorgemerkt. Wann erscheint neue Auflage"?[209] Das war eine gute Frage, in deren Klärung nun Handlungsbedarf geboten war. Obgleich man im November Fraenkel hatte wissen lassen, dass die letzten Vorräte der Auflage zeitnah zur Neige gehen würden, beeilt man sich Anfang Januar ihm mitzuteilen, dass nun bereits eingetreten ist, was man prognostiziert hatte. „Der Ordnung halber möchte ich Sie heute davon in Kenntnis setzen, dass die 2. Auflage Ihrer „Einleitung in die Mengenlehre" vergriffen ist. Ich würde mich ausserordentlich freuen, wenn es Ihnen möglich wäre, noch vor dem Frühsommer zu einem Abschluss des Manuskriptes für die neue Auflage zu kommen".[210] Die terminliche Orientierung des Autors griff man in diesem Fall mit besonderer Verbindlichkeit auf, denn aus einer Fertigstellung ‚kaum vor dem Frühsommer' aus Sicht des Autors erwuchs in Berlin die Hoffnung einer Fertigstellung ‚noch vor dem Frühsommer'.

Fraenkel dürfte sich geschmeichelt gefühlt haben. Drohte eben noch der Verdacht der Abtrünnigkeit, wurde er nun von Springer umworben. Die *Einleitung* verkaufte sich ausgezeichnet und mit einer weiteren, vor allem vom Verlag unbedingt gewollten Auflage konnte der Autor problemlos seinen Wunsch realisieren, dieses Fachbuch über Mengenlehre zugleich zu einer Einführung in die zeitgenössische Diskussion um die Grundlagen der Mathematik werden zu lassen. Es war an der Zeit, Courants Ergänzungsvorschläge für die zweite Auflage weiterzudenken und die dritte Auflage der *Einleitung* zu jenem Referenzort werden zu lassen, an dem der gegenwärtige Grundlagenstreit seine umfänglichste, bibliographisch dichteste und vor allem aktuellste Aufbereitung erfuhr. Fraenkel wollte aus dem Manuskript jetzt ein Standardwerk machen und dieses Mal verlor er keine Zeit. Wenige Tage, nachdem der Verlag für einen noch früheren Abgabetermin geworben hatte, lässt er diesen wissen, dass er bereits tätig geworden ist. „Ich habe bereits mit der Vorbereitung der dritten Auflage begonnen und werde mich damit so sehr als möglich beeilen".[211] Allerdings mahnt er zu etwas Geduld, denn da er „erst kürzlich die Arbeit aufnehmen konnte, werden freilich bis zur Fertigstellung des Manuskripts einige Monate vergehen".[212]

Sollte das Projekt der dritten Auflage nicht der Grund gewesen sein, so fügte es sich doch ein weiteres Mal perfekt, dass Fraenkel die Ausrichtung seines Buchprojektes thematisch mit einer Veranstaltung koppeln konnte. Ein bewährtes Werkzeug in seiner akademischen Biographie, das stets zur Anwendung kam, wenn ein größeres Projekt fertigzustellen war. Für das Sommersemester 1927 bot er sowohl für Mathematik- wie auch für Phi-

[209] Verlagsinternes Memo der Abteilung Expedition vom 5. Januar 1927. Quelle: Akte „Fraenkel, Adolf B-F 120 I"; Zentral- und Landesbibliothek Berlin.

[210] Springer Verlag an Fraenkel in einem Brief vom 7. Januar 1927. Quelle: Akte „Fraenkel, Adolf B-F 120 I"; Zentral- und Landesbibliothek Berlin.

[211] Fraenkel an den Springer Verlag in einem Brief vom 13. Januar 1927. Quelle: Akte „Fraenkel, Adolf B-F 120 I"; Zentral- und Landesbibliothek Berlin.

[212] Fraenkel an den Springer Verlag in einem Brief vom 13. Januar 1927. Quelle: Akte „Fraenkel, Adolf B-F 120 I"; Zentral- und Landesbibliothek Berlin.

losophiestudenten einen eineinhalbstündigen Kurs zu jenem mathematikphilosophischen Werk an, das ihm wie kein zweites bei der Erweiterung seines Manuskriptes in vielen grundlagentheoretischen Belangen eine unverzichtbare Hilfe sein würde. Das erneute eingehende Studium von Hermann Weyls Arbeiten würde sich zweifelsohne fruchtbar auf die Finalisierung der dritten Auflage auswirken. Am Mittwochmorgen (von 7:30 bis 9 Uhr) stand nunmehr auf dem Plan:[213]

- *Lektüre und Besprechung von Weyls Philosophie der Mathematik*

Es steht außer Frage, dass diese Veranstaltung ihre sekundäre Funktion erfüllte und über diesen akademische Pflicht so manche wertvolle Einsicht Eingang in das Manuskript fand. In der Verfahrensfrage, ob der Autor – wie im Fall der zweiten Auflage – das überarbeitete Manuskript etappenweise zum Satz beim Verlag einreichen soll, winkt der Verlag ab. Lieber möchte man das gesamte fertige Werk en bloc. „Die schon fertigen Teile des Manuskripts bitte ich Sie ruhig bis zur Vollendung des Ganzen dort zu behalten. Sobald alle[s] Material in meinen Händen ist, werde ich den Satz beschleunigt ausführen lassen".[214] Was nun folgt, findet keine Entsprechung bei den beiden früheren Produktionsprozessen. Hatte sich Fraenkel sowohl bei der ersten wie auch der zweiten Auflage durch diverse und vor allem längere Reisen selbst von einer früheren Fertigstellung der Manuskripte abgehalten, besticht er dieses Mal durch eine fokussierte schriftstellerische Arbeit. Fünf Monate nach Beginn seiner Überarbeitungstätigkeit berichtet er von den substantiellen Fortschritten und der nahenden Fertigstellung. „Hierdurch erlaube ich mir zu berichten, daß die Arbeiten an dem (stark veränderten) Manuskript der 3. Auflage meiner „Einleitung in die Mengenlehre" so weit fortgeschritten sind, daß ich hoffe es Ihnen im Lauf des Juli zusenden zu können".[215]

Geschaffen war ein Werk, das an allen Stellen gewachsen war. Die Größe des Manuskriptes gebot es nunmehr, die Paragraphenstruktur auf die zweite Gliederungsebene zu verlagern. Unterteilt wurde das Werk nicht länger durch die Zählung von § 1 bis § 14. Die dritte Auflage sollte auf der ersten Gliederungsebene in fünf Kapitel organisiert werden, in denen jeweils die überarbeiteten und zum Teil deutlich erweiterten Paragraphen der zweiten Auflage Eingang fanden. So bilden die alten §§ 2–5 den Grundstock für das erste Kapitel „Grundlagen. Begriff der Kardinalzahl", das gegenüber der zweiten Auflage um 30 % gewachsen ist. Vergleichbares gilt für die vormaligen §§ 6–8, die in weiter ausgearbeiteter Form das zweite Kapitel „Das Rechnen mit Kardinalzahlen" bilden. Das dritte Kapitel „Ordnungstypen und Ordnungszahlen" ist gegenüber den §§ 9–11 um ganze 50 % angewachsen, was im Besonderen eine Zweiteilung des § 11 erforderlich werden ließ. Bis

---

[213] Siehe „Anhang I: Veranstaltungen Fraenkels an der Philipps-Universität Marburg".

[214] Springer Verlag an Fraenkel in einem Brief vom 27. Januar 1927. Quelle: Akte „Fraenkel, Adolf B-F 120 I"; Zentral- und Landesbibliothek Berlin.

[215] Fraenkel an den Springer Verlag in einer Postkarte vom 15. Juni 1927. Quelle: Akte „Fraenkel, Adolf B-F 120 I"; Zentral- und Landesbibliothek Berlin.

zu diesem Punkt war das gesamte Werk bereits um gut 60 Druckseiten angewachsen, aber die umfangreichsten Erweiterungen betrafen jene Teile, für deren Aufnahme sich Courant 1922 ausgesprochen hatte.

Das Thema des vormaligen § 12 – die Diskussion diverser Einwände gegen die Mengenlehre – bildet nun in doppeltem Umfang als §§ 13–15 das vierte Kapitel „Erschütterung der Grundlagen und ihre Folgen“. Die hierbei von Fraenkel vorgenommene Darstellung der drei großen Grundlagenpositionen erfolgt mit „bemerkenswerter Objektivität“.[216] Übertroffen wird dieser Zuwachs nur noch durch die Überarbeitung des vormaligen § 13 über den axiomatischen Aufbau der Mengenlehre, der bereits in der zweiten Auflage den umfangreichsten Paragraphen repräsentiert hat. Hier konnte Fraenkel nicht nur die beeindruckenden Ergebnisse der eigenen Forschung aus den zurückliegenden drei Jahren souverän einfließen lassen, sondern auch Resultate Dritter, die durch Fraenkels mengentheoretische Untersuchungen Impulse erhalten hatten. Entsprechend wuchs dieser eine Paragraph zu den §§ 16–18 an, die zusammen das neue Kapitel „Der axiomatische Aufbau der Mengenlehre. Die axiomatische Methode“ bilden. Aus einem vormals 55 Seiten starken Paragraphen war ein 120 Seiten starkes, immens dichtes Kapitel erwachsen. Voller Wertschätzung sollte später herausgestellt werden, dass dieses Kapitel „discusses the axioms very carefully“.[217] Für so manchen Leser sollte der Hauptwert der neuen Auflage gerade in diesen beiden letzten Kapiteln bestehen, „in denen der Verf. eine meisterhafte und umfassende Darstellung der modernen Grundlagenkrisis der Mathematik liefert“.[218]

Nicht unerwähnt bleiben darf das „Literaturverzeichnis“, das sich zu einer beeindruckenden Bibliographie von 25 Seiten entwickelt hatte und damit Ende der 1920er-Jahre zu einer ersten Adresse in der Recherche über die Grundlagenfragen der Mathematik avancieren konnte. Mit seinen fast 600 Titeln zur Mengenlehre und mathematischen Grundlagenforschung dokumentierte diese „valuable bibliography“[219] wie kaum ein zweites Quellenverzeichnis der Zeit den Stand der Dinge und sollte selbst noch 20 Jahre später als „most comprehensive bibliography on philosophy of mathematics“[220] geführt werden. Als bibliographische Datenbank lieferten die Seiten 394–417 eine exklusive Dienstleistung für den Leser und galten lange Zeit als „a very complete one“.[221] Nicht minder wertvoll erwies sich dieses Werkzeug für den Autor, der in späteren Veröffentlichungen für Literaturangaben souverän auf diese „ausführliche Zusammenstellung“[222] verweisen konnte. Beerbt wurde dieses informationsdichte Titelverzeichnis schließlich erst 1953 durch die

[216] Carnap (1929a), 429.

[217] Benton (1930), 27.

[218] Fricke (1929), 929.

[219] Daniell (1929), 581.

[220] Kattsoff (1948), 77.

[221] Kattsoff (1948), 87.

[222] Fraenkel (1930/31), 289.

gewaltige, auf seinen Bestand aufbauende „Bibliography“,[223] mit der Fraenkel einmal mehr seinem Ruf als exzellenter Bibliograph der mathematischen Grundlagenforschung gerecht wurde.

Im Ganzen sollte die *Einleitung* um mehr als 170 Druckseiten anwachsen. Fraenkel hatte in kürzester Zeit also das gesamte Quantum für ein ganzes Buch geschrieben. „Es liegt hier nicht einfach eine 3. Auflage vor, sondern (namentlich hinsichtlich der zweiten Hälfte) ein als völlig neu zu bezeichnendes und demgemäß auch (allein schon hinsichtlich der neu benutzten Literatur!) unter einjähriger angestrengtester Arbeit niedergeschriebenes Buch“.[224] Noch im Rausch dieser ungeheuren Produktivität stehend, konnte er es freilich kaum erwarten, den voluminösen Band in den Händen zu halten. Nachdem er nun in der ersten Jahreshälfte 1927 wie entfesselt geschrieben hat, ist es nun am Verlag, es ihm gleich zu tun. „Wenn dann der Satz rasch erfolgen kann, wird das Buch vielleicht noch bis zum Spätherbst erscheinen können“.[225] Ein Erscheinen bis zum Beginn der Vorlesungszeit im Wintersemester 1927/28 (es sollte Fraenkel letztes in Marburg werden) mochte allerdings einmal mehr zu ehrgeizig erscheinen. Der Umfang des Manuskriptes hatte in einem derartigen Maße zugenommen, was nicht nur den Satz aufwendiger werden ließ, sondern Fraenkel wusste eigentlich auch um den zeitintensiven Charakter von mindestens zwei Korrekturdurchläufen bei den Fahnen. Dies allein ließ es bereits illusorisch erscheinen, innerhalb von vier Monaten alles Weitere zu realisieren und Herstellungsschritte wie Registererstellung, Druck und Binden fanden bei diesen Überlegungen noch nicht einmal planerische Berücksichtigung.

Eine Publikation des Werks im Jahr 1927 war aussichtslos. Dafür hielt er Wort und stellte das Manuskript in der zweiten Julihälfte fertig und übersandte es zuerst an Richard Courant. Am letzten Julitag des Jahres 1927 setzt er den Verlag über die vielversprechende Entwicklung in Kenntnis. „In der vorigen Woche habe ich […] das Manuskript der 3. Auflage meiner „Einleit. In die Mengenlehre“ verabredungsgemäß an Prof. Courant – Göttingen abgesandt“,[226] der es in seiner Funktion als verantwortlicher Reihenherausgeber Ende Juli/Anfang August begutachtet. Mitte August übersendet er es direkt an Springer und letzte, kleinere Teile von Fraenkel befinden sich nun ebenfalls auf dem Weg nach Berlin. Sobald diese eingetroffen sind, „werde ich mit dem Satz beginnen lassen. Es ist selbstverständlich, dass Sie bis Mitte September die ersten Fahnen erwarten können“.[227]

[223] [*Set Theory*[1]], 343–474.

[224] Fraenkel an den Springer Verlag in einem Brief vom 10. November 1927. Quelle: Akte „Fraenkel, Adolf B-F 120 I“; Zentral- und Landesbibliothek Berlin.

[225] Fraenkel an den Springer Verlag in einer Postkarte vom 15. Juni 1927. Quelle: Akte „Fraenkel, Adolf B-F 120 I“; Zentral- und Landesbibliothek Berlin.

[226] Fraenkel an den Springer Verlag in einer Postkarte vom 31. Juli 1927. Quelle: Akte „Fraenkel, Adolf B-F 120 I“; Zentral- und Landesbibliothek Berlin.

[227] Springer Verlag an Fraenkel in einem Brief vom 23. August 1927. Quelle: Akte „Fraenkel, Adolf B-F 120 I“; Zentral- und Landesbibliothek Berlin.

Während Fraenkel von Mitte bis Ende September in München und anschließend den Oktober über in Amsterdam weilt, wird in Berlin das Manuskript gesetzt und erste Fahnen wechseln zur Korrektur zwischen Verlag und Autor. Auch wenn beide Seiten alles daransetzen, zügig voranzukommen, erkennt Fraenkel frühzeitig das Erfordernis einer weiteren Fahnenrevision. Er kann dem Verlag im Verlauf des Oktobers daher nicht mehr anbieten, als sich mehr Zeit für die Korrekturdurchläufe zu nehmen. „Den Wunsch einer beschleunigten Fertigstellung teile ich durchaus und habe mir die nächsten 3 Wochen dafür noch freigehalten".[228] Während beide Seiten im Verlauf des Novembers immer auch wieder über vertragliche Details wie den Verkaufspreis, die Auflagenhöhe und die Anzahl der Freiexemplare für den Autor korrespondieren, befasst sich Fraenkel auch mit der Titelfrage. Zum einen geht es dabei um die nähere Charakterisierung und zum anderen die Frage, ob der Untertitel oder gar der Titel abgeändert werden sollte.

In Bezug auf die Auflagen-Kennzeichnung kommen Autor und Verlag schnell überein. Immerhin ist es unstrittig, dass es sich bei dieser dritten Auflage nicht nur um eine umgearbeitete, sondern auch um eine stark erweiterte handelt. Bei dieser Gelegenheit unterbreitet Springer sogleich den Vorschlag, auf einen Untertitel gänzlich zu verzichten. „Was endlich die Titel betrifft, so bin ich mit der Bezeichnung „Dritte, umgearbeitete und stark erweiterte Auflage" gern einverstanden. Den Untertitel würde ich vorschlagen, völlig fortzulassen".[229] Der Reifegrad des Manuskriptes sowie der buchhändlerische Werdegang in der Werkhistorie lassen den Verlag zu der Überzeugung gelangen, dass ein Untertitel der Form ‚*Eine elementare Einführung in das Reich des Unendlichgrossen*'[230] oder gar ‚*Eine gemeinverständliche Einführung in das Reich der unendlichen Größen*'[231] nicht länger erforderlich ist. De jure lag die Entscheidung der Titelwahl nach wie vor bei Autor und Verlag, de facto hatte hierüber aber die Öffentlichkeit bereits entschieden, denn im akademischen Zitationsbetrieb hatte längst eine Titelverschiebung stattgefunden. Der vollumfängliche Produktname bestehend aus Titel und Untertitel trat zunehmend in den Hintergrund und wurde infolge „einer richtiggehenden Erosion des Titels"[232] ersetzt durch den griffigen Namen einer sich stetig verfestigenden eigenen Marke. Einschließlich des Autors tendierte man zu einer Verkürzung. Zugunsten schlanker Referenzen verzichtete man mehr und mehr auf den Untertitel. Das blieb auch dem Verlag nicht verborgen. Nun steht der Vorschlag im Raum, dass man es schlicht und souverän bei ‚*Einleitung in die Mengenlehre*' belässt. Ohne Schnörkel, ohne barocke Untertitelkommentierung. Zwei Hauptworte, die thematisch und rhematisch für sich stehen. Fraenkel gefällt dieses buchhändlerische Selbstbewusstsein. Der Titel seines Werkes ist zur Marke geworden. Keine weitere

[228] Fraenkel an den Springer Verlag in einem Brief vom 13. Oktober 1927. Quelle: Akte „Fraenkel, Adolf B-F 120 I"; Zentral- und Landesbibliothek Berlin.

[229] Springer Verlag an Fraenkel in einem Brief vom 9. November 1927. Quelle: Akte „Fraenkel, Adolf B-F 120 I"; Zentral- und Landesbibliothek Berlin.

[230] Siehe 5.2.

[231] Siehe 2.3.

[232] Genette (1987), 72.

Einleitung in die Mengenlehre ist in den zurückliegenden acht Jahren auf den Markt gekommen. Dieser Titel ist sein Titel. Wieso also noch ein Untertitel?

Unmittelbar am Folgetag erklärt sich Fraenkel zwar mit dem Verlagsvorschlag einverstanden, aber durch die erheblichen thematischen Erweiterungen hat er ansatzweise Bedenken, ob der Haupttitel nach wie vor für den gesamten Inhalt stehen kann. „Mit Ihrem Vorschlag, den Untertitel fortfallen zu lassen, bin ich durchaus einverstanden. Der einzige Grund für einen solchen wäre der, auf die eingehende Behandlung hinzuweisen, die die heute so aktuellen allgemeinen mathem. Grundlagenprobleme (nicht bloß der Mengenlehre) in dem Buche finden; doch werden Sie weit besser als ich beurteilen können, ob einem derartigen Hinweis ein merklicher Einfluß zukommt".[233] Der Autor gibt also einen Grund zu bedenken, überlasst es jedoch der Expertise der Abteilung Propaganda des Verlages, ob diese Erwägung belastbar ist. Das Einverständnis dürfte Springer gerne zur Kenntnis genommen haben, auf die vorsichtig vorgetragene Erwägung scheint er jedenfalls nicht reagiert zu haben, denn Anfang des neuen Jahres greift Fraenkel den eigenen Gedanken erneut auf.

In der Zeit des Jahreswechsels scheint ihn die Frage eines eventuell neu auszurichtenden Titels erneut beschäftigt oder eben gar nicht erst losgelassen zu haben. „Zu der vor einigen Wochen geführten Korrespondenz über den Titel des Buches erlaube ich mir noch folgende Anregung: Der Fortfall des Untertitels Ihrem Vorschlag gemäß erscheint mir sehr richtig. Dagegen legt die Tatsache, daß fast die Hälfte des Buches (Fahne 193–338, dazu auch noch einige frühere Stellen), nunmehr math. Grundlagenprobleme behandeln, die weit über die Mengenlehre hinaus die Gesamtmathematik betreffen (u. namentlich die heute im Vordergrund stehenden Diskussionen), vielleicht den Gedanken nahe, den Titel zu verlängern in: „Einleitung in die Mengenlehre und in den Streit um die Grundlagen der Mathematik". Das würde für den weiteren Leser- u. Käuferkreis den Inhalt vielleicht treffender kennzeichnen".[234] Fraenkel trägt weder einen neuen Grund noch eine neue Perspektive vor. Es ist exakt derselbe Punkt, der dieses Mal nur eben nicht vorsichtig als Möglichkeit erwogen wird, sondern der unter Anführung eines empirischen Belegs als Bedenken vorgetragen wird.

Die damit anklingende Sorge mag durchaus nachvollziehbar sein, doch Fraenkel ist mit diesem Vorschlag im Begriff, seinen eleganten Markennamen zu ersetzen durch einen ungelenken Titel, dessen thematische Weggabelung nicht mehr als Unentschlossenheit zum Ausdruck bringt. Ein bekannter, wiedererkennbarer Titel sollte durch eine umständliche Wendung ersetzt werden. Diesen Vorstoß dürfte man in Berlin nicht gerade mit Begeisterung vernommen haben. Das galt es firmenintern erst einmal abzuklären, denn immerhin fiel die Titelfrage gleichermaßen in die Mitzuständigkeit des Verlages. Während Fraenkel der alleinige Bürge für sein Manuskript ist, gehört der Titel nicht zum Text im engeren

---

[233] Fraenkel an den Springer Verlag in einem Brief vom 10. November 1927. Quelle: Akte „Fraenkel, Adolf B-F 120 I"; Zentral- und Landesbibliothek Berlin.

[234] Fraenkel an den Springer Verlag in einem Brief vom 13. Januar 1928. Quelle: Akte „Fraenkel, Adolf B-F 120 I"; Zentral- und Landesbibliothek Berlin.

Sinne, den der Autor allein zu verantworten hat, sondern zum Paratext, mit dem der Verlag den Autor einführt und benennt.[235] Springer verfügte damit de jure über die Möglichkeit eines Vetos, erlaubte sich aber für den Moment, auf die Titelfrage „noch in Kürze zurückzukommen".[236]

Vom Mittel eines Einspruchs wollte Springer fürs Erste keinen Gebrauch machen, weshalb man eher nach einem verständigen Weg Ausschau hielt, über den der Autor selbst zur gebotenen Einsicht gelangte. Gut zwei Wochen später erhält Fraenkel in der Sache Antwort. „Ich möchte mir erlauben, heute auf die Titelfrage zurückzukommen. Einen verlängerten Titel in der Fassung „Einleitung in die Mengenlehre und in den Streit um die Grundlagen der Mathematik" würde ich nicht für besonders glücklich halten. Allenfalls würde ich Ihnen vorschlagen, den bisherigen Titel zu nehmen und als Untertitel hinzuzufügen: „Zugleich Einführung in die Grundlagen-Probleme der Mathematik". Ich würde es allerdings für günstiger halten, den Untertitel ganz fortzulassen, da Ihr Buch unter dem bisherigen Titel bekannt ist, und über „Die Grundlagen-Probleme der Mathematik" demnächst ein Buch von Herrn Geheimrat Hilbert erscheint".[237] Die entgegenkommende Offerte Springers besagte also Folgendes: Der Haupttitel sollte unverändert bleiben, während man der thematischen Erweiterung gegebenenfalls über den Untertitel entsprechen könnte. Letzteres ist jedoch aus zwei Gründen nicht zu empfehlen. Zum einen ist ‚Ihr Buch unter dem bisherigen Titel bekannt'. Zum anderen hat verlagsintern bereits David Hilbert den Zuschlag für ein Werk mit der Prägung „Grundlagen-Probleme der Mathematik" erhalten.

Gegen beide Argumente gab es schlicht nichts einzuwenden. Wieso hätte man auch mit Hilbert in Konkurrenz treten sollen, wo doch das eigene Werk unter dem etablierten Titel bereits weithin bekannt war? Das schmeichelhafte Lob galt es ebenso anzunehmen, wie man jegliche Konkurrenz mit dem Herrn Geheimrat mied. Fraenkels Bedenken waren damit zerstreut und so beeilt er sich auch nur, um die vormalige Sichtweise noch einmal zu rekapitulieren. „Betr. Titel bin ich gern bereit Ihrem Vorschlag zu folgen und es beim bisherigen Haupttitel „Einleit. in d. Mengenlehre" unter Fortfall des Untertitels zu belassen. Mein Vorschlag sollte nur darauf hinweisen, daß der Inhalt des Buches eigentlich zu eng ausgedrückt sei und jedenfalls die Verlängerung des Titels rechtfertigen würde; wenn eine solche Ihnen für den buchhändlerischen Vertrieb nicht wesentlich erscheint, wie dies ja aus Ihren Zeilen hervorgeht, so habe auch ich meinerseits kein Interesse daran".[238]

Fraenkel kommt Anfang des Jahres 1928 mit der Prüfung der Fahnen sehr gut voran, so dass er hoffen kann, die zweiten Bogenkorrekturen bald „als druckfertig erklären"[239] zu

[235] Vgl. Genette (1987), 50.

[236] Springer Verlag an Fraenkel in einem Brief vom 17. Januar 1928. Quelle: Akte „Fraenkel, Adolf B-F 120 I"; Zentral- und Landesbibliothek Berlin.

[237] Springer Verlag an Fraenkel in einem Brief vom 30. Januar 1928. Quelle: Akte „Fraenkel, Adolf B-F 120 I"; Zentral- und Landesbibliothek Berlin.

[238] Fraenkel an den Springer Verlag in einem Brief vom 10. Februar 1928. Quelle: Akte „Fraenkel, Adolf B-F 120 I"; Zentral- und Landesbibliothek Berlin.

[239] Fraenkel an den Springer Verlag in einem Brief vom 13. Januar 1928. Quelle: Akte „Fraenkel, Adolf B-F 120 I"; Zentral- und Landesbibliothek Berlin.

können. Die gute Entwicklung in Richtung Druckreife lässt in ihm einmal mehr die Hoffnung aufkommen, dass das Erscheinen koinzidiert mit dem akademischen Turnus. „Dann kann das Buch wohl noch rechtzeitig vor Beginn des Sommersemesters erscheinen".[240] Auch in diesem Fall handelt es sich um einen ehrgeizigen, aber kaum zu verwirklichenden Terminplan. Dafür rückte ein anderer Termin in greifbare Nähe: ein Besuch Fraenkels im Verlag. „Voraussichtlich werde ich im März kurz in Berlin weilen u. könnte, wenn etwas mündlich zu erklären wäre, bei Ihnen vorsprechen".[241] Bei Springer wird man dieses Angebot gerne vernommen haben, zumal es nicht zwingend projektbezogene Anliegen geben musste, um den Autor willkommen zu heißen. Anfang März wird der Besuch konkret. Fraenkel teilt dem Verlag mit, „daß ich Montag den 12.3. (vielleicht auch kurz vorher oder nachher) in Berlin sein werde. Falls mein Besuch willkommen ist, werde ich mir gerne erlauben bei Ihnen vorzusprechen, ohne indes besondere mündlich zu erledigende Dinge im Sinne zu haben; gegebenenfalls wäre mir eine Morgenstunde am angenehmsten".[242]

Ob des zu dem Treffen tatsächlich kam, geht aus der Korrespondenz bedauerlicherweise nicht hervor, aber direkt am darauffolgenden Tag wird ihm im Antwortschreiben zur Kenntnis gebracht, dass ihn der Verlagschef persönlich begrüßen möchte und so erlaubt sich der Verlag „mitzuteilen, dass Herr Dr. Ferdinand Springer sich freut, Sie am Dienstag, den 13. Ds. Mts. etwa um ½ 11 Uhr vormittags hier zu begrüssen".[243] Sollte Fraenkel an seinen Reiseplänen festgehalten haben, so wird er dieser honorablen Einladung gefolgt sein. Im weiteren Verlauf des März und April gibt es einen regen Wechsel von Korrekturfahnen zwischen Berlin und Marburg. Die gewachsene Größe des Manuskriptes hatte den Umfang der Fahnen und damit den Korrekturaufwand erheblich anwachsen lassen. Erschwerend kam nunmehr dazu, dass im April und Mai des Jahres der Umzug des gesamten Hausstandes von Marburg nach Kiel anstehen sollte und Fraenkel erst ab dem 2. Juni regulär unter seiner neuen Kieler Anschrift erreichbar war. „Meine Adresse ist für den Mai noch Marburg wie bisher".[244] Dennoch hatten diese Wochen einen transitorischen Charakter mit schwindender Alltagsroutine. Aus diesem Grund konnte Fraenkel im Frühjahr 1928 seinen redaktionellen Revisionspflichten nicht vollumfänglich nachkommen. Immerhin kann der Verlag vermelden, dass man ihm Ende Mai an seine neue Kieler Adresse „den letzten Bogen der 3ten Auflage"[245] zusendet.

[240] Fraenkel an den Springer Verlag in einem Brief vom 13. Januar 1928. Quelle: Akte „Fraenkel, Adolf B-F 120 I"; Zentral- und Landesbibliothek Berlin.

[241] Fraenkel an den Springer Verlag in einem Brief vom 13. Januar 1928. Quelle: Akte „Fraenkel, Adolf B-F 120 I"; Zentral- und Landesbibliothek Berlin.

[242] Fraenkel an den Springer Verlag in einem Brief vom 2. März 1928. Quelle: Akte „Fraenkel, Adolf B-F 120 I"; Zentral- und Landesbibliothek Berlin.

[243] Springer Verlag an Fraenkel in einem Brief vom 3. März 1928. Quelle: Akte „Fraenkel, Adolf B-F 120 I"; Zentral- und Landesbibliothek Berlin.

[244] Fraenkel an den Springer Verlag in einer Postkarte vom 9. Mai 1928. Quelle: Akte „Fraenkel, Adolf B-F 120 I"; Zentral- und Landesbibliothek Berlin.

[245] Springer Verlag an Fraenkel in einem Brief vom 30. Mai 1928. Quelle: Akte „Fraenkel, Adolf B-F 120 I"; Zentral- und Landesbibliothek Berlin.

Nun stehen für den Autor neben den letzten Bogenkorrekturen noch die Erstellung der Register sowie „Vorwort“ und „Inhaltsverzeichnis“ an. Durchsetzt wird diese Redaktionskorrespondenz immer wieder durch das Ringen um vertragliche Details, die Fraenkel erstmals im Januar 1927 aufgegriffen hatte. Mitte Juni, nahezu eineinhalb Jahre später, einigt man sich darauf, dass der Verlag statt der von Fraenkel gewünschten Auflagenhöhe von 1200 Exemplaren 1500 auflegen darf und dafür insgesamt 150 Freiexemplare zusätzlich gedruckt werden, von denen der Autor 80 Exemplare erhält.[246] Mitte Juli liegt schließlich das neue „Vorwort“ vor[247] und im Verlauf des Augusts liefert Fraenkel für immer mehr Bogen das erforderliche Imprimatur.[248] Ein letztes Mal erfährt dieser Prozess eine Verzögerung durch die Teilnahme am Internationalen Mathematiker-Kongress in Bologna, „doch hoffe ich bis Ende September das Ganze druckfertig erklärt zu haben“.[249] Letztlich beanspruchte der Satz sowie die diversen Durchläufe der Fahnenkorrektur einen Zeitraum von einem ganzen Jahr. Eine letzte Veränderung muss Anfang Oktober noch vorgenommen werden, veranlasst durch ein trauriges Ereignis. „Wie Sie vielleicht schon wissen, ist mein Kieler Kollege Steinitz, ein hochbedeutender Forscher [...], am 29. September gestorben. Ihm möchte ich diese Auflage meines Buches widmen“.[250] Der Verlag kommt dieser Bitte selbstverständlich umgehend nach[251] und die für Springer vier Wochen später erstellte „erste Liste von 21 Adressen für die Übersendung von Freiexemplaren“[252] sollte angeführt werden von der Postanschrift Martha Steinitz’, der Witwe.

Nun geht alles ganz schnell. Bereits Ende Oktober erhält Fraenkel aus Berlin nach Juni 1919 und November 1923 zum inzwischen dritten Mal die schönste Postsendung im Rahmen eines gemeinsamen Publikationsprojektes. „Ich freue mich, Ihnen bereits heute ein broschiertes und 1 gebundenes Exemplar der 3. Auflage Ihrer „Mengenlehre“ in zwei gleichzeitigen Sendungen überreichen zu können“.[253] Damit kommt ein Herstellungsprozess zum Abschluss, der in seinen Dimensionen jene der ersten und zweiten Auflage

[246] Vgl. Springer Verlag an Fraenkel in einem Brief vom 13. Juni 1928 sowie Fraenkel an den Springer Verlag in einem Brief vom 15. Juni 1928. Quelle: Akte „Fraenkel, Adolf B-F 120 I“; Zentral- und Landesbibliothek Berlin.

[247] Fraenkel an den Springer Verlag in einem Brief vom 15. Juli 1928. Quelle: Akte „Fraenkel, Adolf B-F 120 I“; Zentral- und Landesbibliothek Berlin.

[248] Vgl. u. a. Fraenkel an den Springer Verlag in einem Brief vom 14. August 1928. Quelle: Akte „Fraenkel, Adolf B-F 120 I“; Zentral- und Landesbibliothek Berlin.

[249] Fraenkel an den Springer Verlag in einem Brief vom 7. September 1928. Quelle: Akte „Fraenkel, Adolf B-F 120 I“; Zentral- und Landesbibliothek Berlin.

[250] Fraenkel an den Springer Verlag in einem Brief vom 9. Oktober 1928. Quelle: Akte „Fraenkel, Adolf B-F 120 I“; Zentral- und Landesbibliothek Berlin.

[251] Vgl. Springer Verlag an Fraenkel in einem Brief vom 12. Oktober 1928. Quelle: Akte „Fraenkel, Adolf B-F 120 I“; Zentral- und Landesbibliothek Berlin.

[252] Fraenkel an den Springer Verlag in einem Brief vom 5. November 1928. Quelle: Akte „Fraenkel, Adolf B-F 120 I“; Zentral- und Landesbibliothek Berlin.

[253] Springer Verlag an Fraenkel in einem Brief vom 29. Oktober 1928. Quelle: Akte „Fraenkel, Adolf B-F 120 I“; Zentral- und Landesbibliothek Berlin.

übertraf. Seit dem Ausverkauf der zweiten Auflage hatte man nahezu zwei Jahre an der Verwirklichung der dritten Auflage gearbeitet und dieses Mal lag es vornehmlich am voluminösen Umfang des Werkes, dass man nicht früher zum Abschluss kam. Das Resultat konnte sich freilich sehen lassen. Allein schon handwerklich bestach dieses Buch mit seinen beachtlichen 935 g Gesamtgewicht durch dieselben Qualitätsmerkmale wie die Vorgängerauflage. In dem für die *Grundlehren*-Reihe vertraut erhabenen Erscheinungsbild, das nicht zuletzt durch Schriftsatz, Satzspiegel, Papier und Bindung besticht, erfüllte auch dieses Werk hohe Ansprüche an die Funktionalität und Ästhetik gleichermaßen. Wie schon im Fall der zweiten Auflage blieb diese von Autor, Verlag, Druckerei und Buchbinderei gemeinsam vollbrachte Leistung auch dieses Mal nicht unerwähnt. „In matters of printing and arrangement both author and publisher are to be complimented“.[254] Mit der Verfügbarkeit der neuen Auflage geht die Erfolgsgeschichte weiter. 1932 ist bereits mehr als $^2/_3$ der Auflage verkauft.[255]

Bis dahin sollte die dritte Auflage mit einer Vielzahl positiver Besprechungen bedacht werden. Allein in den ersten beiden Jahren erschienen mindestens 14 Rezensionen.[256] Der Buchmarkt goutierte, dass man es trotz Auflage Nummer Drei de facto „mit einem fast völlig neuen Buche zu tun“[257] hat. Nicht wenige Kritiker zeigten sich unter anderem beeindruckt davon, dass dem Autor ein akademisches Fachbuch gelang, welches zugleich die Ansprüche eines populären Sachbuchs zu erfüllen vermochte. Nach wie vor konnte auch der Laie mit etwas Geduld „daraus reiche Belehrung schöpfen“.[258] Dem Buch gelang die Balance von Gemeinverständlichkeit, Klarheit und Mindeststrenge: „Diese schwere Aufgabe stellte sich FRAENKEL beim Verfassen seines Werkes. Die Tatsache, dass das Buch binnen Kurzem in drei Auflagen erschienen ist, ist der beste Beweis, dass es bei Mathematikern und Philosophen gleichzeitig anerkannt und beliebt, seinem Ziele vollständig entspricht und die erwähnten Schwierigkeiten in anerkennungswerter Weise überwältigt“.[259] Obwohl diese dritte Auflage der *Einleitung* noch mehr als die zweite ein dezidierter Beitrag zur mathematischen Grundlagenforschung der 1920er-Jahre ist, die als neues Standardwerk an dessen Kanonbildung teilhaben sollte, so ist doch ein „großer Teil des vorliegenden Buches [...] fast ohne Vorbildung lesbar und so anregend und spannend geschrieben, daß man ihn nur mit Genuß lesen kann“.[260] Das galt auch und im Besonderen für die ausführliche Darstellung der klassischen Mengenlehre Cantorscher Prägung wie auch der umfassenden Aufbereitung der modernen axiomatischen Mengentheorie. „The treatise by

[254] Benton (1930), 27.

[255] Vgl. Remmert/Schneider (2010), 171.

[256] Siehe S. 261.

[257] Fricke (1929), 928f.

[258] Riebesell (1930).

[259] Kalmár (1930–32), 63.

[260] Mises (1929).

Fraenkel on the theory of aggregates is now one of the finest".[261] Diese dritte Auflage der *Einleitung in die Mengenlehre* „appears to be one of the clearest expositions available of an extremely abstract branch of science".[262] Unter den Rezensenten bestand damit weitgehend Einigkeit im Urteil über das Werk. „Ohne Zweifel wird die dritte Auflage an Erfolg die vorangehenden, wenn möglich, noch übertreffen".[263]

Diese Urteile hatten lange Zeit Bestand – weitgehend über die gesamte erste Hälfte des 20. Jahrhunderts hinweg. Zum frühen Kritiker avancierte der Autor selbst, der im Verlauf der 1930er-Jahre die abnehmende Aktualität so mancher Buchpassage monierte und rastlos an deren Überarbeitung saß. Erst im Verlauf der 1950er-Jahre sollte die dritte Auflage der *Einleitung in die Mengenlehre* international abgelöst werden durch einen neuen Standard, *Abstract Set Theory* (1953) und *Foundations of Set Theory* (1958).[264] Der Schöpfer dieses neuen maßgeblichen, zweibändigen Werkes ist ein alter Bekannter: A. A. Fraenkel.

---

[261] Benton (1930), 27.

[262] Piaggio (1929).

[263] Kalmár (1930–32), 64.

[264] Hierzu umfassend Wille (2023a).

Anhänge

Anhang I: Veranstaltungen Fraenkels an der Philipps-Universität Marburg

Im *Verzeichnis der Vorlesungen* der Philipps-Universität Marburg hatte Fraenkel für 22 Semester, einschließlich von zwei Zwischensemestern, durchgehend Veranstaltungen angezeigt. Diese erstreckten sich vom Wintersemester 1918/19 bis zum Sommersemester 1928, wobei es im Fall dieses letzten Semesters aufgrund des Wechsels an die Universität Kiel bei einer Ankündigung verblieb. Ob unabhängig von diesem Sonderfall alle weiteren angekündigten Vorlesungen, Übungen und Seminare auch durchgeführt wurden, konnte nicht überprüft werden. Im Ganzen bot Fraenkel 55 Veranstaltungen in einem Gesamtumfang von bis zu 132,5 Semesterwochenstunden an, was einem Durchschnitt von 6 Semesterwochenstunde pro Vorlesungszeit entspricht. Während die Teilnehmerzahl an seinen Vorlesungen zwischen 30 und 100 schwankte, nahmen an seinen Seminaren zumeist 20 bis 30 Studenten teil.[1]

In den knapp zehn Jahren seiner akademischen Lehre in Marburg bot Fraenkel in einem respektablen Umfang Veranstaltungen zur Mengentheorie sowie zu den Grundlagen der Mathematik an, wobei sich letztere häufig an die Hörer aller Fakultäten richteten. Allein sieben Veranstaltungen waren dem Wesen, den Methoden, den Problemen – kurz: der Philosophie – der Mathematik gewidmet. Die sowohl im Winterhalbjahr 1919/20 als auch für das Sommerhalbjahr 1922 für Studierende aller Fakultäten angebotene einstündige Vorlesung „Über das Wesen der Mathematik" zog nach Auskunft des Dozenten tatsächlich „auch viele Nichtmathematiker an".[2] Darüber hinaus hat Fraenkel vier große Vorlesungen zur Mengentheorie angeboten, erstmals im Winterhalbjahr 1918/19 (als seine erste Veranstaltung überhaupt), im Sommersemester 1919, im Winterhalbjahr 1922/23 und schließlich im Winterhalbjahr 1926/27. Hier erfasst finden sich nun sämtliche, von Fraenkel angebotenen Veranstaltungen aus seiner Marburger Zeit.

[1] Vgl. Fraenkel (1967), 153.

[2] Fraenkel (1967), 153.

M. Wille, *Fraenkel*, https://doi.org/10.1007/978-3-662-66167-3

Winterhalbjahr 1918/19

- *Mengenlehre* (vierstündig); Mo Do 16–18 Uhr
- *Die Transzendenz von e und π* (einstündig); Mi 11–12 Uhr

Zwischensemester für Kriegsteilnehmer (Februar–April 1919)

- *Ebene und sphärische Trigonometrie* (dreistündig); Mi 15–17 Uhr, Do 17–18 Uhr

Sommerhalbjahr 1919

- *Elementarmathematik von höherem Standpunkt aus* (dreistündig); Mo Di Fr 8–9 Uhr
- *Einführung in die Mengenlehre* (dreistündig); Mo Di Fr 7–8 Uhr
- *Einführung in die Mathematik der Lebensversicherung (für Mathematiker und Volkswirtschaftler)*; ein- bis zweistündig nach Verabredung

Herbst-Zwischen-Semester 1919 (22. September–20. Dezember 1919)

- *Algebraische Analysis* (dreistündig); Mo Di Mi 8–9 Uhr

Winterhalbjahr 1919/20

- *Einführung in die analytische Theorie der gewöhnlichen Differentialgleichungen* (dreistündig); Mo 12–13 Uhr, Mi 9–10 und 12–13 Uhr
- *Über das Wesen der Mathematik (für Studierende aller Fakultäten)* (einstündig); Mi 10–11 Uhr

Sommerhalbjahr 1920

- *Differential- und Integralrechnung, I. Teil* (vierstündig); Di Mi Do Fr 7–8 Uhr
- *Uebungen zur Differentialrechnung* (einstündig); Mi 9–10 Uhr

Winterhalbjahr 1920/21

- *Differential- und Integralrechnung, II. Teil* (vierstündig); Di Mi Do Fr 8–9 Uhr
- *Uebungen für junge Semester (Differential- und Integralrechnung)* (einstündig); Mi 9–10 Uhr

Sommerhalbjahr 1921

- *Funktionentheorie* (vierstündig); Mo 7–8 Uhr, Mi 7–9 Uhr, Do 7–8 Uhr
- *Grundlagen der Geometrie* (einstündig); nach Verabredung
- *Die Mathematik des öffentlichen und privaten Wirtschaftslebens (für Hörer aller Fakultäten)* (einstündig); Mi 10–11 Uhr oder nach Verabredung

Winterhalbjahr 1921/22

- *Höhere Funktionentheorie* (dreistündig); Mo Di Do 10–11 Uhr
- *Grundlagen der Arithmetik* (zweistündig); Mi 8–9 Uhr und in einer zweiten, noch zu bestimmenden Stunde

Sommerhalbjahr 1922

- *Theorie der Kurven und Flächen* (dreistündig); Mo Di Do 10–11 Uhr
- *Arithmetische und analytische Eigenschaften der p-adischen und g-adischen Zahlen* (zweistündig); Mo Do, 7–8 Uhr
- *Das Wesen der Mathematik (für Hörer aller Fakultäten)* (einstündig); Di 7–8 Uhr

Winterhalbjahr 1922/23

- *Ausgewählte Fragen der Elementargeometrie, mit Uebungen* (zweistündig); Mi 8–9 Uhr, Do 12–13 Uhr
- *Mengenlehre, mit Besprechungen und Uebungen* (dreistündig); Mo 12–13 Uhr, Mi 11–13 Uhr

Sommerhalbjahr 1923

- *Differential- und Integralrechnung, 1. Teil* (vierstündig); Mo Di Mi Do 9–10 Uhr
- *Die Lehre von der Kreisteilung, mit Uebungen* (zweistündig); Mo 7–8 Uhr, Mi 8–9 Uhr
- *Uebungen zur Differentialrechnung* (einstündig); Do 7–8 Uhr

Winterhalbjahr 1923/24

- *Differential- und Integralrechnung, 2. Teil* (vierstündig); Mo 10–11 Uhr, Mi 9–10 Uhr, Do Fr 10–11 Uhr
- *Einführung in die Theorie der reellen Funktionen* (zweistündig); Mi 8–9 Uhr, Fr 9–10 Uhr
- *Uebungen zur Differential- und Integralrechnung* (einstündig); Do 8–9 Uhr

Sommerhalbjahr 1924

- *Funktionentheorie* (vierstündig); Mo Do 7–8 Uhr, Fr 7–9 Uhr
- *Einleitung in die Kurven- und Flächentheorie* (zweistündig); Mo Do 12–13 Uhr oder nach Verabredung
- *Probleme und Methoden der modernen Mathematik, unter Hervorhebung der Beziehungen zur Philosophie, für Hörer aller Fakultäten, öffentlich* (zweistündig); Mittwochvormittag an zwei zu bestimmenden Stunden

Winterhalbjahr 1924/25

- *Höhere Funktionentheorie* (dreistündig); Mo Mi Do 12–13 Uhr
- *Quadratur des Kreises und verwandte Probleme, mit Uebungen* (zweistündig); Mi 11–12 Uhr und zu einer noch zu bestimmenden Stunde
- *Die neueren Forschungen zur Begründung von Analysis und Mengenlehre* (einstündig); Mi 8–9 Uhr oder nach Verabredung

Sommerhalbjahr 1925

- *Differential- und Integralrechnung, 1. Teil* (vierstündig); Mo Di Mi Do 9–10 Uhr
- *Fouriersche Reihen* (zweistündig); Mo Do 7–8 Uhr
- *Übungen zur Differentialrechnung* (einstündig); Mi 10–11 Uhr

Winterhalbjahr 1925/26

- *Differential- und Integralrechnung, 2. Teil* (vierstündig); Mo Di Do 8–9 Uhr, Mi 10–11 Uhr
- *Integralgleichungen* (dreistündig); Mo Di 10–11 Uhr, Mi 8–9 Uhr
- *Uebungen für jüngere Semester (Integralrechnung)* (einstündig); Mi 11–12 Uhr

Sommerhalbjahr 1926

- *Analytische Geometrie der Ebene und des Raumes* (vierstündig); Mo Di Do Fr 9–10 Uhr
- *Elementare Theorie der gewöhnlichen Differentialgleichungen, mit Uebungen* (zweistündig); Fr 7–9 Uhr

Winterhalbjahr 1926/27

- *Mengenlehre* (vierstündig); Mo Do 8–9 Uhr, Mi 8–10 Uhr
- *Mehrdimensionale und nichteuklidische Geometrie* (zweistündig); Di Fr 11–12 Uhr oder nach Verabredung
- *Uebungen zur Mengenlehre* (einstündig); nach Verabredung

Sommerhalbjahr 1927

- *Einführung in die Theorie der reellen Funktionen* (dreistündig); Mo 9–10, Do 7–8 Uhr und 9–10 Uhr
- *Probleme und Methoden der modernen Mathematik (für Hörer aller Fakultäten)* (zweistündig); Mi 10–12 Uhr oder nach Verabredung
- *Lektüre und Besprechung von Weyls Philosophie der Mathematik (für Mathematiker und Philosophen)* (eineinhalbstündig); Mi 7:30–9 Uhr

Winterhalbjahr 1927/28

- *Elementarmathematik vom höheren Standpunkte* (vierstündig); Mo Do 8–9 Uhr, Mi 8–10 Uhr
- *Höhere Mathematik für Biologen und Mediziner* (zwei- bis dreistündig); nach Verabredung
- *Übungen zur Elementarmathematik* (einstündig); nach Verabredung

Sommerhalbjahr 1928 (angekündigt)

- *Elementarmathematik vom höheren Standpunkt, geometrischer Teil* (dreistündig); Mo Do 9–10 Uhr, Mi 10–11 Uhr
- *Fouriersche Reihen* (dreistündig); Mo 8–9 Uhr, Mi 7–9 Uhr
- *Mathematisches Seminar (Ausgewählte Grundlagenprobleme der Mathematik)* (einstündig); nach Verabredung

Anhang II: Bibliometrische Angaben zu den Rezensionen 1919–1933

In diesem Anhang befinden sich die bibliometrisch aufbereiteten Angaben zu den hier verwendeten Rezensionen aus dem Zeitraum 1919–1933. Der zugrundeliegende empirische Befund wurde im Abschnitt „Verwendete Rezensionen zu Fraenkel" der *Bibliographie* zum vorliegenden Band dokumentiert.

A.II.1 Rezensionsaktivitäten nach Jahren aufgeschlüsselt

Jahr	*Einleitung* (1. Auflage)	*Einleitung* (2. Auflage)	*Zehn Vorlesungen*	*Einleitung* (3. Auflage)	Σ
1919	3	–	–	–	3
1920	5	–	–	–	5
1921	4	–	–	–	4
1922		–	–	–	
1923	1	1	–	–	2
1924		9	–	–	9
1925		8	–	–	8
1926	1	7	–	–	8
1927			4	–	4
1928		2	8	2	12
1929			3	9	12
1930			1	3	4
1931			1		1
1932				1	1
1933				1	1
Σ	14	27	17	16	74

A.II.2 Rezensionsaktivitäten nach Zeitschriften aufgeschlüsselt

x = Besprechung liegt vor

xx = zwei Besprechungen liegen vor

x* = dokumentierte, aber hier nicht verifizierte Besprechung

Zeitschrift	*Einleitung* (1. Auflage)	*Einleitung* (2. Auflage)	*Zehn Vorlesungen*	*Einleitung* (3. Auflage)
Logos		x		
Bulletin of the American Mathematical Society	x	x	x	x
Physikalische Zeitschrift	x	x		
Jahresbericht der Deutschen Mathematiker-Vereinigung		x	x	x
Philosophisches Jahrbuch	x	x	x	
The American Mathematical Monthly	x		x	
Matematisk Tidsskrift				xx

(Fortsetzung)

Zeitschrift	*Einleitung* (1. Auflage)	*Einleitung* (2. Auflage)	*Zehn Vorlesungen*	*Einleitung* (3. Auflage)
Kant-Studien				x
The Australasian Journal of Psychology and Philosophy		x	x	
The Mathematical Gazette		x	x	x
Scientia		x		x
Jahrbuch über die Fortschritte der Mathematik	x	x	x	x
Deutsche Literaturzeitung für Kritik der internationalen Wissenschaften		x	x	x
Monatshefte für Mathematik und Physik	x	x	x	x
The Philosophical Review		x	x	
Annalen der Philosophie und philosophischen Kritik		x	x	xx
Elektrotechnische Zeitschrift	x			
Unterrichtsblätter für Mathematik und Naturwissenschaften	x*	x	x	x
Zeitschrift des Vereines Deutscher Ingenieure	x*			
Frankfurter Zeitung	x*			
Literarisches Zentralblatt für Deutschland	x	x		
L'Enseignement Mathématique	x	x	x	
Die Umschau	x	x		
Dinglers Polytechnisches Journal	x			
Revue de Métaphysique et de Morale		x		
Journal of the Franklin Institute		x		
The Journal of Philosophy			x	
Naturwissenschaftliche Wochenschrift	x			
Zeitschrift für mathematischen und naturwissenschaftlichen Unterricht aller Schulgattungen	x			
Beiblätter zu den Annalen der Physik/ Physikalische Berichte	x	x		
Nature				x
Zeitschrift für angewandte Mathematik und Mechanik		x		x
Abhandlungen aus dem Mathematischen Seminar der Universität Hamburg		x		
Acta Scientiarum Mathematicarum (Szeged)		x	x	x
Revue Philosophique de la France et de l'Étranger		x		
Deutsches Philologen-Blatt			x	
Nieuw Archief voor Wiskunde		x	x	

(Fortsetzung)

Zeitschrift	*Einleitung* (1. Auflage)	*Einleitung* (2. Auflage)	*Zehn Vorlesungen*	*Einleitung* (3. Auflage)
Zeitschrift für die österreichischen Mittelschulen		x		
Hochschulwissen. Monatsschrift für das deutsche Volk und seine Schule		x		

Anhang III: Chronologie

Frühjahr 1904	Gründung der *Mathematischen Gesellschaft zu Marburg* unter dem Vorsitz von Kurt Hensel
November 1904	Otto Blumenthal hält einen Zyklus von drei Vorträgen über „Grundzüge der Mengenlehre" in der *Mathematischen Gesellschaft zu Marburg*
8. Mai 1906	Rudolf Fueter hält einen Vortrag über Zermelos Wohlordnungsbeweis und die Grundlagen der Mengenlehre in der *Mathematischen Gesellschaft zu Marburg*
Ende Oktober 1910	Fraenkel wechselt zu seinem dritten Studiensemester an die Philipps-Universität Marburg
Sommerhalbjahr 1911	Ernst Hellinger bietet an der Philipps-Universität Marburg die zweistündige Vorlesung „Einführung in die Mengenlehre" an
Wintersemester 1912/13	Fraenkel referiert erstmals über Mengenlehre im Mathematischen Seminar der Universität Berlin
28. Dezember 1913	Kurt Hensel stellt sein Gutachten zu Fraenkels Promotionsschrift *Über die Teiler der Null und die Zerlegung von Ringen* fertig
21. Januar 1914	Abschluss von Fraenkels Promotionsverfahren mit einem zweistündigen Rigorosum
August 1914	Beginn von Fraenkels (50 Monate umfassenden) Kriegsdienst
November 1915	Annahme von Fraenkels Habilitationsschrift *Über gewisse Teilbereiche und Erweiterungen von Ringen* durch die Philosophische Fakultät
15. Mai 1916	die Philosophische Fakultät erteilt die Druckerlaubnis für die Habilitationsschrift
12. Juli 1916	Antrittsvorlesung als Privatdozent
Herbst 1916	Fraenkel fasst den Entschluss, ein gemeinverständliches Buch über Mengenlehre zu schreiben
Frühjahr 1918	Fertigstellung der ersten Manuskriptfassung des Buches über Mengenlehre
5. Mai 1918	Fraenkel bietet das Buchmanuskript dem Verlag von Julius Springer zur Veröffentlichung an

(Fortsetzung)

13./16. September 1918	der Verlagsvertrag zwischen dem Julius Springer Verlag und Fraenkel über die *Einleitung in die Mengenlehre* wird geschlossen
Mitte November 1918	Ende von Fraenkels Kriegsdienst; Fraenkel kehrt nach Marburg zurück
Winterhalbjahr 1918/19	die vierstündige Vorlesung „Mengenlehre" wird angeboten
Sommerhalbjahr 1919	die dreistündige Vorlesung „Einführung in die Mengenlehre" wird angeboten
Ende Mai 1919	das Manuskript der *Einleitung in die Mengenlehre* geht in den Druck
Mitte Juni 1919	die erste Auflage der *Einleitung in die Mengenlehre* erscheint in einer Höhe von 1250 + 75 Exemplaren
18. Juni 1919	die ersten Exemplare der *Einleitung in die Mengenlehre* werden ausgeliefert
19. Juni 1919	(erster) Vortrag „Über den Zahlbegriff bei Gauß" im *Mathematischen Kolloquium der Universität zu Frankfurt a.M.*
Zweite Hälfte 1920	Fraenkel reagiert auf Schoenflies' „Zur Axiomatik der Mengenlehre"
6. Mai 1921	Fraenkel teilt Zermelo brieflich mit, dass dessen Axiome zur Mengenbildung nicht hinreichen
April/Mai 1921	Fraenkel meldet seinen Vortrag „Über die Zermelosche Begründung der Mengenlehre" für den *Deutschen Mathematikertag* in Jena
10. Juli 1921	der Aufsatz „Zu den Grundlagen der Cantor-Zermeloschen Mengenlehre" wird fertiggestellt
14. Juli 1921	(zweiter) Vortrag „Zu den Grundlagen der Cantor-Zermeloschen Mengenlehre" im *Mathematischen Kolloquium der Universität zu Frankfurt a.M.*
22. September 1921	Vortrag „Über die Zermelosche Begründung der Mengenlehre" auf dem *Deutschen Mathematikertag* in Jena
Ende 1921/Anfang 1922	Überarbeitung des Beweisansatzes für die Unabhängigkeit des Auswahlaxioms
Anfang 1922	die erste Auflage der *Einleitung* ist vergriffen
21. Februar 1922	mit Wirkung zu diesem Datum ist Fraenkel außerordentlicher Professor
28. März 1922	Richard Courant erwägt, eine neue Auflage der *Einleitung* eventuell in die Reihe *Grundlehren der mathematischen Wissenschaften in Einzeldarstellungen mit besonderer Berücksichtigung der Anwendungsgebiete* aufzunehmen
erstes Quartal 1922	Fraenkel meldet seinen Vortrag „Zu den Grundlagen der Mengenlehre" für die *Jahresversammlung der DMV* in Leipzig

(Fortsetzung)

20. April 1922	der Aufsatz „Der Begriff »definit« und die Unabhängigkeit des Auswahlaxioms" wird fertiggestellt; der erste Definitionsvorschlag für den Funktionsbegriff der Teilmengenbildung wird damit präsentiert
15. Juni 1922	(dritter) Vortrag „Über die Grundlagen der Mengenlehre" im *Mathematischen Kolloquium der Universität zu Frankfurt a.M.*
11., 18. oder 25. Juli 1922	Vortrag vor der *Mathematischen Gesellschaft Göttingen* (über die Unabhängigkeit des Auswahlaxioms?)
19. September 1922	Vortrag „Zu den Grundlagen der Mengenlehre" auf der *Jahresversammlung der DMV* in Leipzig
17./21. September 1922	der Verlagsvertrag zwischen dem Julius Springer Verlag und Fraenkel über die zweite, erweiterte Auflage der *Einleitung in die Mengenlehre* wird geschlossen
18. Oktober 1922	der Aufsatz „Die Axiome der Mengenlehre" wird fertiggestellt; der erste Vorschlag für eine zweistufige Definition des Funktionsbegriffs für die Teilmengenbildung sowie die Urform von Zermelo-Fraenkel werden präsentiert
Winterhalbjahr 1922/23	die dreistündige Vorlesung „Mengenlehre, mit Besprechungen und Uebungen" wird angeboten
18. April 1923	Richard Courant erklärt sich gegenüber Fraenkel damit einverstanden, die neue, umgearbeitete und deutlich erweiterte Fassung der *Einleitung* in die Reihe *Grundlehren der mathematischen Wissenschaften in Einzeldarstellungen mit besonderer Berücksichtigung der Anwendungsgebiete* aufzunehmen
24. April 1923	der Verlag plant für die *Einleitung* mit der Bandnummer IX innerhalb von Courants Reihe
Anfang Juni 1923	für die Jahresversammlung der *Deutschen Mathematiker-Vereinigung* beginnen die Planungen, Marburg als Ausweichort für Bonn vorzusehen
25. Juni 1923	das Manuskript für die zweite Auflage der *Einleitung in die Mengenlehre* ist fertiggestellt
21. September 1923	Vortrag „Die neueren Ideen zur Grundlegung der Analysis und Mengenlehre" auf der *Deutschen Mathematikertagung* in Marburg
14. November 1923	die zweite Auflage der *Einleitung in die Mengenlehre* erscheint in einer Höhe von 1500 + 100 Exemplaren
Mitte Januar 1924	der buchhändlerische Vertrieb der zweiten Auflage der *Einleitung in die Mengenlehre* beginnt
20. Juni 1924	der Aufsatz „Untersuchungen über die Grundlagen der Mengenlehre" geht bei der *Mathematischen Zeitschrift* ein; die kanonische Fassung von Zermelo-Fraenkel liegt vor

(Fortsetzung)

Winterhalbjahr 1924/25	der einstündige Kurs „Die neueren Forschungen zur Begründung von Analysis und Mengenlehre“ wird angeboten
25. Februar 1925	Julius Merzbach promoviert als erster Doktorand Fraenkels mit der Arbeit *Bemerkungen zur Axiomatik der Mengenlehre*
8.–12. Juni 1925	Vortragsreihe *Zehn Vorlesungen über die Grundlegung der Mengenlehre*; gehalten in Kiel auf Einladung der *Kant-Gesellschaft* (Ortsgruppe Kiel)
21. Juli 1926	Heinrich Vieler promoviert als zweiter Doktorand Fraenkels mit der Arbeit *Untersuchungen über Unabhängigkeit und Tragweite der Axiome der Mengenlehre in der Axiomatik Zermelos und Fraenkels*
Winterhalbjahr 1926/27	die vierstündige Vorlesung „Mengenlehre“ wird angeboten
Ende 1926	die zweite Auflage der *Einleitung* ist vergriffen
ab Anfang 1927	Fraenkel und der Julius Springer Verlag arbeiten zusammen am Manuskript für eine dritte Auflage der *Einleitung*
Sommerhalbjahr 1927	die eineinhalbstündige Veranstaltung „Lektüre und Besprechung von Weyls Philosophie der Mathematik“ wird angeboten
Ende Juli 1927	das umgearbeitete und erheblich erweiterte Manuskript für die dritte Auflage der *Einleitung* liegt vor
Januar/Februar 1928	Springer und Fraenkel entscheiden gemeinsam, dass der vollständige Titel künftig nur noch ‚*Einleitung in die Mengenlehre*‘ lautet
März 1928	Fraenkel erhält einen Ruf auf eine ordentliche Professur für Mathematik (Nachfolge Otto Toeplitz) an der Universität Kiel
April bis Ende Mai 1928	Umzug Fraenkels von Marburg nach Kiel
[Ende Oktober 1928]	[Fraenkel erhält die ersten Exemplare der dritten Auflage der *Einleitung*]
[November 1928]	[die dritte Auflage der *Einleitung in die Mengenlehre* erscheint in einer Höhe von 1500 + 150 Exemplaren]

Danksagung

Die vorliegende Untersuchung repräsentiert die überarbeitete und um ein ›Postskriptum‹ erweiterter Fassung jener Arbeit, die im September 2022 von der Naturwissenschaftlich-Technischen Fakultät der Universität Siegen als Dissertation im Fach Mathematik zur Erlangung des Grades eines Doktors der Pädagogik angenommen wurde. Die Disputation fand am 20. Oktober 2022 statt. Ich danke meinen beiden Gutachtern Prof. Dr. Ralf Krömer (Universität Wuppertal) und Prof. Dr. Gregor Nickel sowie den weiteren Kommissionsmitgliedern Prof. Dr. Mario Meliadò und Prof. Dr. Oliver Schwarz (alle Universität Siegen) für ihre phantastische Unterstützung in der Realisierung des Projektes sowie für die Vielzahl ihrer wertvollen Hinweise. Vor allem meinem verehrten Kollegen Gregor Nickel sei von Herzen gedankt für seine frühe Bereitschaft, sich mit mir auf dieses unorthodoxe intellektuelle Abenteuer einer zweiten Promotion einzulassen. Danke, Gregor!

Bei den Recherchen zum vorliegenden Projekt haben mich viele Personen unterstützt, denen ich an dieser Stelle noch einmal ausdrücklich danken möchte. *Die ersten Nachforschungen fanden in den Jahren 2003–2004 statt* und wurden nach einer langen Zeit der Unterbrechung erst 2019 wieder aufgenommen. Allen voran gilt mein Dank dem 2013 verstorbenen *Prof. Benyamin Se'ev Fraenkel* (Hebrew University Jerusalem), der mir begleitend zu einem Brief vom 24. November 2003 Dokumente seines Vaters zur wissenschaftlichen Bearbeitung übersandt hatte. Dem voraus ging unter anderem ein längeres herzliches Telefonat im Oktober, in dessen Verlauf wir Erinnerungen an Marburg austauschten.

Neben Prof. Fraenkel haben mich diverse Institutionen auf der Suche nach weiterem Quellenmaterial unterstützt. Ich danke vor allem: *Dr. Georg Asmussen* (Landesarchiv Schleswig-Holstein), *Prof. Inge Auerbach* (Hessisches Staatsarchiv Marburg), Thomas Brozat (Hessisches Landesarchiv), *Prof. Jens Erik Fenstad* † (Universität Oslo), Katrin Heil (Sächsisches Staatsarchiv Leipzig), Fotografenmeisterin Heike Heuser (Digitalisierungswerkstatt der Universitätsbibliothek Marburg), *Dr. Ulrich Hussong* (Stadtarchiv Marburg), Dr. Mathias Jehn (Sammlung Frankfurt der Universitätsbibliothek Frankfurt a.M.), Philipp Kastendieck (Georg-August-Universität Göttingen), Andrea Kirstein-Gaekel (Geschäftsstelle der Deutschen Mathematiker-Vereinigung), *Edelgard Klüver*

M. Wille, *Fraenkel*, https://doi.org/10.1007/978-3-662-66167-3

(Stadtarchiv Kiel), *Prof. Azriel Levy* (Hebrew University Jerusalem), Dr. Carsten Lind (Archiv der Philipps-Universität Marburg), *Prof. Dieter Lohmeier* (Schleswig-Holsteinische Landesbibliothek), *Hartwig Molzow* (Schleswig-Holsteinische Landesbibliothek), *Hans-Joachim Nossol* (Geheimes Staatsarchiv Preußischer Kulturbesitz), Dr. *Bernd Reifenberg* (Universitätsbibliothek Marburg), *Dr. Helmut Rohlfing* (Niedersächsische Staats- und Universitätsbibliothek Göttingen), Dr. Katharina Schaal (Archiv der Philipps-Universität Marburg), Dipl.-Bibl. Andreas Seibel (Digitalisierungswerkstatt der Universitätsbibliothek Marburg), Dipl.-Bibl. Anke Spille (Berlin-Sammlungen der Zentral- und Landesbibliothek Berlin), Bärbel Wagner (Sammlung Frankfurt der Universitätsbibliothek Frankfurt a.M.) und Dipl.-Archivar Alexander Zahoransky (Universitätsarchiv Freiburg).

Ein ganz besonderer Dank gilt den Mitarbeiterinnen und Mitarbeitern der Universitätsbibliothek der Technischen Universität Ilmenau, die mich nicht nur in einer unkomplizierten Nutzung der vorzüglichen Magazinbestände, sondern darüber hinaus in der Verwirklichung mannigfacher Fernleihanliegen unterstützt haben. Nikoo Azarm und Agnes Herrmann vom Springer Verlag möchte ich ganz herzlich danken für ihre exzellente Unterstützung und umsichtige Betreuung während der Drucklegung des Manuskriptes und Veröffentlichung des Buches. Gewaltiger Dank gebührt einmal mehr Prof. Dr. Christian Thiel (Erlangen) für seine – wie stets – äußerst gründliche Korrekturlesung und seinen Zuspruch in der Sache.

Der größte Dank gilt auch dieses Mal meiner geliebten Frau Athena, der allein ich es zu verdanken habe, dass dieses eigentlich längst in Vergessenheit geratene Projekt wiederbelebt und in einer gänzlich neuen, ungleich souveräneren Form verwirklicht werden konnte. Sie brachte den unvollendeten Fraenkel aus einer Zeit, in der auch wir zusammenfanden, in Erinnerung und unterstützte mich auf jede nur erdenkliche Weise, während wir beide bereits Vollzeit im Schuldienst standen. Diskutierend, lesend, recherchierend, kritisierend und immer wieder motivierend verwirklichte meine Frau beste akademische Bedingungen im trubeligen Familienalltag mit unseren beiden Kindern Ida und Johann – ein Traum für mich als Wissenschaftler. Nach nahezu 20 Jahren ist nun auch dies endlich geschafft. Auf zu neuen Werken, mit Haltung!

Postskriptum

Der späte Fraenkel.

Ätiologisches zu den beiden North-Holland-Bänden *Abstract Set Theory* (1953) und *Foundations of Set Theory* (1958)

25 Jahre später …

… war die Welt eine andere. Seit dem Ende der grundlegenden Zeit in Marburg 1928 durchlief Fraenkels Biographie Veränderungen fundamentaler Natur. Im nachfolgenden Vierteljahrhundert schloss sich an das fünfjährige Ordinariat in Kiel nicht nur eine inzwischen 20 Jahre währende Tätigkeit als ordentlicher Professor an der Hebrew University Jerusalem an, der er in den Jahren 1938–1940 als Rektor vorstand und deren akademisches Selbstverständnis er als didaktisch begnadeter Gelehrter von internationalem Rang mitprägte.[1] Darüber hinaus lieferte er mit seiner auf Hebräisch verfassten *Introduction to Mathematics*[2] einen wesentlichen Beitrag zur Herausbildung einer einheitlichen Terminologie für die höhere Mathematik in der Sprache seines Volkes, er engagierte sich umfassend in der Erwachsenenbildung und trug in offizieller Funktion maßgeblich zum Aufbau des jüdischen Schulwesens bei.[3] Mehr noch als früher übernahm er als Hochschullehrer pädagogische Verantwortung, innerhalb und außerhalb der akademischen Welt Israels. All dies gründete schicksalhaft im Heraufziehen der dunkelsten aller Zeiten. Es folgte der unwiederbringliche Verlust der alten Heimat 1933, die Flucht nach Palästina, der Aufbau einer neuen Gemeinschaft, eine neue Identität, die erhaben und erhebend aus dem Emigranten einen Staatsbürger Israels hatte werden lassen. 25 Jahre nach der Veröffentlichung der dritten Auflage der *Einleitung* schrieb man das Jahr 1953.

[1] Vgl. Cohen-Mansfield (2016a), 169–177.

[2] Fraenkel (1942).

[3] Näheres hierzu bei Cohen-Mansfield (2016a), 180–187.

M. Wille, *Fraenkel*, https://doi.org/10.1007/978-3-662-66167-3

In eben diesem Jahr erschien als Band 12 der noch jungen, gerade erst im dritten Jahr bestehenden Reihe *Studies in Logic and the Foundations of Mathematics* Fraenkels Werk *Abstract Set Theory*. Mit seinen fast 500 Seiten war das voluminöse Werk damit nicht nur die erste Abhandlung zur Theorie der abstrakten Mengen innerhalb der Reihe, sondern die erste moderne englischsprachige überhaupt. Neben den herausragenden Arbeiten Hausdorffs galt vielen bis dahin noch die *Einleitung* von 1928 als „best elementary introduction".[4] Da diese Bücher aber unübersetzt blieben und zum Teil nicht mehr buchhändlerisch verfügbar waren, schien sich mit der *Abstract Set Theory* nicht weniger als ein „desideratum for decades"[5] zu erfüllen. Während das Manuskript bereits Ende 1947 fertiggestellt werden konnte, verzögerte sich dessen Veröffentlichung bedingt durch den israelischen Unabhängigkeitskrieg 1948 sowie andere Umstände um weitere Jahre.[6] Mit der 1951 an die Öffentlichkeit getretenen Reihe *Studies in Logic and the Foundations of Mathematics* fand sich prästabiliert ein hervorragender Ort, um den Band sogleich international sichtbar zu machen. Für Kenner der *Einleitung* war dabei nicht zu übersehen, dass sich die gesamte Architektur des Buches in den §§ 1–12 des Springer-Bandes spiegelt. Selbstverständlich gab es für Fraenkel keinen Grund, diese auffällige und letztlich gewollte Gemeinsamkeit unerwähnt zu lassen. „In its external arrangement the book follows the first half of the author's German treatise".[7] Betonung erfuhr dies entsprechend auch in den frühen Rezensionen.[8]

Von außen betrachtet erblickt man in dieser Konstellation zwei bedeutsame Werke zur Mengentheorie, die durch eine jähe biographische Zäsur in gänzlich verschiedenen Lebensepochen zu lokalisieren sind und deren einigendes Band weder in ihrer Sprache noch im Grad ihrer Aktualität, sondern einzig in der diachronen intellektuellen Identität ihres Autors bestehen mag. Die eine verfasst auf Deutsch zu Zeiten einer noch jungen Weimarer Republik, die nicht mehr viel älter werden sollte, und die andere niedergeschrieben in der neuen Weltsprache der Wissenschaft und fertiggestellt am Vorabend einer neuen Staatsgründung. Grundlegend geändert hatte sich die Ordnung der Welt, vielfältig weiterentwickelt das mengentheoretische Angebot, während die Axiomatik von *ZF* in ihrer Qualität Bestand hatte. Wenn auch die *Abstract Set Theory* eine um 20 Jahre jüngere und ebenso reifere Aufbereitung der ersten drei Kapitel der dritten Auflage der *Einleitung in die Mengenlehre* liefert, so schienen zwischen beiden Werken doch Welten zu liegen. Leicht entsteht dabei der Eindruck, dass Fraenkel in der Mitte der 1940er-Jahre sein altes Material lediglich zur Hand nimmt, um daraus ein modernes, internationales Lehrbuch zur Theorie der abstrakten Mengen entstehen zu lassen. Allein der Eindruck täuscht.

---

[4] Kattsoff (1948), 77.

[5] [*Set Theory*[1]], VII.

[6] Vgl. [*Set Theory*[1]], IX.

[7] [*Set Theory*[1]], VIII.

[8] Vgl. u. a. Cooke (1954); Goodstein (1954), 54; Halmos (1953), 584; Kurepa (1954), 49; Skolem (1953), 313.

Weder ist das Manuskript von 1928 der Steinbruch, aus dem das Material bloß zum Aufbau des neuen Werks herausgelöst werden würde, noch liegen zwischen der Fertigstellung der dritten Auflage und den Anfängen der englischen Monographie derart viele Jahre. Die Ursprünge der letzteren reichen ungleich weiter zurück in eine Zeit, in der Fraenkel voller Hoffnung beides verfolgt hatte – sowohl eine vierte Auflage als auch eine englischsprachige Übersetzung seiner *Einleitung in die Mengenlehre*. Beides sollte ihm verwehrt bleiben und sich letztlich doch noch auf andere Weise verwirklichen, denn zusammen mit ihrem fünf Jahre jüngeren Geschwister *Foundations of Set Theory* bildet Fraenkels *Abstract Set Theory* nichts Geringeres als die späte Verwirklichung eines gleichermaßen alten wie anspruchsvollen Traumes. Gemeinsam repräsentieren sie die nie realisierte vierte Auflage der *Einleitung* für eine internationale Leserschaft. Sie sind die ins Englische übersetzte, überarbeitete, revidierte, erheblich erweiterte sowie in zwei Teilbänden edierte Neuauflage des Werkes von 1928. So verschieden und dennoch aufs Engste verwandt. Jenes Projekt, das 1923 noch in einem Umfang von 250 Seiten verwirklicht werden konnte, beansprucht Ende der 1950er-Jahre ein Gesamtvolumen von nicht weniger als 900 Druckseiten, verteilt auf zwei Bände. Fraenkels dokumentarisches Bestreben hatte epische Ausmaße angenommen und es blieb zeitlebens das Projekt der *Einleitung*.

Mitte der 1930er-Jahre …

… stand die Frage nach einer vierten Auflage im Raum – zumindest für den Autor. Als Fraenkel mit dem Gedanken an eine überarbeitete Neuausgabe an den Verlag herantrat, gehörte seine Kieler Zeit bereits der Vergangenheit an. Jahre waren verstrichen und die *Einleitung* hatte sich bis dato einmal mehr ganz ordentlich verkauft. Sieht man von den 150 Freiexemplaren einmal ab, dann waren von der gesamten Auflagenhöhe von 1500 Exemplaren bis Mitte 1935 gut 77 % verkauft. Innerhalb von sechseinhalb Jahren seit ihrem Erscheinen waren von der aktuellen Fassung ca. 1150 Exemplare über den Ladentisch gegangen. Auch wenn die Absatzzahlen inzwischen nicht mehr an jene der frühen Jahre anknüpfen konnten, so fanden doch jährlich einige Dutzend Exemplare Absatz. Ob der Rückgang der Verkaufszahlen mit Fraenkels fehlender Präsenz im deutschen Universitätssystem seit Anfang 1933 sowie mit seiner jüdischen Herkunft im Zusammenhang gestanden haben mag oder gar im politisch gewollten Hadern mit Buch und Bildung gründet, ist nicht auszuschließen, kann aber auch nicht mit Bestimmtheit behauptet werden. Für den Autor selbst war der Hauptgrund für das langsam nachlassende Interesse an der aktuellen Fassung sowieso an anderer Stelle zu suchen.

In äußerst selbstkritischer Haltung erachtete Fraenkel im Frühjahr 1935 die aktuelle Fassung schlicht nicht mehr als aktuell. „Von der 3. Auflage dürften nunmehr ca. ¾ verkauft sein. Andererseits sind aber seit dem Erscheinen der 3. Auflage (1928) auf dem betreffenden Gebiet, einem von Mathematikern und Logikern heute bevorzugten (sogar durch Gründung eigener Zeitschriften in mehreren Ländern begünstigten) Forschungsfeld, so umfangreiche u. tiefgehende Fortschritte erzielt worden, dass die 2. Hälfte des Buches heute veraltet ist (ganz besonders Kap. IV sowie § 18). Ich habe in den letzten 2 Jahren das Buch durch umfangreiche Ergänzungen und Modifikationen dem heutigen Stand der Wissenschaft handschriftlich (zum grossen Teil in Maschinenschrift) angenähert; dabei hat sich allein das Literaturverzeichnis (ausschliesslich durch Hinzufügung neuester Arbeiten) mehr als verdoppelt. Da das Buch in seiner gegenwärtigen Gestalt nicht mehr vollen Wert hat und darum keinen wesentlichen Absatz mehr erwarten darf, scheint mir in beiderseitigem Interesse die Zeit für eine Neuauflage gekommen, die übrigens sehr rasch erscheinen könnte".[9]

Die Situation war damit exakt umrissen. Der zweite Teil der *Einleitung* lieferte eine exzellente Darstellung der mathematischen Grundlagenforschung bis zum Ende der 1920er-Jahre. Doch zu dieser Zeit konnten nicht einmal die kreativsten Beweistheoretiker erahnen, welche fundamentalen Verwerfungen sich Anfang des neuen Jahrzehnts einstellen sollten. Die klassische Grundlagendebatte – geprägt durch ein diskursives Potenzial wesentlich dreier Großpositionen – musste nach 1931 in Teilen neu organisiert werden. Vor allem die Metamathematik Hilberts, der Fraenkel viel abgewinnen konnte, bedurfte in der Ausrichtung ihrer Ansprüche und Mittel einer kritischen Revision, die früh und in Teilen äußerst erfolgreich erfolgte. Gödels erste Unentscheidbarkeits- und Unvollständigkeitsresultate waren für die Grundlagenforschung in Mathematik und Logik ein eminenter Katalysator. All diesen Entwicklungen wollte der Autor der *Einleitung* in seiner Rolle als systematischer Chronist der Ereignisse gerecht werden. Es war diese jüngste, undokumentierte Vergangenheit mit ihrem überwältigenden Aufkommen an Fortschritten in Logik, Metalogik und Beweistheorie, die einen äußerst reizvollen Gegenstand darstellte.

Die diachrone Identität des Autors gibt sich in diesem Schreiben nur zu gut zu erkennen. In der seit langer Zeit vertrauten Handschrift des einst frühen und schließlich gereiften Fraenkel wird sogleich ohne Umschweife über die Möglich- und Dringlichkeiten im anstehenden Arbeitsprozess gesprochen. Die Autorenrituale von einst sind zugleich die publizistischen Routinen von heute. Wie schon 1918, 1922 und 1926 sprüht der Mengentheoretiker vor Tatendrang und kann eine Neuauflage kaum erwarten. Einmal mehr beruft er sich auf umfangreiche Vorarbeiten und stellt eine rasche Fertigstellung in Aussicht. Entsprechend weit gediehen waren zudem seine Überlegungen, wie er der Fülle an Neuem in der Gesamtarchitektur seines Werkes gerecht werden konnte. „Zur praktischen Ausführung sind nun 2 Wege denkbar. Der natürlicherweise naheliegende ist wohl der, dass Sie – im wesentlichen unter den alten Vertragsbedingungen – an die Herausgabe der neuen Auflage alsbald herangehen. Sie könnten in diesem Fall meiner raschen Arbeitsweise sicher sein. Praktisch erschiene es mir zweckmässig, das Buch in 2 gesondert käufliche Halbbände zu zerlegen, deren erster die (nur in mässigen Grenzen veränderten) Kapp. I–III, deren zweiter die erheblich vermehrten Kapp. IV u. V incl. Literaturverzeichnis enthalten würde. Die Käuferschichten dürften nicht zusammenfallen, da für den 1. Band die Lehrer höherer Schulen, Anfängerstudenten sowie auf Selbstunterricht bedachte Kreise,

[9] Fraenkel an den Springer Verlag in einem Brief vom 29. April 1935. Quelle: Akte „Fraenkel, Adolf B-F 120 II"; Zentral- und Landesbibliothek Berlin.

für den 2. Band vornehmlich der Forschung zugewandte Mathematiker und Philosophen (unter den reiferen Studenten wie unter den Hochschullehrern etc.) in Betracht kommen. Ob dabei, wie ich nach den Zuschriften zahlreicher Professoren aus USA mir vorstellen könnte, etwa von vornherein die Herausgabe in englischer Sprache geschäftlich empfehlenswerter wäre als in deutscher, müsste ich Ihrem Urteil überlassen; ein Novum in der Praxis Ihres Verlages wäre es ja nicht".[10]

Dieser erste Weg konnte also sogleich auf zwei Weisen beschritten werden – beide mit Springer zusammen. Für Fraenkel war es nur naheliegend, die inzwischen 17jährige Zusammenarbeit mit dem Verlag fortzusetzen. Die *Einleitung* war ihr gemeinsames Projekt und das sollte es nach Auffassung des Autors auch bleiben. Entsprechend bot er der Berliner Firma an, die vierte Auflage entweder konventionell als wiederum wesentlich erweiterte und überarbeitete Auflage der dritten zu planen oder aber von vornherein eine Organisation in zwei Halbbände – Theorie der abstrakten Mengen und Grundlagenfragen – vorzusehen, bei denen zu überlegen wäre, ob man sie sogleich in englischer Sprache veröffentlicht. Welche Kollegen aus den Vereinigten Staaten hier Zuspruch geleistet haben, geht aus dem Briefwechsel nicht hervor. Allerdings bedarf es keiner großen Vorstellungskraft, einzelne dieser Mathematiker und Philosophen jener neuen Generation von Logikern zuzurechnen, die für Amerikas ‚logisches Erwachen' mitverantwortlich zeichneten. Sie lasen alles, waren technisch brillant ausgebildet, besaßen einen unstillbaren intellektuellen Hunger und importierten die gesamte europäische Grundlagenforschung, deren neue Zentren in Princeton, am Harvard und andernorts entstanden.[11] Das amerikanische Interesse an einer Übersetzung des Werkes war zweifelsohne authentisch.

Im Fall einer konservativen Überarbeitung wäre die *Einleitung* zwar noch voluminöser geraten, ansonsten aber dasselbe auf Deutsch verfasste Buch geblieben. Eine Neubearbeitung in zwei Teilbänden setzte indes weitreichendere Eingriffe in die Architektur – bis hinein in die Fußnotenstruktur – voraus, weshalb in diesem Fall die Möglichkeit einer Neufassung des Skriptes auf Englisch sogleich probat schien. Da sich Fraenkel jedoch nicht sicher war, ob eine dieser beiden Optionen Springer zusagen würde, trug er sogleich noch einen zweiten gangbaren Weg vor. De facto handelte es sich bei diesem Vorschlag jedoch um kein gemeinsames Beschreiten einer weiteren Wegstrecke, sondern um das Gehen getrennter Wege. „Wenn Sie aber finden sollten, dass unter den gegenwärtigen Umständen die Herausgabe einer Neuauflage in Ihrem Verlag bzw. in Deutschland keinen Erfolg versprechen dürfte, so käme als der andere Weg in Frage, dass in freundschaftlicher Verständigung zwischen uns das Verlagsrecht an dem Buch von Ihnen an einen anderen Verlag überginge, der die alsbaldige Herstellung einer Neuauflage übernähme, und zwar entweder an Ihre Schwesterfirma in Wien (die jetzt durch Carnaps „Logische Syntax der Sprache" einen grossen Erfolg auf eng benachbarten Gebiet zu verzeichnen hat), oder an einen geeigneten Verlag in Holland, Schweiz oder auch U.S.A., den zu ermitteln ich ev.

[10] Fraenkel an den Springer Verlag in einem Brief vom 29. April 1935. Quelle: Akte „Fraenkel, Adolf B-F 120 II"; Zentral- und Landesbibliothek Berlin.

[11] Vgl. hierzu Wille (2016), 151–162.

bereit wäre".[12] Das liest sich fast wie der frühe Entschluss zum späterhin eingeschlagenen Weg. Allerdings wäre dies ein Anachronismus. Was Anfang der 1950er-Jahre zur Heimat der *Abstract Set Theory* werden sollte, war 1935 noch keineswegs ein geeigneter Verlag in Holland. Die 1931 von Gerrit de Vlugt gegründete Firma ‚Noord-Hollandsche Uitgevers Maatschappij' hatte Mitte der 1930er-Jahre gerade einmal drei Mitarbeiter und verfügte über ein Gesamtverzeichnis von kaum mehr als 20 Titel, allesamt Veröffentlichungen der Königlich Niederländischen Akademie der Wissenschaften.[13] Sofern Fraenkel an die Verlagslandschaft Hollands dachte, galt sein Gedanke noch nicht North-Holland.

Der zweite, Springer offerierte Weg bestand erst einmal in nichts anderem als dem Vorschlag, die Rechte an dem Buch an einen anderen Verlag abzutreten. Auf mögliche Interessen der Berliner Firma nahm dieser Vorschlag keinerlei Rücksichtig – gewahrt blieben in diesem Fall einzig jene des Autors. In Frage kamen dabei selbstverständlich nur solche Häuser, die ihrerseits die *Einleitung* im Geiste des zuerst beschriebenen Weges verlegen würden. Entscheidend war allein, dass das Projekt schnell vorangetrieben wurde, mit oder ohne den bisherigen Partner. Fraenkel hatte Springer damit das Angebot unterbreitet, entweder selbst eine erheblich erweiterte vierte Auflage bzw. eine (englische) Veröffentlichung in zwei Halbbänden zu verlegen oder aber die Rechte an einen Verlag abzutreten, bei dem das Werk in entsprechender Form veröffentlicht werden kann. Das schloss im Besonderen die Konstellation ein, die *Einleitung* andernorts auf Englisch und unterteilt in die beiden Teile ‚Abstrakte Mengenlehre' sowie ‚Grundlagen der Mengenlehre' erscheinen zu lassen. Ende April 1935 – 18 Jahre vor der Veröffentlichung des ersten North-Holland-Bandes und 23 Jahre vor dem zweiten – ist damit erstmals das gewaltige Doppelprojekt von *Abstract Set Theory* und *Foundations of Set Theory* benannt. In den nachfolgenden Jahren sollte dieser Gedanke stetig weiter an Reife und Kontur gewinnen.

Ausführlich motiviert lag das Anliegen in Berlin auf dem Tisch, doch die Sichtweise des Autors konnte sich der Verlag nicht zu eigen machen. Mochte der Fortschritt der Forschung eine zügige Überarbeitung auch noch so sehr gebieten, für den Verlag wogen betriebswirtschaftliche und vertragsrechtliche Kriterien schwerer. Für Springer stellte sich die Frage einer Neuauflage im Frühjahr 1935 nicht, da es noch hinreichend große Restbestände am Lager gab. „Von der 3. Auflage besitze ich zurzeit noch einen Vorrat von 346 Exemplaren. Im vergangenen Jahr wurden rund 40 Exemplare und in diesem Jahr bisher 15 Exemplare verkauft. Angesichts dieser Zahlen muss ich Ihnen leider erklären, dass vom Standpunkt des Verlegers aus die Zeit für die Veranstaltung einer neuen Auflage noch nicht gekommen ist".[14] In Anbetracht der rückläufigen Verkaufszahlen sowie der noch verfügbaren Restbestände gab es vom unternehmerischen Standpunkt aus keinerlei Handlungsbedarf. Verlagsintern bestand in so einem Fall schlicht kein Klärungsproblem, denn „ver-

[12] Fraenkel an den Springer Verlag in einem Brief vom 29. April 1935. Quelle: Akte „Fraenkel, Adolf B-F 120 II"; Zentral- und Landesbibliothek Berlin.

[13] Vgl. Andriesse (2008), 103f.

[14] Springer Verlag an Fraenkel in einem Brief vom 7. Mai 1935. Quelle: Akte „Fraenkel, Adolf B-F 120 II"; Zentral- und Landesbibliothek Berlin.

lagstechnisch und juristisch existiert das Problem einer Neuauflage solange nicht, wie noch Vorräte der alten vorhanden sind".[15] Dem Anliegen galt es nicht mehr Aufmerksamkeit zukommen zu lassen als unbedingt erforderlich. Entsprechend nüchtern und knapp fällt die Antwort aus. Auf die Sachgründe wird gar nicht erst eingegangen, ebenso nicht auf den Vorschlag, die Rechte am Werk vorzeitig abzutreten.

Das Signal aus Berlin war für Fraenkel gleichermaßen klar wie enttäuschend. Feingliedrig hatte er sein Anliegen aufbereitet, verschiedene biographische Perspektiven für das Werk durchdekliniert, aber nichts davon hatte sich verfangen. Es schien fast so, als ob der Verlag nicht verstanden hätte, dass mit der erforderlich gewordenen inhaltlichen Überarbeitung auch der unternehmerische Erfolg zurückkehren würde – hoffentlich. Es ist dieser Punkt, den es im Antwortschreiben erneut herauszustellen gilt. „Der geringe Absatz der letzten Zeit ist m. E. zu einem erheblichen Teil <u>gerade darauf</u> zurückzuführen, dass das Buch heute infolge des rapiden Fortschritts der einschlägigen Forschungen in den letzten 3 Jahren <u>veraltet</u> ist. Weiteres Zuwarten bedeutet also m. E. nicht bloss keine Verbesserung vom verlegerischen Standpunkt, sondern sogar die Gefahr (die in einem Fall sich schon verwirklicht hat), dass im In- und Ausland Werke von ähnlicher Tendenz (ich denke an die <u>2.</u> Hälfte meines Buches) erscheinen, die sich den Umstand des Veraltetseins zunutze machen und der nächsten Auflage von vornherein das Wasser abgraben".[16]

Es war sicherlich nicht ungeschickt, dieses strategische Argument anzuführen. Für die symbolische Logik und verwandte Disziplinen sollten sich auf absehbare Zeit schier unerschöpfliche Forschungsfelder einstellen. Da war es nur eine Frage der Zeit, bis der Markt mit neuen maßgeblichen Arbeiten bedient werden würde. Sollte die *Einleitung* mit diesen Entwicklungen nicht Schritt halten können, wären die Pfründe mit Werken der Konkurrenz besetzt, was wiederum ein sinkendes verlegerisches Interesse an ihr zur Folge hätte. Diesen elementaren Marktmechanismen galt es zuvorzukommen. Neben diesem rechtzeitigen Ringen um Absatzanteile gab es für Fraenkel eine motivationspsychologische Hürde, denn im „Fall des Abwartens eines Ausverkaufs würde es auch zwecklos sein, wenn ich die Arbeit an der Herstellung des Textes der Neuauflage fortsetzte, da bis dahin auch der gegenwärtige Stand der Wissenschaft in manchem überholt sein wird".[17] Sollte man also erst tätig werden wollen, wenn das letzte Exemplar verkauft ist, so wäre das Manuskript derart hoffnungslos veraltet, dass eine Überarbeitung schlicht sinnlos wäre. Die Antwort des Autors wusste also mit so manchem dramatischen Akzent aufzuwarten und sie versuchte, die sich bietenden Vorteile für den Verlag nochmals in aller Deutlichkeit herauszustellen.

Die vorgetragenen Beweggründe scheinen am Unternehmen nicht spurlos vorübergegangen zu sein. Bevor man eine Antwort aufsetzte, hielt man mit dem federführenden

---

[15] Ferdinand Springer an Friedrich Karl Schmidt in einem Brief vom 28. Januar 1938. Quelle: Abschrift in Akte „Fraenkel, Adolf B-F 120 II"; Zentral- und Landesbibliothek Berlin.

[16] Fraenkel an den Springer Verlag in einem Brief vom 13. Mai 1935. Quelle: Akte „Fraenkel, Adolf B-F 120 II"; Zentral- und Landesbibliothek Berlin.

[17] Fraenkel an den Springer Verlag in einem Brief vom 13. Mai 1935. Quelle: Akte „Fraenkel, Adolf B-F 120 II"; Zentral- und Landesbibliothek Berlin.

Reihenherausgeber Rücksprache, um sich der Qualität der eigenen Argumente zu versichern. Richard Courant begrüßte zwar Fraenkels Vorschlag einer Zweiteilung, ließ aber gegenüber Ferdinand Springer persönlich keinen Zweifel daran, dass die unterbreiteten Vorschläge zum gegenwärtigen Zeitpunkt für den Verlag nicht annehmbar waren. Zum einen wäre eine Neuauflage „im Moment buchhändlerisch noch verfrüht“,[18] zum anderen gibt es keine Veranlassung, weshalb Springer zu eigenen Lasten auf Rechte verzichten sollte. „Daher würde ich den Vorschlag, auf das Verlagsrecht zu verzichten, ablehnen“.[19] Für den Vertrieb günstig würde sich indes eine thematische Separation in zwei Bände erweisen, da die Zielleserschaft für den mengentheoretischen Teil nicht deckungsgleich sein dürfte mit jener für den grundlagentheoretischen Teil. Eine Einschätzung, bei der es offenkundig keinen Dissens gab. „Daher erscheint mir sachlich die Idee, das Buch einer Neuauflage in zwei Teile zu teilen: den ersten Band wieder im Sinne der ursprünglichen Tendenz des Buches zu halten und den zweiten Band über Prinzipien und Grundlagenfragen mehr oder weniger unabhängig zu schreiben, recht vernünftig. Dieser zweite Band wird dem Hilbert-Bernays keine Konkurrenz machen. Ich würde also raten, im Prinzip auf den Vorschlag von Fraenkel einzugehen, den Zeitpunkt der Verwirklichung aber noch hinauszuschieben“.[20]

Mit dieser unabhängigen, die eigene Sichtweise unterstützenden Stellungnahme konnte man schließlich dem Autor schlicht „erwidern, dass mir die Zeit für eine neue Auflage Ihres Buches aus mancherlei Gründen noch nicht gekommen scheint“.[21] Die Gründe selbst blieben gegenüber dem Autor erneut unerwähnt. Fraenkel sieht ein, dass er hier für den Moment nicht vorwärtskommt. Er will in der Sache den Verlag „nicht weiter drängen“.[22] Dafür wird es ihm nun aber zu einem besonderen Anliegen, „den schon früher gemeinsam besprochenen Plan einer englischen Ausgabe wieder mit vermehrtem Nachdruck aufzunehmen“.[23] Der Gedanke einer englischen Übersetzung war in den vorausgegangenen Jahren von Seiten des Autors zwar vereinzelt unverbindlich erwogen worden, fand auf Seiten des Verlages jedoch zu keinem Zeitpunkt eine nennenswerte Resonanz. Prinzipiell hatte das Berliner Unternehmen gegen ein derartiges Bestreben überhaupt nichts, denn der Verlagsvertrag sah in diesem Falle vor, dass die „Einnahmen aus dem Verkaufe des Ueberset-

[18] Richard Courant an Ferdinand Springer in einem Brief vom 21. Mai 1935. Quelle: Akte „Fraenkel, Adolf B-F 120 II“; Zentral- und Landesbibliothek Berlin.

[19] Richard Courant an Ferdinand Springer in einem Brief vom 21. Mai 1935. Quelle: Akte „Fraenkel, Adolf B-F 120 II“; Zentral- und Landesbibliothek Berlin.

[20] Richard Courant an Ferdinand Springer in einem Brief vom 21. Mai 1935. Quelle: Akte „Fraenkel, Adolf B-F 120 II“; Zentral- und Landesbibliothek Berlin.

[21] Springer Verlag an Fraenkel in einem Brief vom 3. Juni 1935. Quelle: Akte „Fraenkel, Adolf B-F 120 II“; Zentral- und Landesbibliothek Berlin.

[22] Fraenkel an den Springer Verlag in einem Brief vom 12. Juni 1935. Quelle: Akte „Fraenkel, Adolf B-F 120 II“; Zentral- und Landesbibliothek Berlin.

[23] Fraenkel an den Springer Verlag in einem Brief vom 12. Juni 1935. Quelle: Akte „Fraenkel, Adolf B-F 120 II“; Zentral- und Landesbibliothek Berlin.

zungsrechtes [...] gleichmässig zwischen beiden geteilt"[24] werden. Die Regelung stammte noch aus dem Jahr 1922, doch sie hatte nach wie vor Bestand und sie blieb attraktiv, sofern sich überhaupt ein Verlag finden sollte, der neben den offensichtlichen Honorarkosten für eine Übersetzung zudem einen Betrag für das Recht auf Übersetzung zu zahlen bereit wäre. Eine ausgemachte Sache war das nicht. Der Verleger selbst wollte „einer englischen Ausgabe des Buches nicht im Wege stehen, sondern entsprechend meiner seinerzeitigen Zusage, das Zustandekommen nach Möglichkeit erleichtern".[25] Die Initiative überließ man hier dennoch ganz dem Autor, der zum letzten Stand der Dinge auch nur zu berichten wusste, dass er „von der Verlagsfirma Omanuth in Tel Aviv die Nachricht erhielt, dass ihre Verhandlungen mit einem befreundeten englischen Verlag wegen einer englischen Ausgabe meiner „Einleitung in die Mengenlehre" gescheitert sind".[26]

Letztlich geschah in dieser Hinsicht auch in den nachfolgenden Jahren so gut wie nichts, wenngleich Fraenkel gegenüber Springer unter anderem den Namen der Amsterdamer Verlagsfirma N. V. Swets en Zeitlinger ins Gespräch brachte, „die mir schon früher ihr Interesse für einen derartigen Plan zum Ausdruck brachte".[27] Aus diesem anfänglichen Interesse scheint nichts Verbindliches hervorgegangen zu sein, denn in der weiteren Korrespondenz findet dieses holländische Unternehmen keine Erwähnung mehr. Allerdings besprach sich der Autor in der Sache mit den beiden Herausgebern Courant und Friedrich Karl Schmidt. Diese galt es nicht nur für das Übersetzungsprojekt zu begeistern, sondern auch als Unterstützer für eine mögliche vierte Auflage zu gewinnen. Gegenüber dem Verlag hatte Fraenkel keinen weiteren Vorstoß unternommen, Chancen rechnete er sich aber noch bei seinen beiden Kollegen aus. Entsprechend merkt Courant in seiner Korrespondenz gegenüber Ferdinand Springer Anfang 1936 an, dass dem Autor viel daran liegt, „schon sehr bald (er schreibt dieses Frühjahr) mit dem Druck einer Neuauflage beginnen zu können".[28] Erneut wird der in Berlin bereits bekannte Grund angeführt, dass Fraenkel „angesichts der noch im Gang befindlichen Entwicklung sonst ein Veralten fürchtet".[29] Der Reihenherausgeber hat zwar Verständnis dafür, dass ein weit gediehenes Manuskript bald zum Druck gebracht werden sollte, bevor es zu veralten droht. Allerdings setzt

[24] § 7, „Mitarbeitervertrag" als Anlage zum Brief vom Springer Verlag an Fraenkel vom 11. September 1922. Quelle: Akte „Fraenkel, Adolf B-F 120 I"; Zentral- und Landesbibliothek Berlin.

[25] Ferdinand Springer an Friedrich Karl Schmidt in einem Brief vom 14. Dezember 1935. Quelle: Akte „Fraenkel, Adolf B-F 120 II"; Zentral- und Landesbibliothek Berlin.

[26] Fraenkel an den Springer Verlag in einem Brief vom 29. April 1935. Quelle: Akte „Fraenkel, Adolf B-F 120 II"; Zentral- und Landesbibliothek Berlin.

[27] Fraenkel an den Springer Verlag in einem Brief vom 12. Juni 1935. Quelle: Akte „Fraenkel, Adolf B-F 120 II"; Zentral- und Landesbibliothek Berlin.

[28] Richard Courant an Ferdinand Springer in einem Brief vom 21. Januar 1936. Quelle: Akte „Fraenkel, Adolf B-F 120 II"; Zentral- und Landesbibliothek Berlin.

[29] Richard Courant an Ferdinand Springer in einem Brief vom 21. Januar 1936. Quelle: Akte „Fraenkel, Adolf B-F 120 II"; Zentral- und Landesbibliothek Berlin.

Courant diesem maschinenschriftlich gefassten Gedanken noch handschriftlich hinzu, dass dieser Einwand für das Buch auch dann greift, „wenn es gedruckt vorliegt“.[30]

Der zweite Reihenverantwortliche, Friedrich Karl Schmidt, geht in diesem Punkt noch einen Schritt weiter in seinen Überlegungen. Die Dramatik der Entwicklungen vorausgesetzt bliebe zu überlegen, ob unter der gegebenen Bedingung sich überschlagender Ereignisse eine abwartende Haltung nicht von vornherein zu bevorzugen wäre. Schließlich erweist sich selbst die Überarbeitung eines bereits existierenden Buches als eine zeitintensive, zuweilen zähe redaktionelle Arbeit am Manuskript. Bei der Geschwindigkeit der im Zuge begriffenen Forschungsfortschritte scheint nahezu jede Monographie abgehängt, noch bevor sie auch nur die Auslagen der Buchhändler erreicht. Fraenkels Ehrgeiz, als Chronist mit den Entwicklungen auch dieses Mal Schritt halten zu wollen, spricht zweifelsohne für seine exzeptionellen Ansprüche. Aber was im Fall der dritten Auflage der *Einleitung* noch realistisch schien, war es inzwischen nicht mehr. Es sind diese Überlegungen, mit denen Schmidt Anfang Februar 1936 den Berliner Verleger in dessen Haltung stärkt, für den Moment lieber abzuwarten als überstürzt zu handeln. „Man sollte daher an sich gewiss lieber warten, bis die gegenwärtige, augenscheinlich besonders stürmische Entwicklung zu einem gewissen Abschluss gekommen ist. Vom Standpunkt unserer Sammlung aus würde ich daher für eine abwartende Haltung, wie Sie sie bisher eingenommen haben, für das richtigste halten“.[31]

Bei Gelegenheit dieser Empfehlung unterstützt der Herausgeber den Vorschlag, dass „man Fraenkel Ihrem ursprünglichen Vorschlag gemäss eine Übersetzung ins englische ermöglicht und ihm dabei im gewissen Umfang eine Ergänzung des gegenwärtigen Textes gestattet, die den wichtigsten, neueren Ergebnissen gerecht wird. Ich glaube, dass eine derartige, englische Übersetzung den Absatz der Restauflage nicht allzusehr schädigen würde“.[32] Springer persönlich teilt Schmidt mit, dass er weder etwas gegen eine Übersetzung hat noch gegen eine Überarbeitung, die im Zug der Übersetzung erfolgen könnte. Der Verlag will „Herrn Fraenkel nicht im Wege sein, wenn er das Buch in englischer Ausgabe neubearbeitet erscheinen lassen will“.[33] Während Fraenkel wahrscheinlich über Wege nachsann, das Projekt der *Einleitung* erheblich aktualisiert und in englischer Sprache erneut zu beleben, verkaufte sich die 1928er Auflage stabil auf dem Niveau der Vorjahre. Ende 1937 lag ein Restbestand von 188 Exemplaren vor,[34] 1938 verkauften sich 44

---

[30] Richard Courant an Ferdinand Springer in einem Brief vom 21. Januar 1936. Quelle: Akte „Fraenkel, Adolf B-F 120 II“; Zentral- und Landesbibliothek Berlin.

[31] Friedrich Karl Schmidt an Ferdinand Springer in einem Brief vom 5. Februar 1936. Quelle: Akte „Fraenkel, Adolf B-F 120 II“; Zentral- und Landesbibliothek Berlin.

[32] Friedrich Karl Schmidt an Ferdinand Springer in einem Brief vom 5. Februar 1936. Quelle: Akte „Fraenkel, Adolf B-F 120 II“; Zentral- und Landesbibliothek Berlin.

[33] Ferdinand Springer an Friedrich Karl Schmidt in einem Brief vom 7. Februar 1936. Quelle: Akte „Fraenkel, Adolf B-F 120 II“; Zentral- und Landesbibliothek Berlin.

[34] Vgl. Springer Verlag an Fraenkel in einem Brief vom 20. Dezember 1937. Quelle: Akte „C 257 Franke – Frant 1937–1961“; Zentral- und Landesbibliothek Berlin.

weitere und Mitte 1939 waren nur noch 122 verfügbar.[35] Gut zehn Jahre nach der Veröffentlichung waren von der Gesamtauflage also über 90 % verkauft. Bis zum Ende des Jahres 1939 sollten die Lagerbestände um weitere 31 Exemplare auf insgesamt 91 verfügbare zurückgehen.[36]

Fraenkel blieb während dieser Zeit lange im Ungewissen und konnte im fernen Jerusalem nur Mutmaßungen darüber anstellen, wie es um den Ausverkauf der Auflage bestellt ist. Mitte Mai 1939 wendet er sich daher beherzt an den Verlag und bittet um verbindliche Klärung der Frage, „ob Sie auf Verbleiben meines Buchs in Ihrem Verlag und demgemaess auf die Vorsorge fuer den weiteren Absatz und die Herstellung der Neuauflage Wert legen, oder ob Sie auf Ihre Verlagsrechte verzichten".[37] In Berlin traf diese Anfrage just zu jener Zeit ein, als sich abzeichnete, dass die Restbestände eine zweistellige Anzahl annehmen werden und mittelfristig ein Ausverkauf stattfinden würde. Die erbetene Klarheit konnte mithin geschaffen werden, wenngleich sie nicht im Geiste des Autors ausfallen mochte. Immerhin eröffnete man das Antwortschreiben vom 8. Juni 1939 mit einem Entgegenkommen. So war der Verlag nunmehr offiziell bereit, „Ihnen in Bezug auf die Veranstaltung einer englischen Ausgabe Ihrer „Einleitung in die Mengenlehre" freie Hand zu geben".[38] Damit hatte man das Placet erteilt, das nach dem § 7 des nach wie vor geltenden Mitarbeitervertrags aus dem September 1922 formal erforderlich war, denn „Uebersetzungen in fremde Sprachen bedürfen der Zustimmung beider Teile".[39] In der zentralen Entscheidungsfrage konnte man sich nicht gleichermaßen konziliant zeigen, denn betriebswirtschaftliche Gründe verhinderten einen Verbleib des Werkes im künftigen Verlagsprogramm und juristische eine vorzeitige Rückübertragung der Buchrechte. „Bei dem deutschen Buch wird mir zwar die Veranstaltung einer neuen Auflage nicht möglich sein, doch ist der Zeitpunkt für einen Verzicht auf die Verlagsrechte erst mit dem Ausverkauf des gegenwärtigen Vorrates gegeben".[40]

---

[35] Vgl. Springer Verlag an Fraenkel in einem Brief vom 8. Juni 1939. Quelle: Akte „C 257 Franke – Frant 1937–1961"; Zentral- und Landesbibliothek Berlin.

[36] Vgl. Springer Verlag an Fraenkel in einem Brief vom 22. September 1952. Quelle: Akte „C 257 Franke – Frant 1937–1961"; Zentral- und Landesbibliothek Berlin.

[37] Fraenkel an den Springer Verlag in einem Brief vom 17. Mai 1939. Quelle: Akte „Fraenkel, Adolf B-F 120 II"; Zentral- und Landesbibliothek Berlin.

[38] Springer Verlag an Fraenkel in einem Brief vom 8. Juni 1939. Quelle: Akte „Fraenkel, Adolf B-F 120 II"; Zentral- und Landesbibliothek Berlin.

[39] § 7, „Mitarbeitervertrag" als Anlage zum Brief vom Springer Verlag an Fraenkel vom 11. September 1922. Quelle: Akte „Fraenkel, Adolf B-F 120 I"; Zentral- und Landesbibliothek Berlin.

[40] Springer Verlag an Fraenkel in einem Brief vom 8. Juni 1939. Quelle: Akte „Fraenkel, Adolf B-F 120 II"; Zentral- und Landesbibliothek Berlin.

Anfang Juni 1939 …

… ist es also beschlossen, dass nach 21 erfolgreichen Jahren der Zusammenarbeit das gemeinsame Projekt der *Einleitung in die Mengenlehre* keine weitere Fortsetzung erfährt. Springer hatte entschieden und Fraenkel dies schweigend hingenommen.[41] Mit dem Ausverkauf der Restauflage würden die Buchrechte rückübertragen werden können und die Kooperation hätte dann auch ihr vertragliches Ende gefunden. Das sollte erst gut zwei Jahre später der Fall sein. Nachdem 1940 weitere 46 Exemplare und im Folgejahr die letzten 45 Bücher verkauft werden konnten,[42] galt die dritte Auflage schließlich 1941 als offiziell ausverkauft. Während das Werk von 1919 bereits nach zweieinhalb Jahren vergriffen war und die Monographie von 1923 auch nur drei Jahre bis zum Ausverkauf benötigte, war die Ausgabe von 1928 nahezu 13 Jahre verfügbar. Mochte Fraenkel Ende der 1930er-Jahre de jure noch nicht wieder im Besitz der Buchrechte sein, so konnte er doch de facto eine Neufassung des Projektes der *Einleitung* umgehend in Angriff nehmen. Der Autor konnte nun unabhängig von Springer planen.

Mit Beginn des neuen Jahrzehnts steht fest, dass Fraenkel ein Buch über axiomatische Mengentheorie und eines über die Axiome der Mengentheorie schreiben wird. In dem einen geht es um das mengentheoretische Begründen mit den Axiomen, im anderen um das beweistheoretische Begründen der Axiome selbst. Der Band über abstrakte Mengenlehre „develops set theory from axioms",[43] der Band über ihre Grundlagen „studies the axioms themselves".[44] Die Gedanken dürften weit gediehen gewesen sein. Deutlich erkannte man inzwischen den Charakter der Zweiteilung des Buches „in eine erste rein mathematische und eine zweite grundlagentheoretische und philosophische Hälfte, in Form zweier etwa gleich grosser Bände",[45] für deren Fertigstellung Fraenkel unterschiedlich viel Zeit veranschlagte. Im Fall einer erneuten Veröffentlichung in deutscher Sprache würde er den rein mengentheoretischen Teil „etwa innerhalb eines halben Jahres fertig zu stellen im Stande sein",[46] während für den zweiten Band eineinhalb bis zwei Jahre zu veranschlagen wären, „da infolge der erwähnten Fortschritte der Text zum grösseren Teil neu geschrieben werden muss".[47] Noch während sich die letzten 200 Exemplare der *Einleitung*

[41] Zumindest findet sich in den Akten kein Antwortschreiben des Autors. Fraenkels nächstes Korrespondenzstück datiert erst wieder vom 7. September 1952. Es ist zugleich das letzte überlieferte Schreiben an den Springer Verlag.

[42] Vgl. Springer Verlag an Fraenkel in einem Brief vom 22. September 1952. Quelle: Akte „C 257 Franke – Frant 1937–1961"; Zentral- und Landesbibliothek Berlin.

[43] Shoenfield (1964).

[44] Shoenfield (1964).

[45] Fraenkel an den Springer Verlag in einem Brief vom 6. Dezember 1937. Quelle: Akte „Fraenkel, Adolf B-F 120 II"; Zentral- und Landesbibliothek Berlin.

[46] Fraenkel an den Springer Verlag in einem Brief vom 6. Dezember 1937. Quelle: Akte „Fraenkel, Adolf B-F 120 II"; Zentral- und Landesbibliothek Berlin.

[47] Fraenkel an den Springer Verlag in einem Brief vom 6. Dezember 1937. Quelle: Akte „Fraenkel, Adolf B-F 120 II"; Zentral- und Landesbibliothek Berlin.

im Verkauf befinden, ist Fraenkel klar, dass die beiden Teilbände in etwa denselben Umfang besitzen sollten und dass er den ersten Teilband, die ‚Abstrakte Mengenlehre', wesentlich schneller wird fertigstellen können als den zweiten, die ‚Grundlagen der Mengenlehre'.

Was hier noch für das Abfassen in deutscher Sprache in Aussicht gestellt wurde, galt nachdrücklich für den Fall einer Abfassung in englischer Sprache. Während der erste Band neben einzelnen Aktualisierungen zum mengentheoretischen Entwicklungsstand lediglich in ein gutes Englisch gegossen werden musste, bedurfte der zweite Teil neben dem Übersetzungserfordernis einer Neubewertung seiner Inhalte über weite Strecken hinweg. Daran sollte sich auch künftig nichts mehr ändern. Auch im Verlauf der 1940er-Jahre hielt Fraenkel an dem Plan fest, zuerst den rein mathematischen Teil fertigzustellen, um sich im Anschluss der weitaus aufwendigeren grundlagentheoretischen Hälfte zuzuwenden. Der veranschlagte Zeitaufwand von bis zu zwei Jahren für den zweiten Band hatte lange Bestand. Im Vorwort zur *Abstract Set Theory* sprach Fraenkel hoffnungsvoll vom „forthcoming book *Foundations of Set Theory*",[48] um in der Einleitung sogleich noch einmal zu bekräftigen, dass das vorliegende Buch „is to be continued by another: *Foundations of Set Theory*, due to appear about 1955"[49] – eine Erwartung, die sich in der ersten Hälfte der 1950er-Jahre weiter etablieren sollte. Des Öfteren traf man in der Literatur frühzeitig auf den Hinweis, dass der zweite Band mit einem Abstand von zwei Jahren erscheinen würde.[50]

Vor dem ‚Grundlagen'-Band galt es nun aber erst einmal die ‚Theorie der abstrakten Mengen' zu schreiben und dies erfolgte umgehend in englischer Sprache. Anfang der 1940er-Jahre dürfte das für Fraenkel keine nennenswerte Hürde mehr dargestellt haben. Bereits im Verlauf der 1930er-Jahre hatte er zunehmend mehr auf Englisch veröffentlicht[51] und sollte im neuen Jahrzehnt – neben den zahlreichen Veröffentlichungen in der Sprache seines Volkes – gänzlich in die neue Wissenschaftssprache der Welt wechseln.[52] Hebräisch war seine Sprache in der jüdischen Kultur des Alltags, Englisch die Sprache der akademischen Mathematik. Der erste Band, der in der ersten Hälfte der 1940er-Jahre entstand, trug nunmehr den Namen *Abstract Set Theory*. Die Neufassung in einer standardisierten internationalen Sprache ermöglichte es dem Verfasser auf elegante Weise, Neuerungen in der Terminologie ebenso souverän einzupflegen wie Details in der Notation zu überarbeiten, Beweismittel zu aktualisieren[53] sowie neue Beweise zu berücksichtigen.[54] Im Ganzen gelang ihm einmal mehr eine ausgewogene Balance zwischen den Extremen einer rigorosen formalen Axiomatik auf der einen Seite und bloßer Prosa auf der anderen. In souveräner

[48] [*Set Theory*[1]], VII.

[49] [*Set Theory*[1]], VII.

[50] Vgl. u. a. Kurepa (1954), 49; Meisters (1955), 111; Skolem (1953), 313.

[51] Vgl. Cohen-Mansfield (2016b), 216f.

[52] Vgl. Cohen-Mansfield (2016b), 218ff.

[53] Z. B. [*Set Theory*[1]], 247–253.

[54] Z. B. [*Set Theory*[1]], 276–283.

Manier kombinierte der Didaktiker und mathematische Pädagoge „intuitive clarity with absolute rigor, always in the right proportion".[55] Ein Markenzeichen Fraenkels, das zurecht als des Buches „chief virtue"[56] angesehen werden konnte. Da der Autor, wie schon im Fall der *Einleitung*, mit maximaler bibliographischer Recherchesorgfalt alles beschaffte, las und für die Leserschaft dokumentierte, was für das Thema einschlägig schien, wuchs im Besonderen das bereits ehemals stolze Literaturverzeichnis auf einen Gesamtumfang von schließlich 137 Seiten an. So beeindruckend dieses wissenschaftliche Kunstwerk auch immer sein mochte, bei einem gleichermaßen akribischen wie ehrgeizig ausdauernden Gelehrten wie Fraenkel schien Derartiges nahezu vorherbestimmt. Schließlich hatte sich das Literaturverzeichnis bereits Mitte der 1930er-Jahre im Rahmen der frühen Überarbeitungen der *Einleitung* „mehr als verdoppelt"[57] und das sollte erst der Anfang sein.

Die „Bibliography"[58] besaß Ausmaße eines eigenen Buches, sie war ein monographisches Projekt innerhalb der Monographie. Mit Stolz und Erfüllung konnte Fraenkel auf diese ganz besondere Leistung blicken. „For three decades, the author has been making great efforts to collect the literature on the topics treated both in the present book and in *Foundations of Set Theory*".[59] Die Faszination für eine umfassende Datenbank zur Mengenlehre und mathematischen Grundlagenforschung hatte früh begonnen, ein beachtliches Ausrufezeichen war bereits 1928 mit dem „Literaturverzeichnis" der dritten Auflage der *Einleitung* gesetzt worden. Nachdem jedoch Anfang 1937 Alonzo Church mit der *Bibliography of Symbolic Logic* gänzlich neue Maßstäbe im Bibliographieren grundlagentheoretischer Werke gesetzt hatte,[60] konnte sich Fraenkel „the admirable one by Church"[61] nur zum meisterhaften Vorbild nehmen. Von seinem akribischen Studium der *Bibliography* profitierte jedoch nicht nur das eigene Manuskript, sondern er konnte seinerseits dem Schöpfer des *JSL*-Standards zusätzliche bibliographische Angaben zukommen lassen, die er seit Ende der 1920er-Jahre minutiös zusammengetragen hatte und die sich dort noch nicht fanden. In Anbetracht von Churchs einzigartiger Sorgfalt ist ein Zeugnis tadelloser Gründlichkeit, dass Fraenkel ihm zusätzliche 20 bis 25 Titel nennen konnte. Die Früchte dieser kollegialen Zuarbeit fanden umgehend Eingang in die 1938 erschienenen „Additions and Corrections to *A Bibliography of Symbolic Logic*".

Church ließ es sich bei dieser Gelegenheit nicht nehmen, ausdrücklich und voller Dankbarkeit auf diese besondere Form der Unterstützung hinzuweisen. „The compiler is very greatly indebted in connection with the preparation of the present additions and correcti-

---

55 McNaughton (1955), 164.

56 McNaughton (1955), 164.

57 Fraenkel an den Springer Verlag in einem Brief vom 29. April 1935. Quelle: Akte „Fraenkel, Adolf B-F 120 II"; Zentral- und Landesbibliothek Berlin.

58 [*Set Theory*¹], 343–479.

59 [*Set Theory*¹], VIII.

60 Zur Architektur und Funktion derselben siehe Wille (2016), 163–181.

61 [*Set Theory*¹], IX.

ons […] to Prof. A. Fraenkel (to whom are due between twenty and twenty-five items)“.[62] Unbestreitbar zählte der Mengentheoretiker nach wie vor zu den weltweit besten Bibliographen des eigenen Faches. Entsprechend setzte er sich nichts Geringeres als eine umfassende Liste an einschlägiger Literatur zum Ziel. „From 1919 on, however, the list is intended to comprehensive with regard to most subjects“.[63] Fraenkel wurde einmal mehr seinem Anspruch gerecht, als Zeitzeuge die mathematische Grundlagenforschung systematisierend zu dokumentieren und zu bibliographieren. 1947 war das neue große Werk schließlich vollendet.[64] Weitere sechs Jahre sollten verstreichen, bis die *Abstract Set Theory* das Licht der Öffentlichkeit erblickte. Gründe für die weiteren Verzögerungen gab es mehrere. Doch die verlockende Aussicht auf eine neue verlegerische Heimat dürfte sich zeitnah zur Fertigstellung des Manuskriptes ergeben haben. Mehrere glückliche Umstände ebneten Werk und Autor den Weg. Just in jenem Jahr, in dem die erste Fassung der *Abstract Set Theory* ihre Fertigstellung erfuhr, wurde andernorts eine weitreichende Entscheidung getroffen, von der Fraenkel erheblich profitieren sollte.

In eben diesem Jahr 1947 fragte Hendrik Josephus Pos, Professor für Philosophie an der Universität Amsterdam und Organisator des im Folgejahr vor Ort stattfindenden internationalen Kongresses, bei M. D. (Daan) Frank an, ob dieser die Tagungsbeiträge verlegen könnte. Aus Wertschätzung gegenüber und Freundschaft zu Pos sagte Frank zu, obgleich mit Kongressbänden zur damaligen Zeit kein Geld zu verdienen war.[65] So sollten schließlich die *Proceedings of the Tenth International Congress of Philosophy* in dem von Frank geleiteten (noch) kleinen lokalen Verlag mit dem Namen ‚North-Holland Publishing Company‘ verlegt werden. In den Monaten vor dem Kongress intensivierte sich für den Verleger der Kontakt zu dem, ebenfalls an der Universität Amsterdam wirkenden Philosophen und Logiker Evert Willem Beth, der sowohl in seiner Funktion als Sekretär des Kongresses als auch in seiner Rolle als Organisator der Logiksektion maßgeblich mitverantwortlich zeichnete für die gesamte Vorbereitung. Die enge Zusammenarbeit zwischen beiden führte sogleich zu publizistischen Plänen, die weit über die Belange des Kongresses hinausreichten. „During many talks with Beth in the months preceding the congress, the need for a book-series in the field of logic became evident“.[66] Der Anfang war gemacht. Gemeinsam mit den beiden herausragenden Grundlagenforschern L. E. J. Brouwer und Arend Heyting diskutierte Beth den Plan mit einzelnen Kollegen, um das Potenzial für mögliche Kontributionen in Erfahrung zu bringen. Es schien sich alles äußerst vielversprechend zu entwickeln.

Zur Tat schritt man schließlich während des *Zehnten Internationalen Kongresses für Philosophie*, der vom 11. bis 18. August 1948 in Amsterdam stattfand. Für Frank bot sich in diesen Tagen die einmalige Gelegenheit, sogleich mehrere international renommierte

[62] Church (1938), 179.

[63] [*Set Theory*[1]], IX.

[64] Vgl. [*Set Theory*[1]], IX.

[65] Vgl. Frank (1977), 2.

[66] Frank (1977), 2.

Logiker als Autoren für sein Haus zu gewinnen. Die *Studies in Logic and the Foundations of Mathematics* wurden während eines Mittagessens im Amsterdamer Vondelpark ins Leben gerufen,[67] zu dem der Verlag eingeladen hatte. Zwischen den Menügängen erging an die anwesenden Logiker nicht nur die Einladung, Monographien über ihre jeweiligen Spezialgebiete zu verfassen, sondern das Ganze wurde umgehend mit der Verbindlichkeit entsprechender Verlagsverträge garniert. Mit Karl Dürr, Joseph Maria Bocheński, Haskell B. Curry, Abraham Robinson sowie Georg Henrik von Wright beteiligten sich sogleich namhafte Gelehrte an dem Projekt und unterzeichneten noch während des Mittagessens ihre Autorenverträge. Die ersten Monographien der Reihe waren damit unter Vertrag genommen. „It had never happened before, and it was never to happen again, that during one luncheon five author-contracts were signed. What is even more remarkable is that all authors delivered their manuscripts on time".[68] Die vertraglich zugesicherten Werke von Dürr, Bocheński, Curry, Robinson sowie von Wright erschienen allesamt wie vereinbart 1951 als die ersten fünf Bände der Reihe. Neben Beth, der für lange Zeit als „the prime mover behind the series"[69] agierte, übernahmen Brouwer und Heyting Verantwortung als Herausgeber der Reihe. Die *Studies in Logic* hatten damit einen fulminanten Start hingelegt.

Ausrichtung und Verantwortliche der Reihe ließen es nur zu einer Frage der Zeit werden, bis auch Fraenkel mit einem eigenen Band in den *Studies* vertreten sein würde. Ein Logiker mochte er nicht sein, aber ein Mengentheoretiker ersten Ranges mit exzeptionellen Qualitäten als mathematischer Grundlagenforscher. Damit erfüllte er nicht nur das Anforderungsprofil uneingeschränkt, sondern es gab zudem vielfältige biographische und akademische Verflechtungen. Fraenkel und Beth kannten sich spätestens seit 1933, als Fraenkel an der Universität Utrecht Gastvorlesungen hielt, die auf den jungen Beth einen nachhaltigen Eindruck machten.[70] Danach hielt ihr Kontakt nicht nur über einen Briefwechsel an,[71] sondern Fraenkel nahm mit dem eigenen Beitrag „The Relation of Equality in Deductive Systems"[72] auch am Amsterdamer Kongress teil. Er referierte in der von Beth verantworteten Sektion XIII ‚Symbolic Logic and Philosophy of Mathematics' und zählte damit bereits 1948 fraglos zum erweiterten Adressatenkreis möglicher North-Holland-Autoren. Ob er an besagtem Mittagessen teilnahm, kann für den Moment nicht beantwortet werden. Aber zum Kongress reiste er als ein international renommierter Mengentheoretiker, der zu Hause in Jerusalem ein fertiges, in englischer Sprache verfasstes Manuskript zur Theorie der abstrakten Mengen liegen hatte, das auf seine Veröffentlichung wartete und für das es noch eine verlegerische Heimat zu finden galt.[73] Nichts dürfte näher

67 Vgl. Fredriksson (2008), 394.

68 Frank (1977), 2.

69 Vgl. Fredriksson (2008), 394.

70 Beth in Beth/Piaget (1966), 4.

71 Vgl. Franchella (1999), 223.

72 Fraenkel (1949).

73 Vgl. [*Set Theory*[1]], IX.

gelegen haben, als die *Abstract Set Theory* bereits im Sommer 1948 gegenüber Beth und Frank zu bewerben.

Ungesehen dessen, auf welchem Pfad exakt Fraenkel seinen Weg in die Reihe fand, sicher ist, dass er mit seinen Projekten spätestens ab 1951 mit dabei gewesen sein dürfte. Da die finale, für die Drucklegung bestimmte Manuskriptfassung der *Abstract Set Theory* erst im Februar 1952 vorgelegen hat[74] und beide Seiten zu diesem Zeitpunkt bereits auf eine verlängerte Entstehungshistorie zurückblicken konnten, kommt als Beginn kein späteres Jahr als 1951 in Betracht. Im Falle Fraenkels und den aus früheren Tagen bereits bekannten Eigenheiten wäre sogar eher davon auszugehen, dass die gesamte Zusammenarbeit schon im Jahr zuvor ihren Anfang genommen haben dürfte. Im Moment der endgültigen Fertigstellung seines neuen Werkes bedankt er sich publice beim Verleger, auch für die lange Zeit der Entstehung. „I wish also to thank Mr. M. D. Frank, Managing Director of the North-Holland Publishing Company, for the understanding and assistance given during an extended printing period".[75] Es sei daran erinnert, dass Fraenkel in der früheren Zusammenarbeit mit dem Verlag von Julius Springer im Durchschnitt 14 Monate benötigte, um aus einem eigentlich fertigen Manuskript ein gedrucktes Buch werden zu lassen. Wenn er hier nun Anfang 1952 von einer inzwischen vorausgegangenen ‚extended printing period' schreibt, dann können deren Anfänge problemlos auf den Jahreswechsel 1950/51 rückdatiert werden.

Für den errechneten Zeitraum gibt es noch einen weiteren stützenden Hinweis. Ebenfalls ab 1951 wurde kommuniziert, dass die *Studies in Logic* drei Werke zur Mengentheorie umfassen werden, neben *Abstract Set Theory* und *Foundations of Set Theory* zudem *Axiomatization of Set Theory* von Paul Bernays, Alfons Borgers sowie eben Fraenkel.[76] Und es ist dieses letztgenannte Werk, das bereits im ersten Band der Reihe – Karl Dürrs *The Propositional Logic of Boethius* – auf der zwölf Titel umfassenden Werbeseite der Reihe für das Folgejahr 1952 angekündigt wurde.[77] Auch wenn dieses Lehrbuch in der vorgesehenen Form letztlich nie realisiert wurde, so dokumentiert die Anzeige doch die frühe Verbindlichkeit in der Zu- und Mitarbeit. Nachdem allein im ersten halben Jahrhundert ihres Bestehens insgesamt 145 Bände erschienen waren, zählt Fraenkel bei den *Studies in Logic* ebenso zu den frühen Autoren wie im Fall der *Grundlehren*-Reihe, die bei inzwischen mehr als 350 Bänden auf ein ganzes Jahrhundert zurückblicken kann. 1953 kommt also zu einem ersten Abschluss, was 18 Jahre zuvor auf den Weg gebracht werden sollte. Der Entstehungsprozess hatte sich dieses Mal als besonders zäh und kraftzehrend erwiesen, aber die Reaktionen der akademischen Welt sollten ein Stück weit dafür entschädigen.

Manch einer sah im Neuen vor allem das Vertraute und betonte die offenkundigen Gemeinsamkeiten mit dem Vorläufer. „In most respects there is no significant difference

---

[74] Vgl. Datierung des „Preface" in [*Set Theory*[1]], IX.

[75] [*Set Theory*[1]], IX.

[76] Vgl. u. a. Goodstein (1954), 54.

[77] Vgl. Dürr (1951), letzte Seite [ohne Paginierung].

between the third edition of *Einleitung* and the present book. The subject matter, the style, the terminology, and the notation are all the same".[78] Vor allem die Inhalte sind „roughly those of the first half"[79] der dritten Auflage. Unübersehbare Gemeinsamkeiten besaßen beide Werke zudem hinsichtlich ihrer umfänglichen Gründlichkeit. Fraenkel hatte es sich nicht nehmen lassen, aus den ersten drei Kapiteln des in die Jahre gekommenen Klassikers ein ungleich umfangreicheres Buch entstehen zu lassen. Die voluminöse *Einleitung* von 1928 erfuhr einen erneuten Wachstumsschub. Was mancher als didaktische Tugend mit höchster Anerkennung bedachte, konnte vereinzelt – verständlicherweise – auch als weitschweifig wahrgenommen werden. „If *Einleitung* is prolix, the present book is much more so. The introduction and first three chapters of *Einleitung* cover 209 pages; the same material now covers 331. In every discussion the author's aim is completeness".[80] Ein Thema konzise oder möglichst vollständig zu behandeln, sind in der Regel gegenläufige Gelingensbedingungen. Da bedarf es einer Entscheidung. In dieser Hinsicht unterschied sich eine wissenschaftliche Monographie nicht von Büchern der Belletristik. Es konnten eben nicht alle Geschmäcker zugleich zufriedengestellt werden.

Manch anderer betonte vor allem das, was das Werk zu etwas Neuem machte und setzte entsprechend Akzente bei den Unterschieden. So gibt es „many points of difference, not only the distinction between class and set already noted, but also in regard to new material und new proofs".[81] Betont man vornehmlich die neuen und überarbeiteten Abschnitte, so unterscheidet sich die *Abstract Set Theory* „considerably from the author's German text".[82] Andere wiederum betonten sogleich beides, die Veränderung im Einzelnen trotz Kontinuität im Kern. „The present book follows, in external arrangement, the first half of the German treatise, but differs, not only through the principles introduced as the basis of the theory, but also in the subject-matter and proofs in many sections".[83] Bei nahezu 500 Seiten fand jeder ausreichend Passagen zur Bestätigung. Es überrascht daher kaum, dass es unter den Besprechungen eine solche Stimmenvielfalt gab. Diese Vielfalt im Akzidentellen besaß eine beeindruckende Einheit im Essentiellen.

Unisono wurde wertgeschätzt, das Buch sei „excellently written",[84] es liest sich „very easily"[85] und ist „unusually lucid and inspiring".[86] Kurzum, es ist „exceptionally well written from whatever point of view it may be judged".[87] Dieses große Buch von Fraenkel[88] ist

[78] Halmos (1953), 584.

[79] Goodstein (1954), 54.

[80] Halmos (1953), 584.

[81] Goodstein (1954), 54.

[82] McNaughton (1955), 164.

[83] Cooke (1954).

[84] Cooke (1954).

[85] Skolem (1953), 314.

[86] Meisters (1955), 112.

[87] McNaughton (1955), 164.

[88] Vgl. Lorenzen (1959), 363.

„an excellent elementary textbook“,[89] es ist „certainly a very good one“.[90] Mit der Vielfalt ihrer Qualitäten sowie dem Ausnahmecharakter auf dem Buchmarkt hatte der Autor erneut ein Standardwerk geschaffen. „*Abstract Set Theory* is certainly due to become a classic“.[91] ‚Klassiker‘ scheint ein angemessenes Stichwort, wenn es um die gewaltige Datenbank, diese „extremely extensive bibliography“,[92] geht, die mehr als ein Viertel des Gesamtumfangs ausmacht. Nachdem das vormals eindrucksvolle Literaturverzeichnis der *Einleitung* von 1928 hoffnungslos veraltet war, wurde mit dem Nachfolger ebenfalls ein neuer Standard geschaffen. Kein Rezensent konnte dies übersehen oder gar übergehen. „A novel and laudable feature is the bibliography. This impressive list covers 137 pages; it is practically a separate publication in the same binding“.[93]

Zweifelsohne handelte es sich bei diesem eigenständigen Teil um ein Buch im Buch, eine außergewöhnliche monographische Leistung in einer exzeptionellen Monographie. Ein derartiges Kunstwerk des fleißigen Intellekts „must have taken many years to prepare“.[94] Fraenkels neue „Bibliography“ war nicht nur das Literaturverzeichnis des Werks, sie repräsentierte im anspruchsvollen Sinne eine umfassende Bibliographie zum Werkthema, einschließlich seiner Grundlagen. Es war offenkundig, „that such a thorough bibliography will be a source of valuable information“.[95] Diese Datenbank „will be of great value to readers“.[96] Seit den Zeiten der *Einleitung* war nicht nur ein Vierteljahrhundert vergangen, sondern im Bibliographieren ein neues Zeitalter angebrochen. In der mathematischen Grundlagenforschung gab es inzwischen eine Zeit vor Churchs *Bibliography* und eine danach. Selbst ein in diesen Dingen äußerst versierter Gelehrter wie Fraenkel musste über sich selbst hinauswachsen, um (zeitlich und methodisch) nach Church erneut Maßstäbe setzen zu können. Es sollte ihm gelingen. „The last 132 pages of the book comprise a superb bibliography prepared with immense care of scholarship“.[97]

Es dürfte eine Wohltat gewesen sein, Mitte des Jahrzehnts diese facettenreichen Worte der Wertschätzung in der akademischen Presse in regelmäßigen Abständen anzutreffen. Dies war nicht nur eine Bestätigung für Vergangenes, sondern auch eine dezidierte Motivation für Gegenwärtiges, ein ehrgeiziger Ansporn für das zukünftig erst zu Leistende. Die Besprechungen trafen ein, als Fraenkel zusammen mit seinem ehemaligen Studenten und nunmehrigen Kollegen aus der Philosophie, Yehoshua Bar-Hillel, intensiv am Manuskript des zweiten Teils arbeitete. In den Jahren nach 1953 gab es immer wieder singuläre Momente, in denen durch die Rezensionen gegenwärtig wurde, was im Fall des ‚Grund-

[89] Church (1963), 168.
[90] Skolem (1953), 313.
[91] Meisters (1955), 112.
[92] Cooke (1954). Nahezu gleichlautend Skolem (1953), 314.
[93] Halmos (1953), 585.
[94] Cooke (1954).
[95] Skolem (1953), 314.
[96] Cooke (1954).
[97] Goodstein (1954), 55.

lagen'-Bandes alles noch zu realisieren war, was im Fall der *Abstract Set Theory* bereits mustergültig Verwirklichung gefunden hatte.

Erst 1958 …

… erschien der bereits für 1955 in Aussicht gestellte zweite Band *Foundations of Set Theory*. Mit 20 Jahren Verspätung. Zumindest hätten die ‚Grundlagen der Mengenlehre' als deutschsprachige Überarbeitung des zweiten Teils der *Einleitung* von 1928 zu dieser Zeit erscheinen sollen. Man mag sich erinnern, dass Fraenkel Mitte der 1930er-Jahre den Verlag von Julius Springer eindringlich, aber erfolglos darauf hingewiesen hatte, eine zögerliche Haltung in der Frage der Neuauflage könne dazu führen, die exponierte Rolle des Buches im grundlagentheoretischen Segment zu verlieren. Im Fall der *Abstract Set Theory* konnte dies – letztlich mit ein wenig Glück – verhindert werden, denn es schien nicht frei von Zufall, dass es bis dato noch kein umfassendes englischsprachiges Lehrbuch zur Standardmengentheorie gab. Fraenkels erster North-Holland-Band füllte diese Lücke perfekt aus und erhielt zu Recht schnell den Ruf einer „classical work".[98]

Anders entwickelten sich die Geschicke im Fall der *Foundations of Set Theory*. Deren Inhalte unterlagen weitreichenderen Veränderungen. Entsprechend wies der Autor im Fall des deutschsprachigen Vorläufers bereits 1935 mit Nachdruck auf die Gefahr der Veraltung hin. Die von Fraenkel (und freilich auch anderen) abgegebenen Prognosen zur Forschungsdynamik in den Bereichen der symbolischen Logik, der Beweistheorie und Metalogik erfüllten sich nicht nur umfassend, sondern wurden häufig gar übertroffen. Entsprechend spiegelte sich ab Mitte des Jahrhunderts der gewaltige Erkenntnisfortschritt in der mathematischen Grundlagenforschung in einer nicht minder beeindruckenden, stetig wachsenden Anzahl an hochkarätigen Veröffentlichungen wider, die nicht mehr nur den Charakter von reinen Forschungsbeiträgen besaßen, sondern als schriftstellerische Avantgarde der Forschung den Stand der Dinge systematisch souverän aufbereiteten. Diverse große zeitgenössische Spezialisten versuchten sich nicht minder erfolgreich als akademische Lehrbuchautoren.

Die von Fraenkel vor langer Zeit zum Ausdruck gebrachte Sorge hatte sich inzwischen umfassend erfüllt und dem ‚Grundlagen'-Projekt zwei gewaltige Felsbrocken in den Weg gelegt. Zum einen war das deutsche Original hoffnungslos veraltet und konnte bestenfalls noch als Stichpunktgeber Verwendung finden. Im Unterschied zur *Abstract Set Theory* musste hier nun in weiten Teilen ein nahezu neues Buch geschrieben werden. Motivationspsychologisch waren das alles andere als optimale Voraussetzungen. Erschwerend kam hinzu, dass der *Foundations*-Band vorerst kein Alleinstellungsmerkmal besaß. Was im Fall der dritten Auflage der *Einleitung* exklusiv galt, war inzwischen – genau wie vom Autor vorhergesagt – verloren. Zu viel Zeit war vergangen, zu viel passiert. „In the meantime, however, there appeared several excellent publications, in English as well as in other lan-

[98] P. J. M. (1966).

guages, some of which present mathematical logic, metamathematics, and the foundations of mathematics in textbook fashion, while others treat selected topics from these disciplines monographically“.[99] Unterstrichen wurde dies sogleich mit einer beeindruckenden Liste an Literaturbelegen.[100]

Als die *Abstract Set Theory* veröffentlicht war und der zweite – ungleich schwerere – Teil anstand, hatte Fraenkel das sechzigste Lebensjahr längst hinter sich gelassen. In Anbetracht der anstehenden Herausforderungen sowie der Einsicht, dass selbst er als erfahrener und produktiver Buchautor den Zenit seiner Schaffenskraft überschritten hatte, bedurfte es der Unterstützung durch einen jungen, exzellenten Wissenschaftler, um das *Foundations*-Projekt zu einem erfolgreichen Abschluss zu bringen. Es ist eine glückliche Fügung, dass er als Koautor Yehoshua Bar-Hillel gewinnen konnte, der für all jene Kapitel hauptverantwortlich zeichnete, die nahezu oder in Gänze neu geschrieben werden mussten. Neben einer umfangreichen Aufbereitung sämtlicher logischer und semantischer Antinomien im ersten Kapitel betraf dies vor allem eine exzellente Darstellung der gesamten modernen typentheoretischen Ansätze im dritten Kapitel von Quine über Wang und Lorenzen bis hin zu Chwistek, Myhill sowie Fitch. Aktueller ging es kaum. Zu den vom Juniorkoautor verfassten Kapiteln zählte schließlich auch das fünfte, in dem der gesamte zeitgenössische Forschungsstand der Beweistheorie mit einem repräsentativen Referat bedacht wurde.[101] Mit den fraglichen Inhalten war Bar-Hillel nicht nur seit der Mitte der 1930er-Jahre intellektuell herangewachsen, sondern als langjähriger Korrespondenzpartner und späterer Mitarbeiter von Rudolf Carnap war er mit vielen der Themen sehr gut vertraut.

Die Wahl Bar-Hillels als Koautor für dieses bedeutsame Projekt war von Fraenkel keinesfalls zufällig getroffen worden. Der gemeinsame Weg beider reichte mehr als 15 Jahre zurück. Nicht nur war der Jüngere ein eifriger Student in den Veranstaltungen des Älteren, sondern er war ein Bewunderer des international renommierten Gelehrten ebenso wie er fasziniert war von dessen Persönlichkeit. „Was mich zu Fraenkel zog, war nicht nur sein persönliches Interesse an meiner Entwicklung und seine schroffe Ablehnung jeder unwissenschaftlichen Metaphysik, sondern auch die besondere Weise seines Ausblicks. Er war nie nur Mathematiker. Die philosophischen und logischen Grundlagen der Mathematik gehörten stets zu den Gebieten, denen er seine lebhafteste Aufmerksamkeit zuwandte“.[102] Bar-Hillel besuchte diverse seiner Veranstaltungen, die auf den jungen Studenten nachhaltigen Einfluss hatten. So machte er 1936/37 in einem Seminar Fraenkels zu Carnaps *Logische Syntax der Sprache* Bekanntschaft mit dem für seine weitere Entwicklung einflussreichsten Werk. „My fellow students dubbed it „Bar-Hillel's bible“. It was doubtless the most influential book I read in my life“.[103]

---

[99] [*Foundations*[1]], VIII.

[100] Vgl. [*Foundations*[1]], VIIIf.

[101] Vgl. [*Foundations*[1]], X.

[102] Bar-Hillel (1967), 10.

[103] Vgl. Bar-Hillel (1964), 1.

Durch Fraenkel fand Bar-Hillel zu Carnap und zu einem eigenen Forschungsprofil. Dieser Kurs veränderte sein Leben. Es galt im eigenen Fall, was der Schüler im Nachruf über seinen Lehrer festhielt. „For many of his students Fraenkel was the decisive factor in shaping their lives".[104] Derartiges widerfährt einem jungen Wissenschaftler – wenn überhaupt – nur einmal im Leben. Im Frühjahr 1937 hielt er zudem in einem Seminar über die Grundlagen der Mathematik einen Vortrag zum Thema logische und semantische Antinomien, der die besondere Aufmerksamkeit des Seminarleiters weckte. „Mein Vortrag gefiel Fraenkel und sofort schlug er, der Großmeister der mathematischen Grundlagenforschung, mir, dem zweiundzwanzigjährigen Anfänger, vor, meinen Vortrag zu einer gemeinsamen Arbeit auszuarbeiten, die dann auch in der Tat zwei Jahre später in einer französischen Zeitschrift erschien".[105] Mit ihrem 1939 in der *Revue de Métaphysique et de Morale* erschienenen Aufsatz „Le problème des antinomies et ses développements récents"[106] hatten Fraenkel und Bar-Hillel ihr erstes gemeinsames Publikationsprojekt erfolgreich zum Abschluss gebracht. Eine derart souveräne Zusammenarbeit besaß das Potenzial zur Fortsetzung. Als Bar-Hillel im Juli 1953 an die Hebrew University als Assistent Professor in die Philosophie zurückkehrte,[107] schien die Zeit gekommen, um erneut zu kooperieren.

Trotz der inzwischen existierenden Werkvielfalt gelang es beiden dennoch, ein Ausrufezeichen zu setzen. Nach wie vor überzeugt vom Erfordernis dieses Buches hielt North-Holland an seiner Publikationszusage fest und so galt M. D. Frank einmal mehr der Dank der Autoren „for the interest he has shown in the publication of the book".[108] Als die finale Manuskriptfassung für den Druck im Juni 1958 vorliegt,[109] scheint klar, dass die *Foundations of Set Theory* trotz des großen Konkurrenzangebots durch ihren schieren Umfang bei gleichzeitiger rigoroser Gründlichkeit ein Alleinstellungsmerkmal erzwingen werden. Frühestens Ende des Jahres, wahrscheinlich erst Anfang 1959[110] erscheint das Werk als Band 23 der *Studies in Logic and the Foundations of Mathematics*. Mit der Behandlung der wichtigsten Antinomien, einer vollständigen Entfaltung der mengentheoretischen Axiomatik, die neben *ZF* alle weiteren bedeutsamen Axiomatisierungen einschloss, der Behandlung der Typentheorie, des Intuitionismus sowie der Beweistheorie, die neben der klassischen Metamathematik vor allem eine Behandlung zentraler Unvollständigkeits-, Unentscheidbarkeits-, Vollständigkeits- und Entscheidbarkeitssätze vorsah, waren die *Foundations of Set Theory* beeindruckend breit aufgestellt.

---

[104] Bar-Hillel (1966), 1098.

[105] Bar-Hillel (1967), 10.

[106] Fraenkel und Bar-Hillel (1939).

[107] Vgl. Bar-Hillel (1964), 13.

[108] [*Foundations*[1]], X.

[109] Vgl. Datierung des „Preface" in [*Foundations*[1]], X.

[110] *Mathematica Scandinavica* erhielt ein Besprechungsexemplar zwischen dem 16. Dezember 1958 und dem 1. Juli 1959 ein. Vgl. Redaktion Math. Scand. (1959), 241 u. 254f.

Vor allem in seiner nahezu allumfassenden Aufbereitung der mengentheoretischen Angebotslage bestach das Werk und belegte eindrucksvoll das nach wie vor unbestreitbare Ausnahmekönnen des Seniorkoautors, denn es war im Besonderen das Verdienst Fraenkels, dass „almost every axiom system for set theory deserving of any attention is discussed".[111] Eine eingehende Behandlung erfuhren viele Bausteine von *ZF*, doch die beeindruckende, 36 Seiten umfassende Diskussion des Auswahlaxioms „is probably the best reference in the literature for philosophers interested in finding out what the axiom of choice is all about".[112] Es fehlte einzig eine Details wertschätzende Erzählung, über welche Zwischenschritte der Klarwerdung von Zermelos Definitheitsprädikat zu Fraenkels operativer Axiomatik zu gelangen war. Und wer hätte diese Geschichte besser erzählen können als ihr Urheber selbst? Davon einmal abgesehen war die Fülle überragend. Eine derartige thematische Diversität fand man bei kaum einer der anderen verfügbaren Monographien. Wenn überhaupt, so schien dieser Band einzig vergleichbar mit dem alten Meisterwerk aus Marburger Tagen. „Über alle diese so heterogenen Bestrebungen in einem Bande zu berichten, ist ein verdienstvolles Werk, das in dieser Vollständigkeit keinen Vorgänger hat; höchstens könnte man das frühere Werk von A. Fraenkel (Mengenlehre, 3. Aufl. Berlin 1928) in dieser Hinsicht vergleichen, das aber natürlich inzwischen veraltet ist".[113] Einmal mehr war der Bezug zur dritten Auflage hergestellt.

Frei von jeder Sentimentalität wurde daran erinnert, dass der *Foundations*-Band ein Nachfolger der *Einleitung* war, ebenso wie das fünf Jahre älteres Geschwisterbuch. Beide zusammen verkörperten deutlich mehr als den deutschen Vorläufer, aber ohne diesen hätte es die zweibändige North-Holland-Fassung nie gegeben. Intensional war es auch nach 30 Jahren immer noch dasselbe Projekt, doch infolge der massiven Forschungsprogression erforderte die Wahrung der intensionalen Identität eben extensionale Verschiedenheit. Wäre die *Einleitung in die Mengenlehre* von 1928 ein Originaldrehbuch, so würden die *Abstract Set Theory* und *Foundations of Set Theory* das adaptierte Drehbuch für einen Mehrteiler liefern, um einen klassischen Stoff zeitgenössisch für ein internationales Publikum aufzubereiten. Die beiden Halbbände waren die in der Gegenwart spielende moderne Adaption eines inzwischen zum Klassiker gereiften Werks – inszeniert vom selben Mann. Es erübrigt sich fast zu erwähnen, dass auch dieses Buch als ein „masterly survey"[114] beurteilt wurde, mit dem einmal mehr eine „balanced blend of formal and informal methods of presentation"[115] gelang. Beachtliches Lob erhielt es für seinen „genial style and its appraisal of new work as well as for its accumulation of historical detail".[116] Nahezu jeder Leser „wird hier zum mindesten den ersten Zugang zu einer Fülle wichtiger ihm un-

[111] Shoenfield (1964).
[112] Suppes (1962), 269.
[113] Ackermann (1959), 262.
[114] Goodstein (1960), 148. Nahezu gleichlautend Bell (1975), 170.
[115] Goodstein (1960), 148.
[116] Goodstein (1960), 149.

bekannter Literatur finden. Allein das macht das Buch wertvoll".[117] Ebenso wie sein Geschwisterband beschließt diese Monographie „with a most impressive and valuable bibliography of publications in the field".[118] Zusammen liefern sie „for most working purposes a complete bibliography of the subject up to the date of publication".[119] Besondere Betonung erfuhr die Bibliographie für die Jahre 1947–1956 „and will probably become the standard for this period".[120] Kurzum, „this book will be studied with pleasure and profit by a wide circle of readers".[121]

Die *Foundations* eröffneten mit der Feststellung, dass dieses Buch „appears exactly half a century after the year (1908)",[122] in dem Zermelo die erste Axiomatisierung der Mengenlehre vorlegte. Nicht minder bedeutsam als dieses Jubiläum dürfte für Fraenkel ein anderes gewesen sein. Der zweite North-Holland-Band erschien exakt 40 Jahre, nachdem die Zusammenarbeit mit dem Verlag von Julius Springer ihren Anfang genommen und damit die Saga der *Einleitung in die Mengenlehre* begonnen hatte. Vier Jahrzehnte nach dem ersten Vertragsschluss lag nunmehr eine nahezu endgültige Fassung vor. Für dieses Hauptwerk bedurfte es fast eines ganzen akademischen Lebens, es war das Projekt seines Lebens. In all diesen Jahrzehnten hatte die *Einleitung* verschiedene Stadien durchlaufen, sie war von einer populären Einführung zu einem ernsthaften wissenschaftlichen Sachbuch gereift, hatte sich in dritter Auflage zu einem umfassenden Standard entwickelt, um schließlich ein Vierteljahrhundert später in neuem Gewand und neuer Sprache als zweibändiges Werk wieder in Erscheinung zu treten. Rückgängig gemacht schien damit ein Makel in der Gesamtarchitektur der dritten Auflage der *Einleitung*, den in der Mitte der 1930er-Jahre Richard Courant gegenüber dem Verleger Ferdinand Springer geäußert hatte. „In sachlicher Hinsicht liegt es so, dass die Erweiterung des Werkes von der zweiten zur dritten Auflage keineswegs buchhändlerisch günstig gewirkt hat, da in der dritten Auflage der umfangreiche zweite Teil sich an ein viel engeres Publikum richtet als der erste Teil".[123]

Mochte die dritte Auflage die maßgebliche Springer-Auflage sein, so schien Courants Zielgruppeneinwand erst mit den beiden North-Holland-Bänden behoben. Aus absatztechnischen und betriebswirtschaftlichen Gründen waren die Separationsbemühungen zu begrüßen. Philosophisch gesehen hatte diese Zweiteilung indes zur Folge, dass die Axiomatisierung von ihrer Begründung, das Betreiben von Mengentheorie von der Frage ihrer Legitimation entkoppelt schien. Mengentheorie wurde in dem einen Band betrieben, die Frage ihrer Zulässigkeit erst in einem anderen behandelt. Ein Buch – ein Projekt; zwei Bücher – zwei Projekte. Unter den Rezensenten war Thoralf Skolem einer der wenigen,

[117] Becker (1959), 154.

[118] Goodstein (1960), 149.

[119] Suppes (1962), 268f.

[120] Goddard (1959).

[121] Goodstein (1960), 149.

[122] [*Foundations*[1]], VIII.

[123] Richard Courant an Ferdinand Springer in einem Brief vom 21. Mai 1935. Quelle: Akte „Fraenkel, Adolf B-F 120 II"; Zentral- und Landesbibliothek Berlin.

eventuell sogar der Einzige, der es ausdrücklich bedauerte, dass die Architektur der *Einleitung* auf diese Weise aufgelöst wurde. Was im Fall der dritten Auflage zusammengehörig schien, stellte sich nun als unabhängig voneinander dar. Für den norwegischen Logiker ein hinreichender Grund, um bereits Kritik an der Architektur der *Abstract Set Theory* zu üben. „Fraenkel has now decided to write the present book as an account of the classical theory only. The modern aspects of foundation theory will be discussed in another book under the title „Foundations of Set Theory“ which is due to appear about 1955. Presumably, the reason for this division of the contents of „Einleitung in die Mengenlehre“ into two different books is that the subject matter has grown too large. The reviewer, however, is not enthusiastic about this division since such a textbook as the present one will be read primarily by students and they might form the impression that classical set theory is securely founded just as other parts of mathematics, e. g. arithmetic. Such an impression would, however, be misleading. If it were not so, we could omit the entire modern foundational research without real loss to mathematics. To the reviewer it seems unfortunate that classical set theory is developed in a separate book so that all scruples – or almost all of them – are reserved for the second volume“.[124]

Unbestreitbar war das Projekt der *Einleitung* in der Mitte des 20. Jahrhunderts bei den außergewöhnlichen Ansprüchen seines Urhebers nicht im Rahmen einer einzelnen Monographie zu bewerkstelligen und ebenso unstrittig war, dass die beiden Bände 12 und 23 der *Studies in Logic and the Foundations of Mathematics* zusammen einen neuen Standard repräsentierten, an den der deutschsprachige Vorläufer nicht heranreichte. Aber die beiden Bücher von 1953 und 1958 blieben voneinander unabhängige Werke. Allein dieser bibliographische Unterschied konnte eben auch inhaltlich verstanden werden und in so mancher wissenschaftlichen Bibliothek führte diese Unterscheidbarkeit zu Signaturen für verschiedene Abteilungen. Vergleichbares war im Fall der dritten Auflage nicht möglich. Hier gehörten Mengentheorie und ihre Grundlagen zusammen. Bei allen unbestreitbaren Neuerungen der North-Holland-Bände blieb am Ende die *Einleitung* in ihrer Gesamtarchitektur den beiden Nachfolgern überlegen. In dieser Hinsicht sollte sie die maßgebliche Auflage bleiben – so wie es einst zwei Marburger Antiquare auf dem Vorsatzblatt jenes Exemplars vermerkt hatten, mit dem dies hier alles seinen Anfang nahm.

[124] Skolem (1953), 313.

Quellen

Verwendete Schriften von Abraham Adolf Fraenkel

(1914)	*Über die Teiler der Null und die Zerlegung von Ringen* (Inaugural-Dissertation zur Erlangung der Doktorwürde der hohen Philosophischen Fakultät der Universität Marburg), Marburg, 42 S. + 1 S. Lebenslauf. [= als Sonderabdruck deklarierter Separatdruck von (1915) mit identischem Seitenumbruch, aber abweichender Paginierung, die gegenüber der Seitenzählung von (1915) um den Wert Minus 134 erfolgt, statt 139–176 lautet die Nummerierung 5–42].
(1915)	„Über die Teiler der Null und die Zerlegung von Ringen“, in *Journal für die reine und angewandte Mathematik* 145(1/2), 139–176. [= Veröffentlichte Fassung von (1914)].
(1916)	*Über gewisse Teilbereiche und Erweiterungen von Ringen* (Habilitationsschrift zur Erlangung der Venia Docendi für reine Mathematik und Versicherungsmathematik. Vorgelegt der hohen Philosophischen Fakultät der Universität Marburg), Druck von B. G. Teubner, Leipzig, 64 S.
(1918)	„Mathematik und Apologie“, in *Jeschurun. Monatsschrift für Lehre und Leben im Judentum* 5(1/2), 112–126.
[*Einleitung*[1]]	*Einleitung in die Mengenlehre. Eine gemeinverständliche Einführung in das Reich der unendlichen Größen*, Verlag von Julius Springer, Berlin 1919. VI + 156 S. (Oktav).
(1920)	„Zahlbegriff und Algebra bei Gauß“ (mit Anhang „Zum ersten und vierten Gaussschen Beweise des Fundamentalsatzes der Algebra“ von Alexander Ostrowski, 50–58), in *Nachrichten von der Königlichen Gesellschaft der Wissenschaften zu Göttingen. Mathematisch-physikalische Klasse. 1920. Beiheft* [= *Materialien für eine wissenschaftliche Biographie von Gauß.* Heft VIII], Weidmannsche Buchhandlung, Berlin, 1–49.

(Fortsetzung)

M. Wille, *Fraenkel*, https://doi.org/10.1007/978-3-662-66167-3

(1921) „Über die Zermelosche Begründung der Mengenlehre“, in *Jahresbericht der Deutschen Mathematiker-Vereinigung* 30(9/12), 97–98.

(1922a) „Zu den Grundlagen der Cantor-Zermeloschen Mengenlehre“, in *Mathematische Annalen* 86(3/4), 230–237.

(1922b) „Der Begriff »definit« und die Unabhängigkeit des Auswahlaxioms“, in *Sitzungsberichte der Preussischen Akademie der Wissenschaften. Physikalisch-mathematische Klasse* (vorgelegt auf der XIII. Sitzung am 20. April 1922; erschienen für die XXI. Sitzung am 6. Juli 1922), 253–257.

(1922c) „Zu den Grundlagen der Mengenlehre“, in *Jahresbericht der Deutschen Mathematiker-Vereinigung* 31(9/12), 101–102.

(1922d) „Axiomatische Begründung der transfiniten Kardinalzahlen. I. (Herrn K. Hensel zum sechzigsten Geburtstag)“, in *Mathematische Zeitschrift* 13, 153–188.

(1922e) „Der Zusammenhang zwischen dem ersten und dem dritten Gaußschen Beweis des Fundamentalsatzes der Algebra“, in *Jahresbericht der Deutschen Mathematiker-Vereinigung* 31(9/12), 234–238.

(1922f) „Probleme der Mengenlehre“, in *Unterrichtsblätter für Mathematik und Naturwissenschaften* 28(1/2), 16–19.

[*Einleitung*[2]] *Einleitung in die Mengenlehre. Eine elementare Einführung in das Reich des Unendlichgrossen* [= *Grundlehren der mathematischen Wissenschaften in Einzeldarstellungen mit besonderer Berücksichtigung der Anwendungsgebiete*. Band IX], Verlag von Julius Springer, zweite erweiterte Auflage Berlin 1923. IX + 251 S. (Groß-Oktav).

(1923) „Die Axiome der Mengenlehre“, in A. Einstein (ed.), *Scripta Universitatis atque Bibliothecae Hierosolymitanarum. Mathematica et Physica Volumen I*, Hierosolymae, VI.1–VI.8; [zudem in hebräischer Übersetzung ebendort veröffentlicht].

(1924a) „Das Unendliche“, in *Berliner Tageblatt (Morgen-Ausgabe)* 53. Jahrgang, Nr. 220 (Freitag, den 9. Mai 1924), 1. Beiblatt.

(1924b) „Ueber die gegenwärtige Grundlagenkrise der Mathematik“, in *Sitzungsberichte der Gesellschaft zur Beförderung der gesamten Naturwissenschaften zu Marburg* Nr. 5 (Juni 1924), 83–98.

(1924/26) „[Rezension von] A. Schoenflies. Zur Axiomatik der Mengenlehre. I, II“, in *Jahrbuch über die Fortschritte der Mathematik* 47 (= Jahrgang 1919–1920), 170–171.

(1925a) „Die neueren Ideen zur Grundlegung der Analysis und Mengenlehre“, in *Jahresbericht der Deutschen Mathematiker-Vereinigung* 33(5/8), 97–103.

(1925b) „Untersuchungen über die Grundlagen der Mengenlehre“, in *Mathematische Zeitschrift* 22(3/4), 250–273.

(Fortsetzung)

(1925c)	„Ueber die gegenwärtige Krise in den Grundlagen der Mathematik", in *Unterrichtsblätter für Mathematik und Naturwissenschaften* 31(11), 249–254.
(1925d)	„Ueber die gegenwärtige Krise in den Grundlagen der Mathematik (Schluß)", in *Unterrichtsblätter für Mathematik und Naturwissenschaften* 31(12), 270–274.
(1925e)	„Axiomatische Begründung der geordneten Mengen", in *Sitzungsberichte der Berliner Mathematischen Gesellschaft* 24, 29–37.
(1925f)	„Der Streit um das Unendliche in der Mathematik. Erster Teil: Die Entwicklung bis Poincaré und Russell", in *Scientia* 38, 141–152.
(1925g)	„Der Streit um das Unendliche in der Mathematik. Zweiter Teil: Die neueste Entwicklung: Intuitionismus und Metamathematik", in *Scientia* 38, 209–218.
(1925h)	„Bemerkung zum Begriff der geordneten Menge", in *Fundamenta Mathematicae* 7, 308–310.
(1925/28a)	„[Rezension von] A. Schoenflies. Zur Erinnerung an Georg Cantor", in *Jahrbuch über die Fortschritte der Mathematik* 48 (= Jahrgang 1921–1922), 19.
(1925/28b)	„[Rezension von] A. Schoenflies. Zur Axiomatik der Mengenlehre", in *Jahrbuch über die Fortschritte der Mathematik* 48 (= Jahrgang 1921–1922), 198.
(1925/28c)	„[Rezension von] A. Schoenflies. Bemerkung zur Axiomatik der Größen und Mengen", in *Jahrbuch über die Fortschritte der Mathematik* 48 (= Jahrgang 1921–1922), 198–199.
(1925/28d)	„[Anzeige von] A. Fraenkel. Axiomatische Begründung der transfiniten Kardinalzahlen. I", in *Jahrbuch über die Fortschritte der Mathematik* 48 (= Jahrgang 1921–1922), 199.
(1925/28e)	„[Anzeige von] A. Fraenkel. Der Begriff „definit" und die Unabhängigkeit des Auswahlaxioms", in *Jahrbuch über die Fortschritte der Mathematik* 48 (= Jahrgang 1921–1922), 199.
(1925/28f)	„[Anzeige von] A. Fraenkel. Über die Zermelosche Begründung der Mengenlehre/A. Fraenkel. Zu den Grundlagen der Cantor-Zermeloschen Mengenlehre", in *Jahrbuch über die Fortschritte der Mathematik* 48 (= Jahrgang 1921–1922), 199–200.
(1926)	„Axiomatische Theorie der geordneten Mengen. (Untersuchungen über die Grundlagen der Mengenlehre. II.)", in *Journal für die reine und angewandte Mathematik* 155(3), 129–158.
(1927a)	*Zehn Vorlesungen über die Grundlegung der Mengenlehre* [= *Wissenschaft und Hypothese*. Band XXXI], Verlag und Druck von B. G. Teubner, Leipzig/Berlin. X + 182 S. (Oktav).

(Fortsetzung)

(1927b)	„Das Mathematische Institut der Universität 1866–1927“ (zusammen mit Kurt Hensel), in *Die Philipps-Universität zu Marburg 1527–1927. Fünf Kapitel aus ihrer Geschichte (1527–1866) von H. Hermelink und S. A. Kaehler. Die Universität Marburg seit 1866 in Einzeldarstellungen*, N. G. Elwert'sche Verlagsbuchhandlung (G. Braun), Marburg 1977[2], 753–756.
(1927c)	„Die Gleichheitsbeziehung in der Mengenlehre“, in *Journal für die reine und angewandte Mathematik* 157(2), 79–81.
(1927d)	„[Rezension von] Ch. Betsch. Fiktionen in der Mathematik“, in *Jahresbericht der Deutschen Mathematiker-Vereinigung* 36(5/8), 80–82.
(1927/28a)	„[Anzeige von] A. Fraenkel. Die Axiome der Mengenlehre“, in *Jahrbuch über die Fortschritte der Mathematik* 49 (= Jahrgang 1923), 138.
(1927/28b)	„[Rezension von] Th. Skolem. Einige Bemerkungen zur axiomatischen Begründung der Mengenlehre“, in *Jahrbuch über die Fortschritte der Mathematik* 49 (= Jahrgang 1923), 138–139.
[*Einleitung*[3]]	*Einleitung in die Mengenlehre* [= *Grundlehren der mathematischen Wissenschaften in Einzeldarstellungen mit besonderer Berücksichtigung der Anwendungsgebiete*. Band IX], Verlag von Julius Springer, dritte umgearbeitete und stark erweiterte Auflage Berlin 1928. XIV + 424 S. (Groß-Oktav).
(1928a)	„Über die Ordnungsfähigkeit beliebiger Mengen“, in *Sitzungsberichte der Preussischen Akademie der Wissenschaften. Physikalisch-mathematische Klasse* (vorgelegt auf der Gesamtsitzung am 1. März 1928), 90–91.
(1928b)	„Gelöste und ungelöste Probleme im Umkreis des Auswahlprinzips“, in *Atti del Congresso Internazionale dei Matematici. Bologna 3–10 Settembre 1928 (VI). Tomo II. Comunicazioni Sezione I [A – B]*, Nicola Zanichelli, Bologna, 255–259.
(1928c)	„Zusatz zu vorstehendem Aufsatz Herrn v. Neumanns“, in *Mathematische Annalen* 99, 392–393.
(1928/29a)	„[Anzeige von] A. Fraenkel. Ueber die gegenwärtige Grundlagenkrise der Mathematik“, in *Jahrbuch über die Fortschritte der Mathematik* 50 (= Jahrgang 1924), 26.
(1928/29b)	„[Anzeige von] A. Fraenkel. Die neueren Ideen zur Grundlegung der Analysis und Mengenlehre“, in *Jahrbuch über die Fortschritte der Mathematik* 50 (= Jahrgang 1924), 146.
(1930a)	„Georg Cantor“, in *Jahresbericht der Deutschen Mathematiker-Vereinigung* 39(9/12), 189–265.
(1930b)	*Georg Cantor*, B. G. Teubner, Leipzig; [= Sonderdruck von (1930a)].

(Fortsetzung)

(1930c) „Das Problem des Unendlichen in der neueren Mathematik", in *Blätter für Deutsche Philosophie. Zeitschrift der Deutschen Philosophischen Gesellschaft* 4(3/4) [= Sonderheft „Philosophische Grundlegung der Mathematik", ed. v. A. Fraenkel], 279–297.

(1930d) „Die Entstehung der Mengenlehre", in *Scientia* 48, 361–370.

(1930/31) „Die heutigen Gegensätze in der Grundlegung der Mathematik", in *Erkenntnis* 1, 286–302.

(1932a) „Axiomatische Theorie der Wohlordnung. (Untersuchungen über die Grundlagen der Mengenlehre. III.)", in *Journal für die reine und angewandte Mathematik* 167, 1–11.

(1932b) „[Anzeige von] A. Fraenkel. Untersuchungen über die Grundlagen der Mengenlehre", in *Jahrbuch über die Fortschritte der Mathematik* 51 (= Jahrgang 1925), 47–48.

(1932c) „Über die Axiome der Teilmengenbildung", in W. Saxer (ed.), *Verhandlungen des Internationalen Mathematiker-Kongresses Zürich 1932. II. Band: Sektions-Vorträge*, Orell Füssli Verlag, Zürich/Leipzig, 341–342.

(1937a) „Ueber eine abgeschwaechte Fassung des Auswahlaxioms", in *The Journal of Symbolic Logic* 2(1), 1–25.

(1937b) „Professor A. Fraenkels uttalelse av 13 oktober 1937" (= Stellungnahme Fraenkels zur Besetzung einer Professur für Mathematik an der Universität Oslo), in Universitets Sekretær (ed.), *Det Kongelige Frederiks Universitets Årsberetning. 1 Juli 1938–30 Juni 1939 samt Universitets Matrikkel for 1939*, A. W. Brøggers Boktrykkeri A/S, Oslo 1941, 17–21.

(1939) „Le problème des antinomies et ses développements récents" (zusammen mit Yehoshua Bar-Hillel), in *Revue de Métaphysique et de Morale* 46(2), 225–242.

(1942) *Introduction to Mathematics. Problems and Methods of Modern Mathematics. Volume I: Number and Function* (auf Hebräisch verfasst), The Hebrew University Press Association, Jerusalem. XII + 381 S. (Groß-Oktav).

(1949) „The Relation of Equality in Deductive Systems", in E. W. Beth et al. (ed.), *Proceedings of the Tenth International Congress of Philosophy (Amsterdam, August 11–18, 1948).* Fascicule II, North-Holland Publishing Company, Amsterdam, 752–755.

[*Set Theory*[1]] *Abstract Set Theory* [= *Studies in Logic and the Foundations of Mathematics*. Volume 12], North-Holland Publishing Company, Amsterdam 1953. IX + 479 S. (Groß-Oktav).

(Fortsetzung)

[*Foundations*[1]]	*Foundations of Set Theory* [= *Studies in Logic and the Foundations of Mathematics*. Volume 23] (zusammen mit Yehoshua Bar-Hillel), North-Holland Publishing Company, Amsterdam 1958. X + 415 S. (Groß-Oktav).
(1958)	„Historical Introduction", in P. Bernays/ders., *Axiomatic Set Theory* [= *Studies in Logic and the Foundations of Mathematics*. Volume 21], North-Holland Publishing Company, Amsterdam, 3–35.
(1959)	*Mengenlehre und Logik* [= *Erfahrung und Denken. Schriften zur Förderung der Beziehungen zwischen Philosophie und Einzelwissenschaften*. Band 2], Duncker & Humblot, Berlin 1968[2].
[*Set Theory*[3]]	*Abstract Set Theory* [Third, revised edition], North-Holland Publishing Company, Amsterdam 1966. VIII + 295 S. (Groß-Oktav).
(1967)	*Lebenskreise. Aus den Erinnerungen eines jüdischen Mathematikers*, Deutsche Verlags-Anstalt, Stuttgart.
[*Foundations*[2]]	*Foundations of Set Theory* [Second revised edition] [= *Studies in Logic and the Foundations of Mathematics*. Volume 67] (zusammen mit Yehoshua Bar-Hillel und Azriel Levy), North-Holland Publishing Company, Amsterdam 1973. X + 404 S. (Groß-Oktav).

Verwendete Rezensionen zu Fraenkel

Ackermann, Wilhelm (1959): „Rezension zu [*Foundations*[1]]", in *Zentralblatt für Mathematik und ihre Grenzgebiete* 82, 262–263.

Banauch, Eugen (1925): „Rezension zu [*Einleitung*[2]]", in *Zeitschrift für die österreichischen Mittelschulen* 2(1), 56–59.

Becker, Oskar (1925): „Rezension zu [*Einleitung*[2]]", in *Logos. Internationale Zeitschrift für Philosophie der Kultur* 14(1), 112–113.

Becker, Oskar (1959): „Rezension zu [*Foundations*[1]]", in *Philosophische Rundschau* 7(2), 153–157.

Bell, John Lane (1975): „Rezension zu [*Foundations*[2]]", in *The British Journal for the Philosophy of Science* 26(2), 165–170.

Benton, Thomas Casselberry (1930): „Rezension zu [*Einleitung*[3]]", in *Bulletin of the American Mathematical Society* 36(1), 27–28.

Bernays, Paul (1920): „Rezension zu [*Einleitung*[1]]", in *Physikalische Zeitschrift* XXI(15), 416.

Berzolari, Luigi (1933): „Rezension zu (1930b) und [*Einleitung*[3]]", in *Scientia* 53(250), 131–132.

Bieberbach, Ludwig (1921): „Rezension zu [*Einleitung*[1]]", in *Dinglers Polytechnisches Journal* 336(20), 102. Jahrgang, 299.

Bieberbach, Ludwig (1929): „Rezension zu [*Einleitung*[3]]", in *Jahresbericht der Deutschen Mathematiker-Vereinigung* 38(5/8), 97.

Blumberg, Henry (1923): „Rezension zu [*Einleitung*[1]]“, in *The American Mathematical Monthly* 30(4), 198–201.

Bonnesen, Tommy (1929): „Rezension zu [*Einleitung*[3]]“, in *Matematisk Tidsskrift. B*, 21–30.

Brillouin, Léon (1926): „Rezension zu [*Einleitung*[2]]“, in *Revue Philosophique de la France et de l'Étranger* 102 (Juli – Dezember), 310–311.

Brouwer, Luitzen Egbertus Jan (1930): „Rezension zu (1927a)“, in *Jahresbericht der Deutschen Mathematiker-Vereinigung* 39(1/4), 10–11.

Carnap, Rudolf (1929a): „Rezension zu [*Einleitung*[3]]“, in *Kant-Studien* 34(3/4), 428–429.

Carnap, Rudolf (1929b): „Rezension zu [*Einleitung*[3]]“, in *Annalen der Philosophie und philosophischen Kritik* 8, 10.

Carslaw, Horatio Scott (1924): „Rezension zu [*Einleitung*[2]]“, in *The Australasian Journal of Psychology and Philosophy* 2(4), 311–313.

Carslaw, Horatio Scott (1928): „Rezension zu (1927a)“, in *The Australasian Journal of Psychology and Philosophy* 6(1), 156–157.

Church, Alonzo (1963): „Rezension zu [*Set Theory*[2]]“, in *The Journal of Symbolic Logic* 28(2), 168–169.

Cooke, Richard G. (1954): „Rezension zu [*Set Theory*[1]]“, in *Nature* 173, No. 4412, 967.

D. (1928): „Rezension zu (1927a)“, in *Nieuw Archief voor Wiskunde* (Tweede reeks) Deel XV, 408.

Daniell, Percy John (1929): „Rezension zu (1927a) und [*Einleitung*[3]]“, in *The Mathematical Gazette* 14(204), 581–582.

Fano, Gino (1926): „Rezension zu [*Einleitung*[2]]“, in *Scientia* 20(39), 199–202.

Feigl, Georg (1926): „Rezension zu [*Einleitung*[2]]“, in *Zeitschrift für angewandte Mathematik und Mechanik* 6(3), 258–259.

Feigl, Georg (1931): „Rezension zu (1927a)“, in *Jahrbuch über die Fortschritte der Mathematik* 53 (= Jahrgang 1927), 170.

Feigl, Georg (1932): „Rezension zu [*Einleitung*[3]]“, in *Jahrbuch über die Fortschritte der Mathematik* 54 (= Jahrgang 1928), 86–87.

Fricke, Robert (1925): „Rezension zu [*Einleitung*[2]]“, in *Deutsche Literaturzeitung für Kritik der internationalen Wissenschaften* 46(21), Sp. 1027–1029.

Fricke, Robert (1929): „Rezension zu [*Einleitung*[3]]“, in *Deutsche Literaturzeitung für Kritik der internationalen Wissenschaften* 50(19), Sp. 928–930.

Funk, Paul (1924): „Rezension zu [*Einleitung*[2]]“, in *Hochschulwissen. Monatsschrift für das deutsche Volk und seine Schule* 1(9), 447.

Goddard, Laurence Stanley (1959): „Rezension zu [*Foundations*[1]]“, in *Nature* 184, No. 4694, 1178.

Goodstein, Reuben Louis (1954): „Rezension zu [*Set Theory*[1]]“, in *The Mathematical Gazette* 38(323), 54–55.

Goodstein, Reuben Louis (1960): „Rezension zu [*Foundations*[1]]“, in *The Mathematical Gazette* 44(348), 148–149.

Gutberlet, Constantin (1919): „Rezension zu [*Einleitung*[1]]", in *Philosophisches Jahrbuch* 32, 364–370.

Hahn, Hans (1928): „Rezension zu (1927a)", in *Monatshefte für Mathematik und Physik* 35, Literaturberichte, 10.

Halmos, Paul R. (1953): „Rezension zu [*Set Theory*[1]]", in *Bulletin of the American Mathematical Society* 59(6), 584–585.

Hammerstein, Adolf (1925): „Rezension zu [*Einleitung*[2]]", in *Jahresbericht der Deutschen Mathematiker-Vereinigung* 33(5/8), 79.

Hartmann, Eduard (1925): „Rezension zu [*Einleitung*[2]]", in *Philosophisches Jahrbuch* 38, 78–80.

Hartmann, Eduard (1928): „Rezension zu (1927a)", in *Philosophisches Jahrbuch* 41, 504–507.

Hilb, Emil (1919): „Rezension zu [*Einleitung*[1]]", in *Beiblätter zu den Annalen der Physik* 43(16), 598.

Hilb, Emil (1924): „Rezension zu [*Einleitung*[2]]", in *Physikalische Zeitschrift* XXIV(12), 309–310.

Kalmár, László (1930–32): „Rezension zu [*Einleitung*[3]]", in *Acta Scientiarum Mathematicarum (Szeged)* 5(1-1), 63–64.

Kl. (1925): „Rezension zu [*Einleitung*[2]]", in *Nieuw Archief voor Wiskunde* (Tweede reeks) Deel XIV, 346–348.

König, Dénes (1924–26): „Rezension zu [*Einleitung*[2]]", in *Acta Scientiarum Mathematicarum (Szeged)* 2(1-1), 61–62.

König, Dénes (1927): „Rezension zu (1927a)", in *Acta Scientiarum Mathematicarum (Szeged)* 3(4-4), 255–256.

Kurepa, George (1954): „Rezension zu [*Set Theory*[1]]", in *Zentralblatt für Mathematik und ihre Grenzgebiete* 50(1/5), 49–50.

Lense, Josef (1920): „Rezension zu [*Einleitung*[1]]", in *Monatshefte für Mathematik und Physik* 30, Literaturberichte, 10–11.

Lichtenstein, Leon (1927/28): „Rezension zu [*Einleitung*[2]]", in *Jahrbuch über die Fortschritte der Mathematik* 49 (= Jahrgang 1923), 136–137.

Lietzmann, Walther (1920): „Rezension zu [*Einleitung*[1]]", in *Zeitschrift für mathematischen und naturwissenschaftlichen Unterricht aller Schulgattungen* 51, 74–75.

Lorenzen, Paul (1959): „Rezension zu [*Foundations*[1]]", in *Revue Internationale de Philosophie* 13, No. 49(3), 363–365.

Lorey, Wilhelm (1920): „Rezension zu [*Einleitung*[1]]", in *Literarisches Zentralblatt für Deutschland* 71. Jahrgang, Nr. 21 vom 22. Mai 1920, Sp. 389–390.

M. (1928): „Rezension zu [*Einleitung*[3]]", in *Annalen der Philosophie und philosophischen Kritik* 7, 157.

McNaughton, Robert (1955): „Rezension zu [*Set Theory*[1]]", in *The Journal of Symbolic Logic* 20(2), 164–165.

Mecklenburg, Werner (1920): „Rezension zu [*Einleitung*[1]]", in *Naturwissenschaftliche Wochenschrift. Neue Folge* 19(19) vom 9. Mai 1920, 303–304.

Meisters, Gary H. (1955): „Rezension zu [*Set Theory*[1]]“, in *Pi Mu Epsilon Journal* 2 (2), 111–112.

Menger, Karl (1929): „Rezension zu [*Einleitung*[3]]“, in *Monatshefte für Mathematik und Physik* 36, Literaturberichte, 5–7.

Mises, Richard von (1929): „Rezension zu [*Einleitung*[3]]“, in *Zeitschrift für angewandte Mathematik und Mechanik* 9(3), 252.

Nagel, Ernest (1929): „Rezension zu (1927a)“, in *The Journal of Philosophy* 26(3), 76–80.

N.N. (1920/21): „Rezension zu [*Einleitung*[1]]“, in *L'Enseignement Mathématique* 21, 352.

N.N. (1924): „Rezension zu [*Einleitung*[2]]“, in *Journal of the Franklin Institute* 198(5), 718–719.

N.N. (1927): „Anzeige zu (1927a)“, in *L'Enseignement Mathématique* 26, 177–178.

N.N. (1928a): „Rezension zu [*Einleitung*[2]]“, in *Revue de Métaphysique et de Morale* 35(1), 12–13.

N.N. (1928b): „Anzeige zu [*Einleitung*[3]]“, in *Matematisk Tidsskrift. B*, 97.

Pfeiffer, George Adam (1921): „Rezension zu [*Einleitung*[1]]“, in *Bulletin of the American Mathematical Society* 27(7), 333–334.

Pfeiffer, George Adam (1925): „Rezension zu [*Einleitung*[2]]“, in *Bulletin of the American Mathematical Society* 31(5/6), 278–279.

Piaggio, Henry Thomas Herbert (1929): „Rezension zu [*Einleitung*[3]]“, in *Nature* 124, No. 3114, 8.

P. J. M. (1966): „Rezension zu [*Set Theory*[3]]“, in *The Review of Metaphysics* 20(2), 366.

Rademacher, Hans (1924): „Rezension zu [*Einleitung*[2]]“, in *Abhandlungen aus dem Mathematischen Seminar der Universität Hamburg* 3, Buchbesprechungen, 11–12.

Riebesell, Paul (1930): „Rezension zu [*Einleitung*[3]]“, in *Unterrichtsblätter für Mathematik und Naturwissenschaften* 36(4), 128.

Rosenthal, Arthur (1924/26): „Rezension zu [*Einleitung*[1]]“, in *Jahrbuch über die Fortschritte der Mathematik* 47 (= Jahrgang 1919–1920), 170.

Scheel, Karl (1924): „Angabe Inhaltsverzeichnis von [*Einleitung*[2]]“, in *Physikalische Berichte* 5(3), 137–138.

Schiller, Karl (1924): „Rezension zu [*Einleitung*[2]]“, in *Literarisches Zentralblatt für Deutschland* 75. Jahrgang, Nr. 2 (Februar 1924), Sp. 160–161.

Scholz, Heinrich (1927): „Rezension zu (1927a)“, in *Deutsche Literaturzeitung für Kritik der internationalen Wissenschaften* 48(49), Sp. 2416–2426.

Schrutka, Lothar (1917): „Rezension zu (1916)“, in *Monatshefte für Mathematik und Physik* 28, Literaturberichte, 29.

Shoenfield, Joseph Robert (1964): „Rezension zu [*Foundations*[1]]“, in *The Journal of Symbolic Logic* 29(3), 141.

Skolem, Thoralf (1953): „Rezension zu [*Set Theory*[1]]“, in *Mathematica Scandinavica* 1(2), 313–314.

Smart, Harold Robert (1926): „Rezension zu [*Einleitung*[2]]“, in *The Philosophical Review* 35(2), 193.

Smart, Harold Robert (1928): „Rezension zu (1927a)", in *The Philosophical Review* 37(3), 290.

Snz. (1928): „Rezension zu (1927a)", in *Annalen der Philosophie und philosophischen Kritik* 7, 156–157.

Suppes, Patrick (1962): „Rezension zu [*Foundations*[1]]", in *The Philosophical Review* 71(2), 268–269.

Szász, Otto (1921): „Rezension zu [*Einleitung*[1]]", in *Die Umschau. Illustrierte Wochenschrift über die Fortschritte in Wissenschaft und Technik* 25. Jahrgang, Heft 43 vom 22. Oktober 1921, 641.

Szász, Otto (1924): „Rezension zu [*Einleitung*[2]]", in *Die Umschau. Illustrierte Wochenschrift über die Fortschritte in Wissenschaft und Technik* 28. Jahrgang, Heft 26 vom 28. Juni 1924, 494.

Vietoris, Leopold (1926): „Rezension zu [*Einleitung*[2]]", in *Monatshefte für Mathematik und Physik* 34, Literaturberichte, 12–13.

Volkmann, Paul (1924/25): „Rezension zu [*Einleitung*[2]]", in *Annalen der Philosophie und philosophischen Kritik* 4(6), 61–63.

Wagner, Karl Willy (1919): „Rezension zu [*Einleitung*[1]]", in *Elektrotechnische Zeitschrift* 40(50) vom 11. Dezember 1919, 663.

Whyburn, Gordon Thomas (1928): „Rezension zu (1927a)", in *The American Mathematical Monthly* 35(9), 490.

Wilder, Raymond Louis (1929): „Fraenkel on Grundlegung der Mengenlehre" [= Rezension zu (1927a)], in *Bulletin of the American Mathematical Society* 35(3), 405–406.

Wolff, Georg (1926): „Rezension zu [*Einleitung*[2]]", in *Unterrichtsblätter für Mathematik und Naturwissenschaften* 32(4), 128.

Wolff, Georg (1927): „Rezension zu (1927a)", in *Unterrichtsblätter für Mathematik und Naturwissenschaften* 33(8), 252–253.

Young, Grace Chisholm (1923): „Rezension zu [*Einleitung*[2]]", in *L'Enseignement Mathématique* 23, 230–231.

Young, Grace Chisholm (1926): „Rezension zu [*Einleitung*[2]]", in *The Mathematical Gazette* 13(182), 127–131.

Zacharias, Max (1928): „Rezension zu (1927a)", in *Deutsches Philologen-Blatt. Korrespondenz-Blatt für den akademisch gebildeten Lehrerstand* 36(6), Ausgabe vom 8. Februar 1928, 93–94.

Zudem verwendete Schriften

Andriesse, Cornelis D. (2008): *Dutch Messengers. A History of Science Publishing, 1930–1980*, Brill, Leiden/Boston.

Anzeige (1927): „Eine eigene Bibliothek sollte wieder der Stolz jedes akademisch Gebildeten sein!", in O. Stalmann et al. (ed.), *Marburger Universitäts-Taschenbuch: Jubiläums-Semester Sommer 1927 – Winter-Semester 1927/28*, N. G. Elwert'sche Universitäts- und Verlags-Buchhandlung (G. Braun), Marburg, [ohne Paginierung].

Apfel, Karl (1976): „In den zwanziger Jahren. Erinnerungen an die Frankfurter Zeitung", in *Archiv für Frankfurts Geschichte und Kunst* 55, 235–253.

Bar-Hillel, Yehoshua (1964): „Introduction", in ders., *Language and Information. Selected Essays on Their Theory and Application*, Addison-Wesley Publishing Company, Reading (Mass.) u.a., 1–16.

Bar-Hillel, Yehoshua (1966): „Prof. A. Fraenkel", in *Nature* 210, No. 5041, 1098–1099.

Bar-Hillel, Yehoshua (1967): „Vorwort", in A. A. Fraenkel, *Lebenskreise. Aus den Erinnerungen eines jüdischen Mathematikers*, Deutsche Verlags-Anstalt, Stuttgart, 7–11.

Bar-Hillel, Yehoshua et al. (1961): *Essays on the Foundations of Mathematics. Dedicated to A. A. Fraenkel on his Seventieth Anniversary*, The Magnes Press, The Hebrew University, Jerusalem 1966.

Behnke, Heinrich (1978): *Semesterberichte. Ein Leben an deutschen Universitäten im Wandel der Zeit*, Vandenhoeck & Ruprecht, Göttingen.

Bernays, Paul (1922): „Über Hilberts Gedanken zur Grundlegung der Arithmetik", in *Jahresbericht der Deutschen Mathematiker-Vereinigung* 31(1/4), 10–19.

Bernays, Paul (1930): „Die Philosophie der Mathematik und die Hilbertsche Beweistheorie", in *Blätter für Deutsche Philosophie. Zeitschrift der Deutschen Philosophischen Gesellschaft* 4(3/4), 326–367.

Bernstein, Felix (1905a): „Über die Reihe der transfiniten Ordnungszahlen", in *Mathematische Annalen* 60(2), 187–193.

Bernstein, Felix (1905b): „Zur Mengenlehre", in *Jahresbericht der Deutschen Mathematiker-Vereinigung* 14(3/4), 198–199.

Bernstein, Felix (1905c): „Zum Kontinuumproblem", in *Mathematische Annalen* 60(3), 463–464.

Bernstein, Felix (1905d): „Untersuchungen aus der Mengenlehre" [verb. u. m. Anm. versehene Fassung der Diss. 1901], in *Mathematische Annalen* 61(1), 117–155.

Beth, Evert Willem/Piaget, Jean (1966): *Mathematical Epistemology and Psychology*, D. Reidel/Gordon & Breach, Dordrecht/New York.

Beth, Evert Willem et al. (ed.): *Proceedings of the Tenth International Congress of Philosophy (Amsterdam, August 11–18, 1948)* (2 Bände), North-Holland Publishing Company, Amsterdam 1949.

Betsch, Christian (1926): *Fiktionen in der Mathematik*, Fr. Frommanns Verlag (H. Kurtz), Stuttgart.

Borel, Émile (1905): „Quelques remarques sur les principes de la théorie des ensembles", in *Mathematische Annalen* 60(2), 194–195.

Born, Max (1975): *Mein Leben. Die Erinnerungen des Nobelpreisträgers*, Nymphenburger Verlagshandlung, München.

Bornhausen, Karl (1919): „Nachwort", in *Sonnwend 1919. Den Gefallenen der Universität Marburg zum Gedächtnis*, N. G. Elwertsche Verlagsbuchhandlung (G. Braun), Marburg, 16.

Boymann, Joseph (1925): *Marburg als Universitätsstadt*, Verlag des Kunstgeschichtlichen Seminars der Universität Marburg a. d. Lahn, Marburg.

Braun, Gottlieb (1919): „Zum 1. Friedens-Semester", in N. G. Elwert'sche Universitäts- und Verlagsbuchhandlung (ed.), *Marburger Akademisches Taschenbuch. 38. Ausgabe. Sommer-Semester 1919*, N. G. Elwert'sche Verlagsbuchhandlung (G. Braun), Marburg, 3–4.

Braun, Gottlieb (1927): „Die N. G. Elwert'sche Universitäts- und Verlagsbuchhandlung in ihren Beziehungen zur Philipps-Universität", in E. Elster (ed.), *Festzeitung Philipps-Universität Marburg: 1927–1927*, N. G. Elwert'sche Verlagsbuchhandlung (G. Braun), Marburg, 90–93.

Braun, Gottlieb (ed.): *150 Jahre N. G. Elwert'sche Universitäts- u. Verlagsbuchhandlung in Marburg. 1783–1933*, N. G. Elwert'sche Verlagsbuchhandlung, Marburg 1933.

Brouwer, Luitzen Egbertus Jan (1921): „Besitzt jede reelle Zahl eine Dezimalbruchentwicklung?", in *Mathematische Annalen* 83(3/4), 201–210.

Cantor, Georg (1883): „Ueber unendliche, lineare Punktmannichfaltigkeiten. 5", in *Mathematische Annalen* 21(4), 545–591.

Carnap, Rudolf (1930): „Die Mathematik als Zweig der Logik", in *Blätter für Deutsche Philosophie. Zeitschrift der Deutschen Philosophischen Gesellschaft* 4(3/4), 298–310.

Carnap, Rudolf et al. (1929): „Tagung für Erkenntnislehre der exakten Wissenschaften am Sonntag, dem 15. und Montag, dem 16. September 1929 in Prag", in *Annalen der Philosophie und philosophischen Kritik* 8, 113–114.

Church, Alonzo (1936): „A Bibliography of Symbolic Logic", in *The Journal of Symbolic Logic* 1(4), 121–218.

Church, Alonzo (1938): „Additions and Corrections to *A Bibliography of Symbolic Logic*", in *The Journal of Symbolic Logic* 3(4), 178–192.

Cohen-Mansfield, Jiska (2016a): „Afterword: 1933–1965", in A. A. Fraenkel, *Recollections of a Jewish Mathematician in Germany* (ed. v. J. Cohen-Mansfield u. übers. v. A. Brown), Birkhäuser, Basel, 169–202.

Cohen-Mansfield, Jiska (2016b): „Bibliography", in A. A. Fraenkel, *Recollections of a Jewish Mathematician in Germany* (ed. v. J. Cohen-Mansfield u. übers. v. A. Brown), Birkhäuser, Basel, 213–224.

Collegium Eruditorum (ed.): *Scripta Universitatis atque Bibliothecae Hierosolymitanarum. Orientalia et Judaica. Volumen I*, Hierosolymae 1923.

Dubislav, Walter (1930): „Zur Wissenschaftstheorie der Geometrie", in *Blätter für Deutsche Philosophie. Zeitschrift der Deutschen Philosophischen Gesellschaft* 4(3/4), 368–381.

Dürr, Karl (1951): *The Propositional Logic of Boethius* [= *Studies in Logic and the Foundations of Mathematics*. Volume 1], North-Holland Publishing Company, Amsterdam.

Ebbinghaus, Heinz-Dieter (2007a): *Ernst Zermelo. An Approach to His Life and Work*, Springer-Verlag, Berlin/Heidelberg.

Ebbinghaus, Heinz-Dieter (2007b): „Zermelo and the Heidelberg Congress 1904", in *Historia Mathematica* 34, 428–432.

Ebbinghaus, Heinz-Dieter (2010a): „Ernst Zermelo: A glance at his life and work", in Zermelo (2010), 3–41.

Ebbinghaus, Heinz-Dieter (2010b): „Ernst Zermelo's *curriculum vitae*", in Zermelo (2010), 42–51.

Einstein, Albert (ed.): *Scripta Universitatis atque Bibliothecae Hierosolymitanarum. Mathematica et Physica. Volumen I*, Hierosolymae 1923.

Engler, Fynn Ole (2019): „Einleitung", in M. Schlick, *Texte zu Einsteins Relativitätstheorie*, Felix Meiner Verlag, Hamburg, VII–XLIV.

Felgner, Ulrich (2010): „Introductory note to 1908b", in Zermelo (2010), 160–189.

Franchella, Miriam (1999): „Evert Willem Beth's Scientific Philosophy", in *Grazer Philosophische Studien* 57(1), 221–236.

Frank, Menkes Daniël (1977): „Twenty-Five Years of "Studies in Logic"", in R. O. Gandy/J. M. E. Hyland (ed.), *Logic Colloquium 76. Proceedings of a conference held in Oxford in July 1976* [= *Studies in Logic and the Foundations of Mathematics*. Volume 87], North-Holland Publishing Company, Amsterdam, 3–4.

Fredriksson, Einar H. (2008): „Andrzej Mostowski as Teacher and Editor", in A. Ehrenfeucht et al. (ed.), *Andrzej Mostowski and Foundational Studies*, IOS Press, Amsterdam u.a., 393–402.

Frewer-Sauvigny, Magdalene (1985): „Das mathematische Lesezimmer der Universität Göttingen unter der Leitung von Felix Klein (1886–1922)", *Bibliothek und Wissenschaft* 19, 1–48.

Fritsch, Rudolf/Fritsch, Gerda (2003): „Der Verkünder und Verbreiter der Mengenlehre. Zum 150. Geburtstag von Arthur Schoenflies (1853–1928) – Rektor der Universität in der zweiten Gründungsphase", in *Forschung Frankfurt* 2/2003, 65–68.

Fueter, Karl (1905): *Die Theorie der Zahlenstrahlen*, Verlag Georg Reimer, Berlin.

Genette, Gérard (1987): *Paratexte. Das Buch vom Beiwerk des Buches*, Campus Verlag, Frankfurt/New York 1989.

Grelling, Kurt (1924): *Mengenlehre*, Verlag und Druck von B. G. Teubner, Leipzig/Berlin.

Gutzmer, August (1909): „Geschichte der Deutschen Mathematiker-Vereinigung", in *Jahresbericht der Deutschen Mathematiker-Vereinigung* 10(1), 1–18.

Gutzmer, August/von Dyck, Walther (1902): „Über die neuen Aufgaben des Jahresberichts der Deutschen Mathematiker-Vereinigung", in *Jahresbericht der Deutschen Mathematiker-Vereinigung* 11(1/2), 1–3.

Hadamard, Jacques et al. (1905): „Cinq lettres sur la théorie des ensembles", in *Bulletin de la Société Mathématique de France* 33, 261–273.

Hallett, Michael (2010): „Introductory note to 1904 and 1908a", in Zermelo (2010), 80–115.

Hamel, Georg (1905): „Eine Basis aller Zahlen und die unstetigen Lösungen der Funktionalgleichung: $f(x + y) = f(x) + f(y)$", in *Mathematische Annalen* 60(3), 459–462.

Hasse, Helmut (1950): „Kurt Hensel zum Gedächtnis", in *Journal für die reine und angewandte Mathematik* 187(1/2), 1–13.

Hausdorff, Felix (1904): „Der Potenzbegriff in der Mengenlehre", in *Jahresbericht der Deutschen Mathematiker-Vereinigung* 13(10/12), 569–571.

Heitmüller, Wilhelm (1919): „Ansprache von Prof. Heitmüller zum Gedächtnis der gefallenen Universitätslehrer", in *Sonnwend 1919. Den Gefallenen der Universität Marburg zum Gedächtnis*, N. G. Elwertsche Verlagsbuchhandlung (G. Braun), Marburg, 12–14.

Hellinger, Ernst (1907): *Die Orthogonalinvarianten quadratischer Formen von unendlichvielen Variabelen* [= Diss. Univ. Göttingen], Druck der Univ.-Buchdruckerei von W. Fr. Kaestner, Göttingen, 84 S.

Hellinger, Ernst (1909): „Neue Begründung der Theorie quadratischer Formen von unendlichvielen Veränderlichen", in *Journal für die reine und angewandte Mathematik* 136(3/4), 210–271.

Hellinger, Ernst/Toeplitz, Otto (1906): „Grundlagen für eine Theorie der unendlichen Matrizen", in *Nachrichten von der Königlichen Gesellschaft der Wissenschaften zu Göttingen. Mathematisch-physikalische Klasse*, Heft 3, 351–355.

Hellinger, Ernst/Toeplitz, Otto (1910): „Grundlagen für eine Theorie der unendlichen Matrizen", in *Mathematische Annalen* 69(3), 289–330.

Hensel, Kurt (1902): „Über analytische Funktionen und algebraische Zahlen", in Vorstand der Berliner Mathematischen Gesellschaft (ed.), *Sitzungsberichte der Berliner Mathematischen Gesellschaft. Erster Jahrgang*, Druck und Verlag von B. G. Teubner, Leipzig/Berlin, 29–32.

Hensel, Kurt (1927): „Die Exponentialdarstellung der rationalen Zahlen für den Bereich einer Primzahl", in *Sitzungsberichte der Gesellschaft zur Beförderung der gesamten Naturwissenschaften zu Marburg 62. Band – Jahrgang 1927. Jubelband der Philipps-Universität in Marburg zur Feier ihres vierhundertjährigen Bestehens gewidmet*, 431–434.

Hensel, Kurt/Fraenkel, Adolf (1927): „Das Mathematische Institut der Universität 1866–1927", in *Die Philipps-Universität zu Marburg 1527–1927. Fünf Kapitel aus ihrer Geschichte (1527–1866) von H. Hermelink und S. A. Kaehler. Die Universität Marburg seit 1866 in Einzeldarstellungen*, N. G. Elwert'sche Verlagsbuchhandlung (G. Braun), Marburg 1977², 753–756.

Hessenberg, Gerhard (1912): *Transzendenz von* e *und* π. *Ein Beitrag zur höheren Mathematik vom elementaren Standpunkte aus*, Druck und Verlag von B. G. Teubner, Leipzig/Berlin.

Heyting, Arend (1934): *Mathematische Grundlagenforschung. Intuitionismus. Beweistheorie*, Verlag von Julius Springer, Berlin.

Hilbert, David (1893): „Ueber die Transcendenz der Zahlen *e* und π", in *Mathematische Annalen* 43(3/4), 216–219.

Hilbert, David (1900): „Mathematische Probleme", m. Add. d. Verf. zit n. ders., *Gesammelte Abhandlungen. Band III: Analysis. Grundlagen der Mathematik. Physik. Verschiedenes. Lebensgeschichte*, Springer-Verlag, Berlin u.a. 1970², 290–329.

Hilbert, David (1917): „Axiomatisches Denken", in *Mathematische Annalen* 78, 405–415.

Hilbert, David (1922): „Die logischen Grundlagen der Mathematik", in *Mathematische Annalen* 88(1/2), 151–165.

Hoche, Ulrich (1912): *Führer durch Marburg und Umgebung* [Mit farbigem Plan], Verlag für Kunst und Wissenschaft Albert Otto Paul, Leipzig.

Jourdain, Philip E. B. (1905): „On a Proof that every Aggregate can be well-ordered", in *Mathematische Annalen* 60(4), 465–470.

Kanamori, Akihiro (2004): „Zermelo and Set Theory", in *The Bulletin of Symbolic Logic* 10(4), 487–553.

Kattsoff, Louis O. (1948): *A Philosophy of Mathematics*, The Iowa State College Press, Ames.

Klein, Felix (1914): „Bericht über den heutigen Zustand des mathematischen Unterrichts an der Universität Göttingen", in *Jahresbericht der Deutschen Mathematiker-Vereinigung* 23(11/12), 419–428.

König, Julius (1905a): „Zum Kontinuum-Problem", in A. Krazer (ed.), *Verhandlungen des Dritten Internationalen Mathematiker-Kongresses in Heidelberg vom 8. bis 13. August 1904*, Druck und Verlag von B. G. Teubner, Leipzig, 144–147.

König, Julius (1905b): „Zum Kontinuum-Problem", in *Mathematische Annalen* 60(2), 177–180 [= Wiederabdruck von König (1905a)].

König, Julius (1905c): „Über die Grundlagen der Mengenlehre und das Kontinuumproblem", in *Mathematische Annalen* 61(1), 156–160.

König, Robert (1926): „„Weierstraß-Woche" in Münster", in *Jahresbericht der Deutschen Mathematiker-Vereinigung* 34(5/8), 106–108.

Kowalewski, Gerhard (1950): *Bestand und Wandel. Meine Lebenserinnerungen zugleich ein Beitrag zur neueren Geschichte der Mathematik*, R. Oldenbourg, München.

Krazer, Adolf (1905): „Chronik des Kongresses", in ders. (ed.), *Verhandlungen des Dritten Internationalen Mathematiker-Kongresses in Heidelberg vom 8. bis 13. August 1904*, Druck und Verlag von B. G. Teubner, Leipzig, 1–54.

Krazer, Adolf (1925): „Zum Gedächtnis an August Gutzmer", in *Jahresbericht der Deutschen Mathematiker-Vereinigung* 33(1/4), 1–3.

Leimkugel, Frank (2005): *Botanischer Zionismus: Otto Warburg (1859–1938) und die Anfänge institutionalisierter Naturwissenschaften in „Erez Israel"* [= *Englera* 26], Botanischer Garten und Botanisches Museum, Berlin-Dahlem.

Loewy, Alfred (1915): *Lehrbuch der Algebra. Erster Teil: Grundlagen der Arithmetik*, Verlag von Veit & Comp., Leipzig.

Menger, Karl (1930): „Der Intuitionismus", in *Blätter für Deutsche Philosophie. Zeitschrift der Deutschen Philosophischen Gesellschaft* 4(3/4), 311–325.

Merzbach, Julius (1925): *Bemerkungen zur Axiomatik der Mengenlehre* (Diss. Univ. Marburg), L. C. Wittich'sche Hofbuchdruckerei, Darmstadt, 39 S.

Moore, Gregory H. (1982): *Zermelo's Axiom of Choice. Its Origins, Development, and Influence*, Springer-Verlag, New York u.a.

Neumann, Ernst Richard (1927): „Ueber Hilberts lösenden Kern und seine Taylor-Entwicklungen", in *Sitzungsberichte der Gesellschaft zur Beförderung der gesamten Naturwissenschaften zu Marburg 62. Band – Jahrgang 1927. Jubelband der Philipps-Universität in Marburg zur Feier ihres vierhundertjährigen Bestehens gewidmet*, 424–430.

N. G. Elwert Universitäts-Buchhandlung und Verlag (1958): *Kleiner Führer durch ein altes Haus*, N. G. Elwert Universitäts-Buchhandlung und Verlag, Marburg 1981^{2}.

Peckhaus, Volker (2004): „‚Aber vielleicht kommt noch eine Zeit, wo auch meine Arbeiten wieder entdeckt und gelesen werden': Die gescheiterte Karriere des Ernst Zermelo", in W. Hein/P. Ullrich (ed.), *Mathematik im Fluß der Zeit. Tagung zur Geschichte der Mathematik in Attendorn/Neu-Listernohl (28.5. bis 1.6.2003)*, ERV Dr. Erwin Rauner Verlag, Augsburg, 325–339.

Peckhaus, Volker (2008): „Fixing Cantor's Paradise: The Prehistory of Ernst Zermelo's Axiomatization of Set Theory", in K. Robering (ed.), *New Approaches to Classes and Concepts*, College Publications, London, 11–22.

Philipps-Universität (1920): *Vorschriften für die Studierenden der Philipps-Universität zu Marburg*, Druck der Universitäts-Buchdruckerei von Johann August Koch, Marburg.

Pinl, Maximilian (1971/72): „Kollegen in einer dunklen Zeit. III. Teil", in *Jahresbericht der Deutschen Mathematiker-Vereinigung* 73(4), 153–208.

Poincaré, Henri (1910a): *Sechs Vorträge über ausgewählte Gegenstände aus der reinen Mathematik und mathematischen Physik. Auf Einladung der Wolfskehl-Kommission der Königlichen Gesellschaft der Wissenschaften gehalten zu Göttingen vom 22.–28. April 1909*, Druck und Verlag von B. G. Teubner, Leipzig/Berlin.

Poincaré, Henri (1910b): „Über transfinite Zahlen", in ders. (1910a), 45–48.

Purkert, Walter (2008): „Mengenlehre – Historische Einführung" (zus. m. V. Kanovei), in Felix Hausdorff, *Gesammelte Werke. Band III: Mengenlehre (1927, 1935), Deskriptive Mengenlehre und Topologie*, Springer-Verlag, Berlin/Heidelberg, 1–40.

Redaktion JDMV (1902a): „Mitteilungen und Nachrichten", in *Jahresbericht der Deutschen Mathematiker-Vereinigung* 11(1/2), 69–86.

Redaktion JDMV (1902b): „Mitteilungen und Nachrichten", in *Jahresbericht der Deutschen Mathematiker-Vereinigung* 11(4), 202–209.

Redaktion JDMV (1903): „Mitteilungen und Nachrichten", in *Jahresbericht der Deutschen Mathematiker-Vereinigung* 12(3/4), 224–237.

Redaktion JDMV (1904a): „Mitteilungen und Nachrichten", in *Jahresbericht der Deutschen Mathematiker-Vereinigung* 13(2), 133–140.

Redaktion JDMV (1904b): „Mitteilungen und Nachrichten", in *Jahresbericht der Deutschen Mathematiker-Vereinigung* 13(6), 382–392.

Redaktion JDMV (1904c): „Mitteilungen und Nachrichten", in *Jahresbericht der Deutschen Mathematiker-Vereinigung* 13(7/9), 482–498.

Redaktion JDMV (1905a): „Mitteilungen und Nachrichten", in *Jahresbericht der Deutschen Mathematiker-Vereinigung* 14(1), 60–65.

Redaktion JDMV (1905b): „Mitteilungen und Nachrichten", in *Jahresbericht der Deutschen Mathematiker-Vereinigung* 14(3/4), 199–210.

Redaktion JDMV (1906a): „Mitteilungen und Nachrichten", in *Jahresbericht der Deutschen Mathematiker-Vereinigung* 15(1), 63–72.

Redaktion JDMV (1906b): „Mitteilungen und Nachrichten", in *Jahresbericht der Deutschen Mathematiker-Vereinigung* 15(7), 405–409.

Redaktion JDMV (1906c): „Mitteilungen und Nachrichten“, in *Jahresbericht der Deutschen Mathematiker-Vereinigung* 15(10/11), 536–542.

Redaktion JDMV (1907a): „Mitteilungen und Nachrichten“, in *Jahresbericht der Deutschen Mathematiker-Vereinigung* 16(5), 323–333.

Redaktion JDMV (1907b): „Mitteilungen und Nachrichten“, in *Jahresbericht der Deutschen Mathematiker-Vereinigung* 16(9/10), 523–529.

Redaktion JDMV (1908a): „Mitteilungen und Nachrichten“, in *Jahresbericht der Deutschen Mathematiker-Vereinigung* 17(2), 25–33.

Redaktion JDMV (1908b): „Mitteilungen und Nachrichten“, in *Jahresbericht der Deutschen Mathematiker-Vereinigung* 17(3/4), 49–53.

Redaktion JDMV (1908c): „Mitteilungen und Nachrichten“, in *Jahresbericht der Deutschen Mathematiker-Vereinigung* 17(5), 61–74.

Redaktion JDMV (1908d): „Mitteilungen und Nachrichten“, in *Jahresbericht der Deutschen Mathematiker-Vereinigung* 17(7/8), 109–121.

Redaktion JDMV (1908e): „Mitteilungen und Nachrichten“, in *Jahresbericht der Deutschen Mathematiker-Vereinigung* 17(9/10), 139–145.

Redaktion JDMV (1909a): „Mitteilungen und Nachrichten“, in *Jahresbericht der Deutschen Mathematiker-Vereinigung* 18(2), 37–50.

Redaktion JDMV (1909b): „Mitteilungen und Nachrichten“, in *Jahresbericht der Deutschen Mathematiker-Vereinigung* 18(3/4), 57–62.

Redaktion JDMV (1909c): „Mitteilungen und Nachrichten“, in *Jahresbericht der Deutschen Mathematiker-Vereinigung* 18(5/6), 77–85.

Redaktion JDMV (1909d): „Mitteilungen und Nachrichten“, in *Jahresbericht der Deutschen Mathematiker-Vereinigung* 18(7/8), 101–112.

Redaktion JDMV (1909e): „Mitteilungen und Nachrichten“, in *Jahresbericht der Deutschen Mathematiker-Vereinigung* 18(9/10), 143–152.

Redaktion JDMV (1910a): „Mitteilungen und Nachrichten“, in *Jahresbericht der Deutschen Mathematiker-Vereinigung* 19(1), 27–32.

Redaktion JDMV (1910b): „Mitteilungen und Nachrichten“, in *Jahresbericht der Deutschen Mathematiker-Vereinigung* 19(2), 49–57.

Redaktion JDMV (1910c): „Mitteilungen und Nachrichten“, in *Jahresbericht der Deutschen Mathematiker-Vereinigung* 19(3/4), 77–82.

Redaktion JDMV (1910d): „Mitteilungen und Nachrichten“, in *Jahresbericht der Deutschen Mathematiker-Vereinigung* 19(5), 116–121.

Redaktion JDMV (1910e): „Mitteilungen und Nachrichten“, in *Jahresbericht der Deutschen Mathematiker-Vereinigung* 19(6), 143–149.

Redaktion JDMV (1910f): „Mitteilungen und Nachrichten“, in *Jahresbericht der Deutschen Mathematiker-Vereinigung* 19(7/8), 179–188.

Redaktion JDMV (1910g): „Mitteilungen und Nachrichten“, in *Jahresbericht der Deutschen Mathematiker-Vereinigung* 19(9/10), 225–230.

Redaktion JDMV (1910h): „Mitteilungen und Nachrichten“, in *Jahresbericht der Deutschen Mathematiker-Vereinigung* 19(11/12), 254–260.

Redaktion JDMV (1911a): „Mitteilungen und Nachrichten“, in *Jahresbericht der Deutschen Mathematiker-Vereinigung* 20(2), 62–73.

Redaktion JDMV (1911b): „Mitteilungen und Nachrichten“, in *Jahresbericht der Deutschen Mathematiker-Vereinigung* 20(3/4), 84–91.

Redaktion JDMV (1915a): „Mitteilungen und Nachrichten“, in *Jahresbericht der Deutschen Mathematiker-Vereinigung* 24(1/3), 26–36.

Redaktion JDMV (1915b): „Mitteilungen und Nachrichten“, in *Jahresbericht der Deutschen Mathematiker-Vereinigung* 24(7/9), 67–79.

Redaktion JDMV (1917a): „Mitteilungen und Nachrichten“, in *Jahresbericht der Deutschen Mathematiker-Vereinigung* 25(1/3), 31–43.

Redaktion JDMV (1917b): „Mitteilungen und Nachrichten“, in *Jahresbericht der Deutschen Mathematiker-Vereinigung* 25(7/9), 82–93.

Redaktion JDMV (1917c): „Mitteilungen und Nachrichten“, in *Jahresbericht der Deutschen Mathematiker-Vereinigung* 25(10/12), 112–122.

Redaktion JDMV (1918a): „Mitteilungen und Nachrichten“, in *Jahresbericht der Deutschen Mathematiker-Vereinigung* 27(1/4), 27–35.

Redaktion JDMV (1918b): „Mitteilungen und Nachrichten“, in *Jahresbericht der Deutschen Mathematiker-Vereinigung* 27(5/8), 42–53.

Redaktion JDMV (1919a): „Mitteilungen und Nachrichten“, in *Jahresbericht der Deutschen Mathematiker-Vereinigung* 28(1/6), 27–38.

Redaktion JDMV (1919b): „Mitteilungen und Nachrichten“, in *Jahresbericht der Deutschen Mathematiker-Vereinigung* 28(7/12), 54–62.

Redaktion JDMV (1919c): „Literarisches“, in *Jahresbericht der Deutschen Mathematiker-Vereinigung* 28(7/12), 63–76.

Redaktion JDMV (1920a): „Angelegenheiten der Deutschen Mathematiker-Vereinigung“, in *Jahresbericht der Deutschen Mathematiker-Vereinigung* 29(1/6), 27–31.

Redaktion JDMV (1920b): „Mitteilungen und Nachrichten“, in *Jahresbericht der Deutschen Mathematiker-Vereinigung* 29(1/6), 31–38.

Redaktion JDMV (1920c): „Angelegenheiten der Deutschen Mathematiker-Vereinigung“, in *Jahresbericht der Deutschen Mathematiker-Vereinigung* 29(7/12), 41–53.

Redaktion JDMV (1920d): „Mitteilungen und Nachrichten“, in *Jahresbericht der Deutschen Mathematiker-Vereinigung* 29(7/12), 53–61.

Redaktion JDMV (1921a): „Jahresversammlung in Jena vom 18.–25. September 1921“, in *Jahresbericht der Deutschen Mathematiker-Vereinigung* 30(1/4), 27–28.

Redaktion JDMV (1921b): „Mitteilungen und Nachrichten“, in *Jahresbericht der Deutschen Mathematiker-Vereinigung* 30(1/4), 30–36.

Redaktion JDMV (1921c): „Vorläufiges Programm der Jahresversammlung in Jena (18.–24. September 1921.)“, in *Jahresbericht der Deutschen Mathematiker-Vereinigung* 30(5/8), 45–47.

Redaktion JDMV (1921d): „Mitteilungen und Nachrichten“, in *Jahresbericht der Deutschen Mathematiker-Vereinigung* 30(5/8), 47–54.

Redaktion JDMV (1921e): „Der Deutsche Mathematikertag vom 18.–24. September 1921 in Jena", in *Jahresbericht der Deutschen Mathematiker-Vereinigung* 30(9/12), 73–104.

Redaktion JDMV (1921f): „Mitteilungen und Nachrichten", in *Jahresbericht der Deutschen Mathematiker-Vereinigung* 30(9/12), 106–109.

Redaktion JDMV (1922a): „Ausschuß der Deutschen Mathematiker-Vereinigung für das Jahr 1921/22", in *Jahresbericht der Deutschen Mathematiker-Vereinigung* 31(1/4), 1.

Redaktion JDMV (1922b): „Jahresversammlung der Deutschen Mathematiker-Vereinigung", in *Jahresbericht der Deutschen Mathematiker-Vereinigung* 31(1/4), 38.

Redaktion JDMV (1922c): „Mitteilungen und Nachrichten", in *Jahresbericht der Deutschen Mathematiker-Vereinigung* 31(1/4), 48–58.

Redaktion JDMV (1922d): „Jahresversammlung der D. M.-V. zu Leipzig vom 17.–24. September 1922", in *Jahresbericht der Deutschen Mathematiker-Vereinigung* 31(9/12), 97–117.

Redaktion JDMV (1922e): „Mitteilungen und Nachrichten", in *Jahresbericht der Deutschen Mathematiker-Vereinigung* 31(9/12), 125–126.

Redaktion JDMV (1923a): „Angelegenheiten der Deutschen Mathematiker-Vereinigung", in *Jahresbericht der Deutschen Mathematiker-Vereinigung* 32(1/4), 1–15.

Redaktion JDMV (1923b): „Mitteilungen und Nachrichten", in *Jahresbericht der Deutschen Mathematiker-Vereinigung* 32(1/4), 20–30.

Redaktion JDMV (1923c): „Marburger Tagung (16.–22. September 1923)", in *Jahresbericht der Deutschen Mathematiker-Vereinigung* 32(5/8), 41–42.

Redaktion JDMV (1923d): „Bericht über die Jahresversammlung zu Marburg a. d. Lahn vom 20.–25. September 1923", in *Jahresbericht der Deutschen Mathematiker-Vereinigung* 32(9/12), 65–79.

Redaktion JDMV (1925): „Nachruf auf Gutzmer", in *Jahresbericht der Deutschen Mathematiker-Vereinigung* 33(1/4), 1.

Redaktion JDMV (1926): „Mitteilungen und Nachrichten", in *Jahresbericht der Deutschen Mathematiker-Vereinigung* 34(1/4), 5–9.

Redaktion JDMV (1932): „Mitteilungen und Nachrichten", in *Jahresbericht der Deutschen Mathematiker-Vereinigung* 41(1/4), 14–16.

Redaktion Math. Ann. (1920): „An unsere Abonnenten", in *Mathematische Annalen* 81(1), [ohne Paginierung, nach Titelseite].

Redaktion Math. Scand. (1959): „Books Received", in *Mathematica Scandinavica* 7(1), 241–285.

Redaktion ZAMM (1923): „Jahresversammlung in Marburg September 1923", in *Zeitschrift für angewandte Mathematik und Mechanik* 3(5), 399–400.

Reid, Constance (1976): *Richard Courant. 1888–1972. Der Mathematiker als Zeitgenosse*, Springer-Verlag, Berlin u.a. 1979.

Remmert, Volker R./Schneider, Ute (2010): *Eine Disziplin und ihre Verleger. Disziplinenkultur und Publikationswesen der Mathematik in Deutschland, 1871–1949*, transcript Verlag, Bielefeld.

Rovnyak, James (1990): „Ernst David Hellinger 1883–1950: Göttingen, Frankfurt Idyll, and the New World", in L. De Branges et al. (ed.), *Topics in Operator Theory: Ernst D. Hellinger Memorial Volume*, Birkhäuser, Basel u.a., 1–41.

Rowe, David E. (1986): „Poincaré Week in Göttingen, 22–28 April 1909", zit. n. ders., *A Richer Picture of Mathematics. The Göttingen Tradition and Beyond*, Springer, Cham 2018, 195–202.

Rowe, David E. (2018): *Otto Blumenthal: Ausgewählte Briefe und Schriften I. 1897–1918*, Springer, Berlin.

Rowe, David E./Felsch, Volkmar (2019): *Otto Blumenthal: Ausgewählte Briefe und Schriften II. 1919–1944*, Springer, Berlin.

Russell, Bertrand (1907): „On Some Difficulties in the Theory of Transfinite Numbers and Order Types", in *Proceedings of the London Mathematical Society*, Series 2, IV, 29–53.

Russell, Bertrand (1919): *Introduction to Mathematical Philosophy*, George Allen & Unwin, London.

Sarkowski, Heinz (1992): *Der Springer-Verlag. Stationen seiner Geschichte. Teil I: 1842–1945*, Springer-Verlag, Berlin u.a.

Schlick, Moritz (1923): „Die Relativitätstheorie in der Philosophie", in: A. Witting (ed.), *Verhandlungen der Gesellschaft Deutscher Naturforscher und Arzte. 87. Versammlung zu Leipzig, Hundertjahrfeier vom 17. bis 24. September 1922*, Verlag von F.C.W. Vogel, Leipzig, 58–69.

Schoenflies, Arthur (1900): „Die Entwickelung der Lehre von den Punktmannigfaltigkeiten", in *Jahresbericht der Deutschen Mathematiker-Vereinigung* 8(2), 1–251.

Schoenflies, Arthur (1903): „Beiträge zur Theorie der Punktmengen. I", in *Mathematische Annalen* 58(1/2), 195–234.

Schoenflies, Arthur (1904): „Beiträge zur Theorie der Punktmengen. II", in *Mathematische Annalen* 59(1/2), 129–160.

Schoenflies, Arthur (1905): „Über wohlgeordnete Mengen", in *Mathematische Annalen* 60(2), 181–186.

Schoenflies, Arthur (1908): *Die Entwickelung der Lehre von den Punktmannigfaltigkeiten. Zweiter Teil* [= *Jahresbericht der Deutschen Mathematiker-Vereinigung. Der Ergänzungsbände II. Band*], Druck und Verlag von B. G. Teubner, Leipzig.

Schoenflies, Arthur (1913): *Entwickelung der Mengenlehre und ihrer Anwendungen. Erste Hälfte: Allgemeine Theorie der unendlichen Mengen und Theorie der Punktmengen*, Druck und Verlag von B. G. Teubner, Leipzig/Berlin; [= Umarbeitung von Schoenflies (1900)].

Schoenflies, Arthur (1920): „Zur Axiomatik der Mengenlehre", in *Koninklijke Akademie van Wetenschappen te Amsterdam. Proceedings* 22(9/10), 784–810.

Schoenflies, Arthur (1921): „Zur Axiomatik der Mengenlehre", in *Mathematische Annalen* 83(3/4), 173–200; [= Schoenflies (1920) mit Zusatz].

Schoenflies, Arthur (1922a): „Bemerkung zur Axiomatik der Größen und Mengen", in *Mathematische Annalen* 85, 60–64.

Schoenflies, Arthur (1922b): „Zur Erinnerung an Georg Cantor“, in *Jahresbericht der Deutschen Mathematiker-Vereinigung* 31(5/8), 97–106.

Schoenflies, Arthur (1925): „Über das eineindeutige und stetige Abbild des Kreises (Jordankurve)“, in *Jahresbericht der Deutschen Mathematiker-Vereinigung* 33(5/8), 147–160.

Scholz, Heinrich (1925): „Ortsgruppe Kiel. Bericht über die Tätigkeit der Ortsgruppe im Wintersemester 1924/25 und im Sommersemester 1925“, in *Kant-Studien* 30(3/4), 615–616.

Scholz, Heinrich (1930): „Die Axiomatik der Alten“, in *Blätter für Deutsche Philosophie. Zeitschrift der Deutschen Philosophischen Gesellschaft* 4(3/4), 259–278.

Schwab, Karl (1920): „86. Versammlung Deutscher Naturforscher und Aerzte in Bad-Nauheim, 19. bis 23. September 1920“, in *Unterrichtsblätter für Mathematik und Naturwissenschaften* 26(7/8), 77–83.

Siegel, Carl Ludwig (1965): *Zur Geschichte des Frankfurter Mathematischen Seminars*, Vittorio Klostermann, Frankfurt a.M.

Skolem, Thoralf (1923): „Einige Bemerkungen zur axiomatischen Begründung der Mengenlehre“, zit. n. ders., *Selected Works in Logic*, Universitetsforlaget, Oslo u.a. 1970, 137–152.

Skolem, Thoralf (1929): „Über die Grundlagendiskussionen in der Mathematik“, zit. n. ders., *Selected Works in Logic*, Universitetsforlaget, Oslo u.a. 1970, 207–225.

Springer-Verlag (1912): *Verlagskatalog von Julius Springer in Berlin W. 9, Linkstr. 23/24. 1842–1911. Abgeschlossen Dezember 1911*, Springer Verlag, Berlin.

Stadler, Friedrich (1997): *Studien zum Wiener Kreis. Ursprung, Entwicklung und Wirkung des Logischen Empirismus im Kontext*, Suhrkamp, Frankfurt a.M.

Steinitz, Ernst (1910): „Algebraische Theorie der Körper“, in *Journal für die reine und angewandte Mathematik* 137(3), 167–309.

Stephan, Horst Emil (1919): „Der Deutsche Zukunftsgeist“, in *Sonnwend 1919. Den Gefallenen der Universität Marburg zum Gedächtnis*, N. G. Elwertsche Verlagsbuchhandlung (G. Braun), Marburg, 6–9.

Tobies, Renate (2019): *Felix Klein. Visionen für Mathematik, Anwendungen und Unterricht*, Springer Spektrum, Berlin/Heidelberg.

Toeplitz, Otto (1910): „Zur Theorie der quadratischen Formen von unendlichvielen Veränderlichen“, in *Nachrichten von der Königlichen Gesellschaft der Wissenschaften zu Göttingen. Mathematisch-physikalische Klasse*, Heft 5, 489–506.

Toeplitz, Otto (1927): „Das Problem der Universitätsvorlesungen über Infinitesimalrechnung und ihrer Abgrenzung gegenüber der Infinitesimalrechnung an den höheren Schulen“, in *Jahresbericht der Deutschen Mathematiker-Vereinigung* 36(1/4), 88–100.

Toeplitz, Otto (1999): *Teilnachlaß* (bearb. v. René Wiegand), Universitäts- und Landesbibliothek Bonn – Abteilung Handschriften und Rara, Bonn, MS ix+41 S.

Vieler, Heinrich (1926): *Untersuchungen über Unabhängigkeit und Tragweite der Axiome der Mengenlehre in der Axiomatik Zermelos und Fraenkels* (Diss. Univ. Marburg), Dieterichsche Universitätsbuchdruckerei (W. Fr. Kaestner), Göttingen, 41 S.

von Neumann, Johann (1925): „Eine Axiomatisierung der Mengenlehre", in *Journal für die reine und angewandte Mathematik* 154(4), 219–240.

von Neumann, Johann (1928a): „Über die Definition durch transfinite Induktion und verwandte Fragen der allgemeinen Mengenlehre", in *Mathematische Annalen* 99, 373–391.

von Neumann, Johann (1928b): „Die Axiomatisierung der Mengenlehre", in *Mathematische Zeitschrift* 27, 669–752.

von Neumann, Johann (1929): „Über eine Widerspruchfreiheitsfrage in der axiomatischen Mengenlehre", in *Journal für die reine und angewandte Mathematik* 160(4), 227–241.

Vorstand der Berliner Mathematischen Gesellschaft (ed.): *Sitzungsberichte der Berliner Mathematischen Gesellschaft. Erster Jahrgang*, Druck und Verlag von B. G. Teubner, Leipzig/Berlin, 1902.

Walter, Scott (2019): „Poincaré-Week in Göttingen, in Light of the Hilbert-Poincaré Correspondence of 1908–1909", in M. T. Borgato et al. (ed.), *Mathematical Correspondences and Critical Editions*, Springer, 297–310; zit. n. HAL Id: hal-02082996.

Weber, Heinrich (1922): *Arithmetik, Algebra und Analysis* [= *Enzyklopädie der Elementar-Mathematik. Ein Handbuch für Lehrer und Studierende. Erster Band*], Vieweg & Teubner, Wiesbaden 1922[4].

Weyl, Hermann (1921): „Über die neue Grundlagenkrise der Mathematik. (Vorträge, gehalten im mathematischen Kolloquium Zürich)", in *Mathematische Zeitschrift* 10(1/2), 39–79.

Wildenhahn, Barbara (2008): *Feuilleton zwischen den Kriegen. Die Form der Kritik und ihre Theorie*, Wilhelm Fink Verlag, München.

Wille, Matthias (2008): *Beweis und Reflexion. Philosophische Untersuchungen über die Grundlagen beweistheoretischer Praxen*, mentis, Paderborn.

Wille, Matthias (2016): *›Largely unknown‹. Gottlob Frege und der posthume Ruhm*, mentis, Münster.

Wille, Matthias (2020a): *›alles in den Wind geschrieben‹. Gottlob Frege wider den Zeitgeist*, mentis, Paderborn.

Wille, Matthias (2020b): „Vor Fraenkel: Mengentheorie in Marburg 1904–1911", in: *Siegener Beiträge zur Geschichte und Philosophie der Mathematik* 13, 75–118.

Wille, Matthias (2023a): „Der späte Fraenkel. Ätiologisches zu den beiden North-Holland-Bänden *Abstract Set Theory* (1953) und *Foundations of Set Theory* (1958)", als Postskriptum in ders., *Fraenkel. Mengen bilden*, Springer, Berlin/Heidelberg, 269–293.

Wille, Matthias (2023b): „›In vorzüglicher Hochachtung‹. Über den Briefwechsel zwischen Abraham Adolf Fraenkel und dem Verlag von Julius Springer", in: E. Ficara et al. (ed.): *Festschrift für Volker Peckhaus*, mentis, Paderborn [im Erscheinen].

Wolff, Georg (1922a): „[Redaktionelle Anmerkung zu Fraenkel (1922f)]", in *Unterrichtsblätter für Mathematik und Naturwissenschaften* 28(1/2), 16.

Wolff, Georg (1922b): „Die Hundertjahrfeier Deutscher Naturforscher und Aerzte vom 17. bis 24. September 1922 im Leipzig", in *Unterrichtsblätter für Mathematik und Naturwissenschaften* 28(7/8), 84–91.

Zermelo, Ernst (1904): „Beweis, daß jede Menge wohlgeordnet werden kann. (Aus einem an Herrn Hilbert gerichteten Briefe)“, in *Mathematische Annalen* 59(4), 514–516.

Zermelo, Ernst (1908a): „Neuer Beweis für die Möglichkeit einer Wohlordnung“, in *Mathematische Annalen* 65(1), 107–128.

Zermelo, Ernst (1908b): „Untersuchungen über die Grundlagen der Mengenlehre. I“, in *Mathematische Annalen* 65(2), 261–281.

Zermelo, Ernst (1930): „Über Grenzzahlen und Mengenbereiche. Neue Untersuchungen über die Grundlagen der Mengenlehre“, in *Fundamenta Mathematicae* 16, 29–47.

Zermelo, Ernst (2010): *Collected Works/Gesammelte Werke. Volume I/Band I. Set Theory, Miscellanea/Mengenlehre, Varia* (ed. v. H.-D. Ebbinghaus/A. Kanamori), Springer, Heidelberg u.a.

Zweig, Stefan (1941): *Die Welt von gestern. Erinnerungen eines Europäers*, Aufbau-Verlag, Berlin/Weimar 1981.

Namenregister

M. Wille, *Fraenkel*, https://doi.org/10.1007/978-3-662-66167-3

Z

MIX
Papier aus verantwortungsvollen Quellen
Paper from responsible sources
FSC® C105338

If you have any concerns about our products,
you can contact us on
ProductSafety@springernature.com

In case Publisher is established outside the EU,
the EU authorized representative is:
Springer Nature Customer Service Center GmbH
Europaplatz 3, 69115 Heidelberg, Germany

Printed by Libri Plureos GmbH
in Hamburg, Germany